MOLECULAR SCIENCES

化学前瞻性基础研究·分子科学前沿丛书
丛书编委会

国家出版基金项目
NATIONAL PUBLICATION FOUNDATION

"十四五"时期国家重点
出版物出版专项规划项目

化 学 前 瞻 性 基 础 研 究
分 子 科 学 前 沿 丛 书
总主编 席振峰 张德清

Frontier of Nano Carbon Materials

纳米碳材料前沿

王春儒　张　锦
李玉良　彭海琳　编著

华东理工大学出版社
EAST CHINA UNIVERSITY OF SCIENCE AND TECHNOLOGY PRESS
·上海·

图书在版编目(CIP)数据

纳米碳材料前沿 / 王春儒等编著. --上海：华东
理工大学出版社，2024.7. -- ISBN 978 - 7 - 5628 - 6749 - 4

Ⅰ. TB383

中国国家版本馆 CIP 数据核字第 2024PT4521 号

内容提要

"制备决定未来"，纳米碳材料的发展应立足于结构可控制备，发展放量制备及产业化装备研制等核心技术，明确纳米碳材料的市场需求，建立并规范材料的标准，进一步开拓纳米碳材料的应用领域。本书即在此背景下编著出版，内容涵盖目前纳米碳材料的四大领域，按照发现的时间顺序，系统讨论了富勒烯、碳纳米管、石墨烯和石墨炔的过去、现在和将来。

我国纳米碳材料的研究已经处于全球材料研究领域的第一方阵，从材料制备、性质到应用研究、产业化推进等方面，都处于世界领先水平。富勒烯是我国科学家较早关注的纳米碳材料，目前已经从制备技术和性质研究走向了太阳能电池、疾病治疗、量子材料等应用领域；在碳纳米管研究领域，我国科学家在手性控制制备、纳电子器件应用、锂电池导电浆料工业应用等方面都取得了重大进展；在石墨烯领域的研究已经走在世界前列，大面积超洁净石墨烯薄膜的制备展示了石墨烯玻璃等撒手锏级应用；石墨炔是具有中国标签的新型纳米碳材料，具有优异的电学性质和独特的结构特性，目前我国科学家已经实现从石墨炔的结构控制制备到能源和催化应用等方面的重要突破。

项目统筹 / 马夫娇　韩　婷
责任编辑 / 马夫娇
责任校对 / 陈婉毓
装帧设计 / 周伟伟
出版发行 / 华东理工大学出版社有限公司
　　　　　　地址：上海市梅陇路 130 号，200237
　　　　　　电话：021 - 64250306
　　　　　　网址：www.ecustpress.cn
　　　　　　邮箱：zongbianban@ecustpress.cn
印　　刷 / 上海雅昌艺术印刷有限公司
开　　本 / 710 mm×1000 mm　1/16
印　　张 / 30.75
字　　数 / 658 千字
版　　次 / 2024 年 7 月第 1 版
印　　次 / 2024 年 7 月第 1 次
定　　价 / 368.00 元

总序一

分子科学是化学科学的基础和核心,是与材料、生命、信息、环境、能源等密切交叉和相互渗透的中心科学。当前,分子科学一方面攻坚惰性化学键的选择性活化和精准转化、多层次分子的可控组装、功能体系的精准构筑等重大科学问题,催生新领域和新方向,推动物质科学的跨越发展;另一方面,通过发展物质和能量的绿色转化新方法不断创造新分子和新物质等,为解决卡脖子技术提供创新概念和关键技术,助力解决粮食、资源和环境问题,支撑碳达峰、碳中和国家战略,保障人民生命健康,在满足国家重大战略需求、推动产业变革方面发挥源头发动机的作用。因此,持续加强对分子科学研究的支持,是建设创新型国家的重大战略需求,具有重大战略意义。

2017 年 11 月,科技部发布"关于批准组建北京分子科学等 6 个国家研究中心"的通知,依托北京大学和中国科学院化学研究所的北京分子科学国家研究中心就是其中之一。北京分子科学国家研究中心成立以来,围绕分子科学领域的重大科学问题,开展了系列创新性研究,在资源分子高效转化、低维碳材料、稀土功能分子、共轭分子材料与光电器件、可控组装软物质、活体分子探针与化学修饰等重要领域上形成了国际领先的集群优势,极大地推动了我国分子科学领域的发展。同时,该中心发挥基础研究的优势,积极面向国家重大战略需求,加强研究成果的转移转化,为相关产业变革提供了重要的支撑。

北京分子科学国家研究中心主任、北京大学席振峰院士和中国科学院化学研究所张德清研究员组织中心及兄弟高校、科研院所多位专家学者策划、撰写了"分子科学前沿丛书"。丛书紧密围绕分子体系的精准合成与制备、分子的可控组装、分子功能体系的构筑与应用三大领域方向,共 9 分册,其中"分子科学前沿"部分有 5 分册,"学科交叉前沿"部分有 4 分册。丛书系统总结了北京分子科学国家研究中心在分子科学前沿交叉领域取得的系列创新研究成果,内容系统、全面,代表了国内分子科学前沿交叉研究领域最高水平,具有很高的学术价值。丛书各分册负责人以严谨的治学精神梳理总结研究成果,积极总结和提炼科学规律,极大提升了丛书的学术水平和科学意义。该套丛书被列入"十四五"时期国家重点出版物出版专项规划项目,并得到了国家出版基金的大力支持。

我相信,这套丛书的出版必将促进我国分子科学研究取得更多引领性原创研究成果。

包信和

中国科学院院士

中国科学技术大学

总序二

化学是创造新物质的科学,是自然科学的中心学科。作为化学科学发展的新形式与新阶段,分子科学是研究分子的结构、合成、转化与功能的科学。分子科学打破化学二级学科壁垒,促进化学学科内的融合发展,更加强调和促进与材料、生命、能源、环境等学科的深度交叉。

分子科学研究正处于世界科技发展的前沿。近二十年的诺贝尔化学奖既涵盖了催化合成、理论计算、实验表征等化学的核心内容,又涉及生命、能源、材料等领域中的分子科学问题。这充分说明作为传统的基础学科,化学正通过分子科学的形式,从深度上攻坚重大共性基础科学问题,从广度上不断催生新领域和新方向。

分子科学研究直接面向国家重大需求。分子科学通过创造新分子和新物质,为社会可持续发展提供新知识、新技术、新保障,在解决能源与资源的有效开发利用、环境保护与治理、生命健康、国防安全等一系列重大问题中发挥着不可替代的关键作用,助力实现碳达峰碳中和目标。多年来的实践表明,分子科学更是新材料的源泉,是信息技术的物质基础,是人类解决赖以生存的粮食和生活资源问题的重要学科之一,为根本解决环境问题提供方法和手段。

分子科学是我国基础研究的优势领域,而依托北京大学和中国科学院化学研究所的北京分子科学国家研究中心(下文简称"中心")是我国分子科学研究的中坚力量。近年来,中心围绕分子科学领域的重大科学问题,开展基础性、前瞻性、多学科交叉融合的创新研究,组织和承担了一批国家重要科研任务,面向分子科学国际前沿,取得了一批具有原创性意义的研究成果,创新引领作用凸显。

北京分子科学国家研究中心主任、北京大学席振峰院士和中国科学院化学研究所张德清研究员组织编写了这套"分子科学前沿丛书"。丛书紧密围绕分子体系的精准合成与制备、分子的可控组装、分子功能体系的构筑与应用三大领域方向,立足分子科学及其学科交叉前沿,包括 9 个分册:《物质结构与分子动态学研究进展》《分子合成与组装前沿》《无机稀土功能材料进展》《高分子科学前沿》《纳米碳材料前沿》《化学生物学前沿》《有机固体功能材料前沿与进展》《环境放射化学前沿》《化学测量学进展》。该套丛书梳理总结了北京分子科学国家研究中心自成立以来取得的重大创新研究成果,阐述了分子科学及其交叉领域的发展趋势,是国内第一套系统总结分子科学领域最新进展的专业丛书。

该套丛书依托高水平的编写团队,成员均为国内分子科学领域各专业方向上的一流专家,他们以严谨的治学精神,对研究成果进行了系统整理、归纳与总结,保证了编写质量和内容水平。相信该套丛书将对我国分子科学和相关领域的发展起到积极的推动作用,成为分子科学及相关领域的广大科技工作者和学生获取相关知识的重要参考书。

得益于参与丛书编写工作的所有同仁和华东理工大学出版社的共同努力,这套丛书被列入"十四五"时期国家重点出版物出版专项规划项目,并得到了国家出版基金的大力支持。正是有了大家在各自专业领域中的倾情奉献和互相配合,才使得这套高水准的学术专著能够顺利出版问世。在此,我向广大读者推荐这套前沿精品著作"分子科学前沿丛书"。

中国科学院院士

上海交通大学/中国科学院上海有机化学研究所

丛书前言

　　作为化学科学的核心,分子科学是研究分子的结构、合成、转化与功能的科学,是化学科学发展的新形式与新阶段。可以说,20世纪末期化学的主旋律是在分子层次上展开的,化学也开启了以分子科学为核心的发展时代。分子科学为物质科学、生命科学、材料科学等提供了研究对象、理论基础和研究方法,与其他学科密切交叉、相互渗透,极大地促进了其他学科领域的发展。分子科学同时具有显著的应用特征,在满足国家重大需求、推动产业变革等方面发挥源头发动机的作用。分子科学创造的功能分子是新一代材料、信息、能源的物质基础,在航空、航天等领域关键核心技术中不可或缺;分子科学发展高效、绿色物质转化方法,助力解决粮食、资源和环境问题,支撑碳达峰、碳中和国家战略;分子科学为生命过程调控、疾病诊疗提供关键技术和工具,保障人民生命健康。当前,分子科学研究呈现出精准化、多尺度、功能化、绿色化、新范式等特点,从深度上攻坚重大科学问题,从广度上催生新领域和新方向,孕育着推动物质科学跨越发展的重大机遇。

　　北京大学和中国科学院化学研究所均是我国化学科学研究的优势单位,共同为我国化学事业的发展做出过重要贡献,双方研究领域互补性强,具有多年合作交流的历史渊源,校园和研究所园区仅一墙之隔,具备"天时、地利、人和"的独特合作优势。本世纪初,双方前瞻性、战略性地将研究聚焦于分子科学这一前沿领域,共同筹建了北京分子科学国家实验室。在此基础上,2017年11月科技部批准双方组建北京分子科学国家研究中心。该中心瞄准分子科学前沿交叉领域的重大科学问题,汇聚了众多分子科学研究的杰出和优秀人才,充分发挥综合性和多学科的优势,不断优化校所合作机制,取得了一批创新研究成果,并有力促进了材料、能源、健康、环境等相关领域关键核心技术中的重大科学问题突破和新兴产业发展。

　　基于上述研究背景,我们组织中心及兄弟高校、科研院所多位专家学者撰写了"分子科学前沿丛书"。丛书从分子体系的合成与制备、分子体系的可控组装和分子体系的功能与应用三个方面,梳理总结中心取得的研究成果,分析分子科学相关领域的发展趋势,计划出版 9 个分册,包括《物质结构与分子动态学研究进展》《分子合成与组装前沿》《无机稀土功能材料进展》《高分子科学前沿》《纳米碳材料前沿》《化学生物学前沿》《有机固体功能材料前沿与进展》《环境放射化学前沿》《化学测量学进展》。我们希望该套丛书的出版将有力促进我国分子科学领域和相关交叉领域的发展,充分体现北京分子科学国家研究中心在科学理论和知识传播方面的国家功能。

本套丛书是"十四五"时期国家重点出版物出版专项规划项目"化学前瞻性基础研究丛书"的系列之一。丛书既涵盖了分子科学领域的基本原理、方法和技术,也总结了分子科学领域的最新研究进展和成果,具有系统性、引领性、前沿性等特点,希望能为分子科学及相关领域的广大科技工作者和学生,以及企业界和政府管理部门提供参考,有力推动我国分子科学及相关交叉领域的发展。

最后,我们衷心感谢积极支持并参加本套丛书编审工作的专家学者、华东理工大学出版社各级领导和编辑,正是大家的认真负责、无私奉献保证了丛书的顺利出版。由于时间、水平等因素限制,丛书难免存在诸多不足,恳请广大读者批评指正!

北京分子科学国家研究中心

前言

材料是人类赖以生存和发展的物质基础。材料技术的每一次进步,几乎都会推进生产力的发展,甚至会促进人类社会的进步与飞跃。时至今日,人们对材料的探索也从未停歇。纳米碳材料是过去三十年来材料科学领域最重要的科学发现,其发现者已获得诺贝尔物理学奖和化学奖,而目前人们对纳米碳材料的探索热度不减,甚至犹有过之。以碳纳米管和石墨烯为代表的纳米碳材料具有远高于半导体硅材料的载流子迁移率、超高的热导率和力学强度,有望在未来半导体、微纳电子、能源和轻质高强材料等领域发挥核心作用,成为主导未来高科技产业竞争的战略材料之一。发展具有中国标签的新型纳米碳材料和新兴纳米碳材料产业是目前面临的重要机遇。

人类历史上第一次获得的纳米碳材料是以 C_{60} 为代表的富勒烯。1985 年,英国科学家 Harold W. Kroto 和美国科学家 Robert F. Curl、Richard E. Smalley 在美国莱斯大学首次制备出富勒烯,即"C_{60}分子",并推测其类似于足球的中空笼子结构,他们为其取名"富勒烯"(Buckminster fullerene),以此向 1967 年设计蒙特利尔世界博览会短程线拱顶的美国馆建筑师 Richard B. Fuller 致敬。富勒烯也以"足球烯""巴基球"等别称闻名于世。富勒烯开创了人类合成纳米碳材料的先河,为人类打开了纳米碳材料世界的大门。1996 年,三位科学家也因发现富勒烯荣获诺贝尔化学奖。经过 30 多年的探索与发展,现在富勒烯被广泛应用于结构材料、润滑油、化妆品和生物医药等领域。

在富勒烯研究推动下,1991 年一种更加奇特的碳结构——碳纳米管被日本电子公司(NEC)的 Sumio Iijima 发现,两年后,直径为 1 nm 的单壁碳纳米管也被正式报道。单壁碳纳米管为中空的管状结构,管身由一系列六元碳环组成,管一端可以看作"半个"富勒烯结构,多壁碳纳米管则可看作由一系列单壁管同轴嵌套组成。观察其结构可以发现,碳纳米管可以分为三种类型:轴对称的锯齿型(zigzag)、扶手椅型(armchair)和不具有轴对称与反演中心的手性碳管。分析其成键,可以发现碳原子呈 sp^2 杂化,彼此成键,并且也具有离

域共轭 π 电子,这与石墨层内原子排列和成键规律非常类似,因此碳纳米管也是热和电的良导体,并且其力学强度极高,单根碳纳米管拉伸强度可达 100 GPa。而由于其是一维管状纳米结构,因此也有独特的性质,即呈现一维电子气特性,碳纳米管的能带结构中存在范霍夫奇点,并且碳纳米管也有金属性与半导体性之分,若不特殊控制,随机合成的单壁碳纳米管中半导体性碳纳米管占 2/3。研究发现,碳纳米管的迁移率高达 10^5 cm^2/(V·s),远强于硅。基于这种特性,人们非常期待碳纳米管可以取代硅,作为下一代半导体的沟道材料。目前,5 nm 沟道宽度碳纳米管场效应晶体管已经成功制备;而在 2019 年,碳基微处理器 RV16X‐NANO 被麻省理工学院(MIT)成功制造出来,其由 14000 多个碳纳米管 CMOS 晶体管组成,可执行 32 位指令。可以说,场效应晶体管及集成芯片一直是碳纳米管最受人们期待的应用方向之一。除此之外,碳纳米管还被期待应用于导电薄膜、热管理材料、增强剂等其他多种门类。目前,碳纳米管产业化也已经在逐步推进,人们已经可以获取商品化的碳纳米管,但是其撒手锏级应用仍有待进一步突破。

石墨烯是人类材料发展史上的又一里程碑式的发现。石墨烯最初是由英国曼彻斯特大学的两位科学家 Andre Geim 和 Konstantin Novoselov 于 2004 年通过石墨晶体机械剥离得到的。石墨烯的发现打破了朗道等人预言的"二维晶体不会存在"的规律,而利用胶带等机械剥离范德瓦耳斯材料获得较大面积的少层或单层二维材料的方法非常具有普适性,石墨烯本身与其被发现的过程共同为人们推开了二维材料世界的大门。六年之后,2010年,两位科学家也因此荣获诺贝尔物理学奖,这是碳材料领域获得的第二个诺贝尔奖。石墨烯的结构可以看作单层石墨,其成键方式与石墨完全相同,但是只有一个原子层厚度。石墨烯具有优异的力学、电学、热学、光学性质。石墨烯是已知强度最高的材料之一,同时还具有很好的韧性,理论杨氏模量达 1.0 TPa,固有的拉伸强度为 130 GPa;石墨烯没有带隙,是典型的狄拉克材料,其能带结构中存在线性色散特性曲线,迁移率达 10^5 cm^2/(V·s);石墨烯的热导率为 5300 W/(m·K),是迄今为止导热系数最高的碳材料;石墨烯具有非常良好的光学特性,在较宽波长范围内吸收率约为 2.3%。目前石墨烯是纳米碳材料领域最热门的研究内容之一,并且也已经逐步推广到产业界。学术界和产业界通力合作,已经研发了许多产品,诸如石墨烯粉体、石墨烯薄膜、烯碳光纤、石墨烯玻璃等,不一而足。但是,与碳纳米管类似,实现石墨烯撒手锏级应用、制备生产拳头产品,仍是目前行业内共同面对的挑战。

石墨烯等材料的成功制备也鼓舞着人们进一步去探索新型纳米碳材料,特别是从碳的多样杂化态入手,去开发符合人们需要的新材料。实际上,早在 1987 年就有人沿着这一思路进行过思考:著名理论科学家 R. H. Baughman 等首次提出了一种由 sp 和 sp² 杂化碳原子共同构成的二维碳材料,该结构被认为与其他以炔基结构为主要骨架结构的碳材料相比更稳定,是最有可能被人工合成的、非天然的碳同素异形体之一。而后,理论计算表明,石墨炔同样具有十分优异的电子学性质,甚至在某些方面可能超过现有的石墨烯(这部分内容将在文中详细讨论)。2010 年,中国科学院化学研究所李玉良院士团队首次以六炔基苯为前驱体,通过铜催化的分子间端炔偶联反应在铜箔表面成功制备了大面积的石墨炔薄膜,为石墨炔从理论研究向实验研究的转变奠定了基础。许多纳米碳材料,如碳纳米管、石墨烯等均具有独特的电子学性质,石墨炔也不例外,甚至可以说是最具有吸引力的独特性质。对石墨炔电子学性质研究的结果表明,具有六方对称性的石墨炔的能带结构中也出现了狄拉克锥,并且石墨炔具有本征带隙,是高迁移率的直接带隙半导体,这意味着石墨炔在电子器件领域的应用将非常有吸引力。另外,石墨炔含有共轭二炔键,使得材料在保持一定的结构稳定性之余,还保持一定的化学活性,其为富电子体系,非常有研究价值。目前,石墨炔在能源、催化等领域正发挥着日益重要的作用。

我国对纳米碳材料的研究已经处于全球材料研究领域的第一方阵,在材料制备、性质和应用的研究、产业化推进等方面,都处于世界领先水平。富勒烯是我国科学家较早关注的纳米碳材料,目前其制备技术和性质研究已经应用于太阳能电池、疾病治疗、量子材料等应用领域,中国科学院化学研究所王春儒研究员团队实现了富勒烯在肿瘤等重大疾病治疗方面的应用。在碳纳米管研究领域,我国科学家在手性控制制备、纳电子器件应用、锂电池导电浆料工业应用等方面都取得了重大进展,北京大学张锦院士和李彦教授分别实现了单一手性单壁碳纳米管的可控制备,北京大学彭练矛院士实现了 5 nm 单壁碳纳米管 CMOS 器件,这些工作产生了重要的国际影响,发表在 *Nature*、*Science* 等期刊上;产业化方面,北京天奈科技有限公司建成了产能达 1000 吨/年的定向碳纳米管生产线,并形成了万吨级动力电池碳浆生产线,制定了碳纳米管导电浆料国家标准。我国在石墨烯领域的研究已经走在世界前列,北京大学刘忠范院士、彭海琳教授团队实现了大面积超洁净石墨烯薄膜的制备,展示了石墨烯玻璃等撒手锏级应用;中国科学院金属研究所成会明院士团队发展了基于电解水的氧化石墨烯的连续化规模制备方法,并通过专利转让,成立深圳烯材科技有限公司。石墨炔是具有中国标签的新型纳米碳材料,具有优异的电学性质和独特的结构特性,由中国科学院化学研究所李玉良院士团队于 2010 年首次成功制备,目前我国科学家已经实现了从石墨炔的结构控制制备到能源和催化应用等方面的重要突破。

"制备决定未来"，纳米碳材料的发展应立足于结构可控制备，发展放量制备及产业化装备研制等核心技术，明确纳米碳材料的市场需求，建立并规范材料的标准，进一步开拓纳米碳材料的撒手锏级应用领域。

本书就是在以上这个背景下组织编写的，其内容涵盖目前纳米碳材料的四大领域，按照发现的时间顺序，分为四部分，系统讨论了富勒烯、碳纳米管、石墨烯和石墨炔的过去、现在和将来。在编撰时力争做到系统性、专业性和即时性，本书可供不同层次的读者参考使用，并衷心希望广大读者朋友能开卷有益，对行业的研究工作也有益处。本书中，富勒烯部分由中国科学院化学研究所王春儒研究员、王太山研究员、甄明明、蒋礼、李杰共同完成，卢羽茜和张捷参与了文献整理；碳纳米管部分由北京大学张锦院士编写，北京大学于跃、刘伟铭、孙丹萍、林德武、钱柳、张树辰和焦琨参与了资料的收集和整理，其中林德武负责了整章的修订工作；石墨烯部分由北京大学彭海琳教授编撰，马子腾、王可心、刘晓婷、孙禄钊、李杨立志、杨皓、张金灿、陈恒、竺叶澍、郑黎明、贾开诚和唐际琳参与了资料的收集和整理，其中贾开诚负责了整章的修订工作；石墨炔部分由中国科学院化学研究所李玉良院士、李勇军和刘辉彪研究员共同完成。本书的编者长期工作于纳米碳材料科研一线，在百忙中抽出宝贵时间倾力参与并出色完成了本书的编撰工作，对各位作者的付出，笔者在此深表谢意。华东理工大学出版社的朋友们为本书投入了大量的心血，在此一并感谢！

纳米碳材料的研究纷繁复杂，受限于时间、水平等因素，本书难免存在诸多不足和谬误，恳请广大读者朋友批评指正。

编　者

2024 年 5 月

目 录

Chapter 1

第 1 章
来自宇宙星云的
礼物——富勒烯

王春儒，王太山，蒋礼，甄明明，
李杰

Chapter 2

第 2 章
逐渐走向应用的纳米
碳材料——碳纳米管

张锦

Chapter 3

第 3 章
二维材料王国的开
国元勋——石墨烯

彭海琳

Chapter 4

第 4 章
中国标签的新型
碳材料——石墨炔

李勇军，刘辉彪，李玉良

Chapter 1

来自宇宙星云的
礼物——富勒烯

王春儒，王太山，蒋礼，甄明明，李杰

富勒烯(fullerene)是继金刚石、石墨之后碳的第三种同素异形体。1985 年,英国科学家克罗托(H.W. Kroto)、美国科学家柯尔(R.F. Curl)和斯莫利(R.E. Smalley)等人在真空中利用激光溅射石墨发现了 C_{60} 和 C_{70}[1],富勒烯的主要发现者们受建筑学家巴克敏斯特·富勒设计的加拿大蒙特利尔世界博览会球形圆顶薄壳建筑的启发,推断出 C_{60} 具有类似球体的结构,因此将其命名为巴克敏斯特·富勒烯(Buckminster fullerene),简称富勒烯(fullerene)。1996 年,罗伯特·柯尔(美)、哈罗德·沃特尔·克罗托(英)和理查德·斯莫利(美)因富勒烯的发现获诺贝尔化学奖。

在富勒烯及其衍生物的制备方面,1985 年,Kroto 和 Curl 及 Smalley 等人用激光轰击 $LaCl_2$ 浸渍的石墨,在质谱上检测到了 LaC_{60} 等团簇[2],从而开启了内嵌金属富勒烯的研究序幕。1990 年,德国的 Wolfgang Krätschmer 和美国的 Donald Huffman 等人用蒸发石墨电极的方法,在氦气气氛中成功地合成了宏观量级的 C_{60} 和 C_{70} 的混合物[3],1991 年这种方法被改进为电弧法。此后,这种宏量富勒烯的生产技术使得富勒烯的研究得以广泛开展。1991 年,美国麻省理工学院的 Jack B. Howard 等人用苯火焰燃烧碳与含氩气的氧混合物,以大量合成富勒烯[4]。1993 年,美国的 Martin Saunders 等人先在电弧放电法生成的碳灰里发现了惰性气体内嵌富勒烯,如 $He@C_{60}$ 和 $Ne@C_{60}$[5]。1996 年,德国的 T. Almeida Murphy 等人首次用离子轰击法制备了 $N@C_{60}$[6],$N@C_{60}$ 分子显现出和原子态的 N 一样的顺磁性质。2005 年,日本的 Koichi Komatsu 等人用有机化学的开环和闭环手段,成功将 H_2 分子放入 C_{60} 笼中,合成了 $H_2@C_{60}$[7],此后,人们相继将 H_2、CO、H_2O、NH_3 等小分子内嵌到富勒烯碳笼里。

在富勒烯及其衍生物的性质与功能研究方面,1991 年,美国贝尔实验室的 A. F. Hebard 等人发现混合了钾的 C_{60} 具有超导特性,超导转变温度在 18 K[8]。1992 年,美国杜邦公司的 Charles N. McEwen 首次提出了富勒烯自由基海绵(radical sponge)的概念[9]。1992 年,美国加州大学圣巴巴拉分校的 Alan J. Heeger 等人首次发现了共轭高分子聚苯乙烯撑衍生物 MEH - PPV 与 C_{60} 之间的光诱导电荷转移现象[10],随后人们以 C_{60} 作为电子受体材料、共轭聚合物为给体设计异质结构器件。1992 年,朱道本和李玉良等人开始在富勒烯领域进行研究,通过设计、合成、结构与性能研究,开展基于 C_{60}、C_{70} 的电荷转移复合物、薄膜结构及性能等研究。1993 年,美国加州大学圣巴巴拉分校的 Fred Wudl 等人报道了富勒烯衍生物可以抑制 HIV 蛋白酶活性的研究结果[11]。1995 年,Fred Wudl 等人合成了 C_{60} 衍生物 6,6 -苯基- C_{61} -丁酸甲酯($PC_{61}BM$),并将其与 MEH - PPV 共混旋涂成膜制作太阳能电池[12],二者形成连续互穿网络结构,故此类电池又被称为本体异质结太阳能电池。这一研究推动了有机聚合物太阳能电池的蓬勃发展,至今 $PC_{61}BM$ 及 $PC_{71}BM$ 已然成为经典的电子受体材料。1996 年,美国的 Laura L. Dugan 等人发现富勒烯具有清除活性氧的性质[13]。此后对富勒烯抗氧化作用的研究迅速发展,从生物化学中的细胞保护,到化妆品中的抗氧化护肤,富勒烯进入了抗氧化相关的科技和应用浪潮之中。1996 年,日本的 Hisanori Shinohara 等人就预测了钆基金属富勒烯作为核磁共振成像(MRI)的造影剂,此后大量的实验验证了这一效果,并发现钆基金属富勒烯具有比商用造影剂更好的造影能力,推动了钆基金属富勒烯在磁共振成像造影剂上的应用[14]。2004 年,郑兰荪和谢素原等人用微波等离子体和氯仿合成 $C_{50}Cl_{10}$,将富勒烯团簇研究带向新的发展高度[15]。2005 年,国家纳米科学中心的赵宇亮和陈春英等人发现羟基化修饰的钆基金属富勒烯 $Gd@C_{82}(OH)_{22}$ 具有优异的抗肿瘤效果,在小鼠肝癌模型上发现其可以有效地抑制肿瘤在小鼠体内的生长[16]。2008 年,日本的 Kazuhito Hashimoto 等人将氟烷基 - PCBM 衍生物作为聚合物太阳能电池器件的修饰层,结果表明薄薄的一层 F - PCBM 即可改善光伏器件的性能[17]。此后,很多富勒烯衍生物作为界面修饰材料被应用到聚合物太阳能电池中,并显著地提高器件的能量转换效率。2012 年,Greber 和 Popov 等人发现了金属氮化物内嵌富勒烯 $DySc_2N@C_{80}$ 的单分子磁体的特征,开启了金属富勒烯单分子磁体的研究。2015 年,中国科学院化学研究所的王春儒等人发现钆基金属富勒烯水溶性纳米颗粒可以在射频辅助下快速杀死小鼠体内的肿瘤,提供了一种新型的肿瘤治疗技术[18]。同年,中国科学院化学研究所的王太山等人发现了金属富勒烯电子自旋对限域空间和局域磁场的灵敏感知,并发展研究出金属富勒烯的自旋探针技术[19,20]。

从以上的研究历程可以看出,目前富勒烯已经广泛应用到光电、力学、生物医学及催化等领域,显示出了重要的科学意义和巨大的市场价值。本章将着重介绍富勒烯的合成与分离、富勒烯光电材料、富勒烯生物应用、内嵌富勒烯的结构与性质。

1.1　富勒烯概述

富勒烯目前主要包括本体富勒烯、富勒烯的笼外化学衍生物及内嵌富勒烯,如图 1 - 1 所示。经过三十多年的发展,富勒烯及其衍生物已经具有相当数量的成员,在化学、物理、材料、生物学、医药等领域展现出了广泛的应用潜力。富勒烯可以通过石墨电弧放电法和芳香烃燃烧法大量制备。制备的富勒烯含有多种结构,包括 C_{60}、C_{70}、C_{76}、C_{78}、C_{84}、C_{86} 等,每个分子都具有不同的物理、化学性质。由于其笼状结构,富勒烯碳笼还可以内包原子、分子和团簇,形成内嵌富勒烯,如 $N@C_{60}$、$H_2@C_{60}$、$Gd@C_{82}$、$Sc_3N@C_{80}$ 等。富勒烯碳笼含有大量双键,因此可以发生多种加成反应,从而对分子进行功能化修饰。这些富勒烯内嵌或外接形成的衍生物又带来了极为丰富的性质。作为新型碳纳米材料,富勒烯及其衍生物在多个领域展现出了独特的性能。

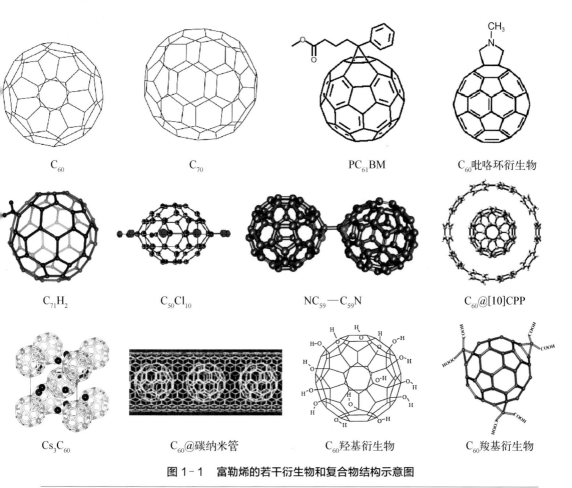

C_{60}　　　　C_{70}　　　　$PC_{61}BM$　　　　C_{60}吡咯环衍生物

$C_{71}H_2$　　　　$C_{50}Cl_{10}$　　　　$NC_{59}—C_{59}N$　　　　$C_{60}@[10]CPP$

Cs_3C_{60}　　　　C_{60}@碳纳米管　　　　C_{60}羟基衍生物　　　　C_{60}羧基衍生物

图 1-1　富勒烯的若干衍生物和复合物结构示意图

　　在生物方面,富勒烯及其衍生物在抗肿瘤、抗艾滋病毒(HIV)、酶活性抑制、切割 DNA、光动力学治疗、抗生物体有害自由基、延缓衰老、用作造影增强剂等方面有独特的功效。其中,$Gd@C_{82}$羟基衍生物不但具有核磁共振成像造影剂的功能,还具有抗肿瘤甚至快速杀死肿瘤部位细胞的能力;溶解在橄榄油中的富勒烯具有延长生物体寿命的功效;添加在化妆品中的富勒烯具有优异的清除表皮有害自由基的能力;富勒烯光照下产生的活性氧使其具有光动力治疗的能力。

　　在能源方面,富勒烯及其衍生物作为电子受体材料被广泛用于太阳能电池器件,代表材料如 $PC_{60}BM$、$PC_{70}BM$ 和 $IC_{60}BA$。基于富勒烯的有机太阳能电池具有柔性、可穿戴、透明等特点,有望广泛用于人们的生产生活中。

在物理方面,富勒烯及其衍生物在非线性光学材料、超导体、单分子磁体、分子陀螺、光限幅薄膜、半导体器件、耐摩擦剂等方面具有重要应用前景。其中,掺杂有碱金属的 C_{60} 在特定温度下具有超导电性;C_{60} 添加到润滑油中可以提高其润滑性能;C_{60} 晶体或薄膜可作为场效应晶体管。

在化学方面,富勒烯及其衍生物在化学反应性、催化性能、氧化还原性、分子组装、主客体化学、分子光谱等方面具有特殊性质。

本体的富勒烯含有多种结构,实验中分离到的包括 C_{60}、C_{70}、C_{76}、C_{78}、C_{84}、C_{86}、C_{88}、C_{90} 等结构,每个分子都具有不同的物理、化学性质。富勒烯的各种性质取决于分子的电子结构。比如富勒烯的光吸收主要是由碳笼上的 π 电子的跃迁造成的,不同的富勒烯具有不同的电子分布、分子轨道等,因此电子结构决定了富勒烯的光电磁性质。

有些富勒烯分子由于存在稳定性差以及溶解度低的问题,不能通过常规实验提取出来,在富勒烯的发现过程中,人们将其称为"消失"的富勒烯,因此人们研究发展出了多种方法去捕获和研究它们。比如可以在提取电弧放电法合成的灰烬过程中加入高反应活性溶剂,如三氯苯,脱氯形成的自由基与富勒烯反应,反应产物具有高稳定性和高溶解度,进而利用常规色谱法进行分离和表征。另外,人们也选择在合成的过程中添加活性元素,如氟、氯和氢,在合成的过程中外接在碳笼外,从而将一些非常规结构稳定下来。

富勒烯具有独特的化学性质。富勒烯 C_{60} 的 60 个碳原子的未杂化 p 轨道则形成一个非平面的共轭离域大 π 体系,使得它兼具有给电子和受电子的能力。C_{60} 中每个碳原子以 $sp^{2.28}$ 轨道杂化,类似于 C—C 单键和 C=C 双键交替相接,整个碳笼表现出缺电子性,可以在笼外引入其他原子或基团。C_{60} 在一定条件下,能发生一系列化学反应,如亲核加成反应、自由基加成反应、光敏化反应、氧化反应、氢化反应、卤化反应、聚合反应及环加成反应等。

杂化富勒烯也是一种重要的富勒烯结构。杂化富勒烯是指将碳笼上的 C 原子替换为其他原子,如 N、O、P、S 等。杂原子的电子数与碳原子不同,因此杂化以后给富勒烯分子带来新奇的电子结构和物化性质。其中结构较为稳定的还是氮杂富勒烯,如 $C_{59}N$ 等。1995年,国内外研究人员相继发现了 $C_{59}N$ 的存在,但由于 $C_{59}N$ 的高活性,其往往以二聚体或其他衍生物的形式稳定下来。二聚体结构为 $(C_{59}N)_2$,两个分子上 N 旁边的 C 易于成键。$C_{59}N$ 的衍生物主要有 $C_{59}NH$,即 N 旁边的 C 与 H 成键。

富勒烯由于其 π 共轭体系和圆形的分子外形,在超分子化学上具有重要地位。一些主体由于其结构与富勒烯尺寸有较好的匹配度,与富勒烯分子形成了各种各样的主客体系,主体分子包括碗状结构分子、环状结构分子、笼状结构分子等。主体分子与富勒烯之间具有能量转移和电子转移,可用于设计制备新型的复合材料。对富勒烯与杯芳烃的主客体研究较早,例如叔丁基[8]杯芳烃可与 C_{60} 络合。后续人们还开发了其他杯芳烃用于和富勒烯结合形成超分子。碳纳米环是由多个苯环相连形成的环状分子，它们的尺寸可调，有的能与富勒烯形成很好的超分子，比如[10]环对苯撑可与 C_{60} 较好复合，而 C_{70} 则与尺寸稍大的[11]环对苯撑较好复合，富勒烯与环对苯撑形成的超分子复合物改变了富勒烯的电子结构，给富勒烯带来了更多的光电性质，例如在光电化学中，超分子复合物会产生更大的光电流，可用于能量转化及传感器件的应用。卟啉具有大的分子面积，与富勒烯分子之间具有较强相互作用，基于此卟啉镍多用于富勒烯单晶的培养，获得高质量的有序结构。在超分子体系研究中，科研人员将两个卟啉连起来，做成夹子状甚至笼状分子，用于容纳富勒烯，由于富勒烯与卟啉的 π-π 相互作用，实现了稳定的超分子组装。由于富勒烯具有球形结构，人们还设计了碗状分子来包合富勒烯，这些碗状分子的凹面与富勒烯的球面相互作用，形成稳定的超分子结构。

　　自组装是富勒烯的重要性质。随着纳米科学和技术的迅速发展，自组装技术已成功地应用于对纳米尺度物质的形貌和功能等的调控。作为构筑有序功能结构和有序分子聚集态结构的关键技术，自组装技术也有力地推动了富勒烯材料的发展。这种"从下到上(bottom-up)"的分子自组装方法在纳米科技中已经被成功应用于构建多种纳米结构，同样亦可应用于富勒烯的形貌控制，进而获得优良的富勒烯器件。例如富勒烯可被组装成纳米线、纳米管、纳米片等结构，富勒烯也可进入碳纳米管形成豆荚状结构，人们研究了富勒烯分子聚集态结构材料的分子排布、光物理过程、光诱导电子转移和能量转移现象等。多种模板用于调节富勒烯的组装过程，如溶剂分子、氧化铝孔道、蛋白质等。富勒烯在表面的组装也具有重要意义，人们通过扫描隧道显微镜技术探究富勒烯在金、石墨等表面的自组装过程与特点，并研究通过分子模板法获得有序的表面组装结构。

　　超导特性是富勒烯的一个重要性质。1991 年，美国科学家首次发现掺钾的 C_{60} 具有超导性，超导起始温度为 18 K，超越了当时的有机超导体的超导起始温度。此后还制备了 Rb_3C_{60}，其超导起始温度为 29 K。我国在这方面的研究也开展较早。此后，人们深入拓展了富勒烯的超导研究，掺杂多种金属(碱金属及碱土金属)甚至有机物(如三氯甲烷和三溴甲烷)，提高富勒烯复合材料的超导转变温度。富勒烯超导体的优点很多，比如这种分子超导体复合物容易加工，导电性各向同性，等等。今后，富勒烯超导体仍需要进行大量的研究去揭示微观机理，进一步去提高超导转变温度。

　　富勒烯具有独特的光学性质。富勒烯具有较大的离域 π 电子云，在外电场的作用下容易发生极化，可表现出优异的非线性光学性能。20 世纪 90 年代，北京大学的研究人员就测定了 C_{60}、C_{70} 的非线性光学系数，证实了 C_{60} 的非线性效应起源于 C_{60} 的 π 电子，并研究了 C_{60} 电荷转移复合物的非线性性质。后续人们还研究了 C_{60}、C_{70}、C_{76}、C_{84} 等空心富勒烯，并发现了结构依赖的非线性光学效应。对富勒烯进行碳笼修饰，可以改变其对称性，改变电荷分布，调控非线性光学响应性。已研究的富勒烯衍生物包括富勒烯小分子加成化合物、富勒烯外接高分子、富勒烯外接纳米粒子等,研究表明,富勒烯衍生物的非线性光学响应都比单纯的 C_{60} 要好。另外,有研究表明体系共轭越大、结构越不对称,越有利于非线性光学响应。富勒烯小分子加成化合物优点在于易于调控及结构确定,可获得较为单一的光学性能,缺点在于其成膜性较差,溶剂聚集,后面发展的富勒烯外接高分子衍生物可解决这个问题,例如将富勒烯引入高分子主链中形成珠链型共聚物、将富勒烯引入高分子侧链中形成悬挂式结构、富勒烯与多个高分子链相连形成网状交联型共聚物、以富勒烯为核形成树枝状共聚物等。在非线性科学二十多年的发展历程中,C_{60} 及其衍生物以其特殊的非线性光学效应,一直是非线性材料研究的热点。具有高的非线性光学系数的富勒烯材料在现代激光技术、光学通信、数据存储、光信息处理、光动力学治疗等许多领域存在着非常重要的应用。

电子受体是富勒烯的重要功能。富勒烯独特的三维共轭结构使其具有较好的电子特性和电子传输性质,是聚合物太阳能电池优良的电子受体材料。聚合物太阳能电池之所以选择富勒烯衍生物作为电子受体材料,是因为富勒烯特有的低重组能和高还原电位使其能够加速光致电荷转移并有效抑制电子回传,从而大大提高光伏器件的性能和效率。1992年,人们发现了共轭高分子聚苯乙烯撑衍生物 MEH-PPV 与 C_{60} 之间的光诱导电子转移现象。1995 年,科研人员将新型富勒烯电子受体 $PC_{61}BM$ 与 MEH-PPV 共混旋涂成膜制作太阳能电池,其被称为本体异质结太阳能电池,本体异质结使给体和受体在整个活性层范围内充分混合,电池效率有了突破性的提高。随后 $PC_{61}BM$ 又与最具代表性的给体材料 P3HT 共混制备太阳能电池器件,效率得到进一步提高。$PC_{61}BM$ 材料推动了有机聚合物太阳能电池的快速发展,现今 $PC_{61}BM$ 和 $PC_{71}BM$ 已经成为常用的电子受体材料。C_{60} 双加成衍生物 $IC_{60}BA$ 的研究进一步推动了富勒烯衍生物受体的发展,这种材料具有高的LUMO 能级,可提高 $IC_{60}BA$：P3HT 光伏器件的开路电压。

富勒烯也是 n 型场效应晶体管的重要材料。有机场效应晶体管(organic field-effect transistor,OFET)是一种利用有机半导体组成信道的场效应晶体管,器件的原料分子通常是含有芳环的 π 电子共轭体系,其应用目标包括低成本、大面积的电子产品和可生物降解电子设备。按不同的化学性质和物理性质划分,富勒烯属于 n 型场效应晶体管的有机小分子化合物材料。由于 n 型有机材料相对较少,现有 n 型材料大部分为富勒烯及其衍生物。1995 年,C_{60} 作为活性材料被用于制备有机场效应晶体管,采用超高真空蒸镀的方法进行制备,后续人们发展了分子束沉积的方法、热壁外延生长的方法等制备富勒烯活性层 C_{60}。此后,C_{70}、C_{82}、C_{84} 等富勒烯也被用来研究电子传输性能。然而,由于成膜性差,影响了富勒烯的电子传输效率,热沉积法获得的器件面积较小,提高了制备成本。因此,研究人员后续采用衍生化的方法提高电子传输效率。比如,人们将 $PC_{61}BM$、$PC_{71}BM$ 等材料采用旋涂法制备了 OFET 器件,获得了较好的结果。目前来看,富勒烯的 OFET 性能依然存在问题,未来随着单分子器件技术的发展，单个富勒烯组成的器件有望成为新的热点。

　　磁性是富勒烯的一个不太突出的性质，因为富勒烯大多是闭壳层的，没有未成对电子，因此不具有磁性。但是，富勒烯具有较好的得电子能力，其可与还原剂生成有机盐，进而表现出磁性。1991 年，人们研究了 C_{60} 与 TDAE[tetrakis(dimethylamino)ethylene]形成的电荷转移复合物，该复合物是不含金属的软铁磁性材料，居里温度为 16.1 K。后续人们还研究了其他富勒烯的电荷转移复合物的磁性质。

1.2　富勒烯的制备

　　富勒烯的合成方法主要包括激光蒸发法、电弧放电法和火焰燃烧法。电弧放电法利用等离子电弧的高温高能量使石墨气化并原子化，进而冷却生成富勒烯，制备的富勒烯成分较为简单、杂质含量低，被广泛应用于合成富勒烯和金属富勒烯。火焰燃烧法是将苯或甲苯等有机物在氧气中进行不完全燃烧，合成富勒烯的产率可高达 20%，并且工艺操作简单、可连续制备，适合工业化生产富勒烯。

　　目前，无论是电弧放电法还是火焰燃烧法制备的富勒烯碳灰，主要成分都是 C_{60}、C_{70}、C_{76}、C_{78}、C_{84} 等多种富勒烯、小分子碳簇及多环芳烃的混合物，如图 1-2 所示。碳灰的成分异常复杂，种类繁多的富勒烯之间的分子结构与理化性质又非常相似，因此富勒烯的提取和分离成为限制富勒烯研究、生产与应用的主要技术瓶颈。

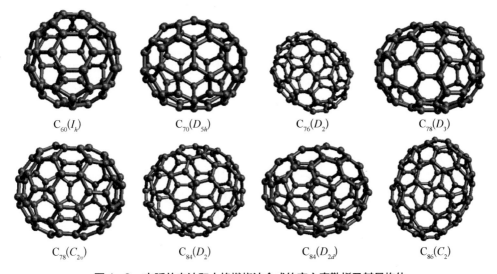

$C_{60}(I_h)$　　　$C_{70}(D_{5h})$　　　$C_{76}(D_2)$　　　$C_{78}(D_3)$

$C_{78}(C_{2v})$　　　$C_{84}(D_2)$　　　$C_{84}(D_{2d})$　　　$C_{86}(C_2)$

图 1-2　电弧放电法和火焰燃烧法合成的空心富勒烯及其异构体

富勒烯可溶于甲苯、二甲苯、氯苯、二硫化碳等有机溶剂，能够使用溶剂将富勒烯从电弧放电法或火焰燃烧法制备的粗产物中提取出来，实现初步的分离富集。C_{60}和C_{70}是产率最高且应用最为广泛的两种富勒烯材料，表1-1提供了其在常规有机溶剂中的溶解度[21]。富勒烯碳笼的共轭电子结构与芳烃类溶剂存在较强的 π-π 相互作用，从而在甲苯、二甲苯、氯苯等芳烃溶剂中具有较大溶解度。综合考虑溶剂的溶解性、安全性、成本和沸点，甲苯和邻二甲苯是当前最常用的富勒烯提取溶剂。二硫化碳早期也被广泛用作提取溶剂，但是由于其沸点低、易燃易爆且气味特殊，富勒烯研究与应用越来越少使用二硫化碳。

表1-1   25℃下，C_{60}和C_{70}在常规有机溶剂中的溶解度（单位：mg/mL）

常规有机溶剂	C_{60}	C_{70}	常规有机溶剂	C_{60}	C_{70}
1-氯化萘	51.3	—	氯苯	6.4	—
1-甲基萘	34.8	—	对二甲苯	5.0	4.0
1,2-氯苯	23.4	36.2	三溴甲烷	5.0	—
四氢化萘	13.7	12.3	苯乙烯	3.9	4.7
1,2,4-三氯苯	9.6		甲苯	2.4	1.4
邻二甲苯	9.5	15.6	间二甲苯	2.1	—
1,2,3-三溴丙烷	8.3	—	苯	1.5	1.3
二硫化碳	7.9	9.9			

不同温度下C_{60}、C_{70}在甲苯和邻二甲苯中的饱和浓度不同，可利用这一特性实现富勒烯的选择性提取和分离。C_{60}在甲苯与邻二甲苯中的溶解度都随温度升高呈现先上升再下降的趋势，在甲苯中的溶解度在0℃达到最高（4 mg/mL），在邻二甲苯中的溶解度在20℃达到峰值（11 mg/mL），如图1-3所示。C_{70}在甲苯中的溶解度基本不受温度影响

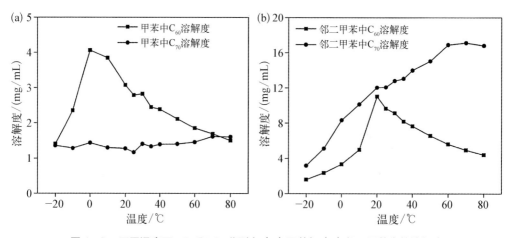

图1-3   不同温度下，C_{60}和C_{70}分别在（a）甲苯与（b）邻二甲苯中的溶解度

(1.4 mg/mL)，在邻二甲苯中的溶解度随温度升高而持续增加，在 60℃ 达到峰值 (17 mg/mL)。在 −20~80℃ 温度范围内，邻二甲苯对 C_{60} 和 C_{70} 的溶解性显著优于甲苯，并在 20~30℃ 的常温下对两者的溶解度均在 9 mg/mL 以上。其他产率较高的富勒烯，如 C_{76}、C_{78}、C_{84} 的分子结构性质分别与 C_{60} 和 C_{70} 相似，在邻二甲苯中也具有较好的溶解性。因此，使用邻二甲苯作为溶剂，在常温下即可实现富勒烯的选择性提取。

溶剂与提取方法的选择是决定富勒烯提取效率的关键因素。早期的富勒烯提取方式主要是溶剂浸泡和加热回流，提取效率低、得到富勒烯种类有限。索氏提取法是基于溶剂回流和虹吸原理，使蒸发回流的纯溶剂多次反复将富勒烯从碳灰中溶出，将提取效率提高了一倍以上，但是得到的富勒烯种类并没有显著增多。超声提取法是利用超声波的强力振动和空化作用，将碳灰破碎细化进而释放出其内部包裹的富勒烯，并且增强溶剂与碳灰浸润，在常温常压下即可实现富勒烯的高效提取。索氏提取法和超声提取法均能够充分提取 C_{60}、C_{70}、C_{76}、C_{78}、C_{84} 等分子结构稳定且溶解性较好的富勒烯，其中索氏提取装置容量小且所需温度较高，仅适合小型试验应用，超声提取法设备简单、提取速率快，适用于大规模工业化提取。对于产率较高、结构稳定且溶解性较好的常规富勒烯，选择邻二甲苯作为溶剂在常温常压下进行超声提取，再进行多级过滤，即可实现高效地提取富集。

另外，电弧放电法制备的富勒烯碳灰存在大量小分子碳簇等不溶性杂质（含量高达 80%），溶剂提取之后必须进行过滤分离。利用激光粒度仪直接分析电弧放电法制备的富勒烯碳灰的粒径分布，发现 50% 以上碳灰的粒径小于 5 μm，少量超细碳灰的尺寸在 1 μm 以下。为了确保后续的分离效果，需要尽量去除提取液中不溶固体颗粒。无论是实验小试还是工业放大，都可以采用高速离心法去除大颗粒杂质，再使用聚乙烯、聚四氟乙烯等高分子滤膜（过滤精度可达 100 nm）、金属膜（过滤精度可达 100 nm）、陶瓷膜（过滤精度可达 5 nm）进行精密过滤，完全去除不溶性固体杂质。

金属富勒烯内嵌的金属原子或金属团簇会与碳笼发生电子转移，其电子结构、分子极性、化学活性、溶解性都与空心富勒烯存在显著差异，不同类型金属富勒烯的提取需要针对性地选择溶剂和提取方法。金属氮化物富勒烯如 $M_3N@C_{80}$（M = Sc、Y、Gd、Tb、Dy、Tm、Lu、Er）具有较高的溶解性和化学稳定性，可以使用甲苯、邻二甲苯等常规溶剂进行索氏提取或超声提取。单金属富勒烯如 $M@C_{82}$（M = La、Sc、Y、Gd、Ce、Pr、Nd、Tb、Dy、Ho、Lu、Er、Ca、Sm、Yb）分子极性大，在芳烃溶剂中溶解度低，并且化学性质活泼，容易发生分子间聚合或被氧化，其提取条件和步骤较为繁杂。二甲基甲酰胺（DMF）和吡啶等含氮溶剂能够与单金属富勒烯形成电荷转移化合物，提高其溶解度，进而选择性溶解单金属富勒烯。DMF 作为最常用的单金属富勒烯提取溶剂（图 1−4），将电荷转移至 $M@C_{82}$ 形成 $M@C_{82}$ 阴离子，进一步提高其分子极性和溶解度，而空心富勒烯在 DMF 中溶解度极低（常温下，

C_{60} 在 DMF 中的溶解度低于 0.1 mg/mL），从而能够从碳灰中选择性地溶出 M@C_{82}；由于后续的高效液相色谱分离需要将 DMF 置换为甲苯，加入四丁基溴化铵等季铵盐能够增强 M@C_{82} 阴离子的稳定性；添加约 1% 三氟乙酸的甲苯，对 M@C_{82} 阴离子具有较高溶解度，并能将其转化为 M@C_{82} 本体，萃取去除三氟乙酸即可获得高含量的 M@C_{82} 甲苯溶液[22]，如图 1-4 所示。为了同时富集空心富勒烯和金属富勒烯，可以使用甲苯等低沸点溶剂在室温下将碳灰中空心富勒烯预先提取出来，过滤收集碳灰并初步干燥后再通过 DMF 提取金属富勒烯。甲苯对碳灰的预处理不会显著影响 DMF 提取效果。

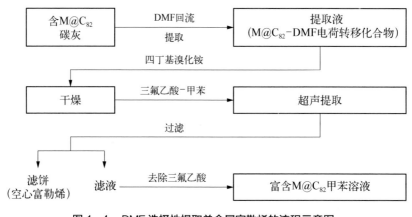

图 1-4　DMF 选择性提取单金属富勒烯的流程示意图

对于几乎不溶的金属富勒烯如 M@C_{60}（M = La、Gd、U、Er），可以在真空下将碳灰加热至 365～750℃，使目标金属富勒烯升华并冷却收集，但是难以进一步分离纯化。金属富勒烯的提取方法，根据其分子极性和溶解性可以分为三大类：溶解性优异的金属氮化物富勒烯，使用芳烃类溶剂直接进行提取；低溶解度、强极性的单金属富勒烯，利用 DMF 等含氮溶剂与之形成电荷转移化合物实现选择性提取，再氧化处理得到金属富勒烯本体；溶解性极差的单金属富勒烯或窄带隙金属富勒烯，在真空高温下进行升华收集。对于研究较为广泛的双金属富勒烯（如 La$_2$@$C_{72,78,82,80}$、Sc$_2$@$C_{66,82}$、Lu$_2$@C_{76}、Sm$_2$@$C_{88,90,92}$）、三金属富勒烯（如 Er$_3$C$_{74}$、Tb$_3$C$_{80}$、Y$_3$C$_{80}$）、金属碳化物富勒烯（如 Sc$_2$C$_2$@$C_{80,82,84}$、Y$_2$C$_2$@C_{82}、Sc$_3$C$_2$@C_{80}、Sc$_4$C$_2$@C_{80}）、金属氧化物富勒烯（如 Sc$_4$O$_2$@C_{80}、Sc$_4$O$_3$@C_{80}、Sc$_2$O@C_{82}）与金属硫化物富勒烯（如 Sc$_2$S@$C_{70,82}$）等[23]，根据其分子特性可以从上述三类方法中筛选溶剂和操作条件进行高效提取。

基于富勒烯的结构与性质差异，根据不同的分离原理，主要发展了 7 种分离纯化方法（表 1-2）。其中，高效液相色谱法对空心富勒烯和金属富勒烯都具有最佳的分离效果，溶剂结晶法能够实现大规模分离空心富勒烯，路易斯酸络合法适合高效分离金属富勒烯。针对不同类型的富勒烯材料，将分别介绍合适的分离方法。

表 1-2　基于不同原理的富勒烯分离方法

分离方法	试剂或分离操作	分离原理
高效液相色谱法	Buckyprep、Buckyprep-M 等色谱柱,甲苯作为流动相	富勒烯与色谱柱的 π-π 作用差异以及碳笼极性差异,产生不同保留时间
	C18 色谱柱,甲苯-甲醇/乙腈作为流动相	碳笼极性差异,产生不同保留时间
溶剂结晶法	邻二甲苯或二硫化碳作为溶剂	基于富勒烯在不同温度下的溶解度差异,进行低温或高温结晶
物理吸附法	微孔活性炭、分子筛	根据碳笼尺寸,选择性物理吸附富勒烯
超分子捕获法	冠醚、环糊精、杯芳烃、环苯撑、金属有机框架化合物(MOF)、卟啉类、环三藜芦烃(CTV)	根据碳笼尺寸,选择性捕获/释放富勒烯
氧化还原法	电化学氧化还原	基于氧化还原电位差异,选择性电化学氧化或还原
路易斯酸络合法	$TiCl_4$、$FeCl_3$、$AlCl_3$、$CuCl_2$、$MgCl_2$、$ZnCl_2$	根据氧化电位,选择性络合沉淀/释放富勒烯
化学吸附法	氨基修饰或环戊二烯修饰的硅胶	通过亲核加成或 Diels-Alder 反应,选择性吸附并键合富勒烯

　　电弧放电法和火焰燃烧法制备空心富勒烯的主要成分都是 C_{60}、C_{70}、C_{76}、C_{78}、C_{84} 和 C_{86},还包括少量的富勒烯氧化物和大碳笼富勒烯。其中,C_{60} 的含量(质量分数)在 60% 以上,C_{70} 的含量在 20% 左右,C_{60} 与 C_{70} 及其他富勒烯的碳笼尺寸形状、分子极性、溶解性、氧化还原电位和化学活性存在细微的差异,利用高效液相色谱法、溶剂结晶法、物理吸附法和超分子捕获法可以分离得到高纯度的 C_{60} 和 C_{70}。

　　高效液相色谱法作为应用最为广泛的富勒烯分离技术,是基于碳笼共轭电子体系和分子极性的差异,使结构类似的富勒烯在固定相和流动相之间具有不同的分配系数,进而在色谱柱上产生不同的保留时间。色谱柱填料修饰的基团和流动相溶剂是影响分离度和分离效率的关键因素,在色谱柱固定相引入 π 共轭基团能够显著增强对富勒烯的保留作用,甲苯作为流动相对多种富勒烯都具有优异的洗脱分离能力。目前能够高效分离富勒烯的色谱柱主要有 6 种,优先根据碳笼大小进行分离,碳笼越大保留时间越长,如 C_{60}、C_{70}、C_{76}、C_{78}、C_{84}、C_{86} 依次先后被洗脱;其次按照分子极性进行洗脱,极性越大保留时间越长,如 C_{60} 氧化物在 C_{60} 之后才被洗脱。固定相键合芘基丙基的 Buckyprep 柱和芘基乙基的 PBB 柱的分离效果接近,对富勒烯及其氧化物的分离度高且保留时间适中,适合分离空心富勒烯。固定相引入极性基团会增强对极性富勒烯的保留作用,五溴苯基修饰的 PBB 柱进一步提高了 C_{60} 与 C_{70} 的分离度,对富勒烯氧化物的分离效果优于 Buckyprep 柱,但是过于延长保留时间导致分离时效较低。修饰噻吩嗪基的 Buckyprep-M 柱、修饰硝基咔唑基的 Buckyprep-D 柱和修饰硝基苯乙基的 NPE 柱显著提高了对极性成分的保留作用,更适合分离极性差异较为显著的富勒烯衍生物及其异构体。C18 柱的十八烷基对富勒烯的保留作用较弱,采用甲苯和甲醇或乙腈的混合流动相也能够实现高效分离,但是由于柱容量低和混合流动相溶解性差,C18 仅适合作为富勒烯的分析色谱柱。富勒烯在紫外-可见光区具有显著的吸收,高效液相色谱法主要是采用紫外吸收或二极管阵列检测器。对于空心富勒烯,Buckyprep 是分离和定量分析的标准色谱柱,在《纳米技术　[60]/[70]富勒烯纯度的测定　高效液相色谱法》(GB/T 42241—2022)中也是作为分析柱,联合其他几种功能互补的色谱柱能够充分满足富勒烯及其衍生物的分离需求。

高效液相色谱法能够高效分离富勒烯,但是仍然存在色谱柱填料昂贵、单次上样量少、分离时间周期长、流动相消耗量大等问题,难以满足工业级别分离富勒烯的技术需求。C_{60} 与 C_{70} 是研究最深入且应用最广泛的富勒烯材料,利用两者在邻二甲苯或二硫化碳中溶解度差异以及不同温度下的溶解度变化趋势,可以大规模地分离制备高纯度的 C_{60} 和 C_{70} 材料。相比于二硫化碳,C_{60} 和 C_{70} 在邻二甲苯中溶解度差异更大,并且邻二甲苯沸点高、使用更安全、无特殊气味,已经成为工业化分离的首选溶剂。不同温度下 C_{70} 在邻二甲苯中溶解度始终高于 C_{60},随着温度升高两者溶解度差异逐步增大,因此可以在高温下使用邻二甲苯将富勒烯提取物中的 C_{70} 预先溶解出来,而大部分 C_{60} 仍然保留在提取物中,再将富集 C_{70} 的邻二甲苯溶液降温析出 C_{70}。通常是将富勒烯提取液干燥至固体,加入适量邻二甲苯在 80℃搅拌或超声使提取物中 C_{60} 和 C_{70} 饱和溶解,继续在 80℃下恒温过滤、收集分别富集了 C_{70} 的饱和滤液和 C_{60} 的固体,再将滤液在 −20℃下结晶析出 C_{70},从而实现了 C_{60} 和 C_{70} 的初步分离。进一步使用邻二甲苯分别对 C_{60} 和 C_{70} 进行多次重结晶,即可分离得到高纯度的 C_{60}(纯度>99.5%)和 C_{70}(纯度>99.0%)[24]。由于富勒烯在高温下容易氧化,上述纯化过程需要尽量在除氧或惰性气体保护下进行。邻二甲苯作为溶剂能够大批量地分离纯化 C_{60} 和 C_{70},并且适合连续操作、设备和工艺简单,目前多家公司采用该技术实现了百公斤级别的富勒烯年产量。

利用富勒烯碳笼大小和形状的差异,通过微孔活性炭或分子筛对其进行选择性物理吸附,进而按照碳笼尺寸从小到大依次被溶剂洗脱。孔径集中分布在 1~2 nm 的活性炭通过孔内的石墨化结构与富勒烯发生 π-π 作用,强烈吸附 C_{60} 和 C_{70},对大碳笼的 C_{76}、C_{78}、C_{84} 和 C_{86} 吸附量非常少,进一步使用甲苯将活性炭吸附的 C_{60} 优先洗脱,再继续采用邻二甲苯洗脱收集 C_{70},从而结合活性炭吸附和溶剂分批洗脱,实现了对 C_{60} 和 C_{70} 的分离[25]。孔径尺寸分布是决定物理吸附选择性的关键参数,而孔内结构产生的保留作用是影响吸附容量的主要因素。活性炭的孔径分布难以达到均匀可控,分子筛的孔内结构对富勒烯的保留作用较弱,而超分子化合物既能提供尺寸均一、可调的空间腔体,又能调控空腔内官能团增强保留作用,是选择性捕获并分离富勒烯的理想材料。冠醚、环糊精、杯芳烃等能够与富勒烯形成主客体将其包裹起来,氮杂冠醚、环三藜芦烃(CTV)衍生物、卟啉构成的笼状分子、环苯撑和金属有机框架化合物(MOF)均能够高选择性地捕获富勒烯,再通过溶剂洗脱即可实现富勒烯的快速分离。其中,可以调控 CTV 烷基链长度允许 C_{60} 自由通过笼内空腔,只

捕获尺寸较大的 C_{70} 而达到分离效果[26];四棱柱状卟啉笼 TPPCage·8PF$_6$ 能够特异性结合 C_{70}[27],锌卟啉与钯配位形成的纳米笼可以选择性包裹 C_{60} 到 C_{84} 等不同大小的富勒烯[28];MOF 材料 MIL-101(Cr) 利用骨架内 1.2～1.6 nm 的空腔优先捕获 C_{70} 及尺寸更大的富勒烯[29]。

对于空心富勒烯,高效液相色谱法的分离效果最佳、适应范围最广泛,适合小规模试验分离;邻二甲苯结晶法对 C_{60} 和 C_{70} 的分离效率最高、工艺简单、成本低,可满足工业化分离的技术需求;活性炭吸附法的分离选择性相对较低,分离过程难以稳定可控;超分子捕获法具有显著的分离选择性,进一步设计、扩展其分子结构有望实现对多种富勒烯的高效分离。

金属富勒烯提取液中通常存在大量的空心富勒烯,并且其化学稳定性和溶解性相对较差、异构体较多,分离纯化难度高。高效液相色谱是分离金属富勒烯的通用技术,其中 Buckyprep-M 柱对其分离效果最佳。对于金属富勒烯提取物,可以使用 Buckyprep 柱预先进行分离富集,再利用 Buckyprep-M 柱对其进行精细分离。联合 Buckyprep 和 Buckyprep-M 进行多步分离,或者采用色谱循环分离法可以获得结构性质极其相似的金属富勒烯。通过色谱循环,成功实现了相同碳笼结构的多金属氮化物富勒烯 $Lu_x Y_{3-x}N@C_{80}$($x=0～2$)、$Lu_x Sc_{3-x}N@C_{80}$($x=0～2$)、$Gd_x Sc_{3-x}N@C_{80}$($x=0～2$)、$Ho_x Sc_{3-x}N@C_{80}$($x=1,2$)和 $V_x Sc_{3-x}N@C_{80}$($x=1,2$)的分离[23]。

基于金属富勒烯氧化还原电位的差异,可以选择性将其氧化或还原生成离子化合物,根据溶解性进行分离后再将其转化为中性富勒烯。在 $La@C_{82}$ 和 $La_2@C_{82}$ 的提取液中,将其电化学还原为阴离子,使用丙酮/二硫化碳选择性溶解 $La@C_{82}$ 和 $La_2@C_{82}$ 阴离子,过滤除去不溶的中性富勒烯,再利用氧化剂二氯乙酸将阴离子恢复为中性,从而达到纯化目的。不溶的小带隙金属富勒烯如 $Gd@C_{60}$,可以在苯腈中电化学还原并溶解,再通过电化学或氧化剂将其氧化并析出,最后过滤使其与苯腈中溶解的大带隙富勒烯分离。利用不同活性的氧化剂分别氧化钆金属富勒烯,可以分离得到 $Gd@C_{82}$ 和一系列不溶的 $Gd@C_{60/70/74}$[30]。$Sc_3N@C_{80}$ 异构体的第一氧化电位存在 270 mV 的差异,采用三(4-溴苯基)六氯锑酸铵特异性氧化 $Sc_3N@C_{80}-D_{5h}$ 为阳离子,实现与另一异构体 $Sc_3N@C_{80}-I_h$ 的分离[31]。

利用第一氧化电位差异,路易斯酸能够选择性络合金属富勒烯,再通过水解路易斯酸得到金属富勒烯本体,进而实现金属富勒烯的高效分离。根据待分离金属富勒烯的第一氧化电位,从表 1-3 中选择阈值略高于金属富勒烯氧化电位的路易斯酸,在无水条件下搅拌或超声形成金属富勒烯-路易斯酸的络合物沉淀,过滤分出富含空心富勒烯的滤液,通过碳酸氢钠溶液或水促进路易斯酸水解释放金属富勒烯,再使用甲苯溶解得到金属富勒烯溶液,如图 1-5 所示。路易斯酸与金属富勒烯的投料比及络合反应时间是影响分离纯度和收率的关键因素,过度反应会产生不可逆的络合产物导致金属富勒烯收率显著降低。络合能力最强的 $TiCl_4$ 能够快速分离单金属富勒烯($La@C_{82}$、$Ce@C_{82}$、$Gd@C_{82}$ 等)、双金属富勒烯($Ce_2@C_{80}$)和金属氮化物富勒烯($Sc_3N@C_{80}-I_h$、$Gd_3N@C_{80}-I_h$)[32];联合使用 $AlCl_3$ 和 $FeCl_3$ 可以分离得到高纯度的 $Sc_3N@C_{80}$[33];活性较低的 $CuCl_2$ 适合分离化学性质活泼的金属富勒烯,如 $Sc_3C_2@I_h-C_{80}$、$Sc_3N@D_{3h}-C_{78}$、$Sc_4O_2@I_h-C_{80}$,并且对 $Er_2@C_{82}$ 的两个异构体实现了完全分离[34]。根据路易斯酸的反应活性顺序:$CaCl_2$<$ZnCl_2$<$NiCl_2$<$MgCl_2$<$MnCl_2$<$CuCl_2$<WCl_4<WCl_6<$ZrCl_4$<$AlCl_3$<$FeCl_3$<$TiCl_4$[35],首先利用氧化电位阈值较低的路易斯酸络合活泼的金属富勒烯,再依次采用活性较高的路易斯酸分离氧化电位较高的金属富勒烯。系列路易斯酸联用的方法有望发展成为一种通用的金属富勒烯分离技术。

表 1-3　路易斯酸络合富勒烯的氧化电位阈值[36]

路易斯酸	氧化电位阈值/V	路易斯酸	氧化电位阈值/V
$TiCl_4$	0.62~0.72	$CuCl_2$	0.19
WCl_6、$ZrCl_4$、$AlCl_3$、$FeCl_3$	0.6	$CaCl_2$、$ZnCl_2$、$NiCl_2$	0.1
$MgCl_2$、$MnCl_2$、WCl_4	0.1~0.5		

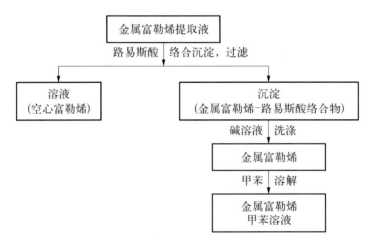

图 1-5　路易斯酸分离金属富勒烯的流程示意

亲核加成和 Diels-Alder 环加成是两类常规的富勒烯有机反应,金属富勒烯与空心富勒烯的反应活性通常差别较大,利用两者反应性差异可以实现高效分离。具有给电子特性的氨基(伯胺和叔胺)容易与富勒烯发生亲核加成反应,因此采用表面修饰氨基的层析硅胶根据富勒烯的键共振能(BRE)对其进行选择性化学吸附,过滤即可分离吸附和未吸附的富勒烯。利用氨基硅胶分离得到高纯度的 $Sc_3N@C_{80}$,并且通过优先吸附异构体 $Sc_3N@C_{80}-D_{5d}$,进一步实现了 $Sc_3N@C_{80}-I_h$ 的纯化[37]。调整氨基硅烷前驱体可以制备一系列不同氨基负载量的硅胶,提高氨基负载量可以显著加快吸附速率并增加吸附容量。接枝了环戊二烯的硅胶或树脂也能够根据键共振能选择性地与富勒烯进行可逆的 Diels - Alder 环加成反应,过滤分离后通过热处理还能释放被吸附的富勒烯,同样实现了 $M_3N@C_{80}$(M = Sc、Y、Er、Gd、Ho、Lu、Tb、Tm)的快速纯化[38]。

高效液相色谱法是最常用的分离方法,通过多种色谱柱联用或色谱循环可以分离结构性质极其相似的金属富勒烯;路易斯酸络合法能够实现快速、高效分离,并有望发展成为通用的分离技术;功能化硅胶的化学吸附法具有较高的选择性,适合与其他分离方法协同使用;氧化还原法适用于初步分离或不溶性金属富勒烯的纯化。

1.3　富勒烯光电材料

富勒烯自发现之日就引起广泛关注,一方面是因为其独特的三维共轭结构使富勒烯表现出优异的接受电子及电子传输能力[8, 39-42],另一方面独特的笼状结构不仅可以内嵌金属原子或团簇[23, 43, 44],还可以通过化学反应而实现表面功能化[45, 46],从而获得结构和性质多样的富勒烯衍生物并应用于光伏器件等多个领域。

富勒烯及其衍生物的电子迁移率量级可达到 $10^{-4} \sim 10^{-3}$ $cm^2/(V \cdot s)$,其中的碳原子同时以 sp^2 及 sp^3 两种杂化方式存在,既不同于仅以 sp^2 杂化方式存在的石墨,也不同于仅以 sp^3 杂化方式存在的金刚石。这种特殊的杂化方式意味着富勒烯碳笼可以通过接受电子的方式进行再杂化,因而表现出很强的吸电子能力。此外,富勒烯的重组能低,可以在黑暗条件下抑制电荷复合。上述这些特点使得富勒烯及其衍生物在光伏电池领域表现不凡,曾一度在近 20 年中被公认为最佳的甚至不可替代的有机太阳能电池受体材料,直到近五年来才被异军突起的小分子受体材料所取代。在近几年兴起的钙钛矿太阳能电池中,富勒烯衍生物也同样被认为是一种优异的电子传输材料。迄今,已有多篇综述性文章较为详细地阐述了富勒烯及其衍生物在光伏器件研究领域的应用进展[41, 43]。本节将着重对光伏器件研究中具有重要参考价值或性能较为突出的富勒烯及其衍生物材料进行介绍。

1.3.1　富勒烯作为受体材料的应用

1992 年,Heeger 等人首次发现了共轭高分子聚苯撑乙烯衍生物 MEH - PPV 与 C_{60} 之间的光诱导电荷转移现象,在此基础上他们用 C_{60} 作为电子受体、用 MEH - PPV 为给体制备了双层异质结构器件,成功获得了比单层 MEH - PPV 高 2 个数量级的光诱导电荷转移效率[10],由此开启了聚合物给体与富勒烯受体太阳能电池体系的研究热潮。

未经修饰的富勒烯溶解性较差而且容易聚集成簇,因此与给体材料成膜的质量也较差,因而应用在光伏器件中需要对富勒烯进行化学修饰以改善其溶解性和成膜特性。1995年,Wudl 等人合成了 C_{60} 衍生物 $PC_{61}BM^{[12]}$,并将其与 MEH‑PPV 共混旋涂成膜制作太阳能电池,形成所谓本体异质结太阳能电池。本体异质结使给体和受体在整个活性层范围内充分混合,电池效率有了突破性的提高。随后 $PC_{61}BM$ 又与最具代表性的给体材料 P3HT 共混使太阳能电池器件效率达到了 4% 左右$^{[47,48]}$,这一突破性结果推动了有机聚合物太阳能电池发展进入一个新阶段,$PC_{61}BM$ 和 $PC_{71}BM$ 也成为随后十几年里最受认可的电子受体材料。

经过不断的研究发现,制约 P3HT∶PCBM 聚合物太阳能电池性能提高的主要原因是:(1) 给、受体之间能级不匹配使得激子电荷分离时存在很大的能量损失,导致开路电压一般只有 0.6 V 左右;(2) P3HT 只能吸收 450~650 nm 范围内的太阳光,而 PCBM 的吸收主要在紫外区,给、受体皆对可见光吸收较弱,导致对太阳光长波段的利用率较低,限制了太阳能电池效率的进一步提高。由此可以看出,提高太阳能电池器件光电转换效率的有效途径就是同时改善给体、受体材料的可见光吸收和能级结构。因此,作为当时最受关注的受体材料,研究人员开展了大量基于富勒烯衍生物结构的设计改性研究。本节将分别从基于 PCBM 结构、非 PCBM 结构、双加成富勒烯衍生物及富勒烯二聚体等四个方面逐一进行介绍。

1.3.1.1　基于 PCBM 结构的富勒烯受体材料

由于绝大多数聚合物太阳能电池器件都采用 PCBM 作为受体材料,因此在 PCBM 基础上进行再修饰的研究最为广泛。从图 1‑6 中 PCBM 的分子结构特点可以看出,基于 PCBM 的化学再修饰研究一般可从改变碳笼尺寸、碳笼内嵌团簇及改变笼外的苯环、碳链和酯基等取代官能团入手展开。

(1) 改变碳笼尺寸。C_{70} 是富勒烯家族中产率仅次于 C_{60} 的另一个明星分子,它的能级结构与 C_{60} 相近,但在可见光区的吸收却比 C_{60} 强很多。Hummelen 等人首先制备了 $PC_{71}BM^{[49]}$,其在可见光区的吸收明显优于 $PC_{61}BM$,与聚苯乙烯撑衍生物 MDMO‑PPV 共混时,虽然 MDMO‑PPV∶$PC_{71}BM$ 的开路电压 V_{oc} 和填充因子 FF 都与 MDMO‑PPV∶$PC_{61}BM$ 相近,但短路电流 J_{sc} 却比 $PC_{61}BM$ 电池提高了 50%,最终使得电池能量转换效率有了较大提高。因而后续报道的高效率太阳能电池均采用 $PC_{71}BM$ 作为受体。

$PC_{71}BM$ 受体材料性能优于 $PC_{61}BM$ 的发现很快就引发了对进一步增加碳笼尺寸是否可以实现更高太阳能电池能量转换效率的探索。Hummelen 等人因此合成了基于 C_{84} 的 $PC_{85}BM^{[50]}$,结果发现尽管更大的碳笼尺寸可以将对可见光的吸收拓展至近红外区,但 $PC_{85}BM$ 的 LUMO 能级却比 $PC_{61}BM$ 降低了约 0.35 eV,因此 MDMO‑PPV∶$PC_{85}BM$ 太阳能电池体系的 V_{oc} 比 $PC_{61}BM$ 太阳能电池 V_{oc} 低约 0.5 V。并且 $PC_{85}BM$ 的溶解性较差,导致太阳能电池器件的 J_{sc} 也比较低,最终获得的太阳能电池能量转换效率只有 0.25%。

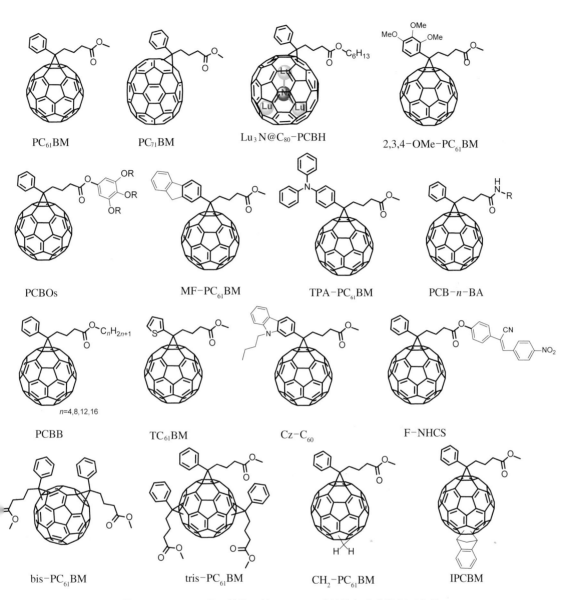

PC₆₁BM　　PC₇₁BM　　Lu₃N@C₈₀-PCBH　　2,3,4-OMe-PC₆₁BM

PCBOs　　MF-PC₆₁BM　　TPA-PC₆₁BM　　PCB-n-BA

PCBB　　TC₆₁BM　　Cz-C₆₀　　F-NHCS

n=4,8,12,16

bis-PC₆₁BM　　tris-PC₆₁BM　　CH₂-PC₆₁BM　　IPCBM

图 1-6　PCBM 分子结构及基于 PCBM 改性的部分富勒烯受体分子

（2）引入内嵌团簇。既然提高碳笼尺寸无益于获取更好的富勒烯衍生物受体，研究人员转而研究内嵌金属原子或团簇的内嵌金属富勒烯。本体异质结器件中开路电压 V_{oc} 与受体材料的 LUMO 能级和给体材料 HOMO 能级之间的能级差成正比，而内嵌金属富勒烯的 LUMO 能级普遍高于空心富勒烯的 LUMO 能级，理论上可以获得更高的开路电压及光电转换效率。Ross 等人制备了 Lu₃N@C₈₀-PCBX（X＝M、B、H、O）等一系列内嵌金属富勒烯衍生物作为受体材料[51]。其中 Lu₃N@C₈₀-PCBH 与 PC₆₁BM 具有相似的溶解性及载流子迁移率,可与 P3HT 形成很好的共混。更重要的是,$Lu_3N@C_{80}$-PCBH 的 LUMO 能级比 $PC_{61}BM$ 提高了 0.28 eV,使得 $Lu_3N@C_{80}$-PCBH∶P3HT 的太阳能电池器件 V_{oc} 达到了 0.89 V,光电转换效率最高达到 4.2%。理论上,金属富勒烯内嵌基团的多样性可以与给体材料实现更好的能级匹配从而获得更高的开路电压,但遗憾的是由于内嵌金属富勒烯制备条件苛刻、产率极低、成本高昂,无法开展大量更深入的研究。

(3) 改变笼外官能团。Hummelen 等人通过向 $PC_{61}BM$ 中苯环的邻、间、对位引入甲氧基、甲硫基和氟原子而合成了系列 $PC_{61}BM$ 衍生物[52]。分子的还原电势越低,其 LUMO 能级就越高,吸电子取代基会使 LUMO 能级降低,而烷氧基等给电子基团可以提高 LUMO 能级,如 2,3,4-OMe-$PC_{61}BM$,因此通过引入各种给电子基团来提高富勒烯衍生物的 LUMO 能级进而提高太阳能电池器件的 V_{oc} 是一种有效的方法[53]。Kim 等人在此基础上将苯环上的三个烷氧基替换为不同长度、不同分支数目的聚乙二醇烷氧链[54],获得的富勒烯衍生物 PCBOs 在乙醇/水溶液中的电子迁移率可达 1.30×10^{-4} $cm^2/(V \cdot s)$,同时连接的烷氧链还可以使受体与给体之间实现更好的共混以便于电子与空穴的传输。

Jen 等人采用三苯胺或芴直接替换 PCBM 中的苯环合成了新型的受体 TPA-PCBM/MF-PCBM[55]。TPA-PCBM/MF-PCBM 由于三苯胺/芴的给电子效应提高了 LUMO 能级进而使得 V_{oc} 提高了 20 mV,但同时三苯胺和芴较大的空间体积又影响了电子迁移率,导致 J_{sc} 下降。两种效应互相抵消的结果是使 P3HT∶TPA-PCBM/MF-PCBM 器件电池效率保持与 PCBM 相近,为 4% 左右,但器件热稳定性得到了很大改善,在 150℃ 下热处理 10 h 后电池效率下降很小,远优于 P3HT∶PCBM 体系的电池热稳定性。因为 PCBM 的晶粒在长时间受热后不断由纳米级长到微米级,导致给、受体之间相互接触界面减小而影响了光伏器件的效率,而无定形的 TPA-PCBM/MF-PCBM 不存在结晶行为,长时间热处理对器件的形貌影响较小。同样,Choi 等人将 PCBM 中的苯环换成噻吩合成了 TCBM[56],P3HT∶TCBM 的太阳能电池效率与 PCBM 相当,但是无定形结构的 TCBM 可以有效地抑制相分离,且有较高的玻璃化转变温度,从而明显改善光伏器件的热稳定性。耿延侯等人在此基础上合成了一系列由噻吩替代苯环的 PCBM 富勒烯衍生物[57],并在噻吩环上连接不同的烷基链。不同烷基链的 TCBM 与 PCBM 相比 LUMO 能级几乎不变,但溶解性有了很大提高。特别是 TCBM-C6 在氯苯中的溶解度达到 180 mg/mL,明显优于 PCBM 在氯苯中 80 mg/mL 的溶解度,相应光伏器件的性能由此得到了较大的提高。同样研究了碳链对 PCBM 类受体材料影响的还有李永舫等人[58],他们通过合成一系列具有不同碳链长度的 PCBM 衍生物,发现尽管 PCBM 不同碳链长度的衍生物具有近乎相同的吸收光谱和电化学性质,但是与 P3HT 共混构筑太阳能电池的性能却有所差异,说明碳链长度对太阳能电池器件性能有一定的影响。

Yu 等人将烷基咔唑替代苯环制备了 Cz-C_{60} 和 Cz-$2C_{60}$[59],二者的 LUMO 能级与 $PC_{61}BM$ 相近,相同条件下 P3HT∶Cz-C_{60} 的光电转换效率略低于 P3HT∶$PC_{61}BM$,而

$Cz-2C_{60}$：P3HT 的光电转换效率又略高于 P3HT：$PC_{61}BM$。分析认为，烷基咔唑替代苯环，加大了碳笼之间的距离从而降低了受体的电子传输能力，导致 $Cz-C_{60}$ 的光电转换效率较 $PC_{61}BM$ 有所下降。

李玉良等人将 PCBM 中的酯基替代为酰胺基团合成了 $PCB-n-BA$[60]，由于酰胺基团间较强的氢键作用会影响富勒烯分子间的聚集形态，所以在没有对器件进行热处理的条件下，$PCB-n-BA$：P3HT 的太阳能电池效率（0.78%）高于 PCBM：P3HT（0.59%）。Troshin 等人在此基础上研究了不同数量的酯基修饰对太阳能电池性能的影响[61]，尽管酯基数量不同但仍属于单加成富勒烯衍生物，故 LUMO 能级相差不大，但却可以显著影响溶解，其在氯苯中 30～80 mg/mL 的溶解度可与给体 P3HT 50～70 mg/mL 的溶解度形成最佳匹配，此条件下构筑的太阳能电池性能也最好。曹镛等人将 PCBM 的甲酯基用不同长度的烷基链取代[62]，合成了从丁酯到十六烷基酯的 PCBB，结果还发现溶解度随着酯基链的增长而增加，但能级结构和吸收光谱保持相近。但在构筑太阳能电池器件时效率却变化很大，丁酯衍生物 PCBB：MEH-PPV 的器件效率（2.45%）优于相同条件下的 PCBM 器件效率（2.0%），当碳链长度增加到 $C_{16}H_{33}$ 时则会严重影响分子间的聚集而不利于电子的有效传输，导致器件性能急剧下降。因此，对 PCBM 进行连接碳链改性时需要适当控制长度才可优化聚合物太阳能电池的性能。

Mikroyannidis 等人在 PCBM 的酯基上连接一个共轭的苯撑乙烯基团合成出 F-NHCS[63]。除了可以增强溶解性，引入的苯撑乙烯基团还将 F-NHCS 的光谱吸收范围拓宽至 250～900 nm。F-NHCS 的 LUMO 能级比 PCBM 高 0.25 eV，F-NHCS：P3HT 器件的 V_{oc} 和 J_{sc} 相比 PCBM：P3HT 也均有所提高，太阳能电池器件效率达到 5.25%。而且，基于 F-NHCS 受体与其他共轭聚合物给体材料的太阳能电池效率也普遍有所提高[64]。Singh 等人则是将 $PC_{71}BM$ 中的甲酯替换为含有腈基的苯撑乙烯共轭结构制备了 $CN-PC_{70}BM$[65]，含腈基的苯撑乙烯同样可拓宽紫外吸收范围，其 LUMO 能级（-3.75 eV）比 $PC_{71}BM$ 高 0.15 eV，PTB7-Th：$CN-PC_{70}BM$ 光伏器件 V_{oc} 可以达到 0.9 V，实现 8.2% 的能量转换效率。

对单加成富勒烯衍生物 PCBM 进行多加成改性是对 PCBM 体系深入研究的另一个重要方向。Blom 最早将双加成 PCBM（bis-PCBM）应用于太阳能电池[66]，结果发现 bis-PCBM 的 LUMO 能级比 PCBM 的 LUMO 能级高约 0.1 eV，P3HT：bis-PCBM 器件的 V_{oc} 也相应比 P3HT：PCBM 高约 0.15 V，光电转换效率（4.5%）也较后者（3.8%）明显提高，说明双加成富勒烯衍生物结构是提高光伏器件能量转换效率的有效途径。随后 Blom 等人又研究了三加成 PCBM 衍生物 tris-PCBM[67]，尽管 P3HT：tris-PCBM 器件的 V_{oc} 可达到 0.81 V，但却伴随着 J_{sc} 的急剧下降，最终器件的光电转换效率不足 1%。碳笼上三加成的无规立体结构会导致 tris-PCBM 结晶、聚集不够有序从而影响电子传输性能。李永舫等人对 PCBM 进行了茚的加成取代（IPCBM）[68]，IPCBM 的 LUMO 能级提高了 0.12 eV, P3HT∶IPCBM 器件效率为 4.39%。Jen 等人对 PCBM 进行亚甲基加成制备了 CH₂-PCBM[69], 其 LUMO 能级提高了 0.15 eV, 且由于亚甲基对富勒烯碳笼之间的堆积影响较小, CH₂-PCBM 保持了 0.014 cm² /(V·s)的较高电子迁移率, 最终 P3HT∶CH₂-PCBM 的器件 V_{oc} 为 0.69 V, 效率为 3.81%。类似的还有一些在 PCBM 结构基础上进行其他再修饰的研究, 获得的性能大多与 PCBM 接近。

1.3.1.2 非 PCBM 结构的富勒烯受体材料

虽然 PCBM 富勒烯衍生物作为受体材料在聚合物太阳能电池研究中占主导地位, 但基于 PCBM 结构的能级、性能的调节毕竟有限, 因此一些非 PCBM 结构富勒烯衍生物受体材料也同时受到关注, 如图 1-7 所示。

Martín 等人将双烷氧基苯 C_{60} 衍生物 DPM12 应用于太阳能电池[70], DPM12 的 LUMO 能级与 PCBM 相近, 但溶解度的增加使 P3HT∶DPM12 器件的 V_{oc} 提高了 100 mV, 遗憾的是低电子迁移率使得最终器件的光电转换效率只有 2.3%。为提高受体的电子迁移率, Martín 等人又将 DPM 衍生物上的碳链长度从 C_{12} 减少为 C_6, 即 DPM-6[71], 发现电子迁移率得到了明显提高, 相应的太阳能电池光电转换效率也提高至 2.6%, 但仍低于同条件下的 P3HT∶PCBM 器件。Singh 等人在此基础上制备了 C_{60}DAM 和 C_{70}DAM 衍生物[72], C_{60}DAM 和 C_{70}DAM 吸光能力与 LUMO 能级均较 PCBM 有所提高, P3HT∶C_{60}DAM (3.23%)和 P3HT∶C_{70}DAM (4.45%)的器件光电转换效率也均优于 PCBM。Frechet 等人合成了二氢化萘类富勒烯系列衍生物[73], LUMO 能级均与 PCBM 相近, 其中苯甲酯取代的衍生物 F3 在氯仿中溶解度大于 30 mg/mL, 因此 P3HT∶F3 器件在 V_{oc} 和 J_{sc} 都与 PCBM∶P3HT 相近的条件下, 效率(4.2%)高于后者。

Matsumoto 采用 Prato(普拉托)反应合成了 FP 系列富勒烯吡咯烷衍生物[74]。对比研究发现, 苯环上取代卤素原子或三氟甲基等吸电子基团后会降低 V_{oc}, 使得太阳能电池效率低于 3%, 相反苯环上取代单个甲基或甲氧基等给电子基团则可提高 V_{oc}, 太阳能电池效率最高可以达到 3.4%。但是过多的甲氧基取代(苯环上连有 2 或 3 个甲氧基后)会降低太阳能电池效率至 1%以下。此外, 研究还发现取代基在苯环上的取代位点也会影响太阳能电池效率。上述研究表明在设计新型的富勒烯衍生物受体材料时, 需要同时考虑取代基的种类、数量及取代位点等多个因素。Nakamura 等人合成了含 Si 的富勒烯衍生物 SIMEF[75], 其 LUMO 能级比 PCBM 高 0.1 eV, 且具有较好的结晶性能, 因此 SIMEF 作为受体与卟啉给体形成的 p-i-n 太阳能电池器件结晶后可以形成交错的柱状结构, 由此获得了 5.2%的太阳能电池效率。刘俊等人制备了一系列带有腈基极性官能团的富勒烯衍生物 FCN-n[76], 腈基的引入对能级与电子传输能力几乎没有影响, 但介电常数可达到 4.9, PCDTBT∶FCN-n 器件性能好于相同条件下的 $PC_{61}BM$。

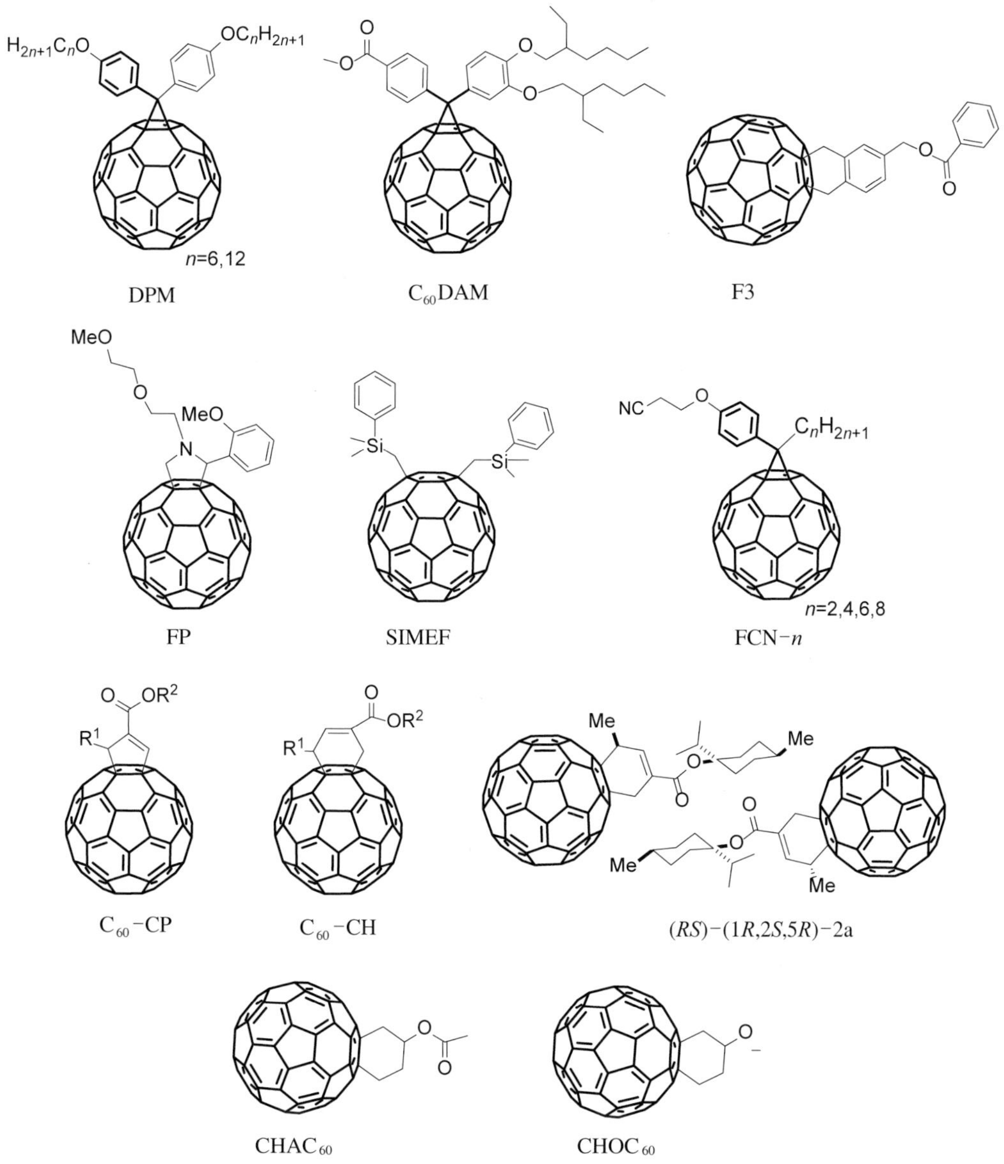

图 1-7　非 PCBM 结构的单加成富勒烯受体分子结构

　　Itoh 等人制备了一系列环戊烯(C_{60}-CP)及环己烯(C_{60}-CH)加成的富勒烯衍生物[77]，但 C_{60}-CH(2l)与 P3HT 能级更为匹配，在构筑光伏器件时表现出明显比 $PC_{61}BM$ 优异的性能。该项研究还发现在环己烯上进行烷基取代时，碳原子个数为奇数的烷基链取代有利于提高光电转换效率，而偶数烷基链则会降低光电转换效率。Itoh 等人在此基础上制备具有手性的环己烯加成富勒烯衍生物(RS)-($1R$,$2S$,$5R$)-2a[78]，发现消旋化合物 P3HT：

(RS)-$(1R,2S,5R)$-$2a$ 器件的光电转换效率高于 P3HT：PC$_{61}$BM，而单一手性异构体 (R)-$(1R,2S,5R)$-$2a$ 和 (S)-$(1R,2S,5R)$-$2a$ 作为受体构筑的器件时 J_{sc} 很低，说明手性分子的不同聚集方式会影响与器件中活性层材料之间的相互作用，从而影响器件的光电转换效率。虽然此项研究并没有获得值得关注的器件效率，但却是首次研究了手性对于光伏器件效率的影响。

葛子义等人设计了一种环己酮加成的富勒烯衍生物 CHOC$_{60}$ 及酯基取代酮基的 CHAC$_{60}$[79]，二者均在普通有机溶剂中具有很好的溶解性。虽然 CHOC$_{60}$：P3HT 及 CHAC$_{60}$：P3HT 器件的光电转换效率仅分别为 2.97% 和 3.15%，只是接近 PC$_{61}$BM：P3HT，但引人注意的是 CHOC$_{60}$ 及 CHAC$_{60}$ 均可采用简单的一步法合成，制备成本大大降低，从实际应用的角度来看也是一项很有意义的研究成果。

1.3.1.3　双加成富勒烯衍生物受体材料

相比于单加成富勒烯衍生物，双加成富勒烯衍生物可以有效降低富勒烯碳笼上的电子共轭和离域，从而提高富勒烯衍生物材料的 LUMO 能级，进而提高太阳能电池器件的 V_{oc} 及光电转换效率，如前所述的 P3HT：bis-PCBM 器件。

2010 年，李永舫等人合成了茚的 C$_{60}$ 富勒烯双加成衍生物 IC$_{60}$BA[80,81]。IC$_{60}$BA 的 LUMO 能级比 PC$_{61}$BM 高 0.17 eV，P3HT：IC$_{60}$BA 光伏器件的 V_{oc} 随之提高到 0.84 V，能量转换效率达到 5.44%，对该器件进行热处理优化后器件效率更是突破性地达到了 6.48%，而 P3HT：PC$_{61}$BM 器件在相同条件下开路电压和能量转换效率分别只有 0.58 V 和 3.88%。分析认为 IC$_{60}$BA 在适宜的温度下可以与 P3HT 混合形成连续有效的互穿网络，从而全面提高外量子效率、填充因子和短路电流。基于 P3HT：IC$_{60}$BA 的反向结构器件也实现了 6.22% 的转换效率[82]，并在此基础上引入二（乙酰丙酮基）钛酸二异丙酯（TIPD）作为界面修饰层，将反向光伏器件的效率进一步提高至 6.84%[83]。

IC$_{60}$BA 的优异性能使其成为 PC$_{61}$BM 之后又一个里程碑式的富勒烯受体材料。对 IC$_{60}$BA 分子进行结构再修饰和改性的工作也不断展开，以期进一步提高聚合物太阳能电池的光电转换效率。不久，性能更为优异的茚双加成 C$_{70}$ 富勒烯衍生物 IC$_{70}$BA 被合成[84]，IC$_{70}$BA：P3HT 电池器件 V_{oc} 进一步提高至 0.86 V，光电转换效率达到 7.4%[85-87]，IC$_{70}$BA 随后成为太阳能电池器件研究的首选受体分子。但是，对于 IC$_{60}$BA 中茚官能团展开的改性修饰研究却没有获得更优的效果。例如联茚双加成 C$_{60}$ 衍生物（BC$_{60}$BA）[88] 和联茚 C$_{70}$ 衍生物（BC$_{70}$MA）[89]，这类分子虽然有较高的 LUMO 能级可提高器件中的 V_{oc}，但却因为所连接的联茚基团空间位阻过大而严重影响了电子传输能力及器件形貌，大大降低了 J_{sc}，最终器件的光电转换效率不足 1%。

除了茚双加成的富勒烯衍生物以外，大量类似的双加成富勒烯衍生物被报道。许千树等人合成了 DMPCBA[90]，其 LUMO 能级比 PCBM 提高了 0.1 eV，P3HT∶DMPCBA 电池器件的 V_{oc} 和电池效率分别为 0.87 V 和 5.2%。丁黎明等人合成了噻吩双加成的富勒烯衍生物 bis－TOQC[91]，噻吩取代基无疑会具有与 P3HT 更好的共混性，其 LUMO 能级比 $PC_{61}BM$ 高 0.16 eV，P3HT∶bis－TOQC 电池器件的 V_{oc} 和电池效率分别为 0.86 V 和 5.1%，仅次于 DMPCBA。王春儒等人在 $IC_{60}BA$ 基础上简化合成方法制备了二氢化萘类富勒烯衍生物 $NC_{60}BA$[92]，其 LUMO 能级同样比 $PC_{61}BM$ 高 0.16 eV，比 $IC_{60}BA$ 低 0.01 eV，P3HT∶$NC_{60}BA$ 光伏器件的 V_{oc} 和光电转换效率分别为 0.82 V 和 5.37%。值得一提的是 $NC_{60}BA$ 因具有无定形结构而大大提高了器件的热稳定性，P3HT∶$NC_{60}BA$ 电池器件在 150℃ 下加热 20 h 后仍可以保持原有效率的 80% 以上，而同样条件下 P3HT∶PCBM 的器件效率会急剧降低。随后，他们又合成了 LUMO 能级比 $PC_{61}BM$ 高出 0.2 eV 的 $NC_{70}BA$[93]，$NC_{70}BA$ 与 $IC_{70}BA$ 同样具有较好的光谱吸收性质，P3HT∶$NC_{70}BA$ 电池器件的开路电压 V_{oc} 和光电转换效率分别为 0.83 V 和 5.95%，并且 $NC_{70}BA$ 同样具有无定形结构而赋予 P3HT∶$NC_{70}BA$ 电池器件良好的热稳定性。

考虑到碳笼加成的特殊性，制备双加成富勒烯衍生物不可避免地会得到不同位置取代的异构体混合物，为此王春儒等人首先对他们合成的 $NC_{60}BA$ 异构体进行分离，得到了 trans－2∶P3HT、trans－3∶P3HT、trans－4∶P3HT 和 e∶P3HT 四种异构体[94]。研究结果表明这四种异构体分别具有不同的吸收光谱、电化学性质和电子迁移率，因此 trans－2∶P3HT、trans－3∶P3HT、trans－4∶P3HT 和 e∶P3HT 器件的光电转换效率分别为 5.8%、6.3%、5.6%、5.5%，均表现出比 $NC_{60}BA$ 异构体混合物（5.3%）更优的器件效率。其中 trans－3∶P3HT 异构体因具有电子传输能力相对更强而器件效率最高，trans－3∶P3HT 的电子传输能力又得益于其更有序的排列方式，由此说明异构体的空间结构会直接影响所构筑的光伏器件效率。随后，他们又进一步分离提纯了 $IC_{60}BA$ 的 trans－2∶P3HT、trans－3∶P3HT、trans－4∶P3HT 及 e∶P3HT 四种异构体[95]，并获得了 e－$IC_{60}BA$ 单晶。研究发现，单一的 $IC_{60}BA$ 异构体可降低能级的无序度进而减少能级陷阱，因此分离提纯异构体可以提高受体 LUMO 能级进而提高器件的 V_{oc}。与 $NC_{60}BA$ 的异构体一样，单一 $IC_{60}BA$ 异构体在活性层中更加规整有序地排列也可以提高器件的电子迁移率。但遗憾的是，尽管单一 $IC_{60}BA$ 异构体与 P3HT 构筑器件相比，其 V_{oc} 和电子迁移率都有大幅提高，但最终的器件效率却降低了，主要是由于活性层中单一 $IC_{60}BA$ 异构体与 P3HT 混合后发生了过度相分离，从而导致器件的 J_{sc} 和填充因子（FF）双双降低。这一研究结果也说明，构筑高效率聚合物太阳能电池器件时能级匹配与结构匹配同等重要。

为了解决双加成衍生物合成后需多次分离异构体的问题，Imahori 等人通过特定反应直接合成了 C_{60}、C_{70} 的双加成单一异构体 cis－2－[60]BIEC[96] 和 cis－2－[70]BIEC[97]，cis－2－[70]BIEC∶P3HT 优于多异构体混合物 cis－2－[70]BIEC、cis－2－[60]BIEC 和单

加成[70]BIEC 构筑的器件效率,但均弱于 $IC_{70}BA$ 和 $PC_{71}BM$,主要是因为虽然 cis-2-[70]BIEC 的光捕获能力和电荷分离能力都有所提高,有利于提高器件的 J_{sc},但与 $IC_{70}BA$、$PC_{71}BM$ 相比,其电子传输能力还有待优化。

为探究烷基链对双加成富勒烯衍生物受体材料的影响,一系列研究逐渐开展,如图 1-8 所示。其中以 Cn-NCBA($n=1\sim6$)最具代表性[98],该报道详细研究了烷氧链长度对光伏器件性能的影响。研究表明,烷氧链长度对 Cn-NCBA 的电化学性质和吸收光谱几乎没有任何影响,但是 Cn-NCBA∶P3HT 的器件性能却表现出很大差别。当碳链长度从 1 增加到 6 时,太阳能电池效率分别为 1.4%、3.8%、4.1%、3.7%、3.2% 和 3.2%,说明过短的碳链会使得器件中给、受体分子之间的界面张力过大而导致共混性差、相分离严重,而

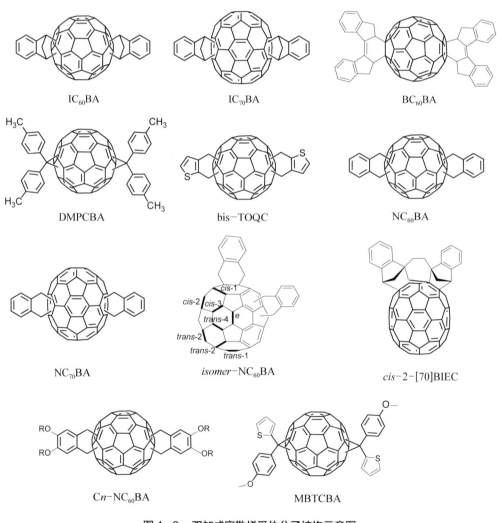

图 1-8 双加成富勒烯受体分子结构示意图

烷氧链过长又会降低电子迁移率，从而导致电池效率降低。相比之下 C3 - NCBA 则表现出适宜的烷氧链长度，既具有较高的电子迁移率，又可同时与 P3HT 形成较好的共混，所以 C3 - NCBA：P3HT 的器件效率最佳。Tian 等人最近合成的在碳笼上同时连有苯环和噻吩环的富勒烯双加成衍生物 BTCBA：P3HT 及 MBTCBA：P3HT[99]，二者中 MBTCBA：P3HT 构筑的薄膜器件也是因为其具有更好的相分离特性而获得了更高的器件效率。由此可见，对于双加成富勒烯衍生物，一方面要保证较高的 LUMO 能级以提高太阳能电池器件的 V_{oc}，同时也要充分考虑双加成衍生物的异构体结构对分子堆积方式的影响和给、受体材料的相分离等因素对光电转换效率的影响。

1.3.1.4　基于富勒烯二聚体的受体材料

含有多个富勒烯碳笼的衍生物也是富勒烯受体材料的研究方向之一，考虑到合成方法及其在光伏器件中的可实用性，本节内容只涉及二聚体富勒烯衍生物。二聚体富勒烯衍生物根据结构又可划分为同型二聚体和异型二聚体，Dyakonovt 和 Martín 等人曾对多种 C_{60} 和 C_{70} 的二聚体进行了深入研究[100,101]，结果发现异型二聚体的电子传输能力要弱于同型二聚体，因而对结构对称的同型二聚体研究更为广泛，因此同型二聚体也可以直接简称为二聚体，如图 1 - 9 所示。

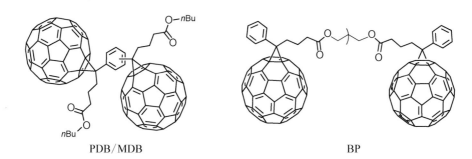

PDB／MDB　　　　　　　　　　　BP

图 1 - 9　富勒烯二聚体的受体分子结构

Murata 在 2013 年制备了 C_{60} 二聚体[102]，并用此作为受体材料获得了 6.14% 的光电转换效率，仅略低于当时相同条件下 $PC_{61}BM$ 的光电转换效率（6.24%），这一研究结果在当时备受关注。李永舫等人为此将两个 $PC_{61}BM$ 分子的酯基端进行共价连接制备得到了哑铃型二聚体 BP[103]，其 LUMO 能级变化不大，与 P3HT 构筑光伏器件时 V_{oc} 与 PCBM 也比较接近，但短路电流和光电转换效率明显优于 P3HT/$PC_{61}BM$，这说明通过共价方式连接的富勒烯分子对薄膜器件效率有积极影响。由此可知，在分子水平上设计优化富勒烯碳笼的连接方式可以有效提高基于多富勒烯衍生物材料太阳能电池的性能[104,105]。此外，富勒烯二聚体衍生物也可以用作太阳能电池中的修饰材料添加到器件中，在不影响器件性能的条件下改善薄膜的形貌,且研究表明添加适量富勒烯二聚体可以有效延长器件的使用寿命[106]。表1-4为基于不同富勒烯受体材料的器件的光伏参数。

表1-4   基于不同富勒烯受体材料的器件的光伏参数

活性层组分	V_{oc}/V	$J_{sc}/(mA/cm^2)$	FF/%	PCE/%	Ref.
$PC_{71}BM/MDMO-PPV$	0.77	7.6	0.51	3	49
$Lu_3N@C_{80}-PCBH/P3HT$	0.81	8.64	0.61	4.2	51
$TPA-PC_{61}BM/P3HT$	0.65	9.9	0.62	4	55
$TC_{61}BM/P3HT$	0.6	10.9	0.61	3.97	56
PCBB/MEH-PPV	0.85	6.08	0.43	2.84	62
F-NHCS/P3HT	0.81	10.3	0.63	5.25	63
$CN-PC_{70}BM/PTB7-Th$	0.898	13.5	0.68	8.2	65
$bis-PC_{61}BM/P3HT$	0.73	7.3	0.63	2.4	66
$IPC_{61}BM/P3HT$	0.72	9.49	0.64	4.39	68
$CH_2-PCBM/P3HT$	0.69	8.03	0.69	3.81	69
DPM-6/P3HT	0.64	9.72	0.59	3.1	71
$C_{70}DAM/P3HT$	0.82	9.86	0.55	4.45	72
F3/P3HT	0.65	11.3	0.57	4.2	73
FP/P3HT	0.66	7.85	0.66	3.44	74
FCN-2/PCDTBT	0.9	8.66	0.71	5.55	76
$C_{60}-CH/P3HT$	0.64	8.13	0.61	3.2	77
$(RS)-(1R,2S,5R)-2a/P3HT$	0.64	8.13	0.61	3.2	78
$CHOC_{60}/P3HT$	0.54	8.89	0.62	2.97	79
$IC_{60}BA/P3HT$	0.84	9.67	0.67	5.44	80
$IC_{70}BA/P3HT$	0.87	11.35	0.75	7.4	84
DMPCBA/P3HT	0.87	9.05	0.655	5.2	90
bis-TOQC/P3HT	0.86	7.7	0.66	5.1	91
$NC_{60}BA/P3HT$	0.82	9.88	0.67	5.37	92
$NC_{70}BA/P3HT$	0.83	10.71	0.67	5.95	93
$trans-2-NC_{60}BA/P3HT$	0.83	10.04	0.69	5.8	94
$trans-3-NC_{60}BA/P3HT$	0.88	10.21	0.71	6.3	94
$trans-4-NC_{60}BA/P3HT$	0.86	9.67	0.67	5.6	94
$e-NC_{60}BA/P3HT$	0.86	9.51	0.67	5.5	94
$cis-2-ICBA/P3HT$	0.8	6.6	0.53	2.8	96
C3-NCBA/P3HT	0.81	8.12	0.62	4.1	98
PDB/P3HT	0.63	7.89	0.66	3.32	102
MDB/P3HT	0.58	7.12	0.66	2.75	102
BP/P3HT	0.56	10.34	63.9	3.7	103

1.3.2　富勒烯作为修饰层材料的应用

为提高有机太阳能电池的效率,不断开发新型高效的给、受体材料无疑是最重要的途径。但人们在研究过程中也发现如果在有机光伏器件的活性吸收层和电极间引入合适的界面修饰材料,比如在阴极和吸收层之间引入电子传输层、在阳极和吸收层之间引入空穴传输层,可大大降低电极与活性层之间的势垒形成欧姆接触从而减少界面能量损失,提高对载流子的选择性并减少界面复合,控制界面性质改变活性层的形貌及诱导垂直浓度梯度分布,通过光学间隔及等离子体效应增强活性层的光吸收,提高活性层与电极的界面稳定性等。一般来说,好的界面材料通常需要满足以下几点:① 有助于电极和吸收层间形成欧姆接触;② 具有合适的能级位置以提高相应电极的电荷选择性;③ 具有比吸收层更宽的能隙以约束激子;④ 导电性良好且对可见及近红外光的吸收尽量低;⑤ 化学性质和物理性质稳定,不能与电极和吸收层之间发生反应;⑥ 力学性能稳定,并能支撑后续多层膜的制作工艺;⑦ 容易在较低温度下成膜,加工成本低等。而富勒烯衍生物作为界面修饰材料,其良好的电子亲和势既可保证电子传输又可阻挡空穴,从而可减少界面双分子复合。此外,由于富勒烯界面修饰材料与活性层中的受体材料存在结构与性质上的相似性,因此,在与活性层的兼容性方面,是金属氧化物、高分子电解质等其他种类界面修饰材料所无法比拟的。本节将从修饰基团入手简要介绍几类富勒烯类界面修饰材料,其分子结构如图 1-10所示。

基于极性基团的富勒烯界面修饰材料大致可以分为两类,一类是富勒烯表面活性剂,如氟烷基-PCBM 衍生物(F-PCBM)[52]及聚乙二醇-C_{60}衍生物(PEG-C_{60})[107]。根据表面偏析原理,将少量该类富勒烯界面修饰材料加入活性层(P3HT:$PC_{61}BM$)后,表面能较低的 F-PCBM 或 PEG-C_{60}在活性层溶剂退火的过程中会自发迁移到活性层表面,从而在活性层与 Al 电极之间自组装形成阴极界面层。这两种富勒烯表面活性剂与 Al 电极相互作用,形成合适的表面偶极矩,从而使活性层与电极之间形成更好的欧姆接触,降低了接触电阻,并提高了器件效率。这种方法的特点是简便性,通过一步溶液旋涂法就可同时完成活性层与界面修饰层的制备,其缺点是应用范围较窄。因为此类界面修饰材料对成膜动力学过程十分敏感,而给、受体材料不同,溶剂挥发动力学过程也不同,所以其不能应用到其他异质结体系中。

另一类是在碳笼上引入羧基、磷酸基、酚羟基、酯基、氨基、铵根等强极性官能团,增大富勒烯衍生物在醇、水、四氢呋喃等极性溶剂中的溶解度,从而通过溶剂正交法,实现界面层与活性层独立成膜,有效提高富勒烯界面修饰材料的普适性,相关器件结构及光伏参数列于表 1-5。以氨基富勒烯衍生物为例,氨基形成的表面偶极矩可有效降低阴极功函,因此,氨基富勒烯衍生物被广泛用作传统器件结构的阴极修饰材料。例如,李永舫[108,109]小组

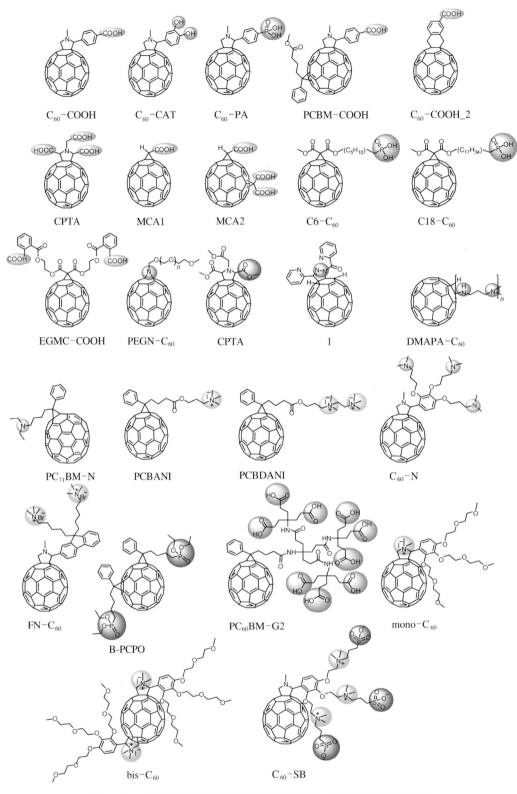

图 1- 10　典型的富勒烯类界面修饰材料（不同官能团用不同颜色标出）

设计合成的两种氨基富勒烯界面修饰材料 PEGN - C_{60} 和 DMAPA - C_{60}，与传统的阴极修饰层 Ca 相比，器件效率均有所提高；曹镛[110]小组利用三级胺功能化 $PC_{71}BM$，得到阴极修饰层 $PC_{71}BM$ - N，优化功函并在活性层与电极之间引入接触掺杂，从而提高器件效率。Page 等人[111]报道了氨基吡咯环富勒烯 C_{60} - N，利用表面偶极矩将 Ag、Cu、Au 的功函降至 3.65 eV，使器件的能量转换效率均达到 8.5% 以上，是当时报道的基于高功函电极器件的最高效率。

表 1 - 5　基于极性基团的富勒烯界面修饰材料的器件的光伏参数

富勒烯传输层/活性层组分	V_{oc}/V	J_{sc}/(mA/cm²)	FF/%	PCE/%
F - PCBM/P3HT：PCBM	0.57	9.51	70	3.79
PEG - C_{60}/P3HT：PCBM	0.60	11.44	0.6	4.15
C_{60} - COOH/P3HT：PCBM	0.62	10.6	57.2	3.8
C_{60} - COOH/P3HT：PCBM	0.56	2.36	52.4	0.69
C_{60} - CAT/P3HT：PCBM	0.48	2.23	51.9	0.56
C_{60} - PA/P3HT：PCBM	0.56	1.11	39.6	0.25
PCBM - COOH/P3HT：PCBM	0.63	2.49	45.6	0.72
C_{60} - COOH_2/P3HT：PCBM	0.52	2.36	54.8	0.68
C6 - C_{60}/P3HT：PCBM	0.58	10.46	57.1	3.46
C18 - C_{60}/P3HT：PCBM	0.58	9.9	56.8	3.25
MCA1/P3HT：$PC_{61}BM$	0.59	11.6	55	3.79
MCA2/P3HT：$PC_{61}BM$	0.59	12.4	56	4.1
MCA1/PBDTTT - C：$PC_{71}BM$	0.72	16	62	7.13
MCA2/PBDTTT - C：$PC_{71}BM$	0.72	16.7	63	7.57
CPTA/PTB7：$PC_{71}BM$	0.74	16.95	63	7.92
EGMC—COOH/PCDCTBT - C8：$PC_{71}BM$	0.72	11.1	56	4.51
$PC_{60}BM$ - G2/PBDT - DTBT：$PC_{71}BM$	0.73	15.1	64	6.71
B - PCPO/PCDTBT：$PC_{71}BM$	0.89	9.5	61.7	6.2
PyC_{60}/PTB7：$PC_{71}BM$	0.75	16.04	72.5	8.76
$PC_{71}BM$ - N/PCDTBT：$PC_{71}BM$	0.85	10.22	56	4.86
PEGN - C_{60}/PBDTTT - C - T：$PC_{71}BM$	0.79	14.79	63.4	7.45
DMAPA - C_{60}/PBDTTT - C - T：$PC_{71}BM$	0.79	14.89	62.9	7.42
1/P3HT：$PC_{61}BM$	0.60	10.47	66	4.18
C_{60} - bis/PIDT - PhanQ：$PC_{71}BM$	0.88	11.5	61	6.22
mono - C_{60}/PIDT - PhanQ：$PC_{71}BM$	0.87	11.28	64	6.28
PCBDANI/PBDTTT - C - T：$PC_{71}BM$	0.78	17.29	57	7.69
FN - C_{60}/PDFCDTBT：$PC_{71}BM$	0.94	8.65	57	4.64
PCBANI/P3HT：PCBM	0.57	9.86	64	3.62

交联富勒烯界面修饰材料可通过热、光、引发剂等形成强韧的、可黏附的、抗溶剂的薄膜，用于提高倒置器件的效率和稳定性。2010 年，许千树等人[112]设计合成了基于苯乙烯

基交联富勒烯界面修饰材料 C‑PCBSD,提高了激子解离效率,减少了载流子复合,降低了接触电阻,诱导了活性层垂直相分离,不但延长了器件寿命,还将 P3HT∶$PC_{60}BM$ 器件效率由 3.5%提高到了 4.4%,P3HT∶$IC_{60}BA$ 器件效率由 4.8%提高到了 6.2%。随后,许千树等人运用阳极氧化铝(AAO)模板辅助法制备 C‑PCBSD 有序纳米阵列,为电子传输提供垂直有序通道,使电子迁移率由 $9.4×10^{-4}$ cm²/(V·s) 提高至 $2.6×10^{-3}$ cm²/(V·s),P3HT∶$IC_{60}BA$ 器件效率高达 7.3%,这是目前基于 P3HT∶$IC_{60}BA$ 的最高器件效率[113]。为提高交联富勒烯界面修饰材料的电导率,Jen 等人[114]利用缺电子的十甲基二茂钴(DMC)掺杂 PCBM‑S 交联富勒烯界面层,将电导率提高了 6 个数量级,大大提高了器件效率。Yen‑Ju Cheng 等人[115]利用氧杂环丁基在 TiO_2 表面的开环反应,使 PCBO 和 PCBOD 在 TiO_2 表面形成自组装交联富勒烯界面修饰层(图 1‑11),该修饰层兼具自组装修饰层与交联富勒烯修饰层的优点,减少了 TiO_2 表面电子缺陷,避免了活性层与电极的相互渗入,分别使 P3HT∶$PC_{60}BM$ 器件效率提高了 14%和 26%。2013 年,许千树等人利用相似的原理,将三氯硅烷基富勒烯衍生物 TSMC 在 TiO_2 表面形成自组装交联富勒烯界面修饰层,将器件效率提高了 22%[116]。

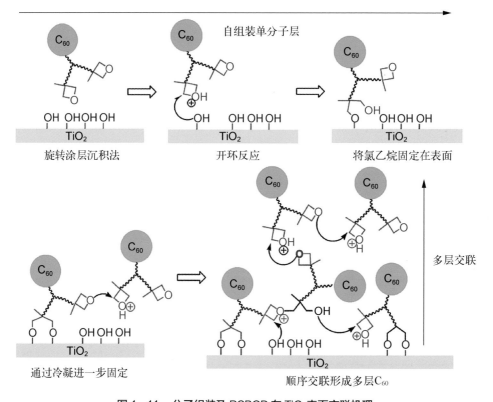

图 1‑11   分子组装及 PCBOD 在 TiO_2 表面交联机理

王春儒小组[117]将内嵌钾离子的 18-冠-6 官能团与 n 型掺杂富勒烯相结合,制备出高效富勒烯界面修饰材料 PCMI∶K+(图 1-12)。该修饰层在可见-近红外区吸收较弱,减少了活性层的光学损失,并可有效改善 ZnO 与有机活性层的兼容性,形成表面偶极矩,降低接触势垒,减少 ZnO 表面缺陷,抑制由缺陷引起的载流子复合,从而同时提高了器件的开路电压、短路电流及填充因子,使 PTB7-Th∶PC$_{71}$BM 器件效率由 8.41% 提高至 10.30%,这是单结器件目前报道的最高效率之一。需要指出的是,PCMI∶K+ 在 PBDTTT-C-T∶PC$_{71}$BM 器件中也有优异的性能,表明该修饰层非常有潜能应用于不同的给、受体体系中。另外,以只含有 18-冠-6 官能团的富勒烯衍生物 PCBC 作为参照,证明了在提高器件性能方面,18-冠-6 官能团与富勒烯的 n-型掺杂具有协同作用,揭示了界面修饰材料结构与性能的关系,为富勒烯界面修饰的设计与合成提供了重要参考。

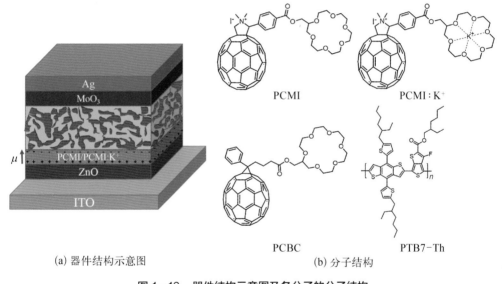

(a) 器件结构示意图　　　　　　　　　(b) 分子结构

图 1-12　器件结构示意图及各分子的分子结构

1.3.3　富勒烯材料在钙钛矿太阳能电池中的应用

自第一篇全固态钙钛矿太阳能电池(PSCs)的研究被报道以来,相关研究即得到了持续关注和极大的发展。PSCs 最初被认为是一种新型的染料敏化太阳能电池,但其工作原理又完全不同于有机太阳能电池,研究发现钙钛矿在受到辐照后产生电荷的过程几乎是瞬间发生的,并不产生激子。从器件结构来看,PSCs 可分为介孔结构和平面异质结构两种,而平面异质结构具体又可以细分为 n-i-p 和 p-i-n 两种类型。PSCs 的主要成分是一种有机/无机杂化半导体吸光材料,具体是由 +1 价的有机阳离子 A、+2 价的金属离子 B(多为 Pb^{2+})和卤素离子 X$^-$ 组成的 ABX$_3$ 钙钛矿晶体结构,尤以 CH$_3$NH$_3$PbI$_3$ 最为典型。这类材料在光捕获后直接产生电荷,电荷既可通过空穴传输层(HTM)也可通过电子传输层(ETM)到达电极。

　　基于富勒烯良好的电子亲和性与高电子迁移率及与无机材料合适的相容性,其衍生物作为电子传输层材料在钙钛矿电池中也表现出优异的性能,如图 1-13 所示。Grätzel 等人[118]分别将经典的 PC$_{71}$BM 应用于钙钛矿太阳能电池,通过系统地优化,最终采用 ITO/PEDOT：PSS/perovskite/PC$_{71}$BM/Ca/Al 电池构型,钙钛矿电池效率达到 20.1%。而 Choi 等人[119]采用真空蒸镀的手段直接在 ITO 表面沉积一层富勒烯 C$_{60}$ 的薄膜作为电子传输层。当膜厚为 35 nm 时,电池效率达到 19.7%。而且他们还将玻璃基底替换成柔性基底,电池效率依然可以达到 16.0%。

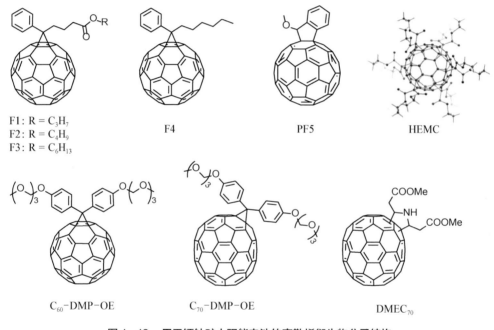

F1: R = C$_3$H$_7$
F2: R = C$_4$H$_9$
F3: R = C$_6$H$_{13}$

F4

PF5

HEMC

C$_{60}$-DMP-OE

C$_{70}$-DMP-OE

DMEC$_{70}$

图 1-13　用于钙钛矿太阳能电池的富勒烯衍生物分子结构

　　此外,他们还发现采用富勒烯电池传输层,可以有效地消除电池正反的迟滞现象。Troshin 等人[120]合成了一系列不同侧链长度的富勒烯衍生物 F1～F4,应用于钙钛矿电池。结果表明,侧链长度对钙钛矿电池稳定性有重要影响。其中,基于传输层 F1 的钙钛矿电池在光照 800 h 以上依然能保持初始效率的 90%,远远优于其他富勒烯衍生物。这是因为这种侧链能正好填充在富勒烯球体之间的间隙,从而阻止水与氧气侵入钙钛矿层。为降低富勒烯传输层的成本,Matsuo 等人[121]开发了一系列五元环修饰的富勒烯衍生物。其衍生化产率高达 93%。将其中的 PF5 应用于钙钛矿电池,效率可达到 20.7%。

　　为提高器件的开路电压,Jeng 等人[122]采用高 LUMO 能级的双加成富勒烯 IC$_{60}$BA 作为电子传输层。然而，可能是 ICBA 电池迁移率较低，因而其电池性能不理想，仅为 3.4%。针对这一问题，曹镛等人[123]采用高 LUMO 能级的亚甲基双加成富勒烯 $C_{60}(CH_2)(Ind)$ 作为传输层材料。由于有较高的 LUMO 能级及可与 PCBM 相媲美的电子迁移率，钙钛矿电池的光伏性能提升至 18.1%，器件的开路电压与效率均高于基于 PCBM 的同类电池。而林禹泽等人[124]则采用异构纯的 *trans* - 3 - $IC_{60}BA$ 作为电子传输层。消除异构体存在引起的能级紊乱，提高分子堆积的有序性，从而获得了较高的电子迁移率。他们将 *trans* - 3 - $IC_{60}BA$ 应用于宽带隙钙钛矿电池 $MAPbI_xBr_{3-x}$（带隙为 1.71 eV）。器件的开路电压高达 1.21 eV，能量损失仅为 0.5 eV。最终，电池效率为 18.5%，远高于基于非异构纯 $IC_{60}BA$ 的同类电池。

郑兰荪等人[125]采用六加成富勒烯 HEMC 作为传输层。研究表明，HEMC 衍生官能团上的酯键能与钙钛矿为配位的铅离子相互作用，有利于界面处电荷传输，从而使器件效率达到 20%。且器件表现出优异的光热稳定性。而为了进一步改善富勒烯与钙钛矿层的界面接触，Echegoyen 等人[126]在富勒烯表面修饰吡咯烷与酯键结构合成 $DMEC_{60}$ 与 $DMEC_{70}$，改善其与钙钛矿层的界面接触，基于传输层 $DMEC_{70}$ 表现的电池效率为 16.4%。黄飞等人[127]在富勒烯衍生官能团上引入醚键，合成了一系列富勒烯传输层材料。其中，C_{70} - DMP - OE 表现出最优的光伏性能，电池效率达 16%。他们发现，富勒烯可有效钝化钙钛矿表面的电荷陷阱和颗粒边界效应，从而消除两者引起的迟滞现象。这一结果表明了富勒烯电子传输层在钙钛矿电池中的优越性。以上研究结果均表明富勒烯衍生物是一类优异的钙钛矿电池电子传输层材料，具有很好的应用前景。

1.4　富勒烯生物应用

富勒烯和金属富勒烯具有独特的电子特性，其较大的共轭电子结构可高效淬灭过剩的自由基，从而减少自由基对机体的损伤[126]；同时，它们具有良好的生物相容性，在生物医学领域具有广阔的应用前景[127,128]。近年来，富勒烯和金属富勒烯产业化的迅速发展以及基于富勒烯材料的纳米技术大量涌现，极大地促进了富勒烯和金属富勒烯的生物医学应用进程[129,130]。目前已报道，富勒烯和金属富勒烯具有抗氧化活性、顺磁性、抗菌活性、抗病毒活性和抗肿瘤等特性[131-135]。

富勒烯具有大共轭电子结构，从而能够高效地捕获自由基，可作为抗氧化剂用来保护细胞或者组织免受过多自由基的伤害[126]。多年研究表明，富勒烯作为自由基清除试剂和氧化应激调节剂，可以预防细胞免受自由基的伤害，以及修复受损的细胞、提高细胞活性[128,136]；也可以在活体层面改善体内氧化应激状态、提高免疫功能、修复组织损伤[138,139]。

人类的很多疾病包括衰老都是和自由基息息相关的,而富勒烯作为高效低毒的自由基清除剂,具有抵抗疾病、延长寿命的临床应用潜力[140-143]。另外,富勒烯碳笼本身还可以在光照下高效地产生单线态氧,在光动力治疗方面具有很大的应用潜力[144],富勒烯衍生物在光动力治疗中的应用正逐渐引起人们的极大兴趣,经过修饰之后的富勒烯变为水溶性衍生物之后,其具有非常好的光动力治疗效果,相比传统的光敏剂而言,富勒烯具有更稳定的结构,不易发生光降解和光漂白[145]。富勒烯的碳笼结构可以进行多种修饰,从而进一步赋予富勒烯更多新的性质,例如,多种富勒烯衍生物具有抗病毒的特性,以及正电性富勒烯衍生物具有优异的抗菌性质[146]。钆金属富勒烯由于内嵌有顺磁性的金属钆离子,往往表现出比富勒烯更优异的生物效应,钆内嵌金属富勒烯可以用于高效的磁共振成像造影剂;同时,钆金属富勒烯具有更高效地清除自由基的性质以及抗肿瘤活性,有望成为新型的纳米药物[147-150]。本节将阐述富勒烯和金属富勒烯在抗自由基、光动力治疗、抗菌抗病毒和肿瘤治疗等方面的生物应用研究进展。

1.4.1　富勒烯的抗自由基功能

在众多自由基清除剂中,作为"纳米王子"的富勒烯又被称作"自由基海绵",可以和多种类型的自由基反应[126]。活性氧(reactive oxygen species,ROS)是一类化学性质活泼的含氧化合物,包括氧离子、过氧化物和含氧自由基等。ROS 是生物体内有氧代谢过程中的一种副产物,在细胞信号传导和维持体内平衡中起着重要作用[151]。ROS 水平过高会破坏体内的核酸、蛋白质,从而引起细胞和基因结构的损伤[152]。ROS 诱导的氧化损伤与许多人类疾病密切相关,包括器官损伤、炎症、纤维化疾病、代谢类疾病、心血管疾病和许多神经退行性变性疾病[153-156]。紫外线、X 射线辐射等恶劣环境及化疗过程通常会诱导产生过量的 ROS,导致氧化应激,从而对组织或机体产生氧化损伤[157,158]。

富勒烯的抗氧化性能主要基于其大量的共轭双键和较低的最低空分子轨道(LUMO),使富勒烯容易吸收电子,也令清除自由基物种成为可能。以 C_{60} 和 C_{70} 为代表的富勒烯具有大 Π 键结构,相比于主要的一些抗氧化剂有很高的电子亲和能[159]。Allen 等人利用偶氮二异丁腈引发的异丙基苯氧化作为模型反应,通过向其中添加富勒烯,研究自由基与不同富勒烯(C_{60} 和 C_{70})的反应速率常数。结果显示氧化速率与富勒烯浓度倒数的平方根呈线性关系,与自由基加成到富勒烯表面双键的机理吻合[160]。此外,与过氧自由基相比,烷基和烷氧基自由基更易于与富勒烯发生加成反应[161]。

对于工业上广泛应用的芳香胺类和受阻酚类抗氧化剂,它们的抗氧化性质依赖给出胺或酚上氢原子的能力,而氢原子的给出速率取决于相邻芳香环的共轭效应[162]。在应用于生物医学方面的水溶性富勒烯中,上述抗氧化机理也完全适用。Djordjevic 通过电子自旋共振(ESR)研究发现,$C_{60}(OH)_{24}$ 在清除芬顿反应引发的羟基自由基时产生了富勒烯自由

基 $C_{60}(OH)_{23}$ 信号,表明存在向羟基自由基给出氢原子的抗氧化机理[163]。同时,还存在着羟基自由基与 $C_{60}(OH)_{24}$ 残存双键的自由基加成反应。因此,富勒烯(C_{60} 和 C_{70})清除自由基的机理不仅限于自由基加成,后续很可能也存在类似富勒烯衍生物给出氢原子的反应机理[164]。这使得富勒烯对自由基的淬灭过程类似于催化的形式,在与自由基的反应过程中随着结构变化交替起到电子受体(如自由基加成)或者电子给体(如给出氢原子)的作用。给出电子后产生的富勒烯自由基可能与氧自由基结合,继续清除自由基的循环;或者互相结合生成富勒烯的多聚体;抑或从环境中的其他分子处获得电子,氧化环境中的其他分子。这一过程将取决于不同的自由基性质、各个反应物和中间态的浓度,以及每步基元反应的速率常数[164]。

不同基团修饰的富勒烯具有不同的抗氧化能力。此外,电势、粒径、形状、偶极矩等因素也会影响富勒烯的抗氧化性能,表明上述因素也在一定程度上影响了富勒烯的抗氧化反应机理。内嵌金属富勒烯内部的金属原子改变了碳笼表面的电子结构,同样改变了富勒烯清除自由基的性能。Wang 等人的研究表明水溶性修饰的 $Gd@C_{82}$ 具有比 C_{60} 和 C_{70} 同类衍生物更好的体外自由基清除与活体抗氧化治疗效果[165]。

富勒烯作为医学抗氧化剂的主要优点是它具有良好的生物相容性,并且能进入细胞,并被运输到线粒体或其他细胞区室,这常是炎症发生时自由基产生的区域。Gharbi 等人发现 C_{60} 悬浮液不仅对啮齿动物没有急性或亚急性毒性,而且还能保护其肝脏免受自由基损伤。大鼠在 CCl_4 中毒后,产生三氯甲基自由基 $CCl_3\cdot$,其与氧气反应时产生的三氯甲基过氧自由基 $CCl_3OO\cdot$ 是一种快速引发脂质过氧化反应的高反应性物质。C_{60} 能够大量清除这些自由基,因而预先用 C_{60} 处理的 CCl_4 中毒的大鼠并未显示明显的肝损伤。组织病理学和生物试验都证明 C_{60} 悬浮剂是一种功能强大的肝脏保护剂[166]。当富勒烯被极性基团修饰时,如多羟基化富勒烯(富勒醇)和丙二酸修饰的衍生物,富勒烯成为水溶性的,能够穿过细胞膜并优先定位于线粒体,线粒体是产生大量细胞氧自由基的地方,发挥更高效抵抗自由基的作用。已有研究证明,富勒烯衍生物可以保护不同类型细胞免受多种毒物引起的细胞程序性凋亡,如神经元细胞、上皮细胞、内皮细胞、肌原细胞等。富勒烯也用于抗紫外线辐射的细胞保护,UVA 辐射(320~400 nm)会产生活性氧,对人体皮肤细胞产生生物效应,导致细胞损伤或细胞死亡。聚乙烯吡咯烷酮(PVP)包覆的 C_{60} 可通过超氧化物的催化歧化达到清除自由基的目的,来保护细胞免于氧化应激。且其具有进入人体皮肤表皮深处的能力,比维生素 C 更可靠,可预防紫外辐射引起的皮肤损伤和老化[164,167]。Wang 等人为了进一步提高富勒烯的抗氧化效果,设计合成了一种乙二胺修饰的金属富勒烯[$Gd@C_{82}$-(ethylenediamine)$_8$]纳米颗粒,相比传统的金属富勒醇材料[$Gd@C_{82}(OH)_{26}$],这种带正电的富勒烯纳米颗粒更易进入细胞,对成人表皮细胞(HEK-a)有更优的抗氧化损伤效果[168](图 1-14)。

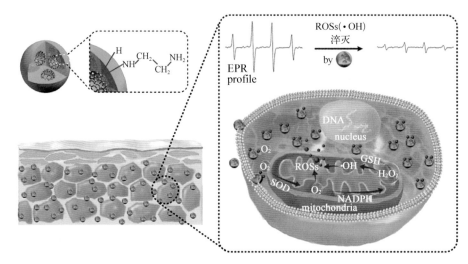

图 1-14   金属富勒烯-乙二胺衍生物作为自由基清除剂用于细胞保护

Wang 等人借助富勒烯纳米颗粒在骨髓组织中高效富集及清除自由基的特性,发展了多种基于富勒烯的高效低毒的放、化疗辅助治疗方法。首先,证实富勒烯纳米材料能有效缓解由化疗药物环磷酰胺引起的骨髓抑制症状,保护小鼠骨髓细胞和造血功能,调节体内氧化应激状态,以及协同体内各种自由基相关酶,在不影响化疗药物肿瘤治疗效果的情况下,最大限度保护了小鼠免受化疗药物的毒副作用的损伤。并且对于放疗造成的白细胞减少的症状,富勒烯也可以有效地缓解[169]。他们还系统研究了富勒烯氨基酸衍生物对阿霉素(doxorubicin,DOX)引起的心脏和肝脏毒性的缓解作用,实验结果表明,富勒烯氨基酸衍生物具有优异的细胞保护及抗 DOX 心脏和肝脏毒性能力,可以有效地减轻心脏及肝脏功能的下降,从体内氧化还原水平的测试中进一步证明了富勒烯能维持体内的氧化还原酶的平衡,通过改善心脏和肝脏代谢酶 CYP2E1 的表达来降低 DOX 引起的心脏和肝脏毒性[170](图 1-15)。

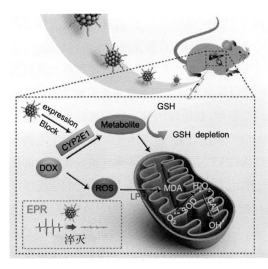

图 1-15   金属富勒烯衍生物显著降低化疗药物引起的肝脏毒性

肺纤维化是一种致命的肺部疾病,其主要特征是肺部纤维细胞的增生、胶原蛋白的过度积累和广泛的细胞外基质沉积。虽然目前肺纤维化的发病机制尚未明确,但是已有大量的研究结果证明,肺纤维化的进程与炎症、氧化应激、损伤诱导产生细胞因子等有着密切的联系。在肺部炎症的初期阶段,ROS 作为氧化应激的介质,在脂质过氧化及刺激炎症细胞产生更多 ROS 等过程中起着关键性作用。因此,在肺纤维化的早期,清除过剩的自由基、调节体内氧化应激水平、减少活性氧产生的机体损伤对于肺纤维化的治疗有着重要的作用。Wang 等人[171]提出了使用金属富勒醇治疗炎症引起的肺纤维化病症。通过雾化吸入给药,将富勒醇纳米颗粒直接输送到肺部病灶点,通过发挥它们优异的自由基清除性能,调节机体的氧化应激状态,减少 ROS 引起的损伤,从而影响肺纤维化进程。相对于空心富勒醇 C_{70}-OH,金属富勒醇 GF-OH 治疗效果更加明显,并且呈现浓度依赖的关系。病理学结果证明富勒醇能显著缓解肺泡隔的增厚,降低肺纤维化程度,减少胶原蛋白沉积。而且,肺纤维化中一种重要的细胞因子,转化生长因子 TGF-β1 的表达也受到了富勒醇的影响(图 1-16)。

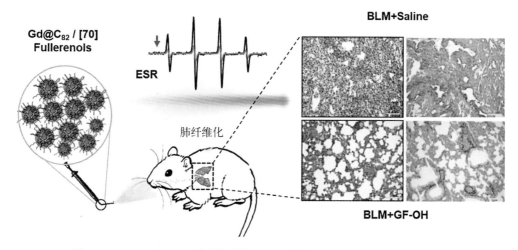

图 1-16　C_{70} 和 Gd@C_{82} 羟基衍生物用于化疗药物造成的肺纤维化疾病的治疗

糖尿病(diabetes mellitus,DM)是一种非常普遍的以高血糖为主要临床特征的内分泌代谢疾病[172]。Wang 等人[173]合成了氨基酸衍生化的金属富勒烯(GFNPs),通过腹腔注射进入小鼠体内,发现 GFNPs 能够显著地降低血糖,改善肥胖,改善葡萄糖耐受和胰岛素耐受,并且在停止给药后的一段时间内血糖不回升。GFNPs 能够激活 PI3K/Akt 信号通路,从而抑制糖异生关键酶的表达,从而抑制糖异生作用,另一方面可以降低糖原合成酶激酶的表达,解除其对糖原合成酶的抑制,增加糖原合成。并且,GFNPs 可以修复胰腺损伤,使其结构和功能正常化,从而能够高效地治疗 2 型糖尿病(图 1-17)。

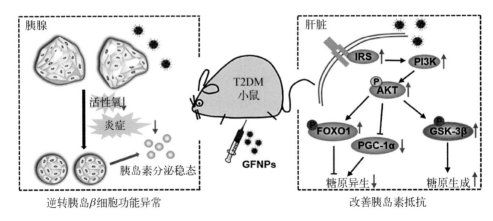

图 1-17   金属富勒烯羟基衍生物用于 2 型糖尿病的治疗

糖尿病往往伴随着很多并发症,比如肝脂肪变性等,目前临床上可以有效缓解糖尿病并发症的治疗药物非常稀缺。Wang 等人[174]证实金属富勒烯对肝脂肪变性具有很好的改善作用。他们对各组小鼠肝脏组织进行了蛋白质组学分析,分类对脂质合成、脂质分解和脂质转运的差异蛋白进行统计,并通过蛋白质印记方法进行验证。结果发现,相比脂质合成和脂质分解过程的蛋白,将脂质转运出肝脏的脂质转运蛋白 ApoB100(主要负责输运肝脏中甘油三酯)的表达水平在金属富勒烯治疗后显著提高。随后,他们利用油酸诱导肝细胞建立了脂肪变性的细胞膜并进行进一步研究,发现金属富勒烯作为一种高效的 ROS 清除剂,可抑制 ApoB100 蛋白的翻译后在细胞质中的降解,进而促进肝细胞中甘油三酯的转运过程。此外,金属富勒烯还可以改善受氧化应激损伤的肝细胞线粒体,促进其结构、膜电位和呼吸链功能的恢复。代谢研究表明金属富勒烯腹腔给药后主要分布在胰腺、肝、脾、肺和肾,而且可以逐渐代谢出体外,并且治疗后对于主要脏器未显示有明显毒性(图 1-18)。

过去十几年来,纳米技术快速发展,在神经退行性变性疾病的诊断和治疗中具有广阔的应用前景。但是,纳米粒子具有非特异性和毒性,很难在临床上应用。其中,富勒烯/金属富勒烯是一种具有多功能的纳米材料,能够抗氧化、抗炎症、治疗肿瘤、抗菌、降低脂质、加快伤口愈合、治疗心血管疾病、保护肝脏、保护神经元等。研究发现,富勒烯能够穿过血脑屏障,在脑部富集,这使得富勒烯在脑部疾病的治疗研究中应用广泛[175,176]。

Dugan 研究小组对 C_{60} 富勒烯及其衍生物在神经退行性变性疾病中的应用做了许多研究,证明羧基化的 C_{60} 富勒烯具有良好的清除自由基的效果,并对神经细胞具有很强的保护作用。并且该研究小组将羧基化富勒烯应用于猴子的实验,通过静脉滴注的方式证明富勒烯能够很好地治疗帕金森疾病[177]。Lin AM 研究小组还进行了羧基化富勒烯治疗神经退行性变性疾病的相关研究,通过腹腔或脑部定点注射,发现富勒烯能够治疗帕金森病(Parkinson's disease,PD),但是并未做详细的机理研究[178]。还有其他研究者也进行了富勒烯羧基或羟基衍生物的神经保护实验,但是所有的研究都集中于富勒烯的水溶性衍生物上,而且大多在细胞层面进行研究,Wang 等人提出了一种新的帕金森病(PD)的治疗手段,即通过短期服用低剂量的富勒烯橄榄油(C_{60}-oil)可预防或治疗帕金森病。通过口服 C_{60}-oil,明显改善了 MPTP 诱导的 PD 小鼠的行为学障碍,增加了其脑内多巴胺的含量。C_{60}-oil 能够穿过血脑屏障,在脑中富集,通过调节线粒体的功能,降低线粒体依赖的细胞凋亡,抑制神经炎症,调节抑制氧化应激以及其引起的 ASK1/JNK 信号通路来抑制多巴胺能神经元,增加多巴胺的释放,减少多巴胺的分解,从源头上增强多巴胺的效应。与传统的治疗 PD 的药物相比,C_{60}-oil 无明显的毒副作用,治疗方式简单,从根本上保护多巴胺能神经元,是一种具有很高价值的治疗帕金森病的药物,具有很大的临床应用潜力。

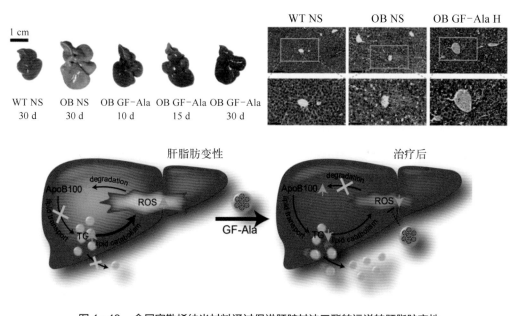

图 1-18　金属富勒烯纳米材料通过促进肝脏甘油三酯转运逆转肝脂肪变性

1.4.2　富勒烯的光动力学治疗功能

光动力学疗法(photodynamic therapy,PDT)是 20 世纪 70 年代发展起来的新疗法,是指在光敏剂和分子氧的参与下,由敏化光源辐射所引起的光致化学反应,利用这种化学反应产生的活性氧物种来破坏病变组织,达到治疗的目的[178-182]。光动力学疗法主要应用于不适合手术、放化疗的肿瘤患者。与传统的医疗方法相比,其具有疗效快、副作用小、方法简便等优点。PDT 是一种冷光化学反应,其中光敏剂(光动力学治疗药物)、照射光和氧构成光动力治疗的三要素。PDT 在肿瘤治疗领域的研究逐渐得到了越来越多学者的广泛关注，同时被用于非肿瘤型疾病，如尖锐湿疣、银屑病、鲜红斑痣、类风湿关节炎、眼底黄斑病变、血管成形术后再狭窄等疾病的治疗。光敏剂的研究是影响光动力治疗前景的关键所在[183-186]。光敏剂是一些特殊的化学物质，其基本作用是传递能量，它能够吸收光子而被激发，又将吸收的光能迅速传递给另一组分的分子，使其被激发而光敏剂本身回到基态。富勒烯分子受光（如 532 nm 或 355 nm）激发后，到达激发单重态（$^1C_{60}^*$），激发单重态寿命比较短（<1.3 ns），几乎全部激发单重态经系间窜跃到达激发三重态（$^3C_{60}^*$），重要的是，激发三重态的寿命非常长（50～100 μs），在 532 nm 处激发的单线态氧的量子产率几乎接近理论值 100%[187,188]。

富勒烯可以被用作光动力治疗法中的光敏剂。富勒烯分子的衍生化可以提高其产生活性氧物质的能力，从而在医药应用中调节光动力治疗法。当用可见光照射 C_{60} 时，它可以从 S0 基态激发到短寿命的 S1 激发态。S1 迅速衰减到寿命更长（50～100 μs）的低位三重态 T1：$C_{60} + h\nu \longrightarrow {}^1C_{60}^* \longrightarrow {}^3C_{60}^* + {}^3O_2 \longrightarrow C_{60} + {}^1O_2^*$。在溶解氧（$^3O_2$）存在的情况下，富勒烯 T1 以基态的三重态存在，被淬灭以产生单重态氧（$^1O_2$）。因此，原始富勒烯和衍生化富勒烯能够催化光照下的活性氧生成[189,190]。20 世纪 90 年代，人们开始研究富勒烯及其衍生物在光动力学治疗应用中的体外评价。Tokuyama 等人研究证明了富勒烯羧酸衍生物对人宫颈癌细胞的光毒性作用[191]。Nakajima 等人证明了水溶性聚乙二醇富勒烯衍生物在可见光下的毒性和超氧化物产生能力[192]。Burlaka 等人通过活性氧的产生证实了原始和衍生化富勒烯在癌细胞中的光毒性：在紫外光照射下，研究了树突状 C_{60} 单加合物和 TMA－C_{60} 衍生物对 Jurkat 细胞（T 淋巴细胞）的光毒性[193]。结果表明，富勒烯的三丙二酸衍生物比树突状衍生物更具光毒性。Ji 等人还研究了 $C_{60}(OH)_x$ 在 5 种荷瘤小鼠体内的生物分布和肿瘤摄取，证明该衍生物作为光敏剂在某些肿瘤的光动力治疗法中的应用[194]。

作为溶解性最好的富勒烯共聚物之一，C_{60}－N 乙烯基吡咯烷酮在可见光照射下显示出其作为光动力治疗剂的潜力。Mroz 等人研究了阳离子和亲水功能化富勒烯对小鼠癌细胞株的光动力学活性[195]。结果表明，富勒烯吡咯烷衍生物可作为一种高效的光敏剂，在光照下诱导细胞凋亡。Alvarez 等人评估了卟啉-C_{60} 对人喉癌 Hep－2 细胞的光毒性活性。P－C_{60} 诱导细胞凋亡的机制是 caspase－3 依赖性的[196]。Zhao 等人评价了用溶剂交换法和分散剂法制备的四种不同形式富勒烯的光毒性，结果表明，这四种不同形式的富勒烯均具有光照生成单线态氧和超氧化物的潜力[197]。虽然在黑暗中没有观察到细胞毒性，但主要的光诱导细胞毒性活性是由于单线态氧而不是超氧化物。富勒烯对 HeLa 细胞的光动力学活性已经被研究过，由于膜蛋白和磷脂的损害，葫芦[8]脲-富勒烯复合物在光照条件下会导致 HeLa 细胞死亡。C_{60}－PEG－Gd 由乙酸钆溶液与 C_{60}－PEG－DTPA 混合而成，是由 Liu 等人开发的一种光敏剂[198]。研究发现,通过对荷瘤小鼠静脉注射评价其毒性作用和抗肿瘤活性,光照后其光动力学活性与照射时间有关。普鲁兰富勒烯衍生物在体外的光动力治疗实验表明,它可以阻止 HepG2 肝细胞的生长;而且静脉注射实验显示其比 C_{60} - PEG共轭物或生理盐水的抗肿瘤活性更强。Nobusawa 等人合成了 6 -氨基- γ -环糊精作为 C_{60} 载体(ACD/C_{60}),以将 C_{60} 释放在癌细胞酸性表面再进行光动力学治疗[199]。Hu 等人利用 L -苯丙氨酸、L -精氨酸和叶酸合成富勒烯衍生物,以提高富勒烯的水溶性,从而提高光动力疗法中的单线态氧的产生[200]。结果表明,这种富勒烯衍生物在 HeLa 细胞中的摄取高于正常细胞,随后的光照可提高单线态氧的生成并诱导细胞凋亡。Shu 等人[201] 制备了一种富勒烯卟啉二聚体衍生物双亲性光敏剂分子(PC_{70}),该复合物不仅在有氧条件下能够产生单线态氧,而且在无氧条件下也能够高效地产生单线态氧物质,具有很好的光动力杀死肿瘤细胞的效果。

1.4.3　富勒烯的抗菌抗病功能

1992 年可以大量制备富勒烯,打开了人们研究富勒烯应用于生物医学领域的大门。1993 年 Wudl 等人报道了富勒烯衍生物可以作为抑制 HIV 蛋白酶活性的研究结果,这是已知最早报道富勒烯具有生物活性的研究之一[11]。富勒烯衍生物分子大小(约为 1 nm)及疏水性与蛋白酶的活性位点完美匹配,可以通过钥匙-锁结构特性插入 HIV 蛋白酶的活性位点中,从而抑制酶活性[202]。随后,研究者设计合成了不同种类的富勒烯衍生物并进行抗病毒的研究。例如,Prato 等人[203] 为了进一步提高富勒烯衍生物的抗 HIV 蛋白酶活性,在富勒烯碳笼上引入了两个氨基基团,提高了富勒烯衍生物与 HIV 蛋白酶的静电和氢键相互作用,有效地提高了富勒烯衍生物和酶的亲和性,使得其抑制 HIV 蛋白酶的活性相比之前报道的富勒烯衍生物提高了 50 倍,EC50 值约为 7 $\mu mol/L$。Troshin 等人[204] 提出 C_{60} 和 C_{70} 的氯化衍生物也具有抗 HIV 病毒的活性,并且具有非常低的 EC50 值(约 1 $\mu mol/L$)。最近,为了模仿病毒的球形结构,进一步提高材料的抗病毒活性,Martín 等人[205] 制备了大球富勒烯,即每个富勒烯串有 10 个单糖,共 120 个糖苷(碳水基团)结合在一个核心富勒烯上。这种富勒烯糖苷衍生物可以有效地阻断细胞表面的凝集素受体从而抑制埃博拉病毒进入细胞,有效降低病毒活性。近期,该团队又利用类似的大球富勒烯结构用于寨卡病毒(ZIKV)的研究,发现富勒烯糖苷超分子衍生物同样可以有效地抑制 ZIKV 的活性[206]。

在抗菌方面,利用富勒烯在光照下产生单线态氧的性质,目前已发展了多种富勒烯衍生物用于抗菌应用。Wang 等人[206] 又提出了一种利用正电性的富勒烯氨基衍生物在非光照条件下抑制细菌。该衍生物是利用 C_{70} 富勒烯与乙二胺反应,形成的富勒烯胺类衍生物被质子化后呈现正电性,并且胺类可以拓展到丙二胺、丁二胺及己二胺等,得到的 C_{70} 胺类衍生物均具有明显的抑制大肠杆菌活性的作用。他们又进一步研究了其抑菌机理,发现 C_{70} 乙二胺衍生物通过破坏细菌壁,导致细菌解体;不仅如此,将其与细菌和细胞同时孵育的时候,C_{70} 乙二胺衍生物可以有效抑制细胞活性,不会对细胞的活性产生负面影响。最后,他们还发现该材料还可以有效抑制伤口感染、促进伤口愈合,该项研究为拓展富勒烯材料在抑菌抗感染中的应用提供了思路。

1.4.4 金属富勒烯的磁共振成像应用

磁共振成像(magnetic resonance imaging,MRI)是利用原子核在强磁场内共振所产生的信号经过重建成像的一种成像技术[207,208]。它具有组织对比性强、空间分辨率高、多平面的解剖结构显示和无射线损伤等特点,并对生理变化特别敏感。该技术几乎适用于全身各系统的不同疾病,例如肿瘤、炎症、创伤、退行性病变,以及各种先天性疾病等的检查[209-211]。

磁共振对比剂是用于缩短成像时间、提高成像对比度和清晰度的一种成像增强试剂,可以提高病变检出率和定性诊断准确率。如利用病灶的不同增强方式和类型,区分肿瘤和水肿,显示血脑屏障破坏程度,帮助病灶定性。因此好的对比剂应具备以下特点:① 稳定性好;② 低毒或无毒;③ 有较高的弛豫率;④ 有一定的组织或器官靶向性;⑤ 在体内有适当的存留时间,又能顺利从体内排出[212-216]。

钆基富勒烯是指碳笼(C_{60}、C_{80} 和 C_{82} 等)内嵌金属钆原子或钆团簇的一类内嵌金属富勒烯。这些富勒烯不仅保持了内嵌钆的顺磁特性,还保持了碳笼的特性,如比表面积大、稳定、易被多功能化等[217-219]。这类钆基富勒烯作为新型的 MRI 分子影像探针,其弛豫水分子的机理不同于传统的钆基螯合物,是间接相互作用,即内嵌的钆原子或钆团簇通过外包碳笼来间接弛豫水分子,作用面积大,效率高;分子间的偶极-偶极相互作用进一步提高了其弛豫效能。更为重要的是,与传统钆基螯合物相比,其碳笼的稳定性保护了内嵌团簇,使其免受体内代谢物质的进攻并防止了外泄,从而大大提高了其生物安全性[220]。此外,内嵌钆原子或钆团簇的碳笼还提供了可进一步多功能化的纳米平台,为疾病的早期精准检测和诊疗一体化提供了可能[221]。因此,钆基富勒烯作为新型高效、多模态 MRI 分子影像探针的研究被广泛关注。

$Gd@C_{82}$ 是最早发现可被用于磁共振成像造影剂的钆基富勒烯。通过多羟基衍生化反应可得到一系列 $Gd@C_{82}$ 多羟基衍生物(钆富勒醇),这是一类具有高弛豫率的磁性分子影像探针[222]。1997 年,研究人员首先合成了 $Gd@C_{2n}(OH)_x$ 及各种空心富勒烯多羟基衍生物的混合物[223],在 8.4 T 磁场条件下测得其纵向弛豫率(r_1)为 47 L/(mmol·s),比临床使用的 Gd-DTPA 高出 10 倍以上 [$r_1 \approx 4$ L/(mmol·s)]。随后,赵玉亮课题组[224]合成了羟基数较少的 $Gd@C_{82}(OH)_{16}$,在 4.7 T 磁场下纵向弛豫率为

19.3 L/(mmol·s)。顾镇南课题组[225]合成了带有 20 个羟基的钆富勒醇 $Gd@C_{82}(OH)_{20}$，在 1.0 T 磁场下测得其弛豫效率为 42.3 L/(mmol·s)。以上研究结果表明，钆富勒醇的弛豫效率与笼外修饰上的羟基数目和磁场强度等因素密切相关。并且通过随后的研究和报道也可以知道钆富勒醇造影剂的纵向弛豫率（r_1）随着外接羟基数目的减少而降低。

　　Kato 等人[226]合成了一系列稀土包合物的水溶性多羟基衍生物 $M@C_{82}(OH)_n$（M = La、Ce、Dy、Er），结果显示，这些包合物的多羟基衍生物都表现出一定的弛豫能力。他们提出，富勒烯多羟基衍生物具有的高弛豫能力是通过多羟基富勒醇分子表面羟基的水质子交换作用和分子间偶极-偶极相互作用来实现的，而水质子交换速率、转动相关时间和顺磁性金属离子电子自旋的弛豫速率是影响弛豫时间的三个重要因素。Bolskar 等人[227]得到了 $Gd@C_{60}$ 的羧基水溶性衍生物 $Gd@C_{60}[C(COOH)_2]_{10}$，弛豫效率测试结果表明钆富勒酸 $Gd@C_{60}[C(COOH)_2]_{10}$ 的弛豫效率[4.6 L/(mmol·s)]明显低于钆富勒醇 $Gd@C_{60}(OH)_x$ [83.2 L/(mmol·s)]，说明同种钆基富勒烯使用不同的修饰方法得到的衍生物具有截然不同的理化性质。由此可知，羟基化的钆富勒醇具有相对更高的弛豫效率。Anderson 等人[228]将 $Gd@C_{82}(OH)_x$ 与细胞间质干细胞孵育，在转染试剂硫酸鱼精蛋白的作用下首次实现了 $Gd@C_{82}(OH)_x$ 的细胞 MRI 标记，$Gd@C_{60}[C(COOH)_2]_{10}$ 可直接用于细胞 MRI 标记，发现其标记效率高达 98%～100%，$Gd@C_{60}[C(COOH)_2]_{10}$ 标记的细胞 T1w 成像的信号有 250% 的增强，而使用小分子造影剂 Gd-DTPA 标记的细胞并未观察到明显的信号增强。Mikawa 等人[229]发现，$Gd@C_{82}(OH)_{40}$ 在 5 μmol Gd/kg 的低剂量（Gd-DTPA 的 1/20）下对肝、脾和肾脏具有良好的造影效果。动物体内分布实验的结果表明，$Gd@C_{82}(OH)_{40}$ 容易被网状内皮组织摄取，因此对这些组织和器官具有更好的造影效果。此外，$Gd@C_{82}$ 很容易从动物体内排出且无明显副作用，因此具有弛豫能力强、低毒、组织特异性等优点。Shu 等人[230]通过改进 Bingel 反应，将具有趋骨性的磷酸酯基修饰到 $Gd@C_{82}$ 上，得到在骨病诊断中有潜在靶向性检测功能的 $Gd@C_{82}O_2(OH)_{16}[C(PO_3Et_2)_2]_{10}$。体外水质子弛豫率的测定表明，其造影效率是临床使用 Gd-DTPA 的近 20 倍，是一种高效的磁性分子影像探针。

　　Han 等人[231]通过将具有靶向三阴性乳腺癌的高表达的纤连蛋白（EDB-FN）的 ZD2 肽链与 $Gd_3N@C_{80}$ 结合通过磁共振成像实现了乳腺癌的风险分级诊疗。并且作者通过类似的方法也实现了前列腺癌的磁共振成像风险分级。

　　金属富勒烯也可以用于多模态成像。例如，Chen 等人[232]将用氨基酸修饰的 $Gd@C_{82}$ 负载 ^{64}Cu 实现了 PET 和 MRI 双模态成像，并通过负载的归巢肽 cRGD 实现了造影剂的靶向聚集。Zheng 等人[233]还通过将近红外成像剂与金属富勒烯结合，实现了磁共振和近红外荧光双模态成像。此外金属富勒烯也可与药物结合实现诊疗一体。如 Chen 等人[234]构建了一种核-卫星结构的聚多巴胺-金属富勒烯载药复合纳米粒子,用放射性核素^{64}Cu标记的负载多柔比星和聚多巴胺的金属内嵌富勒烯(CDPGM),可以实现正电子发射计算机断层显像(PET)、核磁共振成像(MRI)和光声成像(PAI)三种成像模式。报道称 CDPGM 可以在肿瘤细胞中有效地聚集,聚多巴胺纳米粒子可将吸收的近红外光能量转换为热,并且具有生物相容性好、抗光漂白、易生物降解、光热转换效率高等特性。聚多巴胺纳米粒子还可通过 π-π 共轭吸附抗肿瘤药物阿霉素(DOX),形成在正常生理环境下较稳定的载药聚多巴胺纳米粒子,能有效避免药物泄漏,而在类似于弱酸性条件或近红外光照射下可快速释放药物,实现靶向可控释药。

钆基金属富勒烯作为一种新颖的磁共振对比剂,弛豫率高且具有更好的生物安全性。并且外层的碳笼提供了进一步多功能化的分子平台,为未来疾病的早期精准检测和诊疗一体化提供了可能。所以,钆基富勒烯作为一种新型高效、多模态 MRI 分子影像探针具有重要的应用潜力。

1.4.5　金属富勒烯的肿瘤治疗功能

肿瘤治疗一直都是全球普遍关注和努力的方向,尽管不断有新的治疗手段、抗癌药物被开发应用,放化疗仍然是目前普遍采用的手段。但是放化疗所产生的副作用也是显而易见的,化疗药物或放疗射线在杀死肿瘤细胞的同时,也不可避免地对正常细胞和器官产生了损伤[235-238]。

金属富勒烯类纳米材料作为一种新兴的抗肿瘤药物开始崭露头角。例如钆富勒醇 $Gd@C_{82}(OH)_{22}$ 可以有效地抑制肿瘤在小鼠体内的生长,而且没有明显毒副作用,该材料还能有效提升荷瘤小鼠机体免疫力,同时抑制肿瘤的转移[239-242]。另外,羟基化钆基金属富勒烯纳米晶可作为血管阻断剂,在小鼠肝癌和乳腺癌模型中表现出出色的抗肿瘤效果,这也是富勒烯类纳米材料作为血管阻断剂在抗肿瘤应用中的首次报道[243]。本节将从金属富勒烯抑制肿瘤生长和金属富勒烯肿瘤血管阻断治疗两个方面介绍金属富勒烯在肿瘤治疗上的应用。

目前临床上的肿瘤化疗药物虽然可以有效杀伤肿瘤,但是由于其毒副作用大,在实际治疗中使用剂量又受到很大限制,因此导致其治疗效率大大降低。随着纳米技术的发展,人们开始发现一些纳米材料具有高效、低毒的抗肿瘤效果。2005 年,Chen 等人[16]在小鼠肝癌模型上研究了 $Gd@C_{82}(OH)_{22}$ 的抑瘤效率,并与临床常见的抗肿瘤药物环磷酰胺(CTX)和顺铂(CDDP)做了对比。结果显示,虽然钆富勒醇 $Gd@C_{82}(OH)_{22}$ 在肿瘤组织富集不到 0.05%,但是却可以有效地抑制肿瘤在小鼠体内的生长,而且没有明显毒副作用。此外,$Gd@C_{82}(OH)_{22}$ 的抑瘤效率明显更高,在达到相同抑瘤效率的条件下,所需 $Gd@C_{82}(OH)_{22}$、CTX 和 CDDP 的剂量分别为 0.23 mg/kg、1.2 mg/kg 和 15 mg/kg。由于该 Gd@C$_{82}$(OH)$_{22}$在抗肿瘤过程中无须光源的辅助,并不直接杀死肿瘤细胞,对其他主要脏器没有观察到任何损伤,因此明显不同于富勒烯传统光动力抗肿瘤的方法。研究发现,这可能与[Gd@C$_{82}$(OH)$_{22}$]$_n$纳米颗粒能间接调控肿瘤微环境的氧化应激水平、激活细胞免疫应答及抑制新生肿瘤血管的生长有关(图 1-19)[244,245]。

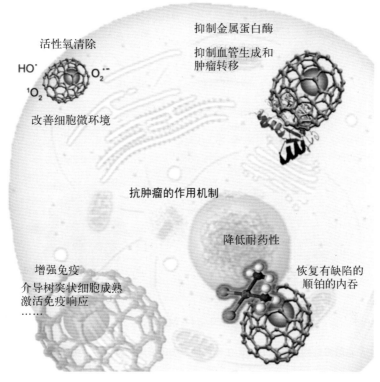

图 1-19　Gd@C$_{82}$(OH)$_{22}$可能的抑瘤机理

通过重新激活机体的免疫反应进行肿瘤免疫治疗,目前已经成为一种非常前沿的研究领域。肿瘤相关巨噬细胞是肿瘤免疫细胞中最常见的一种细胞,它们在肿瘤发生、发展和转移过程中都起到了非常关键的作用[246]。由于肿瘤微环境的调节作用,在肿瘤部位,肿瘤相关巨噬细胞往往以 M2 型巨噬细胞存在,通过分泌抑炎因子来促进肿瘤生长,与其相对应的是 M1 型巨噬细胞,亦称为促炎因子,因为它们可以分泌促炎因子来抑制肿瘤生长[247]。目前,常用的调节肿瘤相关巨噬细胞的试剂大多数与细胞有关,虽然能起到一定的效果,但安全性没有保障。Wang 等人[248]研究发现金属氨基酸衍生物同样具有高效的抗肿瘤生长的作用,并发现其可以通过调节肿瘤相关巨噬细胞的表型,即从 M2 型巨噬细胞到 M1 型巨噬细胞,发挥肿瘤治疗的效果。同时,他们发现,金属富勒烯不仅可以有效地调节巨噬细胞介导的天然免疫,还可以激活 T 细胞特异性免疫反应。进一步地,他们将氨基酸修饰的金属富勒烯衍生物与临床使用的免疫检查点抑制剂抗 PD‑L1 药物联合使用,大幅提高了肿瘤免疫治疗效果(图 1‑20)。

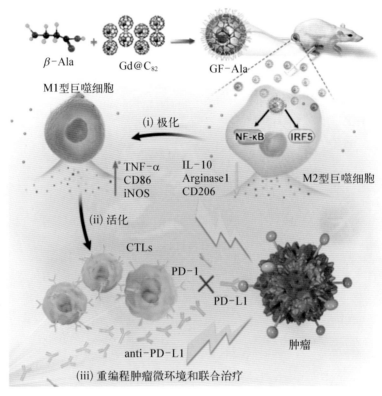

图 1‑20　氨基酸修饰的金属富勒烯衍生物调控肿瘤免疫抑制微环境,实现高效的肿瘤免疫治疗

　　传统的免疫治疗大多针对肿瘤细胞,例如放疗和化疗,效率低、毒副作用大。即使是肿瘤免疫治疗,也需要重新激活人体的免疫系统,去杀伤数以万计的肿瘤细胞。20 世纪 70 年代末,人们发现血管可以作为肿瘤治疗的新型靶点[249]。肿瘤细胞的异常扩增离不开肿瘤血管持续的营养及氧气供应,是肿瘤发生、生长和浸润与转移的重要条件,因此抑制肿瘤新生血管的生成或者阻断现有肿瘤血管,从而切断肿瘤组织的营养通道和转移途径,从根本上切断肿瘤的命脉,其相比直接攻击肿瘤细胞的疗法,在一定程度上能更有效地抑制肿瘤的扩散和转移,且能克服反复使用化疗药所产生的抗药性缺点。2015 年,Wang 等人[250]另辟蹊径,报道了基于金属富勒烯纳米颗粒的"分子手术刀"肿瘤治疗技术,即通过设计特定尺寸的水溶性金属富勒烯纳米颗粒(I.V.GFNCs)。当其到达肿瘤部位后,由于内皮细胞间较大的间隙而被嵌在血管壁上,此时施加射频(RF)"引爆"纳米颗粒的相变,体积膨胀带来的物理效应破坏了肿瘤血管,以至于肿瘤的营养供应被迅速切断,达到"饿死"肿瘤细胞的目的(图 1‑21)。

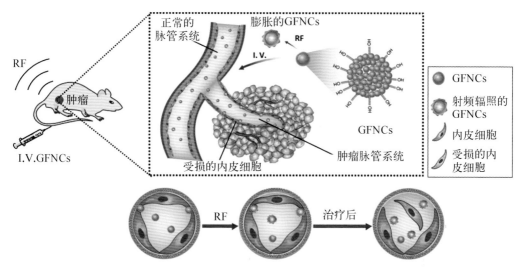

图 1-21　金属富勒烯纳米颗粒在射频照射下阻断肿瘤血管实现靶向肿瘤治疗

借助不同的表征测量手段实现了实时观测评估其对肿瘤血管的特异性破坏，这一点从不同角度均得到了证实。背脊皮翼视窗（dorsal skin flap chamber，DSFC）模型得以建立并发展，在此基础之上结合显微镜技术，组织血管网的形态功能得以实时直观地被评估观测。在明场条件下，治疗过程中发现，治疗前完整的血管逐渐变得模糊，进而断裂，在短时间内视窗中出现了若干出血点，并不断扩大形成血晕。在荧光场下，静脉注射荧光分子标记肿瘤血管后，可以实时直观地观测血管网的血液循环状态，为深入研究其机制提供了更多的信息。DSFC 模型的建立方便了对射频辅助的 GFNCs 治疗肿瘤的实时观察，也为研究血管阻断机制提供了形象直观的证据。在得到这些定性的结果基础之上，我们采用可应用于临床的动态对比增强磁共振成像[dynamic contrast-enhanced MRI（DCE MRI）]的手段，对治疗前后肿瘤血管功能及损伤程度进行了更加精确的实时定量评价。传统的磁共振成像只能展现某一时间点被造影剂强化后的组织形态，却不能反映组织血管通透性及局部区域血流灌注等微观功能信息。DCE-MRI 在短暂的时间内快速采集造影剂信号，经过计算分析得到能够反映组织微循环功能的各种半定量或定量的参数，可以定量地评价肿瘤部位的血流灌注和（或）血管通透性。通过对肿瘤血管治疗效果的实时、定性、定量评估，我们发现该射频辅助 GFNCs 技术具有高效、快速、高选择性地损伤肿瘤血管形态和功能的作用效果，并且在治疗后 24 h，损伤持续增加，48 h 后没有恢复，具有持续不可逆性的杀伤效果，对于正常组织血管无毒副作用，其高效低毒的抗肿瘤治疗效果及该工作中相应的 DCE-MRI 评估技术使得该种新型治疗技术具有较大的临床转化意义[251]。

研究人员系统地研究了肿瘤治疗的机理过程。GFNCs 进入血管，在穿过肿瘤内皮间隙的过程中施加射频，可以通过破坏肿瘤血管内皮细胞特异性连接 VE‑钙连蛋白，阻断破坏肿瘤血管，从而导致肿瘤组织快速坏死，实现高效靶向的肿瘤治疗，达到治疗肿瘤的目的[252]。另外，GFNCs 还显示出了良好的生物相容性，无明显的毒副作用。该结果证实 GFNCs 可以快速高效地治疗具有较为复杂肿瘤血管结构的人源肝癌，拓宽了金属富勒烯治疗肿瘤的适用性。

目前，光动力抑制肿瘤生长的机理主要有两种：一种是直接杀死肿瘤细胞机理，即光敏剂到达肿瘤部位后通过 EPR 效应进入肿瘤组织，在光照条件下产生的单线态氧直接杀死肿瘤细胞。另一种机理是破坏肿瘤血管机理，即光敏剂到达肿瘤血管后，在光照作用下产生的单线态氧杀死肿瘤血管内皮细胞，导致肿瘤血管壁破坏，使得肿瘤血管坍塌坏死，最后肿瘤由于缺少氧气和营养物质的供应而被"饿死"[253-257]。

Wang 等人[258]合成了四种不同尺寸的金属富勒烯 Gd@C_{82} 纳米材料，并在碳笼上面用 β‑丙氨酸(Ala)修饰，得到四种不同尺寸的水溶性金属富勒烯衍生物 Gd@C_{82}‑Ala，水合粒径分别为 126 nm、142 nm、190 nm、255 nm，最后通过酰胺化反应在金属富勒烯衍生物表面引入水溶性的荧光染料 Cy5.5。通过检测四种不同尺寸的金属富勒烯衍生物的单线态氧，发现它们在光照下可以产生大量的单线态氧，且不同尺寸的纳米材料单线态氧产率相当。小动物实验发现光照下四种不同尺寸的金属富勒烯衍生物纳米材料对黑色素瘤具有良好的抑制作用，并且肿瘤抑制效果和纳米材料的尺寸有关，尺寸越小的肿瘤抑制效果越好，当尺寸增大到水合粒径在 190 nm 以上时，肿瘤抑制效果没有明显的变化。通过进一步的视窗模型和肿瘤组织透射观察发现，光照下金属富勒烯衍生物纳米材料抑制肿瘤生长的原理主要是通过破坏肿瘤血管内皮细胞连接，使肿瘤血管内皮细胞脱落，肿瘤血管坍塌，肿瘤细胞由于缺少氧气和营养物质的供应从而被"饿死"。

肿瘤血管阻断治疗的优势在于可以快速高效地通过破坏肿瘤血管从而引起肿瘤坏死，但由于与正常组织接壤的地方，肿瘤细胞仍然可以得到周边正常组织的营养供给，因此，肿瘤血管阻断治疗肿瘤后往往有一定的肿瘤细胞残留。Shu 等人[259]详细研究了金属富勒烯光照下阻断肿瘤血管后机体的免疫效应，发现在金属富勒烯治疗后还可以进行进一步激活免疫反应，最终达到彻底消除肿瘤组织的效果。

1.4.6　富勒烯、金属富勒烯的毒性和组织分布研究

除了研究富勒烯和金属富勒烯的生物医学应用，人们还特别关注富勒烯、金属富勒烯纳米材料的毒性和组织分布情况。前期有大量的研究来测定多种富勒烯和金属富勒烯的毒性，有多位学者提出富勒烯混悬剂(n‑C_{60})及富勒醇等显现出较明显的细胞毒性和器官毒性。近年来，又报道多种富勒烯和金属富勒烯衍生物不仅没有表现出毒性，还同时可以修复受损的细胞和组织[260]。那么，面对两种截然不同的观点，到底富勒烯和金属富勒烯是

否有毒性呢? 笔者所在的研究组经过仔细地对比、核实已报道的结果,发现目前报道富勒烯和金属富勒烯有毒性的结果大多数是由于原料是直接采购的,没有经过严格的纯化处理。另外,在衍生化处理过程中,还往往引入表面活性剂及相转移催化剂等有毒的物质,并且,在进行后续实验之前,也未经过相应的提纯过程。因此,有理由推测,已报道的富勒烯和金属富勒烯有毒性的结论大多数源于原料的杂质及外界引入的毒性物质,而本体的富勒烯和金属富勒烯及其衍生物具有良好的生物相容性,并不会造成明显的毒副作用。Fathi 等人长期致力于研究富勒烯的毒性,他们也同样认为单独的富勒烯是没有毒性的。特别地,Wang 等人为了避免外源物质的引入造成的毒性,发展了多种固液制备富勒烯和金属富勒烯衍生物的方法,采用绿色的合成工艺,经过纯化处理后,可安全地进行生物医药的研究。

另外,对于富勒烯和金属富勒烯纳米材料在生物体内的吸收、分布、代谢和排泄过程的研究也尤为重要。研究方法主要包括液质联用、原子吸收和放射性同位素标记方法。由于大多数的研究基于水溶性富勒烯和金属富勒烯衍生物,通常会采用静脉注射和腹腔给药的方式,因此研究富勒烯和金属富勒烯吸收的报道较少。2013 年 Fathi 等人[261]制备了 C_{60}-olive oil,采用口服给药的方式进行了肝脏损伤防护和抗衰老实验的研究,并详细研究了 C_{60} 富勒烯的吸收和组织分布情况。研究发现 C_{60}-olive oil 经过灌胃给药后,只有少量的 C_{60} 可以进入肝脏等脏器,说明 C_{60}-olive oil 在体内的吸收较弱。研究发现,脂溶性的富勒烯,例如 C_{60}-liposome 经静脉注射于小鼠体内,会长期滞留于小鼠体内,特别是滞留于脾和肝等组织中。如果 C_{60} 富勒烯或金属富勒烯 $Gd@C_{82}$ 经过水溶化修饰后,静脉注射于小鼠体内后,经过 20~30 天时间,绝大多数可以排泄出体内,不会长期滞留于体内。其组织分布情况主要取决于外接官能团的种类和数量,例如,羟基修饰的富勒烯和金属富勒烯主要分布于肝、脾等器官中,氨基酸修饰的金属富勒烯则更倾向分布于肺等组织中,特别是精氨酸修饰的衍生物[262]。

1.5　内嵌富勒烯结构与功能

内嵌富勒烯由于其结构新颖及优异性质在国际上引起了广泛关注,成为纳米科学的研究热点之一。内嵌富勒烯是指将金属离子、金属团簇、非金属原子、非金属分子等内嵌在富勒烯碳笼内的一类特殊分子。内嵌富勒烯不但具有富勒烯碳笼的物理化学性质,而且可以体现出内嵌元素的性质,比如电子特性、磁性、光致发光、量子特性等,因此研究内嵌富勒烯对于探索新颖碳纳米分子团簇材料具有重要意义。本节将介绍内嵌富勒烯的组成与结构,包括内嵌金属富勒烯、内嵌原子富勒烯以及内嵌分子富勒烯,并概述内嵌富勒烯的特殊性质、功能和应用。

1.5.1　内嵌金属富勒烯结构与性质

　　金属富勒烯是将含有金属的团簇嵌入富勒烯笼内形成的嵌套型分子。金属富勒烯不仅具有外层碳笼的化学与物理性质,内嵌的金属还带来更丰富的电子学、磁学和光学等特性。金属富勒烯含有丰富的组成和多变的结构。单就内嵌团簇种类而言,就包括金属离子、金属氮化物团簇、金属碳化物团簇、金属氧化物团簇、金属硫化物团簇、金属碳氮化物团簇等,这些金属团簇在富勒烯的保护下获得了高的稳定性。金属富勒烯碳笼的种类比空心富勒烯多得多,这是因为金属团簇会向碳笼转移部分价电子,从而使很多原本不稳定的富勒烯碳笼稳定下来。内嵌金属与碳笼的结合也衍生出了丰富的分子性质和材料功能,因此金属富勒烯是一种具有重要研究意义的分子纳米材料,在信息科学、能源科学、生物医药、纳米材料等领域具有广阔的应用前景。自 1985 年首次被发现以来,金属富勒烯经历了从组成和结构研究到性质和功能研究的发展过程,目前已在医学成像、肿瘤治疗等方面取得了重大研究突破,相信该纳米材料在不久的将来得以商业化应用。

　　在金属富勒烯研究的早期,人们多用激光溅射金属与石墨混合物的方法获得金属富勒烯,如图 1 - 22 所示。但该方法产率很低,仅能用质谱进行研究。1991 年,Kräschmer - Huffman 电弧放电法的应用大大提高了金属富勒烯的产量,借助该方法人们发现并分离出了更多金属富勒烯物种,比如发现了大多数稀土金属都可以内嵌到富勒烯碳笼中,形成多种多样的金属富勒烯结构。

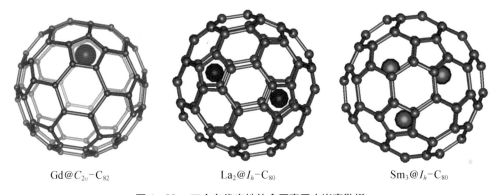

Gd@C_{2v}-C_{82}　　　　La$_2$@I_h-C_{80}　　　　Sm$_3$@I_h-C_{80}

图 1 - 22　三个有代表性的金属离子内嵌富勒烯

　　大多数稀土金属都可以以金属离子的形式内嵌到富勒烯碳笼中,如图 1 - 22 所示。其中研究较早的是内嵌单金属富勒烯 La@C_{82}、Sc@C_{82} 和 Y@C_{82},它们的单金属一般向外层碳笼转移 3 个价电子,导致一个未成对单电子离域在 C_{82}^{3-} 碳笼上,使分子具有顺磁性质,电子自旋与金属核耦合,在电子顺磁共振(EPR)波谱上展现出超精细耦合分裂峰。而对于含有 f 电子的稀土元素,如 Gd,它形成的单金属内嵌富勒烯 Gd@C_{82} 也具有顺磁性,但由于 Gd^{3+} 上多个 f 电子的存在,Gd@C_{82} 分子展现出超顺磁性质,其在高效磁共振成像造影剂方面具有巨大应用潜力。值得注意的是,镧系元素 Sm、Eu、Tm、Yb 的单金属富勒烯中,内嵌金属一般向碳笼转移 2 个电子,即形成稳定结构,如 Yb@C_{2v}(3)-C_{80} 等。需要指出的是,金属向碳笼转移电子数呈现多变性,形成了更多的碳笼结构,也展现出更多样的分子性质。

碱土金属也可以内嵌到富勒烯笼内形成单金属内嵌富勒烯。人们发现了基于 Ca 的单金属富勒烯,如 Ca@C_{94},其中内嵌的 Ca 向碳笼转移 2 个电子,形成稳定的闭壳层结构。Ba 也可以内嵌入富勒烯笼内,如 Ba@C_{74},理论计算表明 Ba 也向碳笼转移 2 个电子。

锕系的 U 和 Th,也可形成单金属内嵌富勒烯,如 U@D_{3h}-C_{74}、U@C_2(5)-C_{82}、U@C_{2v}(9)-C_{82} 和 Th@C_{3v}(8)-C_{82},理论计算表明 U 和 Th 一般向外层碳笼转移 4 个电子,有些结构中也会转移 3 个电子。

大多数稀土金属也可以形成双金属内嵌富勒烯结构。第一个双金属内嵌金属富勒烯是 La_2@I_h-C_{80},它具有高对称性的碳笼,每个 La 分别向碳笼转移 3 个电子,进而稳定住 I_h-C_{80}^{6-} 碳笼。2 个 La 具有相同的化学环境,I_h-C_{80}^{6-} 碳笼内的转动势垒较低,因此两个 La 可在笼内做自由运动。这种碳笼内的内嵌团簇运动是内嵌富勒烯的一大特色,利用这种运动可用于设计转子、陀螺等分子机器。

对于双金属内嵌富勒烯,里面的金属向碳笼转移了更多电子,形成了更多的结构。比如 2000 年发现的 Sc_2@C_{66},2014 年该分子结构被确定为 Sc_2@C_{2v}(4059)-C_{66},它具有两组由 3 个五元环相接形成的片段。这个分子打破了富勒烯碳笼形成时遵循的独立五元环规则(isolated pentagon rule,IPR)。IPR 表示每个五元环周边必须由六元环连接,在此之前人们认为独立五元环规则是富勒烯能够稳定存在必须遵守的基本定律。Sc_2@C_{66} 的发现给人们一个重要的启示,即非 IPR 结构的富勒烯碳笼可以通过内嵌金属使之稳定下来,因为内嵌金属贡献电子并与五元环产生较强的键合作用,从而使张力很大的相邻五元环稳定下来。

后来,人们陆续发现了更多双金属内嵌富勒烯,如 La_2@C_{78} 和 Ce_2@C_{78},这两个分子的 C_{78} 碳笼具有 D_{3h} 对称性。对于 M_2@C_{82}(M = Sc、Er、Lu)而言,金属和金属之间有成键,HOMO 轨道也位于双金属上,因此带来了特殊的电化学氧化性质,即氧化时从金属上失去电子。Ce_2@C_{72} 和 La_2@C_{72} 分子属于非 IPR 结构,含有两对相邻五元环,两个金属离子分别被限定在相邻五元环附近。人们还合成了尺寸最大的双金属内嵌富勒烯 Sm_2@D_{3d}(822)-C_{104} 分子,外层碳笼像一个两端封口的碳纳米管,尺寸大约是 C_{60} 的 2 倍,碳笼就像胶囊壳一样将 2 个 Sm 包在笼内。2013 年,人们发现了含 3 个金属离子的内嵌富勒烯 Sm_3@I_h-C_{80},3 个 Sm 向碳笼转移 6 个电子,进而稳定住 I_h-C_{80}^{6-} 的碳笼。

在金属富勒烯中,基于 Li 和 C_{60} 碳笼的内嵌金属富勒烯具有较高的产率,然而 C_{60} 与 Li 之间的电荷转移作用,使得本体分子具有很强的反应活性,严重妨碍了材料的制备。目前用单电子氧化 $Li@C_{60}$ 形成衍生物的方法能大大稳定其结构,如生成 $[Li^+@C_{60}](PF_6^-)$。

1999 年,三金属氮化物团簇内嵌富勒烯 $Sc_3N@C_{80}$ 的发现大大丰富了金属富勒烯家族,这种团簇内嵌富勒烯(图 1-23)具有较高的产率和稳定性,极大地促进了对金属富勒烯化学反应性、光电性质、磁性质、生物医学功能的研究。之后,人们又陆续发现了以 $Sc_2C_2@C_{84}$ 为代表的金属碳化物团簇内嵌富勒烯、以 $Sc_4O_2@C_{80}$ 为代表的金属氧化物团簇内嵌富勒烯、以 $Sc_2S@C_{82}$ 为代表的金属硫化物内嵌富勒烯、以 $Sc_3CN@C_{80}$ 为代表的金属碳氮化物内嵌富勒烯。这些新型内嵌金属团簇极大地推动了金属富勒烯的发展。

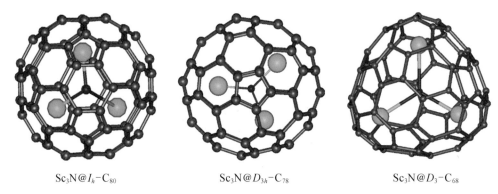

$Sc_3N@I_h\text{-}C_{80}$　　　　　$Sc_3N@D_{3h}\text{-}C_{78}$　　　　　$Sc_3N@D_3\text{-}C_{68}$

图 1-23　三个有代表性的金属氮化物团簇内嵌富勒烯

在电弧放电的 He 气氛中引入少量氮气,可得到一系列金属氮化物内嵌富勒烯。其中产量最高的是 $Sc_3N@C_{80}$ 分子,其 Sc_3N 团簇在常温下快速转动,内嵌的 Sc_3N 团簇是四原子共平面结构。Sc_3N 团簇向 $I_h\text{-}C_{80}$ 碳笼转移了 6 个电子,具有 $(Sc^{3+})_3N^{3-}@(C_{80})^{6-}$ 闭壳层电子结构,使得分子具有高的稳定性。$Sc_3N@C_{80}$ 的产率比金属离子富勒烯大有提高,这是金属富勒烯制备领域一个里程碑式的发现,尤其是以 M_3N 为代表的三金属氮化物模板衍生出了众多的金属富勒烯结构,如 $Er_3N@C_{80}$、$Ho_3N@C_{80}$、$Y_3N@C_{80}$、$Gd_3N@C_{80}$、$Tm_3N@C_{80}$、$Dy_3N@C_{80}$、$Lu_3N@C_{80}$、$Tb_3N@C_{80}$、$Sc_3N@C_{68}\text{-}D_3$(6140)、$Sc_3N@C_{70}\text{-}C_{2v}$(7854)等,极大丰富了金属富勒烯的材料宝库,其中基于 $C_{80}\text{-}I_h$ 构型的金属氮化物内嵌富勒烯产率最高。基于这种三金属氮化物模板,人们还开发出混合金属内嵌富勒烯,例如双金属混合内嵌富勒烯 $M_xN_{3-x}@C_{80}$(M 和 N 代表不同的金属,$x=0,1,2,3$),这种双金属内嵌富勒烯可以实现单个分子的多功能化。基于此模板,人们还合成了 3 种金属的内嵌富勒烯,如 $ErYScN@C_{80}$ 和 $DyErScN@C_{80}$,其中 $DyErScN@C_{80}$ 具有 Dy 离子所带来的单分子磁体特性又具有 Er 离子所带来的近红外发光特性,实现了发光的单分子磁体的设计。

2001 年,人们表征了第一例金属碳化物内嵌富勒烯 $Sc_2C_2@C_{84}\text{-}D_{2d}$。在此之前人们发现了很多双金属富勒烯,并认为是简单的双金属内嵌结构,比如 $Sc_2C_2@C_{84}$ 被认为是 $Sc_2@C_{86}$。然而经过 ^{13}C NMR 的详细表征,人们发现 Sc_2C_{86} 的 ^{13}C NMR 的谱图无法对应 C_{86} 的碳笼,反而对应 $C_{84}-D_{2d}$ 的碳笼,进而推断出内嵌的金属碳化物团簇 Sc_2C_2。金属碳化物内嵌团簇建立了金属富勒烯的另一个重要家族,特别是 M_2C_2 作为金属碳化物模板也构建了众多的金属富勒烯,人们也开始审视以往合成的双金属内嵌富勒烯,利用核磁、单晶、理论计算等手段重新表征之前的结构,得到了更多的金属碳化物内嵌富勒烯。例如分子式为 Sc_2C_{84} 的 3 个异构体被证实都是 $Sc_2C_2@C_{82}$,碳笼的对称性分别为 $C_{82}-C_s$、$C_{82}-C_{2v}$ 和 $C_{82}-C_{3v}$。电子结构分析结果显示,基于 M_2C_2 的内嵌富勒烯具有 $(M_2C_2)^{4+}@(C_{2n})^{4-}$ 的分子电子结构。需要指出的是,M_2C_2 具有可变的结构,它会随着碳笼尺寸的减小,内嵌团簇 M_2C_2 在碳笼空腔内由伸展的平面型结构变化到类似蝴蝶一样弯曲的结构。除了 M_2C_2 内嵌团簇,人们还发现了其他类型的金属碳化物团簇内嵌富勒烯,例如 $Sc_3C_2@C_{80}-I_h$,$Sc_3C_2@C_{80}$ 是顺磁性分子,具有 $(Sc^{3+})_3(C_2)^{3-}@(C_{80})^{6-}$ 的电子结构,有一个单电子位于内嵌团簇上,在电子顺磁共振波谱上,单电子与 3 个 Sc 耦合出了 22 条 EPR 谱线。另外一个有特色的碳化物团簇内嵌富勒烯是具有 3 层嵌套结构的 $Sc_4C_2@C_{80}-I_h$,碳笼内的 4 个 Sc 原子形成四面体结构,C_2 单元位于四面体中,使得 $Sc_4C_2@C_{80}$ 分子呈现出类似俄罗斯套娃的 $C_2@Sc_4@C_{80}$ 结构。另外,该分子具有 $(Sc^{3+})_4(C_2)^{6-}@(C_{80})^{6-}$ 的电子结构。

　　金属氧化物内嵌富勒烯 $Sc_4O_2@C_{80}$ 的团簇中的 4 个 Sc 组成了四面体,而 2 个 O 就连在四面体的两个面上,分子的最外层是 I_h 构型的 C_{80} 碳笼。DFT 理论计算研究发现 $Sc_4O_2@C_{80}$ 分子具有 $(Sc^{3+})_2(Sc^{2+})_2(O^{2-})_2@(C_{80}-I_h)^{6-}$ 的电子结构。内嵌七原子的金属氧化物富勒烯 $Sc_4O_3@C_{80}$ 中的 4 个 Sc 仍组成四面体结构,3 个 O 则分别连在四面体的三个面上,分子的最外层是 I_h 构型的 C_{80} 碳笼。金属氧化物的发现让人们认识到还有更多、更复杂的金属团簇可以内嵌到富勒烯碳笼里面。随着研究的深入,人们拓展到了 $Sc_2O@C_{2n}$($n=35\sim47$)的研究,比如得到了一个小碳笼的金属富勒烯 $Sc_2O@C_{70}-C_2(7892)$。

　　以 $Sc_2S@C_{82}$ 为代表的金属硫化物内嵌富勒烯是在 2010 年被发现的。$Sc_2S@C_{82}$ 和 $Sc_2C_2@C_{82}-C_{3v}(8)$ 有相似的紫外可见-近红外光谱的吸收,表明 $Sc_2S@C_{82}$ 也是 C_{3v} 的碳笼。$Sc_2S@C_{82}$ 有两个异构体,并且通过单晶 X 射线衍射证明分别是 $C_s(6)$ 和 $C_{3v}(8)$ 的结构。2012 年,报道了一个非 IPR 结构的 $Sc_2S@C_{72}-C_s(10528)$,用单晶 X 射线确定其结构。$Sc_2S@C_{70}$ 的光谱和电化学性质也被报道,通过计算发现 $Sc_2S@C_{70}$ 最可能的碳笼构型是非 IPR 的 $C_2(7892)$。之后,人们还对 $Sc_2S@C_{68}-C_{2v}$、$Sc_2S@C_{76}$、$Sc_2S@C_{84}$ 等结构用计算和实验进行验证。

　　以 $Sc_3CN@C_{80}-I_h$ 为代表的金属碳氮化物内嵌富勒烯于 2010 年被发现。在 $Sc_3CN@C_{80}-I_h$ 分子中,内嵌的 CN 之间以双键连接,并与 3 个 Sc 形成五元共平面结构。核磁共振研究证明内嵌团簇不但在 $C_{80}-I_h$ 笼内快速转动,而且其在转动过程中保持 C_{2v} 对称性的平面结构。理论分析显示该分子具有 $Sc_3^{9+}(CN)^{3-}@C_{80}^{6-}$ 的电子结构。这也是被发现的第一个 CN 与金属形成团簇内嵌在富勒烯笼中的例子,开创了金属内嵌富勒烯的又一个新家族,如图 1-24 所示。紧接着,人们又报道了另一例金属碳氮团簇富勒烯 $Sc_3NC@C_{78}$,通过拉曼光谱和理论计算发现,由于碳笼尺寸的减小,为了容纳这个五元平面团簇,碳笼的对称性降为 C_2,并且存在两对相邻五元环。由于这两对五元环存在较大的张力,碳笼整体上变成椭球形,使得内嵌 CN 平面团簇可以稳定地存在。另外,金属碳氮化物内嵌团簇还可以组成复杂的结构,比如在 $Sc_3(C_2)(CN)@C_{80}$ 中,外层为 I_h 对称性的 C_{80} 碳笼,笼内是七个原子组成的 $Sc_3(C_2)(CN)$ 大团簇,其中不但有 $(CN)^-$ 单元,还有 $(C_2)^{2-}$ 形成的金属碳化物单元。金属碳化物内嵌富勒烯另一类代表性分子是单金属 Y 与 CN 形成团簇内嵌在 C_{82} 笼内,即 $YCN@C_{82}$。^{13}C NMR 表征确定了碳笼的对称性是 C_s。有趣的是,内嵌的 YCN 团簇是一个三角形,并且具有 $[Y^{3+}(CN)^-]^{2+}@C_{82}^{2-}$ 的电子结构。

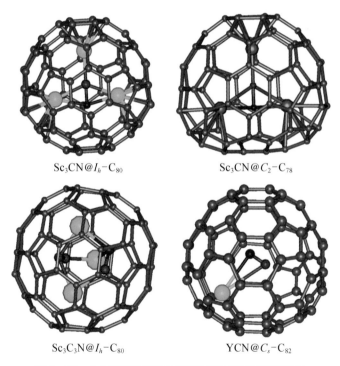

Sc$_3$CN@I_h-C$_{80}$ Sc$_3$CN@C_2-C$_{78}$

Sc$_3$C$_3$N@I_h-C$_{80}$ YCN@C_s-C$_{82}$

图 1-24   4 个有代表性的金属碳氮化物团簇内嵌富勒烯

1.5.2   内嵌金属富勒烯的磁性与应用

金属富勒烯与空心富勒烯最大的区别就是有无磁性质。金属富勒烯的磁性来源于两个方面,一个是由分子轨道上一个未成对电子带来的顺磁性;另一个则是由金属离子上的未成对 f 电子带来的磁性。金属富勒烯因其内嵌金属而具有多变的电子结构,在二者之间经过电子转移和重组之后,有的金属富勒烯分子轨道上具有了一个未成对电子,使得分子具有顺磁性质。这些未成对电子可以分布在碳笼上,也有的分布在碳笼内部的团簇中。当富勒烯内嵌含有多个未成对 f 电子的镧系金属时,所形成的金属富勒烯也表现出顺磁性,低温下甚至具有磁滞。这些顺磁性的金属富勒烯作为新型磁性材料在磁共振成像、单分子磁体、自旋量子信息处理等方面具有重要应用价值。

金属富勒烯分子轨道上一个未成对电子带来丰富的顺磁性质。人们发现很多稀土金属均可以以 $M@C_{82}$(M = La、Sc、Y、Gd、Tb、Dy、Ho、Er 等)的形式内嵌到富勒烯碳笼中。其中大部分 $M@C_{82}$ 分子中的内嵌金属向 C_{82} 转移 3 个电子,使得 C_{82} 轨道上具有一个未成对电子,导致 $M@C_{82}$ 分子具有顺磁性质。其中 $La@C_{82}$、$Sc@C_{82}$ 与 $Y@C_{82}$ 三个分子具有超精细耦合分裂的电子顺磁共振波谱,通过分析其 EPR 信号,可分析分子的电子结构、自旋与金属核的耦合、分子在溶剂中的运动等信息。$La@C_{82}$ 是研究最早的具有自旋活性的内嵌单金属富勒烯,它存在两个同分异构体,分别为 $La@C_{82}$-C_s 和 $La@C_{82}$-C_{2v}。La 的核自旋量子数 $I = 7/2$,其在常温下各向同性的 EPR 谱图均为等距的八条线,两个分子具有不同的超精细耦合常数,其源于自旋与金属核的耦合程度的差异。$Sc@C_{82}$ 与 $Y@C_{82}$ 是另外两种典型的自旋活性的内嵌单金属富勒烯。Sc 的核自旋量子数 $I = 7/2$,与 $La@C_{82}$ 类似,$Sc@C_{82}$ 的各向同性的 ESR 谱图也为等距的八条线。而 Y 的核自旋量子数 $I = 1/2$,其对应的 ESR 谱图则为两条等高的谱线。顺磁性单金属内嵌富勒烯因为研究较早,人们曾做了较多的化学修饰和 EPR 研究。$La@C_{82}$-C_{2v} 的未成对电子对其化学反应性有较大的影响,在 Bingel - Hirsch 反应中,$La@C_{82}$ 与溴代丙二酸二乙酯及 1,8 -二氮杂二环[5.4.0]十一碳 -7 -烯(DBU)反应生成五种单加成产物,其中一种异构体为环加成反应,保持自旋活性,其余四种异构体均发生单键加成反应,变成抗磁性分子。类似地,$La@C_{82}$-C_{2v} 与 3 -苯 -5 -噁唑烷酮在甲苯中回流得到单键相连的苯甲基自由基加成产物(抗磁性),在苯中回流则得到环加成吡咯烷(顺磁性)。这种不同的反应性来源于 $La@C_{82}$ 分子碳笼上较高的电子自旋密度分布。

$Sc_3C_2@C_{80}$ 是一个重要的顺磁性分子,该分子的电子自旋位于分子中心的 C_2 单元上,分子的 EPR 谱图呈现对称的 22 条超精细裂分谱线,表明笼内的 3 个 Sc 具有相同的化学环境。由于内嵌团簇 Sc_3C_2 的转动特性,其顺磁特性在变温过程中不但受分子自身运动影响,还受到内嵌团簇的动力学影响。$Sc_3C_2@C_{80}$ 的 1,3 偶极环加成反应($Sc_3C_2@C_{80}$ fulleropyrrolidine)发生在[5,6]位点,闭环结构,[5,6]位单加成产物的 EPR 谱具有更复杂的结构,其两个等价的钪核的耦合常数为 4.822 G,另一个钪核的耦合常数为 8.602 G,说明内嵌的 Sc_3C_2 团簇已不能在笼内自由翻转。$Sc_3C_2@C_{80}$ 的金刚烷加成产物是[6,6]位的开环结构,其两个等价的钪核的耦合常数为 7.39 G,另一个钪核的耦合常数为 1.99 G。这些说明，$Sc_3C_2@C_{80}$的电子自旋对加成位点和分子结构具有极大的依赖性，加成反应后，电子自旋变换为不均匀分布，发生了电子自旋的极化，再加上内嵌团簇的受限运动，最终导致分子顺磁性质的变化。

顺磁性$Sc_3C_2@C_{80}$分子具有可对局域磁场响应的EPR信号，将氮氧自由基通过加成反应连接在$Sc_3C_2@C_{80}$分子上（$FSc_3C_2@C_{80}PNO\cdot$），结果发现强烈的自旋-自旋相互作用可以大大减弱$Sc_3C_2@C_{80}$的EPR信号[19]，如图1-25所示。$Sc_3C_2@C_{80}$是典型的顺磁金属富勒烯，有对称的22条曲线，而化学修饰之后最初3个等价的Sc原子变成了不等价的，对

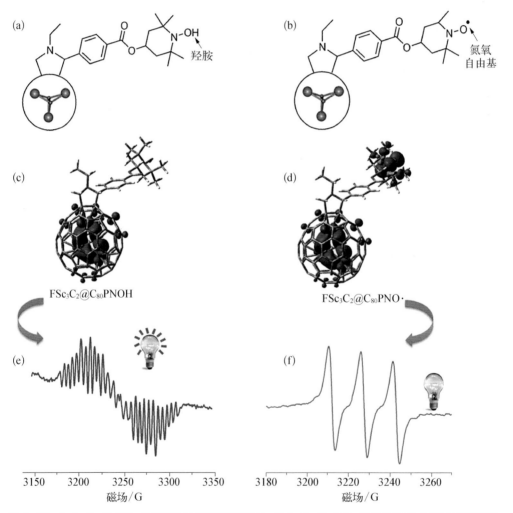

图1-25　（a）$Sc_3C_2@C_{80}$外接非自由基基团结构图；（b）$Sc_3C_2@C_{80}$外接氮氧自由基基团结构图；（c）$Sc_3C_2@C_{80}$外接非自由基基团的分子电子自旋密度分布；（d）$Sc_3C_2@C_{80}$外接氮氧自由基基团的分子电子自旋密度分布；（e）$Sc_3C_2@C_{80}$外接非自由基基团的分子EPR波谱；（f）$Sc_3C_2@C_{80}$外接氮氧自由基基团的分子EPR波谱

于 $FSc_3C_2@C_{80}PNOH$，一个 Sc 原子的超精细耦合常数 $a = 8.5\ G$，还有 2 个 Sc 原子的超精细耦合常数 $a = 5.0\ G$。而含有氮氧自由基的 $FSc_3C_2@C_{80}PNO\cdot$ 表现出来只有三条线，$Sc_3C_2@C_{80}$ 的信号没有显现出来，这就说明氮氧自由基通过自旋-自旋相互作用抑制了 $Sc_3C_2@C_{80}$ 的信号。$Sc_3C_2@C_{80}$ 和氮氧自由基之间的自旋-自旋相互作用与距离有关，距离越近，作用力越强。另外，自旋-自旋相互作用和温度也是紧密相关的。对于分子 $FSc_3C_2@C_{80}PNO\cdot$，在 293 K 时没有 $Sc_3C_2@C_{80}$ 信号的出现，但当温度降到 253 K 时，$Sc_3C_2@C_{80}$ 和氮氧自由基的信号都增强了。$Sc_3C_2@C_{80}$ 对分子弱磁场有如此灵敏的感应，可以用于分子导航、分子罗盘和单分子级别的磁共振成像研究。自旋-自旋相互作用是顺磁性分子研究中关注的重点之一，研究该作用可以分析分子的运动和分子构象的变化，甚至进行量子计算[263]。

　　顺磁性 $Sc_3C_2@C_{80}$ 分子具有可对分子运动响应的 EPR 信号，当通过化学修饰的方法将三蝶烯转子连接到金属富勒烯 $Sc_3C_2@C_{80}$ 上时，$Sc_3C_2@C_{80}$ 的电子自旋可感知三蝶烯转子的转动。实验将两种类型的三蝶烯单元连接到 $Sc_3C_2@C_{80}$ 上，一种是典型的三蝶烯单元，转动较快；另一种是含有立体阻碍甲基基团的三蝶烯单元，转动较慢。变温电子顺磁共振波谱表明，三蝶烯转子的旋转速度可以显著影响 $Sc_3C_2@C_{80}$ 的自旋弛豫性质，其中转动慢的三蝶烯将使得金属富勒烯的自旋翻转变慢。这些发现为设计具有磁性功能的先进分子机器提供方法。另外，在顺磁性金属富勒烯表面上的螺旋桨式的三蝶烯单元在将来可以作为一个马达来调节金属富勒烯的自旋量子状态[264]。

　　金属富勒烯 $Sc_3C_2@C_{80}$ 可以和多孔的金属有机骨架化合物形成复合物，孔道的限域效应可影响分子的顺磁性质。通过吸附的方法即可将顺磁性金属富勒烯 $Sc_3C_2@C_{80}$ 嵌入金属有机骨架化合物 MOF‐177 的芳香性的孔道中。研究发现，亲油性的 $Sc_3C_2@C_{80}$ 与芳香性的 MOF‐177 骨架有很强的主客体相互作用，这种作用限制了 $Sc_3C_2@C_{80}$ 的运动并影响其顺磁信号。在 MOF‐177 中，$Sc_3C_2@C_{80}$ 的顺磁性质随着温度和压力发生改变；而且，循环压力/温度下 $Sc_3C_2@C_{80}$ 顺磁性质测试表明，这种改变具有可逆性。这种顺磁性的金属富勒烯可以嵌入金属有机骨架化合物的孔内并通过其信号反映它们之间的主客体相互作用，因此它可以作为一种在金属有机骨架化合物内部的磁性金属富勒烯探针。另外，还可以将金属富勒烯 $Sc_3C_2@C_{80}$ 和 $DySc_2N@C_{80}$ 嵌入光响应金属有机骨架化合物 ^{Azo}MOF 的孔内实现磁学性质的光调控。^{Azo}MOF 的偶氮苯单元在紫外光照射下会发生顺式到反式的异构，这导致 ^{Azo}MOF 的孔道环境发生改变。基于这种改变，金属富勒烯 $Sc_3C_2@C_{80}$ 与 ^{Azo}MOF 之间的主客体相互作用也发生了显著改变，并最终产生光调控的顺磁性质[265]。

　　$Y_2@C_{79}N$ 也是一个有特色的顺磁性分子。$Y_2@C_{79}N$ 属于氮杂金属富勒烯，它是由 N 原子取代 C_{80} 碳笼上的一个 C 原子形成的，N 比 C 多一个电子，使得分子轨道上具有一个未成对电子。$Y_2@C_{79}N$ 溶液的 EPR 信号在常温条件下有对称的 $1:2:1$ 三条 EPR 谱线,耦合常数 $a(Y) = 81.23\,G$,较大的 a 值源于两个 Y 之间的 d 轨道上的电子自旋。降温 EPR 显示,随着温度降低,高场的 EPR 谱峰随之增强,呈现出顺磁各向异性,反映出自旋弛豫在低温下变慢,并且分子共振态转动取向不均。$Y_2@C_{79}N$ 的室温 EPR 谱图呈现对称的 1∶2∶1 的三条线,对应两个等效的 Y 核,说明内嵌的 Y 原子在碳笼内快速转动。而随着温度降低,分子在高场的信号强度明显增强,表现出自旋各向异性,说明低温下 Y_2 的运动受阻,最终使得 Y_2 团簇上的自旋电子转动不均。如对 $Y_2@C_{79}N$ 进行化学修饰,限制 Y_2 的运动,极化 Y_2 上的电子自旋,衍生物的 EPR 谱图也表现出明显的各向异性及谱线裂分。

金属富勒烯 $Y_2@C_{79}N$ 也可以和多孔的金属有机骨架化合物形成复合物,孔道的限域效应可用于调控分子的自旋和顺磁性质。如将 $Y_2@C_{79}N$ 分子填充到 MOF‑177 晶体的孔笼中,获得了自旋分子均匀分散的固态自旋体系,如图 1‑26 所示。EPR 研究结果表明,低温下 $Y_2@C_{79}N$ 分子在孔笼内由于 π‑π 相互作用有了定向的排列,自旋也从无序向有序

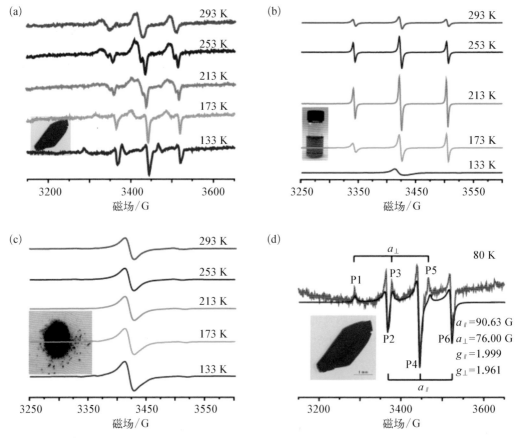

图 1‑26　(a) $Y_2@C_{79}N \subset MOF‑177$ 的变温 ESR 谱图;(b) $Y_2@C_{79}N$ 在 CS_2 溶液中的变温 ESR 谱图;(c) $Y_2@C_{79}N$ 粉末的变温 ESR 谱图;(d) $Y_2@C_{79}N \subset MOF‑177$ 在 80 K 下的 ESR 谱图以及 ESR 模拟分析结果

转变,最终使此固态自旋体系呈现出溶液状态下所不具有的轴对称 EPR 信号。在 293 K 时 $Y_2@C_{79}N⊂MOF-177$ 晶体表现出与 $Y_2@C_{79}N$ 在 CS_2 溶液中类似的谱峰,表明在 MOF-177 的孔道内 $Y_2@C_{79}N$ 是完全单分散的,而谱峰的线宽接近后者的两倍,说明在固态自旋体系中自旋晶格相互作用更强。然而,当温度降到 253 K 时,$Y_2@C_{79}N⊂MOF-177$ 的 ESR 谱图表现出明显的各向异性,高场的谱峰强度显著增强,这是低温下自旋角动量与轨道角动量之间的相互作用发生改变造成的,这种自旋各向异性归因于分子共振态下转动取向不均。在低于 213 K 时 $Y_2@C_{79}N⊂MOF-177$ 的 ESR 谱峰呈现出显著的轴对称特性的超精细裂分,说明此时 $Y_2@C_{79}N$ 在 MOF-177 的孔道内由自由转动变为取向排列。相比而言,$Y_2@C_{79}N$ 固体粉末样品在 293～133 K 的温度范围内 ESR 谱图都只表现出一个没有超精细裂分的包峰,$Y_2@C_{79}N$ 在 CS_2 溶液中表现出各向异性。从结构上分析,在 $Y_2@C_{79}N⊂MOF-177$ 晶体中,MOF-177 的骨架有三苯基苯单元,$Y_2@C_{79}N$ 分子碳笼上的 N 原子通过与三苯基苯单元的 π-π 相互作用而具有一定分子取向,从而改变了 $Y_2@C_{79}N$ 分子的自旋共振信号。基于这种取向,通过吸附组装的方法,将 $Y_2@C_{79}N$ 嵌入金属有机骨架化合物 MOF-177 单晶的芳香性孔道中,EPR 转角测试结果表明,不同角度下材料的 EPR 信号明显不同。$Y_2@C_{79}N⊂MOF-177$ 复合物中自旋特性与晶体转动之间的相互关系将有望用于设计对方向感知的功能器件,而 $Y_2@C_{79}N$ 可看成是对磁场方向敏感的分子自旋探针[266]。

碳纳米环的限域效应也会影响金属富勒烯 $Y_2@C_{79}N$ 的顺磁性质。实验中利用[12]CPP 和[4]CHBC 两种碳纳米环分子去包合金属富勒烯 $Y_2@C_{79}N$,利用主客体组装来控制分子状态及电子自旋性质。限域效应导致 $Y_2@C_{79}N$ 分子在环内转动受限,被箍住的 $Y_2@C_{79}N$ 表现出各向异性的电子顺磁共振特性。此外,理论计算表明,$Y_2@C_{79}N$ 里的 Y_2 团簇像转子一样沿着纳米环的内壁定向旋转,基于此碳纳米环可以调控客体分子的动力学特征,并控制其电子自旋特性,对实现分子陀螺仪功能有重要意义。这些具有圆形框架和转子的超分子系统在分子机器中也有潜在的应用[267]。

在金属富勒烯大家族中,大多数分子都是抗磁性的,没有未成对电子自旋。为了赋予分子电子自旋,人们发展了化学法和电化学法来制备内嵌金属富勒烯离子自由基,并利用 EPR 技术深入研究了分子的结构和电子性质。

人们用钠钾合金还原获得了 $Sc_3N@C_{80}$ 的阴离子自由基,其 EPR 图谱呈现 22 条裂分,超精细耦合常数 $a(Sc) = 55.6$ G,异常大的 a 值表明自旋单电子集中分布在内嵌的 Sc_3N 团簇上,理论计算表明在 I_h-C_{80} 碳笼内 Sc_3N 团簇可以在纳秒时间尺度上自由旋转,因此自旋与三个 Sc 核的耦合强度接近等同[268]。而在 $Sc_3N@C_{80}$ 的苯并[2+2]环加成产物异构体中,衍生基团分别加成在[5,6]及[6,6]位点,对于这两个衍生物异构体的负离子,[5,6]加成产物的耦合常数有两组 $a(Sc)$:33.3 G×2,9.1 G;[6,6]加成产物的耦合常数也有两

组 $a(Sc)$：47.9 G×2,0.6 G。$Sc_3N@C_{80}$ 的吡咯烷加成产物（1,3 偶极环加成反应,Prato 反应）的负离子自由基也表现出较大的变化,其[5,6]加成产物对应的耦合常数 $a(Sc)$ 为：33.4 G×2,9.6 G。这些结果表明,$Sc_3N@C_{80}$ 的衍生物阴离子自由基中内嵌 Sc_3N 团簇的运动严重受阻,电子自旋趋异分布,自旋与 3 个 Sc 核的耦合强度不再等同[268]。

将 $Y_3N@C_{80}$ 通过钾金属还原,获得其阴离子自由基,EPR 结果发现该阴离子自由基不但具有 Y 核的耦合分裂,还表现出内嵌 N 的耦合分裂信号。耦合常数 $a(Y)=$ 11.42 G×3, $a(N)=1.32$ G。EPR 结果和计算结果表明 $Y_3N@C_{80}$ 的阴离子自由基上电子自旋位于碳笼上,离域的电子自旋与 N 容易产生耦合。而这种 N 耦合在 $Sc_3N@C_{80}$ 离子自由基上是观察不到的,因为 $Sc_3N@C_{80}$ 离子自由基多位于 Sc^{3+} 轨道上,自旋与 Sc 的强自旋-轨道作用限制了 N 的耦合。$Y_3N@C_{80}$ 的吡咯烷加成产物 $Y_3N@C_{80}C_4H_9N$ 也通过钾还原转变为离子自由基,其 EPR 谱展现出了电子自旋与金属 Y(6.26 G×2,1.35 G)、N(0.51 G)和 H(0.21 G×2,0.19 G×2)之间的耦合作用。需要指出的是,这里的 H 来源于外接的吡咯烷,由此可见,在 $Y_3N@C_{80}$ 吡咯烷衍生物的阴离子中,电子自旋大部分离域在碳笼上,并导致其与笼外的 H 核发生耦合分裂[269]。

除了碱金属还原,电化学氧化还原法也是金属富勒烯的常用自旋活化手段。$Sc_4O_2@C_{80}$ 的正负离子自由基就是通过电化学的方法制备的,由于具有 4 个金属核,$Sc_4O_2@C_{80}$ 的正负离子自由基表现出复杂的 EPR 信号。在 $Sc_4O_2@C_{80}$ 中,四个 Sc 有两种价态,一对 Sc 具有 +3 价,一对 Sc 具有 +2 价,使得自旋与磁性核的耦合更为复杂。在 $Sc_4O_2@C_{80}$ 正离子中,体现出两组超精细耦合裂分常数 $a(Sc^{3+})=18$ G×2, $a(Sc^{2+})=150.4$ G×2;而在 $Sc_4O_2@C_{80}$ 负离子中,则具有完全不同的两组超精细耦合裂分常数 $a(Sc^{3+})=27.4$ G×2, $a(Sc^{2+})=2.6$ G×2。较大的 a 值反映出两个离子的电子自旋均分布在内嵌的团簇上。尤其是 $Sc_4O_2@C_{80}$ 正离子自由基,电子自旋完全位于 Sc 的 3d 轨道上。$Sc_3N@C_{68}$ 正负离子自由基也可以通过电化学方法制备,正负离子的 EPR 谱呈现出 22 条裂分,但其超精细耦合常数相对较小,分别为 1.28 G 和 1.75 G,说明其电子自旋布居在外层碳笼上。

在基于 C_s-C_{82} 碳笼的三种内嵌金属富勒烯 $Y_2@C_{82}$-C_s、$Y_2C_2@C_{82}$-C_s 和 $Sc_2C_2@$ C_{82}-C_s 中,通过分析这些分子的负离子自由基的自旋特性和 EPR 波谱,发现金属碳化物的内嵌团簇在相同的碳笼内翻转相对较慢,使得 Y_2C_2 和 Sc_2C_2 中的两个金属原子化学环境异化。对于 $Y_2@C_{82}$-C_s 负离子,它的 ESR 信号有 3 条强度为 1:2:1 的超精细分裂谱线,这是由两个化学环境等同的 Y 与单电子相互耦合而成的,它的 g 值和超精细耦合常数分别是 2.0025 和 34.3 G(两个 Y 等同);而对于 $Y_2C_2@C_{82}$-C_s,由于中间场对应的信号峰发生分裂从而出现了四条谱线,而两个 Y 的耦合常数分别为 0.4 G 和 0.45 G;对于 $Sc_2C_2@$ C_{82}-C_s,这两个 Sc 也具有不同的耦合常数,分别是 0.484 G 和 0.968 G。由于耦合常数 a 反映了未配对电子在磁性核附近的分布情况,因此不同的 a 值说明了两个 Y 磁性核化学环境的不同。虽然三种富勒烯的碳笼构型一致，但随着内嵌团簇的细微改变，其相应团簇的转动能垒也发生了较大的变化，最终影响了分子的 EPR 信号。

另一个例子是利用电子自旋区分 $Sc_3CN@C_{80}$ 分子中 C 与 N 的位置，利用钾还原方法制备了该分子的阴离子自由基，并使用 EPR 手段研究了自旋与磁性核的耦合，结果显示当 C 在中心时，计算的耦合常数与实验得到的耦合常数更接近。$Sc_3CN@C_{80}^{\bullet-}$ 自由基的 ESR 谱呈现出 36 条高度对称的超精细裂分，从模拟的结果得知两个等效 Sc 原子的耦合常数为 3.890 G，另一个 Sc 原子的耦合常数为 1.946 G。理论计算显示若内嵌团簇中心原子为 C 原子，计算所得 Sc 的耦合常数为 -4.10091、-3.94842（两个等效核）和 -3.32803（第三个核）；若中心原子为 N 原子，相应的耦合常数为 -2.60452、-2.32169（两个等效核）和 -4.45982（第三个核），可以看出以 C 为中心的构型所得耦合常数与实验结果吻合得较好，说明此构型为最稳定构型。$Sc_2C_2@C_{72}^{\bullet-}$ 自由基的 ESR 谱图呈现出 15 条高度对称的超精细裂分，由模拟谱图得知耦合常数 $a(^{45}Sc) = 0.77$ G，说明自旋密度主要分布在碳笼上，与 $Sc_2C_2@C_{72}$ 的前线分子轨道的分布一致。这种高度对称的谱线分布说明两个 Sc 原子的电子环境是等同的，这是由 $Sc_2C_2@C_{72}$ 分子的镜面对称性决定的。另外，$Sc_2C_2@C_{72}-C_s$ 具有两对相邻五元环，但其单晶衍射谱图显示内嵌的 2 个 Sc 原子在碳笼内出现了 12 个概率位点，说明 2 个 Sc 原子摆脱了两对相邻五元环的束缚而在碳笼内做跳跃运动，这种运动模式也使得电子与 2 个 Sc 磁性核的耦合趋于均等。

从以上结果可知，电子自旋可以反映分子的结构、电子的分布、内嵌团簇的运动等。因此，电子自旋可以作为一种探针反映金属富勒烯分子的信息。

除了上述电子顺磁共振波谱表征方法，金属富勒烯还可以用其他磁性测试手段来研究，如超导量子磁强计（superconducting quantum interference device，SQUID）和 X 射线磁圆二色（X-ray magnetic circular dichroism，XMCD）。比如磁化率的测试，可以反映分子的磁矩和分子之间的磁相互作用。通过这些研究，可进一步开发金属富勒烯作为新型磁性材料在磁共振成像、单分子磁体、信息存储、自旋量子信息处理等方面的应用。

SQUID 测试表明，$Gd@C_{82}$ 在温度为 $3\sim300$ K 的条件下表现出顺磁性，根据居里-外斯公式得到的有效磁矩（μ_{eff}）为 $6.90\mu_B$。可以看出，$Gd@C_{82}$ 的有效磁矩均小于单个 Gd^{3+} 的磁矩（$S = 7/2$，$\mu_{eff} = 7.94\ \mu_B$），这是由 Gd 的 4f 电子的自旋与 C_{82}^{3-} 碳笼上的单电子自旋之间的反铁磁相互作用所导致的。$M_3N@C_{80}$（M 为镧系金属）是另一类顺磁性的内嵌金属富勒烯。$M_3N@C_{80}$（M = Ho、Tb）的 SQUID 磁性测试结果显示两者都是顺磁性的，有效磁矩分别为 $21\mu_B$ 和 $17\ \mu_B$，然而数值均小于三个游离 M^{3+} 的线性叠加，这是由于 N^{3-} 的配位场与 M^{3+} 之间的铁磁交换耦合作用导致净磁矩沿着 M-N 轴向。金属富勒烯的磁性也可以进行调控，如利用化学修饰或外界作用。如将 $Gd@C_{82}$ 和 $Dy@C_{82}$ 填充到碳纳米管中，得到豆荚状复合物 $M@C_{82}@SWNT$（M = Gd、Dy，SWNT 为单壁碳纳米管），结果显示

Gd@C$_{82}$@SWNT 和 Dy@C$_{82}$@SWNT 的磁矩比本体分子 Gd@C$_{82}$ 和 Dy@C$_{82}$ 的磁矩均有所增大，这是由碳纳米管内分子转动受限、自旋弛豫变缓导致的[270]。

单分子/离子磁体性质是内嵌金属富勒烯所具有的一种重要的磁学性质。单分子磁体是一类在阻塞温度以下，在去掉外加磁场时仍然能够保留磁化强度和磁有序的单分子化合物。单分子磁体代表了磁性存储器件的最小尺度，其在高密度信息存储、量子计算机等领域具有潜在的应用前景。金属富勒烯在单分子磁体方面具有独特优势。首先，金属富勒烯是球形纳米尺寸分子，易于实现分子磁体的组装和操纵；另外，外层碳笼易于修饰和操控，可通过引入其他磁体设计新型的量子信息处理体系。

2012 年，金属氮化物内嵌富勒烯 DySc$_2$N@C$_{80}$ 的 SQUID 及 XMCD 结果表明在低于 4 K 时该分子在零场下出现磁滞现象（图 1-27），具有单分子磁体的特征[271]。在一系列 Dy 基金属富勒烯 Dy$_x$Sc$_{3-x}$N@C$_{80}$（$x=1$，2，3）的磁性质研究中，人们发现 DySc$_2$N@C$_{80}$ 和 Dy$_2$ScN@C$_{80}$ 表现出更好的单分子磁体特性。其中，DySc$_2$N@C$_{80}$ 的磁滞由于量子隧穿而衰减；而 Dy$_2$ScN@C$_{80}$ 在零场下则具有较大剩磁，两个 Dy^{3+} 之间的耦合作用使得基态能级分裂，进而抑制了磁量子隧穿。在 Dy$_3$ScN@C$_{80}$ 中则出现了铁磁耦合所致的磁阻挫现象，使得剩磁大大减弱。另外，Dy^{3+} 的 4f 电子具有非常长的弛豫时间，并且在稀释 DySc$_2$N@C$_{80}$ 后，它的磁弛豫时间能增加数倍。

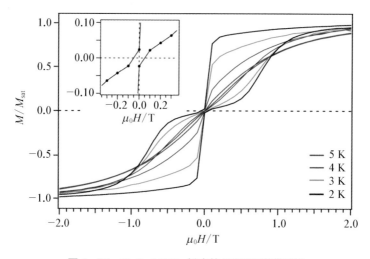

图 1-27   DySc$_2$N@C$_{80}$ 粉末的 SQUID 磁滞回线

此后，人们陆续发现了更多的金属富勒烯单分子磁体。例如在 2014 年 Greber 等人报道了 HoSc$_2$N@C$_{80}$ 单分子磁体[272]。2017 年，Popov 等人研究了金属硫化物内嵌富勒烯 Dy$_2$S@C_{3v}-C$_{82}$、Dy$_2$S@C_s-C$_{82}$ 和 Dy$_2$S@C_s-C$_{72}$ 的磁性，实验结果显示三个分子表现出碳笼点群对称性依赖的磁性，其中 Dy$_2$S@C_{3v}-C$_{82}$ 在 4～5 K 具有磁滞回线，而且它具有三个不同的 Orbach 弛豫过程,分别对应不同温度区间的弛豫行为[273]。2015 年,Popov 等人报道了新型金属碳化物内嵌富勒烯 DyYTiC@I_h-C_{80},DyYTiC@C_{80} 的阻塞温度为 7 K,这与 $Dy_2ScN@C_{80}$ 的阻塞温度相当,而 $Dy_2TiC@C_{80}$ 的磁滞回线在 3 K 时闭合,比 $Dy_2ScN@C_{80}$ 的阻塞温度低[274]。2017 年,Popov 等人对 $Dy_2@C_{80}$ 衍生化得到 $Dy_2@C_{80}(CH_2Ph)$,它的阻塞温度达到 21.9 K,其较高的阻塞温度源于 $Dy_2@C_{80}(CH_2Ph)$ 可以当作一个三自旋体系 Dy^{3+}-e-Dy^{3+},两边的 Dy 离子和中间的电子发生铁磁耦合[275]。2019 年,Popov 等人发现碳笼上 N 杂化的金属富勒烯 $Tb_2@C_{79}N$ 也是单分子磁体,它的阻塞温度达到 24 K,零场下有大的矫顽力,其较高的阻塞温度源于具有单轴磁各向异性的 Tb 磁矩与未成对的单电子产生强的磁耦合[276],如图 1-28 所示。

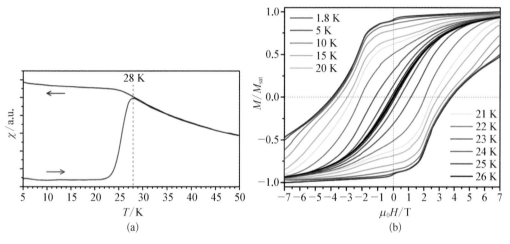

图 1-28　(a) 确定磁阻塞温度的曲线;(b) $Tb_2@C_{79}N$ 粉末的 SQUID 磁滞回线

金属富勒烯的单分子磁体性质也受外界条件的影响。如将 $Dy_2ScN@C_{80}$ 分子吸附在铑(111)表面,通过对比转角 X 射线吸收谱(XAS)及配位场理论计算得知 Dy_2ScN 平面平行于基底平面,分子表现出明显的磁各向异性,并且在 4 K 条件下出现磁滞[277]。Nakanishi 等人将 $DySc_2N@C_{80}$ 封装在 SWCNT 中,$DySc_2N@C_{80}@SWCNT$ 保留了 $DySc_2N@C_{80}$ 磁滞,而且它的矫顽力增加,弛豫时间变长[278]。2018 年,Chen 等人通过 1,3-偶极环加成反应制备了带有硫醚基的 $Dy_2ScN@C_{80}$ 和 $DySc_2N@C_{80}$ 的衍生物,衍生化后磁性相较本体发生了很大的变化,其中 $DySc_2N@C_{80}$ 衍生物的阻塞温度比本体增加 1 K,而 $Dy_2ScN@C_{80}$ 衍生物的阻塞温度比本体降低 4 K。另外,XMCD 结果显示两个衍生物沉积在金的表面时,在 2 K 都有磁滞回线[278]。

化学加成也可以用来调控磁体性质。通过 1,3-偶极环加成反应将吡咯烷修饰在 $Dy_2ScN@C_{80}$ 碳笼的[5,6]双键上,SQUID 磁性测试表明衍生化的分子表现出较大的磁矩,磁滞回线也显示出较大的磁化强度。分析结果显示化学修饰后内嵌团簇运动受阻,使得磁各向异性增大,最终导致分子磁矩和磁化强度增强。

金属富勒烯由于其球形结构被广泛用于构筑主客体系,通过自下而上的分子组装有望实现有序的金属富勒烯单分子磁体系。将 $Dy_2ScN@C_{80}$ 与多孔的金属有机骨架化合物(MOF-177)通过主客体相互作用复合,进而构建有序的分子磁体晶态体系。MOF-177的孔道可以调控在 $1\sim2$ nm,这个尺寸刚好容纳一个金属富勒烯分子。另外,由于 MOF 孔道的侧链含有较多的芳香基团,与富勒烯碳笼之间可以形成较强的 π-π 相互作用,进而获得稳定的金属富勒烯基磁性复合物。SQUID 研究结果表明,$DySc_2N@C_{80}$ 与 MOF-177 的复合材料在 5 K 下具有磁滞特性。更有意义的是,在零场下,复合材料保留了一定的磁化强度,没有像本体分子一样发生量子隧穿。

基于顺磁性的 $DySc_2N@C_{80}$ 和 $Dy_2ScN@C_{80}$ 分子,在笼外修饰一个氮氧自由基,由于 Dy 离子的 f 电子自旋和氮氧自由基之间存在强的偶极-偶极相互作用,该作用会使得氮氧自由基的电子自旋弛豫加快和 EPR 信号减弱。根据 EPR 信号的强弱,可以分析金属富勒烯的磁性差异,进而设计一种探测其弱磁性的新方法。基于这种偶极-偶极作用,还可以探测笼外的分子弱磁场。在 $Dy_3N@C_{80}$ 与氮氧自由基的二元体系中,二者相距约 1.5 nm。由于 Dy_3N 团簇含有多个 4f 电子自旋,沿着 Dy—N 键方向具有一定的磁矩,它和氮氧自由基之间存在强的偶极-偶极相互作用,该作用会导致氮氧自由基 EPR 信号降低,信号高低可以反映相互作用的强弱。$Dy_3N@C_{80}$ 在 Prato 反应中,会产生两个区域异构体,加成位点在 [5,6] 位和 [6,6] 位,且异构体中 $Dy_3N@C_{80}$ 与氮氧自由基的距离基本保持不变。EPR 结果发现氮氧自由基相对于 Dy_3N 平面的取向不同时,异构体中自由基的 EPR 信号亦不同。在 [6,6] 位异构体中,氮氧自由基的 EPR 信号比较弱,说明在此角度下,二者的偶极相互作用最强。可见,氮氧自由对 Dy_3N 团簇的取向非常敏感,基于此可以设计磁感应体系。

单分子磁体与光学的结合将带来新的功能和应用,比如最近的对光磁双功能三金属氮化物内嵌富勒烯的研究。实验中设计并合成了具有单分子磁体性质和近红外发光的金属富勒烯 $DyErScN@I_h\text{-}C_{80}$,如图 1-29 所示。磁性结果表明,$DyErScN@C_{80}$ 表现出良好的单分子磁体性质,它的阻塞温度达到 9 K,且量子隧穿效应(QTM)被抑制,这源于 Dy^{3+} 和 Er^{3+} 之间的分子内铁磁耦合。此外,$DyErScN@C_{80}$ 表现出 Er^{3+} 的特征近红外发光,并且由于 C_{80} 笼内的 DyErScN 团簇的取向及 Dy^{3+} 离子的偶极场的作用,Er^{3+} 的发光峰发生了分裂。此外,$DyErScN@C_{80}$ 还展现出温度依赖的荧光发射光谱。这项研究为设计光磁功能材料提供了新的策略。另外,实验合成并研究了具有单分子磁体性质和荧光特性的两个金属富勒烯异构体 $DyEr@C_{3v}\text{-}C_{82}$ 和 $DyEr@C_s\text{-}C_{82}$。$DyEr@C_{82}$ 两个异构体表现出碳笼依赖的单分子磁体性质和荧光性质。磁性结果表明 $DyEr@C_{3v}\text{-}C_{82}$ 在 3 K 以下显示出单分子磁体性质,而 $DyEr@C_s\text{-}C_{82}$ 仅表现出顺磁性。这是由于两个异构体的电子结构不同。

另外,进一步分析了 DyEr@C$_{82}$ 两个异构体的荧光性质,两者的峰型和峰位移略有不同。理论计算表明 DyEr@C$_{82}$ 两个异构体存在一电子两中心的 Dy—Er 键,而且它们具有不同的电子取向,这来源于未配对的 4f 和 6s 电子间的铁磁或反铁磁耦合。以上结果表明双金属富勒烯在制备可调节的光磁材料方面有重要前景。这种结构-性质关系的研究为设计新型光磁功能材料奠定了基础[279]。

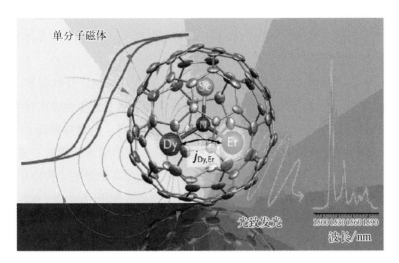

图 1-29　DyErScN@C$_{80}$的结构图及 DyErScN@C$_{80}$粉末的 SQUID 磁滞回线和荧光光谱

　　基于金属富勒烯的单分子磁体可用于信息存储。单分子磁体代表了磁性存储器件的最小尺度,单个分子像微小磁铁一样,可以在“0”和“1”的两个状态之间转换,可以用来存储信息。与常规磁体相比,单分子磁体显然小得多,这就意味着由这种分子磁体制成的存储器具有更强的数据存储能力。分子磁体具有较快的响应能力、更低的能量损耗和更高的输送效率。金属富勒烯在单分子磁体方面具有独特优势。尤其是金属富勒烯是球形纳米尺寸分子,易于实现分子磁体的组装和操纵。

　　利用金属富勒烯的磁性可以开发分子器件,如分子开关。例如,将 La@C$_{82}$ 吡咯烷衍生物接枝到 Au(111)面,形成单分子自组装膜。EPR 实验表明这种单分子膜保留了 La@C$_{82}$ 的磁性,还可以通过电化学控制电位实现自旋信号的“开”与“关”。顺磁性 Sc$_3$C$_2$@C$_{80}$ 分子与氮氧自由基的复合体系也可以做成分子开关。金属富勒烯的磁性对分子弱磁场具有较强的感应,如氮氧自由基。基于此,可以设计分子级别的磁场感应体系,称之为“分子雷达”。如果能设计一些具有空间取向的二元体系,通过 EPR 信号的变化来分析二者的相对位置,就可以实现分子级别的空间定位。再者,如果未来能实现金属富勒烯磁性对地磁场的感应,就可以做成“分子罗盘”。金属富勒烯的磁性研究具有重要价值。现阶段,多从结构方面出发来探索磁性的变化,也发现了很多神奇的现象。尤其是利用电子顺磁共振波谱技术挖掘了金属富勒烯的众多顺磁特性,为未来的应用开发奠定基础。另外,未来如能实现金属富勒烯磁性与其他物理性质的协同作用,也将推动这些分子的应用进程。应用方面,除了量子信息处理、分子开关和磁场感知,更多的应用潜力仍有待于进一步研究和探索。

1.5.3　内嵌金属富勒烯的电子学性质与应用

金属富勒烯具有大 Π 电子体系,因此和空心富勒烯一样具有半导体性质。金属富勒烯可作为有机太阳能电池器件中的受体材料、修饰层材料,可用作场效应晶体管、热电器件及多种分子电子功能器件。

金属氮化物内嵌富勒烯衍生物 $Lu_3N@C_{80}$ - PCBH 可作为电子受体材料,减少电荷转移过程中的能量损失,提高器件的开路电压与能量转换效率。除了做受体材料,金属富勒烯衍生物也是好的有机光伏器件上的电子修饰层材料[280]。乙二胺修饰的金属富勒烯 $Gd@C_{82}$ 电子传输层材料,该材料制备简单,性能优良。该金属富勒烯电子传输层材料的引入,显著提高了器件的短路电流密度,这主要是因为金属富勒烯电子传输层材料具有良好的导电性,并有效降低了阴极的功函,促进了电子的传输与提取,因此,有效提高了器件的能量转换效率。

金属富勒烯在场效应晶体管中也有应用。由于薄膜所需的样品量非常少,因此,可通过有机晶体管研究金属富勒烯在固体状态下的性质,尤其是载流子类型与内嵌金属富勒烯的电荷传输机理。Yoshihiro Iwasa 等人利用真空蒸镀的方法,在玻璃基底上沉积了 50 nm 厚的 $La_2@C_{80}$,首次报道了基于双金属内嵌富勒烯 $La_2@C_{80}$ 薄膜的 n - 型场效应晶体管(图 1 - 30)[281]。根据单个 $La_2@C_{80}$ 分子的理论计算和实验研究,$La_2@C_{80}$ 的 LUMO 能级主要由内嵌的 La 离子组成。因此,器件的 n - 型行为表明,在固体薄膜中发生了经由内嵌 La 离子的载流子传导。并且,载流子在 $La_2@C_{80}$ 薄膜中的传输机理更倾向于相邻分子间或相邻边界的跳跃,而不是导带模型。$La_2@C_{80}$ 薄膜场效应晶体管是一种 n - 沟道常导通型晶体管。$La_2@C_{80}$ 薄膜场效应晶体管的载流子迁移率很低,主要归因于薄膜低的结晶性。这说明,对于金属富勒烯薄膜场效应晶体管非常需要

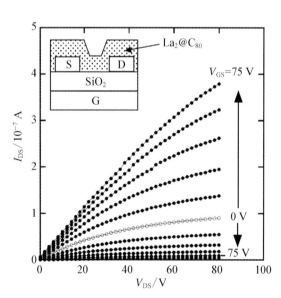

图 1 - 30　$La_2@C_{80}$ 薄膜场效应晶体管的不同栅源电压下漏源电流和漏源电压的关系曲线

制备高结晶性金属富勒烯薄膜的技术。

根据电阻率测试,Dy@C$_{82}$ 表现出类似于半导体的性质。基于此,K. Tanigaki 制备了首个 Dy@C$_{82}$ 场效应晶体管。与 C$_{60}$ 和 C$_{70}$ 薄膜晶体管不同的是,Dy@C$_{82}$ 是一个 n-沟道常导通型场效应晶体管。由于 Dy 会向 C$_{82}$ 碳笼转移 3 个电子,因此,在栅压 $V_G = 0$ V 时,Dy@C$_{82}$ 薄膜晶体管中的载流子来源于 Dy 向 C$_{82}$ 碳笼转移的电子。常导通的性质与体相电流的存在直接相关。并且,当体相电流消失的时候,Dy@C$_{82}$ 薄膜晶体管表现为增强型晶体管。因此,这种常导通型场效应晶体管是由于 Dy@C$_{82}$ 薄膜的带隙仅为 0.2 eV,比 C$_{60}$(1.8 eV)的小一个数量级。Dy@C$_{82}$ 中的三电子转移导致窄带隙半导体行为,而非金属行为,这可能是因为金属富勒烯中强的电子相关性。因此,这种常导通的场效应晶体管特性是由于窄带隙的 Dy@C$_{82}$ 的半导体性质引起的体相电流[282]。

单分子晶体管为我们系统研究单分子的电学性质随栅压 V_G 及偏压 V_{SD} 的变化规律提供了有力工具。尤其是,我们能够利用栅电场控制单分子的静态电势与充电状态。富勒烯分子经常被选为单分子晶体管的库仑岛,在精准控制偏压下,通过测试电流-电压特性来研究富勒烯分子的物理性质,例如振动激发、自旋相关传输及超导。Kazuhiko Hirakawa 等人利用电断结(electrical break junction)的方法制备了 Ce@C$_{82}$ 单分子晶体管。作者利用栅极调控分子的电荷状态,测试 Ce@C$_{82}$ 单分子晶体管的电流-电压特性。在单电子隧穿通过 Ce@C$_{82}$ 的过程中,可以灵敏地探测到 C$_{82}$ 碳笼中内嵌 Ce 原子的振动模式(弯曲和伸缩运动)。但是,在空心 C$_{84}$ 单分子晶体管中,却未能观察到振动激发。并且,在 Ce@C$_{82}$ 单分子晶体管的源电极与漏电极之间施加 100 mV 以上的偏压时,电流-电压特性曲线会出现明显的滞后行为。同时,库仑稳定曲线的模式也会发生改变。但是,当偏压加至 500 mV 以上时,空心 C$_{84}$ 单分子晶体管也未出现滞后现象。这些现象说明即使是单个 Ce 原子也能够显著改变富勒烯分子的电子传输[283]。

金属富勒烯对热电器件也有研究。热电势(塞贝克效应)是一种材料对施加温度梯度的电压响应,起源于电子在高温和低温时的费米分布。热电器件在能量转换方面非常具有吸引力,主要是因为它们能够将温度差直接转化为可利用电能,并且能够反向工作,也就是通过电流来传输热能(佩尔捷效应)。利用有机半导体连接金属电极的金属/有机杂化系统是非常有希望的热电体系,但是寻找合适的半导体材料依然充满挑战,尤其是合适的 n-传导材料非常稀缺。最近,测试单分子结的热电势变得可行。与体相不同的是,单分子的能级是离散的、量化的,这在热电传输方面起到非常重要的作用。因此,单分子热电器件为从元素角度探究影响热电材料的能量转换机制提供了可能。并且,分子结本身也可能成为良好的 p-型或者 n-型热电器件,并且可通过调控能级的方法来调变它们的传输性能。Hirokazu Tada 等人系统研究了 C$_{82}$、Gd@C$_{82}$ 及 Ce@C$_{82}$ 分子结的热电传输性能,如图 1-31 所示。通过扫描隧道显微镜断结的方法精准测量热能及电导率,并结合自能量相关第一性原理传输理论进行计算,发现三种富勒烯均产生负的热能,也就是 n-型传导。并且,Gd@C$_{82}$ 及 Ce@C$_{82}$ 分子结的绝对值要大很多。但是,这三者的传导率是大致相当的。Gd@C$_{82}$ 及 Ce@C$_{82}$ 分子结在热能方面的提升,是由于内嵌金属原子引起了富勒烯在电子结构和几何结构上的重大变化。内嵌金属富勒烯 Sc$_3$N@C$_{80}$ 的单分子热电器件也得到系统研究。与 Gd@C$_{82}$ 和 Ce@C$_{82}$ 不同的是,Sc$_3$N@C$_{80}$ 单分子热电器件热能的能级和信号与分子的排列取向及电压密切相关。计算结果表明,碳笼内的 Sc$_3$N 团簇在费米能级附近引起尖锐的谐振,因此,Sc$_3$N@C$_{80}$ 单分子热电器件的热能能够通过施加电压来调控。以上结果表明,Sc$_3$N@C$_{80}$ 是一种双热电材料,既有正的热能,也有负的热能,并且,传输共振态在分子结中起到非常重要的作用。这是首次提出"双热电"这一概念,对于双热电材料,热能的信号及数量级都是可以被调控的。

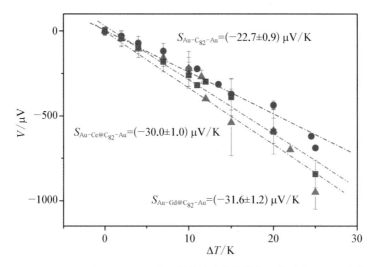

图 1-31   C$_{82}$、Gd@C$_{82}$ 以及 Ce@C$_{82}$ 分子结的热电传输性能: 热电电压与温度变化的关系

内嵌金属富勒烯 Ce@C$_{82}$ 的电子传输性质通过断结(break junction)的方法及密度泛函计算进行了研究。将 Ce@C$_{82}$ 直接键连在 Ag 电极上,制备 Ce@C$_{82}$ 单分子结。该单分子结表现出高的固定的电导率,但却是相同条件下 C$_{60}$ 单分子结电导率的一半。这种出乎意料的电导率的降低,主要是由于 Ce@C$_{82}$ 的电子定域在碳笼上。而如果以 Au 为电极,则难以通过断结的方法构筑 Ce@C$_{82}$ 单分子结,主要是由于 Ce@C$_{82}$ 分子难以被 Au 较大的纳米空隙所捕获[284]。

基于内嵌金属富勒烯 Tb@C$_{82}$,Yutaka Majima 等人开发了单分子定位开关,并利用低温超高真空扫描隧道显微镜进行研究。在 Tb@C$_{82}$ 与基底 Au(111)之间引入辛硫醇自组装单分子层来控制 Tb@C$_{82}$ 的热旋转状态。13 K 下,Tb@C$_{82}$ 在辛硫醇自组装单分子层上的扫描隧道能谱显示出包含负微分电导的磁滞。该磁滞与负微分电导是 Tb@C_{82} 的电子偶极矩与外电场的相互作用使 Tb@C_{82} 分子定位发生转换而导致的[285]。

La@C_{82} 的电子传输性质通过 La@C_{82} 与卟啉镍的晶体进行了研究。通过时间分辨微波电导率(TRMC)测试发现,La@C_{82} 与卟啉镍的共晶具有高的电子迁移率,并具有强的各向异性,这是由于在不同取向上 La@C_{82} 分子间的镍卟啉和苯分子定向排列方式不同,沿 c 轴的电导率最高为 3.0×10^{-3} cm^2/(V·s),在 Au 表面的电子迁移率达 0.9 cm^2/(V·s),远高于 M@C_{82} 的薄膜材料,说明分子的有序组装对于提高电子迁移率具有重要作用。因此,要获得高的电导值,制备内嵌金属富勒烯的单晶是非常重要的。在 La@C_{82} 的衍生物 La@C_{82}(Ad)的单晶样品中,TRMC 测试发现在常温常压下其电子迁移率高达 10 cm^2/(V·s),理论计算表明其具有半金属特性。由于 La@C_{82}(Ad)可以溶于多数有机溶剂,并且通过改变内嵌金属和外部修饰基团可以调节其带隙宽度和载流子浓度,因而此类材料有望成为一种新型的有机半导体材料。

通过液-液界面沉积方式用对二甲苯溶解 Sc$_3$N@C_{80},然后形成了一种微孔的六边形的单晶 Sc$_3$N@C_{80} 纳米棒,进而研究了沉积到 ITO 玻璃上的 Sc$_3$N@C_{80} 单晶纳米棒的光电化学性质,表明 Sc$_3$N@C_{80} 沉积到 ITO 玻璃上有很高的光电响应,有望基于金属富勒烯制备新型的光电器件[286]。此外,在比较滴涂形成的 La$_2$@C_{80}、Sc$_3$N@C_{80} 和 Sc$_3$C$_2$@C_{80} 的 TMRC 研究中揭示了顺磁金属富勒烯的高迁移率。顺磁性 Sc$_3$C$_2$@C_{80} 中的电子迁移率为 0.13 cm^2/(V·s),比抗磁性 La$_2$@C_{80} 和 Sc$_3$N@C_{80} 中的电子迁移率高了约 20 倍。

以包含咔唑部分的聚合物 PVP 为电子给体,以 Gd@C_{82} 为电子受体,制备存储器件 ITO/Gd@C_{82}-PVK/Al,电流-电压特征测试结果显示典型的双稳态电子开关及非易失性可重复写的存储效应,开启电压为 -1.5 V,开关整流比在 10^4 以上。这么低的开启电压是由碳笼内的金属导致的,并且经过密度泛函理论计算发现,内嵌金属是非常重要的电子捕获中心,这将有利于达到开启电压[287]。

Hiroshi Ueno 等人在邻二氯苯中测[Li$^+$@C_{60}](PF$_6^-$)的电导率,发现其电导率比 TBA$^+$PF$_6^-$ 更高。ESR 信号及 NIR 吸收也可说明,在没有电解质辅助下[Li$^+$@C_{60}](PF$_6^-$)能提供自由基负离子,扩展其在无电解质电化学中的应用。Hiroshi Ueno 等人合成了基于环对亚苯基(CPP)的离子供体-受体超分子[Li$^+$@C_{60}]@[10]CPP·X。X 射线晶体学不仅证实了[Li$^+$@C_{60}]@[10]CPP·X$^-$ 的分子结构,还揭示了独特的离子晶体的形成,电化学测量和光谱分析证实了[10]CPP 和 Li$^+$@C_{60} 之间的强电荷转移相互作用,且促使正电荷发生明显离域[288]。Anton J. Stasyuk 等人使用 DFT/TDDFT 方法通过计算研究了基于 CPP 的供体-受体超分子[C_{60}]~[10]CPP 和[Li$^+$@C_{60}]~[10]CPP 中的光致电子转移(PET)。根据对激发态的分析,发现[Li$^+$@C_{60}]~[10]CPP 体系表现出异常的溶剂效应,即极性介质破坏电荷分离态。Mustafa Supur 等人也在光激发刚性双冠醚五蝶烯和 $Li^+@C_{60}$ 的复合物中发现了长寿命电荷分离，五蝶烯框架在作为电子给体积极参与向 $Li^+@C_{60}$ 激发态的光激发电子转移过程[289]。

　　Hiroshi Ueno 等人对三氟甲烷磺酰化内嵌锂离子 C_{60} 的盐，即 $[Li^+@C_{60}]$（$TFSl^-$），进行电化学还原可得自由基阴离子 $Li@C_{60}^{\cdot-}$。产物用 UV-vis-NIR 光谱、ESR 波谱、X 射线衍射进行表征，并证明了在溶液中 $Li@C_{60}$ 大多以单体状态存在，在晶体状态时联结 C_{60} 自由基形成二聚体 $Li@C_{60}$-$Li@C_{60}$，其结构用 M06-2X/6-31G(d) 水平理论计算进行模拟。后来他们首次制备 C_{60}/$Li@C_{60}$ 混合 n 型半导体薄膜。添加 1% $Li@C_{60}$ 的 C_{60} 膜的费米能级为 4.52 eV，比未添加的 C_{60} 膜的费米能级高 0.12 eV。部分 $Li@C_{60}$ 均匀分布在 C_{60} 膜内，在 C_{60} 薄膜中加入 $Li@C_{60}$ 可提高器件性能，扩展了其在钙钛矿太阳能电池中的应用[290]。

　　Kei Ohkubo 等人证明了内嵌锂离子富勒烯（$Li^+@C_{60}$）和硫化四苯基卟啉（$[MTPPS]^{4-}$，M = H_2、Zn）在苯甲腈中形成超分子复合物。$Li^+@C_{60}$/$[MTPPS]^{4-}$ 之间的光诱导电子转移长效电荷分离态。由锂离子内嵌富勒烯和 $ZnTPPS^{4-}$ 组成的超分子团簇光电化学太阳能电池光电化学特性比各组分的单独性质更优异。在超分子中发生从 $ZnTPPS^{4-}$ 到 $Li^+@C_{60}$ 的光诱导电子转移使光电化学电池性能得到较大优化。因此在与 $ZnTPPS^{4-}$ 组成的超分子中 $Li^+@C_{60}$ 作为优异的电子受体，为进一步设计高性能太阳能电池开拓了思路[291]。Kei Ohkubo 等人用自由基卟啉多肽 $[P(H_2P)]_n$；n = 4，8] 和 $Li^+@C_{60}$ 构筑成的超分子具有多光合作用反应中心，相比于 C_{60} 能更高效地发生能量转移和电子转移。H_2P 的数量越多，就越能为研究多反应中心的能量转移和电子转移提供可能，开辟新的研究道路[292]。在另一工作中，他们用激光脉冲照含有固态内嵌锂离子富勒烯 $Li^+@C_{60}$ 的除气水溶液，得到高度分散的纳米聚集体 $(Li^+@C_{60})_n$。光辐照含有饱和 O_2 的 $(Li^+@C_{60})_n$ 的 D_2O 溶液，产生单重态氧，量子产率为 55%，从而提高双链 DNA 裂解效率[293]。

　　在极性溶剂苯甲腈中，将 $Li^+@C_{60}$ 置于包含于络合的环状卟啉二聚体（M-CPD_{Py}，M = H_4、Ni_2）的空腔中形成超分子 $[Li^+@C_{60}]$（M-CPD_{Py}），结合常数分别为 2.6×10^5 mol^{-1} 和 3.5×10^5 mol^{-1}。从电化学角度分析，$[Li^+@C_{60}]$（H_4-CPD_{Py}）和 $[Li^+@C_{60}]$（Ni_2-CPD_{Py}）的电荷分离态能量分别为 1.07 eV 和 1.20 eV，且都比富勒烯和卟啉的三重激发态能量高。$[Li^+@C_{60}]$（H_4-CPD_{Py}）的光激发在卟啉发色团的 Q 带上，电子将从卟啉的三重激发态转移到 $Li^+@C_{60}$ 产生电荷分离态，寿命为 0.50 ms。$[Li^+@C_{60}]$（Ni_2-CPD_{Py}）也有光激发产生电荷分离态的特性，寿命为 0.67 ms。这优异的电荷分离态寿命归因于电荷分离能比单独各发色团的三线态能量更低[294]。

　　与原始 C_{60} 相比，内嵌锂离子富勒烯（$Li^+@C_{60}$）在光诱导的电子传递还原过程中表现出大大增强的反应性。$Li^+@C_{60}$ 的增强的反应性是由于 $Li^+@C_{60}$ 的单电子还原电势更正，相比标准甘汞电极（SCE）为 +0.14 V，而 C_{60} 相比标准甘汞电极（SCE）为 0.43 V。而 $Li^+@C_{60}$（1.01 eV）的电子转移的重组能变得比 C_{60}（0.73 eV）的大，这归因于电子转移后封装的 Li^+ 的静电相互作用。$Li^+@C_{60}$ 可以通过静电与各种阴离子电子给体形成强超分子络合物，例如环状卟啉二聚体、香兰烯和冠醚单吡咯并四硫富瓦烯。光诱导电子供体与 $Li^+@C_{60}$ 之间的超分子复合物发生电子转移，电子从供体到 $Li^+@C_{60}$ 提供了长寿命的电荷分离状态。由 $Li^+@C_{60}$ 纳米团簇和磺化的内消旋四苯基锌卟啉组成的光电化学太阳能电池比仅含单一组分体系表现出更优的光电化学性能[295]。

电荷转移复合物在心环烯（$C_{20}H_{10}$）和内嵌锂离子 C_{60}（$Li^+@C_{60}$）在 298 K 苯甲腈中通过凹凸 π-π 电荷转移相互作用的结合常数 $K_G = 1.9 \times 10\ mol^{-1}$，呈现了较宽电荷转移吸收并扩展到近红外区域。$C_{20}H_{10}/Li^+@C_{60}$ 电荷转移复合物的飞秒激光激发导致了单线态电荷的分离（CS），即 $C_{20}H_{10}^{•+}/Li^+@C_{60}^{•-}$，衰减寿命为 1.4 ns。$Li^+@C_{60}$ 的纳秒激光激发使 $C_{20}H_{10}$ 到 $Li^+@C_{60}$ 发生分子间电子转移，产生三重激发态（$C_{20}H_{10}^{•+}/Li^+@C_{60}^{•-}$）。根据 4 K 时的零场 EPR 测量三重态中的两个电子间的距离约为 10 Å。三重电荷分离态发生分子间反向电子转移（BRT）回到基态。298 K 苯甲腈中测得电荷分离态寿命为 240 μs。BET 速率常数对温度的依赖关系重整能（λ = 1.04 eV）和电子耦合常数（V = 0.0080 cm^{-1}）。这种长寿命三重电荷分离态的产生是因为自旋禁阻 BET 过程及 V 值较小[296]。

钙钛矿太阳能电池的高效率是该领域快速发展的基础，然而设备稳定性低限制了其进一步的发展。Li^+TFSI^- 和金属电极是造成设备不稳定的主要原因。I Jeon 等人将锂离子内嵌富勒烯和 spiro-MeOTAD 进行氧化还原反应，并控制被氧化的 spiro-MeOTAD 和抗氧化的中性富勒烯的量。将该混合物应用于无金属碳纳米管（CNT）层压电极钙钛矿太阳能电池，在严苛条件下（温度为 60℃，湿度为 70%），其 PSC 效率为 17.2%，稳定性时长超过 1100 h。这种优良性能得益于该设备具有电荷自由迁移特性和较强的抗氧化性[297]。

分子电子学领域旨在利用单个分子来完成单个组分的功能来推动电子器件的微型化。分子开关可被这样定义：在可控的外部电路或其他电的微扰下，经历一个可逆的变化，可在两种或多种状态下（如电导性和构象的"开"和"关"）保持稳定。以前的研究已经表明，多态分子开关多达 4～6 种不同的状态。利用低温扫描隧道显微镜和光谱学表征，Henry J. Chandler 等人利用内嵌金属富勒烯 $Li@C_{60}$ 合成一种多态单分子开关，计算可发现它达到 14 个分子状态。他们提出富勒烯碳笼的超原子分子轨道（SAMOs）的共振隧穿机制激活 Li，由此避免了传统的碳笼电子振动激发造成分子分解[298]。Tamar Seideman 等人基于富勒烯碳笼内运动的原子或者团簇的电子驱动设计了一种新的单分子器件。通过结合电子结构计算及动态模拟，作者研究了内嵌金属富勒烯分子结的电流引发动力学，通过定域在

Au - Li@C_{60} - Au 纳米结的 Li 原子的非弹性隧穿,结合二维动力学,发现 Li 原子展现出大幅度振荡[299]。

1.5.4　内嵌原子富勒烯性质与功能

原子内嵌富勒烯是指将元素以原子的形式包含进富勒烯笼形成的内嵌富勒烯,这些元素包括大部分的惰性气体原子及第三主族中的 N 和 P 原子。原子内嵌富勒烯的合成方法与金属富勒烯不同,它们大都通过离子束轰击富勒烯法或者高温高压法来合成得到。非常有趣的是,内嵌到富勒烯碳笼内的惰性气体原子及第五主族中的 N 和 P 原子是以原子形式存在的,内嵌物不向碳笼转移电子。

1993 年,Saunders 等人先在电弧放电法生成的碳灰里发现了惰性气体内嵌富勒烯,他们又通过高温加压法也合成出了 He@C_{60} 和 Ne@C_{60},从此开始了惰性气体内嵌富勒烯的制备与性质的研究[5]。1994 年,他们又发现,压力越大生成的惰性气体内嵌富勒烯就越多,通过这种方法他们相继将 He、Ne、Ar、Ke、Xe 内嵌到富勒烯笼内,还首次将氦的同位素 ^{3}He 装到碳笼里[300]。由于 ^{3}He 本身具有优良的 NMR 信号,接着,他们也观测到了 ^{3}He@C_{60} 和 ^{3}He@C_{70} 的 NMR 信号,由于碳笼的屏蔽,^{3}He 的 NMR 信号大幅度向高场移动[301]。同年,他们进一步发现如果在 ^{3}He@C_{60} 外接不同的基团,内嵌 ^{3}He 的 NMR 位移会发生明显的变化,这种变化是由化学反应时富勒烯笼内电子环境的改变引起的,因此,基于 ^{3}He 的内嵌富勒烯可以作为探针来跟踪富勒烯碳笼上发生的化学反应。1997 年,Shimshi 等人发明了一种离子束轰击的方法来制备惰性气体内嵌富勒烯,取得了较高的产率。1998 年,Khong 等人报道了内嵌 2 个 He 原子的内嵌富勒烯 ^{3}He$_2$@C_{70},并研究了该分子的 NMR 性质。

2002 年,Martin 等人在 650℃ 的 3000 atm 氙气中加热 C_{60},成功将氙气插入 C_{60} 中,并测试了其 NMR 谱图。2003 年和 2004 年,Komatsu 团队通过化学方法将 H 原子和 He 原子放进了 C_{60} 的开笼衍生物中。2009 年,Peng 等人首次使用爆炸的方式合成了 He@C_{60} 和 He$_2$@C_{60},为制备其他非金属原子内嵌富勒烯提供了新的方法。

1996 年,Murphy 等人首次用离子轰击法宏量制备了 N@C_{60}。他们在测试样品的 ESR 性质的时候发现,N@C_{60} 分子显现出和原子态的 N 一样的超精细分裂,据此他们认为,N 在碳笼内保持原子态的结构,并不向碳笼转移电子,与富勒烯碳笼有非常弱的相互作用[302]。1999 年,Dietel 等人发现内嵌的 N 原子也可以作为探针来跟踪富勒烯碳笼上发生的化学反应,因为反应发生的位点、反应的成键类型均会影响到 N 原子周边的电子环境。2001 年,Waiblinger 等人合成制备了 N@C_{60}、N@C_{70}、P@C_{60} 分子,并通过 ESR 手段研究它们的热稳定性,他们发现这些小分子内嵌富勒烯具有高的热稳定性,而大分子富勒烯内嵌的 N 和 P 受热容易分解。2002 年,Harneit 预测了 N@C_{60} 和 P@C_{60} 分子应用到量子计算机上的理论可能性，他认为可以给 N@C$_{60}$ 和 P@C$_{60}$ 分子施加脉冲的电子自旋共振来写入和读出信息[303]，如图 1-32 所示。

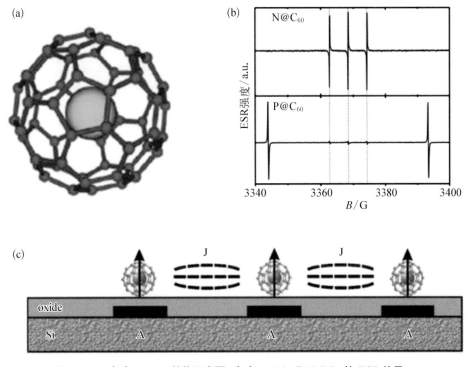

图 1-32　（a）N@C$_{60}$ 结构示意图；（b）N@C$_{60}$ 和 P@C$_{60}$ 的 ESR 信号；
（c）以 N@C$_{60}$ 和 P@C$_{60}$ 为比特的量子计算机概念模型

　　单磁性分子的操控可能为高密度信息存储和量子态控制提供新的策略。然而，这些领域的进展有赖于开发处理单个分子控制其自旋的技术。2008 年，Ralph 等人成功地将单个磁性 N@C$_{60}$ 分子进行电接触，并测量了在其电子隧道谱中的自旋激发，如图 1-33 所示。通过观察跃迁作为磁场的函数来验证分子是否保持磁性，该跃迁改变了自旋量子数，并且还存在源自低能激发态的非平衡隧穿。之后在隧穿谱中，确定了分子的电荷态和自旋态。

　　2008 年，Simon 等人利用电子自旋共振光谱研究了单壁碳纳米管内的内面体富勒烯分子 N@C$_{60}$ 的温度稳定性[304]。他们发现，N@C$_{60}$ 分子在豌豆荚状形式中比在结晶形式中更稳定。与其原始的结晶形式相比，氮在封装材料中会以较高的温度逸出。封装分子的温度依赖自旋晶格弛豫时间 T_1 明显短于晶体材料，这是由氮自旋与主体纳米管的相互作用所导致的。但是由于 N@C$_{60}$ 在豌豆荚状的形式中自旋的自旋晶格弛豫时间要短得多，并且在最低温度下时间仍是有限的，所以这其实严重限制了 N@C$_{60}$ 豌豆荚系统在量子信息处理中的适用性。

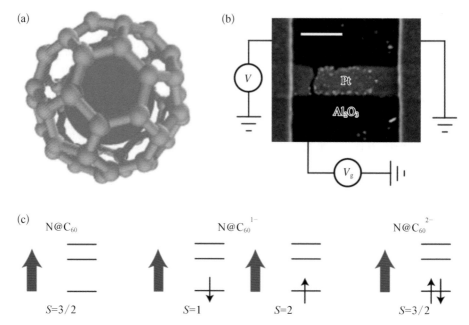

图 1‑33 （a）N@C$_{60}$分子示意图；（b）样品在室温下电迁移后的扫描
电镜图像及电路示意图；（c）N@C$_{60}$及其阴离子的自旋态

蓝色箭头表示 N 原子的 $S_N = 3/2$ 自旋；水平黑线代表 C$_{60}$ 分子的最低未占据轨道；指出了 N@C$_{60}$ 离子可能的总自旋态

　　2009 年，Wabnig 等人系统地研究了 N@C$_{60}$ 和 N@C$_{70}$ 在高压和高温条件下的稳定性。他们发现在高压条件下，N@C$_{60}$ 和 N@C$_{70}$ 由于氮桥键的形成受到抑制而热稳定性增强，而在常压下，氮原子可以较充分地逸出富勒烯笼。从化学功能化的角度来看，这一结果是重要的，可以在一些中等温度下保证 N 原子富勒烯的稳定性。

　　2011 年，Porfyrakis 等人合成了 N@C$_{60}$‑N@C$_{60}$ 内面体富勒烯二聚体，描述了一种单锅法，使用双 1,3‑偶极环加成，合成具有固定空间分离的双中心 N@C$_{60}$ 分子，由于可以使反应量达到微克级，因此为进一步纯化高纯度 N@C$_{60}$ 的化学功能开辟了道路。由两个自旋中心的 N@C$_{60}$‑N@C$_{60}$ 分子产生的 ESR 光谱表明，两个 N@C$_{60}$ 官能化的分子彼此紧邻存在，不会显著影响内部氮素的稳定性。而这种稳定性是成功实现 N@C$_{60}$ 作为量子逻辑元件的基本要求。

　　2012 年，Du 等人在利用囊状分子与内聚富勒烯 N@C$_{60}$ 共结晶制备了一种新型复合材料，与先前报告的类似系统的数据相比，在复合体中发现的零场分裂（ZFS）显著增强，较大的 ZFS 可能是由超分子复合物中的分子有序引起的，这使得它成为未来量子控制和相干研究的一种可选材料。

　　2012 年，Harneit 等人采用液‑液界面沉淀法制备了含有 N@C$_{60}$ 的 C$_{60}$ 纳米晶须。他们

发现与 $N@C_{60}/C_{60}$ 粉末相比，$N@C_{60}/C_{60}$ 纳米晶须的 ESR 光谱显示线宽更宽，表明 $N@C_{60}$ 可以作为富勒烯纳米材料的无损结构探针。他们在 2015 年研究了 C_{60} 和 $N@C_{60}$ 在热、光暴露下的稳定性，结果发现，当样品在保持一定温度以下冷却时，在强烈激光照射下可以获得稳定性。而且确定了该材料光学量子态可以读出的合适的实验条件。

2013 年，Porfyrakis 等人用电子自旋共振光谱研究了不同 N 取代 $[N@C_{60}]$ 在向列相液晶基体中的富勒吡咯烷衍生物的取向，利用客体物种零场分裂参数的变化作为确定其取向程度的一种手段，发现具有更多刚性 N-取代基的富勒吡咯烷在液晶基体中优先取向，而具有较少刚性取代基的富勒吡咯烷几乎是随机分布的。

2016 年，Porfyrakis 等人将酞菁（Pc）与顺磁性内面富勒烯 $N@C_{60}$ 形成配合物以达到可调控的偶极耦合。他们将两个自旋量子位元连接在一起，并对产生的电子顺磁共振特性进行了表征，包括富勒烯自旋和铜自旋。定量解释了与距离相关的耦合强度，并进一步讨论了 CuPc 部分的反铁磁聚集效应，提出了在这种二元系统中调谐偶极耦合的两种方法：改变间隔群和调整溶液浓度。该研究有希望将其应用于分子量子信息处理方向。

2017 年，Murata 等人为了研究原子氮的固有反应性，在射频等离子体条件下将额外的氮原子封装在 $H_2@C_{70}$ 富勒烯笼中，证实了即使在近距离接触的情况下，$N(^4S)$ 和 H_2 之间也不会形成共价键。这一方法对于包括燃烧化学、大气科学和量子力学在内的各个研究领域都具有重要意义[305]。

2017 年，Porfyrakis 等人将含有两个置换 β-环糊精单元的单个加成物的共价键附着到碳笼的表面而制备成了顺磁性内嵌富勒烯 $N@C_{60}$ 的第一个水溶衍生物。该衍生物被证明是极性有机溶剂中 Cu(Ⅱ) 离子的有效自旋探针，比典型的硝基氧化物自旋传感器观察到的灵敏度还要高。他们提出为了提高灵敏度，有必要在富勒烯表面附加一个结合位点，使分析物保持在与氮自旋中心固定的短距离内。因此可使其用作探测生物环境中顺磁性物种的探针，特别是将 $N@C_{60}$ 用作血氧测定探针作为未来的研究方向[306]。

1.5.5　内嵌小分子富勒烯性质与功能

将小分子内嵌到富勒烯碳笼里面一直是科学家的梦想。但是小分子内嵌富勒烯的热稳定很差，传统合成方法的局限性使得分子内嵌富勒烯很难实现。直到 2005 年，Komatsu 研究小组用有机化学的开环和闭环手段，成功将 H_2 分子放入 C_{60} 笼中，合成了 $H_2@C_{60}$[7]。这种被称作"分子手术"的方法在内嵌富勒烯研究领域具有里程碑意义，此后人们相继将 H_2、CO、H_2O、NH_3 等小分子内嵌到富勒烯碳笼里[307,308]。

早在 1995 年，Hummelen 等人就开始了将富勒烯碳笼用化学反应打开的探索[309]。1996 年，Arce 等人合成了含有一个八元环开口的富勒烯衍生物，这个实验奠定了富勒烯开口的基本路线[310]。1997 年，Rubin 等人提出了"分子手术"的概念，他们想在富勒烯碳笼上进行有机化学反应来实现内嵌富勒烯的制备,首先要在富勒烯碳笼上打开一个缺口,然后嵌入原子或分子,最后将缺口缝合,形成完美的内嵌富勒烯[311]。

在富勒烯碳笼上打开一个缺口,然后嵌入原子或分子是"分子手术"路线的重要开端。1999年,Schick等人首次成功地用"分子手术"将He和H_2分子填充到开口的C_{60}衍生物内,并测得内嵌H_2的NMR位移在-5.43 ppm处[312]。2004年,Iwamatsu等人在富勒烯上开了一个二十元环的口,并惊奇地发现这个衍生物可以将单个水分子内嵌到笼内,内部水分子的^1H NMR在-11.4 ppm处出现[313]。2006年,Iwamatsu等人成功将CO分子内嵌到C_{60}衍生物中[314]。2008年,Whitener等人成功将NH_3分子填充到含有二十元环开口的富勒烯衍生物内,用核磁共振和MALDI-TOF质谱分析了该配合物的性质,可达到35%~50%的嵌入效率。在-10℃储存6个月后的NMR结果显示氨从开笼富勒烯中逸出[315]。同年,Murata等人甚至将两个H_2分子内嵌到C_{70}的开口衍生物内[316]。

在成功实现前两步之后,如何将打开的富勒烯开口闭合,从而得到完美的内嵌富勒烯成为摆在人们面前的重大难题。2005年,Komatsu小组通过一系列有机反应第一次实现了碳笼的闭合,合成了$H_2@C_{60}$。他们还发现,在合成$H_2@C_{60}$的反应过程中,随着碳笼的逐渐闭合,四个中间体内嵌氢的位移从-6.18 ppm、-5.69 ppm、-2.93 ppm,最后变化到$H_2@C_{60}$中的-1.44 ppm。这是由于在笼的开口缩小过程中,五元环所具有的顺磁电流对笼内氢有强烈的去屏蔽作用,使得氢的NMR位移不断向低场移动。2006年,Murata等人在研究$H_2@C_{60}$分子的化学反应时发现,外接基团又会使内嵌H_2的NMR信号移向高场,可见,内嵌H_2分子的NMR受碳笼化学环境的影响很大,如图1-34所示,因此它可以作为NMR探针来监测笼上甚至笼外化学条件的变化[317]。

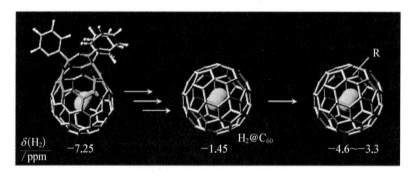

图1-34   碳笼的变化对内嵌H_2分子^1H NMR的影响

2006年,Sartori等人研究了$H_2@C_{60}$分子的核自旋-晶格的弛豫与溶剂和温度之间的关系,开始探索$H_2@C_{60}$分子内的H_2与外界的作用能力[318]。2007年,López-Gejo等人研究了$H_2@C_{60}$分子对外部单线态氧的淬灭作用,他们发现$H_2@C_{60}$分子相对于C_{60}和H_2分子具有更大的速率常数,$H_2@C_{60}$分子这种高效的与外界作用的能力将有重要意义[319]。2008 年,Sartori 等人研究了溶液中的自由基对 $H_2@C_{60}$ 分子的核弛豫的影响,他们发现自由基的存在大大提高了 $H_2@C_{60}$ 分子的核弛豫[320],如图 1-35 所示。

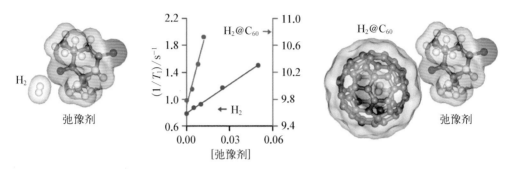

图 1-35　自由基对 H_2 和 $H_2@C_{60}$ 分子的核弛豫的影响

对于 $H_2@C_{60}$ 内嵌富勒烯最有意思的研究是对其内嵌的 H_2 分子两种量子态相互转变的调控。当德国物理学家海森伯用他的矩阵力学理论来解释氢分子光谱中强弱谱线交替出现的现象时,发现存在两种形式的氢:一是正氢,也就是 2 个氢核的自旋方向相同;另一是仲氢,也就是 2 个氢核的自旋方向相反。正氢没有 NMR 信号,而仲氢则是 NMR 活性的。2008 年,Turro 等人发现常温下 $H_2@C_{60}$ 内的 H_2 分子有 75% 部分以仲氢存在[321],当把 $H_2@C_{60}$ 吸附到 NaY 分子筛内,并置于 77 K 的液氧中一段时间,仲氢即可向正氢转变($o\text{-}H_2$:50%;$p\text{-}H_2$:50%),如图 1-36 所示。他们还发现自由基(如氮氧自由基)的存在可加速这种转化。另外,为了方便从 ^{1}H NMR 上观测到这种转化,他们选用 $HD@C_{60}$ 做参比,因为这个分子只有一种量子态且具有 NMR 活性。迅速除氧后富集的 $p\text{-}H_2@C_{60}$ 样品可在没有顺磁性催化剂的情况下稳定许多天。富集的 $p\text{-}H_2@C_{60}$ 不易挥发,易溶于普通溶剂,易吸附在表面,因此可被视为比 $p\text{-}H_2$ 更通用的探针,可用于研究凝聚态介质或表面上的精细的磁效应,对今后研究对液氢的液化和储存及核极化的生产和化工或医学应用都有重要意义。

2011 年,Michael Frunzi 等人报道了嵌在富勒烯 C_{70} 内的氢分子的两个同素异形体仲氢和正氢的光化学互变(分别为 $p\text{-}H_2@C_{70}$ 和 $o\text{-}H_2@C_{70}$)。光激发 $H_2@C_{70}$ 产生富勒烯三重态可作为 $p\text{-}H_2/o\text{-}H_2$ 转化的自旋催化剂。通过不同温度下照射方法提供了改变在 C_{70} 内部的 $p\text{-}H_2/o\text{-}H_2$ 占比,因为平衡比取决于温度且富勒烯的电子三重态通过吸收光子产生的光起到"开-关"作用的催化剂。但在相同条件下,$H_2@C_{60}$ 内没有观察到光解 $p\text{-}H_2/o\text{-}H_2$ 互变,这说明 $H_2@C_{60}$ 相对于 $H_2@C_{70}$ 的三重态寿命明显缩短[322]。

2005 年,Yutaka Matsuo 合成了 $H_2@C_{60}$ 的 2~4 个有机和有机金属衍生物,并获得了良好的产率,实验表明内嵌的双氢特有的向上移位单线态信号可以作为富勒烯笼内外环境的灵敏探针[323]。

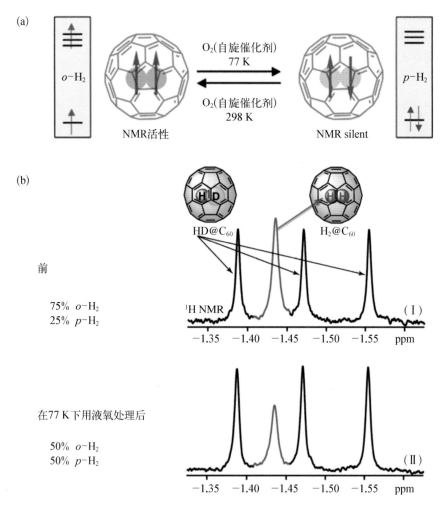

图 1-36 （a）$H_2@C_{60}$分子内正氢和仲氢相互转换示意图；（b）HD@C_{60}和
$H_2@C_{60}$在不同条件下的 ^1H NMR 图谱

2007 年，Yasujiro Murata 等人发现 C_{60} 的二价阴离子及其开笼衍生物显著降低了富勒烯 II 体系的整体芳香度。结果表明，当添加的电子可以在富勒烯笼上离域时，6-MRs 和 5-MRs 的芳香性和反芳香性与它们的中性对应物相反[324]。

2010 年，Nicholas J. Turro 小组合成了一系列与硝基氧基共价连接的 $H_2@C_{60}$ 衍生物并报道了这些衍生物中 H_2 的核自旋相关系数。证明了 H_2 的相对轴度与距离有关，并且与预测 1/r6 相关的 Solomon-Bloembergen 方程相一致[325]。

同年该小组合成的 C_{70} 的内嵌络合物及其与 1 个和 2 个 H_2 分子的开笼衍生物为实验和理论研究开辟了道路。报道了一个严谨的 H_2 分子在 C_{70} 和 C_{60} 碳笼中平移和旋转运动的量子动力学理论研究。基于蒙特卡罗扩散理论(DMC)的计算进行了多达 3 个 p-H_2 分子，封装在 C_{70} 和 C_{60} 里面分别有 1 个和 2 个 p-H_2 分子。这些计算为纳米 p-H_2 分子的基态性质、能量和平动-旋转(T-R)零点能量(ZPEs)，以及两个 p-H_2 分子在 C_{70} 腔内的空间分布提供了定量描述。C_{70} 笼中 1 个和 2 个 H_2 分子的分子间势能面(PES)的最小值为负，当添加第 3 个 H_2 时能量为正，说明最多有 2 个 H_2 分子可以稳定在 C_{70} 内。根据同样的标准，在 C_{60} 的情况下，只有内嵌一个 H_2 分子的情况能量是稳定的。这些结果与 $(H_2)_n@C_{70}$（$n=1,2$）和 $H_2@C_{60}$ 均已制备，但 $(H_2)_3@C_{70}$ 和 $(H_2)_2@C_{60}$ 均未制备的事实相一致[326]。

2009 年，Turro 小组研究结果表明，将顺磁性催化剂吸附在笼内，可以显著提高封装 H_2 的核自旋转化率。此外，$H_2@2$ 的催化寿命小于 90 s，未催化的 $H_2@1$ 小于 7.5 天，说明转化率可以通过打开和关闭催化剂来改变约 4 个数量级[110]。

2004 年，Shizuaki Murata 首次合成了由多个 C_{60} 部分选择性制备的新型碗状富勒烯衍生物形成的内嵌水络合物。与经典的内面富勒烯不同，这些衍生物允许可逆的分子存储。$H_2O@C_{60}$ 为研究高度对称环境中孤立的水分子提供了难得机会。2012 年，Carlo Beduz 等人用非弹性中子散射、远红外光谱和低温核磁共振来研究内嵌于富勒烯碳笼中的单个水分子的量子化旋转和对位转换，证明了亚稳水分子的存在，并对水自旋同分异构体的相互转化进行了实时监测。研究发现内嵌邻位水的基态简并度升高，这与水环境的对称性破坏有关[327]。

2014 年，Kelvin S. K. Goh 等人用非弹性中子散射(INS)方法研究了 $H_2O@C_{60}$ 中分子笼中的水分子的量子动力学。由于没有强相互作用，水分子具有很高的旋转自由度，因此可以单独识别和研究其核自旋异构体，邻水 o-H_2O 和对水 p-H_2O。INS 技术表征了邻位旋和对位旋异构体之间的跃迁，用三个 INS 光谱表征了 H_2O 的旋转水平，发现与气态水高度相符。核自旋在邻水和对水之间的缓慢转化过程表现为 INS 峰强度在数个小时内的时间依赖性。观测到的邻 H_2O 基态的分裂，使三次简并分别上升为二次简并和一次简并两种状态，这是因为破坏了水环境的对称性[328]。

2014 年，Whitby 小组发表了合成小分子内富勒烯 $H_2O@C_{60}$、$D_2O@C_{60}$ 及 $H_2@C_{60}$ 的新路线，该方法避免使用高温和高压来实现分子的内嵌，而是使用三苯基膦，通过 Diels-Alder/retro-Diels-Alder 进行最终缝合[329]。水存在于两个自旋异构体中，邻位和对位具有不同的核自旋态。在固相水中，快速的质子交换且分子旋转受阻，因此直接观察两个自旋异构体较困难。分子内嵌富勒烯 $H_2O@C_{60}$ 可自由提供即使在低温下也能自由旋转孤立的水分子。Benno Meier 等人证明了这种物质的体介电常数依赖邻位/对位比，在温度突变后核自旋发生转换，体介电常数随时间缓慢变化。核磁共振和量子理论证实了这种效应是由对位转换引起的。介电常数的变化与包含水分子的电偶极矩为 (0.51 ± 0.05) D 相一致，说明包封笼对水的偶极矩进行了部分屏蔽。体介电常数对核自旋异构体组成的依赖关系是以前未见报道的物理现象[330]。

在开口边缘有三个羰基的开笼式富勒烯衍生物与邻二氨基苯可逆反应,在开口上方形成一个四氢呋喃基。水包封和释放实验表明,四氢呋喃部分作为堵塞物有效地堵塞了孔口。邻二氨基苯的添加和去除控制着富勒烯基水容器的化学控制转换。这样新奇的"水容器"受内腔尺寸的限制只适用于一个水分子[331]。

富勒烯碳笼内部的空腔为研究孤立的原子和分子提供了一个独特的环境。2016 年,Richard J. Whitby 等利用"分子手术"将氟化氢(HF)包埋在 C_{60} 碳笼内,得到了内嵌富勒烯 HF@C_{60}。关键的合成步骤是关闭开放的富勒烯笼,使高频逸出最小化。封装的 HF 分子在笼内自由移动,由非弹性中子散射和红外光谱所量化其平动和转动自由度。封装后的氢氟酸分子的转动和振动常数相对于自由氢氟酸分子发生了红移。核磁共振波谱显示一个大的 $^1H-^{19}F$ J 偶联典型的独立部分。根据低温下介电常数对温度的依赖关系,计算了 HF@C_{60} 的偶极矩,结果表明碳笼屏蔽效应很强,笼型屏蔽率约为 HF 偶极的 75%[332]。

2017 年,Richard J. Whitby 及其同事对内嵌化合物 HF@C_{60} 的化学改性做了较全面的研究,特别是对光学纯的异构化 $(2S, 5S)$-顺式-吡咯烷基$[3,4:1,2]C_{60}$-2b 和 $(2S,5R)$-反式-吡咯烷$[3,4:1,2]C_{60}$-2b 进行了详细报道,并与空心 C_{60} 和内嵌富勒烯 H_2O@C_{60} 进行比较。研究表明异构化动力级数的顺序为 H_2O@C_{60}＞HF@C_{60}＞C_{60},从而证明内嵌物种类影响两性离子中间物稳定性[333]。

2015 年,Yoshifumi Hashikawa 等人首次宏观合成氮杂化富勒烯 X@C_{59}N (X = H_2O、H_2)有两种不同的方法:(1) 以 H_2O@C_{60} 作为起始原料进行合成;(2) 以开口相当小的 C_{59}N 前体进行分子手术合成。H_2O@C_{59}N 在中性状态时内嵌的 H_2O 存在氢键或与碳笼上氮原子之间存在 N—O 排斥作用。根据变温核磁共振、核磁弛豫时间(T_1、T_2)和密度泛函理论(density functional theory,DFT)的计算结果,他们提出存在吸引力的静电 N—O 相互作用。通过阳离子中间体 $C_{59}N^+$ 与丙酮反应,他们发现 H_2O@C_{59}N 与 H_2@C_{59}N 二聚体的反应速率存在差异[观察到的反应速率:$k'(H_2O)/k'(H_2) = (1.74 \pm 0.16)$]。DFT 计算结果表明,$C_{59}N^+$ 在静电作用下被 H_2O 包裹而达到热稳定态[334]。

2019 年首次合成了每个 C_{60} 分子中包含着一个甲烷分子的内嵌小分子富勒烯 CH_4@C_{60}。甲烷是至今为止封装在 C_{60} 中的第一种有机分子且是最大的分子。关键"收口"是完成富勒烯的光化学完全脱硫。八乙基卟啉镍/苯溶剂化物的晶体结构表明碳笼没有明显形变,表征甲烷氢作为中心碳的壳的量子密度,从而解释了甲烷的量子性质。内嵌甲烷的富勒烯 ^1H 自旋晶格弛豫的时间(T_1)与在气相中近似,表明甲烷在 C_{60} 笼内是自由旋转。CH_4@C_{60} 的成功合成为内嵌较大客体分子或原子提供可能[335]。

参考文献

[1] Kroto H W, Heath J R, O'Brien S C, et al. C_{60}:Buckminsterfullerene[J]. Nature, 1985, 318

(6042)：162 - 163.

［ 2 ］　Heath J R，O'Brien S C，Zhang Q，et al. Lanthanum complexes of spheroidal carbon shells[J]. Journal of the American Chemical Society，1985，107(25)：7779 - 7780.

［ 3 ］　Krätschmer W，Lamb L D，Fostiropoulos K，et al. Solid C_{60}：A new form of carbon[J]. Nature，1990，347(6291)：354 - 358.

［ 4 ］　Howard J B，McKinnon J T，Makarovsky Y，et al. Fullerenes C_{60} and C_{70} in flames[J]. Nature，1991，352(6331)：139 - 141.

［ 5 ］　Saunders M，Jiménez-Vázquez H A，Cross R J，et al. Stable compounds of helium and neon：He@C_{60} and Ne@C_{60}[J]. Science，1993，259(5100)：1428 - 1430.

［ 6 ］　Murphy T A，Pawlik T，Weidinger A，et al. Observation of atomlike nitrogen in nitrogen-implanted solid C_{60}[J]. Physical Review Letters，1996，77(6)：1075 - 1078.

［ 7 ］　Komatsu K，Murata M，Murata Y. Encapsulation of molecular hydrogen in fullerene C_{60} by organic synthesis[J]. Science，2005，307(5707)：238 - 240.

［ 8 ］　Hebard A F，Rosseinsky M J，Haddon R C，et al. Superconductivity at 18 K in potassium-doped C_{60} [J]. Nature，1991，350(6319)：600 - 601.

［ 9 ］　McEwen C N，McKay R G，Larsen B S. C_{60} as a radical sponge[J]. Journal of the American Chemical Society，1992，114(11)：4412 - 4414.

［10］　Sariciftci N S，Smilowitz L，Heeger A J，et al. Photoinduced electron-transfer from a conducting polymer to buckminsterfullerene[J]. Science，1992，258(5087)：1474 - 1476.

［11］　Sijbesma R，Srdanov G，Wudl F，et al. Synthesis of a fullerene derivative for the inhibition of HIV enzymes[J]. Journal of the American Chemical Society，1993，115(15)：6510 - 6512.

［12］　Yu G，Gao J，Hummelen J C，et al. Polymer photovoltaic cells：Enhanced efficiencies via a network of internal donor-acceptor heterojunctions[J]. Science，1995，270(5243)：1789 - 1791.

［13］　Dugan L L，Gabrielsen J K，Yu S P，et al. Buckminsterfullerenol free radical scavengers reduce excitotoxic and apoptotic death of cultured cortical neurons[J]. Neurobiology of Disease，1996，3 (2)：129 - 135.

［14］　Mikawa M，Kato H，Okumura M，et al. Paramagnetic water-soluble metallofullerenes having the highest relaxivity for MRI contrast agents[J]. Bioconjugate Chemistry，2001，12(4)：510 - 514.

［15］　Xie S Y，Gao F，Lu X，et al. Capturing the labile fullerene[50]as $C_{50}Cl_{10}$[J]. Science，2004，304 (5671)：699.

［16］　Chen C Y，Xing G M，Wang J X，et al. Multi-hydroxylated[Gd@C_{82}(OH)$_{22}$]$_n$ nanoparticles：Antineoplastic activity of high efficiency and low toxicity[J]. Nano Letters，2005，5(10)：2050 - 2057.

［17］　Wei Q S，Nishizawa T，Tajima K，et al. Self-organized buffer layers in organic solar cells[J]. Advanced Materials，2008，20(11)：2211 - 2216.

［18］　Zhen M M，Shu C Y，Li J，et al. A highly efficient and tumor vascular-targeting therapeutic technique with size-expansible gadofullerene nanocrystals[J]. Science China Materials，2015，58 (10)：799 - 810.

［19］　Wu B，Wang T S，Feng Y Q，et al. Molecular magnetic switch for a metallofullerene[J]. Nature Communications，2015，6：6468.

［20］　Feng Y Q，Wang T S，Li Y J，et al. Steering metallofullerene electron spin in porous metal-organic framework[J]. Journal of the American Chemical Society，2015，137(47)：15055 - 15060.

［21］　Semenov K N，Charykov N A，Keskinov V A，et al. Solubility of light fullerenes in organic solvents [J]. Journal of Chemical & Engineering Data，2010，55(1)：13 - 36.

［22］　Tsuchiya T，Wakahara T，Lian Y F，et al. Selective extraction and purification of endohedral metallofullerene from carbon soot[J]. The Journal of Physical Chemistry B, 2006, 110(45): 22517 - 22520.

[23] Popov A A, Yang S F, Dunsch L. Endohedral fullerenes[J]. Chemical Reviews, 2013, 113(8): 5989 -6113.

[24] Zhou X H, Gu Z N, Wu Y Q, et al. Separation of C_{60} and C_{70} fullerenes in gram quantities by fractional crystallization[J]. Carbon, 1994, 32(5): 935 - 937.

[25] Komatsu N, Ohe T, Matsushige K. A highly improved method for purification of fullerenes applicable to large-scale production[J]. Carbon, 2004, 42(1): 163 - 167.

[26] Li M J, Huang C H, Lai C C, et al. Hemicarceplex formation with a cyclotriveratrylene-based molecular cage allows isolation of high-purity (≥99.0%) C_{70} directly from fullerene extracts[J]. Organic Letters, 2012, 14(24): 6146 - 6149.

[27] Shi Y, Cai K, Xiao H, et al. Selective extraction of C_{70} by a tetragonal prismatic porphyrin cage[J]. Journal of the American Chemical Society, 2018, 140(42): 13835 - 13842.

[28] García-Simón C, Garcia-Borràs M, Gómez L, et al. Sponge-like molecular cage for purification of fullerenes[J]. Nature Communications, 2014, 5: 5557.

[29] Yang C X, Yan X P. Selective adsorption and extraction of C_{70} and higher fullerenes on a reusable metal-organic framework MIL-101(Cr)[J]. Journal of Materials Chemistry, 2012, 22(34): 17833 - 17841.

[30] Bolskar R D, Alford J M. Chemical oxidation of endohedral metallofullerenes: Identification and separation of distinct classes[J]. Chemical Communications, 2003(11): 1292 -1293.

[31] Elliott B, Yu L, Echegoyen L. A simple isomeric separation of D_{5h} and I_h $Sc_3 N@C_{80}$ by selective chemical oxidation[J]. Journal of the American Chemical Society, 2005, 127 (31): 10885 - 10888.

[32] Akiyama K, Hamano T, Nakanishi Y, et al. Non-HPLC rapid separation of metallofullerenes and empty cages with $TiCl_4$ Lewis acid[J]. Journal of the American Chemical Society, 2012, 134(23): 9762 - 9767.

[33] Stevenson S, MacKey M A, Pickens J E, et al. Selective complexation and reactivity of metallic nitride and oxometallic fullerenes with Lewis acids and use as an effective purification method[J]. Inorganic Chemistry, 2009, 48(24): 11685 - 11690.

[34] Stevenson S, Rottinger K A. $CuCl_2$ for the isolation of a broad array of endohedral fullerenes containing metallic, metallic carbide, metallic nitride, and metallic oxide clusters, and separation of their structural isomers[J]. Inorganic Chemistry, 2013, 52(16): 9606 - 9612.

[35] Stevenson S, Rottinger K A, Fahim M, et al. Tuning the selectivity of Gd_3 N cluster endohedral metallofullerene reactions with Lewis acids[J]. Inorganic Chemistry, 2014, 53(24): 12939 - 12946.

[36] Wang Z Y, Omachi H, Shinohara H. Non-chromatographic purification of endohedral metallofullerenes[J]. Molecules, 2017, 22(5): 718.

[37] Stevenson S, MacKey M A, Coumbe C E, et al. Rapid removal of D_{5h} isomer using the "stir and filter approach" and isolation of large quantities of isomerically pure $Sc_3 N@C_{80}$ metallic nitride fullerenes [J]. Journal of the American Chemical Society, 2007, 129 (19): 6072 - 6073.

[38] Ge Z X, Duchamp J C, Cai T, et al. Purification of endohedral trimetallic nitride fullerenes in a single, facile step[J]. Journal of the American Chemical Society, 2005, 127(46): 16292 - 16298.

[39] Frankevich E, Maruyama Y, Ogata H. Mobility of charge-carriers in vapor-phase grown C_{60} single-crystal[J]. Chemical Physics Letters, 1993, 214(1): 39 - 44.

[40] Gudaev O A, Malinovsky V K, Okotrub A V, et al. Charge transfer in fullerene films[J]. Fullerene Science and Technology, 1998, 6(3): 433 - 443.

[41] Reed C A, Bolskar R D. Discrete fulleride anions and fullerenium cations[J]. Chemical Reviews,

2000，100(3)：1075 - 1120.

[42] Kirner S, Sekita M, Guldi D M. 25th anniversary article：25 years of fullerene research in electron transfer chemistry[J]. Advanced Materials, 2014, 26(10)：1482 - 1493.

[43] Yang S F, Wei T, Jin F. When metal clusters meet carbon cages：Endohedral clusterfullerenes[J]. Chemical Society Reviews, 2017, 46(16)：5005 - 5058.

[44] 王春儒, 王太山, 甄明明. 金属富勒烯：从基础到应用[M]. 北京：化学工业出版社, 2018.

[45] 甘利华, 王春儒. 富勒烯及其衍生物的结构、性质和应用[M]. 北京：化学工业出版社, 2019.

[46] 谢素原, 杨上峰, 李姝慧. 富勒烯：从基础到应用[M]. 北京：科学出版社, 2019.

[47] Ma W, Yang C, Gong X, et al. Thermally stable, efficient polymer solar cells with nanoscale control of the interpenetrating network morphology[J]. Advanced Functional Materials, 2005, 15 (10)：1617 - 1622.

[48] Kim Y, Cook S, Tuladhar S M, et al. A strong regioregularity effect in self-organizing conjugated polymer films and high-efficiency polythiophene：Fullerene solar cells[J]. Nature Materials, 2006, 5 (3)：197 - 203.

[49] Wienk M M, Kroon J M, Verhees W J H, et al. Efficient methano[70]fullerene/MDMO-PPV bulk heterojunction photovoltaic cells[J]. Angewandte Chemie (International Ed in English), 2003, 42 (29)：3371 - 3375.

[50] Kooistra F B, Mihailetchi V D, Popescu L M, et al. New C_{84} derivative and its application in a bulk heterojunction solar cell[J]. Chemistry of Materials, 2006, 18(13)：3068 - 3073.

[51] Ross R B, Cardona C M, Guldi D M, et al. Endohedral fullerenes for organic photovoltaic devices [J]. Nature Materials, 2009, 8(3)：208 - 212.

[52] Kooistra F B, Knol J, Kastenberg F, et al. Increasing the open circuit voltage of bulk-heterojunction solar cells by raising the LUMO level of the acceptor[J]. Organic Letters, 2007, 9(4)：551 - 554.

[53] Yang C, Kim J Y, Cho S, et al. Functionalized methanofullerenes used as n-type materials in bulk-heterojunction polymer solar cells and in field-effect transistors[J]. Journal of the American Chemical Society, 2008, 130(20)：6444 - 6450.

[54] Kim Y, Choi J, Lee C, et al. Aqueous soluble fullerene acceptors for efficient eco-friendly polymer solar cells processed from benign ethanol/water mixtures[J]. Chemistry of Materials, 2018, 30(16)：5663 - 5672.

[55] Zhang Y, Yip H L, Acton O, et al. A simple and effective way of achieving highly efficient and thermally stable bulk-heterojunction polymer solar cells using amorphous fullerene derivatives as electron acceptor[J]. Chemistry of Materials, 2009, 21(13)：2598 - 2600.

[56] Choi J H, Son K I, Kim T, et al. Thienyl-substituted methanofullerene derivatives for organic photovoltaic cells[J]. Journal of Materials Chemistry, 2010, 20(3)：475 - 482.

[57] Zhao H Y, Guo X Y, Tian H K, et al. Alkyl substituted[6, 6]-thienyl-C_{61}-butyric acid methyl esters：Easily accessible acceptor materials for bulk-heterojunction polymer solar cells[J]. Journal of Materials Chemistry, 2010, 20(15)：3092 - 3097.

[58] Zhao G J, He Y J, Xu Z, et al. Effect of carbon chain length in the substituent of PCBM-like molecules on their photovoltaic properties[J]. Advanced Functional Materials, 2010, 20(9)：1480 - 1487.

[59] Zhao Y L, Wang X, Yu T Z, et al. Synthesis and photovoltaic properties of carbazole-substituted fullerene derivatives[J]. New Journal of Chemistry, 2017, 41(11)：4702 - 4706.

[60] Liu C, Li Y J, Li C H, et al. New methanofullerenes containing amide as electron acceptor for construction photovoltaic devices[J]. The Journal of Physical Chemistry C, 2009, 113(52)：21970 - 21975.

[61] Troshin P A, Hoppe H, Renz J, et al. Material solubility-photovoltaic performance relationship in the design of novel fullerene derivatives for bulk heterojunction solar cells[J]. Advanced Functional Materials, 2009, 19(5): 779-788.

[62] Zheng L P, Zhou Q M, Deng X Y, et al. Methanofullerenes used as electron acceptors in polymer photovoltaic devices[J]. The Journal of Physical Chemistry B, 2004, 108(32): 11921-11926.

[63] Mikroyannidis J A, Kabanakis A N, Sharma S S, et al. A simple and effective modification of PCBM for use as an electron acceptor in efficient bulk heterojunction solar cells[J]. Advanced Functional Materials, 2011, 21(4): 746-755.

[64] Mikroyannidis J A, Kabanakis A N, Suresh P, et al. Efficient bulk heterojunction solar cells based on a broadly absorbing phenylenevinylene copolymer containing thiophene and pyrrole rings[J]. The Journal of Physical Chemistry C, 2011, 115(14): 7056-7066.

[65] Nagarjuna P, Bagui A, Gupta V, et al. A highly efficient PTB7-Th polymer donor bulk hetero-junction solar cell with increased open circuit voltage using fullerene acceptor CN - PC$_{70}$ BM [J]. Organic Electronics, 2017, 43: 262-267.

[66] Lenes M, Wetzelaer G J A H, Kooistra F B, et al. Fullerene bisadducts for enhanced open - circuit voltages and efficiencies in polymer solar cells[J]. Advanced Materials, 2008, 20(11): 2116-2119.

[67] Lenes M, Shelton S W, Sieval A B, et al. Electron trapping in higher adduct fullerene-based solar cells[J]. Advanced Functional Materials, 2009, 19(18): 3002-3007.

[68] He Y J, Peng B, Zhao G J, et al. Indene addition of[6, 6]-phenyl-C$_{61}$-butyric acid methyl ester for high-performance acceptor in polymer solar cells[J]. The Journal of Physical Chemistry C, 2011, 115(10): 4340-4344.

[69] Li C Z, Chien S C, Yip H L, et al. Facile synthesis of a 56π-electron 1, 2-dihydromethano-[60] PCBM and its application for thermally stable polymer solar cells[J]. Chemical Communications, 2011, 47(36): 10082-10084.

[70] Sánchez-Díaz A, Izquierdo M, Filippone S, et al. The origin of the high voltage in DPM12/P3HT organic solar cells[J]. Advanced Functional Materials, 2010, 20(16): 2695-2700.

[71] Bolink H J, Coronado E, Forment-Aliaga A, et al. Polymer solar cells based on diphenylmethanofullerenes with reduced sidechain length[J]. Journal of Materials Chemistry, 2011, 21(5): 1382-1386.

[72] Singh S P, Kumar C P, Nagarjuna P, et al. Efficient solution processable polymer solar cells using newly designed and synthesized fullerene derivatives[J]. The Journal of Physical Chemistry C, 2016, 120(35): 19493-19503.

[73] Backer S A, Sivula K, Kavulak D F, et al. High efficiency organic photovoltaics incorporating a new family of soluble fullerene derivatives[J]. Chemistry of Materials, 2007, 19(12): 2927-2929.

[74] Matsumoto K, Hashimoto K, Kamo M, et al. Design of fulleropyrrolidine derivatives as an acceptor molecule in a thin layer organic solar cell[J]. Journal of Materials Chemistry, 2010, 20(41): 9226-9230.

[75] Matsuo Y, Sato Y, Niinomi T, et al. Columnar structure in bulk heterojunction in solution-processable three-layered p-i-n organic photovoltaic devices using tetrabenzoporphyrin precursor and silylmethyl[60]fullerene[J]. Journal of the American Chemical Society, 2009, 131(44): 16048-16050.

[76] Zhang S, Zhang Z J, Liu J, et al. Fullerene adducts bearing cyano moiety for both high dielectric constant and good active layer morphology of organic photovoltaics [J]. Advanced Functional Materials, 2016, 26(33): 6107-6113.

[77] Yamane Y, Sugawara K, Nakamura N, et al. Development of n-type semiconductor based on

cyclopentene- or cyclohexene-fused[C_{60}]-fullerene derivatives[J]. The Journal of Organic Chemistry, 2015, 80(9): 4638 – 4649.

[78] Sugawara K, Nakamura N, Yamane Y, et al. Influence of chirality on the cyclohexene-fused C_{60} fullerene derivatives as an accepter partner in a photovoltaic cell[J]. Green Energy & Environment, 2016, 1(2): 149 – 155.

[79] Liu Z Y, Jiang W G, Li W, et al. Reducible fabrication cost for P3HT-based organic solar cells by using one-step synthesized novel fullerene derivative[J]. Solar Energy Materials and Solar Cells, 2017, 159: 172 – 178.

[80] He Y J, Chen H Y, Hou J H, et al. Indene-C_{60} bisadduct: A new acceptor for high-performance polymer solar cells[J]. Journal of the American Chemical Society, 2010, 132(4): 1377 – 1382.

[81] Zhao G J, He Y J, Li Y F. 6.5% Efficiency of polymer solar cells based on poly(3-hexylthiophene) and indene-C_{60} bisadduct by device optimization[J]. Advanced Materials, 2010, 22(39): 4355 – 4358.

[82] Cheng Y J, Hsieh C H, He Y J, et al. Combination of indene-C_{60} bis-adduct and cross-linked fullerene interlayer leading to highly efficient inverted polymer solar cells[J]. Journal of the American Chemical Society, 2010, 132(49): 17381 – 17383.

[83] Liu Z Y, Wang N, Fu Y. Effect of thermal annealing treatment with titanium chelate on buffer layer in inverted polymer solar cells[J]. Applied Surface Science, 2016, 389: 1120 – 1125.

[84] He Y J, Zhao G J, Peng B, et al. High-yield synthesis and electrochemical and photovoltaic properties of indene-C_{70} bisadduct[J]. Advanced Functional Materials, 2010, 20(19): 3383 – 3389.

[85] Sun Y P, Cui C H, Wang H Q, et al. Efficiency enhancement of polymer solar cells based on poly(3-hexylthiophene)/indene-C_{70} bisadduct via methylthiophene additive[J]. Advanced Energy Materials, 2011, 1(6): 1058 – 1061.

[86] Fan X, Cui C H, Fang G J, et al. Efficient polymer solar cells based on poly(3-hexylthiophene): Indene-C_{70} bisadduct with a MoO_3 buffer layer[J]. Advanced Functional Materials, 2012, 22(3): 585 – 590.

[87] Guo X, Cui C H, Zhang M J, et al. High efficiency polymer solar cells based on poly(3-hexylthiophene)/indene-C_{70} bisadduct with solvent additive[J]. Energy & Environmental Science, 2012, 5(7): 7943 – 7949.

[88] He Y J, Chen H Y, Zhao G J, et al. Biindene-C_{60} adducts for the application as acceptor in polymer solar cells with higher open-circuit-voltage[J]. Solar Energy Materials and Solar Cells, 2011, 95(3): 899 – 903.

[89] Chen Y, Qin Y P, Wu Y, et al. From binary to ternary: Improving the external quantum efficiency of small-molecule acceptor-based polymer solar cells with a minute amount of fullerene sensitization [J]. Advanced Energy Materials, 2017, 7(17): 1700328.

[90] Cheng Y J, Liao M H, Chang C Y, et al. Di(4-methylphenyl)methano-C_{60} bis-adduct for efficient and stable organic photovoltaics with enhanced open-circuit voltage[J]. Chemistry of Materials, 2011, 23(17): 4056 – 4062.

[91] Zhang C Y, Chen S, Xiao Z, et al. Synthesis of mono- and bisadducts of thieno-o-quinodimethane with C_{60} for efficient polymer solar cells[J]. Organic Letters, 2012, 14(6): 1508 – 1511.

[92] Meng X Y, Zhang W Q, Tan Z A, et al. Dihydronaphthyl-based[60]fullerene bisadducts for efficient and stable polymer solar cells[J]. Chemical Communications, 2012, 48(3): 425 – 427.

[93] Meng X Y, Zhang W Q, Tan Z A, et al. Highly efficient and thermally stable polymer solar cells with dihydronaphthyl-based [70] fullerene bisadduct derivative as the acceptor[J]. Advanced Functional Materials, 2012, 22(10): 2187 – 2193.

[94] Meng X Y, Zhao G Y, Xu Q, et al. Effects of fullerene bisadduct regioisomers on photovoltaic

performance[J]. Advanced Functional Materials, 2014, 24(1): 158 – 163.

[95] Zhao F W, Meng X Y, Feng Y Q, et al. Single crystalline indene-C$_{60}$ bisadduct- isolation and application in polymer solar cells[J]. Journal of Materials Chemistry A, 2015, 3(29): 14991 – 14995.

[96] Tao R, Umeyama T, Higashino T, et al. A single *cis-2* regioisomer of ethylene-tethered indene dimer-fullerene adduct as an electron-acceptor in polymer solar cells[J]. Chemical Communications, 2015, 51(39): 8233 – 8236.

[97] Tao R, Umeyama T, Higashino T, et al. Synthesis and isolation of *cis-2* regiospecific ethylene-tethered indene dimer-[70]fullerene adduct for polymer solar cell applications[J]. ACS Applied Materials & Interfaces, 2015, 7(30): 16676 – 16685.

[98] Meng X Y, Xu Q, Zhang W Q, et al. Effects of alkoxy chain length in alkoxy-substituted dihydronaphthyl-based[60]fullerene bisadduct acceptors on their photovoltaic properties[J]. ACS Applied Materials & Interfaces, 2012, 4(11): 5966 – 5973.

[99] Tian C B, Chen M M, Tian H R, et al. Tuning the molecular packing and energy levels of fullerene acceptors for polymer solar cells[J]. Journal of Materials Chemistry C, 2019, 7(40): 12688 – 12694.

[100] Delgado J L, Espíldora E, Liedtke M, et al. Fullerene dimers (C$_{60}$/C$_{70}$) for energy harvesting[J]. Chemistry - A European Journal, 2009, 15(48): 13474 – 13482.

[101] Poluektov O G, Niklas J, Mardis K L, et al. Electronic structure of fullerene heterodimer in bulk-heterojunction blends[J]. Advanced Energy Materials, 2014, 4(7): 1301517.

[102] Morinaka Y, Nobori M, Murata M, et al. Synthesis and photovoltaic properties of acceptor materials based on the dimerization of fullerene C$_{60}$ for use in efficient polymer solar cells[J]. Chemical Communications, 2013, 49(35): 3670 – 3672.

[103] Liu J, Guo X, Qin Y J, et al. Dumb-belled PCBM derivative with better photovoltaic performance [J]. Journal of Materials Chemistry, 2012, 22(5): 1758 – 1761.

[104] Brotsman V A, Ioutsi V A, Rybalchenko A V, et al. Tightly bound double-caged[60]fullerene derivatives with enhanced solubility: Structural features and application in solar cells [J]. Chemistry, an Asian Journal, 2017, 12(10): 1075 – 1086.

[105] Schroeder B C, Li Z, Brady M A, et al. Enhancing fullerene-based solar cell lifetimes by addition of a fullerene dumbbell[J]. Angewandte Chemie (International Ed in English), 2014, 53(47): 12870 –12875.

[106] Brotsman V A, Rybalchenko A V, Zubov D N, et al. Double-caged fullerene acceptors: Effect of alkyl chain length on photovoltaic performance. Journal of Materials Chemistry C, 2019, 7(11): 3278 – 3285.

[107] Kim Y J, Lee B. Unique p-n heterostructured water-borne nanoparticles exhibiting impressive charge-separation ability[J]. ChemSusChem, 2018, 11(10): 1628 – 1638.

[108] Zhang Z G, Li H, Qi Z, et al. Poly(ethylene glycol) modified[60]fullerene as electron buffer layer for high-performance polymer solar cells[J]. Applied Physics Letters, 2013, 102(14): 143902.

[109] Zhang Z G, Li H, Qi B Y, et al. Amine group functionalized fullerene derivatives as cathode buffer layers for high performance polymer solar cells[J]. Journal of Materials Chemistry A, 2013, 1(34): 9624 – 9629.

[110] Duan C H, Cai W Z, Hsu B B Y, et al. Toward green solvent processable photovoltaic materials for polymer solar cells: The role of highly polar pendant groups in charge carrier transport and photovoltaic behavior[J]. Energy & Environmental Science, 2013, 6(10): 3022 – 3034.

[111] Page Z A, Liu Y, Duzhko V V, et al. Fulleropyrrolidine interlayers: Tailoring electrodes to raise organic solar cell efficiency[J]. Science, 2014, 346(6208): 441 – 444.

[112] Hsieh C H, Cheng Y J, Li P J, et al. Highly efficient and stable inverted polymer solar cells

integrated with a cross-linked fullerene material as an interlayer[J]. Journal of the American Chemical Society, 2010, 132(13): 4887 - 4893.

[113] Chang C Y, Wu C E, Chen S Y, et al. Enhanced performance and stability of a polymer solar cell by incorporation of vertically aligned, cross-linked fullerene nanorods[J]. Angewandte Chemie (International Ed in English), 2011, 50(40): 9386 - 9390.

[114] Cho N, Yip H L, Hau S K, et al. N-Doping of thermally polymerizable fullerenes as an electron transporting layer for inverted polymer solar cells[J]. Journal of Materials Chemistry, 2011, 21 (19): 6956 - 6961.

[115] Cheng Y J, Cao F Y, Lin W C, et al. Self-assembled and cross-linked fullerene interlayer on titanium oxide for highly efficient inverted polymer solar cells[J]. Chemistry of Materials, 2011, 23 (6): 1512 - 1518.

[116] Liang W W, Chang C Y, Lai Y Y, et al. Formation of nanostructured fullerene interlayer through accelerated self-assembly and cross-linking of trichlorosilane moieties leading to enhanced efficiency of photovoltaic cells[J]. Macromolecules, 2013, 46(12): 4781 - 4789.

[117] Zhao F W, Wang Z, Zhang J Q, et al. Self-doped and crown-ether functionalized fullerene as cathode buffer layer for highly-efficient inverted polymer solar cells[J]. Advanced Energy Materials, 2016, 6(9): 1502120.

[118] Chiang C H, Nazeeruddin M K, Grätzel M, et al. The synergistic effect of H_2O and DMF towards stable and 20% efficiency inverted perovskite solar cells[J]. Energy & Environmental Science, 2017, 10(3): 808 - 817.

[119] Yoon H, Kang S M, Lee J K, et al. Hysteresis-free low-temperature-processed planar perovskite solar cells with 19.1% efficiency[J]. Energy & Environmental Science, 2016, 9(7): 2262 - 2266.

[120] Elnaggar M, Elshobaki M, Mumyatov A, et al. Molecular engineering of the fullerene-based electron transport layer materials for improving ambient stability of perovskite solar cells[J]. Solar RRL, 2019, 3(9): 1900223.

[121] Lin H S, Jeon I, Chen Y Q, et al. Highly selective and scalable fullerene-cation-mediated synthesis accessing cyclo[60]fullerenes with five-membered carbon ring and their application to perovskite solar cells[J]. Chemistry of Materials, 2019, 31(20): 8432 - 8439.

[122] Jeng J Y, Chiang Y F, Lee M H, et al. $CH_3NH_3PbI_3$ perovskite/fullerene planar-heterojunction hybrid solar cells[J]. Advanced Materials, 2013, 25(27): 3727 - 3732.

[123] Xue Q F, Bai Y, Liu M Y, et al. Dual interfacial modifications enable high performance semitransparent perovskite solar cells with large open circuit voltage and fill factor[J]. Advanced Energy Materials, 2017, 7(9): 1602333.

[124] Lin Y Z, Chen B, Zhao F W, et al. Matching charge extraction contact for wide-bandgap perovskite solar cells[J]. Advanced Materials, 2017, 29(26): 1700607.

[125] Xing Z, Li S H, Hui Y, et al. Star-like hexakis[di(ethoxycarbonyl)methano]-C_{60} with higher electron mobility: An unexpected electron extractor interfaced in photovoltaic perovskites[J]. Nano Energy, 2020, 74: 104859.

[126] Tian C B, Castro E, Wang T, et al. Improved performance and stability of inverted planar perovskite solar cells using fulleropyrrolidine layers[J]. ACS Applied Materials & Interfaces, 2016, 8(45): 31426 - 31432.

[127] Xing Y, Sun C, Yip H L, et al. New fullerene design enables efficient passivation of surface traps in high performance p-i-n heterojunction perovskite solar cells[J]. Nano Energy, 2016, 26: 7 - 15.

[128] Li J X, Chen L L, Yan L, et al. A novel drug design strategy: An inspiration from encaging tumor by metallofullerenol Gd@C_{82}(OH)$_{22}$[J]. Molecules, 2019, 24(13): 2387.

[129] Liu Y, Chen C Y, Qian P X, et al. Gd-metallofullerenol nanomaterial as non-toxic breast cancer stem cell-specific inhibitor[J]. Nature Communications, 2015, 6: 5988.

[130] Lu Z G, Jia W, Deng R J, et al. Light-assisted gadofullerene nanoparticles disrupt tumor vasculatures for potent melanoma treatment[J]. Journal of Materials Chemistry B, 2020, 8(12): 2508 - 2518.

[131] Jia W, Zhen M M, Li L, et al. Gadofullerene nanoparticles for robust treatment of aplastic Anemia induced by chemotherapy drugs[J]. Theranostics, 2020, 10(15): 6886 - 6897.

[132] Zhou Y, Li J, Ma H J, et al. Biocompatible[60]/[70]fullerenols: Potent defense against oxidative injury induced by reduplicative chemotherapy[J]. ACS Applied Materials & Interfaces, 2017, 9 (41): 35539 - 35547.

[133] Guan M R, Qin T X, Ge J C, et al. Amphiphilic trismethylpyridylporphyrin-fullerene (C_{70}) dyad: An efficient photosensitizer under hypoxia conditions[J]. Journal of Materials Chemistry B, 2015, 3 (5): 776 - 783.

[134] Shu C Y, Corwin F D, Zhang J F, et al. Facile preparation of a new gadofullerene-based magnetic resonance imaging contrast agent with high ^{1}H relaxivity[J]. Bioconjugate Chemistry, 2009, 20(6): 1186 - 1193.

[135] Zhang J F, Xu J C, Ma H J, et al. Designing an amino-fullerene derivative C_{70}-$(EDA)_8$ to fight superbacteria[J]. ACS Applied Materials & Interfaces, 2019, 11(16): 14597 - 14607.

[136] Kostyuk S V, Proskurnina E V, Savinova E A, et al. Effects of functionalized fullerenes on ROS homeostasis determine their cytoprotective or cytotoxic properties [J]. Nanomaterials, 2020, 10 (7): 1405.

[137] Yin J J, Lao F, Fu P P, et al. The scavenging of reactive oxygen species and the potential for cell protection by functionalized fullerene materials[J]. Biomaterials, 2009, 30(4): 611 - 621.

[138] Djordjevic A, Canadanovic-Brunet J M, Vojinovic-Miloradov M, et al. Antioxidant properties and hypothetic radical mechanism of fullerenol $C_{60}(OH)_{24}$. Oxidation Communications, 2004, 27 (4): 806 - 812.

[139] Li J, Guan M R, Wang T S, et al. Gd@C_{82}-(ethylenediamine)$_8$ nanoparticle: A new high-efficiency water-soluble ROS scavenger[J]. ACS Applied Materials & Interfaces, 2016, 8(39): 25770 - 25776.

[140] Yu T, Zhen M M, Li J, et al. Anti-apoptosis effect of amino acid modified gadofullerene via a mitochondria mediated pathway[J]. Dalton Transactions, 2019, 48(22): 7884 - 7890.

[141] Zhou Y, Zhen M M, Guan M R, et al. Amino acid modified[70]fullerene derivatives with high radical scavenging activity as promising bodyguards for chemotherapy protection[J]. Scientific Reports, 2018, 8(1): 16573.

[142] Zhang Y, Shu C Y, Zhen M M, et al. A novel bone marrow targeted gadofullerene agent protect against oxidative injury in chemotherapy[J]. Science China Materials, 2017, 60(9): 866 - 880.

[143] Guan M R, Zhou Y, Liu S, et al. Photo-triggered gadofullerene: Enhanced cancer therapy by combining tumor vascular disruption and stimulation of anti-tumor immune responses [J]. Biomaterials, 2019, 213: 119218.

[144] Li X, Zhen M M, Zhou C, et al. Gadofullerene nanoparticles reverse dysfunctions of pancreas and improve hepatic insulin resistance for type 2 diabetes mellitus treatment[J]. ACS Nano, 2019, 13 (8): 8597 - 8608.

[145] Guan M R, Dong H, Ge J C, et al. Multifunctional upconversion-nanoparticles-trismethylpyridylporphyrin-fullerene nanocomposite: A near-infrared light-triggered theranostic platform for imaging-guided photodynamic therapy[J]. NPG Asia Materials, 2015, 7(7): e205.

[146] Shu C Y, Gan L H, Wang C R, et al. Synthesis and characterization of a new water-soluble endohedral metallofullerene for MRI contrast agents[J]. Carbon, 2006, 44(3): 496-500.

[147] Shu C Y, Wang C R, Zhang J F, et al. Organophosphonate functionalized Gd@C$_{82}$ as a magnetic resonance imaging contrast agent[J]. Chemistry of Materials, 2008, 20(6): 2106-2109.

[148] Zheng J P, Zhen M M, Ge J C, et al. Multifunctional gadofulleride nanoprobe for magnetic resonance imaging/fluorescent dual modality molecular imaging and free radical scavenging[J]. Carbon, 2013, 65: 175-180.

[149] Zhou Y, Deng R J, Zhen M M, et al. Amino acid functionalized gadofullerene nanoparticles with superior antitumor activity via destruction of tumor vasculature in vivo[J]. Biomaterials, 2017, 133: 107-118.

[150] Krusic P J, Wasserman E, Keizer P N, et al. Radical reactions of C$_{60}$[J]. Science, 1991, 254(5035): 1183-1185.

[151] Lennicke C, Cochemé H M. Redox metabolism: ROS as specific molecular regulators of cell signaling and function[J]. Molecular Cell, 2021, 81(18): 3691-3707.

[152] Wang L Y, Zhu B H, Deng Y T, et al. Biocatalytic and antioxidant nanostructures for ROS scavenging and biotherapeutics[J]. Advanced Functional Materials, 2021, 31(31): 2101804.

[153] Aust S D, Chignell C F, Bray T M, et al. Free radicals in toxicology[J]. Toxicology and Applied Pharmacology, 1993, 120(2): 168-178.

[154] Loft S, Poulsen H E. Cancer risk and oxidative DNA damage in man[J]. Journal of Molecular Medicine, 1996, 74(6): 297-312.

[155] Stadtman E R, Berlett B S. Reactive oxygen-mediated protein oxidation in aging and disease[J]. Drug Metabolism Reviews, 1998, 30(2): 225-243.

[156] Valko M, Leibfritz D, Moncol J, et al. Free radicals and antioxidants in normal physiological functions and human disease[J]. The International Journal of Biochemistry & Cell Biology, 2007, 39(1): 44-84.

[157] Martinez F O, Helming L, Gordon S. Alternative activation of macrophages: An immunologic functional perspective[J]. Annual Review of Immunology, 2009, 27(1): 451-483.

[158] MacLeod K F. The role of the RB tumour suppressor pathway in oxidative stress responses in the haematopoietic system[J]. Nature Reviews Cancer, 2008, 8(10): 769-781.

[159] Manda K, Bhatia A L. Prophylactic action of melatonin against cyclophosphamide-induced oxidative stress in mice[J]. Cell Biology and Toxicology, 2003, 19(6): 367-372.

[160] Markovic Z, Trajkovic V. Biomedical potential of the reactive oxygen species generation and quenching by fullerenes (C$_{60}$)[J]. Biomaterials, 2008, 29(26): 3561-3573.

[161] Zeynalov E B, Allen N S, Salmanova N I. Radical scavenging efficiency of different fullerenes C$_{60}$-C$_{70}$ and fullerene soot[J]. Polymer Degradation and Stability, 2009, 94(8): 1183-1189.

[162] 王华.受阻酚类抗氧剂结构与其抗氧化性能的影响关系[J].工业催化, 2017, 25(4): 74-77.

[163] Wang Z Z, Wang S K, Lu Z H, et al. Syntheses, structures and antioxidant activities of fullerenols: Knowledge learned at the atomistic level[J]. Journal of Cluster Science, 2015, 26(2): 375-388.

[164] Kang S G, Zhou G Q, Yang P, et al. Molecular mechanism of pancreatic tumor metastasis inhibition by Gd@C$_{82}$(OH)$_{22}$ and its implication for de novo design of nanomedicine[J]. Proceedings of the National Academy of Sciences of the United States of America, 2012, 109(38): 15431-15436.

[165] Wang T S, Wang C R. Functional Metallofullerenes: Functional metallofullerene materials and their applications in nanomedicine, magnetics, and electronics[J]. Small, 2019, 15(48): 1970262.

[166] Kato S, Aoshima H, Saitoh Y, et al. Fullerene-C$_{60}$ derivatives prevent UV-irradiation/TiO$_2$-induced cytotoxicity on keratinocytes and 3D-skin tissues through antioxidant actions[J]. Journal of Nanoscience and Nanotechnology, 2014, 14(5): 3285 - 3291.

[167] Zhou Y, Zhen M M, Ma H J, et al. Inhalable gadofullerenol/[70]fullerenol as high-efficiency ROS scavengers for pulmonary fibrosis therapy [J]. Nanomedicine: Nanotechnology, Biology and Medicine, 2018, 14(4): 1361 - 1369.

[168] Munger J S, Huang X Z, Kawakatsu H, et al. A mechanism for regulating pulmonary inflammation and fibrosis: The integrin αvβ6 binds and activates latent TGF β1[J]. Cell, 1999, 96(3): 319 - 328.

[169] Murray P J, Wynn T A. Protective and pathogenic functions of macrophage subsets[J]. Nature Reviews Immunology, 2011, 11(11): 723 - 737.

[170] Mastruzzo C, Crimi N, Vancheri C. Role of oxidative stress in pulmonary fibrosis[J]. Monaldi Archives for Chest Disease = Archivio Monaldi per le malattie del torace/Fondazione clinica del lavoro, IRCCS [and] Istituto di clinica tisiologica e malattie apparato respiratorio, Università di Napoli, Secondo ateneo, 2002, 57 (3 - 4): 173 - 176.

[171] Fubini B, Hubbard A. Reactive oxygen species (ROS) and reactive nitrogen species (RNS) generation by silica in inflammation and fibrosis[J]. Free Radical Biology and Medicine, 2003, 34 (12): 1507 - 1516.

[172] Lee I T, Yang C M. Role of NADPH oxidase/ROS in pro-inflammatory mediators-induced airway and pulmonary diseases[J]. Biochemical Pharmacology, 2012, 84(5): 581 - 590.

[173] DeFronzo R A, Ferrannini E, Groop L, et al. Type 2 diabetes mellitus[J]. Nature Reviews Disease Primers, 2015, 1: 15019.

[174] Zhou C, Zhen M M, Yu M L, et al. Gadofullerene inhibits the degradation of apolipoprotein B100 and boosts triglyceride transport for reversing hepatic steatosis[J]. Science Advances, 2020, 6(37): eabc1586.

[175] Lin A M Y, Chyi B Y, Wang S D, et al. Carboxyfullerene prevents iron-induced oxidative stress in rat brain[J]. Journal of Neurochemistry, 1999, 72(4): 1634 - 1640.

[176] Piotrovskiy L B, Litasova E V, Dumpis M A, et al. Enhanced brain penetration of hexamethonium in complexes with derivatives of fullerene C$_{60}$ [J]. Doklady Biochemistry and Biophysics, 2016, 468(1): 173 - 175.

[177] Cunha S, Amaral M H, Sousa Lobo J M, et al. Therapeutic strategies for Alzheimer's and Parkinson's diseases by means of drug delivery systems[J]. Current Medicinal Chemistry, 2016, 23 (31): 3618 - 3631.

[178] Lu T Y, Kao P F, Lee C M, et al. C$_{60}$ fullerene nanoparticle prevents β-amyloid peptide induced cytotoxicity in neuro 2A cells[J]. Journal of Food and Drug Analysis, 2011, 19(2): 151 - 158.

[179] Shen X C, Song J W, Kawakami K, et al. Molecule-to-material-to-bio nanoarchitectonics with biomedical fullerene nanoparticles[J]. Materials, 2022, 15(15): 5404.

[180] Ye L J, Kollie L, Liu X, et al. Antitumor activity and potential mechanism of novel fullerene derivative nanoparticles[J]. Molecules, 2021, 26(11): 3252.

[181] Li X S, Kwon N, Guo T, et al. Innovative strategies for hypoxic-tumor photodynamic therapy[J]. Angewandte Chemie (International Ed in English), 2018, 57(36): 11522 - 11531.

[182] Zhang X Y, Cong H L, Yu B, et al. Recent advances of water-soluble fullerene derivatives in biomedical applications[J]. Mini-Reviews in Organic Chemistry, 2019, 16(1): 92 - 99.

[183] Chawla P, Chawla V, Maheshwari R, et al. Fullerenes: From carbon to nanomedicine[J]. Mini-Reviews in Medicinal Chemistry, 2010, 10(8): 662 - 677.

[184] Pochkaeva E I, Podolsky N E, Zakusilo D N, et al. Fullerene derivatives with amino acids, peptides

and proteins: From synthesis to biomedical application[J]. Progress in Solid State Chemistry, 2020, 57: 100255.

[185] Sushko E S, Vnukova N G, Churilov G N, et al. Endohedral Gd-containing fullerenol: Toxicity, antioxidant activity, and regulation of reactive oxygen species in cellular and enzymatic systems[J]. International Journal of Molecular Sciences, 2022, 23(9): 5152.

[186] Gaur M, Misra C, Yadav A B, et al. Biomedical applications of carbon nanomaterials: Fullerenes, quantum dots, nanotubes, nanofibers, and graphene[J]. Materials, 2021, 14(20): 5978.

[187] Liao X D, Zhao Z P, Li H, et al. Fullerene nanoparticles for the treatment of ulcerative colitis[J]. Science China Life Sciences, 2022, 65(6): 1146 - 1156.

[188] Salvadori E, Luke N, Shaikh J, et al. Ultra-fast spin-mixing in a diketopyrrolopyrrole monomer/ fullerene blend charge transfer state[J]. Journal of Materials Chemistry A, 2017, 5(46): 24335 - 24343.

[189] Hensley K, Floyd R A. Reactive oxygen species and protein oxidation in aging: A look back, a look ahead[J]. Archives of Biochemistry and Biophysics, 2002, 397(2): 377 - 383.

[190] Purba P C, Maity M, Bhattacharyya S, et al. A self-assembled palladium (II) barrel for binding of fullerenes and photosensitization ability of the fullerene-encapsulated barrel [J]. Angewandte Chemie (International Ed in English), 2021, 60(25): 14109 - 14116.

[191] Yang X L, Ebrahimi A, Li J, et al. Fullerene-biomolecule conjugates and their biomedicinal applications[J]. International Journal of Nanomedicine, 2014, 9: 77 - 92.

[192] Lazovic J, Zopf L M, Hren J, et al. Fullerene-filtered light spectrum and fullerenes modulate emotional and pain processing in mice[J]. Symmetry, 2021, 13(11): 2004.

[193] Ma Y H, Li Y, Guan M R. C_{84}-carboxyfullerenes as efficient photosensitizers against cancer cells [J]. Nanomedicine: Nanotechnology, Biology and Medicine, 2018, 14 (5): 1818.

[194] Hamblin M R. Fullerenes as photosensitizers in photodynamic therapy: Pros and cons [J]. Photochemical Photobiological Sciences, 2018, 17(11): 1515 - 1533.

[195] Heredia D A, Durantini A M, Durantini J E, et al. Fullerene C_{60} derivatives as antimicrobial photodynamic agents[J]. Journal of Photochemistry and Photobiology C: Photochemistry Reviews, 2022, 51: 100471.

[196] Sugikawa K, Inoue Y, Kozawa K, et al. Introduction of fullerenes into hydrogels via formation of fullerene nanoparticles[J]. ChemNanoMat, 2018, 4(7): 682 - 687.

[197] Christy P A, Peter A J, Arumugam S, et al. Superparamagnetic behavior of sulfonated fullerene ($C_{60}SO_3H$): Synthesis and characterization for biomedical applications[J]. Materials Chemistry and Physics, 2020, 240: 254 - 584.

[198] Minami K, Song J W, Shrestha L K, et al. Nanoarchitectonics for fullerene biology[J]. Applied Materials Today, 2021, 23: 100989.

[199] Sun M R, Kiourti A, Wang H, et al. Enhanced microwave hyperthermia of cancer cells with fullerene[J]. Molecular Pharmaceutics, 2016, 13(7): 2184 - 2192.

[200] Gharbi N, Pressac M, Hadchouel M, et al. 60 fullerene is a powerful antioxidant in vivo with No acute or subacute toxicity[J]. Nano Lett, 2005, 5 (12): 2578 -2585.

[201] Dugan L L, Turetsky D M, Du C, et al. Carboxyfullerenes as neuroprotective agents [J]. Proceedings of the National Academy of Sciences, 1997, 94(17): 9434 - 9439.

[202] Li R M, Zhen M M, Guan M R, et al. A novel glucose colorimetric sensor based on intrinsic peroxidase-like activity of C_{60}-carboxyfullerenes [J]. Biosensors and Bioelectronics, 2013, 47: 502 - 507.

[203] Marcorin G L, Da Ros T, Castellano S, et al. Design and synthesis of novel [60] fullerene

derivatives as potential HIV aspartic protease inhibitors[J]. Organic Letters, 2000, 2(25): 3955 - 3958.

[204] Martin D, Karelson M. The quantitative structure activity relationships for predicting HIV protease inhibition by substituted fullerenes[J]. Letters in Drug Design & Discovery, 2010, 7(8): 587 - 595.

[205] Kraevaya O A, Peregudov A S, Troyanov S I, et al. Diversion of the Arbuzov reaction: Alkylation of C—Cl instead of phosphonic ester formation on the fullerene cage[J]. Organic & Biomolecular Chemistry, 2019, 17(30): 7155 - 7160.

[206] Ruiz-Santaquiteria M, Illescas B M, Abdelnabi R, et al. Multivalent tryptophan- and tyrosine-containing [60] fullerene hexa-adducts as dual HIV and enterovirus A71 entry inhibitors[J]. Chemistry, 2021, 27(41): 10700 - 10710.

[207] Markl M, Schnell S, Wu C, et al. Advanced flow MRI: emerging techniques and applications[J]. Clinical Radiology, 2016, 71(8): 779 - 795.

[208] Wymer D T, Patel K P, Burke III W F, et al. Phase-contrast MRI: Physics, techniques, and clinical applications[J]. Radiographics, 2020, 40(1): 122 - 140.

[209] Zwanenburg J J M, van Osch M J P. Targeting cerebral small vessel disease with MRI[J]. Stroke, 2017, 48(11): 3175 - 3182.

[210] De Cocker L J L, Lindenholz A, Zwanenburg J J M, et al. Clinical vascular imaging in the brain at 7 T[J]. NeuroImage, 2018, 168: 452 - 458.

[211] Bouillot P, Delattre B M A, Brina O, et al. 3D phase contrast MRI: partial volume correction for robust blood flow quantification in small intracranial vessels[J]. Magnetic Resonance in Medicine, 2018, 79(1): 129 - 140.

[212] Ashikyan O, Wells J, Chhabra A. 3D MRI of the hip joint: Technical considerations, advantages, applications, and current perspectives[J]. Seminars in Musculoskeletal Radiology, 2021, 25(3): 488 - 500.

[213] Schmaranzer F, Cerezal L, Llopis E. Conventional and arthrographic magnetic resonance techniques for hip evaluation: What the radiologist should know[J]. Seminars in Musculoskeletal Radiology, 2019, 23(3): 227 - 251.

[214] Omar I M, Blount K J. Magnetic resonance imaging of the hip[J]. Topics in Magnetic Resonance Imaging, 2015, 24(4): 165 - 181.

[215] Callewaert B, Jones E A V, Himmelreich U, et al. Non-invasive evaluation of cerebral microvasculature using pre-clinical MRI: Principles, advantages and limitations[J]. Diagnostics, 2021, 11(6): 926.

[216] Shooli H, Nemati R, Chabi N, et al. Multimodal assessment of regional gray matter integrity in early relapsing-remitting multiple sclerosis patients with normal cognition: a voxel-based structural and perfusion approach[J]. The British Journal of Radiology, 2021, 94(1127): 20210308.

[217] Kim J B K, Mackeyev Y, Raghuram S, et al. Synthesis and characterization of gadolinium-decorated [60] fullerene for tumor imaging and radiation sensitization[J]. International Journal of Radiation Biology, 2021, 97(8): 1129 - 1139.

[218] Braun K, Dunsch L, Pipkorn R, et al. Gain of a 500-fold sensitivity on an intravital MR contrast agent based on an endohedral gadolinium-cluster-fullerene-conjugate: A new chance in cancer diagnostics[J]. International Journal of Medical Sciences, 2010, 7(3): 136 - 146.

[219] Fillmore H L, Shultz M D, Henderson S C, et al. Conjugation of functionalized gadolinium metallofullerenes with IL-13 peptides for targeting and imaging glial tumors[J]. Nanomedicine, 2011, 6(3): 449 - 458.

[220] Bolskar R D. Gadolinium endohedral metallofullerene-based MRI contrast agents[M]//Medicinal

Chemistry and Pharmacological Potential of Fullerenes and Carbon Nanotubes. Dordrecht: Springer, 2008: 157 - 180.

[221] Lux F, Sancey L, Bianchi A, et al. Gadolinium-based nanoparticles for theranostic MRI-radiosensitization[J]. Nanomedicine, 2015, 10(11): 1801 - 1815.

[222] Meng J, Wang D L, Wang P C, et al. Biomedical activities of endohedral metallofullerene optimized for nanopharmaceutics[J]. Journal of Nanoscience and Nanotechnology, 2010, 10(12): 8610 - 8616.

[223] Dugan L L, Lovett E G, Quick K L, et al. Fullerene-based antioxidants and neurodegenerative disorders[J]. Parkinsonism & Related Disorders, 2001, 7(3): 243 - 246.

[224] Dugan L L, Tian L L, Quick K L, et al. Carboxyfullerene neuroprotection postinjury in parkinsonian nonhuman Primates[J]. Annals of Neurology, 2014, 76(3): 393 - 402.

[225] Lu X, Xu J X, Shi Z J, et al. Studies on the relaxivities of novel MRI contrast agents-two water-soluble derivatives of Gd@C82[J]. Chemistry Journal of Chinese Universities, 2004, 25 (4): 697 - 700.

[226] Chatterjee D K, Fong L S, Zhang Y. Nanoparticles in photodynamic therapy: An emerging paradigm[J]. Advanced Drug Delivery Reviews, 2008, 60(15): 1627 - 1637.

[227] Schmitt F, Freudenreich J, Barry N P E, et al. Organometallic cages as vehicles for intracellular release of photosensitizers[J]. Journal of the American Chemical Society, 2012, 134(2): 754 - 757.

[228] Wu W H, Guo H M, Wu W T, et al. Organic triplet sensitizer library derived from a single chromophore (BODIPY) with long-lived triplet excited state for triplet-triplet annihilation based upconversion[J]. The Journal of Organic Chemistry, 2011, 76(17): 7056 - 7064.

[229] Li L, Nurunnabi M, Nafiujjaman M, et al. A photosensitizer-conjugated magnetic iron oxide/gold hybrid nanoparticle as an activatable platform for photodynamic cancer therapy[J]. Journal of Materials Chemistry B, 2014, 2(19): 2929 - 2937.

[230] Solban N, Rizvi I, Hasan T. Targeted photodynamic therapy[J]. Lasers in Surgery and Medicine, 2006, 38(5): 522 - 531.

[231] Verma S, Watt G M, Mai Z M, et al. Strategies for enhanced photodynamic therapy effects[J]. Photochemistry and Photobiology, 2007, 83(5): 996 - 1005.

[232] Lovell J F, Liu T W B, Chen J, et al. Activatable photosensitizers for imaging and therapy[J]. Chemical Reviews, 2010, 110(5): 2839 - 2857.

[233] Ethirajan M, Chen Y H, Joshi P, et al. The role of porphyrin chemistry in tumor imaging and photodynamic therapy[J]. Chemical Society Reviews, 2011, 40(1): 340 - 362.

[234] Ghosh H N, Pal H, Sapre A V, et al. Charge recombination reactions in photoexcited fullerene C_{60}-amine complexes studied by picosecond pump probe spectroscopy[J]. Journal of the American Chemical Society, 1993, 115(25): 11722 - 11727.

[235] Tokuyama H, Yamago S, Nakamura E, et al. Photoinduced biochemical activity of fullerene carboxylic acid[J]. Journal of the American Chemical Society, 1993, 115(17): 7918 - 7919.

[236] Nakajima N, Nishi C, Li F M, et al. Photo-induced cytotoxicity of water-soluble fullerene[J]. Fullerene Science and Technology, 1996, 4(1): 1 - 19.

[237] Burlaka A P, Sidorik Y P, Prylutska S V, et al. Catalytic system of the reactive oxygen species on the C_{60} fullerene basis[J]. Experimental Oncology, 2004, 26(4): 326 - 327.

[238] Ji Z Q, Sun H F, Wang H F, et al. Biodistribution and tumor uptake of $C_{60}(OH)_x$ in mice[J]. Journal of Nanoparticle Research, 2006, 8(1): 53 - 63.

[239] Mroz P, Pawlak A, Satti M, et al. Functionalized fullerenes mediate photodynamic killing of cancer cells: Type I versus Type II photochemical mechanism[J]. Free Radical Biology and Medicine,

2007，43(5)：711－719.

[240] Milanesio M E，Alvarez M G，Rivarola V，et al. Porphyrin-fullerene C_{60} dyads with high ability to form photoinduced charge-separated state as novel sensitizers for photodynamic therapy[J]. Photochemistry and Photobiology，2005，81(4)：891－897.

[241] Liu Q L，Guan M R，Xu L，et al. Structural effect and mechanism of C_{70}-carboxyfullerenes as efficient sensitizers against cancer cells[J]. Small，2012，8(13)：2070－2077.

[242] Nobusawa K，Akiyama M，Ikeda A，et al. pH responsive smart carrier of[60]fullerene with 6-amino-cyclodextrin inclusion complex for photodynamic therapy[J]. Journal of Materials Chemistry，2012，22(42)：22610－22613.

[243] Friedman S H，DeCamp D L，Sijbesma R P，et al. Inhibition of the HIV-1 protease by fullerene derivatives：Model building studies and experimental verification[J]. Journal of the American Chemical Society，1993，115(15)：6506－6509.

[244] Li J X，Chen L L，Su H R，et al. The pharmaceutical multi-activity of metallofullerenol invigorates cancer therapy[J]. Nanoscale，2019，11(31)：14528－14539.

[245] Meng H，Xing G M，Blanco E，et al. Gadolinium metallofullerenol nanoparticles inhibit cancer metastasis through matrix metalloproteinase inhibition：imprisoning instead of poisoning cancer cells[J]. Nanomedicine，2012，8(2)：136－146.

[246] Muñoz A，Sigwalt D，Illescas B M，et al. Synthesis of giant globular multivalent glycofullerenes as potent inhibitors in a model of Ebola virus infection[J]. Nature Chemistry，2016，8(1)：50－57.

[247] Aldunate F，Gámbaro F，Fajardo A，et al. Evidence of increasing diversification of Zika virus strains isolated in the American continent[J]. Journal of Medical Virology，2017，89(12)：2059－2063.

[248] Weissleder R. Molecular imaging in cancer[J]. Science，2006，312(5777)：1168－1171.

[249] Caravan P，Ellison J J，McMurry T J，et al. Gadolinium(III) chelates as MRI contrast agents：Structure，dynamics，and applications[J]. Chemical Reviews，1999，99(9)：2293－2352.

[250] Yoon Y S，Lee B I，Lee K S，et al. Surface modification of exfoliated layered gadolinium hydroxide for the development of multimodal contrast agents for MRI and fluorescence imaging[J]. Advanced Functional Materials，2009，19(21)：3375－3380.

[251] Werner E J，Datta A，Jocher C J，et al. High-relaxivity MRI contrast agents：Where coordination chemistry meets medical imaging[J]. Angewandte Chemie (International Ed in English)，2008，47(45)：8568－8580.

[252] Mody V V，Nounou M I，Bikram M. Novel nanomedicine-based MRI contrast agents for gynecological malignancies[J]. Advanced Drug Delivery Reviews，2009，61(10)：795－807.

[253] Anderson S A，Lee K K，Frank J A. Gadolinium-fullerenol as a paramagnetic contrast agent for cellular imaging[J]. Investigative Radiology，2006，41(3)：332－338.

[254] Sitharaman B，Tran L A，Pham Q P，et al. Gadofullerenes as nanoscale magnetic labels for cellular MRI[J]. Contrast Media & Molecular Imaging，2007，2(3)：139－146.

[255] Yamawaki H，Iwai N. Cytotoxicity of water-soluble fullerene in vascular endothelial cells[J]. American Journal of Physiology Cell Physiology，2006，290(6)：C1495-C1502.

[256] Kato H，Kanazawa Y，Okumura M，et al. Lanthanoid endohedral metallofullerenols for MRI contrast agents[J]. Journal of the American Chemical Society，2003，125(14)：4391－4397.

[257] Bolskar R D，Benedetto A F，Husebo L O，et al. First soluble $M@C_{60}$ derivatives provide enhanced access to metallofullerenes and permit *in vivo* evaluation of $Gd@C_{60}[C(COOH)_2]_{10}$ as a MRI contrast agent[J]. Journal of the American Chemical Society，2003，125(18)：5471－5478.

[258] Okumura M，Mikawa M，Yokawa T，et al. Evaluation of water-soluble metallofullerenes as MRI

contrast agents[J]. Academic Radiology, 2002, 9(Suppl 2): S495-S497.

[259] Han Z, Wu X H, Roelle S, et al. Targeted gadofullerene for sensitive magnetic resonance imaging and risk-stratification of breast cancer[J]. Nature Communications, 2017, 8: 692.

[260] Kolosnjaj J, Szwarc H, Moussa F. Toxicity studies of fullerenes and derivatives[M]//Bio-Applications of Nanoparticles. New York: Springer, 2007: 168-180.

[261] Li Q N, Xiu Y, Zhang X D, et al. Preparation of 99mTc-C_{60}(OH)$_x$ and its biodistribution studies [J]. Nuclear Medicine and Biology, 2002, 29(6): 707-710.

[262] Driss F, El-Benna J. Antioxidant effect of hydroxytyrosol, a polyphenol from olive oil by scavenging reactive oxygen species produced by human neutrophils[M]//Olives and Olive Oil in Health and Disease Prevention. Amsterdam: Elsevier, 2010: 1289-1294.

[263] Plant S R, Jevric M, Morton J J L, et al. A two-step approach to the synthesis of N@C_{60} fullerene dimers for molecular qubits[J]. Chemical Science, 2013, 4(7): 2971-2975.

[264] Meng H B, Zhao C, Nie M Z, et al. Triptycene molecular rotors mounted on metallofullerene Sc_3C_2@C_{80} and their spin-rotation couplings[J]. Nanoscale, 2018, 10(38): 18119-18123.

[265] Meng H B, Zhao C, Nie M Z, et al. Optically controlled molecular metallofullerene magnetism via an azobenzene-functionalized metal-organic framework[J]. ACS Applied Materials & Interfaces, 2018, 10(38): 32607-32612.

[266] Zhao C, Meng H B, Nie M Z, et al. Anisotropic paramagnetic properties of metallofullerene confined in a metal-organic framework[J]. The Journal of Physical Chemistry C, 2018, 122(8): 4635-4640.

[267] Zhao C, Meng H B, Nie M Z, et al. Construction of a short metallofullerene-peapod with a spin probe[J]. Chemical Communications, 2019, 55(77): 11511-11514.

[268] Jakes P, Dinse K P. Chemically induced spin transfer to an encased molecular cluster: An EPR study of Sc_3N@C_{80} radical anions[J]. Journal of the American Chemical Society, 2001, 123(36): 8854-8855.

[269] Echegoyen L, Chancellor C J, Cardona C M, et al. X-ray crystallographic and EPR spectroscopic characterization of a pyrrolidine adduct of Y_3N@C_{80}[J]. Chemical Communications, 2006(25): 2653-2655.

[270] Kitaura R, Okimoto H, Shinohara H, et al. Magnetism of the endohedral metallofullerenes M@C_{82} (M = Gd, Dy) and the corresponding nanoscale peapods: Synchrotron soft X-ray magnetic circular dichroism and density-functional theory calculations[J]. Physical Review B, 2007, 76(17): 172409.

[271] Westerström R, Dreiser J, Piamonteze C, et al. An endohedral single-molecule magnet with long relaxation times: $DySc_2$N@C_{80}[J]. Journal of the American Chemical Society, 2012, 134(24): 9840-9843.

[272] Zhang Y, Krylov D, Schiemenz S, et al. Cluster-size dependent internal dynamics and magnetic anisotropy of Ho ions in HoM_2N@C_{80} and Ho_2MN@C_{80} families (M = Sc, Lu, Y)[J]. Nanoscale, 2014, 6(19): 11431-11438.

[273] Chen C H, Krylov D S, Avdoshenko S M, et al. Selective arc-discharge synthesis of Dy_2S-clusterfullerenes and their isomer-dependent single molecule magnetism[J]. Chemical Science, 2017, 8(9): 6451-6465.

[274] Junghans K, Schlesier C, Kostanyan A, et al. Methane as a selectivity booster in the arc-discharge synthesis of endohedral fullerenes: Selective synthesis of the single-molecule magnet Dy_2TiC@C_{80} and its congener Dy_2TiC$_2$@C_{80}[J]. Angewandte Chemie (International Ed in English), 2015, 54 (45): 13411-13415.

[275] Liu F P, Krylov D S, Spree L, et al. Single molecule magnet with an unpaired electron trapped

between two lanthanide ions inside a fullerene[J]. Nature Communications, 2017, 8: 16098.

[276] Velkos G, Krylov D S, Kirkpatrick K, et al. High blocking temperature of magnetization and giant coercivity in the azafullerene Tb_2 @ C_{79} N with a single-electron terbium-terbium bond [J]. Angewandte Chemie (International Ed in English), 2019, 58(18): 5891 – 5896.

[277] Greber T, Seitsonen A P, Hemmi A, et al. Circular dichroism and angular deviation in X-ray absorption spectra of Dy_2 ScN@C_{80} single-molecule magnets on h-BN/Rh(111)[J]. Physical Review Materials, 2019, 3: 014409.

[278] Chen C H, Krylov D S, Avdoshenko S M, et al. Magnetic hysteresis in self-assembled monolayers of Dy-fullerene single molecule magnets on gold[J]. Nanoscale, 2018, 10(24): 11287 – 11292.

[279] Nie M Z, Yang L, Zhao C, et al. A luminescent single-molecule magnet of dimetallofullerene with cage-dependent properties[J]. Nanoscale, 2019, 11(40): 18612 – 18618.

[280] Ross R B, Cardona C M, Swain F B, et al. Tuning conversion efficiency in metallo endohedral fullerene-based organic photovoltaic devices[J]. Advanced Functional Materials, 2009, 19(14): 2332 – 2337.

[281] Kobayashi S I, Mori S, Iida S, et al. Conductivity and field effect transistor of La_2 @ C_{80} metallofullerene[J]. Journal of the American Chemical Society, 2003, 125(27): 8116 – 8117.

[282] Kubozono Y, Takabayashi Y, Shibata K, et al. Crystal structure and electronic transport of Dy@C_{82}[J]. Physical Review B, 2003, 67(11): 115410.

[283] Okamura N, Yoshida K, Sakata S, et al. Electron transport in endohedral metallofullerene Ce@C_{82} single-molecule transistors[J]. Applied Physics Letters, 2015, 106(4): 043108.

[284] Kaneko S, Wang L, Luo G F, et al. Electron transport through single endohedral Ce @ C_{82} metallofullerenes[J]. Physical Review B, 2012, 86(15): 155406.

[285] Yasutake Y, Shi Z J, Okazaki T, et al. Single molecular orientation switching of an endohedral metallofullerene[J]. Nano Letters, 2005, 5(6): 1057 – 1060.

[286] Xu Y, Guo J H, Wei T, et al. Micron-sized hexagonal single-crystalline rods of metal nitride clusterfullerene: Preparation, characterization, and photoelectrochemical application [J]. Nanoscale, 2013, 5(5): 1993 – 2001.

[287] Yue D M, Cui R L, Ruan X L, et al. A novel organic electrical memory device based on the metallofullerene-grafted polymer (Gd@C_{82}-PVK)[J]. Organic Electronics, 2014, 15(12): 3482 – 3486.

[288] Ueno H, Nishihara T, Segawa Y, et al. Cycloparaphenylene-based ionic donor-acceptor supramolecule: Isolation and characterization of Li^+ @ C_{60} ⊂ [10]CPP[J]. Angewandte Chemie (International Ed in English), 2015, 54(12): 3707 – 3711.

[289] Supur M, Kawashima Y, Ma Y X, et al. Long-lived charge separation in a rigid pentiptycene bis (crown ether)-Li(+)@C_{60} host-guest complex[J]. Chemical Communications, 2014, 50(99): 15796 – 15798.

[290] Ueno H, Aoyagi S, Yamazaki Y, et al. Electrochemical reduction of cationic Li^+ @C_{60} to neutral Li^+ @$C_{60}^{·-}$: Isolation and characterisation of endohedral[60]fulleride[J]. Chemical Science, 2016, 7 (9): 5770 – 5774.

[291] Okada H, Komuro T, Sakai T, et al. Preparation of endohedral fullerene containing lithium (Li@ C_{60}) and isolation as pure hexafluorophosphate salt ([Li^+ @C_{60}][PF_6-])[J]. RSC Advances, 2012, 2(28): 10624 – 10631.

[292] Ohkubo K, Hasegawa T, Rein R, et al. Multiple photosynthetic reaction centres of porphyrinic polypeptide-Li(+)@C_{60} supramolecular complexes[J]. Chemical Communications, 2015, 51(99): 17517 – 17520.

[293] Ohkubo K, Kohno N, Yamada Y, et al. Singlet oxygen generation from Li$^+$@C$_{60}^+$ nano-aggregates dispersed by laser irradiation in aqueous solution[J]. Chemical Communications, 2015, 51(38): 8082 – 8085.

[294] Kamimura T, Ohkubo K, Kawashima Y, et al. Submillisecond-lived photoinduced charge separation in inclusion complexes composed of Li$^+$@C$_{60}$ and cyclic porphyrin dimers[J]. Chemical Science, 2013, 4(4): 1451 – 1461.

[295] Okada H, Kawakami H, Aoyagi S, et al. Crystallographic structure determination of both[5, 6]-and[6, 6]-isomers of lithium-ion-containing diphenylmethano[60]fullerene[J]. The Journal of Organic Chemistry, 2017, 82(11): 5868 – 5872.

[296] Davis C M, Ohkubo K, Lammer A D, et al. Photoinduced electron transfer in a supramolecular triad produced by porphyrin anion-induced electron transfer from tetrathiafulvalene calix[4]pyrrole to Li(+)@C$_{60}$[J]. Chemical Communications, 2015, 51(48): 9789 – 9792.

[297] Jeon I, Shawky A, Lin H S, et al. Controlled redox of lithium-ion endohedral fullerene for efficient and stable metal electrode-free perovskite solar cells[J]. Journal of the American Chemical Society, 2019, 141(42): 16553 – 16558.

[298] Chandler H J, Stefanou M, Campbell E E B, et al. Li@C$_{60}$ as a multi-state molecular switch[J]. Nature Communications, 2019, 10(1): 2283.

[299] Jorn R, Zhao J, Petek H, et al. Current-driven dynamics in molecular junctions: Endohedral fullerenes[J]. ACS Nano, 2011, 5(10): 7858 – 7865.

[300] Saunders M, Jiménez-Vázquez H A, Cross R J, et al. Incorporation of helium, neon, argon, krypton, and xenon into fullerenes using high pressure[J]. Journal of the American Chemical Society, 1994, 116(5): 2193 – 2194.

[301] Saunders M, Jiménez-Vázquez H A, Cross R J, et al. Probing the interior of fullerenes by 3He NMR spectroscopy of endohedral 3He@C$_{60}$ and 3He@C$_{70}$[J]. Nature, 1994, 367(6460): 256 – 258.

[302] Pietzak B, Waiblinger M, Murphy T A, et al. Buckminsterfullerene C$_{60}$: A chemical Faraday cage for atomic nitrogen[J]. Chemical Physics Letters, 1997, 279(5/6): 259 – 263.

[303] Harneit W. Fullerene-based electron-spin quantum computer[J]. Physical Review A, 2002, 65(3): 032322.

[304] Simon F, Kuzmany H, Rauf H, et al. Low temperature fullerene encapsulation in single wall carbon nanotubes: Synthesis of N@C$_{60}$@SWCNT[J]. Chemical Physics Letters, 2004, 383(3/4): 362 – 367.

[305] Morinaka Y, Zhang R, Sato S, et al. Fullerene C$_{70}$ as a nanoflask that reveals the chemical reactivity of atomic nitrogen[J]. Angewandte Chemie (International Ed in English), 2017, 56(23): 6488 – 6491.

[306] Cornes S P, Zhou S, Porfyrakis K. Synthesis and EPR studies of the first water-soluble N@C$_{60}$ derivative[J]. Chemical Communications, 2017, 53(95): 12742 – 12745.

[307] Turro N J, Chen J Y C, Sartori E, et al. The spin chemistry and magnetic resonance of H$_2$@C$_{60}$. From the Pauli principle to trapping a long lived nuclear excited spin state inside a Buckyball[J]. Accounts of Chemical Research, 2010, 43(2): 335 – 345.

[308] Murata M, Murata Y, Komatsu K. Surgery of fullerenes[J]. Chemical Communications, 2008(46): 6083 – 6094.

[309] Hummelen J C, Knight B W, LePeq F, et al. Preparation and characterization of fulleroid and methanofullerene derivatives[J]. The Journal of Organic Chemistry, 1995, 60(3): 532 – 538.

[310] Arce M J, Viado A L, An Y Z, et al. Triple scission of a six-membered ring on the surface of C$_{60}$ via consecutive pericyclic reactions and oxidative cobalt insertion[J]. Journal of the American

Chemical Society，1996，118(15)：3775 - 3776.

[311] Rubin Y. Organic approaches to endohedral metallofullerenes：Cracking open or zipping up carbon shells? [J]. Chemistry - A European Journal，1997，3(7)：1009 - 1016.

[312] Schick G，Jarrosson T，Rubin Y. Formation of an effective opening within the fullerene core of C_{60} by an unusual reaction sequence[J]. Angewandte Chemie（International Ed in English），1999，38 (16)：2360 - 2363.

[313] Iwamatsu S I，Uozaki T，Kobayashi K，et al. A bowl-shaped fullerene encapsulates a water into the cage[J]. Journal of the American Chemical Society，2004，126(9)：2668 - 2669.

[314] Iwamatsu S I，Stanisky C M，Cross R J，et al. Carbon monoxide inside an open-cage fullerene[J]. Angewandte Chemie（International Ed in English），2006，45(32)：5337 - 5340.

[315] Whitener K E Jr，Frunzi M，Iwamatsu S I，et al. Putting ammonia into a chemically opened fullerene[J]. Journal of the American Chemical Society，2008，130(42)：13996 - 13999.

[316] Murata Y，Maeda S，Murata M，et al. Encapsulation and dynamic behavior of two H_2 molecules in an open-cage C_{70}[J]. Journal of the American Chemical Society，2008，130(21)：6702 - 6703.

[317] Murata M，Murata Y，Komatsu K. Synthesis and properties of endohedral C_{60} encapsulating molecular hydrogen[J]. Journal of the American Chemical Society，2006，128(24)：8024 - 8033.

[318] Sartori E，Ruzzi M，Turro N J，et al. Nuclear relaxation of H_2 and $H_2@C_{60}$ in organic solvents[J]. Journal of the American Chemical Society，2006，128(46)：14752 - 14753.

[319] López-Gejo J，Martí A A，Ruzzi M，et al. Can H_2 inside C_{60} communicate with the outside world? [J]. Journal of the American Chemical Society，2007，129(47)：14554 - 14555.

[320] Sartori E，Ruzzi M，Turro N J，et al. Paramagnet enhanced nuclear relaxation of H_2 in organic solvents and in $H_2@C_{60}$[J]. Journal of the American Chemical Society，2008，130(7)：2221 - 2225.

[321] Turro N J，Martí A A，Chen J Y C，et al. Demonstration of a chemical transformation inside a fullerene. The reversible conversion of the allotropes of $H_2@C_{60}$[J]. Journal of the American Chemical Society，2008，130(32)：10506 - 10507.

[322] Frunzi M，Jockusch S，Chen J Y C，et al. A photochemical on-off switch for tuning the equilibrium mixture of H_2 nuclear spin isomers as a function of temperature[J]. Journal of the American Chemical Society，2011，133(36)：14232 - 14235.

[323] Matsuo Y，Isobe H，Tanaka T，et al. Organic and organometallic derivatives of dihydrogen-encapsulated[60]fullerene[J]. Journal of the American Chemical Society，2005，127(49)：17148 - 17149.

[324] Murata M，Ochi Y，Tanabe F，et al. Internal magnetic fields of dianions of fullerene C_{60} and its cage-opened derivatives studied with encapsulated H_2 as an NMR probe[J]. Angewandte Chemie （International Ed in English），2008，47(11)：2039 - 2041.

[325] Li Y J，Lei X G，Lawler R G，et al. Distance-dependent paramagnet-enhanced nuclear spin relaxation of $H_2@C_{60}$ derivatives covalently linked to a nitroxide radical[J]. The Journal of Physical Chemistry Letters，2010，1(14)：2135 - 2138.

[326] Sebastianelli F，Xu M，Bačić Z，et al. Hydrogen molecules inside fullerene C_{70}：Quantum dynamics, energetics, maximum occupancy, and comparison with C_{60}[J]. Journal of the American Chemical Society，2010，132(28)：9826 - 9832.

[327] Beduz C，Carravetta M，Chen J Y C，et al. Quantum rotation of ortho and para-water encapsulated in a fullerene cage[J]. Proceedings of the National Academy of Sciences of the United States of America，2012，109(32)：12894 - 12898.

[328] Goh K S K，Jiménez-Ruiz M，Johnson M R，et al. Symmetry-breaking in the endofullerene $H_2O@$

C_{60} revealed in the quantum dynamics of *ortho* and *para*-water: A neutron scattering investigation [J]. Physical Chemistry Chemical Physics, 2014, 16(39): 21330 - 21339.

[329] Krachmalnicoff A, Levitt M H, Whitby R J. An optimised scalable synthesis of $H_2O@C_{60}$ and a new synthesis of $H_2@C_{60}$[J]. Chemical Communications, 2014, 50(86): 13037 - 13040.

[330] Meier B, Mamone S, Concistrè M, et al. Electrical detection of ortho-para conversion in fullerene-encapsulated water[J]. Nature Communications, 2015, 6: 8112.

[331] Xu L, Liang S S, Sun J H, et al. Open-cage fullerene with a stopper acts as a molecular vial for a single water molecule[J]. Organic Chemistry Frontiers, 2015, 2(11): 1500 - 1504.

[332] Krachmalnicoff A, Bounds R, Mamone S, et al. The dipolar endofullerene $HF@C_{60}$[J]. Nature Chemistry, 2016, 8(10): 953 - 957.

[333] Vidal S, Izquierdo M, Alom S, et al. Effect of incarcerated HF on the exohedral chemical reactivity of $HF@C_{60}$[J]. Chemical Communications, 2017, 53(80): 10993 - 10996.

[334] Hashikawa Y, Murata M, Wakamiya A, et al. Synthesis and properties of endohedral aza[60] fullerenes: $H_2O@C_{59}N$ and $H_2@C_{59}N$ as their dimers and monomers[J]. Journal of the American Chemical Society, 2016, 138(12): 4096 - 4104.

[335] Bloodworth S, Sitinova G, Alom S, et al. First synthesis and characterization of $CH_4@C_{60}$[J]. Angewandte Chemie (International Ed in English), 2019, 58(15): 5038 - 5043.

MOLECULAR SCIENCES

Chapter 2

逐渐走向应用的纳米碳材料——碳纳米管

张锦

碳纳米管（carbon nanotubes，CNTs）是一种具有独特结构的纳米碳材料，展现出优异的力、电、热学性质，未来有望在微纳电子、能源和轻质高强材料等领域发挥核心作用。然而单壁碳纳米管（single-walled carbon nanotubes，SWNTs）结构复杂多样，其控制制备与放量生产极具挑战，走向实际应用的道路充满曲折。

自1991年被报道以来[1,2]，碳纳米管的研究已经走过了30余年的历程，其间，人们在碳纳米管的结构控制制备、物性表征及应用探索等方面均取得了重要进展[3,4]。例如，在结构控制制备方面，通过固体催化剂的设计实现了高纯度特定手性碳纳米管的控制生长[5]；借鉴高分子链的聚合机理制备了70 cm的超长碳纳米管；利用密度梯度离心和溶胶凝胶色谱等技术实现了多种纯度高达99.99%的单手性碳纳米管的溶液相分离[6,7]。在性能研究方面，特殊的共轭结构使得碳纳米管具有很好的化学稳定性、超强的力学性能和超高的电子迁移率。人们也发现少壁和多壁碳纳米管（multi-walled carbon nanotubes，MWNTs）的层间还能够表现出不同寻常的超润滑现象[8]。在应用研究方面，碳纳米管场效应晶体管（field effect transistor，FET）的沟道宽度从微米级别一直缩小到5 nm[9]，能够进行简单运算的碳纳米管计算机和室温红外探测器已崭露头角[10-12]；碳纳米管传感器和电磁屏蔽复合材料等也被广泛报道。在市场中，从大众使用的羽毛球拍到专业赛车手使用的赛车骨架，从橡胶轮胎的添加剂到锂离子电池中的电极材料，含有碳纳米管的产品正逐步走向千家万户[4]。

尽管碳纳米管从基础研究到市场应用已经取得了长足的进展，但其生长控制仍未完全实现，其应用潜力还远未充分展示，从对生长机制的理解到撒手锏级应用的开发，仍存在一系列挑战。首先，缺乏原子尺度上的原位表征技术，人们虽然已经可以精确地表征催化剂的原子结构，也可以利用环境透射显微技术等直接观察碳纳米管的生长过程，但是碳原子在催化剂上吸附、成核、生长碳纳米管等过程仍无法精确表征，这意味着碳纳米管的精准结构控制制备过程仍然处在未完全解开的"黑匣子"中。其次，实验室中发展的碳纳米管的结构控制技术很难与宏量制备技术相统一，无法获得结构可控的宏量碳纳米管原材料，以至于目前市售的碳纳米管原材料缺乏统一标准。其次，在众多产品中，碳纳米管往往只起到"工业味精"的作用，以碳纳米管为主导的产品及充分体现碳纳米管本征性质的产品至今还没有出现。此外，宏观碳纳米管的组装体或碳纳米管复合材料中仍未能充分体现单根碳纳米管的优异性质。最后，高纯度碳纳米管生产成本高，相关产品价格高昂，难以大规模应用。这些都是实现碳纳米管规模化应用亟待解决的问题。

推进碳纳米管的实际应用,要深扎制备之根。制备决定未来,发展合理可靠的制备方法,实现碳纳米管的结构控制和宏量生产的统一是碳纳米管走向实际应用的必经之路,是碳纳米管最终"成材"的根本保证。正如前面提到的,目前市场上的碳纳米管产品,因不同商家、不同制备技术和不同生产批次,其结构、种类和性质等存在较大差别,缺乏像碳纤维标号一样的标准来规范碳纳米管市场。问题的关键在于碳纳米管的精细化结构控制方法与宏量生产技术很难统一。尽管目前单壁碳纳米管手性和导电属性的控制已取得了巨大进步,很多单手性碳纳米管的纯度已超过 90%,甚至更高。但在宏量制备中,针对特定手性碳纳米管的结构选择性制备还难以实现。为了实现结构可控碳纳米管的宏量制备,首先要发展原子尺度的原位观测技术,同时开展更多理论层面上的多尺度模拟,从多方面、多角度入手,深入理解碳纳米管生长的机理。然后依据微观生长机理,根据化工工艺,设计合理的生产设备。因此,只有将单根碳纳米管的精细结构控制方法引入到宏量制备过程中,结合先进化工工艺过程,实现结构可控碳纳米管的宏量制备,并依据应用需求,建立碳纳米管原材料的各类标准,才能真正推动碳纳米管走向实际应用。

推进碳纳米管的实际应用,需强健组装之茎。必须在单根碳纳米管和宏观碳纳米管组装体之间架起制备与优异性质传递的桥梁,实现从基础研究到应用再到产品的飞跃。从制备角度,成熟的生长技术和可靠的批量装备无缝结合,才能架起微观与宏观的制备桥梁。目前,已经成功实现的单根碳纳米管的结构控制生长,碳纳米管高密度水平和竖直阵列的可控制备,碳纳米管纤维、薄膜的批量获取,以及用浮动催化技术实现碳纳米管气凝胶的制备等,都已展现出良好的发展趋势。从性能角度,如何实现碳纳米管优异性质从单根到宏观组装体的传递,是实现碳纳米管应用更为核心的问题。单根碳纳米管具有优异的性质,例如大的饱和电流(可承载 20 μA)、高的拉伸强度(可达 100 GPa),但实际上碳纳米管的各种组装体的性质与之则有较大差距,单根碳纳米管的性质无法高效地"传递"到聚集体。例如,高密度碳纳米管水平阵列的开态饱和电流密度往往不到 1 μA/根,管束拉伸测试也表明碳纳米管纤维的整体强度往往不足 45 GPa[13]。单根碳纳米管的优异性质并没有无损地"传递"到聚集体,这之间的巨大差异源于组装方式和碳纳米管结构的多样性,因此实现碳纳米管的可控组装尤为重要。在实际应用的聚集体中,碳纳米管存在有序组装和无序组装两种形态。例如,面向集成电路的应用,需要有序排列的碳纳米管水平阵列,并要求避免碳纳米管管束以降低电子散射。而在光电器件的应用中,更需要无序的碳纳米管薄膜,要求大的面密度和复杂的层叠架构,以利于光的吸收。一般而言,有序的碳纳米管结构包括一维纤维和二维阵列等,无序的碳纳米管结构则可以是薄膜,也可以是分散液及气凝胶。现在人们已经在这些组装结构的应用方面做出了卓有成效的探索,然而因为缺乏精确制备和可控组装的能力,在这些实践中碳纳米管往往无法完全体现出其单根状态下卓越的物理性质,聚集体的性能与理想值之间仍存在差距。因此,要想推进碳纳米管的实际应用,就需要在不同层次上实现碳纳米管的结构控制制备,架起微观和宏观制备与优异性质传递的桥梁。

推进碳纳米管的实际应用,要繁盛产业之枝。现阶段,人们对于碳纳米管导电浆料、导电薄膜等产品的研发推广工作已经如火如荼地开展了起来。还有许多潜在应用仍在实验室阶段持续开发,包括碳纳米管场效应晶体管、碳纳米管红外探测器、碳纳米管纤维、碳纳米管气凝胶等,需要给予充足的时间与耐心,以完善最终产品,找到相应市场。另外,世界科技和产业的飞速发展催生出了诸多领域的新问题、新应用和新方向,也期待碳纳米管能够大显身手。

总而言之,碳纳米管的产业应用市场极其广阔,但在基础研究与产业转化方面仍然存在亟须解决的科学和技术的关键问题,这既是挑战,也是机遇。在控制制备方面,要搭起碳纳米管从微观到宏观的制备桥梁[14,15],兼顾纯度和产量,实现特征化样品的选择性制备,并建立碳纳米管样品生产和使用的标准,从而催生相关产品乃至商品。在性质研究方面,单根碳纳米管的优异性质已经较为明确,但是如何使单根碳纳米管优异的性质传递到宏观的组装体还有待探索。相信在不懈的努力下,碳纳米管凭借其优异的性能一定能够在人类生活中释放出巨大潜力。

本章首先从碳纳米管的基本结构和本征性质出发,系统而深入地介绍碳纳米管的化学气相沉积法制备、不同碳纳米管聚集态,以及复合材料的制备,随后讨论碳纳米管在电子器件、储能及生物技术等方面的应用前景。最后阐述碳纳米管研究领域存在的机遇与挑战。

2.1　碳纳米管的结构

结构决定性质,性质决定应用。与其他碳的同素异形体相比,一维管状的碳纳米管具有更丰富的几何构型与组装方式,不同构型的碳纳米管甚至具有截然不同的性质,如图2-1所示,这种结构和性质的多样性,犹如一个"百宝箱",使得碳纳米管在众多领域具有广阔的应用前景。

1991 年 1 月,Iijima 用高分辨透射电镜研究电弧放电法制备的炭黑时发现,阴极炭黑中含有一些针状物,这些针状物由直径为 4～30 nm、长约 1 μm 的多层同心管组成,这是最早被观察到的多壁碳纳米管[1]。1993 年,Iijima、Ichihashi[2] 及 IBM 公司[16]分别独立发现了单壁碳纳米管。碳纳米管的研究,始于其结构和性质。

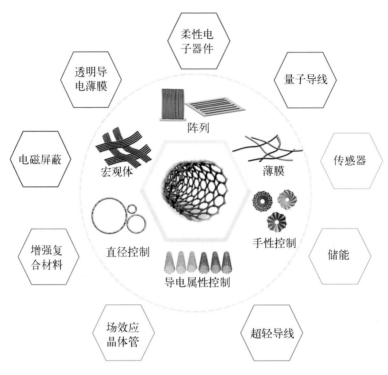

柔性电子器件

透明导电薄膜

量子导线

电磁屏蔽

传感器

宏观体

阵列

薄膜

增强复合材料

直径控制

手性控制

储能

导电属性控制

场效应晶体管

超轻导线

图 2-1   碳纳米管的丰富结构、优异性质及广阔的应用前景

2.1.1   几何结构

完整的单壁碳纳米管是一根无缝闭合的中空管,轴向长度通常在数微米及以上,甚至可以达到米级,而径向尺寸仅为几纳米。碳纳米管中,每个碳原子以 sp^2 杂化轨道的三个电子与近邻的三个碳原子相连,余下的一个电子则形成巨大的共轭 π 体系,从而组成一个蜂窝状六边形结构。几何结构上,一根单壁碳纳米管可以看成是由一层石墨烯卷曲而成的,双壁或多壁碳纳米管则可以类比为由双层或多层石墨烯卷曲而成的中空结构。

石墨烯的卷曲方向、宽度和距离分别决定了碳纳米管的手性、长度和直径。图 2-2(a)给出了从石墨烯卷曲而成的(8,4)碳纳米管示意图,从卷曲的角度出发将 O 点与 C 点重合,则矢量 C_h 定义为碳纳米管结构的特征矢量,该矢量一定可以由石墨烯上的两个 zigzag 方向的基矢 a_1 和 a_2 加和得到,即卷曲矢量 $C_h = na_1 + ma_2$,也称为螺旋矢量,其长度 $|C_h|$ 即为碳纳米管径向周长,其中(n, m)定义为该碳纳米管的手性指数,是对区别碳纳米管结构的唯一特征标识。

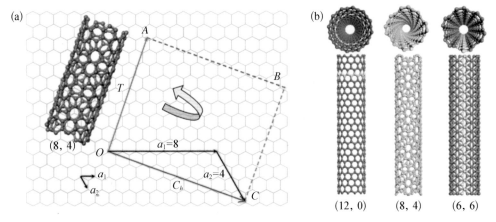

图 2-2　碳纳米管的几何结构

（a）从石墨烯卷曲构造(8, 4)碳纳米管的结构示意图；(b) 碳纳米管的分类，分别为锯齿型(zigzag)［如(12, 0)碳纳米管］、一般的螺旋型(chiral)［如(8, 4)碳纳米管］和扶手椅型(armchair)［如(6, 6)碳纳米管］

此外，矢量 C_h 与 a_1 的夹角 θ 也被定义为碳纳米管的手性角，$0° \leqslant \theta \leqslant 30°$。当碳纳米管的 (n, m) 确定下来时，碳纳米管的其他结构参数信息也可以通过数学表达式明确表示。例如径向直径 d 和手性角 θ，如式 $(2-1)$ 和式 $(2-2)$ 所示，其中 a_{C-C} 指碳-碳键长。

$$d = \frac{a_{C-C}}{\pi} \sqrt{3(n^2 + nm + m^2)} \tag{2-1}$$

$$\theta = \tan^{-1} \sqrt{3} \, m/(2n + m) \tag{2-2}$$

按照手性指数 (n, m)，单壁碳纳米管的结构通常被分为锯齿型(zigzag, $\theta = 0°$)、扶手椅型(armchair, $\theta = 30°$)和手性(chiral)碳纳米管：当 $n > 0$、$m = 0$ 时，矢量 C_h 沿着基矢 a_1 方向，卷曲得到锯齿型；当 $n = m$ 时，矢量 C_h 沿着基矢 a_1 与 a_2 的夹角平分线方向进行卷曲，即为扶手椅型。由于锯齿型和扶手椅型具有轴对称性，因此也被统称为非手性(achiral)单壁碳纳米管。除此以外，$n \neq m$ 时卷曲得到的即手性单壁碳纳米管。图 2-2(b)给出了三种类型碳纳米管的实例。

2.1.2　电子结构

碳纳米管在几何结构上和石墨烯有相似之处，其电子结构也可以从石墨烯出发推导得出[17]，图 2-3 给出了单层石墨烯晶格在倒空间中的布里渊区能量色散图，石墨烯价带能级面(π)和导带能级面(π*)仅在费米能级处相交于狄拉克点，而当石墨烯卷曲为碳纳米管时，可以形象地理解为，将石墨烯能量色散曲面进行等间距切割得到的分割线，重叠投影后，即碳纳米管的能带结构。碳纳米管的导电属性，与切割是否经过 K 点，即费米能级处的态密度是否为零直接相关，如图 2-3(a)所示。

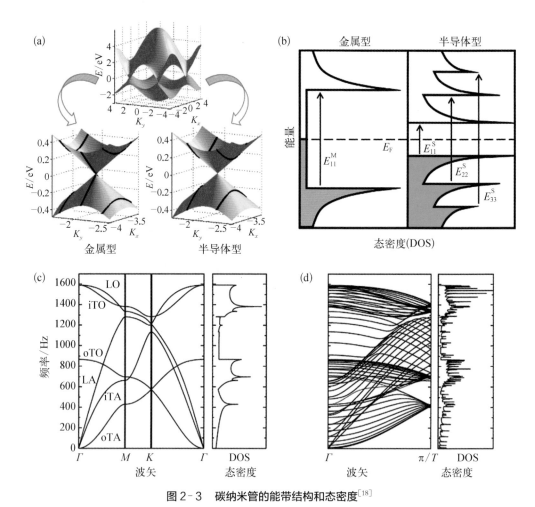

图2-3　碳纳米管的能带结构和态密度[18]

（a）由石墨烯的能量色散曲面切割得到碳纳米管能带结构；（b）金属型与半导体型碳纳米管的态密度图；（c）石墨烯的声子色散曲线和态密度图；（d）碳纳米管的声子色散曲线和态密度图

进一步地，切割线过 K 点的充要条件为

$$n - m = 3q \ (q = 0, \ 1, \ 2, \ \cdots) \tag{2-3}$$

当（$n-m$）为 3 的整数倍时，费米能级处的态密度不为 0，碳纳米管为金属（Metallic）型；而当（$n-m$）为 3 的非整数倍时，碳纳米管为半导体（semiconducting）型。若对能带图进行积分，则可以进一步得到碳纳米管的态密度（density of state，DOS）分布，如图2-3（b）所示。在费米能级（$E_F = 0$ 处）两侧对称出现的尖峰被称为范霍夫奇点（Van Hove singularity），在该点上的态密度函数取极大值且不连续，范霍夫奇点对碳纳米管的光学表征和应用都有着重要的作用。半导体型碳纳米管的跃迁能量常用 S_{ii} 来表示，S_{11} 即半导体碳纳米管的带隙；金属型碳纳米管的电子跃迁能常用 M_{ii} 来表示。

2.1.3　声子结构

石墨烯的单胞由两个碳原子构成,因而有六个声子支:三个声学支和三个光学支,如图 2-3(c)所示,在布里渊区 Γ 点频率为 0 对应的三条声子色散曲线为声学支,分别为面外横向声学支(oTA)、面内横向声学支(iTA)和纵向声学支(LA);剩余三条曲线对应于光学支,分别为非简并的面外横向光学支(oTO)、简并的面内横向光学支(iTO)和纵向光学支(LO)。这种色散关系可以通过 X 射线散射、中子散射等途径进行测量表征。

当石墨烯卷曲成碳纳米管后,其单胞变得很大,声子结构也十分复杂[18]。其中,图 2-3(d)给出了(10, 10)碳纳米管的声子态密度图,对于 40 个碳原子组成的单胞,共有 120 个振动自由度,而由于模态简并,只表现出 66 个声子支,包括 12 个为非简并、54 个为双简并。其中,单壁碳纳米管典型的径向呼吸振动模式(radial breathing mode,RBM)是由石墨烯的 oTA 卷曲后得到的。值得注意的是,虽然碳纳米管的 RBM 模式对应石墨烯的声学支 oTA,但对于碳纳米管而言,RBM 实际上是其光学支,在波矢为 0 处频率并不为 0。

2.2　碳纳米管的性质

单壁碳纳米管独特的几何结构和电子结构赋予其诸多优秀的性质,比如力、电、光及热学性质,了解碳纳米管的性质,是走向其应用的第一步,本节将从相关的性质方面进行介绍。

2.2.1　电学性质

碳纳米管的能带结构和导电性质依赖其手性结构。按导电属性分类,碳纳米管可划分为金属型和半导体型两种。结构完美的金属型单壁碳纳米管是理想的导线,$\sigma - \pi$ 杂化作用使 π 电子离域性增强,其电导率高达 $10^6\,\text{S/m}$。同时由于碳纳米管管径极小,电导能够呈现量子化[19],始终是 $2e^2/h$ 的整数倍。电子在传播过程中受到的散射是材料产生电阻的主要原因,而碳纳米管完整、稳定的结构能有效避免电子受到散射,甚至当电子的平均自由程远大于轴向上的运动距离时,能够展现出弹道输运现象[20]。这种优异的导电特性可以有效降低大电流密度下的热耗散。半导体型碳纳米管有望成为下一代场效应晶体管的半导体材料,主要有如下几个优势:(1) 碳纳米管表面没有悬挂键,载流子在输运中受到的表面散射很弱,有利于降低能耗;(2) 室温下具有高达 $10^5\,\text{cm}^2/(\text{V·s})$ 的载流子迁移率,保证了器件的响应速度;(3) 单壁碳纳米管的径向尺寸通常仅为 1~2 nm,其载流子被限制在一个很薄的圆环中,因此更容易受栅电极调控;(4) 对称的导带和价带使其电子和空穴具有相同的迁移率,有利于互补性金属氧化物半导体(CMOS)集成电路的搭建;(5) 直接带隙材料,对光的吸收和发光效率优于硅材料。

2013 年,斯坦福大学的 Wong 等人成功研制出第一台碳纳米管计算机[10],向世人证实了半导体碳纳米管媲美半导体硅的可能性[图 2-4(a)];2017 年,彭练矛教授等人,巧妙借助石墨烯上刻蚀出的沟道,制备了 5 nm 沟道长度的单壁碳纳米管场效应晶体管,展现了碳纳米管突破现有硅基半导体面临的摩尔定律困境的潜力[9];2019 年,来自 MIT 的 Hills 等人通过工艺优化、静电掺杂和电路设计,"绕过"碳纳米管材料的制备和后处理缺陷,搭建了第二代碳纳米管计算机[12],其性能得到极大提升,也展示了半导体碳纳米管超越硅基材料,引领后摩尔时代的可能性[图 2-4(b)]。然而,受限于半导体碳纳米管本身的纯度和制备工艺,碳纳米管计算机距离实现商业化应用还有很长的路要走。

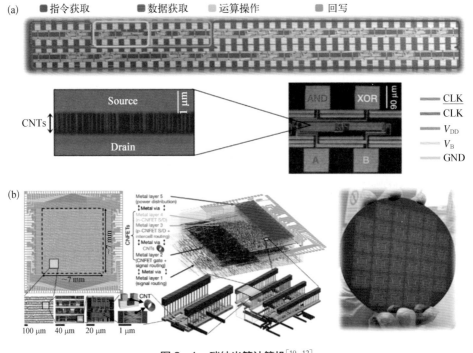

图 2-4　碳纳米管计算机[10, 12]

(a) 第一代碳纳米管计算机,由 178 个 FET 组成;(b) 第二代碳纳米管计算机,由 14702 个 FET 组成

2.2.2　力学性质

按照 sp^2 杂化方式连接的碳碳双键是目前已知最强的化学键之一,而组装成管状结构的碳纳米管也具有极好的力学性质。早期的理论计算分析中,Yakobson 等人根据连续介质理论,得出碳纳米管的弹性模量为 5.5 TPa[21];Zhou 等人采用价电子总能量理论,认为碳纳米管的价电子变化是其应力能的主要来源,最终计算也得到了相近的结果[22]。大部分理论预

测结果都表明,理想碳纳米管的强度能够达到钢铁的 100 倍,而密度却只有其六分之一。

相比理论模拟,对碳纳米管力学强度的实验测量则颇具挑战。1996 年,Treacy 等人在电子显微镜下,通过测量多壁碳纳米管与时间相关的热振动振幅,得到多壁碳纳米管的平均杨氏模量为 1.8 TPa,且该值随着其管径的减小而增加[23];1998 年,他们进一步测量了多根碳纳米管,并给出符合理论计算的解释[24]。1999 年,Salvetat 同样利用原子力显微镜针尖直接对单壁碳纳米管束施压,测得管束的弹性模量大约为 1 TPa,且随束径的增加而下降[25]。

碳纳米管宏观体的组装方式也会对整体力学性能产生较大影响。1999 年,Pan 等人制备了直径为 1 μm、长度为 2 mm 左右的超长多壁碳纳米管阵列,并进行了拉伸试验,得到多壁碳纳米管平均弹性模量约为 0.45 TPa[26];Zhu 等人使用浮动催化裂解法制备了直径为 10 μm、长度为 20 cm 的单壁碳纳米管丝线,并通过宏观拉伸试验估算其杨氏模量为 150 GPa[27];魏飞等人发现优化碳纳米管管束搭接[图 2-5(a)(b)],能够显著提高其杨氏模量至 80 GPa[13]。碳纳米管的优异的力学性能使其和其他材料复合时,在极小的添加量下就能有效提高复合材料的机械强度,目前被大量应用于体育用品、纤维材料和橡胶产品等日常生活和工业生产当中。

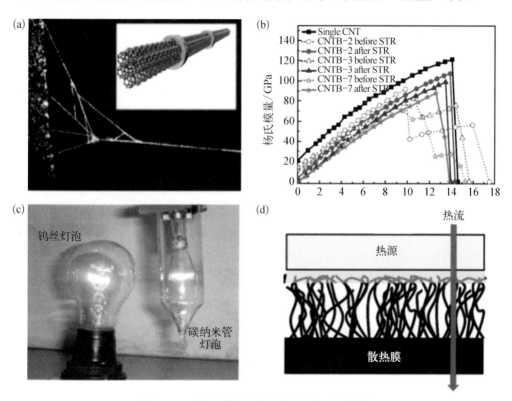

图 2-5　碳纳米管优异的力学、光学和热学性能

（a）结构优化的碳纳米管管束;（b）碳纳米管管束的力学性能[13];（c）碳纳米管灯泡[28];（d）碳纳米管竖直阵列散热膜

2.2.3 光学性质

碳纳米管具有独特的高长径比管状结构和可调节的带隙,与常规晶态和非晶态材料均不同,在光学性质上表现出了新奇特性。作为典型的一维材料,碳纳米管对不同方向的偏振光的响应表现出强烈差异性,即碳纳米管具有光学各向异性。以碳纳米管的吸收特性为例,当入射光的偏振方向平行于碳纳米管轴向时,碳纳米管对该束光具有最大的吸收系数;反之,当偏振方向垂直于管轴向时,具有最小的吸收系数,利用这一性质,高度定向排列的碳纳米管可以制作成为偏振片[29],尤其在紫外辐射领域有望成为传统的价格昂贵的紫外偏振器的替代品。

此外,碳纳米管的电致发光特性也逐渐被深入探索。1998 年,Bonard 等人首次发现了碳纳米管的电致发光现象,表明碳纳米管有制备成为显示器件的潜力[30]。随后,基于碳纳米管的场发射显示器逐渐受到关注。不仅如此,Wei 等人于 2004 年提出了碳纳米管灯泡的概念[图 2-5(c)],并发现碳纳米管灯泡具有发光阈值电压低、同电压下亮度高等优势[28]。传统白炽灯以钨丝作为灯丝,钨丝在焦耳热的作用下产生强烈的热辐射,然而仅有一部分辐射处于人类视觉能够捕捉的可见光区域,发光效率较低。而对于碳纳米管灯丝,较低的电阻值保证了电能到光能的转化效率,同时除了焦耳热发光机制,碳纳米管的电致发光能进一步提高其发光效率。

碳纳米管的光响应还能用于制备光学天线,人们已经证实用碳纳米管搭建的光波天线与传统无线天线响应机制相同,而纳米尺寸的碳纳米管天线有望用于制备微纳电路的高效光学调节器。

2.2.4 热学性质

热导率和比热容是衡量材料热学性质的两个重要指标。碳纳米管中的热量传导主要依赖晶格振动,即声子传导方式,对碳碳成键的碳纳米管而言,其声子的平均自由程较大,保证了碳纳米管优异的导热性能。理论计算表明,单根单壁碳纳米管的室温热导率高达 6000 W/(m·K)[31],而受到接触热阻等影响,实验测量碳纳米管的热导率也高于 3000 W/(m·K)[32],依然远高于铜[401 W/(m·K)]和金刚石[约为 2000 W/(m·K)]。除了热导率,碳纳米管也具有接近石墨的比热容,约为 700 mJ/(g·K)。结合其低热膨胀系数、优良化学稳定性和耐腐蚀等优点,碳纳米管在热管理材料方面展现出广阔的应用前景。例如,竖直阵列状的碳纳米管宏观体是理想的热管理材料,如图 2-5(d)所示,碳纳米管的轴向与发热体表面相垂直,能够快速地将热量传导至远端,降低发热体温度。

2.2.5　其他性质

常温下,石墨是碳的同素异形体中最稳定的形态,因此基于石墨结构的碳纳米管也有极为稳定的化学性质。在真空或惰性气体的条件下,碳纳米管能够承受 2000 K 以上的高温。同时,碳纳米管的小曲率半径、大比表面积又使得其具有一定的化学活性,因此碳纳米管在化学和生物学领域也具有显著的应用价值。目前,对碳纳米管化学性质的研究主要集中在碳纳米管的修饰和掺杂,按照是否改变碳纳米管表面碳原子的 sp² 杂化形式,可以分为共价修饰(掺杂)和非共价修饰(掺杂),其目的都是改变碳纳米管的电子结构,从而适用于特定的化学反应或应用场景。如图 2-6(a)所示,在碳纳米管的原位生长过程中加入含氮物质,调节其费米能级位置,可制备得到导电性能更佳的氮掺杂碳纳米管[33]。

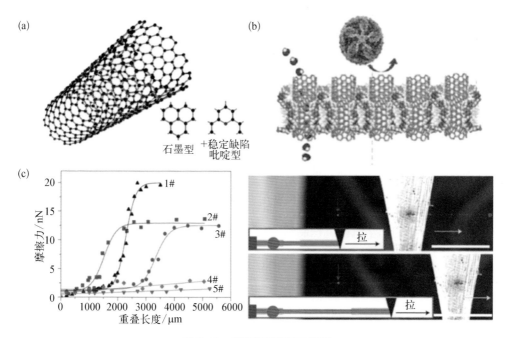

图2-6　碳纳米管的其他性质

(a) N 掺杂的单壁碳纳米管;(b) 单壁碳纳米管中的物质输运[34];(c) 碳纳米管管壁的超润滑性质[8]

与大多数碳基物质一样,完全由 sp² 杂化碳原子共价组成的碳纳米管中不含有孤电子,本征上表现为抗磁性。然而,通过外表面磁性分子功能化修饰或内部磁性物质填充的方法,碳纳米管在磁学性质研究领域具有极强的可塑性,尤其是在生物技术领域,磁性碳纳米管对于细胞成像、靶向药物等研究可起到重大推进作用。此外,原位催化生长的碳纳米管天然带有 Fe、Ni 等金属催化剂纳米颗粒,铁磁性的纳米颗粒与碳纳米管接触界面上电磁相互作用,也为碳纳米管的电子结构控制制备提供了全新思路。

此外,碳纳米管中空的管状结构犹如天然的运输管道。理论和实验都表明液体、离子、质子和气体分子等[34][图 2-6(b)],在单壁碳纳米管空腔内的传输速度比经典传输理论预测值快若干个数量级。不仅如此,魏飞等人研究发现,厘米级长度的碳纳米管管层之间的剪切摩擦力仅为纳牛级别[8][图 2-6(c)],这种大气环境下的超润滑有望降低摩擦耗能,大幅节约地球上的能源。单壁碳纳米管中的超快速传输及超润滑性能,源自碳纳米管在宏观尺度下的完整结构及管壁的原子级光滑。除此之外,随着分子机器研究的兴起,一维碳纳米管稳定、光滑的管状结构也将使其成为热门材料。

本节主要介绍了碳纳米管丰富的几何构型与电子结构。可以看到,正是由于这些独特的结构,本征碳纳米管在电学、力学、光学和热学等方面具有卓越的性质,也为碳纳米管应用开拓了广阔的空间。然而,制备决定未来,碳纳米管走向未来的道路,还面临材料制备的挑战,如何实现碳纳米管微观结构控制与宏观有序组装的完美结合,将其卓越的性质真正地在宏观应用中体现出来,还需要科学家们系统而深入地研究。

2.3　碳纳米管的结构控制制备

碳纳米管的可控制备是其应用发展的根基。只有掌握核心的控制制备和规模化生产技术,才能将其转化为推动社会进步的科技生产力。碳纳米管种类繁多,性质各异,因此,按照特定的需求进行控制制备,在结构控制的前提下实现量产,是实现其撒手锏级应用的前提。

2.3.1　碳纳米管的化学气相沉积制备

自碳纳米管被发现以来,制备方法一直是其研究的主旋律。第一根碳纳米管是用电弧放电法(arc discharge,AD)制备得到的[2],常规电弧放电法的制备装置如图 2-7(a)所示,固态碳源(石墨等)和金属催化剂在击穿电流形成的局部高温环境中升华,发生热裂解等剧烈反应,并随带电粒子流迁移至阴极,最终形成碳纳米管[35]。电流大小、碳源及催化剂类型等参数,将影响电弧放电法中碳纳米管的形貌与质量。结合半连续生产工艺,其实验室的产能可达 2～6.5 g/h,然而该方法对碳纳米管结构的控制较差,产物以多壁碳纳米管为主,并有大量催化剂和无定形碳残留。

Smalley 等人于 1995 年首次使用激光烧蚀法(laser ablation,LA)制备碳纳米管[36],其原理与电弧放电法类似。如图 2-7(b)所示,使用高能激光脉冲光束(通常为 Nd∶YAG 激光光源)作为能量来源,瞬时产生大于 1200℃的高温,快速加热反应物,随后在气相中形成了碳纳米管。相比于电弧放电法,激光烧蚀法可以通过选择合适波长的激光脉冲(如 532 nm、1064 nm),获得体积占比 90%的单壁碳纳米管。

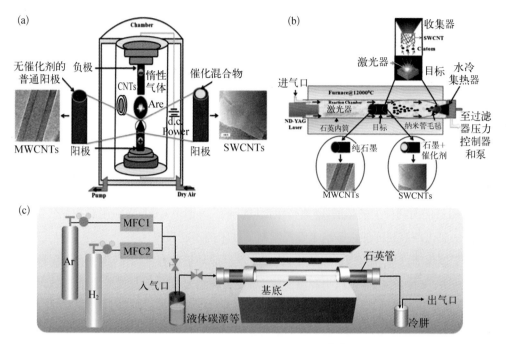

图 2-7　制备碳纳米管的常见装置[35]

（a）电弧放电法制备碳纳米管装置示意图；（b）激光烧蚀法制备碳纳米管装置示意图；（c）化学气相沉积法制备碳纳米管装置示意图

　　诚然，电弧放电法和激光烧蚀法两种方法中使用的超高温度有利于制备结构完美的碳纳米管，但却提高了能耗成本。同时，快速的加热方式和不可控的催化剂、碳源共蒸发导致最终收集产物中有大量的非单壁碳纳米管杂质，包括金属催化剂、富勒烯、多壁碳纳米管和无定形碳等，后续烦琐复杂的纯化过程同样提高了单壁碳纳米管的制备难度和成本。不仅如此，受限于反应装置，这两种方法均难以实现碳纳米管的连续化生产，不利于碳纳米管的批量制备。

　　化学气相沉积（chemical vapor deposition，CVD）是一种制备表面工程材料和复合材料的通用技术，被广泛地应用于多种薄膜与纳米材料的制备中，并逐渐成为制备碳纳米管的主流方法。化学气相沉积的基本原理是使反应前驱体在气相中发生化学反应，并在衬底表面形成固态沉积物，该过程中的多种因素（催化剂、温度、气氛、压力等）都对产物的形貌与结构有着重要的影响。本节将以管式炉反应器为例，介绍 CVD 系统的基本构造和工作原理。

　　常规的管式炉化学气相沉积设备原理如图 2-7(c)所示，通常包含前端的物料传输系统、中部的反应系统，以及后端的产物和尾气收集系统，而随着数字电路的发展，CVD 设备中所有系统的集中控制都可以通过计算机完成，实现了碳纳米管生长的自动控制，从而极大程度地提升了材料制备的稳定性。常见的 CVD 系统可以分为热化学气相沉积、低压化学气相沉积和等离子体增强化学气相沉积等，人们可以根据反应体系选择最合适的 CVD 系统。

　　CVD方法制备碳纳米管的本质是气体碳源(烃、醇等)在反应系统提供的能量下,于气相中发生热裂解或催化裂解,产生活性碳物质进一步聚合的过程。在该过程中,与催化剂相关的两个界面反应是:气体碳源分子在催化剂表面的裂解,和裂解产生的碳物种在催化剂表面组装形成碳纳米管。这两个过程将直接影响碳纳米管的生长。因此,催化剂的研究对碳纳米管的控制生长有着无可替代的重要性。伴随着碳纳米管制备技术的发展,人们对于碳纳米管的催化生长机制的理解和认知也逐渐深化。早期,碳纳米管的制备主要利用过渡金属催化剂,纳米尺寸下的金属颗粒通常具有低于块材的熔点和一定的溶碳能力,人们借鉴硅纳米线的生长[37],提出了碳纳米管的"气-液-固"(vapor-liquid-solid,VLS)生长机制[38]。随着催化剂种类的拓展,继而衍生出"气-固"(vapor-solid,VS)生长机制[39]。对生长机制的深化理解同样促进碳纳米管控制制备技术的不断发展。

　　除了催化剂之外,在CVD系统中,构成化学反应环境的各个因素,例如:碳源种类、气体组成成分、气体流速、体系压力和温度等,都会对碳纳米管的生长产生复杂影响,也正因为CVD系统展现出对碳纳米管生长卓越的调控能力,人们得以制备出形貌丰富、性能各异的碳纳米管。例如:高密度单壁碳纳米管水平阵列[40]、致密单壁碳纳米管薄膜[41]、单壁碳纳米管竖直阵列[42]、米级超长碳纳米管[43]等(图2-8)。CVD技术的广泛应用极大地助

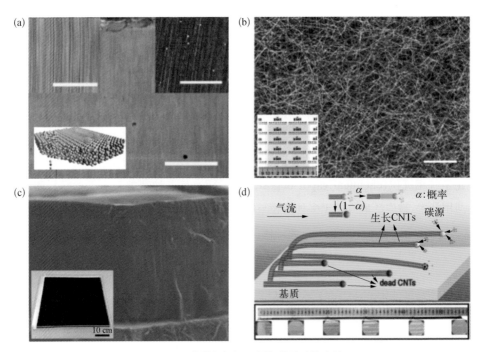

图2-8　化学气相沉积制备单壁碳纳米管

（a）高密度单壁碳纳米管水平阵列[40]；（b）致密单壁碳纳米管薄膜[41]；（c）单壁碳纳米管竖直阵列[42]；（d）半米长碳纳米管[43]

力了碳纳米管制备的发展。本节将详细介绍碳纳米管在管径、导电属性和手性结构方面的
控制制备,并讨论未来碳纳米管制备的发展方向。

2.3.2　碳纳米管的管径控制生长

在早期研究中,人们发现碳纳米管的优异性质与其直径密切相关,实际应用中,大管径
的半导体型碳纳米管具有更小的带隙,并且具有更高的承载电流,在纳电子器件中具有较
大优势,因此,单壁碳纳米管管径的控制制备备受关注。

大量实验表明,只有适当尺寸的纳米颗粒才能催化生长碳纳米管。因此,通过制备尺
寸均匀的催化剂纳米颗粒,可以实现窄直径分布单壁碳纳米管的生长,如预先沉积单分散
的均匀催化剂纳米粒子[44][图 2-9(a)],或者利用铁蛋白中包裹特定数量的铁前驱体[45]
[图 2-9(b)],来制备尺寸可控的催化剂。然而,即使是经过精心设计和调控的金属催化剂
纳米粒子,在生长过程中的高温环境下,通常也会发生迁移和形变,尤其是一些纳米尺度下
熔点较低的金属。因此,如何维持催化剂尺寸均一和结构稳定,成为一项极具挑战的研究
内容。随着研究工作的深入,高熔点催化剂的优势被逐渐认识,如 TiO_2[46]、$W-Co$[47] 合

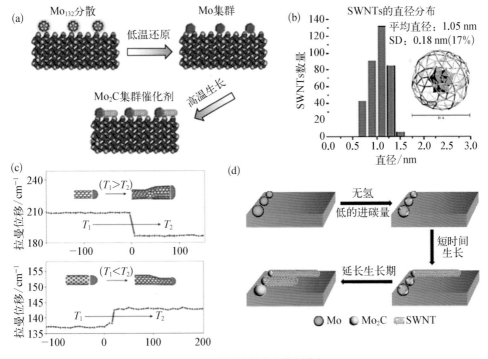

图 2-9　碳纳米管直径控制生长

(a) 制备单分散催化剂实现碳纳米管直径控制生长;(b) 铁蛋白前驱体制备均一催化剂实现碳纳米管
直径控制生长;(c) 扰动温度以制备碳纳米管分子内结;(d) 无氢气生长条件下富集小管径碳纳米管

金、Mo$_2$C[44]等高熔点催化剂体系受到广泛关注。除了选择高熔点的纳米颗粒作为催化剂,也可以通过表面修饰来降低原有催化剂的高比表面能从而抑制其烧结作用,例如通过包覆合适的碳层,来稳定低熔点的 Co 金属纳米颗粒[48],从而制备窄管径分布的单壁碳纳米管。

除了通过催化剂结构设计来实现管径控制,温度、气流等参数也会影响碳纳米管的生长结果。例如,扰动反应时的温度,可以改变单根碳纳米管的管径,形成分子内结[49][图 2-9(c)]。此外,由于弯曲曲率的影响,小管径碳纳米管通常比大管径具有更高的化学活性,碳-碳键更容易发生断裂,因此在生长过程中设计合适的刻蚀性气氛,也能够实现对碳纳米管管径的选择性生长。例如,氢气在碳纳米管的生长过程中形成的氢自由基也会剧烈刻蚀小管径碳纳米管,据此张锦课题组使用无氢气的生长气氛,避免了氢气对小管径碳纳米管的破坏,制备得到了平均管径仅为 0.81 nm 的碳纳米管阵列[50][图 2-9(d)]。

近年来,单纯控制单壁碳纳米管管径的基础研究逐渐减少,其根本原因在于,碳纳米管具有丰富的微观结构,即使是管径极其相近的单壁碳纳米管也可能具有截然不同的性质,控制管径无法实现制备单一性能的碳纳米管的目标。然而,对于碳纳米管的规模化生产,单壁碳纳米管的纯度过低依然是现阶段放大生产所面临的主要难题,通过调控催化剂粒径实现单壁碳纳米管的高效生长,对降低高纯度单壁碳纳米管制备成本依然有着重要的意义。

2.3.3　碳纳米管的导电属性控制制备

碳纳米管的电学性质同样备受关注。按照简单的结构概率,随机生长的碳纳米管样品中,有 1/3 的金属型碳纳米管和 2/3 的半导体型碳纳米管,而与碳纳米管电学性质相关的众多应用,都要求碳纳米管具有单一的金属型(如导电纤维、透明导电薄膜等)或半导体型(如薄膜晶体管、场效应晶体管等)结构,因此,实现对单一导电属性碳纳米管的控制制备是碳纳米管材料走向器件应用的必经之路。

2.3.3.1　液相分离法及后处理法

对于已经获得的碳纳米管样品,人们采取物理或化学的方法,对不同导电属性碳纳米管之间的结构和性质差异进行放大、筛分,从而获得特定电子结构的碳纳米管。进一步地,根据原始碳纳米管样品的宏观结构(如粉体、薄膜、阵列等)的不同,所采取的具体方法又有所不同。

对于产量较大的碳纳米管粉体,通常使用液相分离法进行提纯,包括密度梯度离心法(DGU)[6]、凝胶色谱法(GC)[51]、双水相萃取法(ATPE)[52]和选择性分散法(SD)[53]。其机理均是借助外加分子(表面活性剂、高聚物、DNA链等)放大不同结构的碳纳米管之间的差异,随后在外场(离心力场、浓度梯度等)的选择性作用下实现结构分离。液相分离法是获得最高单一导电属性纯度同时又最有希望实现量产的方法,目前人们已经实现了纯度高于99%的金属型碳纳米管的富集和99.99%的半导体型碳纳米管的选择性富集。不仅如此,科学家们经过分子设计和工艺改进,也能获得特定手性结构的单壁碳纳米管。然而,复杂的工艺和高昂的成本阻碍着液相分离方法的规模化,同时,分离前经历的剧烈超声分散等工艺过程,容易造成碳纳米管结构的损伤、表面活性剂或聚合物残留等,也会大幅降低碳纳米管自身的性能。

对于基于化学气相沉积制备的碳纳米管薄膜、水平阵列等原始样品,也常用后处理的方法获得单一电子结构的碳纳米管。后处理法相比于液相分离法,能够保持碳纳米管原有形貌。其主要原理是基于金属型碳纳米管和半导体型碳纳米管化学反应活性的差异性,通过引入合适的刻蚀剂(如 NO_2[54]、O_2[55]、$HO \cdot$[56]等)或者高能外场(如紫外光[57]、等离子体[58]、微波[59]、交/直流电[60]等)破坏部分碳纳米管,选择性保留目标样品,实现单一导电属性碳纳米管的筛分。然而,这类后处理方法在碳纳米管的最终分离纯度方面仍然落后于液相分离法,其微观刻蚀机理目前还有待深入研究。

2.3.3.2 直接生长法

得益于化学气相沉积技术的发展,直接原位生长成为获得单一导电属性碳纳米管最理想的途径,该方法能够有效避免液相分离和后处理方法中成本过高、碳纳米管结构损坏等问题。这里主要介绍和讨论在 CVD 体系中原位选择性生长单一导电属性单壁碳纳米管的方法,根据不同的生长过程具体可以分为气体刻蚀法、外场辅助法和催化剂设计法等。值得注意的是,前两种方法的原理在本质上与上一节中的后处理方法类似,同样是利用金属型碳纳米管和半导体型碳纳米管的化学反应活性的不同,通过原位刻蚀的方法放大二者的差异,并富集得到高纯度的单一导电属性碳纳米管,尤其是半导体型碳纳米管。而通过催化剂设计来调控碳纳米管导电属性,反映了人们对碳纳米管生长机理与时俱进的理解,碳纳米管与催化剂界面上的复杂相互作用,正吸引着越来越多的关注。

1. 气体刻蚀法

在碳纳米管直径相近的前提下,由于能带结构的原因,金属型碳纳米管比半导体型碳纳米管具有更高的反应活性。因此,在生长过程中营造局部的弱氧化环境,能够刻蚀已经生长的金属型碳纳米管。直接添加弱刻蚀剂,或通过碳源裂解原位形成刻蚀剂,都是行之有效的方法。

早期,Liu 等人在碳纳米管的 CVD 生长中,研究了 H_2O 对富集半导体型碳纳米管的效果,发现水蒸气在适宜温度下扮演着弱氧化剂的角色,可以抑制金属型碳纳米管的形成,通过优化 H_2O 的含量,最终可以获得纯度 97% 以上的半导体型碳纳米管[56][图 2-10(a)]。在此基础上,他们进一步将 H_2O 刻蚀与碳纳米管水平阵列循环生长结合,在富集半导体型碳纳米管的同时,得到了密度为 10 根/μm 的碳纳米管水平阵列[61]。

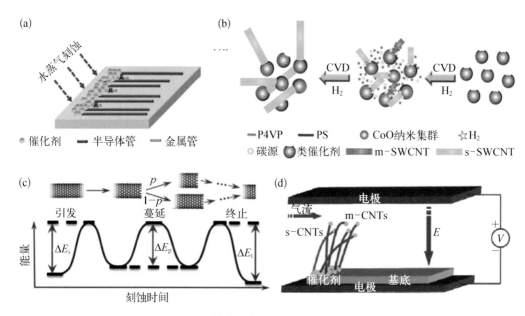

图 2-10　单壁碳纳米管的导电属性控制生长

(a) H_2O 刻蚀金属型碳纳米管富集半导体型碳纳米管阵列[56];(b) 氢气刻蚀金属型碳纳米管[48];(c) 碳纳米管上刻蚀反应的引发、蔓延和终止[65];(d) 电场诱导超长金属型碳纳米管富集生长[66]

氢气在碳纳米管生长过程中对金属型碳纳米管的刻蚀作用,也有利于富集半导体型碳纳米管。例如,成会明课题组在基于碳包覆的窄尺寸分布的 Co 催化剂催化生长碳纳米管时,引入更多的氢气,最终获得了窄带隙分布的半导体型碳纳米管[48][图 2-10(b)]。进一步地,张锦课题组对碳纳米管的气体刻蚀反应选择性也进行了较为详尽的报道,证实发生刻蚀反应的难易程度与刻蚀剂(H_2、H_2O、CO_2)的氧化性相关[62]。

此外,碳源的裂解产物也能产生刻蚀剂,对碳纳米管进行选择性刻蚀。Liu 等人采用甲醇/乙醇作为混合碳源,发现乙醇优先发生裂解,为碳纳米管的生长提供碳源,而甲醇裂解难度较大,其羟基自由基产物,在催化剂颗粒附近营造了弱氧化环境,有效抑制了金属型碳纳米管成核,最终直接生长得到 95% 半导体型碳纳米管[63]。刘云圻课题组研究了碳源中碳氧比(C/O)对导电属性结果的影响,发现在一定比例范围内,金属型碳纳米管的含量随着 C/O 的升高而增加,这一结果可能是由氧刻蚀机理与催化剂失活机理的竞争所导致的[64]。

刻蚀剂对于碳纳米管的选择性刻蚀源自其电子结构和几何结构的差异，因此，在管径均一的前提下，仍然是金属型碳纳米管优先发生化学反应，而在管径分布不均的情况下，管径的影响要优先于电子结构的影响，由此可以得到一个粗略的反应顺序：小管径金属型碳纳米管＞小管径半导体型碳纳米管＞大管径碳纳米管。

显然，以上碳纳米管的选择性富集都是针对实验结果的定性分析，并没有对具体的刻蚀行为进行深入探讨。为了更好地理解气体对碳纳米管的刻蚀行为，张锦课题组利用原位偏振光学显微镜和拉曼光谱等手段对这一现象进行了深入的研究。原位偏振光学显微镜能够对碳纳米管在大气环境下的刻蚀行为进行大范围观察。将视场中的碳纳米管在大气氛围下进行加热处理，温度升高至 600℃ 左右（该温度主要取决于碳纳米管结构的完美程度），单壁碳纳米管表现出明显的刻蚀现象。进一步对刻蚀位点及刻蚀反应长度的统计结果表明，单壁碳纳米管被空气组分刻蚀的起始位点符合随机分布。而最终，碳纳米管上的刻蚀行为呈现自终止规律，符合"Kinetic Wulff construction"模型[65]［图 2 - 10(c)］，即当碳纳米管末端结构达到稳定时，不再被刻蚀组分活化，刻蚀行为终止。

利用刻蚀反应富集生长单一导电属性的单壁碳纳米管，本质上是基于管径和电子态的选择性反应，在选择刻蚀剂时，应综合考虑管径和电子态。原位刻蚀反应的局限在于，在碳纳米管直径不同的前提下，利用刻蚀剂无法保证百分之百的导电属性选择性，而加大刻蚀程度势必会牺牲碳纳米管的密度，因此刻蚀法的发展，依然需要立足于对本质机理的深入探索。

2. 外场辅助法

在碳纳米管生长过程中引入特定的外场条件，也可以实现金属型碳纳米管和半导体型碳纳米管的有效分离，而不同的能量场实现选择性的机制有所不同。

具有高能量的紫外光常用于引发化学反应。2009 年，张锦课题组在碳纳米管的生长初期引入紫外光照，发现最终的碳纳米管中含有 95% 的半导体型碳纳米管，同时样品洁净程度较高，没有大量无定形碳残留[58]。紫外光照激发产生的高能自由基能够破坏金属型碳纳米管成核生长，然而紫外光与成核初期的碳纳米管是否存在直接反应还不得而知，复杂的气体组分也给探究紫外光辐照的直接反应机理带来难度。

电场可以用来定向碳纳米管的生长方向。2002 年，Lieber 等人发现在生长碳纳米管时，在平行电场下，由于金属型碳纳米管和半导体型碳纳米管自身在电子态上的差异，二者受到的电场力有所不同，因此在转向时二者会发生不同的角度偏转，这一现象可以用来识别金属型碳纳米管和半导体型碳纳米管[67]。在此基础上，张锦课题组在超长碳纳米管水平阵列生长过程中，引入了一个与气流方向相垂直的强电场，实现了在超长碳纳米管水平阵列中 80% 金属型碳纳米管的富集[66]，如图 2 - 10(d) 所示。电场诱导下金属型碳纳米管和半导体型碳纳米管的受力情况不同,只有当电场力大于碳纳米管受到的热浮力时,碳纳米管的转向才表现为电场控制。显然,施加的电场强度是一个极其关键的参数,只有合适的电场强度才能形成足够大的电场力,使特定的碳纳米管发生转向。虽然受限于电场加载方式,该方法仅适用于浮动生长的低密度碳纳米管体系,但是有效利用碳纳米管电子结构上的差异,进行导电属性筛分,显然是除了刻蚀机理之外的另一个值得深入探索的方向。不仅如此,碳纳米管在生长过程中的带电特性也为其结构控制研究提供了全新的思路。

在生长过程中施加外场能够影响碳纳米管的生长过程,从而实现单一导电属性碳纳米管的富集,这一方法仍然具备广阔的探索空间。但值得注意的是,碳纳米管的生长是发生在纳米甚至亚纳米尺寸界面上的快速反应,如何将外场的影响与纳米尺寸匹配,还需要人们更加巧妙地思考与设计。

3. 催化剂设计法

直接生长过程中的原位刻蚀与外场辅助方法能够富集纯度为 95%～99% 的单一导电属性碳纳米管,然而其制备效率方面的研究进展缓慢,富集单一导电属性的本征机理研究也遭遇瓶颈。从碳纳米管的生长过程来看,催化剂一直扮演着催化裂解与生长模板的双重角色,也必然对单一导电属性碳纳米管生长有着直接影响。

针对催化剂的裂解特性,张锦课题组提出了双金属催化剂的方法,能够实现半导体型碳纳米管水平阵列的制备[68],如图 2-11(a)所示。不同金属催化剂对于乙醇碳源有不同的裂解方式,Cu 催化剂能优先断裂 C—C 键从而产生碳自由基供给碳纳米管生长,而裂解产生的 CO 不具有氧化性,因此单纯使用 Cu 催化剂很难获得具有选择性的碳纳米管样品。而对于 Ru 催化剂,则优先进行的是 C—O 键的断裂,随之产生的吸附氧作为一种氧化性物质能够刻蚀金属型碳纳米管,然而另一裂解产物乙烯,在高温下极易裂解产生大量碳物种湮没吸附氧,从而导致单一 Ru 催化剂也无法产生具有选择性的碳纳米管样品。而将两种金属催化剂结合,在合适的配比下,则可以充分利用 Ru 产生的吸附氧来获得半导体选择性。利用催化剂裂解特性制备具有单一导电属性的碳纳米管,其本质同样是刻蚀机理,但是通过对催化剂的特殊设计,能将刻蚀区域局限在碳纳米管生长的界面处,相比于气相刻蚀法等具有更高的效率。

将催化剂负载在可以释放氧原子的载体上也是一种有效抑制金属型碳纳米管生长的思路。例如萤石结构的 CeO_2,很容易失去晶格氧而使 +4 价的铈转变为 +3 价,在氧气氛围中,又可以重新回到 +4 价状态,是一种氧原子储存和释放的优良材料,常用于固体氧化燃料电池(SOFCs)中参与氧物种循环。李彦课题组将 Fe 催化剂负载于二氧化铈载体上,在碳纳米管生长过程中,CeO_2 载体持续释放晶格氧到催化剂表面,有效抑制金属型碳纳米管的生长,因此获得远高于 95% 半导体选择性的碳纳米管样品[69]。

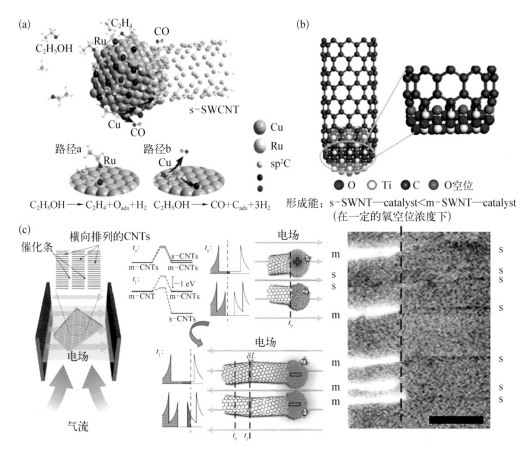

图 2- 11　催化剂设计富集生长单一导电属性碳纳米管

（a）双金属催化剂富集生长半导体型碳纳米管示意图[68]；（b）氧空位 TiO₂ 富集生长半导体型碳纳米管[46]；（c）电场扭转法直接生长高纯度半导体型碳纳米管[70]

上述催化剂的设计，仍然是以产生氧化性物种的刻蚀思路来抑制金属型碳纳米管的生长，而近年来，对于催化剂自身结构与碳纳米管导电属性之间本质关联的研究愈发受到关注。张锦课题组在 TiO₂ 催化剂体系下，研究了催化剂与两种导电属性的碳纳米管之间的结合能[46]［图 2- 11(b)］。TiO₂ 催化剂在还原型氛围下能够失去部分氧原子，从而产生氧空位。理论计算表明，当氧空位含量较高时，半导体型碳纳米管与 TiO₂ 催化剂的结合能要小于金属型碳纳米管的，随后该工作在实验上实现了 95% 半导体型碳纳米管的富集，而结合能较高的金属型碳纳米管由于无法继续在端口处接碳原子而终止生长。那么，深入思考 TiO₂ 催化剂上氧空位是如何改变催化剂与碳纳米管的结合能，氧空位的形成是否会改变 TiO₂ 整体电子结构，从而改变其催化特性并影响碳纳米管生长等问题，有助于人们从催化剂本征结构的角度，理解催化剂对碳纳米管选择性生长的影响。

碳纳米管生长，是发生在催化剂界面上的氧化还原反应过程，必然伴随着大量电子的转移。姜开利课题组通过原位电学测量,发现生长过程中的碳纳米管携带负电荷,这种带电现象,是由催化剂裂解碳源后形成了质子和负电性的碳物种,然后碳物种通过催化剂界面转移到碳纳米管上参与生长导致的。随后,他们进一步研究了碳纳米管与催化剂界面上的电荷转移对碳纳米管结构的影响,发现在碳纳米管生长过程中,当施加交变电场给碳纳米管和催化剂界面"充电"时,由于金属型和半导体型碳纳米管能带结构的差异,金属型碳纳米管向半导体型转变的能垒会大幅降低,因此通过这种电场扭转调控方法,最终直接生长得到半导体纯度大于 99.9% 的碳纳米管[70][图 2 - 11(c)]。

碳纳米管的导电属性控制制备,尤其是半导体型碳纳米管的制备,是为了将其优异的电学性质真正应用于先进微纳电子器件中,除了要求材料本身制备技术的提高,发展碳纳米管的能带工程也有着极其重要的应用价值,这部分内容将在第六节详细介绍。从更基础的科学角度考虑,依据导电属性区分得到的碳纳米管依然是包含多种手性结构的"混合物",因此越来越多的研究人员开始探索手性完全一致的碳纳米管的控制制备方法。

2.3.4   碳纳米管的手性结构控制生长

碳纳米管的卓越性质来自其手性结构。在研究碳纳米管导电属性控制生长和分离时,除了获得单一导电属性的碳纳米管,人们发现某些特定手性结构的碳纳米管,如(9, 8)、(12, 6)等,在特殊的生长体系中具有非常高的富集程度。既然单壁碳纳米管的任意结构都可以用唯一的手性指数(n, m)来区分,那么实现单壁碳纳米管的手性控制生长,也就意味着同时实现了对直径、导电属性等特征和性质的控制,因此单壁碳纳米管的手性控制生长被人们视为碳纳米管控制制备的终极目标。

在 CVD 过程中,碳纳米管的形成可以分为成核和生长两个阶段。成核阶段,催化剂对碳纳米管的初始结构几乎起着决定性作用,因此,认识并建立催化剂与碳纳米管成核之间的匹配关系,对碳纳米管的结构调控有着重要作用。生长阶段,碳纳米管的生长速率在时间尺度上的累计,就是富集单一结构碳纳米管的宏观表现,只有知道碳纳米管生长速率的影响因素,才能对想要富集的目标类型碳纳米管进行合适生长条件的选择和优化。碳纳米管的成核和生长也正好对应了物理化学中的热力学和动力学问题,因此本节将从这两个角度对碳纳米管的手性结构控制进行探讨。

2.3.4.1   碳纳米管与催化剂的界面热力学

在碳纳米管的生长过程中,碳原子经历了从碳源,到催化剂,再到碳纳米管的过程,作为"桥梁"的催化剂必然会影响碳纳米管的结构。但是催化剂的组成千变万化,其结构和特性也存在差异。不同的催化剂与不同手性碳纳米管之间的关联,是否具有普适的规律性?催化剂与碳纳米管直接相连的界面又有什么特点?鉴于人们对于碳纳米管在催化剂上成核的认识，经历了不断发展和进步的过程，所以这里将沿着这一发展历程，来介绍和讨论碳纳米管与催化剂之间存在的界面热力学问题。并提出在催化剂作用下，如何实现碳纳米管手性控制的一些思路和设计。

　　早期，人们提出 VLS 机理去理解碳纳米管的生长过程。在该过程中，低熔点的金属催化剂在高温时被视为液体，基于此，人们更多地采用分子动力学（molecular dynamics，MD）去模拟碳原子在一个动态的催化剂上如何进行自组装成为碳纳米管。在该过程中，人们更多地关注在不停运动的催化剂中，碳原子是如何扩散的，催化剂中的金属原子与碳原子将会发生何种作用，是否形成相应的碳化物，能否达到一个饱和状态。但是其模拟对象仅为数十个原子的团簇，催化剂的整体状态趋向于离散，金属原子之间的相互作用显得不够紧密。这一时期的计算模拟结果，只能展现碳纳米管的形成，无法揭示催化剂与碳纳米管手性之间相对应的关系。

　　随着原位观察碳纳米管生长的技术手段的发展，尤其是透射电镜技术的提高，人们能够原位观测到碳纳米管在催化剂上成核和逐渐生长的过程[71]［图 2 - 12(a)］。然而，目前的原

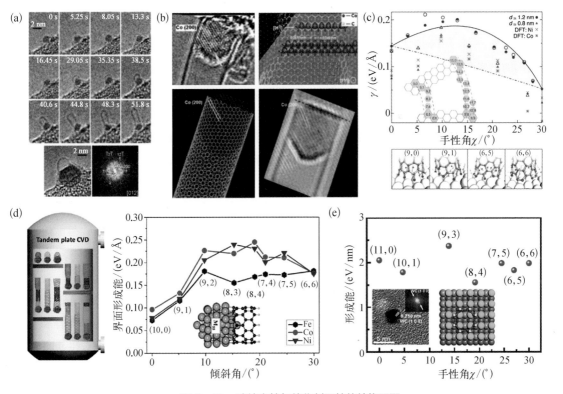

图 2 - 12　碳纳米管与催化剂颗粒的结构匹配

　　(a) 原位透射电镜记录碳纳米管在 Fe₃C 上成核并进行生长[71]；(b) Co(111)晶面与碳纳米管管壁的堆垛结构[72]；(c) 固体 Co(111)模型上稳定的扶手椅型碳纳米管[73]；(d) 液体 Fe 催化剂模型上稳定的锯齿型碳纳米管[74]；(e) WC 催化剂(100)晶面与碳纳米管的四重对称性匹配关系[5]

位透射电镜的技术，仍然难以同时精确表征催化剂颗粒和碳纳米管的结构，因此无法直接建立碳纳米管的手性与催化剂结构之间的对应关系。相比而言，非原位透射电镜在同时表征催化剂及碳纳米管的精细结构方面，具有更高的效率。例如，朱宏伟等人利用高分辨透射电镜清晰地观察到，碳纳米管的管壁上的碳原子排列与Co(111)面上的金属原子排列呈现类似AB堆垛的方式[72][图2-12(b)]。越来越多的研究表明，碳纳米管的生长类似于晶体的晶种法生长，而碳纳米管在成核和生长过程中，与催化剂的接触界面应当满足一定的规律。

对于碳纳米管生长初始，催化剂表面上的碳原子是如何排布的问题，2012年，Ding等人提出在金属催化剂表面，石墨碳的成核前期会出现一些碳原子组装体的观点。在这些组装体中，以一些特定幻数组成的碳原子组装体具有更加稳定的结构，同时随着碳原子数目的增加，这些最稳定的结构形态也会随之改变[75]。换言之，在碳纳米管形成的初期，不同催化剂上的少数碳原子，应该存在特定的组装形式。

随着生长过程的持续，碳原子组装体将不断扩大，直至形成碳纳米管的帽端结构。由碳纳米管的几何结构可知，其特定手性结构由最初的帽端结构决定，而碳纳米管帽端结构在形成时与催化剂结构之间的规律也有待发现。2014年，Yakobson等人建立了不同手性帽端结构的模型，并基于Fe催化剂，计算了帽端结构和催化剂复合后的界面形成能，结果表明尽管帽端的结构不同，但是不同的界面形成能并没有显著差异[76]，这意味着，帽端结构尽管能够决定碳纳米管的手性，但是该模型下的催化剂难以选择性地形成特定帽端结构。

虽然碳纳米管帽端结构与催化剂之间的匹配规律仍扑朔迷离，但是碳纳米管管壁结构与催化剂表面结构之间，却表现出特定的规律。同样是Yakobson等人，将常用的Co、Ni等催化剂的(111)晶面，与管径相近、手性角不同的碳纳米管直接建立匹配模型，发现其界面的形成能随着手性角的增大出现"先增后减"的变化[73]，如图2-12(c)所示，扶手椅型结构的碳纳米管具有最稳定的匹配结构。而张锦课题组优化了催化剂模型，将高温对金属催化剂纳米颗粒形态的影响考虑进来，搭建了液态催化剂模型，发现锯齿型碳纳米管与低熔点的Fe催化剂具有最稳定的匹配结构[74]，如图2-12(d)所示，在CVD体系的温度扰动实验中，也成功制备了符合理论预期的小手性角碳纳米管。

尽管人们建立了很多模型去表达碳纳米管和催化剂之间的相应的热力学关系，并提出了二者之间存在热力学匹配，但是"结果论"研究无法对碳纳米管的生长进行广泛的解释和预测。2017年，张锦课题组利用拉曼和高分辨透射电镜观察到(8,4)碳纳米管垂直生长在WC催化剂的(100)面，进而借助晶体生长学中的浮生生长行为，提出了碳纳米管浮生于固体催化剂的特定晶面，二者存在对称性匹配关系的观点[5]，如图2-12(e)所示。更多的实验也证明在使用WC固体催化剂时，四重对称的碳纳米管能够更多地富集生长。而文献报道的大部分(12,6)金属型碳纳米管富集，同样是在暴露六重对称稳定晶面的催化剂上生长得到的。高熔点固态催化剂和碳纳米管界面的对称性匹配，能够在一定程度上预测碳纳米管的手性富集成核行为,然而最终碳纳米管手性还取决于生长过程。

2.3.4.2　碳纳米管的生长动力学

　　催化剂表面形成碳纳米管的帽端结构之后,碳原子持续添加,使得碳纳米管的生长进入动力学控制阶段。所谓碳纳米管生长动力学控制,就是针对目标手性结构的碳纳米管,给予最适宜的生长速率条件,在时间尺度的累计下,实现空间上的碳纳米管手性富集,其依据在于不同手性结构的碳纳米管最佳生长速率不同,对应的实验参数也不同。

　　统计众多报道中的碳纳米管生长结果发现[图 2-13(a)],螺旋手性角越大,越接近扶手椅型结构的碳纳米管,在最终产物中的占比越高。基于此,Ding 等人进行了分子模拟,提出了碳纳米管生长的螺旋位错理论[77],如图 2-13(b)所示,位错的数目与碳纳米管的手性角成正比,此时碳纳米管的生长可视为在位错处添加碳原子的过程。对于锯齿型碳纳米管,其生长相当于是破坏一个碳-金属键,在一个完全封闭碳纳米管末端增加一个新的碳原子开始新一圈碳环生长,因此需要极高的初始活化能量。对于手性管和扶手椅型碳纳米管而言,在螺旋生长模式下,碳纳米管末端的位错始终存在,所需要的反应活化能大幅减少,因此这类碳纳米管的生长更容易持续进行。

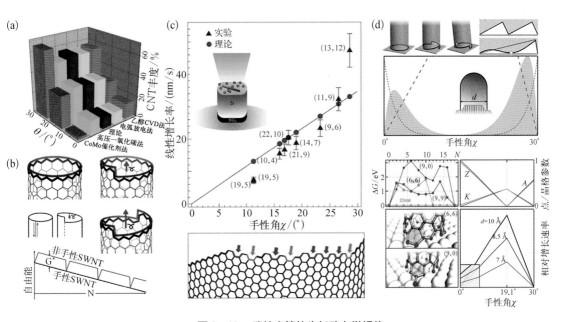

图 2-13　碳纳米管的生长动力学规律

　　(a) 不同类型碳纳米管中各手性角范围的丰度占比:手性角越大丰度越高[77];(b) 碳纳米管生长的螺旋位错理论[77];(c) 原位拉曼生长实验表征碳纳米管生长速率[78];(d) 固体催化剂上碳纳米管的生长模型及速率计算[73]

2012 年,Maruyama 等人设计原位拉曼生长实验,对单根碳纳米管的生长速率进行研究[78],如图 2-13(c)所示。通过对碳纳米管生长速率和碳纳米管手性角的统计分析,得到了与 Ding 等人一致的结论,即碳纳米管的手性角越大,其相应的动力学生长速率越快。同时,他们也对碳纳米管生长中碳原子的添加机理提出新的理解,在 C_2 原子对的加载方式下,碳纳米管末端不同结构(以下统称为 kink)具有不同的活性,能够表现出生长速率上的差异。可以预见,锯齿型碳纳米管的生长具有最高的基元反应能垒,因此难以在实验中直接生长得到。Ding 等人的进一步计算研究表明,锯齿型碳纳米管的生长速率是扶手椅型碳纳米管的千分之一。

尽管众多的理论模拟表明扶手椅型碳纳米管的生长速率应该最快,但是在制备产物中,并没有大量的扶手椅型碳纳米管富集。2014 年,Yakobson 等人在螺旋位错生长理论的基础上,结合高熔点固态催化剂模型,重新对碳纳米管的生长速率进行研究和计算[73][图 2-13(d)]。研究发现碳纳米管与催化剂特定晶面相垂直时,螺旋位错位置取决于碳纳米管与催化剂晶面匹配的优势位点。对于锯齿型碳纳米管和扶手椅型碳纳米管,其末端的碳原子与催化剂的平整表面结合紧密,无法轻易添加碳原子产生 kink 位点,而对于手性管,端口的"不平整"使得碳原子容易添加,且在手性角等于 19.1°时,能够形成最多的 kink 位点,因此对应 $(2m, m)$ 手性的碳纳米管具有最快的生长速率。

碳纳米管的 CVD 生长过程中,碳纳米管的动力学生长速率所遵循的螺旋位错机制,为人们研究碳纳米管的手性富集生长提供了新的理论支持,然而只有统一碳纳米管的成核与生长过程,才能真正指导实验中碳纳米管的手性富集生长。

2.3.4.3　催化剂诱导的手性控制

随着从热力学和动力学角度对碳纳米管生长的认识逐渐加深,研究者们已经成功富集得到部分特定手性的碳纳米管,基于催化剂诱导的碳纳米管手性控制取得了长足发展。Chen 等人总结了已经报道的碳纳米管手性种类,并对各个手性碳纳米管进行了方法和产率上的综述[79],进一步地,张锦课题组根据目前的碳纳米管手性控制结果描绘出时间发展曲线,并畅想了未来的碳纳米管控制制备发展趋势[80]。这些成果,无不传达着研究者们对实现碳纳米管制备的终极目标——手性结构控制的期待与决心(图 2-14)。

传统的催化剂纳米粒子,如 Fe、Co、Ni 等熔点较低,在碳纳米管生长温度下,表面大多呈现熔融状态,催化剂颗粒与碳纳米管之间的接触界面难以保持单一稳定,因此研究者们逐渐认识到熔点较低的液态催化剂,不利于从催化剂模板效应的角度出发来实现单壁碳纳米管的精确结构控制生长。早期,Resasco 等人以 CoMo 合金催化剂制备得到了 (6, 5) 手性富集的碳纳米管,并提出生长参数控制的生长动力学会影响手性富集[81]。具有更高熔点的金属 Mo 有助于稳定熔点较低的 Co,遗憾的是作者并未解释富集 (6, 5) 手性的原因。双金属催化剂的每个组分都有特定的功能,2009 年 Sankaran 等人研究了 Ni_xFe_{1-x} 催化剂中各组分比例与相应碳纳米管生长结果的关系,他们提出 Ni(111) 晶面是大部分碳纳米管成核生长的优势晶面,而 Fe 比例的提高,使得催化剂(111)晶面的原子间距变大,影响了与特定手性结构碳纳米管的匹配,从而富集(8,4)碳纳米管[82]。在前人的研究基础上,2014年,李彦课题组设计了高熔点的 W‑Co 合金,能够在 1000℃ 保持结构稳定,经过特定的预处理,该合金催化剂能够分别暴露三种特定的活性晶面,(0 0 12)[47]、(1 1 6)[83] 和(1 0 10)[84],如图 2‑15(a)~(c)所示。基于这三种晶面,他们分别得到了富集的(12,6)、(16,0)和(14,4)手性碳纳米管,同时创新地提出了催化剂与碳纳米管之间的“酶催化结构匹配”。然而催化剂晶面与碳纳米管手性结构之间的原子尺度匹配关系仍有待深入研究。

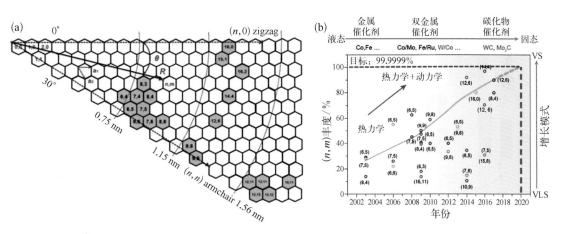

图 2‑14　碳纳米管手性控制制备的发展

(a) 已经富集制备的手性单壁碳纳米管[79];(b) 单壁碳纳米管手性控制制备的发展路线[80]

2017 年,张锦课题组在高熔点 WC 催化剂的(1 0 0)晶面上观察到了垂直晶面生长的(8,4)碳纳米管,通过引入异种晶体间浮生生长的模型,与合作者们创造性地提出了催化剂晶面与碳纳米管手性之间的对称性匹配原则[5]。如图 2‑15(d)所示,根据热力学稳定原则,近(n,n)及(2m,m)结构的碳纳米管帽端,在催化剂对称性匹配晶面上的成核能量更低,随后他们通过动力学调控生长速度,在 WC(1 0 0)面和 Mo₂C(1 1 1)面制备得到富集的(8,4)及(12,6)手性单壁碳纳米管。催化剂晶面对称性匹配理论体现的是碳纳米管手性结构与催化剂特定晶面之间,热力学最优成核后的动力学快速生长结果。进一步地,所有催化剂生长碳纳米管的过程可以抽象成两个步骤:一是碳纳米管帽端在催化剂表面的成核,主要由结构匹配的热力学能量最优原则决定;二是碳纳米管的生长,由生长速率匹配的动力学最优决定。进一步地,张锦课题组在传统的 Co 催化剂表面,匹配形成(n,n)的碳纳米管帽端,随后在极低碳源的动力学诱导下,实现半导体型(n,n-1)碳纳米管的近平衡生长,(10,9)碳纳米管的富集可达 80% 以上[14][图 2‑15(e)]。

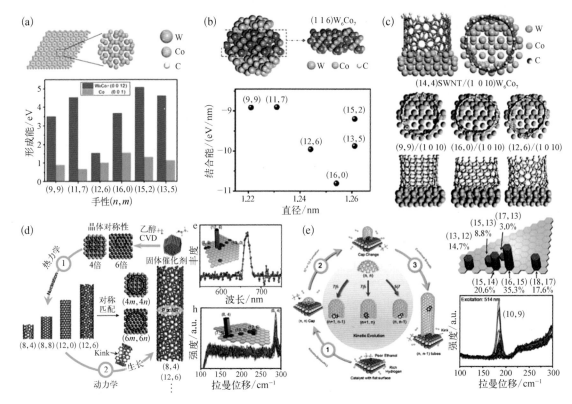

图 2-15　碳纳米管手性控制制备

（a）～（c）基于 W/Co 合金纳米催化剂制备的手性富集单壁碳纳米管[47,83,84]；（d）（8，4）、（12，6）碳纳米管对称性匹配富集生长[5]；（e）（n，$n-1$）碳纳米管的近平衡富集生长[14]

催化剂的设计与制备是碳纳米管结构控制生长中永恒的主题。从催化剂设计角度出发，结合碳纳米管生长的热力学与动力学，能够在一定程度上预测单壁碳纳米管的手性富集种类，同时部分手性碳纳米管的富集也已经实现。从形态上，固体催化剂较液态催化剂在碳纳米管生长温度下具有更加稳定的结构，对碳纳米管热力学成核表现出更有效的选择性；从生长模式上，"气-固"（VS）模式比经典的"气-液-固"（VLS）模式，对碳纳米管生长动力学的调控更为有利；如何实现固体催化剂的放量制备是实现结构可控碳纳米管放量制备的前提，也是实现碳纳米管从基础研究到商业应用的必经之路。张锦课题组近期提出一种碳化物固体催化剂的浮动制备方法[85]，进一步证实了固体催化剂对碳纳米管结构的有效控制，为宏量制备结构单一的单壁碳纳米管提供了新的思路。

2.3.4.4　碳纳米管的克隆生长

在过去的十多年时间内，通过设计合成催化剂实现碳纳米管手性控制制备已经取得了长足进步,以催化剂晶面与碳纳米管端口对称性匹配为核心的控制制备理论正逐渐得到发展和完善,但是任意手性结构制备、提升单手性碳纳米管纯度等问题依然在困扰着研究者们。碳纳米管的无金属催化克隆生长,正是在这样的困境下,走入人们的视野,并受到越来越多的关注。

　　碳纳米管的克隆生长,即以碳纳米管自身为模板的同质外延生长,从模板稳定性和单一性来看,相比于金属催化剂的结构更匹配,以碳纳米管自身结构为模板,理论上将获得与种子结构完全一致的单一产物。结合溶液相分离法对特定手性结构碳纳米管种子的筛选,人们有望实现任意手性结构 100% 生长。不仅如此,碳纳米管的克隆生长过程中没有金属催化剂直接参与,最终产物不会有金属残留,有助于实现无金属残留的单壁碳纳米管放量生长及应用推广。

　　图 2-16 描绘了单壁碳纳米管克隆生长的发展历程,2005 年,Smalley 等人观察到了碳纳米管的延长现象,这是最早的碳纳米管克隆思想[86]。2009 年,张锦课题组在石英基底表面,实现了无金属催化剂的碳纳米管克隆生长,并且碳纳米管结构能得以维持[87]。2012 年,Zhou 等人更进一步地,采用 DNA 辅助分离的特定碳纳米管作为模板,获得了单一手性碳纳米管的水平阵列[88]。此外,还有工作从有机合成的角度出发,预先合成碳纳米管的母体结构,即纳米环或端帽结构[89],随后通入碳源继续生长,得到了对应手性结构的碳纳米管。

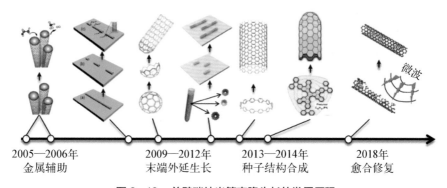

图 2-16　单壁碳纳米管克隆生长的发展历程

　　单壁碳纳米管的克隆生长法与传统催化剂生长法最大的区别在于,传统催化体系下,催化剂不仅提供模板作用,且对碳源裂解、碳物种富集迁移和成键等过程或反应都具有重要的辅助催化作用。而在单壁碳纳米管的克隆生长中,没有额外加载催化剂,单壁碳纳米管自身结构的一部分被直接作为精确模板进行同质外延生长,活性碳物种需要直接组装到合适的模板末端开口,碳源的裂解更加复杂和困难,活性碳物种与种子端口在整个反应腔内的碰撞概率极低,成键结合的难度也更大。因此,单壁碳纳米管的克隆生长往往效率较低,无催化剂添加的克隆生长依然需要回答三个问题:(1) 什么样的种子结构是克隆生长成核效率最高的结构?(2) 克隆生长如何避免自终止以保证生长效率?(3) 如何实现克隆模式的放大生长？解决这三个问题，才有望从克隆角度真正实现碳纳米管的"制备自由、应用自由"。

纵观研究者们对于碳纳米管控制制备所做的努力，在基础研究和探索领域，管径控制的重要地位逐渐下降；单一导电属性控制的液相分离的方法，取得了较好的分离效果，但需要在产品质量与加工成本上继续优化。而直接生长单一导电属性甚至单一手性结构的单壁碳纳米管，能最大程度避免加工处理带来的碳纳米管结构损伤，同时解决实际应用中碳纳米管之间的差异性问题，但目前仍处于实验室规模的前沿探索阶段。直接生长制备方法中，催化剂的模板和催化作用、克隆生长的种子活性等关键问题亟须更深入且崭新地探究。而反观碳纳米管规模化应用领域，现阶段的主要难题还是高纯度单壁碳纳米管的产量过低、成本过高。实现碳纳米管材料的可持续发展，必然要求结构控制与放量制备紧密结合，构建从微观制备到宏观应用的桥梁。

2.4　碳纳米管聚集体的控制制备

走向应用是材料发展追求的永恒目标。单根或少量碳纳米管的优异性能已经被大量基础研究所证实，单壁碳纳米管的结构控制制备也在不断深入。然而，碳纳米管的规模应用需要宏量碳纳米管的聚集态，如何架起碳纳米管微观性能和宏观应用的桥梁是碳纳米管走向应用的必经之路。因此，将碳纳米管聚集、组装成各种应用所需的形态，显然具有重要意义。同时，碳纳米管的规模化生产也是实现其应用的核心环节，如何提高碳纳米管的质量、纯度和产量等关键指标，是突破其宏量制备瓶颈的关键。本节将从碳纳米管聚集体的制备方法出发，介绍不同碳纳米管聚集体的制备、性质及应用，最后从催化剂制备角度，讨论如何使碳纳米管的宏量制备走出困境。

2.4.1　碳纳米管聚集体

碳纳米管具有本征的一维管状结构，在实际应用中，往往需要将碳纳米管组装成纤维、薄膜或气凝胶等宏观结构。这类由大量碳纳米管按照特定方式组装而成的宏观结构，统称为碳纳米管聚集体。其中，最常见的是碳纳米管无序缠绕、搭接而成的团聚粉末，显然，这类结构无法充分发挥碳纳米管的优异性质。近年来，随着碳纳米管制备技术的不断发展，人们逐渐意识到除了碳纳米管的微观结构，不同的组装方式也会直接影响碳纳米管聚集体的性质，例如，同样是薄膜聚集体，有序排列的碳纳米管薄膜的传热效率远大于无序排列的碳纳米管薄膜。因此，在控制微观结构的基础上，碳纳米管聚集体的构建仍然需要遵循一定的原则，即针对特定应用设计聚集体结构，从而最大限度地保留，甚至强化碳纳米管的优异性能。

根据碳纳米管的有序程度，可以将其聚集体分为有序度较高的阵列聚集体和缠绕交联聚集体。在阵列中,根据碳纳米管与基底的相对位置又可以分为碳纳米管水平阵列与碳纳米管竖直阵列,这两种阵列充分考虑了碳纳米管的一维结构特征,通过紧密的平行排布,最大限度地保留了碳纳米管的本征优异性质。对于缠绕交联聚集体,根据其宏观维度大致分为三类:三维材料,具有三维网络结构,包括碳纳米管气凝胶、碳纳米管泡沫和碳纳米管海绵等;二维材料,通常由碳纳米管交织叠加而成,包括碳纳米管纸和碳纳米管薄膜;一维材料,包括碳纳米管纤维等。

2.4.2　碳纳米管水平阵列

　　碳纳米管水平阵列是指在平整基底表面平行排列、高度定向的碳纳米管聚集体,具有定向性好、缺陷密度低的优点。图 2-17(a)为通过化学气相沉积(CVD)法直接制备的碳纳米管水平阵列形貌图。基于排列结构与本征物性,碳纳米管水平阵列在微纳电子学器件应用方面具有独特的优势:碳纳米管不存在表面悬挂键,界面散射很小,对栅极材料要求小;具有双极性特性,且拥有极高的电子空穴迁移率,载流子饱和速度超过了 4×10^7 cm/s;有较高的热导率和电流密度承载能力;截止频率达到 80 GHz;等等。这些优势使得碳纳米管水平阵列有望成为取代硅基材料的明星材料之一,也使得碳纳米管水平阵列在场效应晶体管、红外探测器件等方面都有着潜在的应用价值。

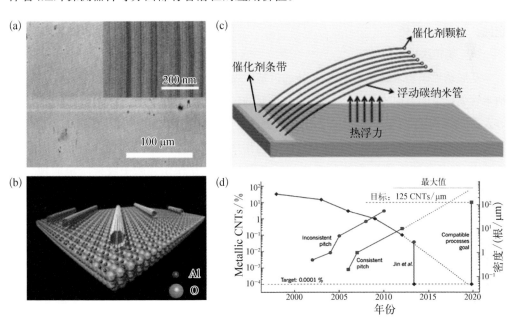

图 2-17　碳纳米管水平阵列

(a) 单壁碳纳米管水平阵列的 SEM 照片;(b) 单壁碳纳米管水平阵列的晶格诱导定向模型[92];(c) 碳纳米管的快速加热气流定向机理[93];(d) IBM 提出的面向晶体管应用的碳纳米管水平阵列目标和方向[94]

2009 年,Rogers 研究组采用密度仅为 5 根/μm 的碳纳米管水平阵列,制备出栅极长度为亚微米级的场效应晶体管[90]。2012 年,彭练矛课题组用碳纳米管阵列薄膜代替单根碳纳米管,将级联概念引入碳纳米管光电器件中,在室温下得到大电流输出和高信噪比的碳纳米管红外探测器[91]。他们还预测,当半导体碳纳米管水平阵列的密度达到 60 根/μm时,单级非对称二极管的响应度可达到 10 mA/W,探测率为 10^8 cm·$Hz^{1/2}$/W,接近于很多商用探测器的探测率,有望实现室温下超高探测率的碳纳米管阵列红外探测器。2017 年,彭练矛等人进一步实现 5 nm 沟道长度的碳纳米管器件制备工艺,并证实了其中电子弹道输运的特性[9]。碳纳米管计算机也已经历了两代发展[10, 12],展现出超越硅基计算机性能的潜力。

本节主要介绍碳纳米管水平阵列聚集体的 CVD 制备原理、方法与挑战。与后处理方法相比,直接生长法可以通过基底调控、催化剂设计及生长参数优化等,对碳纳米管的定向性、排列密度和微观结构等特征进行调控,为制备特定结构的高密度碳纳米管水平阵列提供了更有效的途径。

2.4.2.1   碳纳米管水平阵列的定向机理

高度定向排列是碳纳米管水平阵列最主要的结构特征。在 CVD 生长过程中,碳纳米管在基底上的定向排列可以通过三种方式实现:基底诱导定向、气流诱导定向及电场诱导定向。

(1)基底诱导定向

基底诱导碳纳米管定向生长,是指通过基底表面的特定晶格方向或原子级台阶诱导碳纳米管朝特定的方向生长,从而实现定向排列的碳纳米管水平阵列。晶格定向现象由 Liu 等人在 2000 年首次发现并提出[92],其模型如图 2 - 17(b)所示。虽然产生晶格诱导现象的驱动力一直众说纷纭,例如 Al_2O_3 基底的定向作用可能来自 O 原子[95] 或 Al 原子[96],但总体而言,可以归纳为碳纳米管与基底间的各向异性相互作用。原子级台阶定向现象由 Joselevich 课题组在 α - Al_2O_3(0001)面生长碳纳米管时首次发现,他们认为,台阶的高度是限制碳纳米管生长方向的原因[97]。当同一基底上同时存在台阶诱导和晶格定向时,碳纳米管的生长方向是两种机理的竞争结果。基底诱导定向是直接生长碳纳米管高密度水平阵列最主要的手段,其核心在于单晶基底的晶格或原子级台阶诱导的碳纳米管和基底之间各向异性的相互作用。

(2)气流诱导定向

气流诱导法是除基底诱导法之外,直接生长碳纳米管水平阵列的另一种重要方法。在 CVD 生长过程中,气流会诱导碳纳米管沿着气流的方向漂浮生长,从而得到平行排列的碳纳米管水平阵列,其生长模型如图 2 - 17(c)所示。Liu 等人首次提出"风筝机理"解释碳纳米管气流定向的顶端生长模式[93]。碳纳米管在气流中漂浮生长,所受的环境干扰与限制较少,当碳纳米管从气流中缓慢落下时,便排布形成了水平阵列。研究表明,气流定向生长的碳纳米管不仅长度可达厘米甚至米级,而且具有较小的缺陷密度,能直接用于宏观尺度下碳纳米管优异性质(力学强度、导电特性)的研究。然而,受限于催化剂活性和气流扰动等因素,目前气流诱导生长的碳纳米管水平阵列聚集体密度还远落后于基底诱导方法。

(3) 电场诱导定向

除了基底诱导方法和气流诱导方法外,还可以通过外加电场对碳纳米管生长进行诱导定向[98]。碳纳米管因为其一维的几何结构和优异的电学性质,其轴向极化率大于径向极化率,因此容易在电场作用下发生旋转和位移,从而得到部分定向的碳纳米管水平阵列。

2.4.2.2　高密度碳纳米管水平阵列的控制制备

碳纳米管的水平阵列应用于场效应晶体管需要达到密度和结构两个指标。由于单根碳纳米管本身能够承载的最大电流密度有限,为了实现大功率器件,必须使用高密度的碳纳米管水平阵列。对于 CVD 生长的碳纳米管水平阵列,碳纳米管阵列密度(D) = 催化剂纳米粒子密度(d)×催化剂活性(η),因此,可以通过增加活性催化剂的数目来提高碳纳米管阵列的密度,具体方法包括以下两种。

第一,增加活性催化剂的比例。在碳纳米管生长过程中,无定形碳的累积和包覆导致催化剂的活性降低或丧失,使得阵列密度难以提升。基于此, Liu 等人利用 H_2O 的弱氧化作用,刻蚀催化剂表面的无定形碳使其再活化,然后继续生长碳纳米管,通过多次的刻蚀和再生长,成功提高了碳纳米管水平阵列的密度[56, 99]。在多次循环生长过程中,催化剂颗粒可以保持较高的碳纳米管成核效率,但当循环周期增加至 4 次及以上时,碳纳米管的密度反而降低,意味着在该过程中也存在对碳纳米管的刻蚀行为。

第二,增加催化剂纳米粒子的密度。 Roger 课题组设计了多次沉积催化剂条带生长碳纳米管阵列的 CVD 过程,制备了密度为 $20 \sim 30$ 根/μm 的单壁碳纳米管水平阵列[90]。该方法通过多次加载催化剂来增加催化剂纳米粒子的密度,但操作过于复杂,且加载次数非常有限。张锦课题组发现,采用气相原位加载催化剂的方式,并配合残留催化剂的蒸发,也可以通过多次加载多次生长来提高碳纳米管的密度,且在一定范围内,碳纳米管阵列密度与生长次数呈线性相关[100]。

基于以上两种思路,张锦课题组将两者同时应用在碳纳米管水平阵列的生长中,发明了"特洛伊催化剂法"[40]。利用 Fe_2O_3 与基底 Al_2O_3 结构上的相似性,通过退火的方式,将催化剂预先加载到单晶蓝宝石基底中,然后经过高温氢气的还原,催化剂逐步释放,从而实现在生长过程中原位持续加载新鲜催化剂的目标。这类融入-释放机制能够有效抑制催化剂烧结带来的失活现象,有利于提高单壁碳纳米管的生长效率和阵列密度,最终实现密度高达 130 根/μm 的单壁碳纳米管水平阵列的制备。除了密度之外,另一个重要指标是碳纳米管的结构。碳纳米管在微纳电子器件中的应用要求碳纳米管具有极高的半导体纯度,因此,实现结构控制是碳纳米管水平阵列发展的当务之急。在本章第三节中,已经就管径、导电属性和手性结构控制角度展开了详细讨论,这里只介绍典型的控制制备方法。

单壁碳纳米管的手性通常由其端帽结构所决定,而端帽结构在碳纳米管成核初期形成于催化剂表面,因此催化剂尺寸直接影响碳纳米管的管径,在碳纳米管-催化剂界面上的化学反应产生的刻蚀剂会诱导碳纳米管导电属性富集,催化剂的晶体结构也将通过模板作用影响碳纳米管的电子结构或手性结构。因此,催化剂的设计仍然是碳纳米管水平阵列结构控制的核心。

除去催化剂的设计外,也可以在碳纳米管水平阵列生长过程中原位引入刻蚀剂,或者在后处理过程中引入刻蚀剂(NO_2、O_2、$HO \cdot$ 等)、高能外场(紫外光、等离子体、微波、交/直流电等)等刻蚀方法,同样适用于实现碳纳米管水平阵列的导电属性筛分。然而,发生刻蚀反应后的碳纳米管阵列的密度通常会有较大损失,如何平衡密度与结构控制是刻蚀法制备碳纳米管水平阵列的关键。

最后,从不同导电属性碳纳米管的电子结构出发,以更本质的能带结构差异对金属型和半导体型碳纳米管进行筛选,是目前制备纯度最高半导体型碳纳米管水平阵列的方法之一。姜开利课题组发展的"电场扭转法"能生长纯度大于 99.9% 的半导体型碳纳米管阵列[70]。另外,金属型碳纳米管与半导体型碳纳米管不同的生长速率也能用于导电属性筛选。魏飞课题组发现半导体型碳纳米管生长速率约为 80 μm/s,而金属型碳纳米管生长速度约为 7 μm/s,因此通过气流定向生长的超长碳纳米管阵列能够具有极高的半导体纯度[101]。

2.4.2.3   碳纳米管水平阵列聚集体的挑战

碳纳米管水平阵列在微纳电子学器件方面有着巨大的应用潜力。虽然碳纳米管计算机的模型机已经发展到第二代,但是碳纳米管水平阵列的密度较低和结构不一致等关键问题仍未完全解决。按照 2013 年 IBM 公司给出的碳纳米管水平阵列发展的路线图[94],为了实现碳纳米管在高性能器件中的实际应用,碳纳米管水平阵列的密度要达到 125 根/μm,且半导体型碳纳米管的纯度要达到 99.9999%[图 2-17(d)]。然而,现有的研究结果表明的,同时满足高密度和高纯度也面临极大的挑战。在实际应用中,碳纳米管阵列的大面积均匀性也非常重要。同时大面积碳纳米管水平阵列也缺乏有效的表征方法,原子力显微镜(atomic force microscope,AFM)和扫描电子显微镜(scanning electron microscope,SEM)等常用手段只适用于小面积的表征,因此,实现大面积均匀的高密度半导体型碳纳米管水平阵列的制备与表征仍然困难重重。

除了碳纳米管水平阵列的制备,碳纳米管器件结构和工艺也具备很大的优化空间。例如,目前基于碳纳米管水平阵列器件的栅结构仍有待进一步优化设计。在碳纳米管射频(RF)器件中,仍未采用传统半导体 RF 晶体管中常采用的 T 型栅或者自对准栅结构,目前最短沟道也只缩减到 300 nm。另外,基于碳纳米管水平阵列的器件中,载流子迁移率仅有 3000 $cm^2/(V \cdot s)$,载流子饱和速度只有 2×10^7 cm/s,距离单根碳纳米管器件在室温下的最大载流子迁移率[20000 $cm^2/(V \cdot s)$]和载流子饱和速度(4×10^7 cm/s)显然还相差甚远。本章第六节将着重展开介绍碳纳米管的能带工程。

2.4.3　碳纳米管竖直阵列

碳纳米管竖直阵列是指碳纳米管与基板表面呈垂直取向,而碳纳米管之间呈平行状的碳纳米管聚集体,是由大量具有规则取向的碳纳米管形成的宏观组织,如图 2-18(a)所示。竖直阵列中,碳纳米管具有规则的取向、大的长径比,管间相互作用小、缠绕少。这种各向异性的结构特征使得碳纳米管竖直阵列比无取向碳纳米管材料具有显著的性能优势,包括光学、力学、电学和热学等性质。

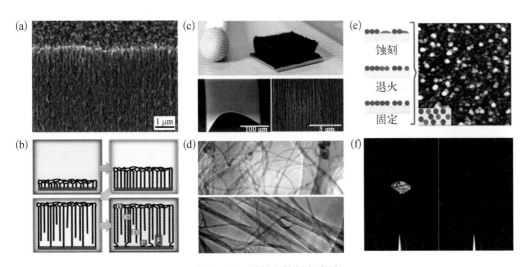

图 2-18　碳纳米管竖直阵列

(a) 碳纳米管竖直阵列的 SEM 照片;(b) 碳纳米管竖直阵列的生长过程;(c) 单壁碳纳米管竖直阵列的宏观(上)与微观(下)形貌[42];(d) 一般碳纳米管竖直阵列(上)与超顺排碳纳米管竖直阵列(下)对比[105];(e) 多次沉积法生长高密度碳纳米管竖直阵列的催化剂形貌[106];(f) 碳纳米管竖直阵列的"超黑"特性[103]

由于碳纳米管竖直阵列在竖直方向上的导电性最接近单根碳纳米管,在电学领域常被用作电极材料及场发射的阴极材料。2004 年,吴锦雷等报道了一种开启电压值仅为 1.28 V/m 的碳纳米管竖直阵列场发射器[102]。此外,碳纳米管竖直阵列因其特殊的表面微纳结构使其在 200 nm~200 μm 的光谱范围内,对光的吸收率在 9%~99% 范围内可调[103],对于750 nm波长的光,其吸收率可达到99.956%。因此,碳纳米管竖直阵列被认为是一种"超黑"材料,如图2-18(f)所示,可应用于太阳能收集器和红外线热探测器。除电学、光学性质外,碳纳米管竖直阵列的热导率高达17.76 W/(m·K)[104],在导热薄膜等方面有着极大的应用前景。碳纳米管竖直阵列还具有极强的吸附、黏附能力,在仿生机器、污染处理等领域受到关注。

本节主要介绍碳纳米管竖直阵列的生长方式,以及通过催化剂设计和生长气氛调节实现碳纳米管竖直阵列形态的调控,包括密度、规整度、单壁管纯度等。

2.4.3.1   碳纳米管竖直阵列的控制生长

与碳纳米管水平阵列类似,目前碳纳米管竖直阵列的制备主要也采用CVD法,通过调控催化剂(包括催化剂颗粒的结构、大小和数目)、反应气氛、反应时间和反应温度等可调控碳纳米管竖直阵列的形貌与性能。在碳纳米管竖直阵列生长初期,仅有小部分催化剂颗粒活化,碳纳米管无法聚集成束进行垂直生长;随后,大部分催化剂颗粒被活化,杂乱生长的碳纳米管堆积密度达到某值后,聚集成阵列生长;最后,催化剂逐渐开始失活,阵列的密度降低,取向性变差。由于碳纳米管竖直阵列遵循底部生长模式,因此阵列顶部的形貌随生长时间的延长不会发生明显变化,如图2-18(b)所示。一般根据催化剂引入方式的不同,生长碳纳米管竖直阵列的方法可分为浮动催化剂法、预沉积催化剂法和模板法。此节中将依次介绍这几种生长方法的原理。

(1)浮动催化剂法

浮动催化剂法是采用过渡金属有机化合物、无机化合物与碳氢化合物气相进料的方式,通过过渡金属化合物在高温炉内分解并在平整的基板上沉积形成催化剂,进而基于CVD原理进行碳纳米管生长的方法[107]。所有反应均发生在气相中,因此,实验操作简单,便于连续化制备,但是该过程中催化剂的形成和碳纳米管的生长同时进行,反应过程十分复杂,而且所得到的碳纳米管中杂质较多,需依赖后续纯化处理。

(2)预沉积催化剂法

与浮动催化剂法不同,预沉积催化剂法可以看作两步法生长碳纳米管竖直阵列。首先是催化剂的制备,一般采用离子溅射、分子束外延、Langmuir-Blodgett膜自组装、磁控溅射法和电子束蒸镀法等在基底上沉积一层金属催化剂;然后将其置于CVD炉内进行碳纳米管的生长。由于催化剂的制备与碳纳米管的生长是分开进行的,所以在预沉积催化剂的过程中,通过改变薄膜的种类、厚度,催化剂的成核条件,可以方便地调节催化剂颗粒的大小及分布。

(3)模板法

模板法是早期合成碳纳米管竖直阵列的方法。1995年,Heer将碳纳米管分散在乙醇中后将其通过微孔陶瓷过滤器,首次得到定向排列的碳纳米管[108]。后续发展的模板法一般以阳极氧化铝为模板,将催化剂和碳源等生长气体混合,通过气相沉积的方法将碳纳米管阵列沉积在阳极氧化铝模板的孔洞内,再用酸溶液刻蚀模板,得到大比表面积的碳纳米管竖直阵列。

2.4.3.2　单壁碳纳米管竖直阵列的控制生长

图 2-18(c)为单壁碳纳米管竖直阵列的形貌图。单壁碳纳米管竖直阵列与多壁碳纳米管竖直阵列相比,拥有更加优异的导热、导电等性能,可以广泛应用于黑体材料、太阳能净水、热界面材料中。这里主要介绍如何通过调控催化剂和借助水、氧气等物质的辅助实现碳纳米管竖直阵列的壁数控制,得到单壁碳纳米管竖直阵列。

（1）调控催化剂法

对于单壁碳纳米管竖直阵列的生长,最核心的因素仍然是催化剂的选择与设计。2004年,Maruyama 等人以 Co/Mo 双金属作为催化剂,首次生长出了高度约为 1.5 μm 的单壁碳纳米管竖直阵列[109]。此外,还可以通过调节缓冲层的种类及厚度来控制催化剂的分散状况。Park 等人在 20 nm 厚的 Al_2O_3 缓冲层上利用电子束蒸镀超薄 Fe(0.1~0.3 nm)催化剂,实现了高度超过毫米、单根碳纳米管直径小于 3 nm 的单壁碳纳米管竖直阵列的制备[110]。

（2）水辅助 CVD 法

Hata 等人证实生长过程中加入微量水能提高催化剂的活性,在 10 min 内便可生长高度为 2.5 mm 的单壁碳纳米管竖直阵列[42]。Stach 等人以 Al_2O_3、SiO_2 为缓冲层,在水的辅助下,生长单壁碳纳米管竖直阵列[111]。Futaba 等人分析了水辅助 CVD 法制备单壁碳纳米管的生长动力学,提出了简化的生长动力学衰减模型,优化了单壁碳纳米管竖直阵列的生长条件[112]。随后,Amama 等人通过进一步研究发现,在 H_2/H_2O 退火中水起到了抑制 Ostwald 熟化的重要作用,能延长催化剂寿命[113]。

（3）氧辅助 CVD 法

Lee 等人发现改变气体中氧气浓度可以调节单壁碳纳米管竖直阵列的生长速率,这与水辅助 CVD 法生长单壁碳纳米管竖直阵列的机理相似[114]。而 Dai 等人提出引入少量氧,在生长过程中动态消耗氢,提供富碳和缺氢的环境,有利于 sp^2 碳结构的形成,从而促进单壁碳纳米管竖直阵列的生长[115]。Plata 等人研究了氧气在单壁碳纳米管竖直阵列的生长过程中的作用,发现氧气会加速催化剂纳米颗粒的 Ostwald 熟化,碳纳米管竖直阵列也从最初的单壁增加至多壁[116]。

2.4.3.3　超顺排碳纳米管竖直阵列的控制生长

碳纳米管竖直阵列所具有的高度定向特征使其展现出更接近本征碳纳米管的优异性

能。其中,超顺排碳纳米管竖直阵列由范守善课题组于 2002 年在 *Nature* 上首次报道[105],与一般碳纳米管竖直阵列的不同之处在于,超顺排碳纳米管竖直阵列中碳纳米管之间排列更加整齐,管间作用力更强,他们将这种可以直接用于纺丝的碳纳米管竖直阵列命名为超顺排碳纳米管竖直阵列,如图 2-18(d)所示。一般认为,其优异性能的根源是超顺排碳纳米管竖直阵列中具有合适的管束互联数量,适当大小的管束间作用力使得碳纳米管管束能够在外力作用下连续不断地被拉出并进行纺丝。

管壁数是超顺排碳纳米管竖直阵列重要结构参数之一,对其性质有着重要影响。催化剂的尺寸与碳纳米管的壁数密切相关。范守善课题组通过调节 Fe 催化剂的尺寸将碳纳米管的管壁数从 10 多层调控到 3 层[117]。李清文课题组通过调节碳源的分压和 Al_2O_3 缓冲层,获得了尺寸分布均匀的催化剂颗粒,进而在直径 4 in 的硅片基底上批量制备了双壁碳纳米管含量 90% 以上的超顺排碳纳米管竖直阵列[118]。

超顺排碳纳米管竖直阵列最初由范守善课题组以乙炔为碳源,以氩气和氢气为载气生长得到。在随后的大量研究中,采用各种浓度的碳源/氢气/载气、不同种类的碳源等进行合成的方法均被报道。如何保证阵列的均匀性,是超顺排碳纳米管竖直阵列批量制备的关键问题之一。与常压 CVD 体系相比,低压 CVD 中由于气相分子数密度更低,平均自由程更长,不易出现局域碳源浓度过高或者过低的现象,适合用于超顺排碳纳米管竖直阵列的批量生长。范守善课题组利用低压 CVD 在直径为 8 in 的硅片上实现了超顺排碳纳米管竖直阵列的批量生长,并可抽出宽度为 20 cm 的碳纳米管薄膜,薄膜的长度可以达到几百米,达到了工业化量产的要求[119]。尽管如此,目前要实现超顺排单壁碳纳米管竖直阵列的控制合成仍然是面临挑战。

2.4.3.4   高密度碳纳米管竖直阵列的控制生长

碳纳米管竖直阵列的密度对其性质也有着显著的影响。碳纳米管竖直阵列的面密度通常由基底上催化剂颗粒的粒径分布与密度大小决定。因此,适当减小催化剂的尺寸以提高其面密度是提高碳纳米管密度的关键。通过对催化剂的预处理或结构设计,可以实现对碳纳米管竖直阵列密度的控制。

（1）催化剂调控法

通常认为,限制碳纳米管竖直阵列密度提高的主要原因是在生长温度下催化剂会随着生长时间的延长而烧结,减小了碳纳米管竖直阵列的密度。Yamazaki 等人发现,如果在催化剂颗粒上预先覆盖一薄层碳,在碳纳米管的生长过程中,催化剂颗粒则不能团聚和长大,得到的竖直阵列密度可达 1×10^{12} cm^{-2}[120]。Robertson 课题组采用循环沉积、退火和固化处理,得到面密度为 $9.2 \times 10^{12} \sim 1.10 \times 10^{13}$ cm^{-2} 的高密度碳纳米管垂直阵列[106][图 2-18(e)]。

（2）缓冲层调控法

缓冲层的引入可以抑制高温下催化剂颗粒的团聚长大和向基底的扩散，提高了基底表面催化剂颗粒的密度。Robertson 课题组设计了由 $Al_2O_3/Fe/Al_2O_3$ 组成的三层结构的催化剂，利用氧等离子体对下层的 Al_2O_3 进行刻蚀来抑制 Fe 催化剂的扩散，而上层的 Al_2O_3 能保证 Fe 纳米颗粒在预处理和碳纳米管生长过程中的较小粒径和高密度，从而减小阵列中碳纳米管的平均直径，生长出了面密度为 1.64×10^{13} cm^{-2} 的碳纳米管竖直阵列。通过对催化剂的结构设计、生长温度和生长压力等的调节可以实现碳纳米管竖直阵列密度的进一步提高[121,122]。

（3）后处理法

上述几种方法均是对催化剂或者缓冲层进行处理来制备高密度碳纳米管竖直阵列。此外，也可以对合成的密度较低的碳纳米管竖直阵列进行一定的密实化处理来获取高密度的碳纳米管竖直阵列。Hata 等人利用液体对碳纳米管的密实化作用，对单壁碳纳米管竖直阵列进行处理，阵列密度由 4.3×10^{11} cm^{-2} 显著提高至 8.3×10^{12} cm^{-2}[123]，其可作为电极材料制备性能优良的超级电容器。

2.4.3.5　碳纳米管竖直阵列控制制备的挑战

碳纳米管竖直阵列具有独特的森林状自支撑结构，这种高度有序的聚集体使得阵列中的碳纳米管在传热等领域展现出接近本征的优异性能。然而，碳纳米管竖直阵列同样面临导电属性、壁数、密度等结构和性质参数控制的挑战，限制了其在更多领域的应用拓展。另一方面，相比于水平阵列，碳纳米管竖直阵列在规模化制备上具有显著的领先优势。发展相对成熟的碳纳米管宏观聚集体，其制备技术被突破后一定会迎来更美好的发展前景。

2.4.4　碳纳米管气凝胶

气凝胶一般具有极低的密度（$1\sim10^2$ mg/cm^3），含有大量的孔隙结构，可以通过制备不同的孔隙结构来满足不同的应用需求。传统的气凝胶材料大致可以分为无机气凝胶、有机气凝胶及复合气凝胶，其中无机气凝胶，如氧化硅气凝胶、氧化铝气凝胶及氧化锆气凝胶，往往具有电绝缘性，而有机气凝胶一般由聚合物组成，需要进一步与其他物质进行复合，增加导电性，直接限制了气凝胶在电学领域的应用，例如超级电容器。而碳纳米管气凝胶中的三维网状结构具有高电导率、高比表面积及高化学稳定性，被广泛用作超级电容器的电极材料。Chen 等人报道了基于 MnO_2 和碳纳米管海绵的超级电容器，赝电容高达 1230 F/g，其性能已经接近理论值（1370 F/g）[124]。Rubloff 等人通过原子层沉积技术制备得到了多壁碳纳米管/V_2O_5 的核壳海绵结构，应用于电池储能材料，能量密度高达

818 μA·h/cm^2[125]。除电极材料外,碳纳米管气凝胶也可广泛用作分散催化剂的载体,例如,通过将铂或氧化铜纳米粒子负载在碳纳米管气凝胶上,可以实现一氧化碳的催化氧化[126]。此外,碳纳米管气凝胶在吸附剂、黏着剂、传感器、光/电化学检测器、组织工程学和人造肌肉等领域均有广阔的应用前景。

在碳纳米管气凝胶中,碳纳米管不具有特定取向,而是通过大量的交联形成无序自支撑宏观体,因此,其合成方法与碳纳米管定向阵列有较大的不同,本节将主要对碳纳米管三维宏观体中气凝胶的制备方法进行介绍。

2.4.4.1　碳纳米管气凝胶的控制制备

碳纳米管气凝胶的制备方法主要分为干法合成和湿法合成两类。干法合成指的是通过化学气相沉积、物理气相沉积、球磨、热解等技术手段,不经过溶液相,直接制备得到碳纳米管三维宏观体的方法;湿法合成是将已经制备得到的碳纳米管分散于溶液中,再通过后处理手段增强碳纳米管间相互作用,并形成三维宏观体的方法。本小节将分别对上述两种制备方法进行介绍。

(1)碳纳米管气凝胶的干法制备

碳纳米管气凝胶可以直接通过 CVD 生长得到。2004 年,Windle 利用氢气向 CVD 管式炉中注入二茂铁和噻吩混合溶液,在高温下制备得到了碳纳米管气凝胶并纺成了纤维,提出了各向同性碳纳米管气凝胶的概念[127]。此外,碳纳米管气凝胶也可以通过模板制备得到。在碳纳米管生长结束之后,通过化学刻蚀移除模板,即可得到自支撑的三维碳纳米管宏观体。Ozkan 等人通过一步法,将铁催化剂加载在镍泡沫上,得到了碳纳米管三维宏观体。他们主要用泡沫镍为模板,获得了石墨烯和碳纳米管的复合材料[128]。

(2)碳纳米管气凝胶的湿法制备

碳纳米管气凝胶还可由碳纳米管湿凝胶经过不同的干燥处理制备得到。碳纳米管可以通过表面活性剂、氧化处理、质子化处理及特殊基团功能化等来实现溶剂化,获得湿凝胶。2007 年,Yodh 等人使用超临界干燥的方法得到了碳纳米管气凝胶[129]。此外,也可以不经过湿凝胶直接干燥得到气凝胶,高超等人报道通过将氧化石墨烯和酸处理的多壁碳纳米管水溶液直接冷冻干燥的方法,获得了复合气凝胶[130]。该方法中,聚乙烯醇和氧化石墨烯起到了分散碳纳米管的作用,同时还维持了碳纳米管三维骨架的稳定。

2.4.4.2　碳纳米管气凝胶的挑战

一般来说,干法制备的碳纳米管气凝胶质量较高,缺陷较少,但是由于碳纳米管的合成与组装同步进行,导致碳纳米管自身结构及组装形态更难调控,而且成本更高,产量较小。而湿法制备的气凝胶一般要经过溶液相的分散,不可避免地会引入部分缺陷,导致碳纳米管质量降低,但是其制备方法更为简单、可控性强,更适用于工业化。如何低成本地批量生产高质量、由特定结构碳纳米管组装形成的碳纳米管气凝胶,仍然是其走向大规模应用的桎梏。

2.4.5　碳纳米管薄膜

智能可穿戴设备的发展对透明导电薄膜(transparent conductive films,TCFs)的需求日益迫切。一般而言,透明导电薄膜对材料的导电性、透光性及柔性均有一定要求。传统 ITO 的储量有限,且本身容易发生脆裂,难以满足柔性需求。单壁碳纳米管搭接形成的网格结构不仅具有优良的透光率,在多次拉伸、扭曲形变后依然能保持良好的导电性,是制备透明导电薄膜的理想材料。Southard 等人通过喷涂法得到了接触电阻低于 Au 的碳纳米管薄膜电极[131]。Hecht 等人使用碳纳米管透明导电薄膜组装成触摸屏,其导电性甚至优于 ITO[132]。此外,超高的红外吸收、可调的带隙、优异的机械强度和化学稳定性,使碳纳米管薄膜晶体管(thin film transistor,TFT)、光电器件等也迅速成为微纳电子领域研究的热点。

2.4.5.1　碳纳米管薄膜的制备方法

与碳纳米管气凝胶的制备方法类似,碳纳米管薄膜的制备也可以分为干法制备和湿法制备两大类。

(1)碳纳米管薄膜的干法制备

碳纳米管薄膜的干法制备大致可分为两种,一种是 CVD 直接生长法。2007 年,解思深等通过浮动催化 CVD 在 5 cm×10 cm 的基底上生长出均匀的、高电导率、高透明度碳纳米管薄膜[133]。制备得到的碳纳米管薄膜可以被轻易揭下,转移至其他基底。张锦课题组通过设计碳化物催化剂,成功得到了具有手性富集的碳纳米管薄膜[85]。另一种是从碳纳米管竖直阵列中直接抽出。2002 年,姜开利课题组首次成功从 8 in 硅片上生长的高度为 300 μm 的超顺排碳纳米管阵列中抽出长达 200 m 的碳纳米管薄膜[105]。

干法制备的碳纳米管薄膜质量较高,缺陷较少,且制备成本可有效控制,其连续化制备已有报道。但是,碳纳米管结构很难调控,且一般难以避免金属催化剂的残留。

(2)碳纳米管薄膜的湿法制备

碳纳米管薄膜的湿法制备特指对碳纳米管样品(通常为粉体)进行液相分散、分离、纯化,然后通过一定的方法将其制备成膜。一般来说,通过湿法制备碳纳米管薄膜的方法又可分为真空抽滤法、浸涂法、喷涂法、Langmuir‐Blodgett(LB)膜法、旋涂法和电沉积法等。本节主要介绍真空抽滤法及 LB 膜法。

真空抽滤法是制备薄膜材料的最常见的方法之一。2004 年,Hebard 等人首次报道了用抽滤法制备碳纳米管薄膜的方法[134]。研究者首先用十二烷基硫酸钠（SDS）分散碳纳米管获得分散性良好的碳纳米管溶液，再通过真空抽滤的方法均匀地将碳纳米管沉积在滤膜上形成薄膜，并洗去残余的 SDS 分子，从而得到透光率可达 70%，方块电阻为 30 Ω/sq 的碳纳米管薄膜。此外，还可以通过添加特殊组分来控制薄膜中碳纳米管的取向，2016 年，Wang 等人改进了真空抽滤的方法，通过表面带负电荷的表面活性剂增强碳纳米管间的排斥力，同时降低碳纳米管悬浊液浓度和抽滤速度，得到了高定向性的碳纳米管薄膜[135]。这种方法可以控制薄膜厚度从几个纳米到上百纳米，且制备得到的薄膜具有良好的电学和光学各向异性。

2008 年，Xie 等人将碳纳米管用两亲分子进行化学修饰后，采用 LB 技术将其加工成膜，当碳纳米管的长度为 1～2 μm 时，可以得到定向性良好的碳纳米管顺排结构[136]。他们使用该方法得到了约 18 层的薄膜，其透光率可以达到 93%。2013 年，Cao 等人使用 Langmuir－Schaefer 法，将纯度为 99% 的半导体型碳纳米管排列成膜，其密度可达每微米 500 根以上。进一步地，使用这种碳纳米管薄膜加工而成的晶体管，其电导率高于 40 $\mu S/\mu m$，开关比可达 10^3 量级[137]。2014 年，Joo 等人开发了"剂量控制流动蒸发自组装法"[138]，得到的碳纳米管密度约为 50 根/μm，并在此基础上制备了电子器件。

湿法制备碳纳米管薄膜的核心问题是碳纳米管的分散性，虽然通过引入表面活性剂可以实现碳纳米管在水溶液中的分散，但是，表面活性剂往往难以完全除去，因而会影响碳纳米管之间的接触，从而影响碳纳米管薄膜的导电性。另一方面，碳纳米管经过溶液处理后，也容易引入缺陷，给后续的应用工艺及性能带来影响。

2.4.5.2 碳纳米管薄膜的挑战

除碳纳米管薄膜的制备外，碳纳米管薄膜自身的性能也是影响碳纳米管薄膜规模化应用的重要因素。虽然单壁碳纳米管性质优异，但是在碳纳米管薄膜中，由于碳纳米管长度有限，存在着大量碳纳米管之间的搭接，而这些"接点"往往是制约碳纳米管薄膜性能的重要因素。例如在碳纳米管导电薄膜中，碳纳米管之间的接触点往往是高电阻的肖特基势垒，大大降低了薄膜的导电性。此外，碳纳米管薄膜中，单壁碳纳米管很容易聚集形成管束，既增加了薄膜的吸光性，又无法提升薄膜的导电性，也为碳纳米管薄膜的规模化应用带来了困难。目前，已经有学者提出一些解决方法，例如通过"焊接"的方式，可以大大降低碳纳米管薄膜的电阻值[41]。相信随着碳纳米管薄膜性能的逐渐提高，碳纳米管薄膜的大规模应用也会逐步实现。

2.4.6 碳纳米管纤维

随着高性能的柔性电学器件的需求日益渐增，导电纤维也面临着材料更新和性能升级。传统的导电纤维包括小尺寸的金属线及合成纤维等,但是,一般有机合成纤维导电性较差,而金属线存在空气、水腐蚀等问题,限制了其规模化应用。而碳纳米管纤维具有超低的密度、高力学强度、良好的导电性、优秀的柔韧性及化学惰性,是具有巨大潜力的导电纤维候选材料。到目前为止,碳纳米管纤维在智能可穿戴设备的传感器领域有着非常多的潜在应用。例如,碳纳米管纤维具有压阻特性,可以用作柔性应变或者压力传感器[139];在碳纳米管编织过程中,纤维相交处用聚合物隔绝,用作电容式压力传感,可以对低至 0.75 Pa 的压强进行快速响应[140];碳纳米管纤维具有温敏特性,可用作柔性温度传感器[141]。

尽管碳纳米管纤维有着非常好的性能及潜在应用,但是其宏量制备仍然存在诸多问题。可批量制备的碳纳米管的长度通常在微米或毫米级,大规模地将"短"的碳纳米管组装成"长"的碳纳米管纤维,且保留碳纳米管的优异性质是非常困难的。此外,碳纳米管具有化学惰性,这使碳纳米管较难进行化学修饰。如何将碳纳米管组装成宏观纤维材料,是其规模化应用的主要制约因素之一。

2.4.6.1 碳纳米管纤维的控制制备

碳纳米管纤维的制备可分为湿法纺丝和干法纺丝两类。干法纺丝主要包括碳纳米管阵列纺丝法和直接气相沉积纺丝法,得到的纤维中碳纳米管的定向性良好,具有优异的力学、电学和热学性质。湿法纺丝借鉴于传统纺丝技术,以稳定的碳纳米管分散液为基础,将分散液注入凝固浴中形成连续的碳纳米管纤维。本节主要介绍以上两种制备方式。

（1）碳纳米管纤维的干法纺丝

干法纺丝避免了碳纳米管的分散及溶液处理,有利于保持碳纳米管的高质量与本征性质。碳纳米管纤维可以直接从碳纳米管生长的管式炉中抽出而制备得到。2002 年,朱宏伟等人首次从立式管式炉制备的碳纳米管产物中得到了长度为 20 cm 的单壁碳纳米管纤维[27]。王健农课题组改进了纤维的制备工艺,进行溶液收缩和加压致密化后,得到具有高力学强度（3.76~5.53 GPa）和电导率高达 2.24×10^4 S/cm 的纤维[142]。除直接生长法外,干法纺丝还有阵列纺丝法[143]和薄膜卷绕法[144]。

（2）碳纳米管纤维的湿法纺丝

类似于碳纳米管气凝胶及碳纳米管薄膜,湿法纺丝的关键也是得到分散性良好的碳纳米管溶液,一般需要表面活性剂等辅助其分散。Dalton 等人制备的碳纳米管纤维长度超过 100 m,速度是干法纺丝的 70 倍,且得到的纤维力学强度达到 1.8 GPa,杨氏模量为 80 GPa[145]。聚合物与碳纳米管复合可以提升其纤维的力学强度,但其热学及电学性能会有所下降。PVA 溶液、聚乙烯酰亚胺（PEI）、聚对苯撑苯并二噁唑（PBO）、生物质材料等都可被用来复合碳纳米管纤维。还可以通过加入强酸的方法来制备碳纳米管纤维。2004 年,Ericson 等人将单壁碳纳米管分散在 102% 的发烟硫酸中,最后得到连续的碳纳米管纤维,其电导率提高了两个数量级[146]。Pasquali 课题组用以氯磺酸分散的碳纳米管液晶相分散液,制备了连续、轻质、高强度、高导电的碳纳米管纤维,其平均拉伸强度达到 (1.0 ± 0.2) GPa,杨氏模量为 (120 ± 50) GPa,电导率达到 $(2.9 \pm 0.3) \times 10^4$ S/cm[147]。

2.4.6.2　碳纳米管纤维的机遇与挑战

目前,碳纳米管纤维聚集体主要面临制备与性能两方面的问题。在干法制备中,直接生长法得到的碳纳米管质量高,但是碳纳米管的结构难以控制,且往往含有无法除去的部分催化剂金属杂质;阵列纺丝法中,大部分碳纳米管是多壁碳纳米管,产品性能不佳;而通过薄膜卷绕法得到的碳纳米管纤维往往因为薄膜之间作用力太弱,而导致其力学、电学性能较差。湿法制备由于需要通过表面活性剂辅助液相分散,导致碳纳米管质量下降,并且残留的表面活性剂会降低纤维性能。另一方面,虽然单壁碳纳米管自身性能卓越,但制备得到的碳纳米管纤维的综合性能较差,原因可能是碳纳米管纤维中,碳纳米管之间的排列方式并不完美。通过一些针对性的后处理方法,可以提升碳纳米管纤维的性能[13]。

2.4.7　碳纳米管的宏量制备

除了制备特定结构的聚集体,碳纳米管的规模化生产也是其宏观应用研究的核心环节。距离碳纳米管的发现已经过去了近 30 年时间,碳纳米管的制备虽然早已进入了工业化大规模生产阶段,然而,对高质量、高纯度、低成本碳纳米管的需求与相对落后的制备技术之间的矛盾依然显著。

2.4.7.1　碳纳米管宏量制备方法

最早应用于碳纳米管批量生产的方法有电弧放电法和激光烧蚀法[148]。这两种方法的特点是在极高的温度下使碳原子以 sp^2 杂化方式充分晶化,因此碳纳米管的质量较高。但是,其高耗能和操控性差的缺点难以满足如今的高纯度和低成本要求。1999 年,Smalley 等人发展了高压一氧化碳合成法(HiPco 方法),实现了单壁碳纳米管的量产[149]。随后,基于相似的气相反应过程,浮动催化化学气相沉积法(floating catalyst CVD,FCCVD)逐渐发展,在气相中生长的高质量碳纳米管能直接用于纤维、薄膜等聚集体的组装,然而,碳纳米管的产量与质量始终难以平衡。2004 年,AIST 的 Hata 等人发展了碳纳米管竖直阵列的"超生长"方法[42],利用具有柔性的铁-铬-镍合金作为基底来生长碳纳米管竖直阵列,催化剂表现出极高的利用率,其生长的单壁碳纳米管也具有较高纯度,但是由于制备温度较低,他们获得的碳纳米管往往具有较多缺陷。流化床(fluidized bed,FB)化学气相沉积法反应条件温和,传质和传热易调控,配套设备和工艺流程成熟[150],因此,被用来大规模制备单壁碳纳米管。目前,国内市场上绝大部分碳纳米管产品是由流化床 CVD 法制备得到的。然而,载体与碳纳米管的后续分离增加了生产成本,同时高温反应中金属催化剂的烧结现象也使得规模化生产中的催化剂调控困难重重。此外,与流化床类似的方法还有直接注射热解合成法(eDIPS),其生长温度高达 1200℃,因此相比于流化床法得到的碳纳米管质量也更高[151]。

2.4.7.2　碳纳米管宏量制备的机遇与挑战

碳纳米管的纯度及结构控制,是其规模化制备发展面临的主要问题。工业生产中的碳纳米管制备,通常使用大量金属催化剂。这些金属催化剂残留和引发的副反应都会导致最终产物中有大量非碳纳米管杂质,随后烦琐的分离、纯化处理无疑会带来成本和质量问题,例如,碳纳米管样品金属杂质含量从 3.5%降到 1%,价格增加近 4 倍,因此,探索高纯度碳纳米管的直接制备方法,对其成本降低和质量提升都有着重要意义。另一方面,如何在宏量制备的生产条件下实现碳纳米管管径、导电属性甚至手性结构的控制,是满足不同应用需求的前提。受材料本征性能限制,多壁碳纳米管无法满足日新月异的应用需求,而单壁碳纳米管的产能依然远低于多壁碳纳米管,特定导电属性或手性结构碳纳米管的应用还停留在基础研究阶段。只有依据碳纳米管的微观生长机理,结合特定的化工工艺和生产放大装置,才能将单根碳纳米管的精细结构控制方法引入到宏量制备。

碳纳米管材料的良性发展,还需要建立合理的行业标准和市场规则。不同厂家、不同制备技术甚至不同批次制备的碳纳米管都可能存在结构、性能上的巨大差异,然而,目前市面上的碳纳米管产品绝大部分仅有碳纳米管的含量和价格的参数,缺少碳纳米管的结构参数与性能指标,制约了碳纳米管产品的流通。因此,针对不同功能,完善碳纳米管的形貌与性能评价体系,打通从原料、生产过程、产物,到最终应用产品的评估标准,同样需要所有碳纳米管领域从业者的共同努力。"多、快、好、省"的碳纳米管宏量制备时代终将到来。

2.5　碳纳米管复合材料

碳纳米管自被发现以来,其独特的一维管状结构,巨大的比表面积和优异的力学、电学性能引起了人们的广泛关注。将碳纳米管与其他材料结合,制备高性能的复合材料成为材料领域的研究热点,本节将从复合材料的性能角度出发,介绍碳纳米管为材料领域带来的变化。

2.5.1　碳纳米管复合材料简介

科技的飞速发展对材料性能提出了更高的要求,单一材料已经很难满足工业发展对性能的综合需求,结构功能一体化是材料发展的必然趋势之一。复合材料是指由两种或者两种以上异质、异形、异性的材料组合优化而成的新型材料,各组分材料按照功能可以分为基体组元与功能组元。通过对原材料的选择、各个组分分布设计和工艺条件的优化等,实现各组分材料的优势互补,最终使复合材料呈现优异的综合性能。复合材料具有较强的可设计性,使其基础性研究和应用探索都得以迅猛发展。

根据复合材料的功能特性,可将其分为结构复合材料和功能复合材料两大类。前者主要应用在承力结构部件上,聚焦更高的强度、刚性、韧性等力学性能指标,并满足耐高温、耐腐蚀等方面的特殊要求;后者主要利用材料的光、电、声、热、磁等特性在信息贮存与传输、能量贮存与释放等方面实现某种特定功能。

正如前文所述,碳纳米管具有优异的力学性能,碳纳米管的杨氏模量理论值可达5 TPa,多壁碳纳米管的平均杨氏模量约为 1.8 TPa[23]。在碳纳米管中,碳原子按照 sp^2 杂化方式组成一维管状结构,使其可以在不断裂的情况下承受极端的形变[152],且在变形后能够完全恢复至原始状态。此外,碳纳米管是优良的电子导体,其电流密度可达 10^{11} A/m²,较高的声子自由程也使其具有高达 3000 W/(m·K)的热导率[153]。因此,将碳纳米管与特定基体组元结合,能够利用其优异的特性提升宏观复合材料性能,从而推动碳纳米管的应用发展。

2.5.2　碳纳米管的预处理

尽管本征碳纳米管具有优异的性能,但目前规模化制备得到的碳纳米管大多呈现无序的粉末状态,且种类和结构复杂,含有丰富的手性结构、多样的微观形貌(直管管束、Y 形管、蛇形管等)甚至不同的管壁层数。这种无规则的组合方式,限制了碳纳米管的直接使用。因此,为了在宏观尺度上制备所需的复合材料,需要对碳纳米管进行预处理。

2.5.2.1　纯化

在大规模制备碳纳米管的过程中,通常会产生一系列碳质颗粒,如无定形碳、富勒烯和纳米晶石墨,并残余大量过渡金属催化剂。为了获得纯净的碳纳米管,通常有以下三种纯化方法:① 物理法;② 化学法;③ 物理和化学相结合的方法。

物理法是根据不同材料的磁性、密度、长径比和物理尺寸等方面的差异来实现的,包括离心分离、体积排阻色谱和微过滤等方法。物理法通常较为温和,不易对碳纳米管造成破坏,但是复杂的纯化程序会导致其纯化效率不高。化学法主要通过酸及氧化物[HCl、H_2O_2、O_3、H_2SO_4/HNO_3、HNO_3、$KMnO_4$、$(NH_4)_2S_2O_8$、$KMnO_4/H_2SO_4$ 等]对碳杂质和催化剂残留物进行氧化来去除杂质[7,8],最常见的氧化技术有气相氧化、液相氧化、电化学氧化等。另外,以表面活性剂、共轭聚合物等作为碳纳米管提取剂的纯化过程也属于化学法的范畴。化学法使用的大部分化学试剂来源广泛、成本较低,且对设备要求不高,同时具有选择性强、灵敏度高的特点,因此其被认为是更高效的纯化方法。然而,化学法中剧烈的反应过程会破坏碳纳米管的结构,因此最终得到的碳纳米管含有缺陷。若能实现物理法和化学法的优势互补,则可使纯化过程更合理、更高效,因此物理法和化学法相结合的方法成为目前最常用的方法。近年来,碳纳米管的纯化方法正在快速发展,特别是多种综合法的提出,将其纯化研究带入了一个新时期,碳纳米管的纯度正逐渐满足应用的要求。然而,各种不同的生产方法和生产条件下所得到的碳纳米管样品十分复杂,因此限制了特定纯化方法的使用推广,使得碳纳米管的纯化在商业化的道路上举步维艰,基于碳纳米管纯化的研究还需要进一步发展。

2.5.2.2　分散

为了利用碳纳米管的优异性能,必须使碳纳米管在复合材料中的分散具有稳定性、均匀性和可重复性等特点。由于碳纳米管间的范德瓦耳斯相互作用较强,常以管束的形式分散在基体中。此外,聚合物基体的某些性质,如润湿性、极性、结晶度、熔融黏度等,也会进一步增加碳纳米管在复合材料中形成渗透网络的难度。因此,如何获得高度稳定的碳纳米管分散体,以制备出符合预期性能的增强复合材料具有重要的现实意义。分散碳纳米管最常用的方法是超声处理碳纳米管溶液[154]。然而,这一过程可能引入结构缺陷。电场处理也被用来解决碳纳米管相互缠绕的问题[155]。这是由于碳纳米管具有较强的介电特性,在外加电场条件下会产生极化作用,同时,碳纳米管中电子结构呈现明显的各向异性,平行于轴向的偶极远大于垂直于轴向的偶极,在外加电场的作用下,电场的力矩可使偶极子转向平行于电场的方向,因此,碳纳米管会在平行均匀电场中沿电场方向定向有序排列。此外,球磨法、砂磨法、均质法等也能粉碎碳纳米管中的团聚体。

2.5.2.3　官能化

碳纳米管具有巨大的比表面积,通过连接特定官能团能使其获得不同的化学性质,同时也能改善碳纳米管与基体之间的相互作用,提高其加工性和综合性能。当前,研究人员已经提出几种可以提高碳纳米管填料与聚合物基体之间界面强度的改性方案(图 2-19)。实现表面官能化的方法具体可分为共价修饰和非共价修饰两种。在共价改性中,亲水取代基可以通过各种湿法化学处理法引入,比如利用酸、碱和氧化剂等。碳纳米管侧壁和端部功能化已经被用于减少或消除碳纳米管的疏水性,进而增加其溶解性和胶体分散性[156]。在非共价修饰中,聚芳族化合物与碳纳米管间的共轭堆积,以及聚合物对碳纳米管的包裹作用都被广泛用于增加碳纳米管在不同溶剂中的溶解度[157]。然而,与共价修饰相比,利用表面活性剂的非共价修饰下的胶体稳定性较差,主要原因有以下三点:(1)在碳纳米管非共价官能化过程中,表面活性剂疏水基团间的排斥作用使其易聚集形成管束[158];(2)由于碳纳米管与表面活性剂分子之间没有电子对的桥连作用,所以其疏水相互作用也比共价键弱;(3)引入表面活性剂后复合材料体系不能完全消除杂质。当然,共价修饰也有不可忽视的缺点,例如官能化步骤复杂、效率较低等。以下将对常用的共价及非共价官能化方法进行简要介绍。

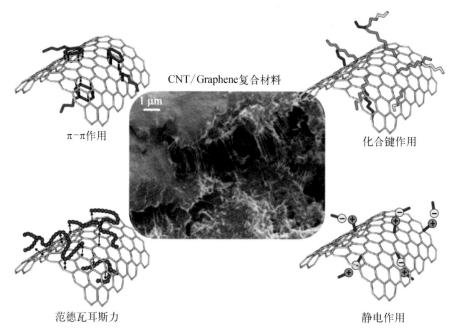

图2-19　四种不同化学修饰方法的示意图

1) 共价官能化

(1) 环加成反应:例如,Diels - Alder 环加成反应,利用叠氮化物的光化学反应实现碳纳米管侧壁和端部的官能化。此外,吡咯烷的加入可形成多种官能团,包括聚氨基胺树状大分子、酞菁添加剂、全氟烷基硅烷基团和氨基乙二醇基团。

(2) 自由基反应:分子动力学模拟显示了碳纳米管侧壁官能化的巨大可能性。可以采用化学试剂如芳基重氮、亚硝酸钠、过硫酸铵等来实现。此外,热、光化学路线也可以实现碳纳米管与自由基的共价官能化。例如,碳纳米管可以在过氧化物和烷基碘化物存在的环境中,通过加热或者使用亚砜化合物处理转化成酰氯,然后进一步转化成具有多末端的酰胺。

(3) 氧化反应:氧化是在碳纳米管中引入官能团的一种有效方法。然而在氧化过程中,碳纳米管中的 sp^2 碳网络很容易由于形成了—COOH、—C=O 和—OH 等官能团而被破坏。Rehman 等人[159]研究了使用 HNO_3/H_2O_2 混合物氧化后的多壁碳纳米管在不同溶剂中的溶解度分布。$KMnO_4$ 也已被广泛用于碳纳米管的官能化[160]。虽然酸性和碱性的 $KMnO_4$ 分别被用在不同的溶剂体系中纯化和溶解碳纳米管,但是对碱性 $KMnO_4$ 的使用还没有进行深入的研究。值得注意的是,sp^2 碳网络的过度氧化可能会导致碳纳米管被分裂成小碎片,而在所有的氧化方法中,使用 H_2O_2 能够最大程度减小碳纳米管结构的损伤。

（4）酯化/酰胺化反应:大多数酯化和酰胺化反应都以—COOH 基团为起点。使用亚硫酰或草酰氯将—COOH 转化为酰氯,然后与所需的胺或醇发生反应。酰胺官能化的碳纳米管已被证实可以螯合银纳米颗粒。氨基修饰的碳纳米管可由乙二胺与酰氯功能化的碳纳米管反应来制备。此外,酯化反应也能用于制备分散性的官能化碳纳米管。

2) 非共价官能化

非共价修饰主要借助范德瓦耳斯相互作用、氢键、聚合物(如表面活性剂、生物分子等)的包裹(物理)和 π-π 相互作用。这些相互作用保留了碳纳米管的骨架结构。以多核芳香族化合物为基础的基团,如苯基、萘、菲、芘和卟啉体系,它们具有亲水性和/或疏水性基团,可用于实现碳纳米管在有机相或水相中的溶解。碳纳米管与芳香族化合物间的共轭匹配程度越大,其溶解性也相对越好。如果需要调整碳纳米管的溶解度,则在碳纳米管官能化之前,用—NH$_2$ 和—COOH 基团进一步修饰多核芳香族化合物。

2.5.3　碳纳米管复合材料的制备方法

制备技术的研究是材料发展的立身之本,以碳纳米管作为增强组元制备复合材料的方法与基体组元的种类及性能密切相关。在众多复合材料中,碳纳米管与高分子聚合物、陶瓷和金属的复合最为常见。

2.5.3.1　碳纳米管/聚合物

高分子聚合物是指由化学键重复连接而成的高相对分子质量(通常可达 $10\sim10^6$)化合物,相比于传统材料,其发展历程虽然较短,但是应用的广泛性和可定制性使其成为工业、农业、国防和科技等领域的重要材料。面对日益增长的应用需求,高分子聚合物有望通过与碳纳米管复合以进一步提高性能。

（1）熔融共混

基于传统加工技术,如挤压、内部混合、注射成形和吹塑成形等,将碳纳米管与热塑性聚合物混合熔融共混的方法具有生产速度快、简单实用的优势[161]。同时,由于熔融共混法没有溶剂和污染物,因此比溶液处理法和原位聚合法更加环保[162]。碳纳米管在热塑性复合和成型方面具有独特的优势,这是因为与微米尺度碳纤维相比,碳纳米管很少发生断裂失效,且能够保持较高的长径比。熔融共混过程中通过高剪切混合、延长加工时间能够有效增强分散性,当与拉伸流动相结合时,会促使碳纳米管定向排列。此外,研究表明,使用螺杆挤出法制备碳纳米管/聚合物复合材料时,螺杆的几何形状对复合材料的结构和性能影响很小[163],大部分断裂发生在挤出的初始阶段。Ferguson 等人在熔融加工碳纳米管/热塑性塑料时,使用 Buss 捏合机进行初始混合,然后注射成型,获得了良好的分散性[164]。由于碳纳米管在混合过程中能够保持原有的物化结构,因此,即使经过后续处理,复合材料仍能保持优秀的导电性。在熔融共混法中,碳纳米管承受高剪切和拉伸流动的能力,以及实现碳纳米管良好分散的工艺参数及最小化聚合物降解程度等方面的研究仍需深入。

(2) 原位聚合

原位聚合法是一种用于改善不同相组分间的分散和融合性的方法,其主要优势在于可以从分子尺度上实现增强效果。原位聚合法是将碳纳米管和聚合物单体混合,在引发剂、电化学或自发条件下,单体在碳纳米管周围发生聚合,生成包裹着碳纳米管的聚合物。或者官能化的碳纳米管参与聚合反应,可能对聚合物的聚合过程和聚合度有一定影响。除碳纳米管粉体外,该方法也可用于定向的碳纳米管阵列[165],通过在每根碳纳米管上电化学沉积一层导电聚合物,来获得碳纳米管/聚合物同轴导线。

(3) 溶液复合

溶液复合法是目前制备碳纳米管/聚合物复合材料最常用的方法,其原理是:将聚合物溶于溶剂形成溶液,然后在外力作用下(机械搅拌产生的剪切力或超声化作用)将碳纳米管分散在聚合物溶液中,溶剂挥发后便得到复合材料。Jin 等人报道了一种典型的碳纳米管/聚合物复合材料制备工艺:将碳纳米管加入氯仿中,超声分散 1 h;然后加入聚羟基氨基醚,再超声分散 1 h;将混合液倒入聚四氟乙烯盘中,室温干燥 24 h,可以得到高碳纳米管含量(50%,质量分数)、均匀分散的复合材料[166]。此后的研究采用了许多新的思路,Shaffer 等人将化学改性的碳纳米管分散在水中,然后和聚乙烯醇(PVA)的水溶液混合,可以制备碳纳米管含量60%(质量分数)的复合材料薄膜[167]。这种方法依赖碳纳米管在溶剂中的分散能力,并且溶剂同时也必须能够溶解聚合物。原始碳纳米管很难分散在大多数溶剂中,为了解决这个问题,最初采用的办法是加入表面活性剂[168],提高碳纳米管的分散能力。表面活性剂受溶液的离子强度、pH 值等因素的影响比较大,所以使用时必须选择恰当的条件。此外研究表明,如果直接将碳纳米管加入聚合物溶液体系(即使碳纳米管不能单独分散在溶剂中),溶剂挥发后,也能得到碳纳米管均匀分散的复合材料[169]。

除有利于均匀分散外,溶液聚合还能控制碳纳米管定向排列。Jin 等人将多羟基氨基醚溶解于超声处理后的多壁碳纳米管/氯仿悬浊液,再将其涂布成膜,随后通过机械拉伸可以实现碳纳米管的定向排列[166]。碳纳米管的长径比和刚度是该方法有效性的关键,当使用长径比更小、刚度更高的碳纳米管时,可以有效提高取向度。静电纺丝也是促使碳纳米管取向的一种方法,在聚合物溶液和金属极板之间施加高压电场,能够辅助碳纳米管在复合纤维中的定向排列[170]。

(4) 其他方法

CVD 直接生长可以获得更优异的碳纳米管复合材料,例如可以在聚二甲基硅氧烷(PDMS)衬底上直接生长碳纳米管阵列。高温下 PDMS 的热收缩特性提供了构建复杂碳纳米管三维网络的可能性,因此可用于制备柔性纳米器件,如高灵敏度的化学气体传感器。另外,有研究利用 CVD 技术将碳纳米管直接生长到碳纤维上,随后将其嵌入到聚合物中,形成一种多尺度复合材料,碳纳米管能增强其中的纤维/基体结合界面[171]。

2.5.3.2　碳纳米管/陶瓷

陶瓷具有高硬度、高耐磨性及耐高温、耐腐蚀等优异性能,但陶瓷材料脆性大,韧性差。碳纳米管具有高强度和韧性,将碳纳米管加入陶瓷基体中制成复合材料可以改善陶瓷的韧性。然而,在实际应用中,碳纳米管对陶瓷性能的增强作用远远低于人们的预期,其主要原因是碳纳米管在陶瓷基体中分散不均匀、复合材料的致密化不足,以及碳纳米管与基体之间的润湿性差。这些问题都与碳纳米管/陶瓷复合材料的制备工艺密切相关。通常,碳纳米管倾向于形成管束,很难在陶瓷中分散,极大地削弱了裂纹桥接和拉出效应,导致增韧效果大打折扣。因此,碳纳米管在陶瓷基体中的均匀分散是获得理想力学性能的前提。

通常,碳纳米管/陶瓷复合材料是通过传统的粉末混合和烧结技术,如无压烧结、热压和热等静压(集高温、高压于一体的技术)来制备的。这些工艺制备的碳纳米管/陶瓷复合材料的力学性能有些是略有改善,有些甚至反而降低。这是因为传统的烧结方法需要在高温下进行长时间的处理才能使坯体致密化。这样的高温环境会导致碳纳米管的氧化,从而致使性能下降。例如,Peigney 团队在 1335～1535℃ 的高温环境下热压粉末混合物制备了 CNTs/Fe‐Al$_2$O$_3$ 复合材料,其断裂强度仅略高于单片 Al$_2$O$_3$,但低于 Fe‐Al$_2$O$_3$ 复合材料[172]。

放电等离子烧结被认为是在较低的温度和较短的保温时间内实现陶瓷致密化的有效方法。因此,一些研究人员已经使用放电等离子烧结方法来加固 CNTs/陶瓷复合材料。例如,Balázsi 等人比较了热等静压和放电等离子烧结处理对 MWNTs/Si$_3$N$_4$ 复合材料的微观结构和力学性能的影响,这两种烧结工艺制备的复合材料在性能上存在较大差异[173]。利用放电等离子烧结法可以获得力学性能改善的全致密复合材料,相比之下,经热等静压处理的复合材料呈现出部分致密的结构和较粗的晶粒。

2.5.3.3　碳纳米管/金属

碳纳米管增强金属基复合材料是近十几年发展起来的一类先进复合材料,除具有普通金属基复合材料的优良性能外,还具有比重轻、热膨胀系数小、导电导热率高、阻尼性能优良等优点,在航空、航天等领域有较大的应用潜力。然而,由于缺乏合适的加工工艺,碳纳米管难以在金属基体中分散,而且对碳纳米管与金属之间的界面问题缺乏深入认识,因此在碳纳米管/金属复合材料的制备、结构、物理和机械性能等方面的研究十分有限。目前,碳纳米管金属复合材料可以通过热喷涂成型、液态金属加工、粉末冶金、塑性变形、搅拌摩擦加工、电化学沉积和分子水平混合等技术进行加工。以下简要介绍一些常用方法的技术路线。

(1)热喷涂成型

热喷涂是一种有效的沉积加工技术,适用于从金属到陶瓷等多种材料的沉积。在此过程中,涂层材料在高温的气体介质中加热,并从喷枪高速投射到组件表面。在撞击时,它们的热量在较短的时间内就会耗散,进而在冷基材上凝固。等离子喷涂、高速氧燃料喷涂、电弧喷涂和爆轰火焰喷涂等工艺可以根据对材料和涂层性能的要求来形成相应的涂层。

(2)粉末冶金

粉末冶金是制备碳纳米管铝基复合材料的一种通用方法。将微米或纳米尺寸的铝合金粉末与碳纳米管在有机溶剂(乙醇等)中超声混合,然后将溶剂蒸发,进行烧结或热固结制备粉末混合物,形成复合材料。然而,材料科学家在金属基复合材料的粉末冶金加工过程中遇到了许多困难。例如,高温烧结纳米金属粉末总是导致晶粒快速生长。根据不同的加工温度和时间,基体颗粒的尺寸可以增长到微米级,对复合材料的硬度和耐磨性等造成严重影响。

(3)搅拌摩擦加工

搅拌摩擦加工是一种基于搅拌摩擦原理而发展起来的固态加工方法,是使金属材料近表面区形成细晶组织的有效方法。在这一过程中,一个旋转的销钉被插入到基板中,并在间隙中填充碳纳米管粉末,由此产生的摩擦热和加工应变可以促进微观结构的细化、致密化和均匀化。通过控制试验过程中的挤压次数、倾斜角度、旋转速度等参数,使碳纳米管在复合材料近表面区域中较均匀地分布,从而获得符合预期目标的复合材料。

2.5.4   碳纳米管复合材料的力学性能

sp^2杂化碳原子共价连接形成的一维管状结构,使得碳纳米管具有优异的力学性能,以碳纳米管作为功能组元的复合材料也有望能够突破其原有的力学性能。

2.5.4.1   碳纳米管/聚合物

利用碳纳米管提升聚合物的力学性能,是制备碳纳米管/聚合物复合材料的主要目标之一。即使所关注的是其他特性,碳纳米管改善聚合物力学性能的能力也常常是一个有价值的附加效益。在早期的工作中,尽管碳纳米管/聚合物复合材料的实际性能不佳,但是这些研究对于理解复合材料失效的原因和解决关键问题同样具有指导和借鉴意义。

Shaffer 等人率先对碳纳米管/聚合物复合材料的力学性能进行了系统的研究。他们通过溶液聚合的方法制备 MWNTs/PVA 复合材料[167]。在动态机械热分析仪中测定了复合膜的拉伸模量与碳纳米管的载荷及温度的关系,并结合短纤复合材料理论,从室温实验数据中推算得到复合材料中碳纳米管的拉伸模量为 150 MPa,这个值远远低于单根碳纳米管的文献值——即使是 CVD 法制备的有缺陷的碳纳米管,其拉伸模量也大约为 30 GPa[174]。该结果可能与应力传递不良有关,而不是由碳纳米管本身缺陷所导致的。2002 年,Cadek 等人采用溶液混合法,将 PVA 和电弧法制备的多壁碳纳米管复合,并在玻璃衬底上用滴铸法制备了薄膜。添加 1%(质量分数)的碳纳米管使得 PVA 的拉伸模量和硬度分别提高了 1.8 倍和 1.6 倍[175]。与早期结果相比,这一提升既反映了该复合材料中碳纳米管优良的质量,也反映了界面结合强度的提高。

Qian 等人研究了碳纳米管/聚苯乙烯复合材料的力学性能。结果表明,碳纳米管含量越高,复合材料的力学性能变化越明显[169]。当复合材料中碳纳米管的含量在 2.5%～25%(体积分数)的范围内变化时,其拉伸模量从 1.9 GPa 逐渐增加至 4.5 GPa,且该变化主要发生在 MWNTs 含量在 10%(体积分数)以上时。然而,碳纳米管浓度对拉伸强度的影响更为复杂。在较低的浓度(≤10%,体积分数)下,其拉伸强度与原聚合物相比下降了约 40 MPa,只有当 MWNTs 含量高于 15%(体积分数)时,才超过原聚合物强度[176]。为了研究碳纳米管/聚苯乙烯复合材料的拉伸断裂机制,Qian 等人在 TEM 中进行了形变研究。电子束聚焦在薄膜上产生局部热应力,导致复合材料产生裂纹[169]。原位 TEM 结果表明,裂纹倾向于在碳纳米管低密度区域成核,然后沿着碳纳米管/聚合物中较弱的界面或碳纳米管的密度相对较低的区域传播。碳纳米管与裂纹方向垂直排列,并在边缘处桥接裂纹面。当裂纹的位移超过约 800 nm 时,碳纳米管开始断裂或从基体中拉出。一些拔出的碳纳米管表面没有涂覆上聚合物,这一现象表明碳纳米管与聚合物的界面相互作用还有待改进。Ajayan 等人研究了多壁碳纳米管/环氧树脂复合材料在拉伸和压缩下的力学行为[177]。结果表明,复合材料的压缩模量远大于拉伸模量,说明复合材料在压缩时向碳纳米管传递的载荷量远大于拉伸时传递的载荷量。可能的原因是,在向多壁碳纳米管传递荷载的过程中,只有外层管壁受到拉伸应力的影响,而在压缩时所有管壁都会产生响应。

2.5.4.2 碳纳米管/陶瓷

强度、硬度和断裂韧性是陶瓷材料的关键参数。陶瓷具有较高的力学强度,是一种很有潜力的结构材料。然而由于分子间的滑移位阻很高,陶瓷表现出明显的脆性。在陶瓷中添加碳纳米管可以有效地减少脆性,增强韧性。以铝基陶瓷为例,纯 Al_2O_3 的维氏硬度和断裂韧性分别为 20.3 GPa 和 3.3 MPa·m$^{1/2}$。5.7%（体积分数）SWNTs/Al$_2$O$_3$复合材料的断裂韧性是纯氧化铝的两倍以上，且硬度几乎没有下降。10%（体积分数）SWNTs/Al$_2$O$_3$复合材料中，复合材料的韧性几乎是纯氧化铝的三倍。虽然此时维氏硬度显著下降，但该值仍然高于纯氧化铝[56]。更有趣的是，除了硬度随密度的减小而降低外，还发现 10% SWNTs/Al$_2$O$_3$复合材料的断裂韧性与密度也呈正相关。硬度对密度的依赖关系是合理的，但韧性对密度的正依赖关系与传统的预期相反。这可能与碳纳米管与基体的结合程度有关。在完全致密的复合材料中，碳纳米管与氧化铝基体发生了强烈的缠绕，形成了网状结构。其中，部分碳纳米管与氧化铝颗粒缠绕，部分碳纳米管包裹着氧化铝纳米颗粒。然而，对于非完全致密复合材料，情况则大不相同[178]。在相对密度为 86%的复合材料中，缠结网络结构几乎消失，因此碳纳米管和陶瓷的界面结合力较弱，整体呈现松散的网络结构。而在相对密度为 95%的复合材料中可以观察到碳纳米管与基体之间更强的结合。由此推断，界面结合强度是影响复合材料韧性的一个重要因素。

其他增韧效应可能与以下因素有关。首先，增韧效果与碳纳米管的结构有关。MWNTs 与 SWNTs 相似，但却有更多的缺陷，因而限制了它们的性能。此外，基体向 SWNTs 和 MWNTs 的载荷转移存在差异，正如上文提到的 SWNTs 的增韧效果优于同等添加量（10%，体积分数）的 MWNTs 增韧效果的原因。第二，增韧效果与独特的缠结网络结构有关。延伸的裂纹沿碳纳米管与纳米晶基体间的界面所发生的连续偏转可达到增韧效果。第三，增韧效果与加工工艺有关。烧结速度快、温度低、时间短可以确保高质量的碳纳米管保留在烧结压实的复合材料中。

2.5.4.3　碳纳米管/金属

高强度、高模量和高柔韧性使碳纳米管成为金属/合金理想的增强材料。最近的研究表明，碳添加碳纳米管可使金属/合金的强度、杨氏模量和断裂伸长显著提高，增强机理与金属基体向碳纳米管的载荷转移有关。

为了在碳纳米管-基体界面上实现有效的载荷传递，碳纳米管必须均匀地分布在金属基体内。因此，防止碳纳米管团聚对于复合材料来说尤为重要。如前所述，制备技术对于碳纳米管在金属基体内的均匀分布起主导作用。传统的粉末混合、热压和热挤压法制备的 CNTs/Al 复合材料的拉伸强度不如纯铝材料，其主要原因是碳纳米管的团聚，在拉伸变形过程中，载荷并没有从基体有效地传递到碳纳米管中。

George 等人通过球磨混合，并在 580℃烧结、560℃挤出的方法制备了 MWNTs/Al 和 SWNTs/Al 复合材料[179]。添加 0.5%（体积分数）和 2%（体积分数）的 MWNTs 的复合材料的模量分别增加了 12%和 23%，与此同时，其强度也得到提升。实验结果表明施加的载荷在碳纳米管和基体的界面上得到了有效的传递。

Deng 等人采用粉末冶金法制备了 MWNTs/Al 复合材料,随后进行了冷等静压和热挤压[180]。MWNTs 的添加量不超过 1%(质量分数)时,复合材料的相对密度和硬度均随碳纳米管含量的增加而增加,杨氏模量和拉伸强度也在添加量为 1%(质量分数)时达到最大值。断裂伸长在添加量不超过 1%(质量分数)时基本不变,这是因为碳纳米管能够桥连基体中由拉伸造成的裂缝,从而提高复合材料的拉伸性能。在添加 2%(质量分数)时,由于碳纳米管的团聚,相对密度和硬度急剧下降。

2.5.5 碳纳米管复合材料的电学性能

碳纳米管的离域 π 电子共轭体系和独特的电子结构,使其展现出优异的电学性质,在电磁屏蔽、静电喷涂、静电消除等领域具有广阔的应用前景。

2.5.5.1 碳纳米管/聚合物

聚合物通常具有加工性能好、密度低、机械性能好等优点,但是传统聚合物导电性能差。共轭导电聚合物虽然具有良好的导电性,但是加工性能差,因此很大程度上限制了其广泛应用。碳纳米管具有优良的导电性能和极大的长径比,将其添加在聚合物基体中可以在保持聚合物优良的加工特性和低密度等优点的同时,有效改善复合材料的导电性和电化学性质。

(1)电导率

对于基体为绝缘聚合物的碳纳米管复合材料,其导电性主要受碳纳米管的添加量的影响。在碳纳米管浓度较低的条件下,复合材料的导电性能与电绝缘聚合物基体的导电性能接近。而当碳纳米管在复合材料中的添加量高于临界浓度时,碳纳米管在聚合物基体中逐渐形成导电网络,导电性呈现数量级地增加[181]。复合材料电阻率的渗滤阈值在很大程度上取决于所使用的碳纳米管的长径比。长径比越大,渗透阈值越低[182]。因此,碳纳米管在聚合物基体中的分散对优化渗滤阈值起决定性作用。长径比约为 10^4 的未成束碳纳米管能够在相对较低的浓度下制备成导电薄膜[183]。值得注意的是,在渗滤阈值以上,随着碳纳米管的进一步添加,复合材料的电导率并没有显著提高。这是因为渗透阈值和导电性不仅取决于碳纳米管的长径比,还取决于其形状和大小的分布[184]。

复合材料的加工条件对渗透阈值也有很大的影响。例如,多壁碳纳米管/聚苯乙烯在 125℃经过 2 min 的压缩成型后,其渗滤阈值可达 1.2%~1.3%,而在 150~180℃压缩成型后,其渗滤阈值降低到 0.9%~1.0%[181]。然而,在不同温度下制备的复合材料的电导率没有明显差异。此外,处理时间的增加会导致渗滤阈值降低。当对多壁碳纳米管/聚苯乙烯的处理时间为 2 min 时,渗滤阈值为 1.2%,而在 2~30 min 的处理时间内,渗滤阈值下降到 0.75%~0.90%。此外,当多壁碳纳米管的含量超过 4%时,多壁碳纳米管/聚苯乙烯的电导率不随温度或处理时间的变化而发生显著变化。

（2）电化学性质

循环伏安法（cyclic voltammetry，CV）已广泛应用于研究复合膜在水和有机溶剂中的电化学性能[185]。为了阐明碳纳米管在复合膜中的作用，通常将复合膜的电化学行为与纯聚合物膜进行比较。复合膜和聚合物膜常用于包裹电池的电极，而电极的电化学行为通常由表面的聚合物或者复合材料的行为决定。例如，将聚吡咯膜通过电化学聚合作用沉积到碳纳米管上，由于复合膜中电子转移所引起的极化降低，将呈现出更小、更宽的阳极 CV 峰。此外，碳纳米管/聚吡咯涂层电极的 CV 曲线比聚合物涂层电极的 CV 曲线更对称，覆盖的电位范围更广。碳纳米管的添加增强了复合膜中的电流。重要的是，聚合物基体中碳纳米管的存在显著增加了阴极和阳极电流量，表现为复合电极的 C_s 值增加[185]。

此外，电化学聚合沉积在超顺排碳纳米管电极上的聚吡咯膜的厚度并不会显著影响电极的 CV 特性。这是因为复合膜中的碳纳米管加快了氧化还原过程[186]。同时，聚合物基体中碳纳米管的存在增加了材料的孔隙率，使得电解液更易接触到电活性聚合物。这种介孔形貌有利于聚合物中离子的快速扩散和迁移，改善电极性能[187]。

2.5.5.2   碳纳米管/陶瓷

CNT/陶瓷复合材料的导电性在很大程度上取决于所采用的加工路线。这里以 Al_2O_3 为例，介绍不同制备方法和制备条件对复合材料导电性的影响。Yamamoto 等人利用乙醇超声分散碳纳米管，制备了 3.7%（体积分数）MWNTs/Al_2O_3 复合材料[188]。尽管利用火花等离子体烧结技术在 1500℃、20 MPa 下热压 10 min，能形成致密结构，但高温烧结和热压破坏了碳纳米管的结构完整性，导致复合材料的电导率较低，仅为 65.3 S/m。Mukherjee 等人通过球磨混合氧化铝和碳纳米管粉末，然后利用火花等离子体烧结技术在 1150～1200℃ 处理 3 min，制备了 5.7%（体积分数）SWNTs/Al_2O_3 复合材料[189]。结果表明，添加了 5.7%（体积分数）SWNTs 的氧化铝的电导率从 10^{-12} S/m 增加至 1050 S/m，提高了 15 个数量级。复合材料导电性的显著提高，是碳纳米管的结构完整性和导电网络的有效性共同作用的结果。

此外，碳纳米管/陶瓷复合材料与碳纳米管/聚合物类似，其导电性也受到渗滤阈值的影响。通常陶瓷材料的渗滤阈值比较低，受陶瓷基底类型和加工工艺的影响，渗滤阈值通常在 0.64%～4.7%（体积分数）范围内[190]。

2.5.5.3   碳纳米管/金属

相对于纯金属，碳纳米管电导率低，载流量高。人们期望通过将碳纳米管作为增强相来获得高电导率和高载流量的金属基复合材料。但高电导率要求材料键能较弱,有较多的自由电子,而高载流量则要求材料键能强[191],两种性质往往难以兼顾。因此,在研究碳纳米管增强金属基复合材料的电学性能时需将多种因素统筹分析。

碳纳米管在金属基体中的存在方式可分为:团聚状、分散状和网络状。总体而言,团聚状、分散状不利于复合材料电学性能的提升[192];而网络状有助于提高复合材料电导率和载流量。Shin 等人在使用粉末冶金法制备 MWNTS/Al 复合材料的过程中发现,当碳纳米管呈网状分布时电导率优于单分散,这是因为网状结构组成声子和电子的传导路径,减少了电子散射和电声相互作用[193]。

碳纳米管与金属基体的浸润性通常较差,容易导致界面结合不佳,阻碍电子在界面处的传递,形成接触电阻,从而严重影响复合材料的电学性能。研究发现,Cu 中加入少量 Ti、Cr 和 Zr,可以增强碳纳米管/Cu 的界面结合[194]。因为这些金属均能与碳纳米管形成碳化物,然而,并非所有形成碳化物的情况都将改善界面性能。例如,碳纳米管增强 Al 基复合材料在界面形成 Al_4C_3[195],少量 Al_4C_3 对界面有促进作用,若大量生成 Al_4C_3 则对复合材料力学性能产生消极作用,对电学性能的影响尚未有定论。在碳纳米管表面通过化学镀或电镀表面张力较低的金属(Ni)[196],也可以适当改善碳纳米管与金属基体的浸润性,因为表面张力较低,形成的润湿角较小。研究发现如果碳纳米管与金属基体界面存在氧原子,由于氧原子与碳纳米管和基体都能形成化学结合,因此也将提高界面结合性[197]。此外,碳纳米管间的连接也是影响管间接触电阻的主要因素。通常碳纳米管长度越长,接头越少,越利于声子、电子运输和界面载荷传递,进而提高复合材料的电学性能。碳纳米管接头所引起的接触电阻可通过酸处理和掺杂得到改善。

碳纳米管的电学性能表现为各向异性,因此碳纳米管的排布方向将影响复合材料的电学性能[192]。碳纳米管轴向和径向电导率的差别可达 100 倍,目前研究碳纳米管金属基复合材料电学性能的一个难题便是控制碳纳米管排布方向。

2.5.6　碳纳米管复合材料的热学性能

电子器件的散热性能对其特殊工况下的稳定性起决定作用,如何解决器件在高功率下的散热问题是当前电子器件发展的重要议题之一。碳纳米管作为优良导热材料之一,在与传统材料复合从而提升导热系数和热稳定性方面被寄予厚望。

2.5.6.1　碳纳米管/聚合物

聚合物内的导热机理主要是声子导热,即通过材料内晶格点阵的振动传递热能,聚合物的结晶度比无机材料低得多,内部是晶区与非晶区混杂。这使高分子材料本身就存在许多界面、缺陷等,其声子散射严重,所以聚合物本身的热导率一般较低。碳纳米管由于具有极高的热导率,被广泛地用于改善聚合物的热传输性能。

碳纳米管的添加量对碳纳米管复合材料的导热性能有一定的影响,通常随着碳纳米管含量的增加,导热系数明显增大。取向后的碳纳米管更有利于导热通路的构建,也可以显著提高复合材料的热导率。

碳纳米管与基体材料之间存在的界面热阻被认为是影响碳纳米管/聚合物复合材料热导率的主要因素。Singh 等人对界面热阻在决定碳纳米管/聚合物复合材料有效导热性能中的作用进行了全面的综述[198]。实验结果表明,界面厚度对复合材料的有效导热系数影响很小,随着界面厚度的增加导热系数几乎不变。Tanaka 等人研究了碳纳米管厚度对复合材料等效导热系数的影响,并用无单元 Galerkin 法(一种类似于有限元的算法)对不同长度碳纳米管的等效导热系数进行了评价[199]。从计算结果可以看出,随着碳纳米管厚度的增加,复合材料的等效导热系数略有增加。

温度也是影响碳纳米管/聚合物复合材料热导率的因素之一。Hong 等人对这一因素进行了评估,他们发现 SWNTs 和 MWNTs 复合材料的导热系数均随温度升高而增大,在 $25\sim45℃$ 时,导热系数随温度的变化是线性地、稳定地增加[200]。超过 45℃ 时,导热系数会突然增大,这种现象由复合材料的分子热运动导致。

2.5.6.2　碳纳米管/陶瓷

与电学性质相似,加入导热系数更高的碳纳米管后,陶瓷的导热性会得到明显改善。碳纳米管/陶瓷复合材料有望像形成导电网络一样形成导热网络。这使得沿着碳纳米管网络的快速热流和进一步增强热传输成为可能。然而,碳纳米管/陶瓷复合材料的导热系数远远小于碳纳米管的固有导热系数和体积分数所预测的理论值。此外,导热性能的提高程度远远低于导电性能[201]。在 MD 模拟的基础上,Huxtable 等人证明了碳纳米管复合材料的热传输受到界面热阻的限制,由于界面热导非常小,导致实际热导率远低于理论值[202]。

MWNTs/SiO$_2$ 复合材料可经球磨复合成泥浆后,再由火花等离子体在 $950\sim1050℃$ 烧结 $5\sim10$ min 得到[203]。当 MWNTs 添加量为 10%(体积分数)时,其室温热导率达到最大值,为 4.08 W/(m·K),与纯 SiO$_2$ 相比,提高 65%。导热性能的增强远小于碳纳米管超高热导率所带来的预期。而对于碳纳米管复合材料中并未观察到热逾渗的现象,Shenogina 等人用碳纳米管与基体之间的导热系数(C_f/C_m)和电导率(σ_f/σ_m)的巨大差异来解释[204]。假定 $C_f=3000$ W/(m·K),$C_m=2.47$ W/(m·K),因此 $C_f/C_m=1215$。纯 SiO$_2$ 是一个绝缘体,电阻率高达约 10^{10} Ω·m。室温下 CNTs 的电阻率的数量级为 $10^{-8}\sim10^{-6}$ Ω·m[205]。因此,$\sigma_f/\sigma_m=10^{16}\sim10^{18}$。$\sigma_f/\sigma_m$ 和 C_f/C_m 的巨大差异致使 MWNTs/SiO$_2$ 复合材料中难以发生热逾渗现象。

2.5.6.3　碳纳米管/金属

金属通常具有良好的导热性,是微电子器件散热的理想材料,然而金属的热膨胀系数值相对较高。以金属铝为例,碳纳米管的掺入可以有效降低 Al 的热膨胀。Tang 等人研究了不同体积分数的碳纳米管增强金属铝的复合材料的热稳定性[206]。将纳米氧化铝与纯化的碳纳米管在乙醇中混合,在超声作用下制备复合材料。将粗晶铝和 15%(体积分数)SWNTs/Al 复合材料样品进行比较,尽管两种试样的尺寸都会随温度的升高而增大,但复合铝的尺寸变化约为粗晶铝的五分之一。因此,碳纳米管的加入大大提高了复合材料的热稳定性。同时,复合材料的热膨胀系数随 SWNTs 含量的增加而明显降低。在 50~250℃的温度范围内,15%(体积分数)SWNTs/Al 复合材料的热膨胀系数约为纳米晶 Al 的三分之一,这表明碳纳米管有效地限制了基体的热膨胀。由于碳纳米管在降低铝的热膨胀系数方面非常有效,因此所制备的复合材料在电子封装应用方面具有很大的前景。Deng 等人也报道了 MWNTs 在降低 2024 铝合金的热膨胀系数方面的用途[207]。添加 1%(质量分数)MWNTs 时,2024 铝合金在 50℃时的热膨胀系数减少了近 11%。

由 SWNTs/Al 复合材料热膨胀系数的实验结果与理论预测结果对比可知,复合材料的热膨胀系数与 Schapery 方程的预测值接近[190]。这是由于 Schapery 模型考虑了复合材料各组元之间的相互作用,其下限决定了填料呈互连网络的复合材料的热膨胀系数。对于 SWNTs/Al 复合材料而言,提高具有较大长径比的 CNTs 的含量有助于形成互连的填料网络。复合材料的热膨胀系数的实验值与 Schapery 模型预测值的偏差主要来源于碳纳米管的团聚。

2.5.7　碳纳米管复合材料其他性能

除提升传统复合材料的力、电、热等方面的性能外,碳纳米管独特的几何结构、可调的能带结构和优异的化学稳定性等,也不断激发着人们设计可应用于更多领域的碳纳米管复合材料。

2.5.7.1　光电效应

光电效应包括电子和空穴的产生及随后在相对电极上的收集。半导体材料吸收光子后,有概率激发电子进入导带,从而产生束缚电子-空穴对,即光生激子。然而这些激子必须解离成自由电子才能被输送到电极上,激子的解离能与半导体材料的带隙直接相关,碳纳米管作为带隙可调的半导体材料而备受关注,本章第六节,将详细讲述基于碳纳米管的光电器件的发展。但同时,碳纳米管的激子束缚能过大,也限制了纯碳纳米管光电器件性能的提高。因此,将碳纳米管与特定基元组分相结合来制备碳纳米管光电复合材料不失为一种可行的方法。

有研究小组[176]利用聚对苯乙烯（PPV）及其衍生物制备了具有突出电致发光性能的碳纳米管复合材料，被广泛应用于发光二极管等光电设备中。向聚合物中加入碳纳米管的目的之一是提高其导电性。通常导电剂的掺杂会导致聚合物光学性能下降，而碳纳米管的加入，不仅没有牺牲聚合物的光吸收能力，还使其导电性提高了8个数量级。Ago等人通过在玻璃支撑的碳纳米管薄膜上沉积PPV来制备光伏器件，研究发现碳纳米管的存在明显降低了PPV的光致发光效率，意味着其激子复合率降低，激子解离效率提高[208]。

2.5.7.2　吸附性能

碳纳米管具有中空结构、较大的比表面积、高化学惰性及强疏水性，因此被广泛应用于水环境中有机污染物、重金属离子及其络合物等的收集处理。对碳纳米管复合材料的研究最早开始于碳纳米管与金属材料的复合，即用碳纳米管修饰金属、金属氧化物、螯合金属氧化物或聚合物等。这些复合材料能够将多种功能的材料整合在一起，从而使碳纳米管/金属复合材料显现出多重功能，极大提高碳纳米管的分散性，使其更好地应用于水环境中污染物的去除。Saleh等通过水热处理法合成多壁碳纳米管/氧化铝纳米复合材料，并且研究了其在污水处理中的应用[209]。

碳纳米管/聚合物基复合材料在吸附材料、多功能材料、生物医用材料、催化剂等方面也有广阔的应用前景。例如，Smalley等人成功地合成了碳纳米管/聚乙烯基吡咯烷酮、聚乙烯基磺酸盐复合物，得到了在水中分散性较好的碳纳米管悬浮液，形成热力学更加稳定的体系，为吸附提供了驱动力[210]。同时，通过改变溶剂体系，可以使碳纳米管/聚合物复合材料解吸附。

2.5.7.3　润滑性能

塑料等有机高分子材料，通常硬度较低，在连续的摩擦作用下，其表面会产生塑性变形并生成较多裂纹，这些裂纹沿着表面层和次表面层扩展，继而相互连接后就会造成片状磨屑剥离从而形成较大的磨损，碳纳米管的加入能明显改变这一情况。例如，在超高分子量聚乙烯中掺入1%的碳纳米管就可以显著地提高其抗冲击强度（20%～40%），并能出现增韧、降低摩擦系数的效果[211]。

环氧树脂具有优良的机械性能、绝缘性能、耐腐蚀性能、黏结性能和低收缩性能，是一种常见的工程材料。Zhang等人研究了碳纳米管对环氧树脂摩擦性能的增强作用[212]。研究表明，碳纳米管相对于环氧树脂的表面覆盖面积比例是影响复合材料摩擦性能的重要因素，当这个值大于25%时，磨损率减小了很多，这是由于在摩擦表面暴露的碳纳米管能够起到保护环氧树脂基体的作用。陈晓红等人采用浇铸法，利用超声分散制备 MWNTs/环氧树脂复合材料,并研究了碳纳米管的添加量及分散程度对复合材料表面形貌和摩擦磨损性能的影响[213]。研究结果显示,随着碳纳米管加入量的提高(1%～4%),复合材料的摩擦系数和磨损率均呈现降低趋势,摩擦系数由 0.160 降到 0.122,磨损率降低了一个数量级。在碳纳米管添加量(1%,质量分数)相同的情况下,其分散程度越高,摩擦性能越好。

2.5.8　碳纳米管复合材料的难点和展望

基于碳纳米管的优异性质,其复合材料的研究正不断深入。然而目前,碳纳米管复合材料走向真正的应用还面临制备上的严峻挑战,向基体材料中添加碳纳米管的工艺便是关键问题之一。尽管聚合物基体具有触变性,剪切时黏度会下降,但即使在添加量较低的情况下,碳纳米管的添加会造成基体黏度的显著增加,这意味着碳纳米管几乎无法大量地分散在传统的聚合物中。

实现碳纳米管的高负载量的一个关键方法是在引入到基体之前,先将碳纳米管预先制备成一个有组织的架构,以适应传统的复合材料生产技术。首先,可使用类似于芳纶纺丝的方式,将碳纳米管通过超强酸、有机溶剂或水/表面活性剂分散之后形成液晶溶液,进行液晶纺丝[147]。另外,也可以使用聚合物复合纤维的形式,用聚合物(聚乙烯醇或聚丙烯腈)作为黏结剂来改善碳纳米管间的应力传递,之后黏结剂可选择性地进行热解[214]。最后,可以从其生长基底或生长区中提取纤维,这样可以绕过液相流变学问题,得到超长且连续的碳纳米管纤维复合材料[127]。碳纳米管的一维特性意味着它更适合用于纤维;特别是碳纳米管超大的长径比,可优化管间的应力传递。此外,碳纳米管纤维可能具有更多功能,包括能源收集、能源存储和传感等,可以满足未来智能织物和结构的需求。

为了获得更好的性能,在设计碳纳米管复合材料的结构和性能时,除了传统加工方法,也可以考虑通过仿生加工使碳纳米管的取向度得到进一步优化,从而使复合材料中高含量碳纳米管的团聚问题得到控制。例如,层状贝壳结构中的界面结合机理的应用,可实现兼具强度和韧性的硬、软材料的制备。在仿生功能的基础上,智能驱动器的感应形式越来越丰富,响应能力越来越强,功能化应用越来越开阔。借助自然材料进行结构设计并整合思想,可以使碳纳米管复合材料在结构合理化、性能优异化、材料可控化和应用高效化上得到发展,这也不失为一种可取的思路。

Ajayan 等人概述了将碳纳米管添加到复合材料中的指导性参数,以及在实际应用中可以增强的性能[215](图 2-20)。由此可见,碳纳米管复合材料以其独特的结构和性能,已成为科学界的研究热点,并在众多领域得到越来越多的重视和应用。但在如何降低其成本、形成商业化生产、提高碳纳米管质量等方面仍需深入地研究。另外,随着碳纳米管复合材料在生物学、环境科学领域的发展和应用,在关注其正面效应的同时,还应加强和完善对其生物安全性、环境污染等问题的评估。随着纳米技术的快速发展和对碳纳米管的深入研究,相信碳纳米管复合材料将会有更大的发展空间和更广阔的应用前景。

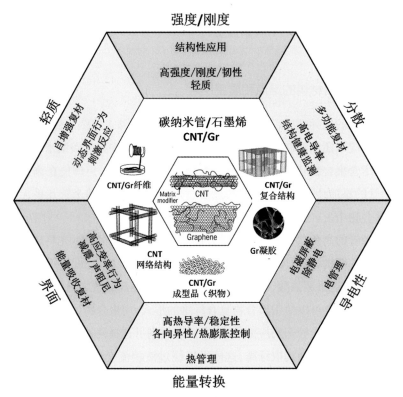

图2-20   碳纳米管和石墨烯在复合材料中的应用,以及碳纳米管和石墨烯复合材料中的6个关键参数[215]

2.6   碳纳米管的能带工程与电学器件

碳纳米管具有优异的力学、电学和热学性能,同时,载流子迁移率高、接近完美的弹道输运性能及能带结构丰富的特点,使其在电学器件、光电探测等领域同样具有巨大的应用潜力。碳纳米管的可加工性也使其能够以各种形态应用在不同的器件中,例如单根碳纳米管、阵列、纤维聚集体和薄膜聚集体等,器件结构也涉及场效应晶体管、集成电路、薄膜晶体管、红外探测器、太阳能电池和传感器等众多方向。2019年,由14000多个碳纳米管CMOS晶体管组成的微处理器RV16X-NANO问世,也象征着碳纳米管的电学应用研究迈上了新的台阶[12]。本节将立足碳纳米管在电学领域的应用,从能带工程出发,结合碳纳米管的结构和聚集状态介绍其在电子、光电子及其他电学领域的发展历程和研究现状,并展望其美好的应用前景。

2.6.1 碳纳米管的能带工程

碳纳米管手性结构的多样性,为其带来了丰富的能带结构。多壁碳纳米管多数呈现金属型,而单壁碳纳米管依据其(n, m)值有 1/3 呈现金属型,2/3 呈现半导体型。在实际的电子器件应用当中,碳纳米管复杂的能带结构给器件性能的稳定和提升带来了很多难题。例如在场效应晶体管中,金属型碳纳米管的存在可能导致器件的开关响应失效;在导电薄膜中,半导体型碳纳米管的存在会影响电极的导电性等。因此,对碳纳米管的能带结构进行筛选、调控或设计,使之满足特定的应用需求,是碳纳米管电学器件走向实用化的关键环节。在半导体产业中,人们把通过掺杂、固溶和引入异质结构等方法优化半导体材料光学和电学性质的过程称为能带工程。本节将沿用此概念,把优化碳纳米管电子能带结构进而优化器件性能的方法统称为碳纳米管的能带工程。按照器件加工的不同阶段,碳纳米管能带工程可分为以下三个方面:(1) 特定导电属性碳纳米管的选择性制备;(2) 利用掺杂等手段调控碳纳米管能级结构;(3) 引入功能材料构筑异质结构。下面将分别从这三个方面展开讨论。

2.6.1.1 单一导电属性碳纳米管的选择性制备

单一导电属性碳纳米管的控制制备一直是人们研究的热点,其目的是获得高性能碳纳米管电子器件。例如,要制备高性能、高密度碳纳米管晶体管逻辑电路,碳纳米管中半导体管的纯度要达到 99.9999%[94]。因此,导电属性的选择性制备是碳纳米管能带工程中最基础的内容。近年来,对于半导体管和金属管能带结构的研究正逐渐深入。例如,姜开利课题组发现在 CVD 生长碳纳米管过程中,金属管和半导体管存在电荷产生和转移的差异,在此基础上发明了"电场扭转法",实现了 99.9% 的高纯度半导体碳纳米管的控制生长[70]。魏飞课题组发现半导体碳纳米管的带隙会影响碳原子的组装动力学规律,利用液态催化剂实现了 99.9999% 高纯度半导体型超长碳纳米管的控制生长[101]。张锦课题组发现了碳纳米管与固态碳化物催化剂的晶格对称性匹配规律,实现了特定手性结构$(2m, m)$碳纳米管[5]和全半导体型$(n, n-1)$碳纳米管[14]的控制生长。尽管如此,单一导电属性碳纳米管的控制制备和放量生产仍是目前的挑战性问题,也是限制碳纳米管走向应用的瓶颈问题。

有关碳纳米管导电属性的控制制备已经在本文第三节详细介绍,此处不再赘述。

2.6.1.2 碳纳米管能带结构的调控

针对不同功能的应用,在使用碳纳米管或其聚集体搭建器件时,往往需要对其能带结构进行适当的调节,例如 n 型或 p 型掺杂、调节功函数减小接触势垒等。总结实验和理论研究成果,调节碳纳米管能带结构的方法主要包括下面几种。

首先就是化学掺杂。化学掺杂大体上可分为原子取代掺杂和电荷转移掺杂两种[216]。杂原子取代主要是面内掺杂,通过改变费米能级附近的电子态来调控碳纳米管能带结构。电荷转移掺杂包括外接掺杂和内接掺杂两种,通过电荷转移来影响碳纳米管电子态,从而改变其电子性质。外接掺杂主要是掺杂剂对碳纳米管的插层;内接掺杂则是利用毛细作用将掺杂剂包裹进管中。

面内杂原子掺杂的方式包括直接合成法和后处理掺杂法。直接合成法是在碳纳米管的制备过程中,通过气相(如氨气、乙硼烷、三苯基膦、硫黄或噻吩等)或者固相(如三聚氰胺)的方式直接在合成过程中实现掺杂;而后处理掺杂的方式一般比较困难,因为碳纳米管本身具有化学惰性,所以通常采用在适合的掺杂剂氛围中对碳纳米管进行高温退火氧化。杂原子取代掺杂往往会在碳纳米管的能带结构中引入新的能级、影响费米能级附近的电子态从而影响其电学性质,最典型的代表是氮(N)掺杂和硼(B)掺杂。以 N 掺杂为例,N 原子在碳六元环网络中的取代形式主要有三种:(1)直接取代原晶格位点上的碳原子;(2)以吡啶结构与周围两个碳原子形成 σ 键并产生碳原子空位;(3)以吡咯结构形成五元环。在半导体管中,如果 N 原子直接取代原来的 C 原子,N 多余的电子会在带隙中引入杂质能级,此杂质能级非常靠近导带底部,实现了 n 型掺杂甚至表现出金属特性;如果 N 原子采取吡啶的取代方式,无论碳纳米管原有手性如何,一般得到一个 p 型掺杂的结果。

电荷转移式掺杂,无论是外接还是内接,都是指掺杂剂物理吸附在碳纳米管表面,通过二者之间的电荷转移实现能带调控。一般地,掺杂剂包括:(1)气体型掺杂剂,根据其最高占据分子轨道(HOMO)和最低未占据分子轨道(LUMO)相对于碳纳米管费米能级的高低,可分为给体型(如 NO_2 和 H_2O)和受体型(如 NH_3 和 CO);(2)有机金属分子或聚合物,此种掺杂剂的分类是依据相对离子化能或者电子亲和能,如 F4 - TCNQ 由于电负性很高所以与碳纳米管结合后会吸引电子向自身转移,实现碳纳米管的 p 型掺杂;(3)无机材料,如金属(Au、Fe、K 等)和金属氧化物(TiO_2),电子的转移方向主要看掺杂剂的功函数。

另外,实验和理论计算均证明,电场作用也会影响碳纳米管的电学性质,包括能带的移动、子带去简并化和带隙的开闭等。对于扶手椅型碳纳米管,在横向外电场下,大部分仍保持金属型电子结构,不过其色散曲线费米点附近的能带交叉会逐渐变平滑,形状由线型变为双曲线型,且费米能级处的态密度会相应增加[217];对于金属型锯齿型碳纳米管,外电场会使其先打开小的带隙,随着电场的继续加大,带隙再闭合。同时管的直径越大,即子带之间间距越小,对电场变化越敏感,所以打开带隙所需外场越小,且能打开的带隙也越小[218];对于半导体型锯齿型碳纳米管,随着外电场的增加,其带隙会不断减小并发生半导体型锯齿型碳纳米管到金属型扶手椅型碳纳米管的转变[219]。

施加外力也会影响碳纳米管的能带结构。在弹性形变范围内通过施加外力,尤其是引入径向形变可以改变其局域曲率从而改变其电学属性和电子传导等性质,通过调节费米能级附近能带结构导致带隙的开闭,实现材料在金属和半导体之间的转换。以两种非手性管为例,扶手椅型碳纳米管在径向形变下会打开带隙,而锯齿型碳纳米管在径向外力的作用下会闭合带隙。当形变程度比较小时,主导因素是镜面对称性的破坏,此时一般会打开一个比较小的带隙(约 10 meV);当形变程度进一步增大,由于径向距离的缩短,会迫使碳纳米管上下表面相互靠近,发生层间相互作用,此时带隙会增大到约 0.1 eV[220]。而根据紧束缚模型等理论计算,锯齿型碳纳米管在径向外力的作用下会闭合带隙。因为径向形变会导致曲率变化从而引起 $\sigma^* - \pi^*$ 杂化,使导带中单重态下移,并最终闭合带隙。这一现象在所有 $(n, 0)$ 管中都存在,只不过这个“单重态”相对于其他双重态的位置会因 n 的不同而异,导致带隙大小随变形程度的变化也有所不同。

对于实际的器件应用,化学掺杂是调节碳纳米管能带的主要手段,后两种方法目前虽然大多停留在理论研究的阶段,但是对进一步解释特定现象和开发新方法也提供了重要的理论支撑。

2.6.1.3　碳纳米管异质结构的构筑

异质结构的构筑一直是半导体产业重要的技术手段,特别在太阳能电池和发光领域,异质结的设计大大减少了载流子传输的损失,提高了能量转化效率。随着越来越多新型功能材料的不断涌现,半导体异质结和超晶格已经成为现代电子学和光电子学领域材料的代表。所谓异质结构,是指具有不同带隙的两种材料接触形成的特殊能带区,由于能带的弯曲和势垒的产生,载流子的传输和复合会受到极大的影响,合理地设计异质结构,可极大提升器件的性能。传统的异质结一般采用化学外延生长、物理气相沉积或溶液处理等方法获得。2004 年石墨烯的发现打开了二维材料世界的大门,也逐渐开创了范德瓦耳斯异质结研究的新纪元。范德瓦耳斯异质结通过相对较弱的范德瓦耳斯相互作用力将材料物理组装在一起,现在已不仅仅局限在二维材料之间。碳纳米管作为重要的纳米碳材料,因为其独特的一维结构和优异的电学性能,也成为构筑异质结构、提高器件性能常用的功能性材料。本节分别从碳纳米管的微观异质结和宏观聚集体构筑的异质结构两个方面讨论构筑方法和作用机理,具体的应用研究将会在后文展开。

利用碳纳米管异质结构,可以在器件中实现对载流子传输通道、方向和空间的调控[图 2-21(a)],其中,电荷转移是应用最为广泛的一种机制[图 2-21(b)],在电子、光电子及化学传感等器件中大大提高了电荷传输效率[221]。碳纳米管可以与多种材料构筑异质结,实现电荷转移。早期对碳纳米管与纳米晶复合的研究比较多,包括各种半导体量子点、C_{60} 及尺寸较大的纳米颗粒,比如金属 Ru,半导体 ZnO 和 TiO$_2$。纳米颗粒可以是管壁修饰,填充管内或头尾相接,而碳纳米管主要起电荷传输的作用,这类异质结通常应用于催化、光电和传感领域。其制备方法分为非原位法和原位法两种,非原位法通常是对碳纳米管和纳米材料进行官能团修饰,再通过化学反应将目标纳米晶附着在碳纳米管管壁或边缘;而原位法则是在碳纳米管上直接通过电沉积、溶液法或气相沉积法将目标纳米晶沉积上去。此外,人们也在不断开发其他手段。例如 2018 年 Palma 等人利用 DNA 分子链段连接单壁碳纳米管与半导体量子点构筑了异质结构[222]。通过单分子荧光测试发现碳纳米管与量子点之间存在电子耦合且与 DNA 链段长度密切相关。这一工作实现了单分子尺度异质结构的溶液合成,推动了碳纳米管在微纳光电子领域的应用。

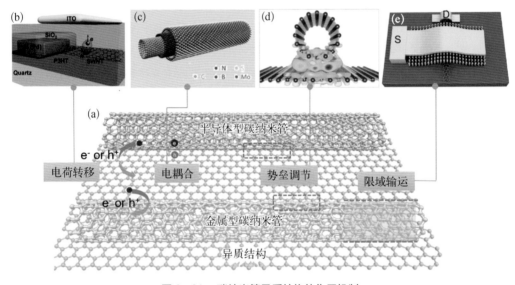

图 2-21   碳纳米管异质结构的作用机制

(a) 典型的碳纳米管异质结构示意图(碳纳米管-石墨烯异质结构);(b) 单壁碳纳米管与聚合物 P3HT 异质结光伏器件中的电荷转移示意图[221];(c) 单壁碳纳米管-氮化硼纳米管-二硫化钼纳米管同轴一维异质结示意图[226];(d) 碳纳米管与石墨烯异质结的接触界面示意图[227];(e) 碳纳米管限域的碳纳米管-二硫化钼竖直异质结示意图[228]

此外,碳纳米管也可以与其他材料的纳米线、纳米管构筑异质结构。根据两种材料的接触方式不同,分为延长式异质结、点接触式异质结和同轴异质结。早期研究大多集中在延长式异质结和点接触式异质结,一般是在制备好碳纳米管之后再生长其他纳米材料,例如在 Co/Ni 催化下利用激光蒸发制备碳纳米管-氮化硼一维异质结[223];在碳纳米管上电沉积 Bi 颗粒后进一步生长 CdSe 纳米线[224];在预先沉积碳纳米管的基底上利用溶液法生长金纳米棒[225]。随着范德瓦耳斯异质结的兴起,碳纳米管一维同轴范德瓦耳斯异质结的研究也取得重要进展。这种异质结一般利用碳纳米管作为一维限域模板,在管内生长出其他一维材料。最近,Maruyama 课题组以单壁碳纳米管为生长模板,利用低压化学气相沉积法成功制备了同轴的单壁碳纳米管-氮化硼纳米管(SWNTs-BNNT)范德瓦耳斯异质结、单壁碳纳米管-单层二硫化钼纳米管(SWNTs-MoS₂)范德瓦耳斯异质结和直径仅 5 nm 的 SWNTs-BNNT-MoS₂ 三层同轴范德瓦耳斯异质结[图 2-21(c)]。通过详细的原子结构表征和性质表征,证明了 BN 包覆不影响内层碳纳米管的输运性能,且三层结构中可能存在层间激子[226]。这揭示了碳纳米管异质结构的另一作用机制,即空间上非接触的两种材料,也可实现电耦合。这一工作拓宽了一维范德瓦耳斯异质结的制备和应用领域。

随着近年来二维材料研究的兴起,如何将其与碳纳米管相结合,发挥各自的优势并实现协同效果成为人们研究的热点之一,本节将选取若干典型的碳纳米管与二维材料组成的异质结构进行讨论。碳纳米管与石墨烯作为性能优异的纳米碳材料,关于其组合后的性能研究也相应较多。从结构上来看,碳纳米管轴线方向与石墨烯可以是平行关系,也可以是垂直关系;从结合方式来看,二者可以是非共价键结合,也能以共价键结合形成无缝异质结[229]。其制备方法以化学气相沉积生长和后期转移加工为主。碳纳米管-石墨烯异质结构的性质和应用,同样受到碳纳米管电子结构的多样性的影响。大量的理论研究和实验结果表明,碳纳米管-石墨烯异质结构甚至具有超出个体的优异性质。例如以共价键垂直相连的无缝异质结可以打开某些金属型碳纳米管的带隙[230];也因其 sp³ 结合而被预测具有更好的力学强度。在碳纳米管-石墨烯异质结构中,两材料的界面具有可调的接触势垒[图 2-21(d)],接近理想的欧姆接触也已经在器件中实现[231]。

另一种常见的异质结构是碳纳米管-二硫化钼范德瓦耳斯异质结。该异质结构的设计是为了实现特定的器件需求,主要通过转移、微纳加工技术和直接生长两种方法构筑而成。例如,半导体型碳纳米管与单层二硫化钼可以构筑 p-n 结,制备可栅控的二极管或光电探测器,二极管在一定栅压下表现出极好的整流特性[232]。另外,金属型碳纳米管被用于与金电极共同构筑非对称电极竖直异质结器件。该器件表现出优异的开关性能和非对称的输出特性[228],其中碳纳米管起对电场和电流输运的限域作用[图 2-21(e)]。这种限域竖直异质结构在微纳电子、光电子领域前景可观。不仅如此,碳纳米管与其他新型二维材料,如黑磷、二硒化钨等,也可以构筑性能优异的异质结构。

用于构筑宏观异质结构的碳纳米管聚集体中,应用最为广泛的当属碳纳米管二维薄膜,包括水平阵列和网络结构。通过转移或溶液沉积技术将碳纳米管薄膜与其他功能材料复合,即可形成分层的异质结构。碳纳米管成膜前的结构筛选及薄膜的形貌、厚度的优化,可以进一步提升其器件性能。同理,碳纳米管薄膜还可以与液相制备的有机半导体、C₆₀、钙钛矿等材料的薄膜形成异质结应用于光电领域。例如,碳纳米管-石墨烯薄膜异质结的构筑不仅利于有效地电荷分离和传输,两种材料之间还有互补作用,应用于光电探测时,石墨烯的存在提高了器件的有效吸光面积;而碳纳米管的存在则拓宽了响应范围[233]。除了分层结构以外,也可以将两种材料共混后再制备成膜,例如将碳纳米管直接添加到有机无机杂化钙钛矿的前驱体溶液中,旋涂后可得到共混的异质结薄膜,其载流子迁移率得到很大提升[234]。碳纳米管纤维可以通过外层包覆的方式得到异质结构。例如 Okoli 等人在碳纳米管纤维上通过焦耳热的方法生长有机无机杂化钙钛矿晶体,制备了高性能的柔性一维光电探测器[235]。通过两步 CVD 法制备碳纳米管竖直阵列和 Si 纳米团簇的异质结可应用于锂硫电池正极[236]。利用转移技术和控制碳纳米管竖直阵列的生长模式可以得到三明治结构的碳纳米管-石墨烯异质结构,即石墨烯的两边均生长碳纳米管竖直阵列,这一结构可应用于储能领域[237]。

综上所述,针对碳纳米管丰富的能带结构,人们采用控制生长和分离的方法得到单一导电属性的富集;针对给定的碳纳米管能带结构,人们采用掺杂等手段得到特定的电学性质;针对碳纳米管自身能带结构的限制,人们则通过构筑异质结构的方法拓宽其应用领域。通过以上能带工程,碳纳米管已经在高性能电学器件的研发中占据了重要的地位。

2.6.2　碳纳米管电子器件

1965 年,英特尔公司的联合创始人 Gordon Moore 提出著名的"摩尔定律"。然而,随着半导体行业的发展,传统的硅基电子已经无法满足更小、更快的需求,电路漏电、能量损耗和发热等问题日益严峻,摩尔定律面临失效。新材料的开发应用迫在眉睫,而碳纳米管因其纳米级别的直径和优异的电子输运性能成为下一代纳电子领域的明星候选材料。本节内容主要基于碳纳米管的电子学器件展开。

2.6.2.1　碳纳米管场效应晶体管和集成电路

自单壁碳纳米管被发现以来,大量的理论计算和表征结果验证了其特殊的电子结构和输运性能。随着碳纳米管制备方法的不断进步,器件的制造技术也随之发展起来,其中最重要的分支便是场效应晶体管(field effect transistor,FET)。从单个晶体管到小型逻辑电路,再到微处理器,人们正逐步走向"超越硅基的碳基电子系统"的目标。利用碳纳米管搭建 FET,相对其他半导体材料具有以下明显的优势:(1)碳纳米管可以承载高的电流密度,载流子迁移率高,其特殊的限域结构减少了电子散射;(2)碳纳米管结构稳定,表面无悬挂键,可以与各种氧化物介电层相互兼容;(3)碳纳米管直径小,且易受栅压调控,可抑制短沟道效应;(4)碳纳米管本质上是双极性的半导体,因此可以根据需求进行掺杂得到 p 型或 n 型晶体管器件;(5)碳纳米管可以从生长基底或者溶液中转移到任意基底任意位置上,为器件的加工提供便利。

　　自 1998 年第一个由单根单壁碳纳米管制备的室温场效应晶体管问世后[图 2-22(a)][238]，人们便不断地优化材料和加工工艺以提升器件性能。早期的器件多是利用单根碳纳米管作沟道材料。2001 年，利用钾蒸气对碳纳米管进行 n 型掺杂成功制备了 CMOS 反相器[239]；2002 年，Dai 等人用原子层沉积的高介电常数 ZrO_2 作介电层制备了高性能碳纳米管场效应晶体管[图 2-22(b)]和逻辑门[240]，p 型晶体管的亚阈值摆幅约为 70 mV/dec，跨导达 6000 S/m，迁移率达 3000 $cm^2/(V \cdot s)$。类似地，为实现有效的栅压控制，其他高介电常数的氧化物例如 HfO_2[图 2-22(c)][241]、Y_2O_3[图 2-22(d)][242] 也逐渐被开发出来作为器件介电层。另外，研究者们发现，用传统的 Ni/Au 或 Ti/Au 等材料作电极，由于半导体型碳纳米管与 Ni、Ti 等金属的接触界面存在肖特基势垒，所以这些器件实际上是肖特基势垒晶体管，金属-半导体结处的电流器件的开关特性主要由界面势垒高低调控，而不是由沟道电导主导的，肖特基结处的电流传导主要依靠偏压下的热电子发射和隧穿电流[243]。2003 年，Dai 等人将源漏极与单壁碳纳米管接触的金属换成了高功函数的金属 Pd[图 2-22(e)]，FET 器件在开态时表现出近乎弹道输运性能[20]。由此，如何改善碳纳米管与金属的界面，实现欧姆接触，成为碳纳米管 FET 发展过程中重要的路线。对于 n 型碳纳米管，Peng 等人发现用金属 Sc 作接触电极，HfO_2 作介电层[图 2-22(f)]，发现 n 型碳纳米管 FET 的性能甚至超过 n 型硅的晶体管[244]；进一步设计器件结构得到自对准的栅极，n-FET 性能也能达到近乎弹道输运；但是金属 Sc 价格昂贵，所以他们又用同族的金

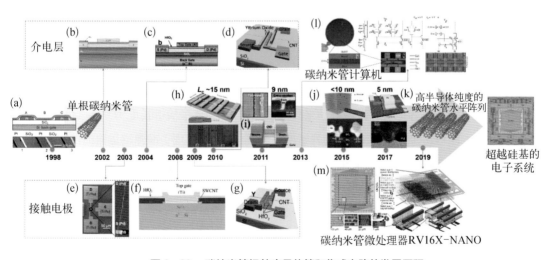

图 2-22　碳纳米管场效应晶体管和集成电路的发展历程

（a）第一个单根碳纳米管 FET 的 AFM 图（上）和器件示意图（下）[238]；(b)～(d) 典型的介电层材料和器件示意图：ZrO_2(b)[240]，HfO_2(c)[241]，Y_2O_3(d)[242]；(e)～(g) 典型的接触电极和器件示意图：Pd (e)[20]，Sc (f)[244]，Y (g)[245]；(h)～(k) 器件沟道长度不断缩小：(h) 15 nm[246]，(i) 9 nm[247]，(j) <10 nm[248]，(k) 5 nm[9]；(l) 碳纳米管计算机中碳纳米管器件组件[10]；(e) RV16X-NANO 微处理器图片和组件示意图[12]

属 Y 作接触电极[图 2 - 22(g)][245]，发现同样可以与 n 型碳纳米管形成欧姆接触，n - FET 器件的亚阈值摆幅仅约 73 mV/dec，电子迁移率达 5100 cm²/(V·s)。至此，单根碳纳米管（包括 p 型和 n 型）场效应晶体管的输运性能都已接近完美的弹道输运，器件研究的重心开始慢慢转向如何缩小器件尺寸和实现高密度集成。

缩小器件尺寸是半导体产业的发展趋势。基于单根碳纳米管的 FET 器件，沟道长度基本在微米到百纳米量级。2010 年，Franklin 等人将沟道长度从 3 μm 一直缩减到 15 nm[图 2 - 22(h)]，并且没有出现短沟道效应[246]；2011 年，他们仍沿用 Pd 电极和 HfO₂ 介电层，进一步将沟道缩短到 9 nm[图 2 - 22(i)][247]；2015 年，Cao 等人设计了一种末端键合的碳纳米管-电极接触方式[图 2 - 22(j)]，即碳纳米管端口直接与 Mo 电极相接而无重叠，利用碳与 Mo 反应生成的 Mo₂C，实现了无肖特基势垒的接触界面，并且器件尺寸的缩小不会影响界面性能，当沟道长度减小到 10 nm 以下，Mo 末端接触器件的性能要高于 Pd 侧电极器件[248]；2017 年，彭练矛等人制备了栅长仅 5 nm 的碳纳米管晶体管[图 2 - 22(k)]，性能优于同尺寸的硅基 COMS 晶体管；又进一步利用石墨烯作接触，优化了 5 nm 晶体管的运行速率和能耗；并且用 Pd 作 p 型接触，Sc 作 n 型接触，得到了总尺寸仅为约 240 nm 的 CMOS 反相器[9]；2018 年，他们用石墨烯作为"狄拉克"源电极材料，并利用控制栅来调节石墨烯的费米能级，经过优化后将碳纳米管 FET 亚阈值摆幅降低至 40 mV/dec，进一步减小了器件的能耗[249]。

与此同时，随着碳纳米管水平阵列和薄膜制备水平及半导体型碳纳米管分离技术的提高，碳纳米管场效应晶体管不仅仅局限在单根碳纳米管上，大规模集成电路的制造水平也在不断攀升。2013 年，Cao 等人利用色谱法分离得到 99% 的半导体管，并用 Langmuir - Schaefer 法组装出全覆盖的碳纳米管阵列[137]，密度大于 500 根/μm，以此制备的晶体管驱动电流达到 120 μA/μm，跨导约为 40 μS/μm，开关比约为 1×10³；2016 年，Arnold 等人利用聚合物溶液分离半导体管并沉积碳纳米管水平阵列，并制备了沟道长度为 95～340 nm、长度为 4 μm 的 FET 器件，碳纳米管阵列密度达 50 根/μm 时实现了准弹道运输的性能，开态电流密度超过了同等条件下的 Si 和 GaAs 晶体[250]。此外，逻辑电路和集成电路的研究也在与时俱进。早在 2001 年，Bachtold 等人通过碳纳米管掺杂和电路设计就实现了由 2～3 个碳纳米管 FET 组成的简单逻辑电路[251]，单个晶体管在室温下呈现 10 倍的电压信号增益，开关比达 10⁵，两个晶体管的电路设计可实现或非门（NOR）和静态随机存储器（SRAM），三个晶体管即可构成环形振荡器；2006 年，利用一根 18 μm 长的单壁碳纳米管和 Pd、Al 分别作为 p 型栅和 n 型栅，即设计出了由 12 个晶体管组成的环形振荡器，并可处理高频信号[252]。2013 年，第一代碳纳米管计算机问世[10]，该计算机由 178 个碳纳米管 FET 构成[图 2 - 22(l)]，碳纳米管由直接生长的水平阵列转移得到，并通过电击穿去除大于 99.99% 的金属管，最终每个晶体管由 10～200 根碳纳米管构成。该计算机可以完成读取指令、数据读取、运算和输出等多项任务，不过受加工精度的限制，单个器件尺寸还是在约 1 μm 量级。2016 年，利用溶液沉积的碳纳米管无序薄膜制备了由 140 个 p 型 FET 组成的中型集成电路，首次实现了 4 位加算器和 2 位乘算器[253]。2017 年，IBM 利用溶液处理和沉积的半导体管纯度 99.9% 的碳纳米管薄膜，制备了可工业制造的环形振荡器，切换频率达 2.82 GHz[254]。2019 年，MIT 制造了由 14000 多个碳纳米管 CMOS 晶体管组成的微处理器 RV16X‑NANO[图 2‑22(m)]。该处理器将溶液分离的半导体管纯度为 99.99% 的碳纳米管溶液沉积在基底上形成网状膜，并且经过杂质去除过程、金属接触界面设计和静电掺杂，以及电路设计消除残留的金属管的影响，最终获得了面积为 6.912 mm × 6.912 mm 的芯片，存储器寻址限制为 16 位，可执行 32 位长指令，功能单元包括指令获取、解码、寄存器、执行单元和写回存储器[12]。RV16X‑NANO 是碳纳米管应用史上的里程碑，为新一代非硅基电子产业奠定了基础。

2.6.2.2　碳纳米管薄膜晶体管

薄膜晶体管（thin film transistor，TFT）是现代各类电子产品中平板显示技术的基本元件，可以制造大面积逻辑电路和光电子器件，其本质是由薄膜材料作为活性层制备的场效应晶体管。随着电子产品的不断更新换代，TFT 逐渐向柔性、透明、可拉伸的方向发展。碳纳米管作为新一代电子产业的宠儿，也被广泛用于制备薄膜晶体管，由于其能带结构的多样性，碳纳米管兼具沟道材料和电极材料的用途。除了优异的电学性能，碳纳米管薄膜还具有工艺简单、可透明、可拉伸、稳定性好等优点，能完美兼容柔性薄膜器件的应用。本节将主要介绍以半导体型碳纳米管薄膜作为沟道材料制备的薄膜晶体管。

与场效应晶体管类似，以碳纳米管薄膜作为活性层的 TFT 的发展也必然经历介电材料、电极材料、元器件尺寸缩减和大规模集成等一系列优化过程。除此之外，碳纳米管薄膜的质量也是优化的重点。根据碳纳米管薄膜的制备方法可以将 TFT 分为整体转移薄膜、液相沉积薄膜和气相沉积薄膜三种类型。

（1）整体转移法是将成型的碳纳米管薄膜经过微加工后，整体转移到目标基底上进一步制造器件，或者将器件制备完成后整体转移到目标基底上的过程，转移技术是这类方法的主要优化对象。例如 Cao 等人将碳纳米管网状薄膜加工成条带状并镀上电极后转移到柔性基底上，进一步制备了由近 100 个晶体管组成的中规模集成电路，该柔性器件亚阈值摆幅约为 140 mV/dec，开关比达 10^5，工作电压低于 5 V，并且呈现良好的机械柔性[255]。

（2）液相沉积法是将碳纳米管从分散液中直接沉积成膜的方法，包括滴涂、溶剂蒸发自组装和印刷等，是目前与柔性产业最为兼容的技术手段。例如 Takenobu 等人利用碳纳米管的分散液和喷墨打印技术得到厚度、覆盖度可控的碳纳米管条带，并且用同样可印刷的离子液体做介电层，获得了开关比在 $10^4 \sim 10^5$，无回滞、低偏压运作的薄膜晶体管[256]；另外也可以通过修饰基底表面,例如 APTES 自组装层,然后将基底浸泡在目标碳纳米管分散液中得到相应的薄膜晶体管。

(3) 气相沉积法主要是指浮动催化化学气相沉积法(floating catalyst chemical vapor deposition,FCCVD)直接生长碳纳米管薄膜的方法,能够省去复杂的转移和溶液处理过程,具有简单、可连续的特点。例如 Sun 等人利用 FCCVD 方法获得碳纳米管并进行简单的气相沉积和一步转移过程,制备了薄膜晶体管,器件载流子迁移率达 35 cm^2/(V・s),开关比达 6×10^6,并进一步集成了环形振荡器[257];成会明等人利用 SiO$_x$ 作催化剂调节氧的含量可以分别生长出半导体型碳纳米管和金属型碳纳米管,并以此制造了全碳纳米管的薄膜晶体管[258]。目前,直接生长的薄膜中碳纳米管的结构控制还需进一步优化。

在薄膜器件中,碳纳米管成膜后的连接状态、半导体管纯度、直径、长度等都是影响其性能的关键因素。2018 年,Tang 等人使用液相沉积的高半导体管纯度(> 99.99%)和高密度的半导体管,在柔性的聚酰亚胺基底上获得了碳纳米管 CMOS 集成电路[259],薄膜晶体管运载电流大于 17 μA/μm,开关比大于 10^6,亚阈值摆幅小于 200 mV/dec。除了网状薄膜外,理论上高密度的碳纳米管水平阵列薄膜更有利于制备高性能器件,然而其应用还受限于高密度碳纳米管阵列的批量制备。例如 Peng 等人将 CVD 生长的密度较低的水平阵列或者溶液沉积的网状薄膜经过在预拉伸的柔性薄膜上定向回缩的过程,实现了阵列密度的提高和无序向有序的转变,由此制备的晶体管器件性能也得到了提升[260]。

2.6.2.3　碳纳米管透明导电薄膜

透明导电薄膜(transparent conductive film,TCF)是电子、光电子器件的重要组件。目前性能最优、应用最广的透明导电材料是氧化铟锡(ITO),但是由于原料稀缺并且薄膜易碎,无法满足未来电子产品低成本、柔性的需求。碳纳米管具有良好的电学、光学性质且具有高稳定性和良好的机械柔性,因此具有制备柔性透明导电薄膜的潜力。透明导电薄膜最重要的两个性能参数是面电阻和透光率,因此组装成薄膜的碳纳米管,需要满足大直径、金属管含量高、长度较长、交叉少并且分布均匀的要求,本章第四节中已经介绍了部分常规制备方法。这里将结合性能,介绍碳纳米管导电薄膜的最新进展。液相分离法中的溶剂残留会对器件性能产生极大影响,Pasquali 课题组利用氯磺酸(CSA)分散碳纳米管[261],无须表面活性剂和大功率超声,成膜后的残留溶剂通过水洗即可去除,维持了碳纳米管的洁净程度,透光率约为 90% 的薄膜面电阻仅约为 100 Ω/sq。作为导电应用,金属型碳纳米管是其真正所需的,成会明课题组利用生长过程中氢的刻蚀作用,得到金属管含量达 88% 的TCF,其性能得到显著提升[262];此外,碳纳米管之间的搭接电阻也会影响器件导电性能,通过构筑焊接交叉点,就可以降低金属管和半导体管搭接处的肖特基势垒,甚至形成欧姆接触,最终获得波长 550 nm、透光率 90% 下,面电阻仅 25 Ω/sq 的碳纳米管薄膜。掺杂可以调节费米能级,提高载流子浓度,也可以降低管间搭接处的势垒,降低电阻。常见的掺杂剂包括 NO_2、H_2SO_4、HNO_3、$SOCl_2$、$AuCl_3$ 等,掺杂方法一般是浸泡,掺杂效果与碳纳米管本身的手性分布有关,并且掺杂一般不会影响薄膜的透光性能。

另外,碳纳米管与其他导电材料复合也是提高薄膜导电性能的方法。最常用的复合材料包括金属(纳米颗粒或纳米线)、导电高分子和石墨烯。例如 Wang 等人将银纳米颗粒(Ag NPs)通过官能团修饰在双壁碳纳米管上,并以此制备导电薄膜[263],纳米颗粒与碳纳米管之间的良好接触提高了薄膜性能,最终面电阻为 53.4 Ω/sq,可见光透过率 90.5%。碳纳米管透明导电薄膜展现出了超越 ITO 的优异性能,相信在不久的将来能实现其真正的应用。

2.6.2.4 其他碳纳米管电子学器件

场效应晶体管是应用在电子领域最基础的元器件,而进一步的设计和优化可以拓展其功能,比如射频元件和存储元件等,是构成高集成、多功能电子芯片的组成成分。

射频是无线高速通信的基础,随着现代电子设备不断缩小和性能提升,要求其芯片包含能够处理复杂射频信号前端的 CMOS 控制电路。现在的半导体产业中,例如 GaAs 高电子迁移率晶体管,虽然性能优异,但是块体材料的制备工艺复杂,也很难与 Si 基 CMOS 集成工艺兼容。碳纳米管具有高的载流子迁移率,单根碳纳米管晶体管已实现了弹道输运,并且制备工艺简单,可与各种工艺兼容。2007 年,Zettl 等人制造了第一台碳纳米管无线广播设备[264],利用单根碳纳米管实现了信号接收、调制、过滤、放大和解调制的功能,可处理 40~400 MHz 波段的信号,不过这一设备主要利用的是单根碳纳米管与电磁波信号的共振完成信号接收,放大和解调则利用的是其场致发射性能。基于碳纳米管的射频晶体管从 2008 年开始,随着碳纳米管阵列制备技术和半导体管富集水平的不断提高,性能也不断得到提升。Zhou 等人利用 CVD 生长的碳纳米管水平阵列以及 T 型栅极的设计制备了射频晶体管[265],阵列保证了良好的输运性能,T 型栅减小了器件栅极寄生电容和电阻,最终器件的外电流增益截止频率约为 25 GHz,内电流增益截止频率达 102 GHz;2019 年,Rutherglen 等人利用溶液提纯的半导体管含量大于 99.9% 的碳纳米管和浮动蒸发的技术制备了晶圆级的碳纳米管高密度水平阵列,同时采用 T 型栅制造晶体管器件,栅长 110 nm,器件的外电流增益截止频率大于 100 GHz 且具有良好的线性[266],该性能已经超过现在射频 CMOS 90 GHz 的截止频率。

基于碳纳米管的场效应晶体管还可以作为高效的存储器。存储器一般分为非易失性存储和易失性存储,通过对碳纳米管器件的设计调控载流子复合的速率就能分别实现两种存储形式。一般而言,存储功能都是通过设计栅极氧化层或赋予碳纳米管一层钝化层构建载流子的"陷阱"。最近,Sun 等发展了一种基于铝纳米晶浮栅的碳纳米管柔性非易失性存储器[267],沟道层用的也是溶液法分离的半导体管纯度 99.9% 的碳纳米管薄膜,器件具有 10^6 的电流开关比、长达 10^8 s 的存储时间及稳定的读写操作。该器件良好的存储功能主要依靠 Al 纳米晶浮栅实现,空穴易被 Al 捕获,分离的纳米颗粒阻碍其横向传导,超薄的 AlO_x 包覆层也能减少被陷电荷的损失。同时,该 AlO_x 隧穿层可借助光电转换实现载流子的"擦除",即陷于浮栅中的载流子在获得高于 Al 功函数的光照能量时,通过直接隧穿的方式重新返回沟道之中,完成光电信号的直接转换。该器件是实现了集图像传感与信息存储于一身的新型多功能系统。

2.6.3 碳纳米管光电子器件

半导体型碳纳米管是直接带隙材料,其带隙(0.2～1.5 eV)与直径相关,被广泛应用在光电子领域,其中光电探测器、发光器件和太阳能电池最为常见。碳纳米管的光电子效应不但包含带间跃迁的激子吸收,也包含带内跃迁的自由载流子吸收,因此它具有极宽的吸收波谱范围,且在近红外到中远红外波段的吸收系数达 10^4～10^5 cm^{-1}。但是,碳纳米管特殊的一维结构和能带结构使得其被光激发的激子束缚能大,并且束缚能与直径成反比关系,这也成为限制光电子器件性能的关键问题。本节则是针对碳纳米管在光电子领域的应用展开讨论。

2.6.3.1 碳纳米管光电探测器

光电探测器是一种将光信号转换为电信号的器件,被广泛应用在环境监测、军事、成像等领域。判断光电探测性能的主要参数包括响应度、探测率和响应恢复时间,分别对应信号的强度、灵敏度和速率。为了提高光电探测性能,所用的活性材料需要有较强的光吸收和较高的载流子迁移率,碳纳米管也因此成为最具潜力的光电探测材料之一。研究发现,半导体型碳纳米管与金属型碳纳米管光生电流的机理并不相同。金属型碳纳米管中主要由光激发的热载流子贡献电流,而半导体型碳纳米管则由光生电子空穴对分离后产生电流[268],不过由于光生电子空穴对的束缚能过大,碳纳米管中的光生载流子主要以激子形式存在,需要热能或外加电场辅助解离形成自由载流子。经过人们的不断努力,碳纳米管异质结的光电探测器正在稳步发展,其应用场景也得到了扩展。

基于碳纳米管的红外光电探测器可以分为热效应型光探测器和光效应型光探测器。热效应型光探测器指光辐照造成碳纳米管温度变化而产生电信号[图 2 - 23(a)][269],包括热电堆和热辐射探测器,这种器件的性能很容易受到周围环境的影响,因此在真空中悬空的碳纳米管才能表现出明显的响应,此时的响应信号来自红外辐射能量传递给晶格声子而造成的电阻变化,并不是由光激发造成的电子能带跃迁。热效应型探测器一般来说暗电流大,信噪比比较差。光效应型探测器则是指典型的光电导器件和由 p - n 结、异质结组成的光电二极管或晶体管,光照导致电子跃迁而最终输出光电流或光电压信号。虽然单根碳纳米管在不对称电极下也能产生明显的光电压,但毕竟有效面积小,光吸收有限,所以碳纳米管阵列或者薄膜更适合光电探测。相对石墨烯等材料,半导体型碳纳米管还具有相对较小的暗态电流,因此也可以实现室温探测,例如 Peng 等人利用溶液分离的高纯度半导体碳纳米管组装而成的水平阵列薄膜和不对称 Sc‐Pd 电极的设计,获得了高性能室温红外探测晶体管并通过集成初步实现了简单的成像功能[270]。另外,由于碳纳米管特殊的一维结构和各向异性,碳纳米管阵列薄膜还可以用来探测偏振光。Fan 等人用低压 CVD 生长的碳纳米管纺织而成的超顺排自支撑碳纳米管薄膜制备出对不同偏振方向的光产生不同响应的探测器[271]。薄膜采用悬空设计以利用光热电性能,并输出电压信号,还呈现出对光波长的依赖性。

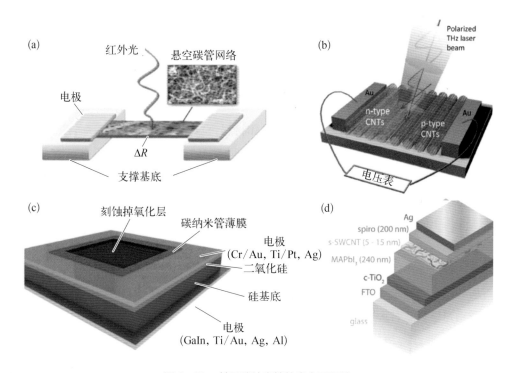

图 2‐23　基于碳纳米管的光电子器件

（a）碳纳米管光热效应探测器示意图[269]；（b）碳纳米管太赫兹探测器示意图[272]；（c）碳纳米管‐硅太阳能电池基本结构示意图[277]；（d）碳纳米管作钙钛矿太阳能电池界面层的器件示意图[278]

事实上,窄带隙的碳纳米管或带内跃迁的吸光波长可达太赫兹范围[271],并且研究表明,激子束缚能力随着带隙减小而减弱,因此,碳纳米管是理想的太赫兹探测材料。Kono 等人利用碳纳米管水平阵列及 n 型掺杂得到 p‐n 结的碳纳米管薄膜,并以此制备了太赫兹探测器[图 2‐23（b）][272]。该器件无须外加偏压,探测范围广,可室温探测,并且对光偏振方向敏感。随着应用需求的增长,碳纳米管光电探测器还逐渐向柔性、可穿戴的方向发展,例如全印刷制备而成的碳纳米管柔性薄膜晶体管光电探测器,还有纺织而成的可编织在衣物上的碳纳米管纤维光电探测器等。

碳纳米管能够起到加快电荷传输、拓宽探测波长范围及光栅压效应等其他协同作用,因此与其他光响应材料异质结制备而成的探测器件也表现出良好的性能。典型的异质结材料代表有石墨烯、C_{60}、硅、钙钛矿等。例如,Liu 等人在沉积的碳纳米管薄膜上转移石墨烯片,制备的光电探测场效应晶体管因为高的载流子迁移和可栅控的电荷转移过程,具有接近 10^5 的光电流增益,$400\sim1550$ nm 的宽探测范围,快速的光响应和大于 100 A/V 的响应度[233]。Bao 等人利用 C_{60} 与单壁碳纳米管形成的异质结作活性层制备了光探测场效应晶体管[273],C_{60} 可有效帮助碳纳米管中的光生激子解离,得到高的光电流增益;Wu 等人则将碳纳米管直接混入钙钛矿前驱体溶液中,有机无机杂化钙钛矿在溶液中还可以更好地分散碳纳米管,旋涂得到的复合活性层空穴迁移率大大提高,探测灵敏度和响应速率也得到提升[234]。

2.6.3.2   碳纳米管发光器件

碳纳米管本身作为一种高迁移率的半导体材料,也可用以制备发光器件,且根据其能带结构,以红外发光器为主。根据不同的发光原理,主要分为非掺杂的电子空穴注入发光、掺杂的 p-n 二极管电致发光和缺陷发光。Avouris 等人利用单根非掺杂的碳纳米管制备了长沟道场效应晶体管,利用碳纳米管的双极性及电极与碳纳米管接触处的肖特基势垒,在外加偏压下同时注入电子和空穴,在沟道内复合发出红外光,发光位置可以通过栅压进行调控;接着,他们进一步设计了由两个栅极控制一根碳纳米管的静电掺杂 p-n 二极管,将电输入能耗减小到 1/1000,并且发光效率高、波谱范围窄(约为 35 meV)[274];Doorn 等人通过对碳纳米管的化学修饰实现了 sp^3 缺陷处光谱可调的单光子发射[275]。利用重氮化反应在碳纳米管管壁引入芳香官能团,激子局域在缺陷处,实现了室温下纯度高达 99% 的单光子发射。通过对溶液分离的不同手性的碳纳米管掺杂,可将发光波长在 $1.3\sim1.55$ μm 之间进行调节。另外,碳纳米管还被引入 OLED 器件中作为近红外发光源[276]。将溶液分离的(6,5)富集管旋涂在空穴传输层上,并覆盖上空穴阻隔层和电子传输层,得益于碳纳米管的一维结构和定向排列,光的外耦合效率提高 69%,最终实现了波长 $1000\sim1200$ nm 的场致发射。

2.6.3.3   碳纳米管在太阳能电池中的应用

太阳能是取之不尽、用之不竭的清洁能源,将太阳能转化成电能是缓解当今社会能源、环境危机的重要手段。碳纳米管在太阳能电池中主要以薄膜的形式组装或者共混在活性层当中,所起的作用是有效地传输电荷和作为界面层帮助电极有效地提取电荷,通过对碳纳米管进行掺杂还可以得到不同属性的半导体层,与其他活性材料形成异质结可以有效地分离电荷。根据活性层材料的不同,碳纳米管也被应用在不同类型的电池当中,主要包括硅太阳能电池、染料敏化太阳能电池、有机太阳能电池和钙钛矿太阳能电池等。

硅-碳纳米管 p-n 结是其太阳能电池的主要结构之一[图 2-23(c)][277],硅基底吸收光能,产生光生激子扩散到耗尽区,在内建电场作用下解离成电子和空穴,并分别被电极收集。除了 p-n 结之外,也有人提出其本质是肖特基结(碳纳米管作为金属)或导体-绝缘体-半导体(CIS,碳纳米管作为导体)结。减少碳纳米管搭接及合适的掺杂,都是提高器件性能的有效手段。例如 Cheng 等人将 FCCVD 得到的碳纳米管薄膜通过氟化进行 p 型掺杂,提高碳纳米管导电性的同时,优化了其与硅的界面,得到能量转化效率 13.6% 的太阳能电池[279];Tune 等人通过碳纳米管的掺杂、硅表面形貌设计减少反射和聚合物钝化层的共同作用,制备了有效面积分别为 1 cm² 和 5 cm² 的太阳能电池,能量转化效率分别达到 17.2% 和 15.5%[280]。

染料敏化太阳能电池中最常用的电子传输材料是多孔结构 TiO₂,而掺入碳纳米管,可有效减少电子在传输过程中的损失,提高转化效率。随着半导体管乃至单手性碳纳米管分离技术的不断提高,特定结构碳纳米管参与的染料敏化电池性能也得到提升。例如 Gaspari 等人利用凝胶色谱分离的(6,5)或(7,3)管掺入二氧化钛层,使得器件性能分别提升了 37% 和 81%[281]。碳纳米管在有机太阳能电池和钙钛矿太阳能电池中的作用类似,可以单独作为电荷传输层或界面层或掺入常用的传输材料中提高电荷传输性能,也可以直接混入活性层中实现有效的电荷分离和传输。以钙钛矿太阳能电池为例,碳纳米管可与常用的空穴传输材料 P3HT 共混,P3HT 包覆的碳纳米管可实现更有效的空穴传输,进一步提高金属管的含量则进一步加快了空穴传输,提升了器件的能量转化效率。Blackburn 等人在传统的钙钛矿与空穴传输层之间添加了仅 5 nm 的碳纳米管界面层[图 2-23(d)][278],高纯度的(6,5)半导体管的界面层可以有效提高空穴提取效率和速率(亚皮秒量级),在提高能量转化效率的同时也减少了滞后效应。

2.6.4　其他碳纳米管器件

除了电学、光电子学应用之外,碳纳米管优异的热学和电学性质也决定了其可以作为良好的热电材料。热电主要是指半导体材料捕获热能形成温度差,促使载流子移动从而形成电流和电势差,将热能转化为电能的过程。热电性能主要受到材料的电导率、热导率和温差电动势(塞贝克效应)影响,而碳纳米管的热电性能则主要由其能带结构、直径、掺杂情况及聚集状态决定。例如一般来说,半导体型碳纳米管的温差电动势比金属型碳纳米管大,直径较小的碳纳米管温差电动势较大;掺杂后的碳纳米管迁移率提高,且通过增加声子散射中心、影响声子平均自由程,可以在一定程度上降低热导率。目前基于碳纳米管的热电研究也主要分为纯碳纳米管和其复合物两种。半导体管在低掺杂情况下,功率因子可达 $10^2 \sim 10^3\ \mu W/(m \cdot K^2)$ 量级,由纯半导体管组成的薄膜,当带隙在 $1.1 \sim 1.2\ eV$ 时,可以达到最优的热电转换效率,峰值功率因子达 $340\ \mu W/(m \cdot K^2)$。另外,比对大量数据发现,直接使用 FCCVD 制备的碳纳米管来组成热电元件表现出更优越的性能,功率因子可高达 $10^3\ \mu W/(m \cdot K^2)$ 数量级,原因可能是碳纳米管未经复杂的后处理,较长的长度能有效降低热散射[282]。

碳纳米管的复合热电材料主要包括与有机聚合物和与无机热电材料的复合。前者综合了聚合物低热导率及碳纳米管高电导率和高塞贝克系数的优点,提高效率的同时提升了复合材料的热稳定性;后者则是将碳纳米管优异的电学、热学性质及延展性赋予复合材料,改善传统无机热电材料高脆性和高硬度的问题。例如 Cho 等人结合层层自组装沉积,制备了由高导电性的 PEDOT∶PSS 作稳定剂的石墨烯、双壁碳纳米管多层复合物[283],展现了室温下热电材料中最高的功率因子:1 μm 厚薄膜高达 $2710\ \mu W/(m \cdot K^2)$。然而,弱界面相互作用及表面活性剂杂质残留等问题仍使碳纳米管与聚合物复合材料的性能远无法与传统无机硫属热电材料相比拟。Jin 等人最近则报道合成了基于碳纳米管-硫属化物(如 Bi_2Te_3)的层状、高性能、柔性热电材料[284],室温下功率因子高达 $1600\ \mu W/(m \cdot K^2)$,可与 Bi_2Te_3 自身的热电性能相媲美。Bi_2Te_3-SWNTs 复合材料的超高热电转换效率来自其独特的有序结构,高密度的低角度晶界赋予了材料高电导率,且在抑制载流子散射的同时降低热传导。碳纳米管网络结构也为无机材料提供了柔性框架,使得高性能热电材料可进一步应用于柔性电子和能源转化领域。

碳纳米管还被用于制备各类化学传感器,主要包括气体传感器和生物传感器,在环境监测、食品安全及医学等领域中起到非常重要的作用。从传感机理来看,根据待分析物作用位点不同,主要有三种机制:管内效应、管间效应及管与电极的结效应。

(1)管内效应主要指待分析物与碳纳米管发生电荷转移,造成载流子浓度改变,或者分析物辅助管壁发生化学反应产生缺陷。例如对于空气中呈现 p 型掺杂的碳纳米管 FET,在吸附了电子给体成分 NH_3 后,导致空穴损耗,器件转移曲线向更负压的方向移动,相反,若吸附的是电子受体气氛 NO_2,则曲线向正压方向移动。

(2)对于由碳纳米管聚集结构搭建的传感器件,管与管搭接处的微小变化引起搭接电阻改变,则会引起整体性能的改变,这便是管间效应。例如 Ishihara 等人发现,用一些金属有机聚合物包覆单壁碳纳米管后可以整体用作化学传感,这些聚合物在遇见一些亲电子的待分析物后会发生解聚,使得本来相互隔离的碳纳米管搭接起来,整体的电导率提升了 5 个数量级[285]。

(3)管与电极的结效应是指分析物有时也会通过改变碳纳米管与电极之间的肖特基势垒来影响器件性能,不过这一效应有时难以与管内效应分开。

基于以上传感机理,单根碳纳米管、功能化的碳纳米管及碳纳米管网络都被有效用于传感器件,传感器件类型主要包括简单的两端电导器件、场效应晶体管、电化学传感器件及阵列器件。目前,碳纳米管已经能够实现 NO_2、NH_3、CH_4、CO、H_2S、SO_2、苯、甲苯、O_2 等气体传感,生物医学领域也能实现对挥发性有机物(如丙酮)的检测,以及对葡萄糖、DNA 的检测。

此外,碳纳米管还可以用作场发射电子枪。包括单根碳纳米管、竖直阵列或图案化的薄膜等聚集体形式,都能被制备成电子发射枪。碳纳米管作为电子源的优势在于响应快、性能稳定、低能耗且电子束能量分散性低。例如用半径为 $0.5\sim1$ nm 的碳纳米管作为发射源,410 nm 的飞秒激光器作激发源,可以获得束斑直径在亚纳米量级的超快电子束,且能量展宽仅为 0.25 eV[286]。碳纳米管电子枪为亚纳米量级材料的超快电子显微学和光谱学表征提供了支撑。

2.6.5　碳纳米管电学应用的展望

综上所述,结合能带调控,碳纳米管及其聚集体的电学应用研究正在稳步发展,并且有逐渐走向"更小"和"更大"的器件趋势。小器件指那些为实现高密度、小体积集成而不断缩小尺寸的场效应晶体管等器件;大器件则指碳纳米管聚集体制备的向大面积、柔性等方向发展的薄膜晶体管等器件(图 2-24)。然而这些电学器件要想真正实现商业化应用,还需

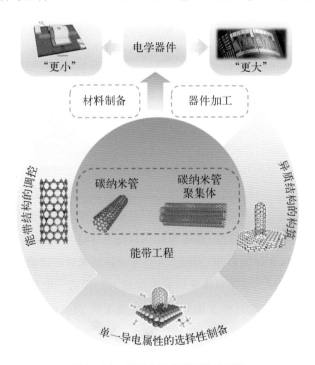

图 2-24　碳纳米管电学器件的发展

要对碳纳米管的成本、性能及规模化制备进行平衡与优化。结合各类器件的发展史,可以看出,器件综合性能的提升实际上也是材料制备水平进步的结果,例如半导体管的分离与纯化技术和碳纳米管水平阵列的控制制备技术的提高,大大提升了场效应晶体管器件的性能;浮动催化化学气相沉积法的发展和优化则简化了碳纳米管透明导电薄膜的制备工艺。因此,碳纳米管器件进一步发展的重点仍然在于材料制备。对于碳纳米管微纳电子器件,目前基于液相分离得到的高纯度半导体管具有最佳的性能表现,但是液相分离法会带来杂质残留和结构破坏等问题,如何制备单一电子结构的碳纳米管,在保证质量与纯度的同时提高其产量,将是人们不断努力的目标。碳纳米管的原位控制生长仍然是最具潜力的手段,将放大生产设备与碳纳米管制备过程相结合,从根本的手性结构、能带等差异入手,控制生长过程富集特定结构的碳纳米管,是主流的研究思路之一。

此外,制造工艺的优化也对碳纳米管电学器件的发展起到重要的推动作用。例如场效应晶体管中,优化接触电极的功函数能降低接触势垒,提升其输运性能;介电层材料的选择、栅电极的设计和可控掺杂的引入等,都在器件性能的优化上起到关键性作用。因此,工艺改进也成为器件进一步发展的难点和方向。可循的研究思路包括:发展简易、不引入杂质的转移方法或聚集体沉积方法;选择材料或引入修饰层减小材料接触处的势垒和电阻;通过电路设计消除杂质和金属管的影响;进一步提升微纳加工技术。另外,随着越来越多功能性微纳材料的不断涌现,与合适的新材料构筑异质结发挥协同作用也是行之有效的方法。总之,制备决定未来,工艺提升品质。相信经过人们不懈地努力,碳纳米管电学器件会真正在信息、军事、航天航空等领域实现其撒手锏级的应用。

2.7 碳纳米管储能材料

随着全球化石能源危机日益严峻,发展环境友好的电化学储能材料成为当今新型能源技术的重要战略方向之一,即通过电能与化学能之间的相互转化,赋予电能可储存的特性。依据存储原理和性能特点的不同,新型储能器件主要包括锂离子电池、超级电容器、锂硫电池和燃料电池等。具有优异导电性、高比表面积和高力学强度的碳纳米管,自发现以来就被广泛应用于能量转化和存储方面的研究,大量基于碳纳米管的储能材料及应用技术得到发展。本节将基于研究较为成熟且未来极具发展潜力的锂离子电池、超级电容器、燃料电池等,系统介绍碳纳米管储能材料及相关技术的发展现状、其面临的应用挑战。

2.7.1 锂离子电池

锂离子电池是一种二次电池(可充电电池),依靠 Li^+ 在正负极间的脱嵌转移实现电能的可逆转化,具有能量密度高、循环寿命长、便携等优点,是新能源汽车动力电池和消费类电子产品的主要储能形式。

2.7.1.1　锂离子电池基本原理

锂离子电池的工作原理如图 2 - 25 所示,锂离子电池由正极(层状金属氧化物)、负极(石墨)、电解液、隔膜、集流体(正极:Al,负极:Cu)五个主体部分构成。充电时,外电路的电子从正极转移到负极,同时 Li$^+$ 从正极氧化物层间脱出经电解液穿过隔膜达到负极石墨表面,与电子结合发生电荷转移后,形成锂原子插入石墨层间;放电时,外电路的电子从负极转移到正极,同时石墨层间的锂原子失去电子后重新变为 Li$^+$,从负极转移到正极,在正极氧化物颗粒表面与电子结合进入材料体相内部。Li$^+$ 在正负极之间反复脱嵌,伴随着电子的来回转移,形成化学电流。该过程中,参与该氧化还原反应的材料称为"活性材料",是能量密度的直接贡献者。

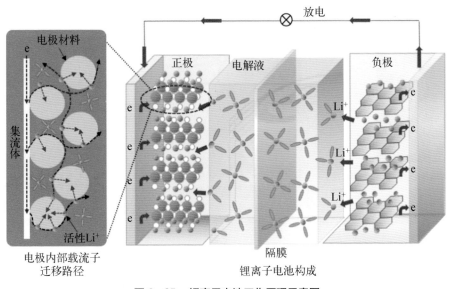

图 2 - 25　锂离子电池工作原理示意图

2.7.1.2　碳纳米管在锂离子电池中的应用技术

电子传输是锂离子电池充放电的必要过程,对电池性能的影响十分关键。碳纳米管在锂离子电池中的应用始终围绕电子导电的核心问题,利用碳纳米管作为优异导电材料,为整个电池构建完善的电子传输网络,从而提高电化学转化效率。如图 2 - 26 所示,其调节机制大致分为三类。(1)碳纳米管改性活性材料:对电导率差的活性材料,提升其表面的电子扩散能力,使离子和电子具有更多的反应活性位点。(2)导电添加剂:构建电极内部的连续导电网络,改善活性材料颗粒之间的电子传导性能。(3)含碳集流体:搭建电极和集流体之间的导电通路,降低材料间的界面接触电阻,同时削弱电解液对集流体的腐蚀作用。以上三类机制对降低整个电池的内阻均具有积极作用,任何一个短板均带来不同程度的极化效应。此外,针对不同特性的活性材料,碳纳米管在构建导电网络时,还展现出一些其他碳材料所不具备的功能特性。

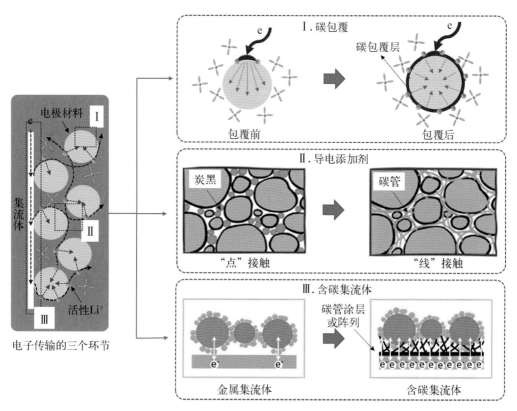

图 2‑26   碳纳米管构建电池电子导电网络的三种途径

1. 碳纳米管改性活性材料

目前商业化锂离子电池活性材料主要为钴酸锂($LiCoO_2$)、磷酸铁锂($LiFePO_4$)、锰酸锂($LiMn_2O_4$)等,其共同特征为层状晶体结构的氧化物。在充放电过程中,随着电荷的持续转移,Li^+仅在氧化物的晶格层间脱嵌,不涉及化学键的重组和晶格结构的变化,有利于电池循环充放电的稳定性。该电荷转移过程为溶剂化Li^+在活性材料/电解液界面处接收电子的过程,完成电荷转移后,进一步扩散到活性材料体相中。因此,电子在活性材料表面的扩散性能至关重要,而活性材料的导电性差,如$LiFePO_4$的电子电导率仅为10^{-9}S/cm。通过碳纳米管对活性材料表面进行适当的包覆改性,能够得到具有均匀核壳结构的复合材料,碳纳米管优异的导电性能将极大提高活性材料颗粒扩散电子的能力,有利于提高活性材料表面电荷转移速率,从而加快 Li^+ 向体相扩散的速度,降低离子极化效应,改善电池的倍率性能。

近年来,随着对电池能量密度的要求不断提高,具有更高理论容量的储锂材料如硅(理论容量为 4200 mA·h/g)和硫(理论容量为 1675 mA·h/g)等成为新的研究热点。与层状氧化物相比,其储锂机制由层间嵌入式转变为合金化,即在电荷的转移过程中,锂离子与活性材料形成新的化学键,该过程在产生大量反应热的同时伴随着晶格结构的变化,影响固态电解质膜(solid electrolyte interphase,SEI)的稳定性,导致活性材料的结构塌陷,具体体现为电池容量衰减速度快,循环性能差。此类材料对电子电导的要求更高,嵌锂后体积膨胀率高(Si 约 300%,S 约 79%),反复的体积变化容易导致电极从集流体剥落,电池失效。构建碳纳米管三维材料,将 Si 或 S 的纳米粒子嵌入包埋到由碳纳米管编织而成的三维网络中,既改善电子传输性能,同时碳纳米管优异的力学强度能有效地抑制体积膨胀,维持结构的稳定性,从而改善电池循环性能,成为高容量、合金化储锂机制的电极材料进入商业化应用的有效途径。

Cui 等人利用碳纳米管的可编织性能制得一种 CNTs/Si 复合自支撑薄膜,比容量高达 2000 mA·h/g[287]。此外,在循环过程中,即使出现小的破裂或裂纹,Si 仍与碳纳米管保持良好的界面接触,同时利用"波纹"原理释放嵌锂过程中体积膨胀形成的应变,从而维持复合电极的循环稳定性。同样,成会明课题组利用碳纳米管交织形成的内部孔隙制备了高硫负载量的 CNTs/S 复合柔性电极,碳纳米管构成的三维导电网络结构不仅维持了硫合金化过程中的界面稳定性,同时在 6 A/g 的放电电流下,其放电容量仍然保持 163 mA·h/g(S 含量为 23%,质量分数)和 260 mA·h/g(S 含量为 50%,质量分数)[288]。

针对碳纳米管对不同活性材料的改性特点,通常考虑以下影响因素。(1)碳纳米管本身的结构与导电性、纯度及缺陷程度等,除了对碳纳米管的结构控制外,N 原子掺杂后的碳纳米管能够使更多的电子在费米能级附近聚集,改善电子态密度,增强电导率。(2)包覆厚度和分布形态:包覆层厚而密实,或碳纳米管局部团聚,均不利于锂离子扩散,获得薄层且均匀的包覆层尤为重要却困难重重。(3)比表面积和孔结构:碳纳米管不同的聚集形式可以调控孔结构,连续多孔网络可以作为一个电解液存储器,提升离子扩散速率,而高比表面积可提供更多电子和离子的反应位点。(4)界面相互作用:相对于物理包覆,碳纳米管表面经功能基团修饰或直接原位生长,与活性材料形成共价键,增大相互间的结合力,有利于抑制体积膨胀。综上所述,基于电子导电机理,除通过结构调控和掺杂的方式改善碳纳米管本征导电性外,碳与活性材料的接触界面及微观结构对 Li^+ 扩散的作用也极为关键。范守善课题组通过聚乙烯吡咯烷酮(PVP)将 SnO_2 纳米颗粒稳定地锚定在碳纳米管表面,PVP 分子并不妨碍碳纳米管之间的电子接触,从而确保了碳纳米管与活性材料充分接触。

进一步地,通过控制碳纳米管交错形成的孔径的分布及大小,调控 Li^+ 的扩散速率,得到高比容量、循环稳定的 $CNTs/SnO_2$ 复合电极[289]。在锂硫电池中,界面接触及结合稳定性对 S 正极的循环稳定性尤为重要。碳纳米管包覆改性活性材料无疑是改善其电导率的有效手段,但其实际应用始终面临着成本高、工艺复杂、一致性差等难题,难以大规模推广。而相信随着硅负极和锂硫电池技术的不断发展和成熟,碳纳米管有望在高比容量活性材料的改性中实现商业化应用。

2. 导电添加剂

导电添加剂能够构建活性材料颗粒、集流体之间的导电通路,在整个电极内部形成连续的导电网络,是锂离子电池中的关键组分之一。常用的导电添加剂均为碳材料,按照其形态的不同,可分为零维的导电炭黑、一维的碳纳米管和二维的石墨烯。由于碳纳米管一维管状和石墨烯二维片状的特殊结构,能够有效降低与活性材料的界面接触电阻,并发挥长程导电优势,比导电炭黑具有更低的逾渗阈值,尤其是单壁碳纳米管,在正极中添加量仅为万分之一,比导电炭黑降低两个数量级。电极内部良好导电网络的构建,不仅有利于活性材料电荷容量的发挥,对电池倍率性能和循环稳定性亦有极大的改善。具有极大长径比的碳纳米管,作为导电剂使用的前提是解决碳纳米管材料的管间缠绕和管束的聚集问题,除了发展碳纳米管控制制备技术外,非破坏性的提纯技术和分散技术均是发展碳纳米管导电添加剂的重要研究方向。

随着对不同维度导电添加剂的深入研究,将不同导电剂复合构建多维度的导电网络成为新的研究思路。碳纳米管与炭黑、石墨烯复合能够发挥两者的协同效应。例如,通过 CVD 原位生长获得的石墨烯/碳纳米管的复合材料,不仅可以实现石墨烯与碳纳米管的原子连接,同时能够有效地抑制石墨烯片层堆叠和碳纳米管缠绕聚集,微观尺度下形成不同维度的连续导电网络,共同展现其更优异的电子传输性能和稳定的力学特性。莱斯大学 Tour 课题组利用原位生长技术实现了石墨烯和单壁碳纳米管的原子级连接,比表面积高达 2000 m^2/g,并通过 TEM 分析了边界原子的构型,提出了该杂化结构原位生长的理论模型[290]。魏飞课题组以层状双氢氧化物作为催化基底,实现石墨烯和单壁碳纳米管的同步生长,极大地简化了工艺流程,并且石墨烯的模板效应有效抑制了单壁碳纳米管的团聚,形成了高导电网络,可应用于锂硫电池[291]。在原位复合的基础上,对石墨烯或碳纳米管进行 N 掺杂可进一步地调控材料的本征导电性[292]。原位复合技术充分发挥了"自下而上"的可控生长优势,C—C 共价键的连接有效取代了界面接触,有利于降低界面接触电阻,同时提高导电网络的结构稳定性。

目前,中国在碳纳米管导电添加剂应用方面走在世界前列,国内规模化生产和应用碳纳米管导电浆料已发展十余年,具有万吨级的碳纳米管导电浆料生产能力的企业已达三家以上。在目前导电添加剂主流市场仍依赖进口导电炭黑(约 73%)的背景下,新能源技术在全球范围内的扩张,为碳纳米管导电添加剂的发展开拓了广阔的空间,其优异性能的优势将在高端产品中进一步突显,中国制造的碳纳米管导电添加剂正逐步走向国际。

3. 含碳集流体

集流体是连接电极与外电路的电子传输桥梁,并为电极提供力学支撑。因此,集流体通常为导电性好的金属箔材,正极为铝箔,负极为铜箔。在电池充放电过程中,随着电极材料嵌锂前后体积的变化,金属集流体和电极材料之间接触面积更小、黏附力下降的缺点,容易导致电极材料和集流体之间出现缝隙,甚至出现电极材料脱落,导致该处界面阻抗急剧增大,电池倍率性能下降。此外,金属集流体在电势作用下长时间与电解液接触,存在局部腐蚀现象,生成绝缘性的氧化层,也会造成内部阻抗增加。

在金属集流体表面涂敷碳纳米管浆料形成碳表面或在其表面直接垂直生长碳纳米管阵列,碳纳米管中的 C—O 键和铝箔共价结合,交织形成的粗糙表面或定向阵列将有效增加与活性电极材料的接触面积、传输通道和黏附力。此外,中间碳层还能起隔绝电解液和金属表面的作用,防止电解液对金属集流体的电化学腐蚀。因此,中间碳层的构建对降低电池内部阻抗、提升电极与集流体的黏附力呈现显而易见的效果,倍率性能提升明显。基于 CVD 的方法可在铝箔表面直接生长碳纳米管竖直阵列,也可以通过喷涂或涂覆的方式制备碳纳米管涂层,以上两种制备方法均无须使用黏结剂。含碳集流体在商业化 $LiFePO_4$ 离子电池中展现优异的倍率性能:$LiFePO_4$ 的容量为 145 mA · h/g(10 C),放电电流为 600 mA/g,循环 500 次无明显下降[293]。

再者,金属集流体主要功能是汇集电子,对能量密度没有直接贡献,为非活性部件,且在整体电极中质量占比大,Al 和 Cu 在电极总质量的占比分别为 15% 和 50%,对电池的整体能量密度不利。而构筑全碳集流体替代传统金属集流体是有效的解决途径之一,研究表明,无论是浮动催化制备得到的碳纳米管薄膜,还是碳纳米管与其他碳材料通过液相抽滤而成的自支撑薄膜,均具有轻质、高导电、柔性、高力学强度及稳定的化学耐受性等优点,在柔性电池应用领域,具有不可忽视的优势,被认为是未来集成电池中极具潜力的应用技术之一。

2.7.2 超级电容器

超级电容器,也称电化学电容器,是一种介于传统物理电容器和电池之间的新型储能器件,兼具了传统电容器高比功率和电池高比能量的性能优势。如图 2-27 所示,与传统电容器相比,其比容量提升百倍以上,具有更高的能量密度;与电池相比,能量密度虽然不及锂离子电池和燃料电池,但具有高功率特性($10^2 \sim 10^4$ W/kg),充放电速度快。此外,还具有更长的使用寿命($>10^5$ 次),更宽的使用温度范围($-40 \sim 80℃$)和安全性等优点,因而在新能源汽车、电动工具、信息通信、航空航天等领域具有不可替代的应用价值。自 2010

年以来,随着电池技术在新能源汽车的推广应用,超级电容器作为电池系统的辅助电源组合使用被广泛关注,能够代替发动机提供车辆启动或上坡时的峰功率,减少尾气排放,同时降低对燃料电池和锂离子电池的设计功率要求,延长电池使用寿命。该项技术研究已经被纳入中国"十五"863计划电动汽车重大科技专项,相关应用产品也已上市。

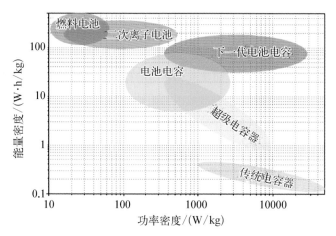

图 2-27   不同类型储能器件比能量与比功率的关系图[294]

2.7.2.1   超级电容器基本原理

超级电容器按储能机理不同可以分为双电层电容器和法拉第准电容器。双电层电容器的储能是基于电极/电解液界面上的电荷分离,充电时,电子通过外电源从正极传到负极,由于静电作用电解液中的正负离子分别向负、正电极迁移并在其上定向排列形成双电层。可见,双电层电容器的充放电过程是一个单纯的物理储能过程,不涉及氧化还原反应,因而可以允许大电流的快速充放电,其循环充放电次数理论上没有限制。法拉第准电容器是基于金属氧化物或导电聚合物的表面快速、可逆的氧化还原反应产生的准电容来实现能量的储存。

电极材料是决定电容器性能的关键。双电层电容常用电极材料一般为多孔碳材料,主要包括活性炭、碳纳米管和石墨烯等。为了在碳电极/电解液界面形成尽可能多的双电层,获得高比容量,碳材料通常具有良好的孔结构,丰富且化学稳定的表面。准电容常用电极材料一般为金属氧化物或导电聚合物,伴随着氧化还原反应的发生进行电荷转移,在相同的电极面积情况下,准电容是双电层电容的 10～100 倍,但由于此类电极材料的导电性明显低于碳材料,其功率特性和循环寿命不及双电层电容。

2.7.2.2   碳纳米管在超级电容器中的应用

活性炭是目前应用最广泛、技术最成熟的超级电容器电极材料,比表面积达 500～

1500 m^2/g,但其内部孔径多数属于微孔,离子扩散阻力大,尤其是高电压电容器所用的有机电解液,黏度大、离子尺寸较大的离子不易扩散到其表面形成双电层,造成活性炭表面的有效利用率不高,实际的比容量较低,同时影响功率特性。碳纳米管具有较高的比表面积和优异的导电特性,是超级电容器尤其是高功率超级电容器理想的电极材料之一。

基于现有超级电容器电极材料的不同储能机理及存在的不足,碳纳米管在超级电容器中的应用技术主要有以下三种研究思路:(1)制备特定微观结构的碳纳米管直接作为碳电极材料,经后续活化处理以调控其有效比表面积和孔容,提升比容量;(2)制备特定聚集状态的碳纳米管宏观材料,有效抑制碳纳米管的微观聚集和缠绕;(3)碳纳米管与金属氧化物或导电聚合物复合,发挥各自性能优势,降低材料成本。

(1)碳纳米管粉体微观结构控制和表面处理

碳纳米管直接制备电极材料是基于双电层的储能机制,有效的比表面积和孔容是构建双电层的必要条件。单壁碳纳米管比多壁碳纳米管具有更大的比表面积,理论上可以获得更高的比容量;不同管径分布的碳纳米管对应不同大小的离子扩散孔道,区别于水系电解液和有机系电解液,黏度不同、离子大小不同,对碳纳米管微观孔容大小的分布需求不同。不同制备方法得到的碳纳米管粉体,其比表面积一般仅 100~400 m^2/g,远低于其理论比表面积,实际比容量较低。中国科学院成都有机化学研究所的江奇等人研究了碳纳米管结构与比容量之间的关系,发现比表面积较大、孔容较大且孔径分布在 30~40 nm 区域内的碳纳米管呈现更好的容量性能[295]。

与活性炭类似,碳纳米管直接用作电极材料通常需要进行酸碱活化处理,或经 CO_2、空气等物理活化,以提高比表面积,增大孔容。活化后的碳纳米管端口被打开,之前缠绕的碳纳米管被部分截断,新表面和开放孔道的产生大幅度提升了碳纳米管作为电极材料的比容量。此外,活化后的碳纳米管表面引入部分氧化缺陷位,在循环伏安曲线上呈现明显的氧化还原峰,表明除了双电层电容外,还存在法拉第准电容。同时,碳纳米管表面含氧官能团的引入能够改善电极表面与电解液的浸润性,有利于离子扩散,提高功率特性[296]。

(2)碳纳米管宏观聚集材料

自由生长的碳纳米管为取向杂乱、形态各异的粉末聚集体,微观上或聚集成束,或相互缠绕,还有大量无定形碳夹杂其中,是碳纳米管作为超级电容器电极材料实际容量低的主要原因。虽然活化处理可以有效解决以上问题,但该过程工艺复杂,化学废液多,碳纳米管不可控的表面改性等,均会限制碳纳米管超级电容器的规模化应用。特定形态的碳纳米管聚集体,如高度有序碳纳米管阵列的制备技术发展已引起人们的关注,有望实现碳纳米管电极材料的直接制备[297]。

以有序多孔阳极氧化铝(AAO)作为生长模板,气相沉积得到有序碳纳米管阵列,然后转移到集流体上,用硫酸去除 AAO 模板和基底端口处的催化剂,得到管径均一的碳纳米管,电流密度增大到 1.05 A/g 时,其比电容仍高达 306 F/g,展现出优异的功率特性[298]。在导电基底上(如 Ni、Al、石墨碳纸等)直接生长碳纳米管得到的宏观聚集体可以作为集流体和电极材料直接使用,有序排列的碳纳米管,能保证电极和集流体(导电基体)形成良好接触,降低界面阻抗。同时,调控基底上催化剂的沉积密度、颗粒大小可以对碳纳米管阵列的微观结构进行调控。利用卷对卷过程,可在 600℃ 温度下,于铝箔上合成垂直对齐的多壁碳纳米管(VACNTs),这类 VACNTs 材料组成的电极直接组装到超级电容器电池中,可产生高功率密度(1270 W/kg)和能量密度(11.5 W·h/kg)[299]。

(3) 碳纳米管复合电极材料

金属氧化物和导电聚合物的储能原理是基于表面快速的法拉第反应,具有高比容量的特点,但其电导率低,功率特性较差。而碳纳米管导电性好,实际比容量偏低,将碳纳米管与金属氧化物或导电聚合物复合有利于发挥各自的优势,得到高性能的复合电极材料。常用金属氧化物有贵金属 RuO_2,在碳纳米管表面沉积 RuO_2 可以明显提高比电容,且随着 RuO_2 含量的增加容量上升,但其高昂的价格限制了其应用[300]。过渡金属氧化物 MnO_2、NiO 等具有更高性价比,通过溶胶-凝胶、电化学沉积等方法在碳纳米管的表面沉积均匀的过渡金属氧化物颗粒,得到的比电容高于纯的金属氧化物电极[301,302]。

导电高分子聚苯胺(polyaniline,PANI)原料易得、导电性高,存在多个氧化态。通过化学原位聚合在碳纳米管表面包覆 PANI,在充放电过程中发生 p 型掺杂和去掺杂反应,产生准电容能够提高碳纳米管的比容量。碳纳米管相互缠绕形成的三维网络为 PANI 提供了充分的沉积表面,同时碳骨架对复合材料的导电性也有明显提升[303]。值得注意的是,PANI 沉积量不能过多,少量沉积即可大幅度地提高碳纳米管的比电容。

碳纳米管在超级电容器中的应用受到了广泛的关注。不同方法制备出的碳纳米管由于其微观结构、形态存在较大的差别,再加上电极成型工艺、所用电解液和测试方法等的不同,电容性能很难统一比较。碳纳米管实际比表面积小,比容量偏低,化学活化法可以显著提高其比表面积,增大其比电容。受成本和性能的制约,碳纳米管在超级电容器中的应用仍处于基础研究阶段。随着碳纳米管低成本、批量化制备技术的发展,将碳纳米管与金属氧化物或导电聚合物复合,发挥各自的优势,协同制备高性能的复合电极材料,将是今后重要的发展方向之一,有望率先进入产业化应用。此外,碳纳米管宏观聚集体的可控制备技术是另外一个有望从研究走向应用的极具竞争力的途径。

2.7.3　燃料电池

燃料电池是通过电化学反应把燃料中的化学能直接转化为电能的发电系统。燃料电池能量转化的本质是氧化还原反应,燃料通过阳极侧进入,空气或氧气通过阴极侧进入,二者在电解质两侧分别发生氢氧化反应与氧还原反应(oxygen reduction reaction,ORR),电子流经外电路做功,从而产生电能。以发展相对成熟、被认为是未来车载动力终结者的氢-氧燃料电池为例,其工作原理是氢气在阳极发生电化学氧化反应,产生成对的电子和质子;质子经质子交换膜由阳极迁移到阴极,而电子经外电路转移到达阴极;氧气由阴极进入,结合外部的电子发生氧还原反应;电子在迁移过程中经外电路做功形成回路,产生电流,化学能转化为电能。其中,ORR 动力学过程缓慢、过电势高等问题,限制着燃料电池性能的进一步提升。

目前贵金属 Pt 及其合金是典型的 ORR 电催化剂,但 Pt 储量少、价格高且易中毒失活,因此开发低成本、高性能的非贵金属 ORR 催化剂是燃料电池性能提升的关键。碳纳米管基非贵金属催化剂:非金属掺杂、过渡金属-氮-碳纳米管负载过渡金属及其衍生物(氧化物、碳化物、氮化物、硫化物等)、负载单原子是近几年来研究较多、最具潜力替代贵金属 Pt 催化剂的新型催化剂。

(1) 杂原子掺杂

对碳纳米管掺杂异质元素,一方面可以优化材料表面电子结构和表面电荷分布,增强对 O_2 的吸附能力,另一方面可以引入更多的缺陷(边缘、空位等),促进 ORR 催化。N 原子电负性较 C 原子大(N 电负性为 3.04,C 电负性为 2.55),理论计算表明 N 掺杂使邻近 C 原子带正电荷,有利于吸附 O_2,N 的键合形式和含量对催化性能具有至关重要的影响。N 掺碳纳米管垂直阵列可以搭建无金属电极,与 Pt 相比,其对碱性燃料电池中的氧还原反应展现出更好的电催化活性,稳态输出电位为 -80 mV,电流密度为 4.1 mA/cm^2,优于 Pt/C 电极(-85 mV,1.1 mA/cm^2)[304]。通过测量不同 N 掺样品的电催化氧化还原电流和 ORR 过程中的转移电子数,探究 N 掺碳纳米管中不同 N 构型的 ORR 机理,为研究高催化活性的 N 掺碳纳米管提供了思路[305]。除掺 N 外,在碳纳米管中掺入 S、B、P 等元素也可以改变电子结构和化学性质,从而调控催化活性。

(2) 碳纳米管负载过渡金属

负载型金属催化剂在工业催化领域发挥着十分重要的作用。在催化过程中,纳米颗粒容易出现脱落或团聚现象,进而导致催化剂失活。将无机纳米颗粒、过渡金属、金属氧化物、碳化物、氮化物和硫化物等负载到改性的碳纳米管上,使其不仅可以作为导电载体,也可与电化学活性高的金属颗粒及其衍生物发生耦合作用,优化催化剂表面的电子结构,提高活性和稳定性。以 $Fe(CH_3COO)_2$ 为铁前驱体,$NC-NH_2$ 为氮源,合成 Fe/N 掺碳纳米管复合催化剂,Fe 不仅可以诱导 ORR 反应,还可以催化 CNTs 的生长。该复合催化剂在碱性介质中显示出极高的 ORR 活性,当杂原子负载量足够高时,其催化活性优于 Pt 基催化剂[306]。

(3) 碳纳米管负载单原子

金属-载体相互作用是负载型金属催化剂的基本结构特征,也是影响催化性能的关键因素,一般认为金属颗粒尺寸越小越好。单原子催化剂是负载型催化剂的极限状态,实现了金属原子 100% 的利用率,提高了催化剂活性位点的数量密度,因而可以最大幅度地提升催化性能[307]。Chen 制备了单分散 $Fe-N_x$ 活性位锚定的 N、S 共掺杂碳纳米管/石墨烯复合网络,证实了 Fe 只与 N 配位并以高分散、单原子的形式存在。高密度 $Fe-N_x$ 活性中心、分级孔结构和优异的电子传输能力,使得催化剂的半波电势仅为 0.85 V,极限扩散电流密度达 6.68 mA/cm^2[308]。单原子催化剂中的金属以单原子的形式均匀分布在载体上作为活性中心,实现了催化反应的高活性和高选择性,同时也为催化机理的研究提供了新的解决方案。

目前,氢燃料电池还面临着成本高、氢能供应设施不完善等问题。但随着国家支持的力度不断加大,燃料电池与氢能技术正快速发展,长远来看,碳能源向氢能源的转变将是未来能源转型的大趋势,作为与之密切相关的制氢、储氢及输氢技术的不断完善,也将推动燃料电池走向大规模应用。碳纳米管调控非贵金属催化剂在燃料电池应用中也将做出巨大贡献,但距离实际应用还面临巨大的挑战。

2.7.4 碳纳米管储能材料的机遇与挑战

结构独特、性能优异的碳纳米管,自发现以来就备受关注,基于碳纳米管的先进储能材料应用的研究,几乎涵盖储能技术的方方面面。特别是新能源汽车的发展,为碳纳米管在锂离子电池中的应用开辟了广阔空间。在下游市场需求牵引和政府政策导向的双轮驱动下,已经有相当一部分研究成果进入了实际应用市场。锂离子电池的导电添加剂、碳纳米管复合集流体、超级电容器电极材料等产品先后进入产业化应用阶段,其中导电添加剂在国内已经商品化,具备相对稳定的销售市场,并向国外市场进行供货。碳纳米管储能技术成为碳纳米管商品化的先行者,在产业发展和技术发展的双轮驱动下,碳纳米管储能材料正朝着功能化、复合化、智能化和多元化的方向发展。

碳纳米管粉体的批量制备技术已经初步实现管径的可控,与其关联的纯化技术、分散技术也得到同步发展。然而,在实际应用中,碳纳米管并不是独立存在的单一个体,碳纳米管宏观组装材料、碳纳米管与传统材料的复合成为更多有效的应用形式。因此,碳纳米管聚集形态的研究、聚集体与单体之间的组装关系、纳米尺度到宏观性能的传递和调控等问题是未来碳纳米管储能应用技术的关键。

2.8 碳纳米管生物技术及其他

碳纳米管优异的力学性能、导电性、导热性和特殊的孔道结构等特点,使其在环境和纳米医药等新兴领域同样有着巨大的应用潜力。尽管相关研究还处于起步阶段，但是碳纳米管已经在微型传感器、药物递送系统、肿瘤热疗、人造肌肉、污水处理、电磁屏蔽等多个领域展现出令人惊奇的性能。本节将重点围绕生物医药技术、环境修复材料、电磁屏蔽材料，进一步阐述碳纳米管在交叉领域的应用，拓展这一纳米材料更多神奇的应用。

2.8.1　生物医药技术

（1）生物传感器

生物传感器是一种能够将生物物质浓度转换为电信号进行物质灵敏检测的仪器，在医疗卫生、食品检验等领域用来进行临床疾病诊断、农药残留检测。目前主流的生物传感器使用碳基电极，具有成本低廉、生物相容性好的特点。随着医学技术的不断发展，对传感器的检测灵敏度要求也越来越高。此外，不断微型化以实现在人体组织中运行是其发展趋势之一。

碳纳米管众多的特性使其在生物传感方面具有较大的优势。较高的比表面积，有利于提高对待测物质的吸附；结构中大量的共轭π电子，使其具有较强的催化活性；优异的导电性，使得整个碳纳米管电极的响应速度更快。因此，碳纳米管生物传感器具有高灵敏度和低检测限特性，在对神经递质、DNA 和蛋白质等物质的探测领域，具有潜在优势[4]。此外，在微型化方面，碳纳米管生物传感器也具结构优势，例如，制作碳纳米管电极，或搭建碳纳米管探针进入组织实现电化学测量[309]。

碳纳米管的结构复杂性是限制其在生物传感器领域应用的主要因素：多种手性的碳纳米管相互混杂，使得电极的导电能力难以测定，实际检测灵敏度远不如预期。此外，碳纳米管在生物体中是否具有生物毒性仍有争议，不能完全避免在人体中富集的风险，一些特殊结构的碳纳米管有潜在的致癌风险。

（2）药物载体

新型的生物医疗领域在很大程度上依赖着药物递送系统的发展，所谓药物递送系统，即在空间、时间及剂量上全面调控药物在生物体内分布的技术体系，有助于提高药物使用效率、降低其对生物体的副作用。传统的药物载体包括各种高分子材料（如明胶、壳聚糖等）和无机材料。由于细胞膜对外来物质的高度不渗透性，传统的药物递送系统都需要通过细胞膜上的转运蛋白进行细胞间转运，效率低，因此需要寻求新的分子转运手段。

碳纳米管独特的中空管状结构，可以填充多种化合物，特别在高温下进行碳纳米管填充时，冷却后末端自动闭合，形成封闭的类胶囊结构，可以实现药物的装载。另外，由于碳纳米管较大的长径比，在生物组织中除了胞吞形式外，还能以纳米针形态扩散穿越细胞中任何膜结构，药物转载效率极高。同样，在明确相关毒理学问题后，碳纳米管载药技术将有望应用于癌细胞靶向治疗、疫苗载体、基因疗法等领域[310,311]。

（3）激光诱导肿瘤热疗

激光诱导热肿瘤治疗，是指利用外部光源照射光热传感器，从而激发热源向指定区域的肿瘤细胞组织投射足够的热量使其死亡的一种治疗手段。相比传统的治疗方法，它提供了一种微创治疗手段，是潜在的更有效的治疗方法。

光热传感器常采用各种新型纳米颗粒，比如纳米金、石墨烯、碳纳米管等。不同纳米材料的光吸收波段各有区别，不同波段的光对人体组织的穿透能力也有所不同。碳纳米管在近红外光区表现出较强的光吸收，该波段的光对生物组织的穿透深度为 1.6 mm。此外，在实际动物试验中，在完全破坏肿瘤组织之后，还可以取出生物体内的大部分碳纳米管[312]。

（4）人造肌肉

人造肌肉，即电活性聚合物，是一种可以在外加电场作用下，进行收缩、拉伸等应变的材料，可用于拓展机器人的工作能力、修复人体损伤肌体、用作仿生心脏支架等。

碳纳米管与常规电活性聚合物复合，其纤维形态在聚合物内部形成连续导电网络，碳纳米管的高导电性降低了复合材料的阻抗，提高了材料对电流的响应速度，使得应变更加迅速、灵敏；结合碳纳米管优良的力学性能，可以增强复合材料的机械性能、降低蠕变。然而碳纳米管在聚合物基体中很难完全均匀分散，界面相容性差，应变时聚集颗粒界面处容易形成应力中心，发生断裂[313,314]。

（5）电子皮肤

电子皮肤，即柔性压力传感器，可以感知任意形状的触觉压力，是开发智能机器人及假肢领域的重要技术。电子皮肤包含多个工作部件，如电传感部件、晶体管等。柔性压力传感器对机械灵活性、工作电压、灵敏度、精度及响应速度等指标有着较高的要求，制备具有高性能的大面积薄膜晶体管阵列是其应用发展的关键。

碳纳米管晶体管具有极快的响应速度，其高柔性、高强度性能使其能在保证电子皮肤灵活性的基础上兼顾机械强度；碳纳米管构建的微型电路，还可以进一步集成控制电路和电子元件，实现多功能一体化；通过调节碳纳米管阵列的排布，还可以提高材料各向异性，提高对曲面的敏感性等[315]。Luca 等人制备的碳纳米管传感器具有高精度（4 nm 空间分辨率）和高响应速度（小于 30 ms）特性[316]。

碳纳米管的生物安全性是影响其在生物医药领域应用的一大难题。为了使碳纳米管能更广泛地应用于生物医药领域与临床研究，需要彻底地了解其生物学特性，保证其具有良好的生物、环境等安全特性。与其他的化学物质不同的是，碳纳米管结构复杂多变，与生物环境的相互作用相对复杂，其生物学特性的探究同样对材料的控制制备提出要求。

2.8.2　环境修复材料

生态环境系统与工业发展、人类生活密切相关，图 2-28 的简化生态系统图中，针对城市黑臭水体的修复,工业污染废水、海洋油污泄漏的治理,海水淡化工程和工业尾气监测等领域,碳纳米管均有用武之地。水体循环系统中,碳纳米管应用较多,但治理不同的水体,对碳纳米管的要求亦有区别。

图 2-28　简化的生态系统图

（1）污水治理

城市黑臭水体来源有多个方面,如生活污水、工业废水等,水体成分十分复杂,富含各种重金属离子(铅、铬、镉、砷、铜、锌等)和有机污染物。大部分重金属离子会在底泥中沉降,经地下水运动扩散至地表其他水系,严重危害人体健康。针对不同的处理场地,常用的重金属处理方法主要有氧化、还原、反渗透、吸附等。其中,吸附法是一种简单、经济且有效的处理方法,常用的吸附剂,如活性炭、改性壳聚糖、沸石等,吸附容量有限、去除效率低。碳纳米管比表面积大、密度小、具有中空结构和丰富的吸附位点,是去除水体中重金属离子污染物的优良吸附材料[317]。碳纳米管对金属离子的吸附性能受多种因素影响,如纯度、孔隙率、表面官能团、比表面积等。此外,表面改性,如酸处理、接枝功能分子/基团等,均能够显著提高其对重金属离子的吸附能力和选择性。

光催化降解是针对水体中有机化合物污染物的有效处理方法,具有操作简单、成本较低、催化剂可循环利用的特点。常用的光催化剂包括二氧化钛、硫化镉、氧化钨等,其中二氧化钛的光催化活性和稳定性好、无毒,是被普遍采用的光催化剂。针对光催化普遍存在降解周期长的问题,将碳纳米管与二氧化钛复合,高导电特性的碳纳米管与二氧化钛界面形成异质结构,提高了光生载流子的分离效率,进而提高材料的光催化活性[318]。

（2）油水分离

油水分离,即根据油与水的物化性质的不同,去除杂质,分离出纯相的过程。在工业领域主要的分离手段有超滤膜分离法、吸附法、加热法等。其中,膜分离法具有成本低廉、占地面积小、水质稳定等优点,被广泛应用。传统的膜材料(大多数是聚合物)除了本身通量低、易降解以外,还容易被污染,导致处理过程中分离效率不断下降。

碳纳米管的高机械强度,有助于构建纳米级厚度的滤膜,由于过滤速度通常与膜厚度成反比,因此纳米级厚度碳纳米管滤膜的通量远远高于商用滤膜;其次,与高分子材料复合,可以调控膜表面静电状态和亲疏水性,进而针对性地抑制特定油分子对膜的污染[319,320]。

(3) 海水淡化

利用海水脱盐来生产淡水,实现水资源利用的开源增量技术,可以解决部分地区的水资源短缺问题。现在所用的海水淡化方法有离子交换法、反渗透膜法及蒸馏法等。在各种水处理技术中,反渗透膜技术因其不需要化学添加剂、热输入、废介质再生的固有特性成为市场的主流。反渗透膜,主要有醋酸纤维素、芳香聚酰胺这两大类的膜材料,能够同时兼顾水渗透率和脱盐率,但存在需要高压条件和能量的持续输入、稳定性差、无法实现自清洁等缺陷。

碳纳米管膜用于海水淡化具有以下特点:中空结构提供了水分子的优良通道,便于实现高通量分离;调节碳纳米管孔径,可以选择性地检测和阻隔离子,分离多种污染物;通过对碳纳米管膜表面的改性,可以提高膜对水体中较小离子的阻碍能力;同时碳纳米管具备一定程度的生物毒性,可以减少生物污染[321]。因此,碳纳米管膜具有防污、自清洁、可重复利用的特点,在海水淡化和微咸水淡化领域具有巨大的应用潜力。当然,如何制备均匀分布、孔径可控的大尺寸膜;如何添加功能型基团(与水分子运动冲突);如何平衡渗透速率和脱盐率;如何防止碳纳米管脱落等问题,依然有待解决。

(4) 气体监测传感器

气体监测传感器在环境污染、工业排放监测和过程控制、公共安全等生产和生活方面有着重要的作用。碳纳米管制备气体传感器同样具有出色的性能:特殊的一维电子气结构,对于分子电荷转移和掺杂效应十分敏感[322];高比表面积带来更高的吸附容量;通过调整尺寸可以调节纳米结构的电学性能;在横截面上具有很大的相互作用区,能提高信号强度;构成电阻器或场效应晶体管,形成一个微型的完整的气体传感器系统。然而,现有碳纳米管材料中,不同导电性能的碳纳米管相互混杂,对检测器的灵敏度造成较大影响。此外,碳纳米管如何选择性吸附目标气体、如何实现吸附、脱附可逆化的问题也仍然有待解决。

碳纳米管制备的薄膜及其三维宏观材料在水处理方面具有独特的效果,已经在部分小型家用净水器及城市示范工程中取得应用。未来大规模的应用主要受限于三个因素:产品均一性是限制其发展的根本性因素,而这种差异性来源于碳纳米管微观结构、聚集体组装、应用加工工艺这三个不同阶段;价格成本是环境治理的重要考虑因素,而碳纳米管吸附分离产品的价格远高于目前商品化的活性炭吸附材料和高分子分离膜;碳纳米管材料在环境修复过程中的稳定性、可回收性有待商榷。将碳纳米管融入人类社会的可持续发展理念当中,必然有助于实现其真正的应用价值。

2.8.3　电磁屏蔽材料

随着民用电磁屏蔽和军事隐身技术需求的增加,吸波材料呈现出越来越重要的应用和研究价值。然而,目前广泛研究使用的电磁波吸收剂主要是传统的金属和磁性铁氧体超微粉,其大多存在密度大、吸收频带窄等缺点。碳纳米管的特殊结构和介电特性,使其表现出较强的宽频微波吸收性能,同时兼具质量轻、导电性可调、强度高等一系列优点,是一种有前途的微波吸收材料。

在微波环境中,碳纳米管的原子和电子运动会加剧,电子能转化为热能,通过磁滞损耗、畴壁共振等磁极化衰减电磁波,尤其在 $8\sim18$ GHz 下有较好的吸波性能,但在高温环境下因被氧化而使其吸波性能受到影响[323]。手性碳纳米管置于电磁场中时,会引起电极化和磁极化的交叉极化现象。碳纳米管吸波性能取决于其手性参数 ζ 和电磁参数 ε、μ,其中 ζ 正比于其体积及碳纳米管线圈密度,调整 ζ 相较于调整介电函数和磁导率更容易得到最佳的电磁屏蔽效果。较多晶格缺陷的碳纳米管吸波性能更强,理论分析认为这是由于晶格缺陷起了极化中心的作用,提高了复介电常数的实部[324]。碳纳米管或含碳纳米管的聚合物复合材料有望成为新一代轻质电磁吸波材料。

金属类吸波材料,如铁氧体、金属氧化物等传统吸波材料兼具介电性能和磁性能,吸波强度高,但由于其密度大、吸波性能不稳定、吸收频段窄等缺陷,已经无法满足"薄、轻、宽、强"的综合性能要求。由于量子限域特性,碳纳米管表现出金属性和半导体特性,其复介电常数的实部和虚部均较高,与磁性材料复合有利于和空气阻抗匹配[325]。将碳纳米管与金属类材料相互复合获得的纳米复合材料既具有介电损耗和磁损耗,又达到了减轻材料质量的目的。碳纳米管填充或包覆磁性金属,具体制备方法有化学法的原位聚合法、原位模板法、配位反应法、溶胶-凝胶法、直流电弧等离子法、水热法、热退火法、溶剂热法等,可得到不同结构的复合材料:多层结构、核壳结构、纳米结构及其他特殊结构等,结构的紧密性和表面性质会影响其吸波性能。

此外,随着碳纳米管可控制备技术和表征技术的不断发展,碳纳米管也将在更多领域给人们带来惊喜:可见光纳米天线,利用碳纳米管对可见光的天线效应,接收激光信号,从而大大提升电视的图像品质;碳纳米管微型引擎,利用碳纳米管做导线或导线模具,制作微型引擎,可应用到生物医学等应用领域;碳纳米管太空电梯,利用碳纳米管的高机械性能,可作为连通地球与外太空的输运通道等。

对于碳纳米管,无论是正在开发的产品还是即将探索拓展的应用,其结构控制制备是未来突破高精尖应用技术瓶颈的重要基础,碳纳米管的规模化制备和分离技术需要在质量与纯度上进一步提高,而碳纳米管改性技术、复合技术、组装技术是构建先进材料与探索新型应用的必经之路。

2.9 展望

经过近30年的探索,人们对碳纳米管的制备、性质和应用已经有了全面而深入的认知。本章以碳纳米管的控制制备和应用为主线,详细地介绍了碳纳米管特殊的结构和优异的电学、力学、热学、光学等基本物性,探讨了碳纳米管在众多领域的应用。在制备方面,主要介绍了最常用的化学气相沉积法,通过催化剂的设计、生长条件的调控,以及外场和后处理方法的使用实现了碳纳米管管径、导电属性、手性的控制制备;通过生长基底的选择、催化剂的加载及生长设备的优化实现了碳纳米管水平阵列、竖直阵列、纤维、薄膜和凝胶等宏观聚集体的制备。在性质方面,系统描述了碳纳米管的丰富且优异的基本物性和超润滑等特殊性质,以及碳纳米管的各类复合材料的力学、电学、热学等性质。在应用方面,本章从最具潜力的电学器件讲起,综述了碳纳米管及其聚集体在电子、光电子、热电等器件领域的研究进程和应用现状。最后,介绍了碳纳米管在能源、生物医药、环境、军事等众多领域的应用探索。

纵观整章,不难发现,碳纳米管的制备正走向两条平行的道路,一是碳纳米管精细结构的控制,例如单一手性碳纳米管、高纯度半导体型碳纳米管及超长碳纳米管;二是碳纳米管的放量制备,发展了诸如流化床、浮动催化等技术方法。然而我们知道,高端的应用最终必将以精确可控的批量制备为前提,因此,如何实现精确结构可控碳纳米管的宏量制备是目前亟待解决的问题,我们期待着看似截然不同的两条探索之路殊途同归。另外,由于碳纳米管精细结构控制制备与各种聚集体放量制备存在明显的技术路线的差异,很难使碳纳米管的优异性质从单根管传递到宏观聚集体中,这导致碳纳米管宏观聚集体与单根管的性质存在很大的差异。而这种差异在实践过程中不断凸显,几乎已经成为碳纳米管的"阿喀琉斯之踵"。例如,碳纳米管纤维的拉伸模量远小于碳纳米管的本征模量。因此,探索碳纳米管本征性质向宏观聚集体传递的基本规律是目前的挑战性问题。

碳纳米管的控制制备和性质研究给碳纳米管的表征技术提出了更高的要求。如何清晰地反映碳纳米管的原子或电子结构信息?如何原位观测碳纳米管的生长过程?如何实现碳纳米管宏观材料结构与物性的高效、快捷和准确表征?类似的问题限制着我们进一步地认知碳纳米管,从而也成为制约碳纳米管走向应用的瓶颈问题。

不可否认的是,碳纳米管的应用探索已经有了初步的成果,比如,碳纳米管已作为导电添加剂出现在商业化市场中。但现阶段实现的这些应用仅仅是碳纳米管潜在应用领域的沧海一粟。碳纳米管在电子、光电子、能源、医药等领域的应用大部分应用还停留在实验研究阶段。例如碳纳米管计算机虽已被报道，但综合其性能、工艺、成本等因素仍然无法超越商用的硅基电子系统。如何找到碳纳米管撒手锏级的应用仍然是目前的一大挑战。

要找到碳纳米管撒手锏级的应用必须实现微观与宏观性质的统一。显然，在产量低下的前提下单纯尝试碳纳米管精细结构调控很难推动碳纳米管走向实际应用。理想的制备技术是结构可控的碳纳米管的宏量制备，实现碳纳米管优异性质从单根到宏观聚集体材料的传递。为了搭建从微观到宏观控制制备的桥梁，可行的手段包括：（1）催化剂的设计。无论是微观制备还是宏观制备，催化剂的种类、大小及状态都能影响最终获得的碳纳米管的结构，催化剂的寿命直接影响碳纳米管的长度等，催化剂在生长过程中的稳定程度决定了碳纳米管种类最终的分布。因此对催化剂进行设计是控制制备的根本。（2）表征技术的提高。宏观制备可以看作是微观制备在时间尺度上的动态积累。为提高碳纳米管宏观制备的可控性，首先需要了解其微观生长机理，然后从时间尺度上认识碳纳米管及聚集体的衍变，因此发展低能量干扰、高时间和空间分辨率的原位表征技术十分必要。另外，在放量制备中发展快速、准确甚至原位的表征技术也有利于提高性质判定的效率。（3）设备的改进。目前，尽管固体催化剂的设计能够在基底上实现碳纳米管的结构控制生长，但此方法还未实现放量制备，原因在于在微观和宏观制备体系中，碳纳米管生长的微观环境是不同的，对于极度分散的单根管的生长来说，碳纳米管的成核和生长可以视为只受催化剂影响，生长环境稳定；而在宏量制备体系中仍然有碳源从外到内的扩散及不断消耗的过程，但此时催化剂空间数密度要大得多，这就会使每一个催化剂颗粒所处的微环境彼此不同而又时刻变化。现有的大多数设备很难实现催化剂微环境的均一。在流化床体系中，尽管碳源与催化剂混合比较充分，但载体的存在导致了气体在空隙的扩散，使得微环境变得更加复杂；浮动催化体系中尽管微环境是均一的，但催化剂是在生长过程中原位形成的，很难得到有效控制。因此，改进设备，实现碳纳米管宏观动力学与微观动力学的统一，是实现性质传递和统一的必经之路。

要找到碳纳米管撒手锏级的应用必须建立碳纳米管的标准。正所谓，不以规矩，不能成方圆。显然，不同质量的碳纳米管有着不同的应用，在实际探索中，既不能"大材小用"，也不能"赶鸭子上架"，更不允许"以次充好"。因此，为了推动碳纳米管快速走向应用，对碳纳米管样品进行标准建立和划分势在必行。主要包括：（1）制备方法。制备方法直接决定了碳纳米管的质量的高低和产量的大小，能够体现样品制备的源头信息，包括催化剂种类、载体种类及生长气氛等。（2）杂质含量。这里的杂质通常包括生长过程中产生的无定形碳、使用的催化剂和载体的残留。杂质含量的高低直接影响后续使用过程的附加费用。对于特定种类的碳纳米管样品，其杂质还包括不理想的碳纳米管种类，例如单壁碳纳米管样品中存在的少壁及多壁碳纳米管;单一手性碳纳米管中含有的其他手性的碳纳米管;半导体碳纳米管中包含的金属碳纳米管,其相应的含量可在应用中作为参考指标。(3) 种类分布。主要包括一些结构指标的分布情况。例如单壁碳纳米管样品中管径的分布,特定应用样品中导电性、手性等的分布等。(4) 宏观聚集体形态。由于碳纳米管聚集体形态的多样性,聚集态的标注有利于后续应用的直接选择。例如碳纳米管水平阵列适用于微电子器件,直接气相沉积的薄膜可用作柔性电极。(5) 性能参数。(1)~(4)四个方面最终共同决定的正是碳纳米管的性能。碳纳米管作为一种产品进入市场,性能参数是至关重要的。面向不同应用,所着重体现的性质也有所不同。例如,对于防弹衣,碳纳米管的强度信息较为重要;对于电子器件,其对应的开关比、开态电流大小及迁移率则极其重要;对于电极,电导率则是较为重要的参数。碳纳米管产品性质标准的建立,能够让碳纳米管与市场直接对接,节省了遴选产品的时间和成本。

总之,制备决定未来。我们研究碳纳米管,是坚信其有光明的未来。作为研究者,我们不仅要明白碳纳米管是"好"的,还要明白为什么能好,更要在此基础上思考如何让其更好这一命题。谁谓河广? 一苇航之。建立碳纳米管微观精细结构到宏观材料控制制备的桥梁,实现碳纳米管优异性质从微观结构到宏观材料的传递,找到碳纳米管的撒手铜级应用,推进碳纳米管的应用化进程,相信在不远的将来,碳纳米管产品必将走进人们的生活。

参考文献

[1] Iijima S. Helical microtubules of graphitic carbon[J]. Nature, 1991, 354(6348): 56 - 58.

[2] Iijima S, Ichihashi T. Single-shell carbon nanotubes of 1-nm diameter[J]. Nature, 1993, 363(6430): 603 - 605.

[3] Dresselhaus M S, Dresselhaus G, Saito R. Physics of carbon nanotubes[J]. Carbon, 1995, 33(7): 883 - 891.

[4] de Volder M F L, Tawfick S H, Baughman R H, et al. Carbon nanotubes: Present and future commercial applications[J]. Science, 2013, 339(6119): 535 - 539.

[5] Zhang S C, Kang L X, Wang X, et al. Arrays of horizontal carbon nanotubes of controlled chirality grown using designed catalysts[J]. Nature, 2017, 543(7644): 234 - 238.

[6] Arnold M S, Green A A, Hulvat J F, et al. Sorting carbon nanotubes by electronic structure using density differentiation[J]. Nature Nanotechnology, 2006, 1(1): 60 - 65.

[7] Tu X M, Manohar S, Jagota A, et al. DNA sequence motifs for structure-specific recognition and separation of carbon nanotubes[J]. Nature, 2009, 460(7252): 250 - 253.

[8] Zhang R F, Ning Z Y, Zhang Y Y, et al. Superlubricity in centimetres-long double-walled carbon nanotubes under ambient conditions[J]. Nature Nanotechnology, 2013, 8(12): 912 - 916.

[9] Qiu C G, Zhang Z Y, Xiao M M, et al. Scaling carbon nanotube complementary transistors to 5-nm gate lengths[J]. Science, 2017, 355(6322): 271 - 276.

[10] Shulaker M M, Hills G, Patil N, et al. Carbon nanotube computer[J]. Nature, 2013, 501(7468): 526 - 530.

[11] Liu Y, Wei N, Zeng Q S, et al. Room temperature broadband infrared carbon nanotube

photodetector with high detectivity and stability [J]. Advanced Optical Materials，2016，4（2）：238－245.

[12] Hills G，Lau C，Wright A，et al. Modern microprocessor built from complementary carbon nanotube transistors[J]. Nature，2019，572(7771)：595－602.

[13] Bai Y X，Zhang R F，Ye X，et al. Carbon nanotube bundles with tensile strength over 80 GPa[J]. Nature Nanotechnology，2018，13(7)：589－595.

[14] Zhang S C，Wang X，Yao F R，et al. Controllable growth of (n，n－1) family of semiconducting carbon nanotubes[J]. Chem，2019，5(5)：1182－1193.

[15] Magnin Y，Amara H，Ducastelle F，et al. Entropy-driven stability of chiral single-walled carbon nanotubes[J]. Science，2018，362(6411)：212－215.

[16] Bethune D S，Kiang C H，de Vries M S，et al. Cobalt-catalysed growth of carbon nanotubes with single-atomic-layer walls[J]. Nature，1993，363(6430)：605－607.

[17] Saito R，Fujita M，Dresselhaus G，et al. Electronic structure of chiral graphene tubules[J]. Applied Physics Letters，1992，60(18)：2204－2206.

[18] Dresselhaus M S，Eklund P C. Phonons in carbon nanotubes[J]. Advances in Physics，2000，49(6)：705－814.

[19] Bockrath M，Cobden D H，McEuen P L，et al. Single-electron transport in ropes of carbon nanotubes [J]. Science，1997，275(5308)：1922－1925.

[20] Javey A，Guo J，Wang Q，et al. Ballistic carbon nanotube field-effect transistors[J]. Nature，2003，424(6949)：654－657.

[21] Qu L T，Dai L M，Stone M，et al. Carbon nanotube arrays with strong shear binding-on and easy normal lifting-off[J]. Science，2008，322(5899)：238－242.

[22] Chae H G，Choi Y H，Minus M L，et al. Carbon nanotube reinforced small diameter polyacrylonitrile based carbon fiber[J]. Composites Science and Technology，2009，69（3/4）：406－413.

[23] Treacy M M J，Ebbesen T W，Gibson J M. Exceptionally high Young's modulus observed for individual carbon nanotubes[J]. Nature，1996，381(6584)：678－680.

[24] Krishnan A，Dujardin E，Ebbesen T W，et al. Young's modulus of single-walled nanotubes[J]. Physical Review B，1998，58(20)：14013－14019.

[25] Salvetat J P，Bonard J M，Thomson N H，et al. Mechanical properties of carbon nanotubes[J]. Applied Physics A，1999，69(3)：255－260.

[26] Pan Z W，Xie S S，Lu L，et al. Tensile tests of ropes of very long aligned multiwall carbon nanotubes [J]. Applied Physics Letters，1999，74(21)：3152－3154.

[27] Zhu H W，Xu C L，Wu D H，et al. Direct synthesis of long single-walled carbon nanotube strands [J]. Science，2002，296(5569)：884－886.

[28] Wei J Q，Zhu H W，Wu D H，et al. Carbon nanotube filaments in household light bulbs[J]. Applied Physics Letters，2004，84(24)：4869－4871.

[29] Ren L，Pint C L，Booshehri L G，et al. Carbon nanotube terahertz polarizer[J]. Nano Letters，2009，9(7)：2610－2613.

[30] Bonard J M，Stöckli T，Maier F，et al. Field-emission-induced luminescence from carbon nanotubes [J]. Physical Review Letters，1998，81(7)：1441－1444.

[31] Xiao Y，Yan X H，Cao J X，et al. Specific heat and quantized thermal conductance of single-walled boron nitride nanotubes[J]. Physical Review B，2004，69(20)：205415.

[32] Aliev A E，Guthy C，Zhang M，et al. Thermal transport in MWCNT sheets and yarns[J]. Carbon，2007，45(15)：2880－2888.

［33］ Krstić V，Rikken G L J A，Bernier P，et al. Nitrogen doping of metallic single-walled carbon nanotubes: N-type conduction and dipole scattering[J]. Europhysics Letters (EPL)，2007，77 (3): 37001.

［34］ Bui N，Meshot E R，Kim S，et al. Ultrabreathable and protective membranes with sub-5 nm carbon nanotube pores[J]. Advanced Materials，2016，28(28): 5871 - 5877.

［35］ Das R，Shahnavaz Z，Ali M E，et al. Can we optimize arc discharge and laser ablation for well-controlled carbon nanotube synthesis? [J]. Nanoscale Research Letters，2016，11(1): 510.

［36］ Guo T，Nikolaev P，Thess A，et al. Catalytic growth of single-walled nanotubes by laser vaporization [J]. Chemical Physics Letters，1995，243(1 - 2): 49 - 54.

［37］ Wagner R S，Ellis W C. Vapor-liquid-solid mechanism of single crystal growth[J]. Applied Physics Letters，1964，4(5): 89 - 90.

［38］ Seidel R，Duesberg G S，Unger E，et al. Chemical vapor deposition growth of single-walled carbon nanotubes at 600℃ and a simple growth model[J]. The Journal of Physical Chemistry B，2004，108 (6): 1888 - 1893.

［39］ Homma Y，Liu H P，Takagi D，et al. Single-walled carbon nanotube growth with non-iron-group "catalysts" by chemical vapor deposition[J]. Nano Research，2009，2(10): 793 - 799.

［40］ Hu Y，Kang L X，Zhao Q C，et al. Growth of high-density horizontally aligned SWNT arrays using Trojan catalysts[J]. Nature Communications，2015，6(1): 6099.

［41］ Jiang S，Hou P X，Chen M L，et al. Ultrahigh-performance transparent conductive films of carbon-welded isolated single-wall carbon nanotubes[J]. Science Advances，2018，4(5): eaap9264.

［42］ Hata K J，Futaba D N，Mizuno K，et al. Water-assisted highly efficient synthesis of impurity-free single-walled carbon nanotubes[J]. Science，2004，306(5700): 1362 - 1364.

［43］ Zhang R F，Zhang Y Y，Zhang Q，et al. Growth of half-meter long carbon nanotubes based on Schulz-Flory distribution[J]. ACS Nano，2013，7(7): 6156 - 6161.

［44］ Zhang S C，Tong L M，Hu Y，et al. Diameter-specific growth of semiconducting SWNT arrays using uniform Mo_2C solid catalyst[J]. Journal of the American Chemical Society，2015，137(28): 8904 - 8907.

［45］ Durrer L，Greenwald J，Helbling T，et al. Narrowing SWNT diameter distribution using size-separated ferritin-based Fe catalysts[J]. Nanotechnology，2009，20(35): 355601.

［46］ Kang L X，Hu Y，Liu L L，et al. Growth of close-packed semiconducting single-walled carbon nanotube arrays using oxygen-deficient TiO_2 nanoparticles as catalysts[J]. Nano Letters，2015，15 (1): 403 - 409.

［47］ Yang F，Wang X，Zhang D Q，et al. Chirality-specific growth of single-walled carbon nanotubes on solid alloy catalysts[J]. Nature，2014，510(7506): 522 - 524.

［48］ Zhang F，Hou P X，Liu C，et al. Growth of semiconducting single-wall carbon nanotubes with a narrow band-gap distribution[J]. Nature Communications，2016，7: 11160.

［49］ Yao Y G，Li Q W，Zhang J，et al. Temperature-mediated growth of single-walled carbon-nanotube intramolecular junctions[J]. Nature Materials，2007，6(4): 283 - 286.

［50］ Kang L X，Deng S B，Zhang S C，et al. Selective growth of subnanometer diameter single-walled carbon nanotube arrays in hydrogen-free CVD[J]. Journal of the American Chemical Society，2016，138(39): 12723 - 12726.

［51］ Liu H P，Nishide D，Tanaka T，et al. Large-scale single-chirality separation of single-wall carbon nanotubes by simple gel chromatography[J]. Nature Communications，2011，2: 309.

［52］ Khripin C Y，Fagan J A，Zheng M. Spontaneous partition of carbon nanotubes in polymer-modified aqueous phases[J]. Journal of the American Chemical Society，2013，135(18): 6822 - 6825.

［53］ Liu D, Li P, Yu X Q, et al. A mixed-extractor strategy for efficient sorting of semiconducting single-walled carbon nanotubes[J]. Advanced Materials, 2017, 29(8): 1603565.

［54］ Yu Q M, Wu C X, Guan L H. Direct enrichment of metallic single-walled carbon nanotubes by using NO_2 as oxidant to selectively etch semiconducting counterparts[J]. The Journal of Physical Chemistry Letters, 2016, 7(22): 4470 - 4474.

［55］ Zhang J, Zou H L, Qing Q, et al. Effect of chemical oxidation on the structure of single-walled carbon nanotubes[J]. The Journal of Physical Chemistry B, 2003, 107(16): 3712 - 3718.

［56］ Zhou W W, Zhan S T, Ding L, et al. General rules for selective growth of enriched semiconducting single walled carbon nanotubes with water vapor as *in situ* etchant[J]. Journal of the American Chemical Society, 2012, 134(34): 14019 - 14026.

［57］ Zhang G Y, Qi P F, Wang X R, et al. Selective etching of metallic carbon nanotubes by gasphase reaction[J]. Science, 2006, 314(5801): 974 - 977.

［58］ Hong G, Zhang B, Peng B H, et al. Direct growth of semiconducting single-walled carbon nanotube array[J]. Journal of the American Chemical Society, 2009, 131(41): 14642 - 14643.

［59］ Otsuka K, Inoue T, Maeda E, et al. On-chip sorting of long semiconducting carbon nanotubes for multiple transistors along an identical array[J]. ACS Nano, 2017, 11(11): 11497 - 11504.

［60］ Jin S H, Dunham S N, Song J Z, et al. Using nanoscale thermocapillary flows to create arrays of purely semiconducting single-walled carbon nanotubes[J]. Nature Nanotechnology, 2013, 8(5): 347 - 355.

［61］ Li J H, Liu K H, Liang S B, et al. Growth of high-density-aligned and semiconducting-enriched single-walled carbon nanotubes: Decoupling the conflict between density and selectivity[J]. ACS Nano, 2014, 8(1): 554 - 562.

［62］ Wang Z Q, Zhao Q C, Tong L M, et al. Investigation of etching behavior of single-walled carbon nanotubes using different etchants[J]. The Journal of Physical Chemistry C, 2017, 121(49): 27655 - 27663.

［63］ Ding L, Tselev A, Wang J Y, et al. Selective growth of well-aligned semiconducting single-walled carbon nanotubes[J]. Nano Letters, 2009, 9(2): 800 - 805.

［64］ Wang Y, Liu Y Q, Li X L, et al. Direct enrichment of metallic single-walled carbon nanotubes induced by the different molecular composition of monohydroxy alcohol homologues[J]. Small, 2007, 3(9): 1486 - 1490.

［65］ Zhao Q C, Yao F R, Wang Z Q, et al. Real-time observation of carbon nanotube etching process using polarized optical microscope[J]. Advanced Materials, 2017, 29(30): 1701959.

［66］ Peng B H, Jiang S, Zhang Y Y, et al. Enrichment of metallic carbon nanotubes by electric field-assisted chemical vapor deposition[J]. Carbon, 2011, 49(7): 2555 - 2560.

［67］ Joselevich E, Lieber C M. Vectorial growth of metallic and semiconducting single-wall carbon nanotubes[J]. Nano Letters, 2002, 2(10): 1137 - 1141.

［68］ Zhang S C, Hu Y, Wu J X, et al. Selective scission of C—O and C—C bonds in ethanol using bimetal catalysts for the preferential growth of semiconducting SWNT arrays[J]. Journal of the American Chemical Society, 2015, 137(3): 1012 - 1015.

［69］ Qin X J, Peng F, Yang F, et al. Growth of semiconducting single-walled carbon nanotubes by using ceria as catalyst supports[J]. Nano Letters, 2014, 14(2): 512 - 517.

［70］ Wang J T, Jin X, Liu Z B, et al. Growing highly pure semiconducting carbon nanotubes by electrotwisting the helicity[J]. Nature Catalysis, 2018, 1(5): 326 - 331.

［71］ Yoshida H, Takeda S, Uchiyama T, et al. Atomic-scale *in situ* observation of carbon nanotube growth from solid state iron carbide nanoparticles[J]. Nano Letters, 2008, 8(7): 2082 - 2086.

［72］ Zhu H W，Suenaga K，Wei J Q，et al. A strategy to control the chirality of single-walled carbon nanotubes［J］. Journal of Crystal Growth，2008，310(24)：5473 - 5476.

［73］ Artyukhov V I，Penev E S，Yakobson B I. Why nanotubes grow chiral［J］. Nature Communications，2014，5(1)：4892.

［74］ Zhao Q C，Xu Z W，Hu Y，et al. Chemical vapor deposition synthesis of near-zigzag single-walled carbon nanotubes with stable tube-catalyst interface［J］. Science Advances，2016，2(5)：e1501729.

［75］ Yuan Q H，Gao J F，Shu H B，et al. Magic carbon clusters in the chemical vapor deposition growth of graphene［J］. Journal of the American Chemical Society，2012，134(6)：2970 - 2975.

［76］ Penev E S，Artyukhov V I，Yakobson B I. Extensive energy landscape sampling of nanotube end-caps reveals no chiral-angle bias for their nucleation［J］. ACS Nano，2014，8(2)：1899 - 1906.

［77］ Ding F，Harutyunyan A R，Yakobson B I. Dislocation theory of chirality-controlled nanotube growth ［J］. Proceedings of the National Academy of Sciences，2009，106(8)：2506 - 2509.

［78］ Rao R，Liptak D，Cherukuri T，et al. In situ evidence for chirality-dependent growth rates of individual carbon nanotubes［J］. Nature Materials，2012，11(3)：213 - 216.

［79］ Wang H，Yuan Y，Wei L，et al. Catalysts for chirality selective synthesis of single-walled carbon nanotubes［J］. Carbon，2015，81(1)：1 - 19.

［80］ Zhang S C，Tong L M，Zhang J. The road to chirality-specific growth of single-walled carbon nanotubes［J］. National Science Review，2018，5(3)：310 - 312.

［81］ Lolli G，Zhang L，Balzano L，et al. Tailoring (n，m) structure of single-walled carbon nanotubes by modifying reaction conditions and the nature of the support of CoMo catalysts［J］. The Journal of Physical Chemistry B，2006，110(5)：2108 - 2115.

［82］ Chiang W H，Sankaran R M. Linking catalyst composition to chirality distributions of as-grown single-walled carbon nanotubes by tuning $Ni_x Fe_{1-x}$ nanoparticles［J］. Nature Materials，2009，8(11)：882 - 886.

［83］ Yang F，Wang X，Zhang D Q，et al. Growing zigzag (16，0) carbon nanotubes with structure-defined catalysts［J］. Journal of the American Chemical Society，2015，137(27)：8688 - 8691.

［84］ Yang F，Wang X，Si J，et al. Water-assisted preparation of high-purity semiconducting (14，4) carbon nanotubes［J］. ACS Nano，2017，11(1)：186 - 193.

［85］ Qian L，Xie Y，Yu Y，et al. Growth of single-walled carbon nanotubes with controlled structure：Floating carbide solid catalysts［J］. Angewandte Chemie (International Ed in English)，2020，59(27)：10884 - 10887.

［86］ Wang Y H，Kim M J，Shan H W，et al. Continued growth of single-walled carbon nanotubes［J］. Nano Letters，2005，5(6)：997 - 1002.

［87］ Yao Y G，Feng C Q，Zhang J，et al. "Cloning" of single-walled carbon nanotubes via open-end growth mechanism［J］. Nano Letters，2009，9(4)：1673 - 1677.

［88］ Liu J，Wang C，Tu X M，et al. Chirality-controlled synthesis of single-wall carbon nanotubes using vapour-phase epitaxy［J］. Nature Communications，2012，3：1199.

［89］ Sanchez-Valencia J R，Dienel T，Gröning O，et al. Controlled synthesis of single-chirality carbon nanotubes［J］. Nature，2014，512(7512)：61 - 64.

［90］ Hong S W，Banks T，Rogers J A. Improved density in aligned arrays of single-walled carbon nanotubes by sequential chemical vapor deposition on quartz［J］. Advanced Materials，2010，22(16)：1826 - 1830.

［91］ Zeng Q S，Wang S，Yang L J，et al. Carbon nanotube arrays based high-performance infrared photodetector［J］. Optical Materials Express，2012，2(6)：839.

［92］ Su M，Li Y，Maynor B，et al. Lattice-oriented growth of single-walled carbon nanotubes［J］. The

Journal of Physical Chemistry B，2000，104(28)：6505 - 6508.

[93] Huang S M，Woodson M，Smalley R，et al. Growth mechanism of oriented long single walled carbon nanotubes using "fast-heating" chemical vapor deposition process[J]. Nano Letters，2004，4(6)：1025 - 1028.

[94] Franklin A D. The road to carbon nanotube transistors[J]. Nature，2013，498(7455)：443 - 444.

[95] Han S，Liu X L，Zhou C W. Template-free directional growth of single-walled carbon nanotubes on a- and r-plane sapphire[J]. Journal of the American Chemical Society，2005，127(15)：5294 - 5295.

[96] Ago H，Nakamura K，Ikeda K I，et al. Aligned growth of isolated single-walled carbon nanotubes programmed by atomic arrangement of substrate surface[J]. Chemical Physics Letters，2005，408(4 - 6)：433 - 438.

[97] Joselevich E. Self-organized growth of complex nanotube patterns on crystal surfaces[J]. Nano Research，2009，2(10)：743 - 754.

[98] Dittmer S，Svensson J，Campbell E E B. Electric field aligned growth of single-walled carbon nanotubes[J]. Current Applied Physics，2004，4(6)：595 - 598.

[99] Zhou W W，Ding L，Yang S，et al. Synthesis of high-density，large-diameter，and aligned single-walled carbon nanotubes by multiple-cycle growth methods[J]. ACS Nano，2011，5(5)：3849 - 3857.

[100] Liu W M，Zhang S C，Qian L，et al. Growth of high-density horizontal SWNT arrays using multi-cycle *in situ* loading catalysts[J]. Carbon，2020，157：164 - 168.

[101] Zhu Z X，Wei N，Cheng W J，et al. Rate-selected growth of ultrapure semiconducting carbon nanotube arrays[J]. Nature Communications，2019，10(1)：4467.

[102] 张琦锋,于洁,宋教花,等.碳纳米管阵列的气相沉积制备及场发射特性[J].物理化学学报,2004,20(4)：409 - 413.

[103] Mizuno K，Ishii J，Kishida H，et al. A black body absorber from vertically aligned single-walled carbon nanotubes[J]. Proceedings of the National Academy of Sciences，2009，106(15)：6044 - 6047.

[104] Wang M，Chen H Y，Lin W，et al. Crack-free and scalable transfer of carbon nanotube arrays into flexible and highly thermal conductive composite film[J]. ACS Applied Materials & Interfaces，2014，6(1)：539 - 544.

[105] Jiang K L，Li Q Q，Fan S S. Nanotechnology：Spinning continuous carbon nanotube yarns[J]. Nature，2002，419(6909)：801.

[106] Esconjauregui S，Fouquet M，Bayer B C，et al. Growth of ultrahigh density vertically aligned carbon nanotube forests for interconnects[J]. ACS Nano，2010，4(12)：7431 - 7436.

[107] Sen R，Govindaraj A，Rao C N R. Carbon nanotubes by the metallocene route[J]. Chemical Physics Letters，1997，267(3 - 4)：276 - 280.

[108] de Heer W A，Châtelain A，Ugarte D. A carbon nanotube field-emission electron source[J]. Science，1995，270(5239)：1179 - 1180.

[109] Murakami Y，Chiashi S，Miyauchi Y，et al. Growth of vertically aligned single-walled carbon nanotube films on quartz substrates and their optical anisotropy[J]. Chemical Physics Letters，2004，385(3 - 4)：298 - 303.

[110] Youn S K，Yazdani N，Patscheider J，et al. Facile diameter control of vertically aligned，narrow single-walled carbon nanotubes[J]. RSC Advances，2013，3(5)：1434 - 1441.

[111] Kim S M，Pint C L，Amama P B，et al. Evolution in catalyst morphology leads to carbon nanotube growth termination[J]. The Journal of Physical Chemistry Letters，2010，1(6)：918 - 922.

[112] Futaba D N，Hata K J，Yamada T，et al. Kinetics of water-assisted single-walled carbon nanotube synthesis revealed by a time-evolution analysis[J]. Physical Review Letters，2005，95(5)：056104.

[113] Amama P B, Pint C L, McJilton L, et al. Role of water in super growth of single-walled carbon nanotube carpets[J]. Nano Letters, 2009, 9(1): 44 – 49.

[114] Lee D H, Lee W J, Kim S O. Vertical single-walled carbon nanotube arrays via block copolymer lithography[J]. Chemistry of Materials, 2009, 21(7): 1368 – 1374.

[115] Zhang G Y, Mann D, Zhang L, et al. Ultra-high-yield growth of vertical single-walled carbon nanotubes: Hidden roles of hydrogen and oxygen[J]. Proceedings of the National Academy of Sciences of the United States of America, 2005, 102(45): 16141 – 16145.

[116] Shi W B, Li J J, Polsen E S, et al. Oxygen-promoted catalyst sintering influences number density, alignment, and wall number of vertically aligned carbon nanotubes[J]. Nanoscale, 2017, 9(16): 5222 – 5233.

[117] Liu K, Sun Y H, Chen L, et al. Controlled growth of super-aligned carbon nanotube arrays for spinning continuous unidirectional sheets with tunable physical properties[J]. Nano Letters, 2008, 8(2): 700 – 705.

[118] Di J T, Hu D M, Chen H Y, et al. Ultrastrong, foldable, and highly conductive carbon nanotube film[J]. ACS Nano, 2012, 6(6): 5457 – 5464.

[119] Feng C, Liu K, Wu J S, et al. Flexible, stretchable, transparent conducting films made from superaligned carbon nanotubes[J]. Advanced Functional Materials, 2010, 20(6): 885 – 891.

[120] Yamazaki Y, Katagiri M, Sakuma N, et al. Synthesis of a closely packed carbon nanotube forest by a multi-step growth method using plasma-based chemical vapor deposition[J]. Applied Physics Express, 2010, 3(5): 055002.

[121] Pint C L, Nicholas N, Pheasant S T, et al. Temperature and gas pressure effects in vertically aligned carbon nanotube growth from Fe-Mo catalyst[J]. The Journal of Physical Chemistry C, 2008, 112(36): 14041 – 14051.

[122] Zhang H, Cao G P, Wang Z Y, et al. Influence of hydrogen pretreatment condition on the morphology of Fe/Al_2O_3 catalyst film and growth of millimeter-long carbon nanotube array[J]. The Journal of Physical Chemistry C, 2008, 112(12): 4524 – 4530.

[123] Futaba D N, Hata K J, Yamada T, et al. Shape-engineerable and highly densely packed single-walled carbon nanotubes and their application as super-capacitor electrodes[J]. Nature Materials, 2006, 5(12): 987 – 994.

[124] Chen W, Rakhi R B, Hu L B, et al. High-performance nanostructured supercapacitors on a sponge[J]. Nano Letters, 2011, 11(12): 5165 – 5172.

[125] Chen X Y, Zhu H L, Chen Y C, et al. $MWCNT/V_2O_5$ core/shell sponge for high areal capacity and power density Li-ion cathodes[J]. ACS Nano, 2012, 6(9): 7948 – 7955.

[126] Skaltsas T, Avgouropoulos G, Tasis D. Impact of the fabrication method on the physicochemical properties of carbon nanotube-based aerogels[J]. Microporous and Mesoporous Materials, 2011, 143(2 – 3): 451 – 457.

[127] Li Y L, Kinloch I A, Windle A H. Direct spinning of carbon nanotube fibers from chemical vapor deposition synthesis[J]. Science, 2004, 304(5668): 276 – 278.

[128] Wang W, Guo S R, Penchev M, et al. Three dimensional few layer graphene and carbon nanotube foam architectures for high fidelity supercapacitors[J]. Nano Energy, 2013, 2(2): 294 – 303.

[129] Bryning M B, Milkie D E, Islam M F, et al. Carbon nanotube aerogels[J]. Advanced Materials, 2007, 19(5): 661 – 664.

[130] Sun H Y, Xu Z, Gao C. Multifunctional, ultra-flyweight, synergistically assembled carbon aerogels[J]. Advanced Materials, 2013, 25(18): 2554 – 2560.

[131] Southard A, Sangwan V, Cheng J, et al. Solution-processed single walled carbon nanotube

electrodes for organic thin-film transistors[J]. Organic Electronics, 2009, 10(8): 1556 - 1561.

[132] Hecht D S, Thomas D, Hu L B, et al. Carbon-nanotube film on plastic as transparent electrode for resistive touch screens[J]. Journal of the Society for Information Display, 2009, 17(11): 941 - 946.

[133] Ma W J, Song L, Yang R, et al. Directly synthesized strong, highly conducting, transparent single-walled carbon nanotube films[J]. Nano Letters, 2007, 7(8): 2307 - 2311.

[134] Wu Z C, Chen Z H, Du X, et al. Transparent, conductive carbon nanotube films[J]. Science, 2004, 305(5688): 1273 - 1276.

[135] He X W, Gao W L, Xie L J, et al. Wafer-scale monodomain films of spontaneously aligned single-walled carbon nanotubes[J]. Nature Nanotechnology, 2016, 11(7): 633 - 638.

[136] Jia L, Zhang Y F, Li J Y, et al. Aligned single-walled carbon nanotubes by Langmuir-Blodgett technique[J]. Journal of Applied Physics, 2008, 104(7): 074318.

[137] Cao Q, Han S J, Tulevski G S, et al. Arrays of single-walled carbon nanotubes with full surface coverage for high-performance electronics[J]. Nature Nanotechnology, 2013, 8(3): 180 - 186.

[138] Joo Y, Brady G J, Arnold M S, et al. Dose-controlled, floating evaporative self-assembly and alignment of semiconducting carbon nanotubes from organic solvents[J]. Langmuir: the ACS Journal of Surfaces and Colloids, 2014, 30(12): 3460 - 3466.

[139] Ryu S, Lee P, Chou J B, et al. Extremely elastic wearable carbon nanotube fiber strain sensor for monitoring of human motion[J]. ACS Nano, 2015, 9(6): 5929 - 5936.

[140] Kim S Y, Park S, Park H W, et al. Highly sensitive and multimodal all-carbon skin sensors capable of simultaneously detecting tactile and biological stimuli[J]. Advanced Materials, 2015, 27(28): 4178 - 4185.

[141] Shang Y Y, Hua C F, Xu W J, et al. Meter-long spiral carbon nanotube fibers show ultrauniformity and flexibility[J]. Nano Letters, 2016, 16(3): 1768 - 1775.

[142] Wang J N, Luo X G, Wu T, et al. High-strength carbon nanotube fibre-like ribbon with high ductility and high electrical conductivity[J]. Nature Communications, 2014, 5: 3848.

[143] 丘龙斌,孙雪梅,仰志斌,等.取向碳纳米管/高分子新型复合材料的制备及应用[J].化学学报,2012, 70(14): 1523 - 1532.

[144] Ma W J, Liu L Q, Yang R, et al. Monitoring a micromechanical process in macroscale carbon nanotube films and fibers[J]. Advanced Materials, 2009, 21(5): 603 - 608.

[145] Dalton A B, Collins S, Muñoz E, et al. Super-tough carbon-nanotube fibres[J]. Nature, 2003, 423 (6941): 703.

[146] Ericson L M, Fan H, Peng H Q, et al. Macroscopic, neat, single-walled carbon nanotube fibers[J]. Science, 2004, 305(5689): 1447 - 1450.

[147] Behabtu N, Young C C, Tsentalovich D E, et al. Strong, light, multifunctional fibers of carbon nanotubes with ultrahigh conductivity[J]. Science, 2013, 339(6116): 182 - 186.

[148] Journet C, Maser W K, Bernier P, et al. Large-scale production of single-walled carbon nanotubes by the electric-arc technique[J]. Nature, 1997, 388(6644): 756 - 758.

[149] Nikolaev P, Bronikowski M J, Bradley R K, et al. Gas-phase catalytic growth of single-walled carbon nanotubes from carbon monoxide[J]. Chemical Physics Letters, 1999, 313(1 - 2): 91 - 97.

[150] Zhang Q, Zhao M Q, Huang J Q, et al. Mass production of aligned carbon nanotube arrays by fluidized bed catalytic chemical vapor deposition[J]. Carbon, 2010, 48(4): 1196 - 1209.

[151] Jia X L, Wei F. Advances in production and applications of carbon nanotubes[J]. Topics in Current Chemistry, 2017, 375(1): 18.

[152] Falvo M R, Clary G J, Taylor Ⅱ R M, et al. Bending and buckling of carbon nanotubes under large strain[J]. Nature, 1997, 389(6651): 582 - 584.

[153] Kim P, Shi L, Majumdar A, et al. Thermal transport measurements of individual multiwalled nanotubes[J]. Physical Review Letters, 2001, 87(21): 215502.

[154] Sennett M, Welsh E, Wright J B, et al. Dispersion and alignment of carbon nanotubes in polycarbonate[J]. Applied Physics A: Materials Science & Processing, 2003, 76(1): 111-113.

[155] Tucknott R, Yaliraki S N. Aggregation properties of carbon nanotubes at interfaces[J]. Chemical Physics, 2002, 281(2-3): 455-463.

[156] Fogden S, Verdejo R, Cottam B, et al. Purification of single walled carbon nanotubes: The problem with oxidation debris[J]. Chemical Physics Letters, 2008, 460(1-3): 162-167.

[157] O'Connell M J, Bachilo S M, Huffman C B, et al. Band gap fluorescence from individual single-walled carbon nanotubes[J]. Science, 2002, 297(5581): 593-596.

[158] Matarredona O, Rhoads H, Li Z R, et al. Dispersion of single-walled carbon nanotubes in aqueous solutions of the anionic surfactant NaDDBS[J]. The Journal of Physical Chemistry B, 2003, 107(48): 13357-13367.

[159] Rehman A U, Abbas S M, Ammad H M, et al. A facile and novel approach towards carboxylic acid functionalization of multiwalled carbon nanotubes and efficient water dispersion[J]. Materials Letters, 2013, 108: 253-256.

[160] Hou P X, Liu C, Cheng H M. Purification of carbon nanotubes[J]. Carbon, 2008, 46(15): 2003-2025.

[161] Andrews R, Jacques D, Rao A M, et al. Nanotube composite carbon fibers[J]. Applied Physics Letters, 1999, 75(9): 1329-1331.

[162] Sandler J, Shaffer M S P, Lam Y M, et al. Carbon-nanofibre-filled thermoplastic composites[J]. MRS Proceedings, 2001, 706(1): Z4.7.1.

[163] Carneiro O S, Maia J M. Rheological behavior of (short) carbon fiber/thermoplastic composites. Part II: The influence of matrix type[J]. Polymer Composites, 2000, 21(6): 970-977.

[164] Ferguson D W, Bryant E W S, Fowler H C. ESD thermoplastic product offers advantages for demanding electronic applications [J]. Annual Technical Conference-ANTEC, Conference Proceedings, 1998, 44(1): 1219-1222.

[165] Ren Z F, Huang Z P, Tu Y, et al. Growth and Characterizations of Well-Aligned Carbon Nanotubes [M]. Low-Dimensional Systems: Theory, Preparation, and Some Applications. Dordrecht: Springer, 2003: 133-140.

[166] Jin L, Bower C, Zhou O. Alignment of carbon nanotubes in a polymer matrix by mechanical stretching[J]. Applied Physics Letters, 1998, 73(9): 1197-1199.

[167] Shaffer M S P, Windle A H. Fabrication and Characterization of Carbon Nanotube/Poly(vinyl alcohol) Composites[J]. Advanced Materials, 1999, 11(11): 937-941.

[168] Hill D E, Lin Y, Rao A M, et al. Functionalization of carbon nanotubes with polystyrene[J]. Macromolecules, 2002, 35(25): 9466-9471.

[169] Qian D, Dickey E C, Andrews R, et al. Load transfer and deformation mechanisms in carbon nanotube-polystyrene composites[J]. Applied Physics Letters, 2000, 76(20): 2868-2870.

[170] Heidi S G, Kris S, Michael S, et al. Characteristics of electrospun fibers containing carbon nanotubes[J]. Proceedings - Electrochemical Society, 2000, 12: 210.

[171] Thostenson E T, Li W Z, Wang D Z, et al. Carbon nanotube/carbon fiber hybrid multiscale composites[J]. Journal of Applied Physics, 2002, 91(9): 6034-6037.

[172] Laurent C, Peigney A, Dumortier O, et al. Carbon nanotubes-Fe-Alumina nanocomposites. Part II: Microstructure and mechanical properties of the hot-Pressed composites[J]. Journal of the European Ceramic Society, 1998, 18(14): 2005-2013.

［173］ Balázsi C, Wéber F, Kövér Z, et al. Application of carbon nanotubes to silicon nitride matrix reinforcements[J]. Current Applied Physics, 2006, 6(2): 124 – 130.

［174］ Salvetat J P, Briggs G, Bonard J M, et al. Elastic and shear moduli of single-walled carbon nanotube ropes[J]. Physical Review Letters, 1999, 82(5): 944 – 947.

［175］ Cadek M, Coleman J N, Barron V, et al. Morphological and mechanical properties of carbon-nanotube-reinforced semicrystalline and amorphous polymer composites [J]. Applied Physics Letters, 2002, 81(27): 5123 – 5125.

［176］ Harris P J F. Carbon nanotube composites [J]. International Materials Reviews, 2004, 49 (1): 31 – 43.

［177］ Ajayan P M, Stephan O, Colliex C, et al. Aligned carbon nanotube arrays formed by cutting a polymer resin: Nanotube composite[J]. Science, 1994, 265(5176): 1212 – 1214.

［178］ An J W, You D H, Lim D S. Tribological properties of hot-pressed alumina-CNT composites[J]. Wear, 2003, 255(1 – 6): 677 – 681.

［179］ George R, Kashyap K T, Rahul R, et al. Strengthening in carbon nanotube/aluminium (CNT/Al) composites[J]. Scripta Materialia, 2005, 53(10): 1159 – 1163.

［180］ Deng C F, Wang D Z, Zhang X X, et al. Processing and properties of carbon nanotubes reinforced aluminum composites[J]. Materials Science and Engineering: A, 2007, 444(1 – 2): 138 – 145.

［181］ Grossiord N, Kivit P J J, Loos J, et al. On the influence of the processing conditions on the performance of electrically conductive carbon nanotube/polymer nanocomposites[J]. Polymer, 2008, 49(12): 2866 – 2872.

［182］ Munson-McGee S H. Estimation of the critical concentration in an anisotropic percolation network [J]. Physical Review B, Condensed Matter, 1991, 43(4): 3331 – 3336.

［183］ Logakis E, Pandis C, Peoglos V, et al. Electrical/dielectric properties and conduction mechanism in melt processed polyamide/multi-walled carbon nanotubes composites[J]. Polymer, 2009, 50(21): 5103 – 5111.

［184］ Schmidt R H, Kinloch I A, Burgess A N, et al. The effect of aggregation on the electrical conductivity of spin-coated polymer/carbon nanotube composite films[J]. Langmuir: the ACS Journal of Surfaces and Colloids, 2007, 23(10): 5707 – 5712.

［185］ Chen G Z, Shaffer M S P, Coleby D, et al. Carbon nanotube and polypyrrole composites: Coating and doping[J]. Advanced Materials, 2000, 12(7): 522 – 526.

［186］ Chen J H, Huang Z P, Wang D Z, et al. Electrochemical synthesis of polypyrrole films over each of well-aligned carbon nanotubes[J]. Synthetic Metals, 2001, 125(3): 289 – 294.

［187］ Khomenko V, Frackowiak E, Béguin F. Determination of the specific capacitance of conducting polymer/nanotubes composite electrodes using different cell configurations [J]. Electrochimica Acta, 2005, 50(12): 2499 – 2506.

［188］ Yamamoto G, Omori M, Hashida T, et al. A novel structure for carbon nanotube reinforced alumina composites with improved mechanical properties [J]. Nanotechnology, 2008, 19 (31): 315708.

［189］ Zhan G D, Kuntz J D, Garay J E, et al. Electrical properties of nanoceramics reinforced with ropes of single-walled carbon nanotubes[J]. Applied Physics Letters, 2003, 83(6): 1228 – 1230.

［190］ Tjong S C. Mechanical properties of carbon nanotube-ceramic nanocomposites [M]. Carbon Nanotube Reinforced Composites. Weinheim, Germany: Wiley-VCH Verlag GmbH & Co. KGaA, 2009.

［191］ Wei B Q, Vajtai R, Ajayan P M. Reliability and current carrying capacity of carbon nanotubes[J]. Applied Physics Letters, 2001, 79(8): 1172 – 1174.

[192] Alizadeh Sahraei A, Fathi A, Besharati Givi M K, et al. Fabricating and improving properties of copper matrix nanocomposites by electroless copper-coated MWCNTs[J]. Applied Physics A, 2014, 116(4): 1677–1686.

[193] Shin S E, Choi H J, Bae D H. Electrical and thermal conductivities of aluminum-based composites containing multi-walled carbon nanotubes[J]. Journal of Composite Materials, 2013, 47(18): 2249–2256.

[194] Silvain J F, Coupard D, Le Petitcorps Y, et al. Interface characterisation and wettability properties of carbon particle reinforced copper alloy[J]. Journal of Materials Chemistry, 2000, 10(9): 2213–2218.

[195] Poteet C C, Halla I W. High strain rate properties of a unidirectionally reinforced C/Al metal matrix composite[J]. Materials Science and Engineering: A, 1997, 222(1): 35–44.

[196] Hwang J Y, Lim B K, Tiley J, et al. Interface analysis of ultra-high strength carbon nanotube/nickel composites processed by molecular level mixing[J]. Carbon, 2013, 57: 282–287.

[197] Kim K T, Cha S I, Gemming T, et al. The role of interfacial oxygen atoms in the enhanced mechanical properties of carbon-nanotube-reinforced metal matrix nanocomposites[J]. Small, 2008, 4(11): 1936–1940.

[198] Singh I V, Tanaka M, Endo M. Effect of interface on the thermal conductivity of carbon nanotube composites[J]. International Journal of Thermal Sciences, 2007, 46(9): 842–847.

[199] Tanaka M, Singh I V, Endo M. Effect of nanotube thickness on the equivalent thermal conductivity of nano-composites[J]. Transaction of JASCOME, 2006, 6(1): 13–16.

[200] Hong W T, Tai N H. Investigations on the thermal conductivity of composites reinforced with carbon nanotubes[J]. Diamond and Related Materials, 2008, 17(7–10): 1577–1581.

[201] Kumari L, Zhang T, Du G, et al. Thermal properties of CNT-alumina nanocomposites[J]. Composites Science and Technology, 2008, 68(9): 2178–2183.

[202] Huxtable S T, Cahill D G, Shenogin S, et al. Interfacial heat flow in carbon nanotube suspensions [J]. Nature Materials, 2003, 2(11): 731–734.

[203] Xiang C S, Pan Y B, Guo J K. Electromagnetic interference shielding effectiveness of multiwalled carbon nanotube reinforced fused silica composites[J]. Ceramics International, 2007, 33(7): 1293–1297.

[204] Shenogina N, Shenogin S, Xue L, et al. On the lack of thermal percolation in carbon nanotube composites[J]. Applied Physics Letters, 2005, 87(13): 133106.

[205] Qin C, Shi X, Bai S Q, et al. High temperature electrical and thermal properties of the bulk carbon nanotube prepared by SPS[J]. Materials Science and Engineering: A, 2006, 420(1–2): 208–211.

[206] Tang Y B, Cong H T, Zhong R, et al. Thermal expansion of a composite of single-walled carbon nanotubes and nanocrystalline aluminum[J]. Carbon, 2004, 42(15): 3260–3262.

[207] Deng C F, Ma Y X, Zhang P, et al. Thermal expansion behaviors of aluminum composite reinforced with carbon nanotubes[J]. Materials Letters, 2008, 62(15): 2301–2303.

[208] Ago H, Petritsch K, Shaffer M S P, et al. Composites of carbon nanotubes and conjugated polymers for photovoltaic devices[J]. Advanced Materials, 1999, 11(15): 1281–1285.

[209] Tawfik A S, Vinod K G. Characterization of the chemical bonding between Al_2O_3 and nanotube in MWCNT/Al_2O_3 nanocomposite[J]. Current Nanoscience, 2012, 8(5): 739–743.

[210] O'Connell M J, Boul P, Ericson L M, et al. Reversible water-solubilization of single-walled carbon nanotubes by polymer wrapping[J]. Chemical Physics Letters, 2001, 342(3–4): 265–271.

[211] 胡平,范守善,万建伟.碳纳米管/UHMWPE复合材料的研究[J].工程塑料应用,1998,26(1): 1–3.

[212] Zhang L C, Zarudi I, Xiao K Q. Novel behaviour of friction and wear of epoxy composites

reinforced by carbon nanotubes[J]. Wear，2006，261(7 - 8)：806 - 811.

[213] 王世凯，陈晓红，宋怀河，等.多壁碳纳米管/环氧树脂纳米复合材料的摩擦磨损性能研究[J].摩擦学学报，2004，24(5)：387 - 391.

[214] Vigolo B，Pénicaud A，Coulon C，et al. Macroscopic fibers and ribbons of oriented carbon nanotubes[J]. Science，2000，290(5495)：1331 - 1334.

[215] Kinloch I A，Suhr J，Lou J，et al. Composites with carbon nanotubes and graphene：An outlook[J]. Science，2018，362(6414)：547 - 553.

[216] Maiti U N，Lee W J，Lee J M，et al. 25th anniversary article：Chemically modified/doped carbon nanotubes & graphene for optimized nanostructures & nanodevices[J]. Advanced Materials，2014，26(1)：40 - 66.

[217] Li Y，Rotkin S V，Ravaioli U. Electronic response and bandstructure modulation of carbon nanotubes in a transverse electrical field[J]. Nano Letters，2003，3(2)：183 - 187.

[218] Chen C W，Lee M H，Clark S J. Band gap modification of single-walled carbon nanotube and boron nitride nanotube under a transverse electric field[J]. Nanotechnology，2004，15(12)：1837 - 1843.

[219] Kim Y H，Chang K J. Subband mixing rules in circumferentially perturbed carbon nanotubes：Effects of transverse electric fields[J]. Physical Review B，2001，64(15)：153404.

[220] Park C J，Kim Y H，Chang K J. Band-gap modification by radial deformation in carbon nanotubes[J]. Physical Review B，1999，60(15)：10656 - 10659.

[221] Dissanayake N M，Zhong Z H. Unexpected hole transfer leads to high efficiency single-walled carbon nanotube hybrid photovoltaic[J]. Nano Letters，2011，11(1)：286 - 290.

[222] Freeley M，Attanzio A，Cecconello A，et al. Tuning the coupling in single-molecule heterostructures：DNA-programmed and reconfigurable carbon nanotube-based nanohybrids[J]. Advanced Science，2018，5(10)：1800596.

[223] Enouz S，Stéphan O，Cochon J L，et al. C-BN patterned single-walled nanotubes synthesized by laser vaporization[J]. Nano Letters，2007，7(7)：1856 - 1862.

[224] Fu N，Li Z，Myalitsin A，et al. One-dimensional heterostructures of single-walled carbon nanotubes and CdSe nanowires[J]. Small，2010，6(3)：376 - 380.

[225] Mieszawska A J，Jalilian R，Sumanasekera G U，et al. Synthesis of gold nanorod/single-wall carbon nanotube heterojunctions directly on surfaces[J]. Journal of the American Chemical Society，2005，127(31)：10822 - 10823.

[226] Xiang R，Inoue T，Zheng Y J，et al. One-dimensional van der waals heterostructures[J]. Science，2020，367(6477)：537 - 542.

[227] Cook B G，French W R，Varga K. Electron transport properties of carbon nanotube-graphene contacts[J]. Applied Physics Letters，2012，101(15)：153501.

[228] Zhang J，Zhang K N，Xia B Y，et al. Carbon-nanotube-confined vertical heterostructures with asymmetric contacts[J]. Advanced Materials，2017，29(39)：1702942.

[229] Tian G L，Zhao M Q，Yu D S，et al. Nitrogen-doped graphene/carbon nanotube hybrids：*in situ* formation on bifunctional catalysts and their superior electrocatalytic activity for oxygen evolution/reduction reaction[J]. Small，2014，10(11)：2251 - 2259.

[230] Mao Y L，Zhong J X. The computational design of junctions by carbon nanotube insertion into a graphene matrix[J]. New Journal of Physics，2009，11(9)：093002.

[231] Gangavarapu P R Y，Lokesh P C，Bhat K N，et al. Graphene electrodes as barrier-free contacts for carbon nanotube field-effect transistors[J]. IEEE Transactions on Electron Devices，2017，64(10)：4335 - 4339.

[232] Jariwala D，Sangwan V K，Wu C C，et al. Gate-tunable carbon nanotube-MoS_2 heterojunction p-n

diode[J]. Proceedings of the National Academy of Sciences of the United States of America，2013，110(45)：18076 – 18080.

[233] Liu Y D，Wang F Q，Wang X M，et al. Planar carbon nanotube-graphene hybrid films for high-performance broadband photodetectors[J]. Nature Communications，2015，6(1)：8589.

[234] Li F，Wang H，Kufer D，et al. Ultrahigh carrier mobility achieved in photoresponsive hybrid perovskite films via coupling with single-walled carbon nanotubes[J]. Advanced Materials，2017，29(16)：1602432.

[235] Shim W，Kwon Y，Jeon S Y，et al. Optimally conductive networks in randomly dispersed CNT：Graphene hybrids[J]. Scientific Reports，2015，5：16568.

[236] Wang W，Kumta P N. Nanostructured hybrid silicon/carbon nanotube heterostructures：Reversible high-capacity lithium-ion anodes[J]. ACS Nano，2010，4(4)：2233 – 2241.

[237] Jiang J L，Li Y L，Gao C T，et al. Growing carbon nanotubes from both sides of graphene[J]. ACS Applied Materials & Interfaces，2016，8(11)：7356 – 7362.

[238] Tans S J，Verschueren A R M，Dekker C. Room-temperature transistor based on a single carbon nanotube[J]. Nature，1998，393(6680)：49 – 52.

[239] Liu X L，Lee C，Zhou C W，et al. Carbon nanotube field-effect inverters[J]. Applied Physics Letters，2001，79(20)：3329 – 3331.

[240] Javey A，Kim H，Brink M，et al. High-κ dielectrics for advanced carbon-nanotube transistors and logic gates[J]. Nature Materials，2002，1(4)：241 – 246.

[241] Javey A，Guo J，Farmer D B，et al. Carbon nanotube field-effect transistors with integrated ohmic contacts and high-κ gate dielectrics[J]. Nano Letters，2004，4(3)：447 – 450.

[242] Wang Z X，Xu H L，Zhang Z Y，et al. Growth and performance of yttrium oxide as an ideal high-κ gate dielectric for carbon-based electronics[J]. Nano Letters，2010，10(6)：2024 – 2030.

[243] Heinze S，Tersoff J，Martel R，et al. Carbon nanotubes as Schottky barrier transistors[J]. Physical Review Letters，2002，89(10)：106801.

[244] Javey A，Tu R，Farmer D B，et al. High performance n-type carbon nanotube field-effect transistors with chemically doped contacts[J]. Nano Letters，2005，5(2)：345 – 348.

[245] Ding L，Wang S，Zhang Z Y，et al. Y-contacted high-performance n-type single-walled carbon nanotube field-effect transistors：Scaling and comparison with Sc-contacted devices[J]. Nano Letters，2009，9(12)：4209 – 4214.

[246] Franklin A D，Chen Z H. Length scaling of carbon nanotube transistors[J]. Nature Nanotechnology，2010，5(12)：858 – 862.

[247] Franklin A D，Luisier M，Han S J，et al. Sub-10 nm carbon nanotube transistor[J]. Nano Letters，2012，12(2)：758 – 762.

[248] Cao Q，Han S J，Tersoff J，et al. End-bonded contacts for carbon nanotube transistors with low，size-independent resistance[J]. Science，2015，350(6256)：68 – 72.

[249] Qiu C G，Liu F，Xu L，et al. Dirac-source field-effect transistors as energy-efficient，high-performance electronic switches[J]. Science，2018，361(6400)：387 – 392.

[250] Brady G J，Way A J，Safron N S，et al. Quasi-ballistic carbon nanotube array transistors with current density exceeding Si and GaAs[J]. Science Advances，2016，2(9)：e1601240.

[251] Bachtold A，Hadley P，Nakanishi T，et al. Logic circuits with carbon nanotube transistors[J]. Science，2001，294(5545)：1317 – 1320.

[252] Chen Z H，Appenzeller J，Lin Y M，et al. An integrated logic circuit assembled on a single carbon nanotube[J]. Science，2006，311(5768)：1735.

[253] Chen B Y，Zhang P P，Ding L，et al. Highly uniform carbon nanotube field-effect transistors and

medium scale integrated circuits[J]. Nano Letters, 2016, 16(8): 5120 - 5128.

[254] Han S J, Tang J S, Kumar B, et al. High-speed logic integrated circuits with solution-processed self-assembled carbon nanotubes[J]. Nature Nanotechnology, 2017, 12(9): 861 - 865.

[255] Cao Q, Kim H S, Pimparkar N, et al. Medium-scale carbon nanotube thin-film integrated circuits on flexible plastic substrates[J]. Nature, 2008, 454(7203): 495 - 500.

[256] Okimoto H, Takenobu T, Yanagi K, et al. Tunable carbon nanotube thin-film transistors produced exclusively via inkjet printing[J]. Advanced Materials, 2010, 22(36): 3981 - 3986.

[257] Sun D M, Timmermans M Y, Tian Y, et al. Flexible high-performance carbon nanotube integrated circuits[J]. Nature Nanotechnology, 2011, 6(3): 156 - 161.

[258] Zhang L L, Sun D M, Hou P X, et al. Selective growth of metal-free metallic and semiconducting single-wall carbon nanotubes[J]. Advanced Materials, 2017, 29(32): 1605719.

[259] Tang J S, Cao Q, Tulevski G, et al. Flexible CMOS integrated circuits based on carbon nanotubes with sub-10 ns stage delays[J]. Nature Electronics, 2018, 1(3): 191 - 196.

[260] Zhu M G, Si J, Zhang Z Y, et al. Aligning solution-derived carbon nanotube film with full surface coverage for high-performance electronics applications [J]. Advanced Materials, 2018, 30 (23): e1707068.

[261] Mirri F, Ma A W K, Hsu T T, et al. High-performance carbon nanotube transparent conductive films by scalable dip coating[J]. ACS Nano, 2012, 6(11): 9737 - 9744.

[262] Hou P X, Li W S, Zhao S Y, et al. Preparation of metallic single-wall carbon nanotubes by selective etching[J]. ACS Nano, 2014, 8(7): 7156 - 7162.

[263] Lee S H, Teng C C, Ma C C M, et al. Highly transparent and conductive thin films fabricated with nano-silver/double-walled carbon nanotube composites[J]. Journal of Colloid and Interface Science, 2011, 364(1): 1 - 9.

[264] Jensen K, Weldon J, Garcia H, et al. Nanotube radio[J]. Nano Letters, 2007, 7(11): 3508 - 3511.

[265] Che Y C, Lin Y C, Kim P, et al. T-gate aligned nanotube radio frequency transistors and circuits with superior performance[J]. ACS Nano, 2013, 7(5): 4343 - 4350.

[266] Rutherglen C, Kane A A, Marsh P F, et al. Wafer-scalable, aligned carbon nanotube transistors operating at frequencies of over 100 GHz[J]. Nature Electronics, 2019, 2(11): 530 - 539.

[267] Qu T Y, Sun Y, Chen M L, et al. A flexible carbon nanotube Sen-memory device[J]. Advanced Materials, 2020, 32(9): e1907288.

[268] Barkelid M, Zwiller V. Photocurrent generation in semiconducting and metallic carbon nanotubes [J]. Nature Photonics, 2014, 8(1): 47 - 51.

[269] Itkis M E, Borondics F, Yu A P, et al. Bolometric infrared photoresponse of suspended single-walled carbon nanotube films[J]. Science, 2006, 312(5772): 413 - 416.

[270] Liu Y, Wei N, Zhao Q L, et al. Room temperature infrared imaging sensors based on highly purified semiconducting carbon nanotubes[J]. Nanoscale, 2015, 7(15): 6805 - 6812.

[271] Zhang L, Wu Y, Deng L, et al. Photodetection and photoswitch based on polarized optical response of macroscopically aligned carbon nanotubes[J]. Nano Letters, 2016, 16(10): 6378 - 6382.

[272] He X W, Fujimura N, Lloyd J M, et al. Carbon nanotube terahertz detector[J]. Nano Letters, 2014, 14(7): 3953 - 3958.

[273] Park S, Kim S J, Nam J H, et al. Significant enhancement of infrared photodetector sensitivity using a semiconducting single-walled carbon nanotube/C_{60} phototransistor[J]. Advanced Materials, 2015, 27(4): 759 - 765.

[274] Mueller T, Kinoshita M, Steiner M, et al. Efficient narrow-band light emission from a single carbon nanotube p-n diode[J]. Nature Nanotechnology, 2010, 5(1): 27 - 31.

[275] He X W, Hartmann N F, Ma X D, et al. Tunable room-temperature single-photon emission at telecom wavelengths from sp^3 defects in carbon nanotubes [J]. Nature Photonics, 2017, 11 (9): 577-582.

[276] Graf A, Murawski C, Zakharko Y, et al. Infrared organic light-emitting diodes with carbon nanotube emitters[J]. Advanced Materials, 2018, 30(12): e1706711.

[277] Tune D D, Flavel B S. Advances in carbon nanotube-silicon heterojunction solar cells[J]. Advanced Energy Materials, 2018, 8(15): 1703241.

[278] Ihly R, Dowgiallo A M, Yang M J, et al. Efficient charge extraction and slow recombination in organic-inorganic perovskites capped with semiconducting single-walled carbon nanotubes [J]. Energy & Environmental Science, 2016, 9(4): 1439-1449.

[279] Hu X G, Hou P X, Wu J B, et al. High-efficiency and stable silicon heterojunction solar cells with lightly fluorinated single-wall carbon nanotube films[J]. Nano Energy, 2020, 69: 104442.

[280] Tune D D, Mallik N, Fornasier H, et al. Breakthrough carbon nanotube-silicon heterojunction solar cells[J]. Advanced Energy Materials, 2020, 10(1): 1903261.

[281] Davis V L, Quaranta S, Cavallo C, et al. Effect of single-chirality single-walled carbon nanotubes in dye sensitized solar cells photoanodes [J]. Solar Energy Materials and Solar Cells, 2017, 167: 162-172.

[282] Avery A D, Zhou B H, Lee J, et al. Tailored semiconducting carbon nanotube networks with enhanced thermoelectric properties[J]. Nature Energy, 2016, 1(4): 16033.

[283] Cho C, Wallace K L, Tzeng P, et al. Outstanding low temperature thermoelectric power factor from completely organic thin films enabled by multidimensional conjugated nanomaterials [J]. Advanced Energy Materials, 2016, 6(7): 1502168.

[284] Jin Q, Jiang S, Zhao Y, et al. Flexible layer-structured Bi$_2$Te$_3$ thermoelectric on a carbon nanotube scaffold[J]. Nature Materials, 2019, 18(1): 62-68.

[285] Ishihara S, O'Kelly C J, Tanaka T, et al. Metallic versus semiconducting SWCNT chemiresistors: A case for separated SWCNTs wrapped by a metallosupramolecular polymer [J]. ACS Applied Materials & Interfaces, 2017, 9(43): 38062-38067.

[286] Li C, Zhou X, Zhai F, et al. Carbon nanotubes as an ultrafast emitter with a narrow energy spread at optical frequency[J]. Advanced Materials, 2017, 29(30): 1701580.

[287] Cui L F, Hu L B, Choi J W, et al. Light-weight free-standing carbon nanotube-silicon films for anodes of lithium ion batteries[J]. ACS Nano, 2010, 4(7): 3671-3678.

[288] Zhou G M, Wang D W, Li F, et al. A flexible nanostructured sulphur-carbon nanotube cathode with high rate performance for Li-S batteries[J]. Energy and Environmental Science, 2012, 5(10): 8901-8906.

[289] Zhang H X, Feng C, Zhai Y C, et al. Cross-stacked carbon nanotube sheets uniformly loaded with SnO$_2$ nanoparticles: A novel binder-free and high-capacity anode material for lithium-ion batteries [J]. Advanced Materials, 2009, 21(22): 2299-2304.

[290] Zhu Y, Li L, Zhang C G, et al. A seamless three-dimensional carbon nanotube graphene hybrid material[J]. Nature Communications, 2012, 3: 1225.

[291] Zhao M Q, Liu X F, Zhang Q, et al. Graphene/single-walled carbon nanotube hybrids: One-step catalytic growth and applications for high-rate Li-S batteries[J]. ACS Nano, 2012, 6(12): 10759-10769.

[292] Su D W, Cortie M, Wang G X. Lithium-sulfur batteries: Fabrication of N-doped graphene-carbon nanotube hybrids from Prussian blue for lithium-sulfur batteries [J]. Advanced Energy Materials, 2017, 7(8): 1602014.

[293] Ventrapragada L K, Zhu J Y, Creager S E, et al. A versatile carbon nanotube-based scalable approach for improving interfaces in Li-ion battery electrodes[J]. ACS Omega, 2018, 3(4): 4502 - 4508.

[294] 赵玉峰,黄士飞.碳基电池电容研究进展[J].燕山大学学报,2019,43(4): 283 - 290.

[295] 江奇,刘宝春,瞿美臻,等.多壁碳纳米管结构与其电化学容量之间关系的研究[J].化学学报,2002,60 (8): 1539 - 1542.

[296] Jiang Q, Qu M Z, Zhou G M, et al. A study of activated carbon nanotubes as electrochemical super capacitors electrode materials[J]. Materials Letters, 2002, 57(4): 988 - 991.

[297] Futaba D N, Hata K, Yamada T, et al. Shape-engineerable and highly densely packed single-walled carbon nanotubes and their application as super-capacitor electrodes[J]. Nature Materials, 2006, 5 (12): 987 - 994.

[298] Chen Q L, Xue K H, Shen W, et al. Fabrication and electrochemical properties of carbon nanotube array electrode for supercapacitors[J]. Electrochimica Acta, 2004, 49(24): 4157 - 4161.

[299] Arcila-Velez M R, Zhu J Y, Childress A, et al. Roll-to-roll synthesis of vertically aligned carbon nanotube electrodes for electrical double layer capacitors[J]. Nano Energy, 2014, 8: 9 - 16.

[300] Chen P, Chen H T, Qiu J, et al. Inkjet printing of single-walled carbon nanotube/RuO_2 nanowire supercapacitors on cloth fabrics and flexible substrates[J]. Nano Research, 2010, 3(8): 594 - 603.

[301] Yan J, Fan Z J, Wei T, et al. Carbon nanotube/MnO_2 composites synthesized by microwave-assisted method for supercapacitors with high power and energy densities[J]. Journal of Power Sources, 2009, 194(2): 1202 - 1207.

[302] Yi H, Wang H W, Jing Y T, et al. Asymmetric supercapacitors based on carbon nanotubes@NiO ultrathin nanosheets core-shell composites and MOF-derived porous carbon polyhedrons with super-long cycle life[J]. Journal of Power Sources, 2015, 285: 281 - 290.

[303] Zhou Y K, He B L, Zhou W J, et al. Electrochemical capacitance of well-coated single-walled carbon nanotube with polyaniline composites[J]. Electrochimica Acta, 2004, 49(2): 257 - 262.

[304] Gong K P, Du F, Xia Z H, et al. Nitrogen-doped carbon nanotube arrays with high electrocatalytic activity for oxygen reduction[J]. Science, 2009, 323(5915): 760 - 764.

[305] Sharifi T, Hu G Z, Jia X E, et al. Formation of active sites for oxygen reduction reactions by transformation of nitrogen functionalities in nitrogen-doped carbon nanotubes[J]. ACS Nano, 2012, 6(10): 8904 - 8912.

[306] Chung H T, Won J H, Zelenay P. Active and stable carbon nanotube/nanoparticle composite electrocatalyst for oxygen reduction[J]. Nature Communications, 2013, 4: 1922.

[307] Zhang L H, Han L L, Liu H X, et al. Potential-cycling synthesis of single platinum atoms for efficient hydrogen evolution in neutral media [J]. Angewandte Chemie (International Ed in English), 2017, 56(44): 13694 - 13698.

[308] Chen P Z, Zhou T P, Xing L L, et al. Atomically dispersed iron-nitrogen species as electrocatalysts for bifunctional oxygen evolution and reduction reactions[J]. Angewandte Chemie (International Ed in English), 2017, 56(2): 610 - 614.

[309] Jacobs C B, Peairs M J, Venton B J. Review: Carbon nanotube based electrochemical sensors for biomolecules[J]. Analytica Chimica Acta, 2010, 662(2): 105 - 127.

[310] Kam N W S, Dai H J. Carbon nanotubes as intracellular protein transporters: Generality and biological functionality[J]. Journal of the American Chemical Society, 2005, 127(16): 6021 - 6026.

[311] Duke K S, Bonner J C. Mechanisms of carbon nanotube-induced pulmonary fibrosis: A physicochemical characteristic perspective[J]. Wiley Interdisciplinary Reviews Nanomedicine and Nanobiotechnology, 2018, 10(3): e1498.

［312］ Peretz S，Regev O. Carbon nanotubes as nanocarriers in medicine[J]. Current Opinion in Colloid & Interface Science，2012，17(6)：360-368.

［313］ Zheng W，Razal J M，Whitten P G，et al. Artificial muscles based on polypyrrole/carbon nanotube laminates[J]. Advanced Materials，2011，23(26)：2966-2970.

［314］ Shin S R，Jung S M，Zalabany M，et al. Carbon-nanotube-embedded hydrogel sheets for engineering cardiac constructs and bioactuators[J]. ACS Nano，2013，7(3)：2369-2380.

［315］ Zhu H F，Wang X W，Liang J，et al. Versatile electronic skins for motion detection of joints enabled by aligned few-walled carbon nanotubes in flexible polymer composites[J]. Advanced Functional Materials，2017，27(21)：1606604.

［316］ Nela L，Tang J S，Cao Q，et al. Large-area high-performance flexible pressure sensor with carbon nanotube active matrix for electronic skin[J]. Nano Letters，2018，18(3)：2054-2059.

［317］ Ihsanullah，Abbas A，Al-Amer A M，et al. Heavy metal removal from aqueous solution by advanced carbon nanotubes：Critical review of adsorption applications[J]. Separation and Purification Technology，2016，157：141-161.

［318］ Reddy K R，Hassan M，Gomes V G. Hybrid nanostructures based on titanium dioxide for enhanced photocatalysis[J]. Applied Catalysis A：General，2015，489：1-16.

［319］ Shi Z，Zhang W B，Zhang F，et al. Ultrafast separation of emulsified oil/water mixtures by ultrathin free-standing single-walled carbon nanotube network films[J]. Advanced Materials，2013，25(17)：2422-2427.

［320］ Liu Y N，Su Y L，Cao J L，et al. Antifouling，high-flux oil/water separation carbon nanotube membranes by polymer-mediated surface charging and hydrophilization[J]. Journal of Membrane Science，2017，542：254-263.

［321］ Das R，Ali M E，Hamid S B A，et al. Carbon nanotube membranes for water purification：A bright future in water desalination[J]. Desalination，2014，336：97-109.

［322］ Zhang T，Mubeen S，Myung N V，et al. Recent progress in carbon nanotube-based gas sensors[J]. Nanotechnology，2008，19(33)：332001.

［323］ Sun H，Che R C，You X，et al. Cross-stacking aligned carbon-nanotube films to tune microwave absorption frequencies and increase absorption intensities[J]. Advanced Materials，2014，26(48)：8120-8125.

［324］ 张增富,罗国华,范壮军,等.不同结构碳纳米管的电磁波吸收性能研究[J].物理化学学报,2006,22(3)：296-300.

［325］ Li N，Huang G W，Li Y Q，et al. Enhanced microwave absorption performance of coated carbon nanotubes by optimizing the Fe_3O_4 nanocoating structure[J]. ACS Applied Materials & Interfaces，2017，9(3)：2973-2983.

Chapter 3

二维材料王国的开国
元勋——石墨烯

彭海琳

作为碳材料家族的一员,石墨烯无疑是 21 世纪备受瞩目的明星材料。不同于三维的金刚石和石墨,一维的碳纳米管及零维的富勒烯等碳材料,石墨烯是由单层 sp^2 杂化的碳原子构成的蜂窝状二维原子晶体材料,具有线性色散的狄拉克锥形能带结构,以及诸多优异的物理化学性质。石墨烯具有极高的载流子迁移率、良好的导电性、最高的热导率、宽光谱吸收特性和高的机械强度等,在电子器件、能源存储、热管理、透明导电薄膜、航空航天以及生物医疗等领域具有广阔的应用前景。

作为一种新的纳米碳材料,石墨烯的研究历史并不长。2004 年,英国物理学家安德烈·海姆和康斯坦丁·诺沃肖洛夫等人首次用胶带剥离的方法制备出了单层石墨烯,并观察到了石墨烯独特的量子霍尔效应,由此拉开了石墨烯研究的帷幕。仅时隔六年,两位石墨烯材料的发现者就凭此获得了 2010 年诺贝尔物理学奖。正如当时瑞典皇家科学院所评论的,"构成地球上所有已知生命基础的碳元素,又一次惊动了世界"。随后,石墨烯领域的研究热潮迅速席卷全球。

在过去的十几年间,石墨烯相关领域的研究取得了突飞猛进的发展。石墨烯薄膜、石墨烯粉体和石墨烯纤维等结构各异的石墨烯材料千峰竞秀。机械剥离法、有机合成法、氧化还原法和化学气相沉积法等制备方法日趋完善,石墨烯材料制备的基础科学问题逐渐得到解决。制备技术的突破推动了石墨烯产业的兴起。石墨烯材料的质量和产能逐年提升,各类石墨烯产品开始从实验室逐渐进入市场,其中既有石墨烯基光电传感器、场效应晶体管、柔性天线,也有石墨烯电池、石墨烯散热屏和石墨烯涂料等。石墨烯材料开始真正走入人们的视野和生活。

除了本身作为一种新材料推动基础研究和新兴产业的发展外,石墨烯更是二维材料王国的"开国元勋"。20 世纪中期,理论学家曾预测二维材料在三维空间内会因其自身的热扰动而发散,无法在绝对零度以上的温度稳定存在。然而石墨烯的出现颠覆了这一传统认知,通过实验证明了二维材料制备的可行性。从此,科研工作者开始把目光投向崭新的二维材料研究领域,二维过渡金属硫化物、碳化物、黑磷、二维金属有机框架材料、拓扑绝缘体等一系列结构不同、性能各异、应用广泛的二维材料被纷纷发掘出来,二维材料王国日益发展壮大。

如今石墨烯的发展可谓日新月异,以时间为脉络去了解石墨烯的前世今生,可以对石墨烯领域有一个更加全面、清晰和理性的认识。本书正是基于这一点编写,希望能为刚进入石墨烯研究领域的初学者提供石墨烯材料最为基本的结构和性能方面的知识,为石墨烯领域的科研人员提供最新的制备方法和应用进展,为关注石墨烯领域的产业界相关人士提供石墨烯产业化的现状、挑战及未来的方向。为此,本书主要以石墨烯的过去、现在和将来为主线,全面总结和介绍了目前在石墨烯领域已经取得的主要成果,重点关注石墨烯材料的基本结构、性质、应用、制备方法和产业化等相关内容。

3.1 石墨烯概述

3.1.1 碳材料家族与石墨烯

作为构成生命体的基本元素之一,碳元素以单质和化合物等多种形式广泛存在于自然界中。在人类探索与认知世界的过程中,碳材料的发现和使用极大地推动了科学的发展与社会的进步。从 20 世纪开始,人们对于碳材料的研究逐渐从宏观尺度扩展到微观尺度,富勒烯、碳纳米管、石墨烯和石墨炔等一系列新材料的出现极大地丰富了碳材料家族的成员,碳纳米材料也逐渐成为人们关注的热点。

碳纳米材料之所以种类繁多,还要从基本的碳原子的成键方式说起。基态碳原子的核外电子排布为 $1s^2 2s^2 2p^2$,根据价键理论,原有的碳原子 2s 轨道上的一对电子会被拆开,其中一个电子会跃迁到空的 2p 轨道上,接着 2s 轨道和 2p 轨道会发生重排形成新的杂化轨道,所以实际上碳原子具有 4 个可以参与成键的价电子($2s^2 2p^2$)。根据杂化方式的不同,碳原子便具有了多种成键方式。

如图 3-1 所示,根据参与杂化的 2p 轨道数目的不同,碳原子的杂化方式有 sp^3、sp^2 和 sp 三种。为了实现能量最低和结构稳定,新形成的杂化轨道会在空间上尽可能地彼此远离。其中,四个 sp^3 杂化轨道会形成相邻夹角为 $109°28'$ 的正四面体结构,每个 sp^3 杂化轨道贡献一个电子,以"头碰头"的方式形成 σ 键,即碳碳单键,金刚石就是典型的代表。而三个 sp^2 杂化轨道会形成相邻夹角为 $120°$ 的平面结构,每个 sp^2 杂化轨道贡献一个电子形成 σ键,而剩下的没有参与杂化的 2p 轨道则会以"肩并肩"的方式形成 π 键,这样形成的就是碳

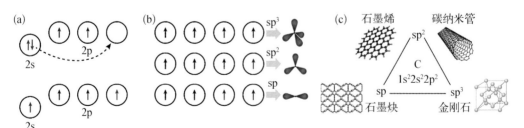

图 3-1　碳原子的核外价电子排布及杂化轨道的形成

(a) 碳原子的基态和激发态价电子排布;(b) 杂化轨道的形成;(c) 不同杂化方式的碳-碳键构筑的代表性碳材料

碳双键,其中最为典型的代表就是石墨烯和碳纳米管。最后一种,两个 sp 杂化轨道会形成相邻夹角为 180° 的直线结构,相比于 sp² 多了一个未参与杂化的 2p 轨道,会多形成一个 π 键,所以 sp 杂化的碳原子之间往往会形成三键,比如石墨炔中"炔"字的来源就是如此。不同成键方式形成的共价键的键长、键角、几何结构和反应活性有很大的差异,以此为基础构成的碳材料结构和性质各异,正是由于碳原子丰富的成键方式,才构建出如此琳琅满目、风姿各异的碳材料家族。而石墨烯,正是碳材料家族成员的杰出代表。

3.1.2 石墨烯的基本结构、性质和应用

2004 年,石墨烯的发现为碳纳米材料的研究开启了新的一页。一经问世,石墨烯就展示出了优异的物理化学性质和广阔的应用前景,极大地激发了科学家们的研究兴趣。从基本性质的探究到潜在应用的发掘,从制备方法的改进到批量生产的摸索,对石墨烯各个方面的研究在全世界范围内如火如荼地开展。

如图 3-2(a)(b)所示,石墨烯是由单层碳原子构成的蜂窝状二维原子晶体。石墨烯的晶格结构并不是严格的平面,而是在面内和面外形成一定的起伏和扭曲[1]。石墨烯中的碳原子采用 sp² 杂化方式,其中相邻碳原子的 sp² 轨道形成碳碳单键构成石墨烯的六边形共价键骨架,未参与杂化的 2p 轨道形成一个大的离域 π 键,这种特殊的晶体结构使得石墨烯具有许多新奇的物理、化学性质。

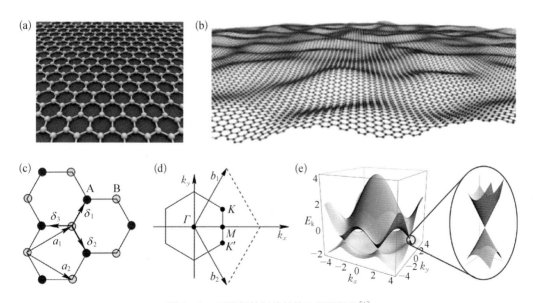

图 3-2 石墨烯的晶体结构和能带结构[1]

（a）石墨烯六边形蜂窝状的晶体结构；（b）石墨烯实际的晶格起伏状态；（c）石墨烯的六方晶格；（d）石墨烯倒易空间的第一布里渊区；（e）石墨烯的能带结构

首先,独特的晶体结构使得石墨烯具有独特的能带结构。如图 3-2(c)、(d)所示,石墨烯的六方晶格可以看作是由 A、B 两个布拉维格子套构而成,其倒易空间的第一布里渊区也是六方结构,倒易空间的顶点分别为布里渊区 K 点和 K' 点。通过量子力学紧束缚模型计算石墨烯的能带结构可知,石墨烯的导带和价带相交于 K 和 K' 点,且在该点石墨烯的能量与动量呈线性色散关系。更重要的是,K 和 K' 点处电子的有效质量为零,适用于狄拉克方程,因此也被称为"狄拉克"点,其能带结构为线性狄拉克锥结构[图3-2(e)][1]。

石墨烯独特的狄拉克锥形的能带结构使其具有与其他材料截然不同的电学和光学性质。在电学方面,由于载流子可视为无质量的狄拉克费米子,所以石墨烯具有极高的载流子迁移率。美国马里兰大学帕克分校 Michael S. Fuhrer 课题组测量发现本征石墨烯的室温载流子迁移率可以达到 2×10^5 cm^2/(V·s)[2],而在低温下石墨烯的载流子迁移率可以达到 1×10^6 cm^2/(V·s),明显优于其他传统半导体材料。与此同时,石墨烯狄拉克点处导带与价带相连,使得石墨烯具有半金属的性质,可以通过栅压调控等方式观察到半整数量子霍尔效应[3]和德哈斯振荡[4]等新奇的电学输运现象。

在光学方面,英国曼彻斯特大学 Andre Geim 课题组发现在可见光范围内,石墨烯的吸光率保持不变,都为 $\pi\alpha \approx 2.3\%$,且吸光率随着石墨烯的层数线性增加,这与石墨烯在低能量范围内呈现为线性色散的狄拉克费米子相符[5]。后续的研究也发现,石墨烯具有较宽的光谱响应范围,可以实现从紫外到太赫兹波段的全光谱响应[6]。这种宽光谱吸收的特性使得石墨烯在透明导电薄膜和红外探测等领域具有广阔的应用前景。

除此之外,石墨烯独特的晶格振动和声子传递模式使其具有极高的热导率。美国加利福尼亚大学河滨分校 Alexander Balandin 课题组[7]利用非接触的拉曼光热技术测量出了机械剥离石墨烯的热导率约 3000 W/(m·K),远高于铜和银等金属材料,是目前导热率最高的材料。石墨烯超高的热导率使得石墨烯有望成为理想的散热材料,用于解决电子设备、信息通信、航空航天领域中高集成、高功率、高放热的散热问题。

在力学方面,sp^2-C 共价键键连形成的完美六方晶体结构使得具有极高的机械强度。美国哥伦比亚大学 James Hone 课题组通过原子力显微镜测量发现石墨烯的本征机械强度高达 130 GPa[8],是钢的 100 倍。这使得石墨烯有望应用到力学性能增强的复合材料中,从而提高复合材料整体的机械性能。此外,石墨烯的理论比表面积约为 2630 m^2/g,具有极大的能量存储密度,是超级电容器的理想电极材料[9]。石墨烯还具有致密的电子云结构,只有质子可以穿透六方蜂窝网状结构,且穿透效率与粒子质量相关,这使得石墨烯有望用于氢氚分离等国防军工领域[10]。综上所述,得益于石墨烯优异的物理、化学性质(图 3-3),石墨烯有望在电子器件、柔性可穿戴器件、光电探测与传感器件、高效率散

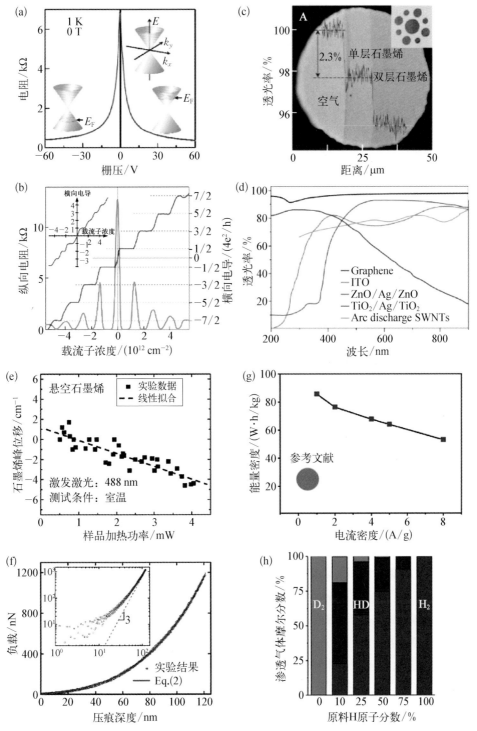

图 3-3　石墨烯的物理、化学性质[2-10]

（a）石墨烯的电学性质；（b）石墨烯的量子霍尔效应；（c）石墨烯的透光率；（d）石墨烯的宽光谱吸收特性；（e）石墨烯的热学性质；（f）石墨烯的力学性质；（g）石墨烯超级电容器的性质；（h）石墨烯氢氘分离膜的性质

热器件、高性能复合材料、能源存储及国防军工等领域获得广泛应用,引领新一轮高科技产业革命。

3.1.3   石墨烯的发展历程

2004 年,英国物理学家 Andre Geim 和 Konstantin Novoselov 首次用胶带剥离层状石墨晶体的方法制备出了石墨烯[11],从此打开了石墨烯研究领域的大门,石墨烯凭借其优异的物理、化学性质和广阔的应用前景,以迅猛的发展速度,快速地从实验室走进大众的视野,走进人们的日常生活。

在过去的十多年里,石墨烯材料的制备取得了突飞猛进的发展。以化学气相沉积法(chemical vapor deposition,CVD)制备的石墨烯薄膜为例,2009 年,得克萨斯大学奥斯汀分校 Ruoff 课题组首次通过 CVD 在铜箔衬底上实现了单层石墨烯薄膜的制备[12]。10 多年后的今天,CVD 石墨烯薄膜已经发展成为石墨烯产业的重要支柱。从 CVD 石墨烯薄膜的质量来说,石墨烯的单晶畴区尺寸由原来的微米级提高到了分米量级[13],生长速度高达 200 μm/s[14],大单晶石墨烯、超洁净石墨烯[15]、超平整石墨烯[16]、扭转双层石墨烯[17]、硼或氮掺杂石墨烯[18]等一系列特定结构和性能优异的"标号"石墨烯薄膜应运而生,CVD 石墨烯薄膜的各项指标更加接近石墨烯的理论值,这为实现 CVD 石墨烯薄膜的撒手铜级应用奠定了坚实的材料基础。在 CVD 石墨烯薄膜的批量制备方面,卷对卷[6]与静态批次生长技术[19]的开发和使用使得石墨烯薄膜的大面积、规模化制备成为可能,例如,当前中国石墨烯薄膜的产能可达 650 万平方米/年。管中窥豹可见一斑,石墨烯材料的宏量制备和工业化生产已经初具曙光。图 3-4 为 CVD 石墨烯薄膜的研究进展。

尽管石墨烯材料研究领域取得了一系列喜人的进展,我们也要看到,石墨烯材料前进的道路并不是一帆风顺的,石墨烯材料产业也不是一蹴而就的。目前,石墨烯材料的科学研究和规模化制备仍然面临诸多问题和挑战。在科学研究方面,石墨烯材料的理想和现实之间仍存在鸿沟,实验室制备的石墨烯材料的各项性能指标与理论值相比仍有一定的距离[20]。在规模化制备方面,目前市面上的石墨烯产品多鱼龙混杂、良莠不齐,缺少规范的性能指标和稳定的制备工艺。新加坡国立大学 A. H. Castro Neto 等人撰文指出,通过系统分析来自美洲、亚洲和欧洲 60 家公司的石墨烯样品,结果表明大多数公司的产品并不是真正的石墨烯,其中石墨烯的含量不超过 10%,最高的含量不超过 50%,几乎没有单层的高质量石墨烯[21]。因此,从新材料的技术成熟度曲线(Gartner 曲线)中可以看到,目前石墨烯产业总体上仍处于概念导入期和产业化突破前期,属于从实验室研究到产业转化的初级阶段,石墨烯材料的标准化、规模化、产业化之路仍有很长一段要走。图 3-5 为石墨烯产业现状图。

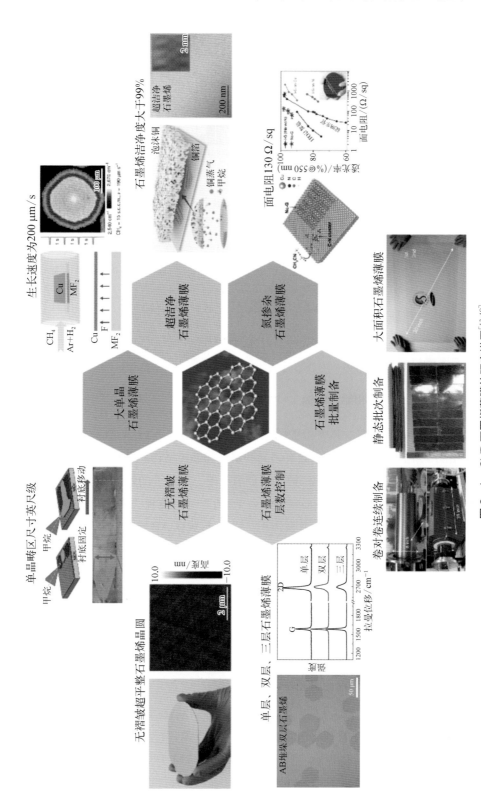

图 3-4　CVD石墨烯薄膜的研究进展[13-19]

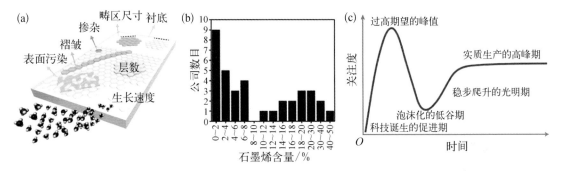

图 3-5　石墨烯产业现状[20,21]

（a）石墨烯材料制备面临的问题和挑战；（b）不同公司石墨烯产品的质量检测结果；（c）新材料的技术成熟度曲线

3.2　石墨烯材料研究的历史

3.2.1　石墨烯材料及其性质

3.2.1.1　石墨的晶体结构和能带结构

　　碳单质有多种存在形式。其中，天然存在的碳单质主要包括金刚石和石墨等。由于碳原子的杂化方式不同，金刚石与石墨具有迥异的键型和晶体结构。金刚石由 sp^3 杂化碳构成，这些共价单键形成正四面体构型，构成了金刚石的三维原子晶体结构。而在石墨中，sp^2 杂化碳形成平面正六边形结构的石墨层形分子（图 3-6），这种二维碳原子晶体被称为石墨烯层；石墨烯层之间依靠范德瓦耳斯力相互结合，形成以 AB 或 ABC 序列交错紧密堆积的六方或三方晶体结构。石墨是常温常压下最稳定的碳单质。由于石墨的形成能较低，在低压条件（低于 1.5 GPa）下，碳源在高温还原性或惰性气氛中均能发生石墨化，且处理温度越高、作用时间越长，碳源的石墨化程度也越高[22]。

　　石墨具有明显的各向异性，这与其晶体结构密切相关。构成石墨的碳原子的电子构型为 $1s^2 2s^2 2p^2$，其中 $1s^2$ 电子属于内层离子核电子，其余四个电子为价电子。在石墨中，2s、$2p_x$ 和 $2p_y$ 电子形成三个位于在石墨烯层平面上的等性 sp^2 杂化轨道，相邻杂化轨道的夹角为 120°，这些杂化轨道的重叠使得石墨烯层中碳原子之间形成 σ 键；$2p_z$ 电子形成相对于石墨烯层上下对称的离域大 Π 键，这种离域作用稳定了面内碳键，因此键强度要高于单个共价碳碳单键的键强度。另外，离域作用导致 π 电子束缚松散，具有高流动性，因此 π 电子在石墨的电子性质中会起到主要作用。六方石墨具有层状结构，每层碳原子以正六边形蜂窝状结构排列，且层与层之间按 AB 顺序堆叠。石墨的晶胞为菱形四棱柱（图 3-7），其晶格

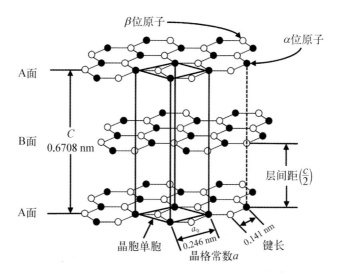

图 3-6 六方石墨的晶体结构及单胞示意图[22]

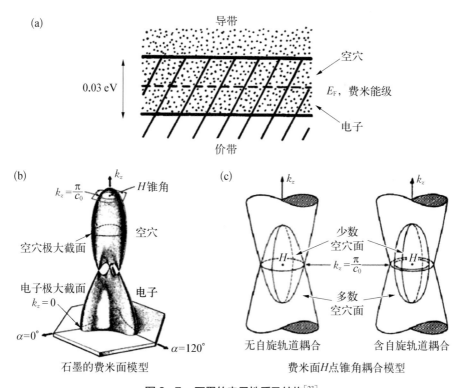

图 3-7 石墨的电子性质及结构[23]

(a) 石墨的零带隙能带结构;(b) 三维空间中石墨的费米面模型;(c) 石墨费米面 H 点处的锥角耦合模型

参数为 $a = b = 2.46$ Å，$c = 6.70$ Å，每个晶胞有 4 个原子，面间距为 c 的一半，即 3.35 Å。六方石墨晶体的空间群为 $P6_3/mmc$，其中 6_3 螺旋轴是每层碳原子 AB 堆积的结果。由于石墨中的碳层是通过弱的范德瓦耳斯相互作用沿 c 方向结合的，所以石墨具有各向异性，即在石墨烯层内和垂直于石墨烯层的 c 轴方向具有不同的物理性质。例如，石墨在碳层内具有良好的导热性和导电性，而在垂直于碳层的方向上导热性和导电性显著变差。同时，由于石墨中碳层内共价键作用较强，而垂直方向的面间范德瓦耳斯作用较弱，导致石墨中的碳层容易相对滑动，故石墨可作为一种润滑剂[22,23]。

　　石墨的能带结构的研究结果表明石墨是一种半金属材料。在六方石墨中，每个晶胞有四个碳原子，每个碳原子有四个价电子轨道，因此共有 16 个能带，包括 12 个 σ 带和 4 个 π 带。12个 σ 带包括 6 个成键态和 6 个反键态，两组能带相隔约 5 eV；4 个 π 带位于这两组 σ 带之间，包括 2 个成键态和 2 个反键态。石墨中的所有能带都是耦合的，其中 4 个 π 能带更是强耦合的。由于石墨的单个晶胞中有 16 个价电子，仅填充了 8 个能带，所以石墨的费米能级位于四个 π 带的中间。与此同时，由于电子组态的高度对称性以及离域大 π 电子的成对自旋耦合特性，无缺陷的石墨或石墨烯层具有抗磁性。形成最高价带的高 π 带沿布里渊区边缘 HKH 和 H′K′H′ 重叠，能带重叠能量约为 0.03 eV[图 3-7(a)]。六方石墨具有零带隙的能带结构，因而是一种典型的半金属材料。石墨的费米面空间形状和费米面 H 点处的锥角耦合模型见图 3-7(a)～(c)[22-24]。而对于以 ABC 堆叠方式形成的三方石墨，电子能带结构计算的结果表明，平行于 c 轴的波矢量分量色散会导致约 0.02 eV 的能带重叠，因此三方石墨也是无带隙的半金属导体[25]。

　　作为半金属材料，石墨具有良好的电学性质。然而如前所述，石墨因其晶体结构特点，具有各向异性，在石墨烯层内方向（ab 面内方向）和垂直于石墨烯层的方向（c 方向）的电学性质有显著区别。表 3-1 展示了在不同温度下热解石墨的电导率（σ_a、σ_c），迁移率（μ_a、μ_c），弛豫时间（τ_a、τ_c），平均自由程（l_a、l_c）和电子密度（n），计算的相关参数为 $m_a^* = 0.05 m_0$，$v_a = 2 \times 10^7$ cm/s；$m_c^* = 6 m_0$，$v_c = 10^6$ cm/s[26]。需要注意的是，由于本征的 c 轴电导率难以测量，因此 σ_a/σ_c 的比值尚存在争议。文献报道的各向异性比值在单晶石墨中为 $10^2 \sim 10^4$，在热解石墨中为 $10^3 \sim 10^5$，在室温下对于热解石墨，磁场不大于 10 kG 的霍尔系数约为 -0.1 cm³/C[27]。

表 3-1　不同温度下热解石墨的电学性质数据[26]

项　　　目	300 K	77.5 K	4.2 K
$\sigma_a/(10^4\ \Omega^{-1}\cdot cm^{-1})$	2.26	3.87	33.2
$\sigma_c/(\Omega^{-1}\cdot cm^{-1})$	5.9	3.3	3.8
$\sigma_a/\sigma_c(10^4)$	0.38	1.2	8.7
$\mu_a/(10^4\ cm^2/V\cdot s)$	1.24	5.75	7.0
$\mu_c/(cm^2/V\cdot s)$	3.3	5.0	8.0

续　表

项　　目	300 K	77.5 K	4.2 K
$\tau_a/(10^{-13}\ s)$	3.5	16.2	196
$\tau_c/(10^{-14}\ s)$	0.95	1.6	2.7
$\ell_a/(10^3\ Å)$	0.7	3.2	39
$\ell_c/Å$	0.95	1.6	2.7
$n/(10^{18}\ cm^{-3})$	11.3	4.2	3.0

对于石墨的磁能级来说,沿着石墨 c 轴的磁场,其等能量轨道垂直于石墨布里渊区的 HKH 轴。对应于沿 HKH 轴在不同点费米面截面的极值,存在三种轨道[图 3-8(a)~ (c)]。其中图 3-8(a)所示的轨道对应于多数电子面在 K 点($k_z=0$)的极轴截面。图 3-8

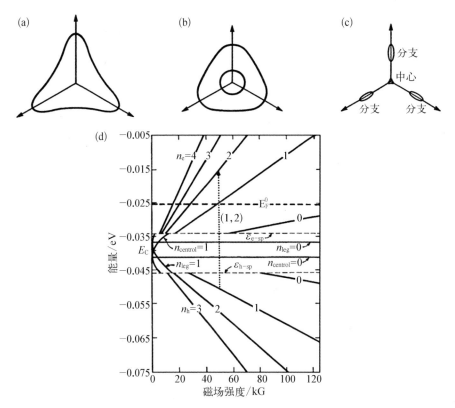

图 3-8　石墨的磁轨道与能级[28-31]

(a) 石墨 K 点多数电子的三角畸变轨道模型;(b) 石墨 H 点附近空穴的帽状轨道模型,内层为少数空穴轨道,外层为多数空穴轨道;(c) 电子和空穴交会处附近的中心和分支轨道;(d) 朗道能级在 K 点的磁场依赖性

n_e 和 n_h 分别为导带和价带的朗道能级,主要朗道能级分别在 $\varepsilon_{e\text{-}sp}$ 和 $\varepsilon_{h\text{-}sp}$ 所标记的能量处被切断,在这两个能量之间则是特殊的"分支"朗道能级 n_{leg} "中心"朗道能级 $n_{central}$。虚线箭头表示磁场为 50 kG 时,从 $n_h=1$ 到 $n_e=2$ 的能级跃迁,用(1,2)标记

(b)中所示的外侧和内侧轨道分别对应于在 H 点($k_z = \pi/c_0$)的多数空穴面和少数空穴面的极轴截面。图 3-8(c)所示的轨道称为分支轨道和中心轨道,对应于电子面与空穴面接触处多数电子面或多数空穴面上的极轴截面;这样的接触面共有 4 个,其中 3 个被称为"分支"的接触面不在 HKH 轴上,1 个被称为"中心"的接触面位于 HKH 轴上[22]。

目前主要有两种计算磁能级的方法:(1)在存在磁场的情况下对含有效质量的哈密顿量进行求解。(2)使用 Bohr-Sommerfeld 量子化条件。在第一种方法中,当使用微扰理论且忽略近费米能级的带间耦合时,哈密顿量被大大简化,其解为朗道能级,由整数 $N(0, \pm 1, \pm 2, \cdots)$ 标识[28-30]。第二种方法是半经典方法,直接地给出了主要能级[由图 3-8(a) 和(b)所示的轨道产生]和特殊能级[由图 3-8(c)所示的分支轨道和中心轨道产生]。图 3-8(d)为 K 点处作为磁场的函数的磁能级。主要电子朗道能级在 ε_{e-sp} 处截断,而主要空穴朗道能级在 ε_{h-sp} 处截断。在介于 ε_{h-sp} 和 ε_{e-sp} 之间的能量区间存在特殊能级(sp):在较大的磁场下,该范围内仅存在与磁场无关的能级 $n_{leg} = 0$ 和 $n_c = 0$,其在不同的磁场条件下均可作为初始态。从中心能级或分支能级到主要能级的带间转换是可能发生的。

石墨的热学性质与其晶格振动模式有关,可以通过拉曼散射光谱、红外光谱和中子散射等手段进行研究。根据中子散射的结果,可以计算出石墨在[001]、[100]和[110]方向上的声子色散关系,结果如图 3-9(a)所示[32]。通过拉曼散射和红外光谱研究布里渊区中心(Γ 点)附近的光学支声子模,可得到如图 3-9(b)所示的石墨的光学晶格振动模式[33,34]。其中,E_{2g1} 和 E_{2g2} 模式是拉曼活性的,E_{1u} 和 A_{2u} 模式是红外活性的,B_{1g1} 和 B_{1g2} 模式没有光学活性。E_{1u} 和 E_{2g2} 模式之间的层间相位差表明,这两种模式之间的频率差(约 10 cm^{-1})与石墨晶格的层间力常数有关。

石墨的 E_{2g1} 和 E_{2g2} 振动模式可通过拉曼散射光谱进行研究。在高定向热解石墨(HOPG)中可以观察到 E_{2g2} 模式为(1582 ± 2)cm^{-1},半峰宽约为 14 cm^{-1}。这个频率非常接近苯分子中的 C—C 振动频率(1584.8 cm^{-1})。E_{2g2} 的倍频拉曼线可以在 3248 cm^{-1} 处观测到,鉴于单频拉曼峰的频率为 $\omega_R = 1581$ cm^{-1},该倍频峰较 $2\omega_R$ 向高波数移动了 86 cm^{-1};倍频峰较单频峰窄,强度则高出 40%,这些结果可由普通的泛频散射得到解释。关于 E_{2g1} 模式则研究较少,从理论上估计,E_{2g1} 模式振动峰为约 210 cm^{-1}。文献表明,在(140 ± 10) cm^{-1} 处可以观察到 E_{2g1} 模式,其半峰宽为 40 cm^{-1},并且相比于 E_{2g2} 模式会弱两个数量级。在结晶质量较差的石墨材料中,可以观察到 1355 cm^{-1} 的拉曼峰,即文献中报道的 D 峰[14]。金刚石在 1322 cm^{-1} 处具有特征拉曼峰,该 1355 cm^{-1} 拉曼峰的出现可能与石墨材料杂质中 sp^3 杂化碳的四面体键合方式有关。

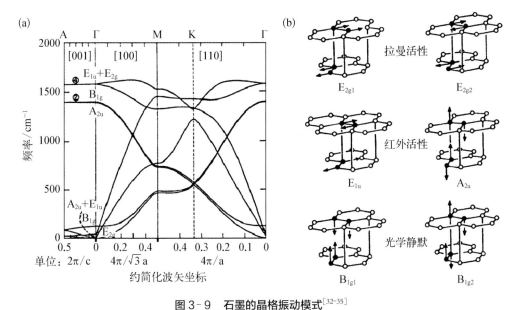

图 3-9　石墨的晶格振动模式[32-35]

（a）中子散射测定的石墨的声子谱；（b）石墨的晶振动模式及其光学活性

石墨的 E_{1u} 和 A_{2u} 模式可以使用红外反射光谱进行研究。在电场 $E_{\perp c}$ 下，单晶石墨在室温中具有 1588 ± 5 cm^{-1} 的 E_{1u} 模式，半峰宽约为 15 cm^{-1}。同样地，对于 HOPG，在 $E_{\perp c}$ 下可观察到 1588 cm^{-1} 的 E_{1u} 模式。在室温条件的电场 $E_{//c}$ 下，室温下在 HOPG 中可观察到 (868 ± 1) cm^{-1} 的 A_{2u} 模式。理论计算表明，E_{1u} 和 A_{2u} 模式的宏观有效电荷分别为 0.41 e 和 0.11 e[36]。

由于石墨具有各向异性的层状结构，一些化合物可进入石墨的片层之间发生化学反应，形成石墨插层化合物（graphite intercalation compound，GIC）。这种反应被称为插层反应，插入石墨片层中的化合物又被称为插层物。由于 GIC 中在插层物和石墨之间存在电荷转移，所以往往具有比石墨更好的导电性，导电性的增加有可能提升石墨基材料的电磁干扰（EMI）屏蔽性能。此外，大多数 GIC 加热后会出现分解和剥离现象。不带黏合剂的纯石墨粉末或小片，在压缩后能出现机械互锁的整体干黏合现象，从而形成被称为柔性石墨的柔性片材和弹性垫片材料。

石墨的大多数基础研究都是在天然单晶石墨或热解石墨上进行的。天然单晶石墨主要以直径为 $1 \sim 2$ mm 的薄片存在，但通常嵌在共生矿物方解石中。为了将石墨薄片从方解石中分离出来，需要将方解石浸入到沸腾的酸（HCl 和 HF）中进行化学刻蚀。而热解石墨（PG）是人工合成的，它的性质类似于单晶石墨，并且尺寸更大，所以更适用于许多实验测量。热解石墨是多晶的,组成热解石墨的所有微晶的 c 轴对齐,但 a 轴方向是随机的。热解石墨具有纤维质地,密度大于 2.2 g/cm³,它是通过碳源在 2000℃ 以上的基底上热裂解得到的,此过程导致微晶的 c 轴主要垂直于基底,其镶嵌度为 40°~50°。为了改善微晶取向,人们进一步使用了应力重结晶,即在 2800~3000℃ 下以 300~500 kg/cm² 的单轴压力进行热压,这样可以沿 c 轴产生厚度超过 10 mm 的样品,密度为 2.266 g/cm³,高于完美石墨理论密度的 99.95%。随后在轻负载下于 3400~3500℃ 对这种材料进行退火,即可得到高定向热解石墨——HOPG(highly oriented pyrolytic graphite),其镶嵌度仅为 0.02°,且在 a 和 c 方向的晶粒尺寸均为 1 μm 左右[16]。

除天然单晶石墨和 HOPG 外,还有许多碳材料是由 sp² 杂化碳组成的,微观结构与石墨具有一定的相似性的材料,包括非晶碳、碳纤维、活性炭等。

非晶碳通常是指具有与石墨相似的键合和晶格结构,但不具有长程有序结构,层状结构之间没有 AB 堆叠顺序的碳材料。通过热处理的方法,可以增加无定形碳的结晶性,这一过程也被称为石墨化。许多碳材料,例如碳纤维等,会根据实际应用的需求,改变热处理温度和时间,使其具有不同的石墨化程度。

碳纤维是指组成元素中碳含量高于 92%(质量分数)的纤维材料。碳纤维的外观可以是短棒状的或者连续丝状的,结构可以是完全结晶的、非晶的或部分结晶的。结晶形式具有石墨的晶体结构。碳纤维的高模量源于其特殊的结构:结构碳层虽然不一定平坦,但趋于平行于纤维轴,因此沿纤维轴方向主要为共价键联合,模量很高。这种晶体学上优选的取向被称为纤维织构。碳纤维平行于纤维轴的模量比垂直于纤维轴的模量高。类似地,沿纤维轴的电导率和导热率较高,而沿纤维轴的热膨胀系数较低[22]。纤维的拉伸模量越大,意味着碳层平行于纤维轴的排列程度越大,碳含量越高,同时 c 轴微晶尺寸(L_c)、密度、平行纤维轴的热导率和电导率也越大;而相反的是,此时纤维的热膨胀系数和内部剪切强度越小。在碳纤维中,可以存在垂直于层的尺寸为 L_c 且平行于层的尺寸为 L_a 的晶化石墨区域,也可以有一些未完全晶化区域,其中碳层虽然发达且彼此平行,但没有以任何特定的顺序堆叠,这些区域的碳被称为涡轮层碳。碳纤维中还可以存在另一种类型的碳,即无定形碳,其中碳层虽然发达,但彼此之间并不平行。碳纤维中石墨的比例范围可以从 0 到 100%。当该比例接近 100% 时,这种纤维被称为石墨纤维。石墨纤维一般是多晶的,也有一种特殊的纤维——石墨晶须,它是碳层像涡旋状一样卷起的单晶。石墨晶须的单晶性好,几乎没有缺陷,并且强度极高。然而,石墨晶须的产率太低,商业应用难度较大[22,23]。

目前市场上销售的碳纤维主要分为三类,即通用型碳纤维(GP)、高性能型碳纤维(HP)和活性碳纤维(ACF)。通用型碳纤维的特征在于具有非晶且各向同性的结构,相对廉价,但是纤维的拉伸强度和拉伸模量较低。高性能型碳纤维的特征在于纤维具有相对较高的强度和模量,这与纤维的石墨化程度和各向异性相关。活性碳纤维的特征在于存在大量开放的微孔,这些微孔可以充当吸附位点。活性碳纤维的吸附能力与活性炭相当,但是活性碳纤维的纤维形状可以使被吸附物更快地到达吸附部位,从而加速吸附和解吸过程。活性碳纤维的吸附量随活化程度的增加而增加。此外,还可以使用插层剂来修饰纤维,以增加纤维的导电性和导热性,从而提高其屏蔽电磁干扰的效率,或者用作热电偶的热电功率。尽管非晶态碳与各种插层剂之间也存在化学反应性,但该反应通常不会产生石墨插层化合物[38]。

　　活性炭是指具有表面孔隙率的碳材料,其比表面积可以超过 1000 m^2/g。活性炭的孔通常是微孔,尺寸一般小于 2 nm,但是随着制备技术的发展,如今中孔活性炭(孔径大于2 nm)也有了相对成熟的制备方法。活性炭可以吸附分子和离子,从而用于水处理、空气净化、气体分离、溶剂回收、除臭和其他与环境工程相关的应用。活性炭通常通过在反应性气氛中加热碳前驱体(例如沥青和聚丙烯腈)、碳基前体或碳材料来制备,该过程称为活化,该活化反应会将某些物质变为气体(例如 $C + CO_2 \longrightarrow 2CO$),从而形成表面孔隙。需要注意的是,如果碳材料在活化之前已被石墨化,则活化相对困难。此外,使用臭氧预处理增加前驱体的表面氧浓度,可以促进其活化过程。

　　碳材料在大气环境下受热易氧化并生成气态产物,这是限制其在高温下使用的主要原因。为了使碳材料更好地应用于航空航天和各种工业场所,人们对碳材料的氧化保护方法给予了极大的关注。对碳材料的氧化保护的主要策略是采用涂层材料保护,例如 SiC、碳氧化硅、TiC、TiN、TiO_2、Si_3N_4、B_4C、SiO_2、$ZrSiO_4$、ZrO_2、Si‐Hf‐Cr、Al_2O_3、Al_2O_3‐SiO_2、SiC/C、BN、Si‐B、莫来石、LaB_6、$MoSi_2$、Y_2SiO_5 和玻璃等。这些陶瓷涂层主要制备方法是通过化学气相沉积(CVD)法制备陶瓷预聚物,再将其热解来形成陶瓷涂层。另一种对碳材料的氧化保护方法是使用反应性水溶液,例如磷酸、氧氟磷酸酯化合物、$POCl_3$ 和硼酸进行表面处理。与 CVD 法相比,溶液法加工技术相对简单,但是比陶瓷涂层法提供的氧化保护温度范围更小[39]。

3.2.1.2　石墨的层间堆垛与插层研究

　　如上节所述,石墨由于具有各向异性的层状结构,能够通过使反应物驻留在石墨片层之间而发生化学反应,从而形成石墨插层化合物。石墨的插层化合物是一种间隙化合物,其中非碳物种包含在石墨晶体的平面间隙位置中,石墨晶格的层状结构得以保留[40]。除此之外,石墨化合物还包括表面化合物和取代化合物。具体来说,石墨的表面化合物是通过与石墨表面原子反应形成的,吸附发生在垂直于 c 轴的平面上及碳平面的边缘原子上。这是由于平面上的边缘原子具有自由价键,所以具有更高的反应活性。石墨的取代化合物是指非碳原子取代了石墨中原有的碳原子形成的化合物。

由于在石墨中,石墨烯层内牢固的 σ 键将碳原子束缚在平面内,而相邻的石墨烯层间则是较弱的 π 键相互作用,因此插层物质可在占据并扩大石墨晶体的层间距的同时,不破坏碳层内部结构。石墨层间的嵌入过程本质上是化学作用或物理作用,碳原子与嵌入物之间相互作用或键合的类型取决于嵌入物的特性。石墨的插层化合物可分为两类:共价插层化合物和离子嵌入化合物。

共价插层化合物主要包括氧化石墨、一氟化碳和一氟化四碳。碳平面内共轭双键的存在有利于这种类似加成反应的键合。由于碳的成键方式从平面内分布(sp^2)变为四面体(sp^3)形式后,会迫使石墨烯层平面扭曲为波浪形,所以这些共价插层化合物的导电性一般很差,缺乏石墨的准金属特性。第二类离子嵌入化合物主要包括石墨盐(例如硝酸石墨、硫酸氢二石墨),石墨-碱金属化合物,石墨-卤素化合物,石墨-卤化物化合物等。值得注意的是,这些化合物中的离子度可能非常低,并非真的是石墨盐。此外,许多插入物在石墨晶格中保留了其分子结构特性,因此这里离子键的性质比离子晶体中的离子键的性质更为复杂。尽管该类化合物的电离程度都很小,不应将其称为真正的"离子",但为便于分类,它们仍然被归类为离子嵌入化合物。

由于石墨通过与嵌入物进行离子键结合,石墨 π 键可以从嵌入物中获得电子或失去电子,从而使费米能级的位置发生改变。换句话说,插层原子可以充当石墨的施主或受主,影响石墨的电子性能,为插层化合物带来独特的性质[40]。相比而言,共价插层化合物受到的关注较少,已知的共价插层化合物仅有氧化石墨(石墨酸)和氟化石墨(一氟化碳和一氟化四碳)。如图 3-10 所示,从对 CO 键拉伸模式和 OH 拉伸模式的表征结果表明,氧化石墨由分散在石墨晶格中的烯醇、酮和环氧基组成。针对这种结构特点,研究者提出了 $C_8O_2(OH)_2$ 这一理想化的经验化学式。氧化石墨是一种绝缘体,其电阻率高达 $10^3 \sim 10^7 \ \Omega \cdot cm$,具体数值取决于氧化石墨中的氧含量[41]。

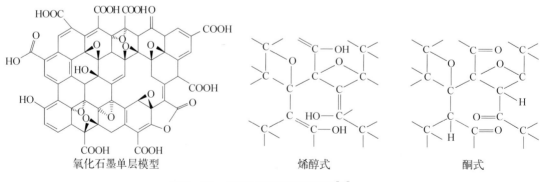

氧化石墨单层模型   烯醇式   酮式

图 3-10   氧化石墨的结构示意图[41]

　　一氟化碳是石墨与氟在高温或高压下直接反应或通过氟辉光放电形成的石墨-氟化合物。红外透射光谱法已证明一氟化碳中存在 C—F 键。$CF_{1.12\pm0.03}$ 的化学计量表明,过量的氟可能导致边缘 CF_2 基的存在,同时氟-19 核磁共振显示没有游离氟或分子氟的存在。多种研究结果表明,一氟化碳由四面体配位的 sp^3 杂化碳原子的褶皱层组成,每个碳原子共价键合到另外三个碳原子和一个氟原子上。X 射线衍射表明一氟化碳层间距为 5.80～6.60 Å。根据此模型,有两种可能的结构:一种由椅式构象的反式环己烷环层组成,另一种由船式构象的顺-反成对稠合的环己烷层组成。X 射线衍射无法区分这两种结构,氟-19 核磁共振的精细谱支持一氟化碳为船构象中由顺式-反式成对稠合环己烷环层组成的结构。与氧化石墨相同,一氟化碳也是电绝缘体[42,43]。图 3-11 为几种石墨一氟化合物的结构。

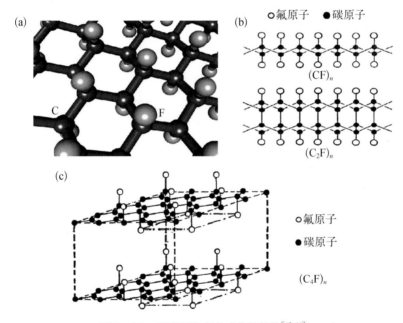

图 3-11　几种石墨-氟化合物的结构[42-44]

　（a）一氟化碳立体结构球棍模型;(b) 两类具有四面体结构的结构侧视图:石墨-氟化合物 $(CF)_n$ = 一氟化碳(石墨一氟化物)、$(C_2F)_n$ = 一氟化二碳(石墨半氟化物);(c) 一氟化四碳的类平面交错结构

　　对于一氟化四碳来说,其组成大约为 C_4F,是由石墨与 F_2 和 HF 在低于 80℃ 的温度下反应制得的。X 射线衍射结果表明,一氟化四碳的结构与一氟化碳的不同之处在于碳平面没有褶皱。这种差异可能是由于一氟化四碳中的 sp^3 共价 C—F 键数量比一氟化碳中的少。一氟化四碳中的碳六边形与纯石墨中的六边形相同,但其碳层堆积方式为 AA 堆积,层间距为 5.29～5.50 Å。在碳骨架上,氟原子以 Zig-Zag 方向为一行,间错两行一组的周

期排列,即如果一行的氟原子向上,则相邻的一行的氟原子向下。一氟化四碳的面内电导率比纯石墨的电导率小约 100 倍,但远高于一氟化碳[44]。

大多数离子型石墨插层化合物具有一定程度的离子或偶极特征。这些化合物可视为碳层和插层物层的周期性堆积。两个插层之间的碳层数定义了化合物的"阶数",随着插层浓度的增加,阶数减少(图 3-12)。阶数可以通过 X 射线衍射和插层等温线进行识别。实验结果表明,这些化合物中的键具有一定的离子特性,可以发生强烈的电子转移。

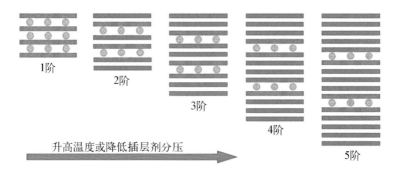

图 3-12   不同阶数的石墨插层化合物的结构示意图
(圆点表示插层剂,线棒表示石墨单层)

这些化合物可以通过插层剂与石墨的自发相互作用或通过电解形成。能自发形成插层化合物的插层剂包括 $BrCl$、Br_2、ICl、IBr、Li、K、Rb、Cs、HNO_3、$FeCl_3$、SbF_5 等,它们可以通过使石墨与插层剂在一定温度下以液态或气态反应数小时或数天来制备,反应温度下此类插层剂的蒸气压足以克服插层的阈值势能。一些插层剂溶解在有机溶剂中后,将石墨浸入该溶液即可制备相应的石墨插层化合物。需要通过电解或氧化还原辅助试剂形成插层化合物的插层物包括 NH_3、H_2F_2、H_3PO_4、H_2SO_4、HNO_3 等。这些化合物可以通过助氧化剂或还原剂与石墨反应,而助氧化剂或还原剂本身不会在所得化合物中结合。在电解池中通常可方便地实现这些反应,例如当使用铂阴极在浓硫酸中阳极电解石墨时,阳极会形成硫酸氢石墨[40]。

石墨盐是石墨与混酸反应形成插层化合物,也被称为"石墨的酸盐",由于其具有较高的电导率,引起了研究者的广泛兴趣。酸插层剂包括硝酸(HNO_3)、硫酸(H_2SO_4)、卤磺酸(HSO_3X)、三氟甲磺酸(CF_3SO_3H)、高氯酸($HClO_4$)、硒酸(H_2SeO_4)等。这些酸通过形成带负电荷的酸基团(NO_3^-、HSO_4^- 等)在石墨晶体中充当电子受体。但是只有一小部分是被电离为阴离子的,其余大部分作为酸分子共插层在石墨晶体中。硝酸石墨和硫酸石墨是该类别中研究最广泛的化合物。硝酸石墨可以通过石墨与硝酸的直接化学相互作用制备,也可以通过电解制备。化学方法分为液相硝化法和气相硝化法两种。液相硝化法是将石墨浸入到由硝酸和五氧化二磷(P_2O_5)混合蒸馏得到的发烟硝酸混合物中。气相硝化法是将石墨暴露于各种分压的硝酸蒸气中。相比而言,气相硝化法比液相硝化法获得的产品质量更高,因为液相硝化法在样品的边缘进行得过快,会导致过多溶剂分子渗透到石墨内部而使其边缘膨胀剥离。在电化学方法中,石墨作为阳极,发烟硝酸作为电解质。硫酸氢石墨可以由 HSO_4^- 离子和 H_2SO_4 分子共插层石墨层制备,也可以通过石墨与浓硫酸和氧化剂作用或通过电解获得。电化学方法制备样品的优势在于可以通过法拉第定律评估嵌入的阴离子数量[40]。

石墨-碱金属化合物属于"离子"插层化合物[40,45]。其可视为一种 n 型掺杂材料,这是由于碱金属插层剂向石墨转移电子。碱金属插层剂包括 Li、Na、K、Rb 和 Cs 单质。除了二元的石墨-碱金属体系外,还有涉及两种不同碱金属的三元体系。目前制备石墨-碱金属的层状化合物的方法主要有三种。第一种方法是在真空容器中将石墨与称量的碱金属一起加热。第二种方法称为双腔室法,即将碱金属和石墨放在两个腔室中,通常分别保持在 250℃ 和 250～600℃,两个腔室之间的温差越大,所得化合物中的插层浓度越低;饱和化合物 C_8X($X = K$、Rb、Cs)可以通过将两个腔室保持在相同温度下获得,阶数为 4、3、2 和 1 的化合物可以在单个石墨样品中连续形成。第三种方法涉及电化学插层,这与锂离子二次电池的原理类似。碱金属(除 Na 以外)插层对石墨电性能的影响总结如下:(1) a 轴和 c 轴的电阻率均降低。(2) 电阻率的各向异性比降低。(3) 在 a 轴和 c 轴上的正电阻率温度系数均增加。(4) 在 a 轴和 c 轴上的热电势符号变化。(5) 随插层浓度的增加而负霍尔系数减小。(6) 在 77～360 K 温度范围内的电导率异常。

石墨-卤化物化合物是石墨与大量卤化物形成插层化合物[19,24],涉及的卤素包括 F、Cl、Br 和 I,其中卤化物充当石墨中的电子受体。研究表明从石墨到卤素嵌入物存在一定程度的电子转移,而嵌入物的高电子亲和力和高极化率有利于这种相互作用的发生。石墨-三氯化铁是目前研究最充分的石墨-金属卤化物化合物,该化合物具有特殊的磁性。目前来说,1 阶到 6 阶的石墨-三氯化铁片状化合物均可以通过实验制备,过程如下:将石墨与无水 $FeCl_3$ 一起加热,将得到的产物冷却后,通过用盐酸洗涤或升华除去过量 $FeCl_3$,改变反应温度即可获得不同阶数的石墨-三氯化铁化合物。

石墨插层化合物在加热时,沿 c 轴的方向会发生明显的膨胀,易于剥落。这是由于石墨中的插层剂易于汽化,膨胀的气体通过石墨层时会造成彼此的剪切。如果加热适度,没有彻底破裂,则该剥离过程是可逆的,冷却后即可恢复;但过度加热会导致不可逆的剥落[46]。不可逆剥落后,含碳片层沿 c 轴方向的伸展将远大于面内方向,因此被形象地称为蠕虫状石墨。在没有黏合剂的情况下压缩蠕虫状石墨,会导致石墨片层之间的机械互锁,形成柔性石墨。柔性石墨片材具有弹性,且化学惰性、耐高温,因此通常用作恶劣环境的垫片材料。此外由于其有较好的导电性和高比表面积(通常为 10~15 m²/g),可以增强高频电磁辐射的反射,这种石墨片材也可以用作电磁干扰屏蔽的垫片材料[47]。

3.2.2 石墨烯材料的理论争议

在石墨烯材料被发现之前,二维材料是否可以通过实验制备一直存在理论争议。首先,在 1950 年到 2000 年的数十年间,科研工作者深入研究了超薄薄膜的制备理论和方法,他们的集体经验证明,连续的单原子层几乎是不可能制备的。在实验方面,Venables 和 Evans 等人分别在 1984 年和 2006 年尝试蒸发几纳米厚的金属膜,实验结果发现得到的金属膜不连续。实验的结果表明,蒸发的金属形成超薄金属膜时会凝结成金属小岛,这种岛状增长的过程是普遍存在的,且受到"表面能最小化"这一热力学性质的驱动。即使采用提供相互作用的外延衬底来对抗表面能,并将其冷却至液氮温度以阻止沉积的原子迁移,也很难找到合适的条件来制备连续的几个原子层厚的薄膜,更不用说单原子层的薄膜了。在理论方面,2002 年 Shenderova 等人的计算结果表明,直到参与计算的碳原子数目增加到6000 个原子,石墨烯都是最不稳定的碳结构。他们进一步把碳原子的数目增加到 24000个,从而得到特征尺寸为 25 nm 左右的片层结构,然而计算的结果仍然表明,相比于二维结构,三维结构在能量上更加有利。2004 年,Braga 等人基于弯曲和表面能的竞争性贡献来考虑,也得到了相同的结果。

其次,Landau - Peierls 的论证表明,如果没有可以提供额外原子键合的外延衬底,就无法孤立地生长二维晶体。该论证表明三维空间中二维晶体的热涨落密度随温度发生变化。晶体生长通常需要较高的温度,以使原子变得能够自由移动,这也意味着晶格较软,即具有较小剪切刚度。这两个条件的组合对二维原子晶体的最小准许尺寸 L 设置了限制,L可以按照以下公式估算:$L = a \times \exp(E/k\,T_G)$,其中 a 是二维晶格间距(约为 1 Å),E 是原子键能(约为 1 eV),T_G 则是生长温度。将这种考虑应用于室温的石墨烯的尺寸估算,将会产生天文数字级别的尺寸。kT_G 通常与键能相当,这使得在低得多的温度时晶格振动到无序状态了,也就意味着晶体材料分解了。因此,原则上自组装可允许石墨烯在室温生长,但仅适用于纳米尺寸的石墨烯片。

最后,从理论上讲石墨烯在自然环境条件下很难保持稳定。材料的表面可以与空气和水蒸气发生反应,而单层石墨烯不只有一个表面,而是两个表面,由于量子尺寸效应,其反应活性更高。例如,金虽然是自然界中最惰性的材料之一,但是即使对于金,也难以避免其近表层在空气中被部分氧化。因此石墨烯的制备可能需要使用超高真空设备,低至液氮温度,才能保持表面稳定并远离反应性物种。综合以上考量,单原子层厚度的石墨烯在传统理论上是难以存在的。

尽管如此,一些低维体系的理论发展带来了研究石墨烯能否稳定存在的曙光,主要包括以下三点:

其一,大部分的理论计算是在"完全真空"的模拟条件下,孤立计算石墨烯结构的形成能,就忽略了实际上可以有基底支撑的范德瓦耳斯力,也忽略了裸露表面吸附分子降低表面能的作用。

其二,热涨落造成的振动可以靠广泛扭曲、拉伸化学键的方式耗散,而低维体系解除三维限制后键长和键角是有较大自由度的,结构并非保持严格的二维平面,而是像风吹过的水面一样布满涟漪——这些轻微的局部起伏使得能量耗散和二维结构稳定化。

其三,在动力学稳定性方面,石墨烯不一定非要从碳原子或团簇的自由组合来自下而上地合成。如果将石墨烯从基底上剥离或释放出来,同时该自上而下的过程在室温下进行,那么能垒将保持足够高。尽管这个自上而下的解离过程在能量上是不利的,但它允许石墨烯的原子平面以隔离的、无卷曲的形式持续存在而不依赖基底支撑。同时,无悬挂键的饱和成键单原子层对化学反应惰性,还可以通过电荷转移形成密集而有力的强表面吸附,进而获得动力学和热力学的双稳定性。

因此,单原子层厚度的石墨烯在理论上是可能稳定存在的。

3.2.3　石墨烯材料的实验端倪

3.2.3.1　石墨烯的材料研究基础

如果将垂直电场施加到半导体上,内部载流子将被提取到表面,同时半导体表面附近的电荷载流子的密度会发生变化,这种类似于水阀的操纵方式就是现代半导体电子技术的工作方式——电场效应(electric field effect,EFE)。为什么在半导体器件中,半导体(如硅等)无法被金属取代呢?这是因为电介质在约 1 V/nm 或更弱的电场中方能稳定工作,不被击穿,但只有远高于此的电场强度才足以使金属表面上的载流子浓度(约为 10^{14} cm^{-2})发生变化。典型的金属材料的自由电子密度为 10^{23} cm^{-3},即使对于仅仅 1 nm 厚的连续膜,这一电场强度也只能产生载流子浓度和电导率仅仅 1% 的相对变化。

一直以来,研究者渴望检测金属中的电场效应。早在 1902 年,电子的发现者汤姆孙建议查尔斯·莫特寻找金属薄膜中的 EFE,但并没有获得理想的结果。1906 年,Bose 等人首次报道了尝试测量金属中的 EFE。除了普通的金属,人们还可以想到带有较少载流子的半金属,例如铋、石墨或锑等。1991 年,Petrashov 等人使用了 Bi 薄膜($n \approx 10^{18}$ cm^{-3}),但观察到它们的电导率只有很小的变化。除此之外还有其他候选的导电材料,尤其是超导体的超薄薄膜。在这些薄膜中,电场效应可以在超导相变点附近得到放大,但这只能在很低的温度下实现。此外超导体的单晶并不容易获得,其组分结构还异常复杂。

碳纳米管是 20 世纪 90 年代末和 21 世纪初的后起之秀,不同结构的碳纳米管具有不同的"手性",而不同的手性卷曲矢量对应的碳管可以是金属性的或是半导体性的。虽然当时很多杰出的结果证明在碳管中很容易实现 EFE,但是碳管手性分离、器件加工和结构表征在 2000 年前是件相对困难的事情。

1981 年,Mildred Dresselhaus 对插层石墨化合物发表了专门的评述文章。文章指出,即使经过几十年的研究,石墨仍然是一种充满疑团、未被理解透彻材料,特别是在电子特性方面[40]。21 世纪初,Pablo Esquinazi 和 Yakov Kopelevich 等人报道了在古老的石墨材料中,观测到了铁磁性、超导类似磁性质和金属-绝缘体的转变等一系列新颖性质。他们对高度取向热解石墨(HOPG)进行了磁阻测量,惊人地发现从 2 K 一直到 800 K,HOPG 在很宽的温度范围内都显示出铁磁状和超导状磁滞回线。特别是,由于边缘状态的存在,理论上已经预测了碳纳米管的铁磁和超导相关性,以及纳米石墨碎片中的亚铁磁性的可能存在,获得的结果排除了铁杂质的可能影响。对 HOPG 施加平行($H \perp c$)或垂直于石墨基面($H // c$)取向的磁场后,测量了石墨的垂直基面方向的电阻率 ρ_c 和面内电阻率 ρ_a。结果表明,在平行于 c 轴施加约 0.1 T 的磁场后,石墨在垂直方向和面内方向均表现出类似于磁场驱动的金属-绝缘体转变(MIT);而在磁场平行于石墨基面时并无 MIT 转变。这一结果表明,理想石墨样品中自由电子系统具有二维性。而取向无序的样品中,缺陷使得层之间有更好的耦合,因此显示出三维的电学行为和相干的层间输运,从而产生了局部超导性和铁磁性的态密度局部增强的可能[59,60]。石墨样品相对容易获得、晶体结构清晰,而且这些现象可以在室温下被观测到,这都给了石墨烯材料的发现者 A. K. Geim 等人从石墨材料入手研究的信心和决心。

3.2.3.2 石墨烯的首次发现

从理论上讲,在 1947 年 Phil Wallace 首次计算石墨的能带结构之前,单层石墨也就是石墨烯的概念就已经存在了。1984 年 Gordon Semenoff 和 1988 年 Duncan Haldane 等人都意识到石墨烯可以为(2+1)维量子电动力学(quantum electrodynamics,QED)提供很好的凝聚态模拟,从那时起,石墨烯材料就成为解决 QED 各种问题的工具模型。在研究碳纳米管电子性能的过程中,许多理论都与石墨烯紧密相关。Tsuneya Ando 和 Mildred Dresselhaus 等人都在石墨烯相关内容上进行了大量重要的理论研究。

回顾石墨烯的发现史,要追溯到十九世纪。1859 年,英国化学家 Benjamin Brodie 利用石墨与强酸和氧化剂的反应,获得了所谓的"石墨酸"溶液[图 3-13(a)]。Brodie 认为他发现了"石墨酸"——一种新型的含碳化合物,分子量为 33。如今我们知道,其实他观察到的是氧化石墨烯微小片层的悬浮液,即覆盖有羧基、羟基和环氧基等官能团的石墨烯片。直至今天,人们仍然在使用类似方法获得氧化石墨烯。20 世纪,许多文献报道了氧化石墨烯的叠层结构,但是石墨烯发现史上的下一个关键步骤是证明这种"石墨酸"是由单原子层组成的[48]。1948 年,G. Ruess 和 F. Vogt 利用透射电子显微镜(transmission electron microscopy,TEM),观察到了厚度仅为几纳米的皱褶薄片。这些研究由 Ulrich Hofmann 课题组继续进行。1962 年,他和 Hanns‑Peter Boehm 在研究还原氧化石墨的最薄片层过程中,将其中一些鉴别为单层结构[图 3‑13(b)][49]。

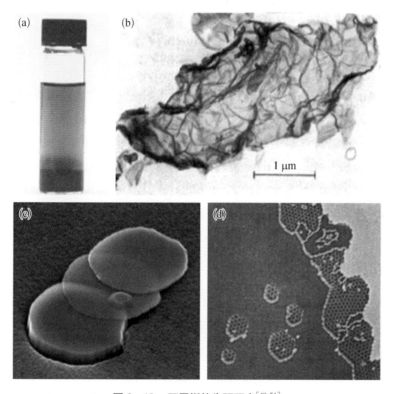

图 3‑13   石墨烯的先驱研究[48-51]

(a) 氧化石墨烯分散液,如同 160 多年前 Brodie 所见,容器底部的氧化石墨部分溶于水中后,形成黄色悬浮的氧化石墨烯薄片悬浮液;(b) 1960 年代初获得的疑似单层超薄石墨片(石墨烯)的 TEM 图像;(c) 通过剥离产生的石墨超薄片的 SEM 图像;(d) 在 Pt 上生长的石墨烯的 STM 图像,图像尺寸为 100 nm × 100 nm,表面六角结构的周期约为 22 Å,是由于石墨烯与金属基板的相互作用而出现的摩尔图样

这些前期的探索性工作直到 2000 年后才逐渐引起重视。石墨烯在 1962 年 TEM 观察的论文发表 40 年后,人们可在 TEM 图像中通过计数边缘的折叠线的数量来准确界定层数。尽管 TEM 界定的标准有所变化,但学术界一致认可,Boehm‑Hofmann 的工作应该是对石墨烯单层的首次观察,悬浮物中存在单层是毫无疑问的。此外,Boehm 等人在 1986

年首次引入了石墨烯(graphene)一词,该词为"石墨"(graphite)和多环芳烃后缀(‑ene)的组合。

除 TEM 观察外,2004 年前的石墨烯先驱研究的另一个重要方面是石墨烯的外延生长。研究者们很早就已经观察到,在金属基底、绝缘碳化物表面都可实现超薄的石墨膜甚至是单层膜的生长[图 3‑13(d)][50]。最早的论文可以追溯到 1970 年,当时 John Grant 报告了有关 Ru 和 Rh 金属上生长的石墨超薄膜,以及 Blakely 等有关 Ni 金属表面生长石墨烯的报道。van Bommel 等人于 1975 年首次证明了在绝缘基板(SiC)上的石墨烯外延生长,而 Chuhei Oshima 发现了其他允许石墨烯生长的碳化物(如 TiC)。通常使用表面科学技术对生长的薄膜进行分析,比如扫描隧道显微镜(scanning tunneling microscope,STM)经常用于选区可视化和局域原位分析,但是这些技术非常依赖取样位置,因此对于薄膜的连续性和薄膜质量却很难表征和保证。

较早的尝试中,人们也试图通过机械剥离的方法来获得石墨的超薄膜,这与 A. K. Geim 等人在 2004 年所做的"透明胶带剥离"类似。1990 年,Heinrich Kurz 小组报告了"用透明胶带(Scorch)剥离光学薄层",然后用于研究石墨中的载流子动力学。1995 年,Thomas Ebbesen 和 Hidefumi Hiura 描述了在 HOPG 之上通过原子力显微镜(atomic force microscope,AFM)可以观察到几纳米厚的"折纸"。同样,Rodney Ruoff 和 Reginald Little 在 1999 年前就开始尝试剥离石墨,并且提到了获得孤立的单分子膜的意图,他们小组的论文报告了"HOPG 板的薄剥离片层",即在扫描隧道显微镜(SEM)中拍摄到了超薄"透明"石墨片[图 3‑13(c)][51]。2003 年,Yang Gan 小组通过 STM 进行了精细的 HOPG 剥离获得了单层石墨烯[52]。

同样是在 2000 年左右,一些课题组对石墨超薄膜的电学性质进行了研究。1997 年至 2000 年之间,Yoshiko Ohashi 成功地劈开了厚度约 20 nm(约 60 层)的石墨晶体,研究了其电学特性,观察到 Shubnikov-de Haas(SdH)振荡,并且非常明显地看到电场效应导致高达 8% 的电阻率变化。此外,Ebbesen 的研究小组成功地制备了厚度小于 60 层、横向尺寸为微米级的石墨盘,并测量了它们的电学性能。与此同时,石墨烯在电子领域的应用前景也被人提出。早在 1970 年,Hans‑Joachim Teuschler 就获得了一项专利,该专利设想了使用"热解石墨"代替 Si 的场效应晶体管。1995 年,Thomas Ebbesen 和 Hidefumi Hiura 设想了由 TiC 外延生长的石墨烯制成的纳米器件,并将其应用到石墨烯基纳米电子技术的可能性。

如图 3‑14 所示,2004 年,A. K. Geim 小组报道了利用 Scotch 透明胶带反复剥离层状石墨的方法,获得了最薄为 2~3 层的石墨烯,并测量了 3 nm 厚度的薄膜的电学性质[53]。之后,另外三个小组的论文也陆续发表。首先发表的是 Walt de Heer 小组的论文。他们报道了在 SiC 上外延生长三层石墨烯薄膜,并进行了电学性质的测量。实验结果表明,石墨薄膜样品具有高达约 1000 cm²/(V·s)的迁移率,并出现了新奇的 SdH 振荡。通过改变液氮温度下的栅极电压,样品可以实现约 2% 的电阻率变化,尽管与 2004 年 A. K. Geim 等人的报告相比变化很小,EFE 也不明显,但值得指出的是,Walt de Heer 等人提出了构建基于石墨烯的大规模纳米电子器件的想法,这对后来的石墨烯晶圆基的集成电路具有重要的启示意义[54]。

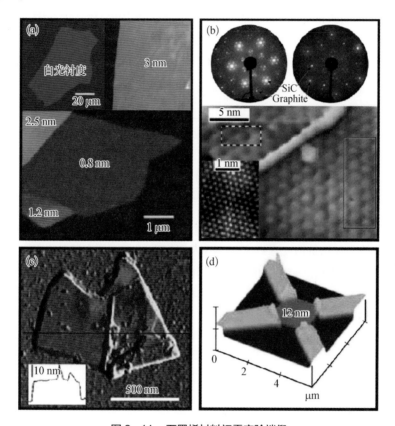

图 3-14　石墨烯材料初露实验端倪

　(a) 2004 年 A. K. Geim 小组的工作,获得了最薄为 2～3 层的石墨烯,并测量了 3 nm 厚度的薄膜的电学性质;(b) 2004 年 Walt de Heer 小组的工作,获得了碳化硅晶圆上外延的疑似单层石墨烯,获得了衍射数据、STM 成像,并测量了电学性质;(c) 2005 年 Paul McEuen 小组的工作,获得了最薄约 10 层的石墨烯,测量了 10 nm 厚度的薄膜的电学性质;(d) 2005 年 Philip Kim 小组的工作,通过使用"纳米铅笔"进行机械剥离获得最薄约 35 层的石墨烯,测量了 12 nm 厚度的薄膜的电学性质

　随后,Paul McEuen 小组发文指出,他们通过超声波来裂解石墨,并利用原子力显微镜观察获得的碎片。实验结果表明碎片的厚度可低至约 10 层石墨烯,比 2004 年之前研究的任何其他孤立的石墨超薄膜都要薄。电学测量显示,迁移率高达约 2000 cm²/(V·s)。但遗憾的是该论文没有实现 EFE 的观测,可能是因为这些样品具有较高的接触电阻,也正因为如此它们表现出明显的库仑阻塞振荡。2005 年之后,该小组主要继续研究碳纳米管,也

报道一些关于石墨烯新奇物性的研究结果,例如,他们观察到单层石墨烯不能渗透包括氦在内的各种气体[55]。

接下来发表的是 Philip Kim 小组的论文。实际上,该论文是在 2004 年 8 月提交的,早于其他两个小组,但在将近一年后才见刊。这篇论文通过使用"纳米铅笔"进行机械剥离的方法获了低至约 35 层超薄石墨片,并研究了其电学性质。他们的器件表现出很高的迁移率,尽管电场效应仍然相对较小,但在强磁场中可能达到 10%,该文中 SdH 振荡的测量和分析方法与 A. K. Geim 等人的方法类似。Philip Kim 小组在采用 Scotch 胶带技术后,于 2005 年初开始研究单层石墨烯,并在 2005 年中,Philip Kim 小组与 A. K. Geim 小组同时在 Nature 上发表背靠背论文,各自独立报道了在单层石墨烯中狄拉克费米子的重要发现[56],这是石墨烯发现史上里程碑式的工作。

自从 X 射线晶体学问世以来,石墨的层状结构就为人所知,研究人员已经意识到石墨是由弱相互作用力结合的石墨烯平面构成的厚板材,并利用该特性制备出了各种插层石墨化合物[57-60]。就像我们所熟知的,石墨还可以作为铅笔,用于绘制图纸,如今我们已经知道,只要在光学显微镜中仔细搜索,就可以在每条铅笔的笔迹中找到孤立的单层石墨烯。可以说,多个世纪以来,石墨烯一直存在于我们的眼前,但人们在 2004 年前从未真正认识到它的独特性质和理论价值。直到 2004 年,人们实现了真正意义的从 0 到 1 的历史性突破,获得了稳定存在少层乃至单层的石墨烯,并开始发现二维材料所蕴含的一些激动人心的量子效应和物理规律,从而全面开启了石墨烯等二维材料的研究序幕。

3.3　石墨烯的结构与性质

3.3.1　石墨烯的结构

在石墨烯诞生之前,研究者普遍认为单层的二维连续薄膜是不可能制备出来的。Landau 和 Peirels 曾经预测,严格的二维晶体在热力学上是不稳定的,在有限温度下并不存在。同时,理论模拟也表明了石墨烯二维平面结构的结构不稳定性,在表面能作用下容易发生卷曲和弯折。2004 年,英国曼彻斯特大学的 Geim 和 Novoselov 等人在首次通过机械剥离法成功制备出来了少层乃至单层的石墨烯薄膜,引起了科学界的轰动,开创了石墨烯的时代,同时也掀起了其他二维材料的研究热潮[61]。这些二维材料在早期大部分是通过简单的机械剥离制备得到的,因此本节也将详细介绍机械剥离法。

3.3.1.1　机械剥离法

石墨烯的发现具有一定的偶然性和必然性。开始时为了制备薄层石墨,Geim 课题组使用抛光机打磨比较易得的高密度热解石墨,但得到的石墨片仍然太厚,厚度在 10 μm 左右,不满足实验测试的要求。随后他们借鉴扫描隧道显微镜(STM)专家的实验经验,采用 Scotch 透明胶带剥离高定向热裂解石墨(HOPG)。其中,HOPG 是 STM 测试中常用的标准样品,比之前使用的高密度热解石墨更容易剥离。将透明胶带粘在 HOPG 上,可以从 HOPG 表面撕出一层薄薄的石墨片[图 3-15(a)],其厚度比抛光打磨得到的石墨片要薄很多。

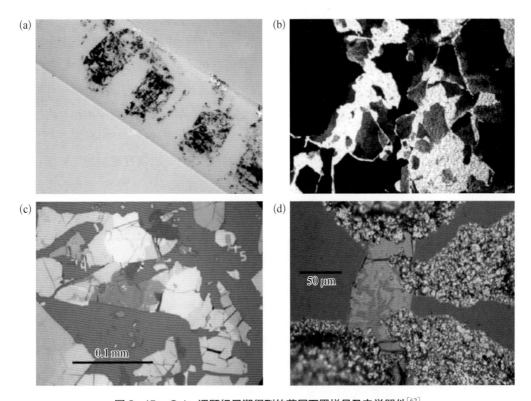

图 3-15　Geim 课题组早期得到的薄层石墨样品及电学器件[62]

(a) 用胶带从 HOPG 上撕下来的薄层石墨片;(b) 光学显微镜下,部分薄层石墨是透明的;(c) 在含有氧化层的硅片上,(b) 中原来透明的薄层石墨变成蓝色;(d) 最早的薄层石墨电学器件

　　随后 Geim 和 Novoselov 等人对剥离得到薄层石墨的电学性质进行初步测试。最开始他们用镊子将薄层石墨转移到玻璃片上,此时薄层石墨片在光学显微镜下是透明的。当他们把薄层石墨转移到含有氧化层的硅片上时,意外之喜出现了,原来透明的薄层石墨在硅片上发生光的干涉变成了蓝色[图 3-15(b)(c)]。这个现象为他们提供了一种非常直观的方式来判断哪些石墨片层是薄的,从而有利于在薄层石墨上定点精确制备电学器件[图 3-15(d)]。在测试过程中,他们意识到薄层石墨的导电性很好,接触电阻也很小。进一步施加电压后,他们发现 20 nm 厚度的薄层石墨片就已经展现出了场效应特性。此时,Geim 就已经意识到薄层石墨的电学性质研究大有可为,那如果把薄层石墨的厚度做到单

原子层,又有什么惊人的电学特性呢?

于是 Geim 和 Novoselov 朝着原子层厚度石墨烯的制备和电学性质研究不断深入努力。经过几个月的摸索,他们进一步完善了机械剥离法来稳定制备少层乃至单层的石墨烯。首先他们利用氧气等离子体在 1 mm 厚的 HOPG 上刻蚀出 5 μm 高度的平台结构,平台的宽度介于 20 μm 和 2 mm 之间。然后在玻璃片上旋涂一层 1 μm 厚的光刻胶,并将 HOPG 含有平台结构的一面迅速贴在光刻胶上。加热固化光刻胶后,HOPG 上的平台便粘在光刻胶上,并且有利于 HOPG 的其他部分与平台分离。接着用胶带不断把平台上的石墨撕下来,残留的石墨烯薄片便留在光刻胶中。用有机溶剂丙酮溶解光刻胶后,石墨烯薄片被释放在丙酮中。此时用含有 300 nm 的氧化层的硅片浸入丙酮中,在范德瓦耳斯力和毛细作用力下,部分石墨烯薄片会牢牢地吸附在硅片上。用大量的去离子水和异丙醇洗涤后,便能够利用光学显微镜、原子力显微镜(AFM)和扫描隧道显微镜(SEM)在硅片上找到少层[图 3 - 16(a)(b)]和单层[图 3 - 16(c)]的石墨烯,并且可以通过微纳加工技术在石墨烯上制备场效应晶体管,用这种方法他们首次测量了石墨烯的电学性质,发现石墨烯的零带隙和高迁移率等特性。

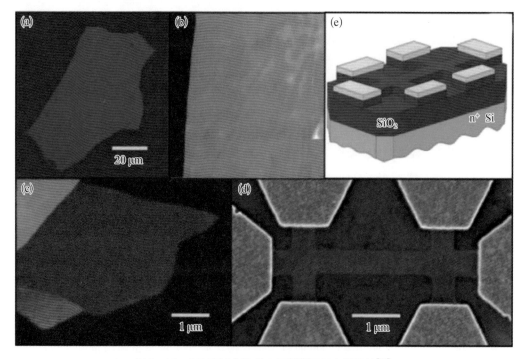

图 3 - 16   机械剥离制备的石墨烯样品及电学器件[61]

(a) 硅片上 3 nm 左右的少层石墨烯样品的光学照片;(b) 少层石墨烯边缘的 AFM 表征;(c) 硅片上单层石墨烯的 AFM 照片;(d) 利用少层石墨烯制备得到的电学器件的 SEM 表征;(e) 石墨烯电学器件的结构示意图

进一步地,Geim 和 Novoselov 等人将原子层厚度薄膜的制备扩展到其他二维材料上[63]。他们利用"粉笔在黑板上摩擦"的原理,将块体层状材料蹭到含有氧化层的硅片表面,于是便在硅片上留下了薄层材料。令人兴奋的是,尽管数量不多,但在硅片上总能找到单层的二维材料。基于这种方法,他们成功制备了稳定存在的单层和少层的石墨烯、BN、MoS_2、$NbSe_2$ 和 $Bi_2Sr_2CaCu_2O_x$。

3.3.1.2　石墨烯的表征方法

在石墨烯的发现和制备过程中,可靠的表征手段起了重要的作用。为了更好地探究石墨烯的结构和性质,石墨烯的表征手段是必不可少的。随着表征技术的不断进步,石墨烯的表征手段也层出不穷,极大地推动了石墨烯的研究进程。下面将介绍几种典型的石墨烯表征技术。

(1) 光学显微技术

石墨烯的发现与光学表征密切相关。石墨烯畴区尺寸通常在微米以上,远大于光学显微镜的分辨极限(几百纳米);并且石墨烯与含氧化硅层的硅片之间会发生干涉效应,在硅片上显示出特定的颜色和对比度,使得人们能够在硅片上直观地辨识薄层石墨烯。正因如此,光学显微镜成为石墨烯研究中最为简便有效的表征手段。

这里需要提及的是,在无氧化硅层的硅片基底上,用光学显微镜是无法直接观测到石墨烯的。因此氧化硅层需要有一定的厚度,所选择的入射光的波长也需适当,才能满足干涉效应而导致颜色变化。已有研究通过菲涅耳(Fresnel)公式推算得到:适合在硅片上观测石墨烯的氧化硅层最佳厚度为 90 nm 或 285 nm,其最大衬度对应的入射光波长分别为 500 nm 附近的蓝光和 580 nm 附近的绿光[64,65]。此外,不同厚度的石墨烯片层在硅片上具有不同的颜色和衬度[66],使得人们能够利用光学显微镜直接区分石墨烯的层数[图 3-17(a)]。

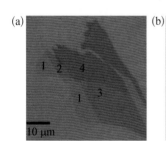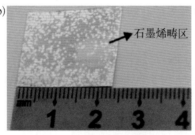

图 3-17　硅片和铜箔基底上石墨烯的光学显微观察[66,67]

(a) 硅片上不同层数石墨烯的光学照片;(b)(c) 不同放大倍数下铜箔基底上石墨烯的光学照片

除了在含氧化层的硅片基底上能够直接观测石墨烯之外,在铜箔金属基底上也可以通过光学显微镜直接表征石墨烯。将铜箔上的石墨烯在空气中高温加热一段时间,裸露的铜箔和空气中的氧气逐渐发生反应,生成红色的氧化亚铜;而铜箔上覆盖石墨烯的区域因为石墨烯隔绝了空气,则不会发生氧化,从而在光学显微镜下表现出明显的颜色变化。如图3-17(b)(c)所示,铜箔上的石墨烯大单晶可在光学显微镜下直接显影,其畴区大小达毫米级别[67]。这种方法可以快速判断金属基底上石墨烯是否存在及测量石墨烯的畴区大小。

(2)扫描探针显微技术

常用的扫描探针显微技术主要包括原子力显微镜(AFM)、扫描隧道显微镜(STM)和开尔文扫描探针显微镜(kelvin probe force microscopy,KPFM)等,可以得到石墨烯表面结构、电子态和功函等信息。下面将对石墨烯的AFM和STM表征技术展开介绍。

AFM是石墨烯重要的表征手段,可以在纳米尺度下对石墨烯的表面进行三维分析,从而得到石墨烯表面微观结构、层数、高度起伏等相关信息。其工作原理是通过尖锐的探针(针尖曲率半径可小于10 nm)扫描样品表面,探测并记录针尖与样品表面的相互作用力来实现样品的三维分析。选择不同类型的扫描管,AFM的成像扫描范围可为90 $\mu m \times$ 90 μm,纵向分辨率可达23 pm,因此AFM成像对石墨烯的形貌表征非常方便,并能精确测量其厚度信息。大部分实验得到的氧化硅基底表面的单层石墨烯样品的高度约为0.6 nm,考虑到基底和样品的间距和粗糙度,与理论值(0.34 nm)吻合较好,双层石墨烯的高度大约为1.2 nm。同时,通过AFM三维成像可以得到石墨烯三维结构图,并能够探测到石墨烯表面的褶皱和污染物等微观结构,有利于评估石墨烯的平整度和表面洁净度。

在测量过程中,基底的表面粗糙度会引起石墨烯的高度起伏变化[68]。如图3-18所示,二氧化硅基底本身比较粗糙,显示出168 pm的起伏;在二氧化硅基底上转移一层石墨烯后,石墨烯的高度起伏为154 pm,粗糙度略有降低,这表明石墨烯倾向于复制基底粗糙的表面形貌。而对于原子级平整的云母基底来说,云母本身的高度起伏只有34.3 pm,云母上的石墨烯高度变化也仅有24.1 pm,接近AFM的纵向分辨率(23 pm),说明在原子级平整的云母基底上,所观测到的石墨烯的起伏主要来自背景噪声。同时也表明基底本身的粗

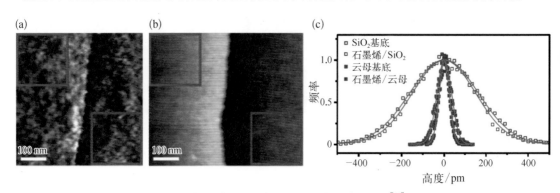

图3-18 氧化硅和云母基底上石墨烯粗糙度的对比[68]

(a)氧化硅基底上石墨烯边缘的AFM图;(b)新鲜剥离的云母基底上石墨烯边缘的AFM图;(c)石墨烯在氧化硅和云母基底上的高度统计

糙度对石墨烯的高度起伏影响很大,这有助于理解粗糙表面对石墨烯电学性质的限制,也为后续设计石墨烯器件提供了新思路。

STM 是在 20 世纪 80 年代由 Gerd Binning 和 Heinrich Rohrer 发明的,二人也因此获得 1986 年的诺贝尔奖。其工作原理是在金属针尖和样品之间施加电压,其中金属针尖作为一端电极,针尖的尖锐程度可达原子级别,而样品为另一电极。当针尖和样品的距离足够小时,便会产生隧穿电流[图 3-19(a)]。电流的大小对针尖样品之间的距离十分敏感,当针尖在样品表面扫描时,样品表面即使有原子尺度上的起伏,也会引起隧穿电流的急剧变化,从而能够利用电流信号得到样品表面的高分辨信息。这里需要提及的是,STM 得到的是样品表面的电子结构,而不是直接得到样品表面的原子排布;由于针尖的电子态也会影响成像结果,因此也需要考虑针尖的影响。

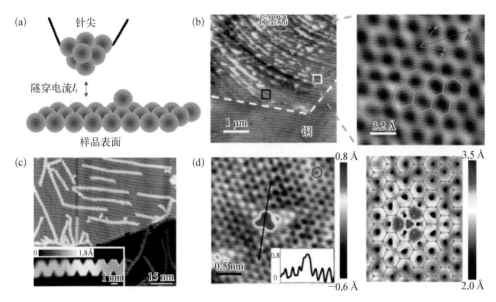

图 3-19　石墨烯的 STM 高分辨表征[69-71]

(a) STM 工作原理示意图;(b) 铜基底上石墨烯的 STM 表征;(c) Au(111) 表面的石墨烯纳米带,内嵌图:高分辨石墨烯纳米带 STM 表征及对应的结构模型;(d) 氮掺杂石墨烯的 STM 表征及结构模拟图

在发现石墨烯之前,人们就已经在 HOPG 表面进行了近二十年的 STM 研究,所以将 STM 直接用于石墨烯的高分辨表征正好水到渠成。由于 STM 的样品需要导电,利用化学气相沉积法(CVD)在金属基底上制备的石墨烯薄膜很适合用于 STM 表征。图 3-19(b)为典型的铜基底上生长的石墨烯 STM 形貌图[69],局部区域的原子级分辨图可以清晰地看到石墨烯晶格结构呈六角蜂窝状排布,并且能够直观分辨出晶格里的单个碳原子。基于此,石墨烯纳米带的边缘结构也可以用 STM 进行高分辨表征。如图 3-19(c)所示,通过自下而上的策略合成一维石墨烯纳米带,并分散在 Au(111) 晶面上,利用 STM 能够清晰地分辨出石墨烯纳

米带的原子结构,其结果与密度泛函理论模拟的原子结构模型相吻合[70]。此外,石墨烯晶格中的杂原子会引起石墨烯表面电子态密度发生变化,因此可以利用 STM 揭示石墨烯晶格中杂原子分布[图 3-19(d)][71]。此外,得益于 STM 的原子级分辨率和原位实时成像技术,研究人员原位观测到了石墨烯 CVD 生长过程中金属单原子的催化行为。在 Ni(111)金属基底上,Ni 单原子会结合在石墨烯边缘的 kink 位点,并参与到石墨烯的生长过程中。Ni 单原子的吸附有效降低了反应能垒,并驱动碳原子不断结合在石墨烯的边缘,从而加速了石墨烯的生长[72]。

另一方面,STM 不仅能够对样品表面电子结构进行成像,还可以得到扫描隧道谱(sequence-tagged site,STS),由此能够得到样品的能带结构信息。例如利用 STS 发现石墨烯的电子会和氧化硅的声子发生一定程度的耦合,由此限制了氧化硅基底上石墨烯的电学性能;而将石墨烯样品转移到氮化硼基底上,电子和声子的耦合则大大降低,所以以将石墨烯封装在两层氮化硼之间可以明显提高石墨烯的迁移率。STM 表征的难点在于,它对样品具有较为苛刻的要求,除了需要样品导电之外,样品表面应尽量平整干净;测试条件往往是超高真空,测试周期很长,而且不支持定点寻找样品的位置,因此往往需要结合其他表征手段(如扫描电镜、透射电镜等)综合揭示样品的结构等信息。

(3) 电子显微技术

电子显微成像基于电子与物质的相互作用,相比于光学成像,电子的波长更短,使得电子显微镜能够达到的极限分辨率更高,常用于表征材料的精细结构,是石墨烯表征的重要手段。常用的电子显微技术主要包括扫描电子显微镜(SEM)和透射电子显微镜(TEM)。

SEM 的成像原理是利用电子与样品表面作用产生二次电子,通过收集二次电子对样品表面进行成像,成像的对比度由样品表面单位面积内所产生的二次电子的数目决定。SEM 具有高分辨、高倍率、大景深等优点,常用于表征石墨烯的表面形貌、畴区大小、层数、成核密度和覆盖率等信息。如图 3-20(a)所示,在铜箔基底上,石墨烯薄膜的覆盖率为 100%,其表面存在一些褶皱结构(白色箭头)和双层小核(蓝色圆环区域)。由于铜基底会比石墨烯散射更多的二次电子,导致铜在 SEM 图中更亮。因此,石墨烯层数越厚的区域越暗,石墨烯层数越少的区域往往越亮。基于此,SEM 还可以用来判断石墨烯的取向,在 Cu(111)单晶基底上,石墨烯晶粒为六边形,并且取向基本一致,从而可以实现石墨烯晶粒与晶粒之间的无缝拼接[图 3-20(b)]。

TEM 的成像原理是利用高能电子束经磁透镜会聚到待测样品上,电子束与样品中的原子发生相互作用,造成电子束发生透射和散射(偏离原来的传播方向),通过收集这些有用的电子信号能够得到样品内部的原子结构、化学组成和电子结构等信息。目前,TEM 的空间分辨率可达到原子级分辨,并且可以原位观察样品的物理化学变化过程。TEM 成像过程中,由于电子束需要透过样品,因此往往要求样品的厚度小于 100 nm。原子级厚度的石墨烯显然满足这个要求,可以直接用于 TEM 表征。

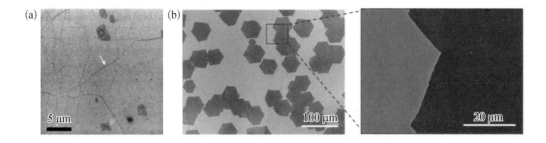

图 3-20 石墨烯的 SEM 表征

(a) 铜箔上石墨烯薄膜的 SEM 图;(b) Cu(111)上石墨烯孤立畴区的 SEM 图

TEM 用于石墨烯研究时,能够获取石墨烯的表面形貌、层数、原子结构、晶粒大小、缺陷和堆垛方式等信息。如图 3-21(a)所示,石墨烯片层的轮廓在电镜下清晰可见,石墨烯的边缘在转移过程中容易发生"卷边",导致石墨烯轮廓的颜色更深[73]。基于此,研究人员通过观察石墨烯的卷边数目来确定石墨烯的层数。图 3-21(b)显示了高倍下石墨烯边缘的结构图,边缘的每一条"黑线"便揭示了一层石墨烯的存在,由此不难发现左边是单层石墨烯,右边是双层石墨烯[73]。

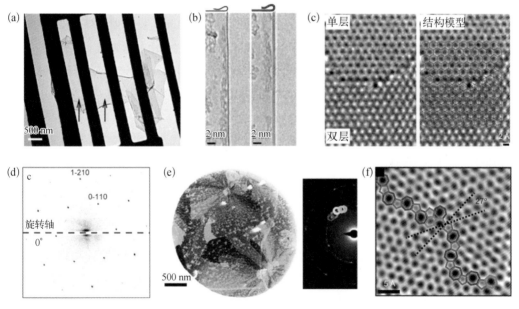

图 3-21 石墨烯的 TEM 高分辨表征[73-75]

(a) 石墨烯低倍 TEM 照片;(b) 单层石墨烯(左)和双层石墨烯(右)的侧面轮廓图;(c) 单层石墨烯和双层石墨烯的原子级分辨 TEM 表征(左)及对应的结构模型图(右);(d) 单层石墨烯的选区电子衍射图;(e) 多晶石墨烯的暗场 TEM 图(左),不同的颜色代表一个畴区,及多晶石墨烯的选区电子衍射图(右);(f) 石墨烯晶界的原子级分辨结构图

　　此外,石墨烯的表面会有不连续的碳氢污染物的吸附,在 TEM 图片中会引起较深的衬度[图 3-21(b)],因此也可以利用 TEM 表征石墨烯的表面洁净度。表面污染物的存在会影响石墨烯的高分辨成像,要想获取石墨烯的晶格像乃至原子像,需要尽量将石墨烯表面处理干净。考虑到石墨烯由轻元素碳组成,高倍下高能电子束会损伤石墨烯,因此石墨烯高分辨成像时的加速电压应不高于 80 keV,并且需要再借助球差校正才能实现石墨烯的原子级分辨成像。在图 3-21(c)中,上半部分为单层石墨烯的原子像,石墨烯晶格的蜂巢结构和单个碳原子清晰可见;下半部分是双层石墨烯的原子级分辨成像,由于上下两层石墨烯的相互堆叠,双层石墨烯的 TEM 图片往往会出现"摩尔条纹"[74]。从结构模型可以看出,双层石墨烯的上下两层之间为 AB 堆垛(转角为 0°)。

　　除了成像表征,TEM 结合选区电子衍射分析,能提供石墨烯的晶体结构、层数、堆垛方式等信息。图 3-21(d)展现的是单层石墨烯单晶的选区电子衍射图,单层石墨烯一级衍射斑(0-110)的强度高于二级衍射斑(1-210)的强度。而对于双层石墨烯,AB 堆垛双层石墨烯的一级衍射斑的强度则低于二级衍射斑的强度,扭转双层石墨烯(石墨烯双层间旋转角不为 0°)则具有两套衍射图案,两套衍射点之间的夹角即为扭转双层石墨烯的扭转角度。利用暗场 TEM 成像和选取电子衍射可以得到石墨烯畴区大小的信息。在图 3-21(e)中,不同颜色区域代表石墨烯不同的畴区,因此不难得出该石墨烯为多晶石墨烯,其畴区大小为百纳米级别[75]。此外,多晶石墨烯的选区电子衍射图案出现明显的多晶环,具有多套石墨烯的电子衍射[图 3-21(e)]。多晶石墨烯的畴区与畴区之间由晶界连接,晶界是石墨烯典型的线缺陷结构,对石墨烯的电学、力学、热学等性能具有很大的影响。高分辨 TEM 显示晶界由边缘位错组成,以连接不同取向的石墨烯晶格,形成了交替的五边形和七边形一维结构[75][图 3-21(f)]。

　　随着高分辨电镜技术的不断进步,电镜已经成为石墨烯最重要的表征手段之一,能够在原子尺度上实空间探究石墨烯的结构,这是其他技术难以匹敌的。并且借助原位电镜技术,研究人员可以对石墨烯上的反应进行原位观察和操控,有利于进一步揭示背后的反应机理和构效关系。

　　(4) 显微拉曼技术

　　拉曼光谱的测量主要基于单色光的非弹性散射,当单色光入射到样品表面,将样品中的电子激发,激发态的电子与声子发生能量交换后,再回到基态并辐射出光子。当光子的频率与入射光的频率相同时,发生弹性散射,称为瑞利散射;当光子的频率与入射光的频率不同时,则发生非弹性散射,这种散射为拉曼散射。基于此,可以通过入射光发生散射前后频率的变化得到样品的振动特性和电子结构。对石墨烯而言,拉曼光谱可以高效、无损地表征其层数、堆垛方式、缺陷和掺杂类型等特性。

　　石墨烯的拉曼光谱具有几个典型的特征峰:在波长为 514 nm 的激光激发下,会出现

G 峰(约 1580 cm^{-1})和 2D 峰(约 2680 cm^{-1})。其中 G 峰来源于石墨烯晶格中 sp^2 碳原子的伸缩振动,2D 峰则产生于石墨烯第一布里渊区中双声子的非弹性散射。当石墨烯晶格出现缺陷时,还会产生 D 峰(约 1350 cm^{-1}),D 峰源于 sp^2 碳原子的呼吸振动,该振动通常是禁阻的,但石墨烯晶格内的缺陷破坏了对称性使得该振动模得以出现。

随着石墨烯层数的增加,G 峰和 2D 峰的位置、形状和相对强度均会发生改变。如图 3-22(a) 所示,层数的增加会使得石墨烯 2D 峰向高波数移动;单层石墨烯的 2D 峰半峰宽约为 24 cm^{-1},双层和三层石墨烯的半峰宽则会进一步展宽;并且少层石墨烯的 2D 峰和 G 峰的强度比值也通常会比单层石墨烯低很多。而对于 D 峰,石墨烯的缺陷浓度和 D 峰强度密切相关,可以通过 D 峰和 G 峰的强度比值(I_D/I_G)来量化单层石墨烯的缺陷浓度[76]。如图 3-22(b) 所示,随着缺陷浓度的增加,石墨烯晶格内的缺陷之间的平均距离 L_D 逐渐减小,I_D/I_G 相应增加;当 $L_D > 6$ nm 时,近似满足 $I_D/I_G = 102/L_D^2$,由此可以通过测量拉曼光谱中石墨烯的 I_D/I_G,定量计算石墨烯的缺陷之间的平均距离。同时,拉曼光谱还可以

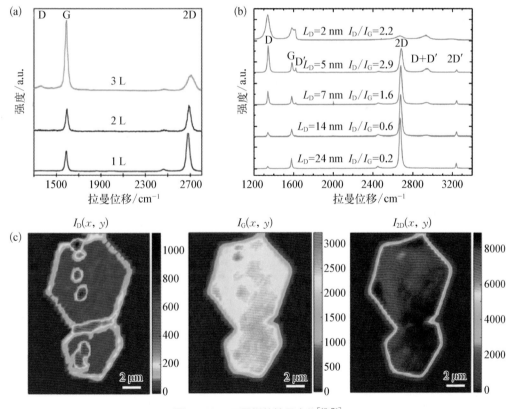

图 3-22　石墨烯的拉曼表征[69,76]

(a) 单层、双层、三层石墨烯的拉曼图谱;(b) 不同缺陷浓度石墨烯的拉曼图谱;(c) 石墨烯畴区拼接处 D 峰、G 峰、2D 峰的强度面扫描结果

通过面扫描对石墨烯的均匀程度和缺陷分布进行大面积评估。图3-22(c)显示的是不同取向的石墨烯畴区相互拼接时,在晶界处由于缺陷的存在,表现出较强的D峰[69];而G峰和2D峰强的面扫描比较均匀,说明了石墨烯的层数均匀性。

石墨烯G峰和2D峰的峰位与峰宽还能揭示石墨烯的掺杂、应力等情况。对石墨烯进行空穴掺杂时,G峰向高波数移动,2D峰也向高波数移动;对石墨烯电子掺杂时,其G峰仍向高波数移动,而2D峰则向低波数移动。因此,可以借助拉曼光谱对石墨烯的化学环境进行分析研究。另一方面,由于G峰源于sp^{2}碳原子平面内的伸缩振动,故G峰对应力的变化比较敏感。当石墨烯受到拉伸应力时,G峰会向低波数移动;而当受到压缩应力时,G峰则向高波数移动。这种效应也同时说明了拉曼测试时需要选择合适的基底。

3.3.2　石墨烯的性质

3.3.2.1　电学性质

石墨烯是零带隙的半金属材料,其能带结构为锥形,导带与价带对称地分布在费米能级两侧,导带与价带相交于一个点,在这个点附近,石墨烯的电子能量和动量为线性的色散关系,这种线性的色散关系可以由相对论狄拉克方程来描述,故称这个点为狄拉克点。在狄拉克点附近,电子的静止有效质量为零,即为无质量的狄拉克费米子,其费米速度高达10^6 m/s,约为光速的1/300,可见石墨烯将具有超高的载流子迁移率。

若完全消除载流子的外部散射,如电荷掺杂及结构上的褶皱等,在有限温度下,石墨烯中还存在本征散射,如声子散射。本征散射就决定了石墨烯的理论迁移率,石墨烯的载流子迁移率可以超过200000 cm^2/(V·s),高于目前已知的半导体材料。而电阻率可达10^{-6} Ω·cm,比铜或银还低,是目前已知室温下电阻率最低的材料。目前已有报道在悬空石墨烯中测得的载流子迁移率已达200000 cm^2/(V·s)以上[77]。而在SiO$_2$衬底上,少层石墨烯的迁移率仍然可达15000 cm^2/(V·s)[78]。

除了超高的迁移率外,石墨烯的独特能带结构也带来了其他有趣的性质,如量子霍尔效应、克莱因隧穿和自旋传输性质等。霍尔效应指在一个半导体上加上与电流方向垂直的磁场,使得半导体中的电子和空穴受到相反方向的洛伦兹力而聚集在半导体两侧,聚集的电子和空穴之间会产生电场,当电场力与洛伦兹力平衡后电荷便不再聚集,随后的电子和空穴可以顺利通过,产生的内建电场称为霍尔电压V_H。在经典霍尔效应中,霍尔电阻$R_H = V_H/I$随着磁场的磁感应强度B的增加而线性增加。而在二维半导体中,电子的运动被限制一个二维平面内,冯·克里青在1980年发现,在极低温和强磁场的条件下,二维半导体的霍尔电阻随外磁场的增加而会出现量子化的平台,且平台对应的霍尔电阻$R_H = h/ie^2$,这里h为普朗克常量,e是电子电荷,i是正整数,这种现象就被称为整数量子霍尔效应。和其他许多量子现象一样,量子霍尔效应通常要在极低温下才能观察到,而在石墨烯中狄拉克费米子表现为无质量的相对论粒子,在一般环境下几乎不发生散射,使得在室温下便能观测到量子霍尔效应,石墨烯也是目前唯一能够在室温条件下观测到量子霍尔效应的材料,且对于石墨烯的量子霍尔效应,i 是一个分数,故称石墨烯具有分数量子霍尔效应[79]。

此外,人们还在石墨烯中观察到了克莱因隧穿的实验现象[80,81]。对于一般的情形,电子遇到一定高度的势垒时,根据量子力学,电子会有一定概率穿过势垒,穿过势垒的概率会随着势垒的高度和宽度的增加而呈指数级下降。而对于石墨烯,其中的电子不以薛定谔方程来描述,而是由狄拉克方程描述的狄拉克电子。克莱因隧穿描述的就是狄拉克电子在遇到势垒时以空穴的形式穿过势垒在另一侧作为电子再次出现的隧穿,狄拉克电子垂直势垒入射后穿过势垒的概率是一致的。

石墨烯优异的电学性能不仅体现在高的物理指标与新奇的物理现象上,还体现在其能带结构极大的可调性,其中对石墨烯带隙的调控一直广受关注。石墨烯独特的能带结构带来的超高载流子迁移率等优异的电学性能,使得石墨烯被认为在未来有可能取代硅而成为下一代半导体产业中的材料基础,但同样也由于石墨烯无本征带隙(零带隙)的能带结构,以及其中电子的克莱因隧穿效应,为石墨烯在晶体管器件应用中带来难题。无带隙的单层石墨烯作为晶体管的沟道材料,无法像有带隙的半导体沟道,得到有效的电流关断状态,仿佛一个只开不关的水龙头,源源不断地使电流通过。对于逻辑电路来说,只有电流开启"1"而没有电流关断"0"显然是不可接受的,于是人们为打开石墨烯的带隙做出了许多努力,如对双层石墨烯施加垂直电场、对石墨烯施加应力及构筑石墨烯纳米带等。

双层石墨烯与单层石墨烯一样,也没有本征带隙。但有研究发现,在垂直电场的作用下,AB 堆垛的双层石墨烯可以打开一定的带隙,且打开的带隙宽度与垂直电场的强弱有关,在强度 10^7 V/cm 的垂直电场作用下,带隙可以打开到约 0.2 eV,在双栅极的三明治结构的器件构型中带隙则可以打开至 0.25 eV[82]。此外,人们还在重掺杂的双层石墨烯中通过角分辨光电子能谱观察到了带隙的打开,且随着掺杂程度的变化带隙的大小也随之改变[83]。通过垂直电场及掺杂的方式,都能够打开双层石墨烯的带隙,并且其带隙大小可调。双层石墨烯的这一特性使其成为目前已知的少有的带隙可调的材料,在需要连续可调带隙的领域如红外激光器等也有潜在的应用价值。然而需要指出的是,在半导体器件的应用中,尽管双层石墨烯拥有可变的带隙,但其最大值也不超过 0.3 eV,在肖特基结的机制下该带隙导致的电流开关比很难超过 10^4,而这仅仅是低功耗逻辑电路所要求的最小开关比。因此,离双层石墨烯晶体管器件的真正实际应用还有很长一段距离。

在传统半导体硅工艺中,人们早已利用"应变硅"这样的应力调变技术来调控器件的性能。研究发现,对石墨烯施加应力也有可能打开一定的带隙。人们最初在对碳纳米管的研究中发现,对半导体型碳纳米管施加应力可以改变其能带结构,1%的拉应变会使得带隙改变± 0.1 eV[84]。石墨烯作为"展开的碳纳米管",人们推测应变应当也能改变石墨烯的能带结构。在应力的作用下,石墨的拉曼光谱中 G 峰和 2D 峰都会发生移动,具体来说,在施加0.78%的拉应变下,2D 峰的峰位从 2710 cm^{-1} 移动到了 2650 cm^{-1}。这一点可以被理解为石墨烯中的 C—C 键被拉长,这表明应力的确能够改变石墨烯的能带结构,并且计算显示,单轴应变的确有可能打开单层石墨烯的带隙,1%的拉伸将带来 0.3 eV 的带隙打开[85]。

此外,将石墨烯图案化为纳米带,或使用自下而上的方法合成石墨烯纳米带,使得在宽度方向上形成量子限域效应时,也有可能形成一定的带隙。理论计算表明,打开带隙的大小与石墨烯纳米带的宽度和纳米带的边缘构型密切相关。根据紧束缚模型计算,锯齿型边缘的石墨烯纳米带通常表现为金属型,而扶手椅型边缘的石墨烯纳米带既有金属型也有半导体型。当纳米带的带宽 $L = (3M+1) \cdot a_0$,且 M 为整数时,扶手椅型边缘的石墨烯纳米带表现为金属型,否则表现为半导体型[86]。且石墨烯纳米带的带隙大小与纳米带的宽度成反比[87]。想要获得可观的带隙大小,要求石墨烯纳米带的宽度必须小于 10 nm 甚至更低,同时石墨烯纳米带的边缘微观结构也密切关系着纳米带的能带结构与电学性能,因此,石墨烯纳米带精细结构的可控制备仍然面临很大挑战。

3.3.2.2   力学性质

石墨烯中的碳原子由 sp^2 杂化轨道形成的 C—C 共价键结合而成,而同样由 sp^2 碳原子构成的碳纳米管的高机械强度在此前已得到确认,石墨烯也被认为将拥有出色的力学性质。

2008 年,Hone 等人采用纳米压痕的方法对机械剥离的单层石墨烯的力学性质进行了系统的测量,如图 3-23 所示,将石墨烯机械剥离到带有阵列圆孔的硅片衬底上,通过已知力常数的 AFM 探针进行纳米压痕测试。测得石墨烯的断裂应变约为 25%,这与理论估计的 20%比较接近。测得石墨烯的杨氏模量为(1.0 ± 0.1) TPa,本征强度为(130 ± 10) GPa,这被认为是本征石墨烯的力学指标[88]。2009 年,Zhao 等人研究了石墨烯纳米带的泊松比与尺寸和手性的关系,分子动力学模拟计算的石墨烯泊松比为 0.21,与已发表的数据吻合良好[89]。

对于多晶石墨烯,晶界的存在会对石墨烯的力学性质产生一定的影响,石墨烯的晶界通常形成于取向不同的石墨烯畴区的拼接处,其结构通常为五七元环对。2011 年,Huang 等人采用纳米压痕的方法测量了化学气相沉积法在铜基底上生长的单层多晶石墨烯的力学性能,他们测得多晶石墨烯的平均断裂载荷约为 100 nN,而机械剥离的单晶石墨烯的平均断裂载荷为 1700 nN,这表明晶界的存在的确降低了石墨烯的断裂强度[75]。此外,他们还进行了空间分辨的纳米压痕实验,探究了 AFM 针尖下压的位置与断裂载荷之间的关系,下压位置的不同体现了石墨烯晶界的分布,结果表明晶界处膜的断裂是沿着晶界的方向和路径进行的，且大多数样品的断裂应力仅有 35 GPa，这远远低于理论计算的拼接石墨烯的强度[90]。理论计算认为大角度晶界的强度与完美晶格的石墨烯差别不大，而小角度晶界则会由于边界处键的应力集中而强度大大降低[91]。Park 等人的研究认为化学气相沉积法制备的石墨烯中的面外褶皱在应变中将会引入切边分量，从而显著降低石墨烯的面内刚度[90]。这可能是前述实验值与理论计算巨大差异的来源。2013 年，Hone 等人测量了化学气相沉积法制备的单层多晶石墨烯的力学性能，他们的实验结果表明拼接良好的晶界仅会轻微降低石墨烯薄膜的力学性能[92]。

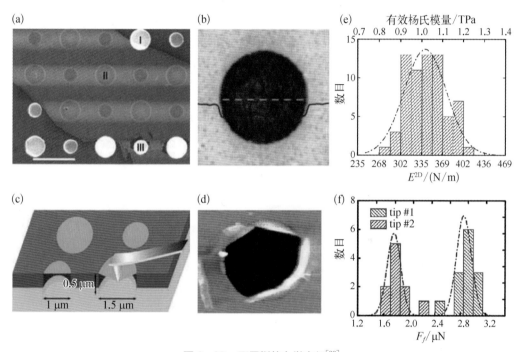

图 3‑23　石墨烯的力学表征[88]

（a）悬空石墨烯的 SEM 图像；（b）悬空石墨烯的 AFM 图像；（c）纳米压痕实验示意图；（d）破损后的石墨烯 AFM 图；（e）石墨烯的杨氏模量分布；（f）石墨烯的断裂受力

　　除了面内的力学性质外，对于单原子层厚度的石墨烯，面外的范德瓦耳斯力在纳米尺度上的效应凸显出来。事实上在少层石墨烯或石墨中，正是范德瓦耳斯力将石墨烯层层结合在一起。人们对石墨烯在二氧化硅基底表面的结合力进行了测量，发现单层石墨烯的黏附能为 0.45 J/m^2，而少层石墨烯的黏附能则要更低，为 0.31 J/m^2。

3.3.2.3　热学性质

　　在石墨烯中，热传导主要由声子贡献。因此声子的传播是否受到散射就决定了材料的热传导性质。若晶体中存在缺陷、杂质或界面，晶格的振动可能受到阻碍，从而导致载热声子发生散射。当排除杂质、缺陷等因素带来的散射，声子只与其他声子相互作用时，便反映了材料的本征热导率。三维碳材料的热导率非常优秀，如石墨常常被用作散热材料。由 sp^2 碳原子构成的石墨烯的热学性质也同样受到人们的关注。

实验中测量石墨烯的热导率并非易事，对于单原子层厚度的石墨烯，许多传统的测量热导率的方法都无法使用。2008 年，Balandin 等人发展了一种利用拉曼光谱峰位移动测量热导率的方法[93]。如图 3-24 所示，将机械剥离的单层石墨烯悬空后，通过改变照射在石墨烯上激光的功率，石墨烯的拉曼光谱中 G 峰的峰位将会发生移动，根据下式，即可求得石墨烯的热导率

$$K = \chi_G \cdot (L/2hW)(\delta\omega/\delta P)^{-1}$$

式中，χ_G 为石墨烯的 G 峰峰位与温度的线性依赖系数；L 为石墨烯中心与冷源之间的距离；h 为石墨烯的厚度；ω 为石墨烯的 G 峰峰位；P 为激光功率。这种方法测得的石墨烯热导率最大可达 5300 W/(m·K)，远高于金刚石薄膜[1000～2200 W/(m·K)]、碳纳米管[3000～3500 W/(m·K)]等碳材料。

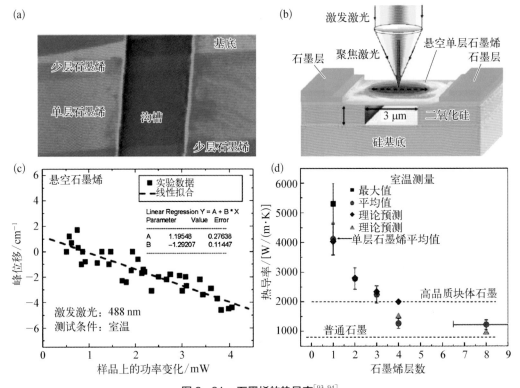

图 3-24　石墨烯的热导率[93,94]

（a）悬空石墨烯器件用于热导率测量；（b）石拉曼光谱法测量石墨烯热导率的原理图；（c）石墨烯拉曼 G 峰随激光功率的变化；（d）层数对石墨烯热导率的影响

值得注意的是,上述关于热导率的描述均适用于纳米尺度的石墨烯材料,Ghosh 等人研究了石墨烯的热导率随层数的变化[94],石墨烯从单层增加到四层时,热导率迅速降低,由 4100 W/(m·K)降低到 1300 W/(m·K)。简单来说这是由于相邻的石墨烯层间存在相互作用,这种相互作用制约了每一层石墨烯晶格的自由振动,即声子的传输,所以会出现热导率急剧下降的现象。即便如此,石墨烯的热导率也要远高于块体铜,约为 400 W/(m·K),而在集成电路中所使用的铜薄膜导线的热导率则要更低,约为 250 W/(m·K)。在 SiO$_2$ 基底上测量的单层石墨烯的室温热导率约为 600 W/(m·K)[95]。因此,石墨烯在集成电路导线应用中颇具潜力。

除了热导率之外,石墨烯具有独特的热膨胀行为。石墨烯的热膨胀系数在一定温度范围内为负值,即具有"热缩冷胀"的热膨胀行为。石墨烯的拉曼光谱由于与温度具有相关性,同样也被用于测量石墨烯的热膨胀系数。Bao 等人利用悬空石墨烯在温度变化下形成的褶皱结构测量了石墨烯的热膨胀系数。石墨烯在 300 K 时的热膨胀系数为 -7×10^{-6} K^{-1},且其热膨胀系数随着温度的升高而增大[96]。此外,Duhee 等人研究了 SiO$_2$ 基底上石墨烯的热膨胀行为,通过测量温度依赖的拉曼 G 峰位移,对石墨烯的热膨胀系数进行了估计[97]。他们发现石墨烯的热膨胀系数在 200～400 K 的温度范围内均为负值,且具有温度依赖性,测得室温下石墨烯的热膨胀系数为 $-(8.0\pm0.7) \times 10^{-6}$ K^{-1}。

3.3.2.4　光学性质

石墨烯的光学性质也同样引人关注。Geim 等人测量了单层石墨烯的透过率,如图 3-25(a)(b)所示,将单层和双层石墨烯样品机械剥离到带孔的衬底上,测量其白光透过率。单层石墨烯在可见光波段的吸光度为 2.3%,并且其具有很小的反射率 $R<0.1\%$,石墨烯的吸光度随着层数线性增加 2.3%,与理论数值符合良好[5,98]。

值得注意的是,对于不同波长的光,石墨烯的吸收系数上有所区别,吸光度并非都是 2.3%。Chae 等人研究了电子-空穴相干对单层和双层石墨烯吸光度的影响[99]。如图 3-25(c)所示,测量悬空的机械剥离石墨烯在能量范围为 1.5～5.5 eV 的吸光度,发现石墨烯在小于 2 eV 的光谱能量区,具有较平的吸收带,而在能量大约为 4.5 eV 的紫外区存在一个反对称的吸收峰。他们认为这种吸收主要起源于石墨烯能带鞍点附近的范霍夫奇点的激子共振引起的反对称的法诺共振(Fano resonance)。化学气相沉积法制备的石墨烯薄膜与机械剥离样品的光学性质具有很好的一致性。如图 3-25(d)所示,Hong 等人测量了铜箔上生长的单层石墨烯的透光度曲线[100]。石墨烯在 300～2500 nm 的光谱范围内吸收比较平坦,只在约 270 nm 的紫外区存在一个吸收峰。在 550 nm 处石墨烯的透光度约为 97.4%,并且透光度随着层数增加每层大约减少 2.3%。

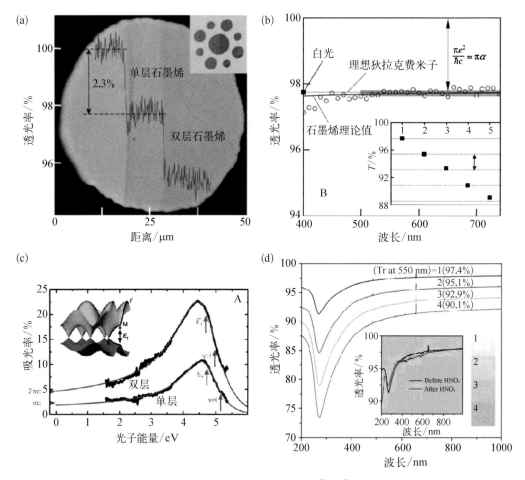

图 3-25   石墨烯的光学吸收[98-100]

（a）悬空单层和双层石墨烯的光学照片，图线为透射白光沿着黄线的强度；（b）单层石墨烯的透光谱，插图为白光透过率与石墨烯层数的关系；（c）悬空单层和双层石墨烯的吸收曲线；（d）化学气相沉积法生长的石墨烯紫外-可见-近红外区的透光性曲线

3.3.3   石墨烯的应用

3.3.3.1   石墨烯电学器件

目前基于传统硅半导体材料的集成电路技术为人类生产力的发展提供了最强劲的动力，而硅基半导体技术的发展主要由摩尔定律来描述：单位集成电路上的晶体管数目每18～24个月就会增加一倍。这条定律在过去的几十年里一直有效，集成电路中晶体管的体积不断缩小，电路的集成度不断提高，而到了今天，已经逼近了硅半导体材料的极限，因此，人们也在不断探索新的材料体系和开发晶体管技术，希望能够使摩尔定律得以延续。

出色的电学性质,外加其原子级别的超薄厚度、优异的稳定性等优点使石墨烯脱颖而出,成为备受期待的下一代集成电路备选材料。人们一直在探索石墨烯电子器件的购置和在电学器件上的应用,已经在石墨烯基场效应晶体管、高频器件、自旋器件、透明导电薄膜及传感器等方面分别做了大量的尝试。

（1）石墨烯场效应晶体管

传统的硅基集成电路的基本结构单元主要是金属氧化物半导体场效应晶体管（metal-oxide-semiconductor field effect transistor, MOSFET）,MOSFET 的结构如图 3 - 26 所示,主要由源电极、漏电极、栅极、沟道材料和介电层构成,其核心是由栅极-介电层-沟道材料三层构成的电容,实际中,多晶硅常常被用于栅极,而氧化物层则通常使用二氧化硅,而沟道材料则是硅。简单来说,它的工作原理就是通过栅电极所加的电压来控制源电极和漏电极之间沟道材料中的电荷流动,实现源电极和漏电极之间电流的打开或关断。

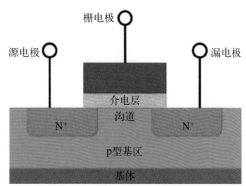

图 3 - 26　n 型金属氧化物半导体场效应晶体管的结构示意图

评估场效应晶体管性能主要有阈值电压、场效应迁移率、开关比和亚阈值摆幅等参数。阈值电压是指使得沟道开启所必需的静电诱导电荷的栅极电压。阈值电压越低,意味着器件可以在更低的电压下工作,器件的功耗越小。场效应迁移率是指沟道材料中,在单位电场下电荷载流子的平均漂移速率,它决定了器件的开关速率,迁移率越高,器件开关越迅速。开关比指晶体管在处于"开"态和"关"态时源漏电流的比值,开关比反映了器件开关性能的好坏,在逻辑电路中开关比尤为重要。亚阈值摆幅则是指场效应晶体管在从"关"态切换到"开"态时电流变化的迅疾程度,反映了器件在"开"态和"关"态之间的电压跨度,亚阈值摆幅越小,器件的开关越迅速,所需要的电压变化越小。

随着硅沟道 MOSFET 尺寸的不断缩小,器件的加工难度越来越大,同时还会遇到"短沟道效应"等问题,一些人认为摩尔定律或许将要迎来终结,人们急需找到一种能够替代硅的沟道材料。原子层厚度、超高载流子迁移率的石墨烯材料被认为在场效应晶体管器件应用中极具潜力。

2008 年,Jeroen B. Oostinga 等人首次利用机械剥离的石墨烯制备了双栅极场效应晶体管,并且成功观测到了在双栅调控时单层石墨烯与双层石墨烯转移特性上的差别[101]。器件的构型如图 3 - 27（a）所示,对于单层石墨烯,在 - 35～40 V 区间内不同的底栅偏压 V_{bg} 下,扫描顶栅电压 V_{tg} 导致其转移特性曲线几乎水平移动,并不造成开关比的变化,即石墨烯的带隙不受外电场的影响,如图3-27(b)所示;而对于双层石墨烯,如图3-27(c)所示,其转移特性曲线不仅随着底栅偏压的不同发生水平移动,并且还伴随着开关比的剧烈变化,这一变化在低温下更为剧烈,这一结果与双层石墨烯可变的带隙是密切相关的[102]。

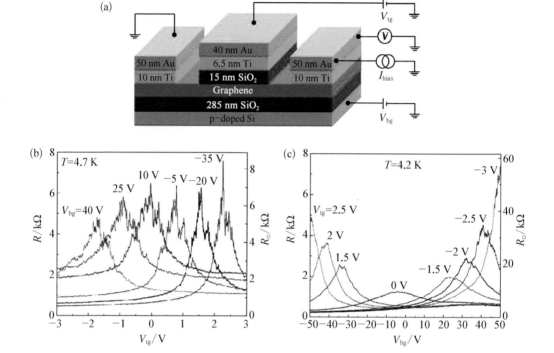

图3-27　双栅调控双层石墨烯的早期尝试[101]

(a)器件构型示意图;(b)单层石墨烯的双栅调控转移曲线;(c)双层石墨烯的双栅调控转移曲线

2009年,Wang等人改进了顶栅加工工艺(图3-28),利用机械剥离的双层石墨烯样品加工成器件并获得一定开关比的同时,还利用光谱的手段进一步确认了双层石墨烯可调带隙的存在[82]。Xia等人使用高聚物作为种子层,用原子层沉积方法在石墨烯上沉积高质量HfO_2作为介电层,制备了双层石墨烯场效应晶体管[103]。在常温下器件的开关比可在10～100之间调节,而在20 K的低温下更是可以达到2000。

人们对石墨烯在场效应晶体管中的应用已做出了很多有益的尝试。除了构筑双层石墨烯场效应晶体管之外,还利用合成石墨烯纳米带等方法打开石墨烯的带隙,制备场效应晶体管器件。石墨烯场效应晶体管器件的应用研究还在蓬勃发展之中。同时人们也意识到,目前的材料制备方法与器件加工工艺很难获得开关比超过10^4的石墨烯器件,离石墨烯场效应晶体管器件的实际应用还有很长一段距离,我们仍需在材料制备与器件构型上进一步创新。

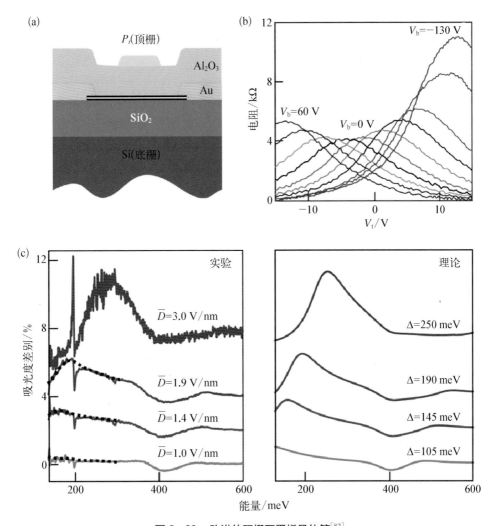

图 3-28　改进的双栅石墨烯晶体管[82]

（a）晶体管结构示意图；（b）不同背栅偏压下双栅晶体管的转移特性曲线；（c）调节电场强度时双层石墨烯吸光度的变化及相应的理论计算结果

（2）石墨烯高频器件

尽管石墨烯没有本征带隙，目前还无法获得较高开关比的晶体管器件，但在不需要开关比的高频器件中，超高迁移率的石墨烯展现出了巨大的潜力。2009 年，Lin 等人利用机械剥离的石墨烯制备了顶栅石墨烯晶体管，图 3-29（a）（b）分别为器件的光学显微镜照片与结构示意图，最终实现了 26 GHz 的截止频率，如图 3-29（c）所示[104]。2010年，他们利用 SiC 外延生长的石墨烯制备了 2 英寸石墨烯晶体管阵列［图 3-29（d）］，其中最短的栅极长度为 240 nm，进一步将石墨烯高频晶体管的截止频率推进到了 100 GHz，已经超过了同栅极长度的硅基器件,如图 3-29(g)所示[105]。这充分说明了石墨烯在高频器件应用中巨大的潜力。

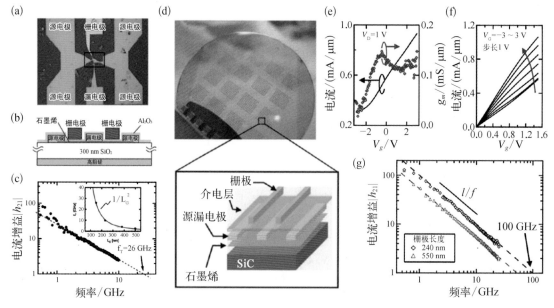

图 3-29   石墨烯高频晶体管[104,105]

(a) 机械剥离石墨烯制备的顶栅晶体管器件的光学显微镜照片;(b) 器件结构示意图;(c) 机械剥离石墨烯顶栅晶体管器件电流增益率随频率变化的曲线;(d) 基于 SiC 外延石墨烯的 2 英寸石墨烯晶体管阵列;(e) SiC 外延石墨烯晶体管的转移特性曲线;(f) 不同栅压下器件的输出特性曲线;(g) 240 nm 和 550 nm 栅长下器件的电流增益随频率变化的曲线

(3) 石墨烯自旋器件

如前所述,石墨烯的电学器件应用主要利用的是石墨烯中载流子的传输特性,石墨烯中独特的电子自旋特性也可以被用于自旋器件。自旋器件是基于电子的自旋属性及其传输特性所开发的器件,其最著名的应用就是巨磁阻效应。最简单的巨磁阻器件由两层铁磁性电极夹着一层非磁性材料构成,被称为自旋阀。现代计算机系统广泛使用的磁存储硬盘就是基于巨磁阻效应。由于石墨烯的自旋-轨道耦合较弱,其室温自旋输运相干扩散长度长达数微米,是自旋电子学应用的理想材料。

早期,人们利用机械剥离的石墨烯进行了一系列自旋器件构筑的尝试。2007 年,van Wees 等人制备了石墨烯四端横向自旋阀器件,采用四端非局域的方法,研究了石墨烯的磁致电阻原理。他们的实验结果表明从 4.2 K 到室温的范围内,任何接触都有自旋相干且自旋信号没有变化,器件中测得自旋弛豫长度为 1.5~2 μm[106]。石墨烯的自旋电子学应用还在发展中。

(4) 石墨烯柔性透明导电薄膜

透明导电薄膜指具有透光性的导电薄膜电极,其应用十分广泛,目前的显示器、触摸屏、太阳能电池等都需要透明的电极材料,这些应用场景要求材料同时具有高的导电性与高的透光性。不同器件应用对于透明导电薄膜材料的导电性有所区别,触摸屏、智能窗等要求透明导电薄膜的导电性为数百 Ω/sq 即可,而柔性有机发光二极管(FOLED)、薄膜太阳能电池等显示器件和光伏器件则要求导电薄膜具有非常好的导电性,需要达到 $10\ \Omega/sq$ 以下。

目前广泛使用的透明导电薄膜电极材料主要是透明导电氧化物,主要有氧化铟锡($In_2O_3 \cdot SnO_2$,ITO)等。随着显示器等行业的蓬勃发展,人们对氧化铟锡薄膜的需求越来越大,然而铟金属是一种稀缺资源,此外随着柔性电子学的发展,人们也对透明导电薄膜提出了新的要求。脆性的 ITO 在弯折到小曲率半径时容易断裂,且在红外区具有低的透光性,化学稳定性也相对较差,功函不宜调控,不能满足人们新的需求。石墨烯同时具有原子级别厚度、良好的柔性和化学稳定性、优异的导电性、可调的功函数,以及在宽光谱范围内良好的透光性,故其在柔性透明导电薄膜中的应用具有得天独厚的优势。

2010 年,Wu 等人使用多层石墨烯作为 OLED 的透明薄膜电极,获得了约 1 cd/A 的工作效率[107]。虽然效率仍然低于 ITO 电极的器件,但已显示出石墨烯在 OLED 中的应用潜力。Bae 等人利用化学气相沉积法制备了 30 英寸大小的石墨烯薄膜,面电阻达到了 $125\ \Omega/sq$,透光率可达 97.4%。此外他们通过化学改性四层石墨烯薄膜将面电阻降低至 $30\ \Omega/sq$,同时透光率仍然可达 90%,已经优于 ITO[100]。石墨烯的柔性透明导电薄膜应用十分令人期待。

(5)石墨烯气体传感器

二维平面结构的石墨烯具有较大的比表面积,并且容易被表面吸附的一些分子掺杂,使其电学性质发生改变,同时石墨烯具有较低的电子噪声与高的结晶质量。利用这些优点,人们制备了四探针构型、FET 构型等石墨烯气体传感器,能够实现对 NO_2、CO_2、NH_3 等气体的检测[108,109]。表面声波(surface acoustic wave,SAW)技术也被用于石墨烯气体传感器中,表面吸附的分子将改变石墨烯的表面声波频率,基于 SAW 的氧化石墨烯传感器能够实现对 CO、H_2 气体的检测[110]。

3.3.3.2　石墨烯光电器件

爱因斯坦因发现光电效应于 1921 年获得诺贝尔物理学奖,在随后的 100 多年的时间里,基于光电效应诞生了许多重要的先进器件技术。光电器件的开发和应用极大地改善了人类的日常生活,其中就包括通信领域中的光纤通信、能源领域的太阳能电池及图像领域的电子耦合器件等。在这些应用领域中,石墨烯因其独特的结构和性能,迅速得到光电器件研究人员的关注。石墨烯的载流子迁移率是传统材料例如硅的 100 倍、砷化镓的 20 倍,这使得石墨烯能够在光通信中实现极高的工作频率;同时,石墨烯的热导率分别是硅和砷化镓的 36 倍和 100 倍，有利于散热和能量传递。石墨烯的零带隙能带结构也将允许远红外光的光电检测，在极宽的波段(300 nm~6 μm)均具有稳定的光响应。此外，石墨烯薄膜与现有的半导体加工工艺相兼容，在新型光电器件规模制备方面具有潜力。因此，基于石墨烯的光电器件极有可能突破传统光电技术中的诸多限制，为光电器件带来更高的带宽、更快的速度及更低的检测阈值，极大地促进光电子技术的发展。

2008 年，Feng Wang 等人将石墨烯的光学性质和电学性质结合起来进行研究。他们通过控制栅压来调节石墨烯的费米能级，进而来控制石墨烯载流子的光学跃迁过程，由此得到了石墨烯透光率和栅压的关系[111]。在栅压作用下，石墨烯的费米能级由价带越过狄拉克点进入导带，由于只有费米面以下的电子才能发生跃迁，单层石墨烯的吸光率表现出与其电导相似的变化趋势，在狄拉克点位置达到最强吸收[图 3 - 30(a)]。考虑到费米能级位置的态密度对吸光率的贡献，这一变化过程中最大吸光率对应的光子能量的平方与栅压呈线性关系。基于此，通过调控栅压改变石墨烯的吸光度，他们进一步研发出了石墨烯电光调制器。石墨烯光调制器的三维结构如图 3 - 30(b)所示，其中一根硅纳米线作为光波导，单层石墨烯覆盖在硅纳米线表面以调节波导[112]。通过在硅基底和石墨烯两端施加电压，来改变石墨烯的光吸收率和吸收强度，从而实现光信号"0"与"1"的开关调制[图 3 - 30(c)]。与基于硅和砷化物的传统光调制器相比，该器件具有超宽的光学带宽、较大的调制深度及微米级的器件大小等优势，使得微型高频光通信设备成为可能。

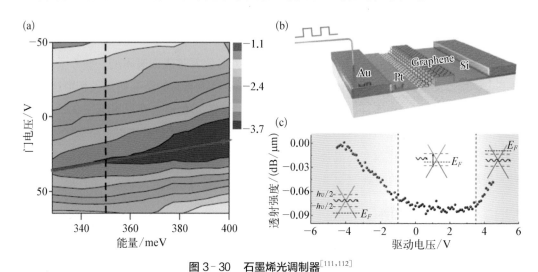

图 3 - 30   石墨烯光调制器[111,112]

(a) 单层石墨烯的吸光率与栅压和波长的关系；(b) 石墨烯光调制器三维结构示意图；(c) 不同驱动电压下石墨烯光调制器的静态电光响应图谱

尽管能够通过调控栅压改变石墨烯的光吸光率，并据此制备出高性能的石墨烯光调制器等光电器件，但该过程没有发生实质上的光电转化。美国 IBM 公司 Waston 中心的

Fengnian Xia 等人较早研究了石墨烯的光电转化效应,他们用机械剥离的石墨烯构筑了石墨烯场效应晶体管,在聚焦激光下对器件进行逐点扫描,并检测相应位置的光电流,实现了光电流的二维成像[113]。结果发现,在零偏压的情况下,当激光照射在金属电极靠近石墨烯一侧时,回路会有电流产生。随着栅压从 - 40 V 增加到 60 V 时,光电流会发生方向的改变,并且光电流最大值对应的光照位置也会发生相应的变化[图 3 - 31(a)]。

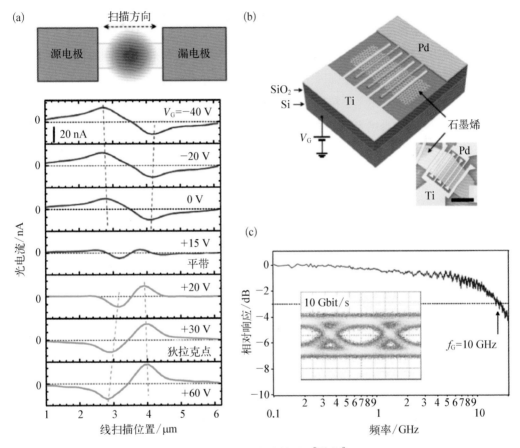

图 3‑31　石墨烯光检测器[113,114]

（a）金属-石墨烯结的光电流和栅压的关系；（b）不对称电极结构的石墨烯光检测器及结构示意图,标尺：5 μm；（c）石墨烯光检测器的带宽响应特性测试曲线

他们将此现象解释为:当零带隙的石墨烯与不同功函数的金属接触时,石墨烯和金属之间易发生电荷转移,形成金属-石墨烯结。由于电极下石墨烯的费米能级被金属钉扎,当栅压发生改变时,沟道中石墨烯的载流子浓度也会发生相应改变,导致金属-石墨烯结处的势垒高度和位置也会随着栅压改变。当沟道中石墨烯的费米能级和金属电极持平时,电流方向会发生反转。随后,他们计算模拟验证了这一解释。进一步地,他们采用不对称插齿

电极替代了原有的电极设计[114]，以增强内建电场对载流子的分离作用，光检测器的性能也得以显著提高[图 3-31(b)(c)]。与传统硅基和Ⅲ—Ⅴ族的传统光检测器相比，石墨烯光检测器检测波段宽(300 nm 的近紫外区至 6 μm 的中红外区)，解决了传统光检测器工作范围有限的问题，并且能量转化效率高达 6.1 mA/W，工作速度可达 10 Gbit/s。

然而，单层石墨烯的吸光率只有 2.3%，极大地限制了石墨烯光电器件的转化效率。为了解决这个问题，段镶锋课题组将金纳米颗粒转移到金属-石墨烯光检测器上[115][图 3-32(a)]，金纳米颗粒表面的等离子体激元将吸收的光能转化为等离子共振，大大增强了局域电场，促进了石墨烯光生载流子的产生和分离。从而间接增强了石墨烯对光能的利用，提高了光电转化效率。同时，增强因子和纳米颗粒的尺寸大小、激发光的波长有关[图 3-32(b)]，因此可以通过调控纳米颗粒的结构和尺寸来实现特定波长的选择性检测。类似地，K. S. Novoselov 研究组将金纳米条带阵列和石墨烯光检测器进行复合[116][图 3-32(c)]，发现阵列区的光电流大小明显高于其他区域，其增强因子也和激发光的波长有关[图 3-32(d)]。

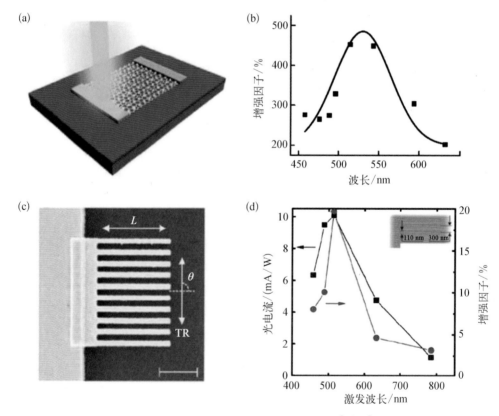

图 3-32　等离子体增强的石墨烯光检测器[115,116]

(a) 金纳米颗粒-石墨烯光检测器的结构示意图；(b) 增强因子与入射光波长的关系；(c) 金纳米条带阵列-石墨烯光检测器的结构示意图；(d) 光电流大小(归一化)、增强因子与入射光波长的依赖关系

除了光调制器和光检测器以外,石墨烯光电器件还可以用于超快脉冲激光器、表面等离子体激元等领域,这些开创性的研究为石墨烯的光电器件的应用打下了坚实的基础。

3.3.3.3　石墨烯支撑膜

石墨烯支撑膜是石墨烯脱离基底支撑时的悬空膜结构。目前,石墨烯支撑膜不断得到研究者的重视,其新兴的应用也层出不穷。石墨烯支撑膜可以用于透射电镜支撑膜,有望替代目前商用的无定形碳膜。在生物医学方面,石墨烯支撑膜可以用于 DNA 分子的检测。此外,基于石墨烯支撑膜制成宏观薄膜材料,通过孔结构设计与各向异性结构的构筑,可以实现石墨烯在气体封装、海水淡化、质子交换、离子筛分、同位素分离等方面的应用。本节将主要介绍石墨烯支撑膜在高分辨透射电镜成像和 DNA 检测领域的代表性应用。

（1）石墨烯透射电镜支撑膜

随着透射电镜(TEM)成像分辨率的不断提高,人们能够观测到许多原子级分辨的物理化学图像。然而,进一步提高成像分辨率、原位观察液相中的粒子行为仍然存在巨大的挑战,而石墨烯自支撑膜为解决这两个瓶颈问题提供了可能。

对于单原子、单分子和纳米尺度的单颗粒样品,成像时需要将其负载在支撑膜上。目前常用的商用无定形碳支撑膜的厚度为 $3\sim20$ nm,在电镜下会引入相当强的背景噪声,并且导电性、导热性差,在电子束辐照下具有较大的样品位移,严重降低了成像质量和分辨率。石墨烯作为单原子层的二维晶体,厚度只有 0.3 nm。将石墨烯用作电镜支撑膜时,石墨烯几乎不引入额外的背景干扰,能为样品提供巨大的对比度,显著提升成像质量。如图 3-33 所示,即使在普通的无球差校正功能的透射电镜下,单层石墨烯表面吸附的单个 C 原子和 H 原子依旧清晰可见,同时石墨烯还能为单分子碳链提供良好的衬度[117]。得益于石墨烯良好的导电性和导热性,石墨烯在电子束辐照下还表现出良好的稳定性,因此很适合作为电镜支撑膜用于高分辨成像。此外,研究人员发现少层石墨烯在电子束下也几乎是透明的,不会为表面负载的轻原子和分子、纳米颗粒引入强的背景信号。

石墨烯支撑膜除了能够实现单颗粒样品的高分辨成像外,更大的亮点还在于石墨烯可以封装液体样品,进而用 TEM 原位观察溶液里面的粒子行为。通常 TEM 成像时需要超高真空条件,而液体样品的挥发会破坏真空,因此人们往往采用 Si_3N_4 或 SiO_2 薄膜来制作封装液体样品。但由于自支撑的 Si_3N_4 或 SiO_2 薄膜的厚度通常为 $50\sim500$ nm,严重降低了 TEM 的成像分辨率。而石墨烯仅有一层碳原子,具有很好的机械强度和弹性,并且石墨烯片层之间的 $\pi-\pi$ 相互作用很强,因此十分适用于液体的封装,广泛地应用于纳米科学、能源科学和生命科学研究中。

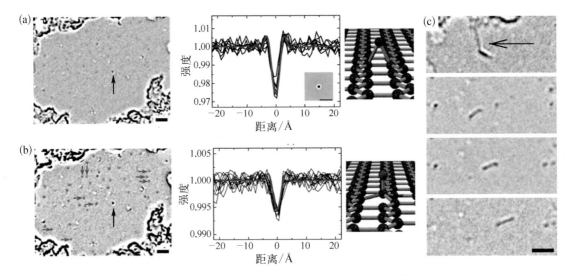

图3-33　石墨烯支撑膜上单原子和单分子的TEM表征[117]

（a）石墨烯表面吸附的C原子（左）及相应的强度剖面图（中）和结构模型（右）；（b）石墨烯表面吸附的H原子（左）及相应的强度剖面图（中）和结构模型（右）；（c）石墨烯支撑膜上的轻元素分子（所有的标尺均为2 nm）

石墨烯液池的结构如图3-34（a）所示，其中液体像三明治夹在两片石墨烯之间，石墨烯片层之间的范德瓦耳斯力将液体密封起来，有效防止了液体在TEM真空下挥发。利用石墨烯液池，研究人员原位观察了液体中Pt纳米颗粒的生长过程，发现Pt纳米颗粒的生长主要依赖Pt纳米颗粒之间的合并[118]。合并的方式主要有两种，一种是颗粒之间沿着相同的取向合并成一个单晶纳米颗粒；另一种是取向不同，此时合并的纳米颗粒之间形成了晶界。在合并的过程中，表面的原子发生迁移和重构，但纳米颗粒内部的结构并不发生变化。进一步地，研究人员通过原位观测Pt纳米颗粒在石墨烯液池中的旋转和运动[图3-34（b）]，获得了几千张单个Pt纳米颗粒的高分辨成像照片，用三维重构技术重构出单个Pt纳米颗粒的结构，分辨率达到了近原子级别[119]。Pt颗粒的三维结构中也发现了晶界的存在，这与之前原位观察到的生长过程一致。

此外，石墨烯液封结构也适用于电极材料中各种活性物质的观察和检测。电极材料的结构和化学性质在循环中往往会发生改变，例如Li$^+$的插入会改变阳极材料的体积，这种体积的变化很容易利用石墨烯液池进行原位观测[120]。如图3-34（c）所示，当阳极的纳米硅球最开始预锂化时，体积沿着<110>方向膨胀，此时Li$^+$沿着该方向扩散的能垒最低；而经过体积膨胀的阶段后，Li$^+$在硅球内部的扩散变得各向同性，由此揭示了电池循环过程中性能改变与结构变化之间的构效关系。

对于生物大分子，目前往往通过冷冻电镜进行结构解析，但样品被冷冻之后，不再是本征的状态,样品的结构有可能发生改变,而石墨烯液池为解决这个问题提供了一种可能。如图 3-34(d)所示,将铁蛋白封装在石墨烯液池中,能够实现铁蛋白在溶液中本征状态的高分辨成像[121]。并且通过对比实验,发现有石墨烯保护的铁蛋白电子束辐照下更不容易失去氧元素,证明了石墨烯能够减少电子对样品的辐射损伤。除了蛋白质以外,病毒和细胞也能够封装在石墨烯液池中进行原位 TEM 成像,进一步验证了石墨烯液池用于生物大分子研究的可行性。

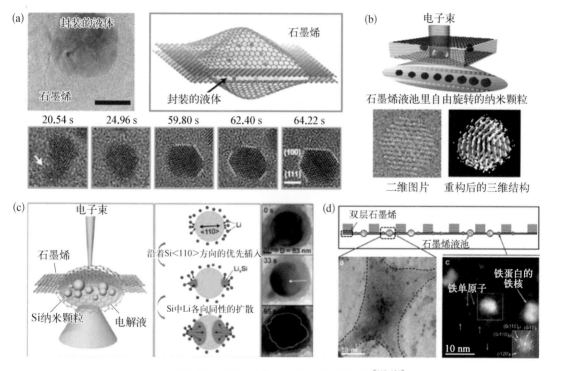

图 3-34　石墨烯液池用于 TEM 原位表征[118-121]

(a)石墨烯液池的 TEM 照片及结构示意图,利用石墨烯液池可以原位观察 Pt 纳米颗粒在溶液中的生长过程;(b)石墨烯液池原位观察 Pt 纳米颗粒的运动,并结合三维重构技术得到 Pt 纳米颗粒的三维结构;(c)石墨烯封装电解液,原位观察锂在硅纳米颗粒中的扩散;(d)石墨烯液池用于原位表征铁蛋白

(2)纳米孔石墨烯筛分膜

相比于体相纳米孔材料,原子层厚度的纳米孔膜往往具有更高的通量和选择性,在离子和分子的筛分领域中具有较大的应用前景。在石墨烯的早期应用中,纳米孔石墨烯就被用于 DNA 测序。

低成本、高通量、可靠的 DNA 检测是生物医学长期追求的目标。新一代的纳米孔DNA 测序技术主要依赖检测 DNA 通过纳米孔的电流等特征参数的变化来识别 DNA 的结构信息。具体过程为将纳米孔筛分膜连通电源两极的电解质溶液,然后施加电压使得带电的 DNA 通过纳米孔,DNA 进入纳米孔后,会阻碍其他带电离子通过纳米孔,从而使得体系的电阻增加,引起检出电流的减小。由于 DNA 分子为长链结构,其不同区域穿过纳米孔时会引起电流的改变。由此有望检测出 DNA 四种碱基穿过纳米孔的顺序,并最终得到 DNA 分子的序列结构。基于此,当筛分膜的厚度较厚(约为 30 nm)时,会限制 DNA 碱基对的数目,进一步阻碍了电流的检测。而石墨烯只有原子层的厚度,能够大大提高检测的空间分辨率,使得石墨烯在纳米孔 DNA 检测领域具有较大的应用潜力[122-124]。

图 3-35(a)展现的是纳米孔石墨烯用于 DNA 检测的示意图,其中纳米孔结构由电子束轰击石墨烯支撑膜制备得到,大小通常为 5~30 nm[图 3-35(b)]。当 DNA 分子穿过纳米孔时,电流大小和持续时间会发生相应的改变。如图 3-35(c)所示,未折叠、部分折叠、全折叠的 DNA 分子通过石墨烯纳米孔时电流均会发生相应改变,其中电流下降的幅度为纳安级别,持续时间则处于微秒至毫秒级别,电流变化图谱均具有特异性,由此验证了纳米孔石墨烯支撑膜在 DNA 检测领域的应用的可行性。

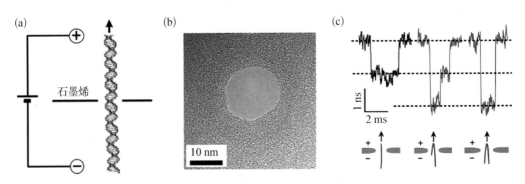

图 3-35　纳米孔石墨烯用于 DNA 检测[122-124]

(a) 纳米孔石墨烯支撑膜用于 DNA 检测的结构示意图;(b) 纳米孔石墨烯的 TEM 表征;(c) 未折叠(左)、部分折叠(中)、全折叠的 DNA(右)通过石墨烯纳米孔时引起电流大小和持续时间的改变

3.4　石墨烯的制备

2010 年,诺贝尔物理学奖授予英国曼彻斯特大学的安德烈·盖姆教授和康斯坦丁·诺沃肖洛夫教授,以表彰他们在"二维石墨烯材料的开创性实验"。自此,石墨烯材料一朝成名,开启了崭新的石墨烯时代。全世界各地的科研工作者纷纷投身于石墨烯领域,从此形成了百家争鸣、百花齐放的新格局。本节将按石墨烯薄膜、粉体和纤维三类介绍石墨烯的制备方法和广阔的应用前景。

3.4.1　石墨烯材料的种类

从石墨烯的基本材料形态上来说,人们研究的石墨烯材料可以大致分为三种:石墨烯薄膜,石墨烯粉体和石墨烯纤维。三者在形态结构、理化性质、层数均匀性、缺陷浓度、杂质含量和制备成本等方面均有所不同,这也决定了其不同的功能定位。制备决定未来,针对不同种类的石墨烯材料,发展高品质、低成本、环境友好的合成方法是其走向产业化的必由之路。

在当今信息化社会中,薄膜材料对于电子工业的发展起着非常重要的作用。"薄膜"一词在生活中经常提及,字面上是指在一个维度上的尺寸远远小于其他维度。一般认为厚度小于 $1~\mu m$ 的材料是"薄膜材料"。对于单层石墨烯而言,其本身为碳原子以 sp^2 杂化的形式键接成的二维材料,只有一层原子,所以是世界上最薄的薄膜材料[图 3-36(a)(b)]。前面章节已经提到,石墨烯薄膜具有独特的结构和优异的力学、热学、光学、电学性质,并且这些性质会随着石墨烯的层数增加而发生改变。例如,在实际应用中,双层甚至少层石墨烯机械强度更高,导电性更好,也是非常重要的材料。而十层以上的石墨烯材料在垂直于片层方向上逐渐失去了维度限域效应,其基本物理、化学性质趋近于三维块体石墨而非二维石墨烯。因此,对于石墨烯薄膜,我们一般特指十层以内的石墨烯薄膜材料,这是为了区分下文即将介绍的以粉体或纤维为本体做成的材料。石墨烯薄膜的制备、性质研究及应用探索一直是科学界和产业界所关心的核心内容。目前,化学气相沉积法(CVD)和碳化硅(SiC)外延生长法是制备石墨烯薄膜最主要的两种方法。

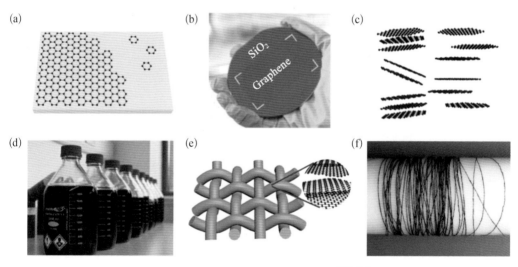

图 3-36　不同形态结构的石墨烯材料[125-127]

(a) 石墨烯薄膜结构示意图;(b) 石墨烯薄膜实物图(衬底为二氧化硅);(c) 石墨烯粉体结构示意图;(d) 石墨烯粉体实物图;(e) 石墨烯纤维结构示意图;(f) 石墨烯纤维实物图

石墨烯粉体,是指由大量的单层和少层石墨烯片层无序堆积而成的,宏观上为粉末状形态的材料[图 3 - 36(c)(d)]。相比于石墨烯薄膜来说,石墨烯粉体更为"粗犷":其边缘结构和缺陷结构较多,层数均匀性有所降低,考虑到其粉末状的形态特点,往往用于添加剂、复合剂。合成石墨烯粉体的方法一般有干法机械剥离法、还原氧化石墨烯法、液相剥离法等。

石墨烯纤维是由大量的石墨烯片段沿着某一特定方向组装形成的,宏观上为纤维状形态的材料[图 3 - 36(e)(f)]。得益于石墨烯结构基元,石墨烯纤维具有强度高,导电性、导热性好等特点,因而在结构材料、能源、热管理等领域有诸多应用。石墨烯纤维一般由氧化石墨烯片段前驱体通过湿法纺织组装而成。

3.4.2　石墨烯材料的合成方法

根据石墨烯的二维属性,制备石墨烯材料的方法可以分为两大类:

(1)"自上而下"的合成方法,即体相的石墨通过物理或者化学的方法,克服层间的范德瓦耳斯作用力发生解离,从而产生单层或少层的石墨烯,典型的合成方法有干法机械剥离法、湿法机械剥离法、氧化还原法等。

(2)"自下而上"的合成方法,即通过在基底上的化学反应,将前驱体(碳源,键接分子)相互连接组装形成石墨烯。典型的合成方法有湿法化学合成法、SiC 外延生长法、化学气相沉积法等。

一般来说,"自上而下"的合成方法主要用来合成石墨烯粉体;而"自下而上"的合成方法主要用来合成石墨烯薄膜。石墨烯纤维则是由石墨烯粉体通过纺织等手段进一步组装形成的。

3.4.2.1　"自上而下"法

"自上而下"的合成方法的关键在于破坏石墨层间的范德瓦耳斯作用力,从而使得石墨片层之间分离,得到单层或者少层的石墨烯样品。主要有机械剥离法、液相剥离法、氧化还原法等。

1. 干法机械剥离

2014 年,英国曼彻斯特大学的安德烈·盖姆教授和康斯坦丁·诺沃肖洛夫教授使用胶带剥离的方法,制备出了单层石墨烯和少层石墨烯,从此揭开了二维材料研究的序幕[128]。该方法非常简单,如图 3 - 37(a)所示,首先将高定向热解石墨(HOPG)通过光刻胶固定在玻璃衬底表面,使用胶带反复粘贴 HOPG 表面除去多余的石墨层,石墨就在这一过程中不断被减薄。随后将剩余的部分释放于丙酮溶液中,并将带有氧化层的硅片浸入到丙酮溶液中,用水和异丙醇充分洗涤,此时会有一部分片层吸附到硅片衬底上。进一步用超声清洗除去绝大部分厚层片段,最终会在硅片上得到单层或者少层的石墨烯样品。图 3-37(b)展示了硅片衬底上的单层石墨烯,其石墨片层高度可以通过原子力显微镜进行测量。图 3-37(c)则展示了悬空于金属栅格上石墨烯的透射电子显微镜图片,证实了石墨烯在不依赖衬底的情况下也可以通过自身结构的起伏而稳定存在。

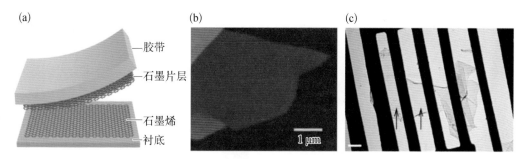

图 3-37　干法机械剥离制备石墨烯[128]

(a)机械剥离法制备石墨烯的示意图;(b)单层石墨烯片层的原子力显微镜图片;(c)单层石墨烯的透射电子显微镜图片

随后,安德烈·盖姆教授课题组改进了该方法,他们将层状材料的晶体在目标基底表面摩擦,进而就会在目标基底上留下相应的薄层二维材料,这个过程非常类似于用粉笔在黑板上写字时,粉笔碎屑会留在黑板面上[63]。有趣的是,采用这种摩擦的方法,研究人员总能找到单层的二维材料区域。使用该方法,人们可以用来制备各种不同的二维材料,如单层二硒化铌(NbSe$_2$)、单层石墨烯、单层二硫化钼(MoS$_2$)等[129]。利于这种"简单粗暴"的原理,人们还发展了球磨剥离法,金刚石针尖辅助剥离法等方法,不再赘述。

2. 液相剥离法

上述干法机械剥离法具有简单快捷、制备得到的石墨烯片层品质较高,适用于基础物性研究等优点。但是同时也存在着一些不足,例如:产量效率较低,在衬底上找到单层石墨烯的概率也较低。基于此,人们还发展了液相剥离法,即在溶液体系中借助于分子原子插层、超声或者剪切力等手段,减弱石墨层间范德瓦耳斯相互作用从而获得大量石墨烯粉体样品[图 3-38(a)]。

2008 年,斯坦福大学的戴宏杰教授课题组将可膨胀石墨在合成气体中快速加热至 1000℃,随后将膨胀石墨充分研磨后用发烟硫酸处理一天,以便于硫酸分子充分插层到石墨片层之间。在样品充分洗涤之后,将其浸入含氢氧化四丁基铵(TBA)的 N,N-二甲基甲酰胺(DMF)溶液中超声,并静置三天,使得 TBA 充分插层到石墨片层之间。最后,将该分散液取出,进一步分散到磷脂聚乙二醇表面活性剂溶液当中,在表面活性剂的稳定化作用之下,石墨烯片层之间相互分离并能够保持长时间的稳定性[130][图 3-38(b)]。

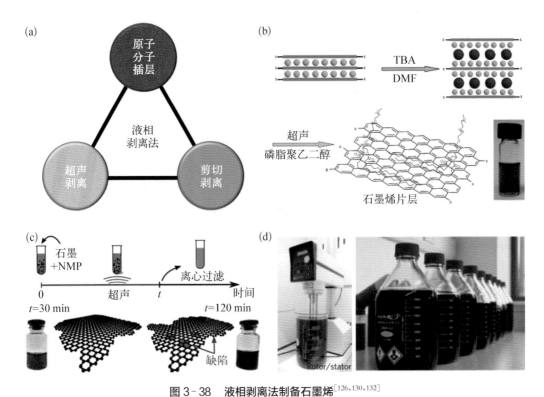

图 3-38　液相剥离法制备石墨烯[126,130,132]

（a）液相剥离法的三种方式；（b）硫酸分子插层法；（c）超声剥离法；（d）剪切剥离法

同年，都柏林大学的 Jonathan N. Coleman 小组将石墨粉通过超声的方式分散于与石墨烯表面能接近的 N-甲基吡咯烷酮（NMP）溶液中，然后通过离心过滤除去大颗粒的石墨片层，最后得到少层或单层石墨烯的悬浮液。通过这种方式获得悬浮液可以进一步通过旋涂、真空抽滤等方式将石墨烯与目标功能衬底复合[131]。需要指出的是，通过超声的方式获得石墨烯不可避免地会产生一定的缺陷。后续的研究工作揭示了石墨烯的缺陷位点和浓度强烈依赖超声时间：在较短的超声时间内，缺陷主要位于石墨烯片层的边缘；但在 2 小时以上的超声会导致缺陷在石墨烯片层内部大量累积[132][图 3-38（c）]。

牛津大学的 Keith R. Paton 等人发展了一种使用高剪切混合器对石墨进行液相剥离的方法，即将一定量的石墨分散于 N-甲基吡咯烷酮（NMP）及表面活性剂 NaCl 溶液中，然后借助剪切力克服石墨层间的范德瓦耳斯相互作用，最后离心得到石墨烯的分散液[图 3-38（d）]。该剪切设备包含转子和定子组成的搅拌头，其中转子的直径、转速、搅拌时间、石墨投料浓度等都是可调节的参量。研究人员发现，当局部剪切速率超过临界值（约为 $10^4 \ \mathrm{s^{-1}}$）时，可能发生石墨的有效剥离。该剪切速率可以在一系列搅拌机中实现，包括简单的厨房搅拌机。此外，该方法还可以用于剥离其他层状材料，例如氮化硼和二硫化钼，因而具有较好的普适性[126]。

相较于干法机械剥离法,液相化学剥离法兼顾了品质和产量,即在较大程度保持了石墨烯结构的同时,大大提高了石墨烯的产量,因此液相化学剥离法成为石墨烯粉体的主要制备方法之一。但是,由于在该过程中需要使用大量溶剂和表面活性剂来稳定石墨烯,而这些溶剂和表面活性剂残留很难在后续的过程中完全除去,因而会对石墨烯本征性质的测量和后续的应用产生不利的影响。此外,如何保持石墨烯分散液的稳定性,防止石墨烯发生后续的团聚同样是一个较大的挑战。

3. 氧化还原法

氧化还原法制备石墨烯片层所依据的原理是:使用氧化剂将石墨片层氧化以改变石墨片层的结构(例如部分破坏共轭结构、引入含氧官能团等),从而减小层间的范德瓦耳斯相互作用,使得石墨片层之间容易通过超声彼此分离,得到氧化石墨烯[图 3 - 39(a)]。随后再使用还原剂将氧化石墨烯还原,使其共轭结构部分恢复,得到还原氧化石墨烯产品[图 3 - 39(b)]。

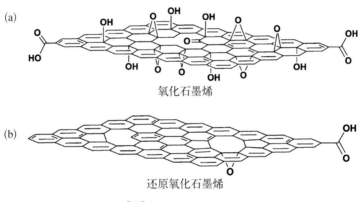

图 3 - 39　氧化石墨烯[133] (a)和还原氧化石墨烯 (b)的结构示意图

采用该方法制备石墨烯的过程中,存在几个关键的问题:

(1) 如何防止溶液中石墨片层分离后再次聚集,这将影响石墨烯的层数。

(2) 如何选择合适的氧化剂和还原剂,这将影响石墨烯的结构,进而影响石墨烯的性质。

(3) 如何减少或消除溶液法处理之后石墨烯表面的表面活性剂等分散剂的残留,这将影响石墨烯的纯度和性质。

早在 1859 年,Brodie 等人就发明了用氯酸钾和发烟硝酸组成的氧化剂混合物来处理石墨从而获得氧化石墨烯的方法。之后,Staudenmaier 等人提出了先将石墨置于浓硫酸、发烟硝酸中处理,再逐渐加入氯酸钾溶液的方法,提高石墨的氧化程度。上述方法由于耗时长并且环境污染大,具有明显的弊端。1958 年,Hummers 等人提出了使用浓硫酸、硝酸钠和高锰酸钾的无水混合物在低于 45℃的温度下对石墨进行氧化处理,该处理方法相对温和,耗时较短,因而被广泛使用[134]。随后,人们对 Hummers 法进行了一定的改进,例如 Kovtyukhova 等人发现使用 Hummers 法在最终产品中观察到未完全氧化的石墨核/壳颗粒,于是对石墨进行了预先氧化处理,即将石墨粉放入浓硫酸、过硫酸钾和五氧化二磷的溶液中进行预先氧化,然后用蒸馏水稀释混合物,过滤,冲洗,直到溶液的酸碱性变为中性,然后将所得产品干燥过夜。经过这一步骤之后,再使用 Hummers 法即可取得更好的氧化效果[135]。

2008 年,加州大学洛杉矶分校 Richard B. Kaner 教授课题组使用改进的 Hummers 法将石墨粉体氧化并在溶液中超声制备出氧化石墨烯,然后将含有氧化石墨烯的溶液过滤并干燥,得到氧化石墨烯。随后将氧化石墨烯在氮气填充的干燥箱中直接分散到 98%无水肼溶液中,并搅拌一周,得到还原之后的石墨烯分散液[136][图 3-40(a)]。

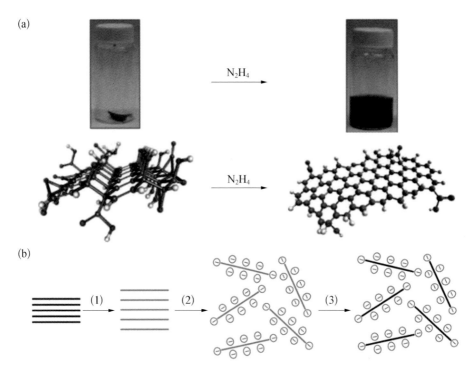

图 3-40　还原氧化石墨烯的制备方法[136,137]

(a) 使用肼作为还原剂制备还原氧化石墨烯;(b) 还原氧化法的流程,包括:将石墨粉体氧化使得层间相互作用减弱(1)、通过超声使得氧化石墨烯片层间分离(2)、通过还原剂将氧化石墨烯还原(3)

在将氧化石墨烯还原的过程中,肼起到了非常重要的作用。一方面,肼是还原剂,起到还原石墨烯片层中含氧基团的作用;另一方面,还原过程中生成的气泡(NO_2 和 N_2)有助于石墨层间的分散。此外,肼还原之后生成的 $N_2H_4^+$ 可以作为还原石墨烯(带有负电荷)的抗衡离子,起稳定还原石墨烯分散体系的作用。因此,在不添加额外的高聚物和表面活性剂的情况下,成功合成了石墨烯分散体系。但是,该方法也存在着一些不足之处。例如,肼的毒性较大,与绿色化学的原则相违背。

无独有偶,澳大利亚伍伦贡大学的 Gordon G. Wallace 教授课题组指出,通过调节还原氧化石墨烯分散液的 pH 值,可以调控石墨烯片层表面的 Zeta 电势。在合适的 pH 值下,可以通过静电稳定化形成稳定的胶体,从而在不添加表面活性剂的条件下实现了还原氧化石墨烯的大量制备[137][图 3 - 40(b)]。具体地,研究人员将 5.0 mL 水、5.0 mL 肼溶液(35%,质量分数)和 35.0 mL 氨溶液(28%,质量分数)混合,配置成还原分散液。然后向溶液中加入氧化石墨烯(溶液和氧化石墨烯的质量比为 7∶10)。在剧烈搅拌几分钟后,将混合溶液置于水浴(约 95℃)中 1 h,即可得到还原氧化石墨烯分散液[图 3 - 40(b)]。值得指出的是,在水溶液中,氨和肼解离以产生充当电解质的相应离子,过量使用这两种化学物质会导致所得分散体系不稳定。例如,如果肼的浓度过大,分散体系的稳定性随着肼浓度的增加而降低。氨还在体系中起调节 pH 值、减少肼用量的作用。

通过氧化还原的方法可以较为方便地制备出大量石墨烯片层,所得到的石墨烯具有一定的官能团,便于人们进行材料负载、催化等领域的研究。但是该方法存在两个较大的不足:一是在还原的过程中,石墨烯的结构无法全部恢复到完美的蜂窝状共轭结构,因而石墨烯的品质相比于机械剥离法得到的石墨烯要低,只适合于对石墨烯晶格结构要求不是特别严格的应用;二是在该过程中需要使用大量的氧化试剂及有毒性的还原试剂,所以不是环境友好的合成方法,研究者们在实际使用的过程中也应当注意安全操作与防护。

以氧化石墨烯为基础,通过进一步组装可以制备石墨烯纤维。2011 年,浙江大学的高超教授课题组将氧化石墨烯液晶注射到 5%(质量分数)氢氧化钠/甲醇溶液的凝固浴中,在该凝固浴中发生溶剂交换形成石墨烯凝胶纤维。将凝固浴中的纤维卷绕到转筒上,用甲醇洗涤并在室温下干燥 24 h 得到氧化石墨烯纤维。在此基础上,将制备好的石墨烯纤维在 80℃的氢碘酸(40%,质量分数)水溶液中化学还原 8 h,然后用甲醇洗涤、真空干燥12 h,即可制备出还原石墨烯纤维[127](图 3 - 41)。

随后,人们对石墨烯纤维的制备方法进行了改进,制备出了具有不同形貌的石墨烯纤维样品。例如,2013 年,北京理工大学的曲良体教授课题组利用同轴双毛细管纺丝策略,制备出了中空的石墨烯纤维[138]。具体地,研究人员研制了一种同轴双毛细管喷丝头,其中内毛细管是一根不锈钢针头,它连接在含有 3 mol/L 氯化钾的甲醇溶液的注射器上,而外毛细管与内毛细管的间隙中则填充着氧化石墨烯悬浮液(20 mg/mL)。研究人员将氯化钾/甲醇溶液和氧化石墨烯悬浮液分别以 0.6 mL/min 和 0.1 mL/s 的速度注射到甲醇浴中,即可制备得到中空的氧化石墨烯纤维(图 3 - 42)。进一步将氧化石墨烯纤维在 80℃下使用氢碘酸还原或者在 400℃ 下热退火即可将氧化石墨烯纤维还原为石墨烯纤维。此外，通过向氯化钾/甲醇溶液中混入二氧化硅悬浮液，即可实现对氧化石墨烯纤维内壁的硅羟基修饰；通过向氧化石墨烯悬浮液中混入荧光粉，即可制备出荧光氧化石墨烯纤维，进而赋予了石墨烯纤维更加丰富的物理、化学性质。

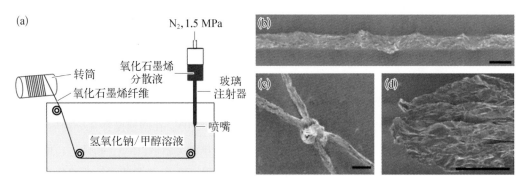

图 3-41　石墨烯纤维的制备方法[127]

（a）石墨烯纤维的制备流程；（b）～（d）石墨烯纤维的扫描电镜图片，其中（c）为纤维打结的结构，（d）为纤维断裂的截面

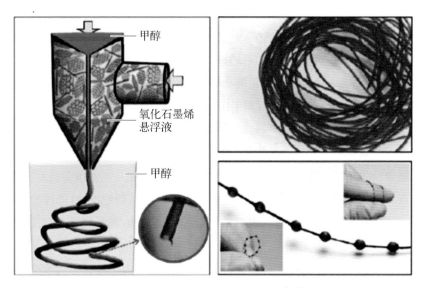

图 3-42　中空石墨烯纤维的制备[138]

石墨烯纤维是由石墨烯片层组装而成的，但实际上其力学、电学性能与独立的石墨烯片层还存在很大的差距。这是因为石墨烯纤维在组装过程中，石墨烯片层内部的缺陷，片层之间存在的堆垛层错，空位及随机取向的褶皱都会降低石墨烯纤维整体的性能。对此，高超教授课题组提出了降低石墨烯纤维的缺陷密度，提升石墨烯纤维性能指标的方案[139]。

具体来说,针对石墨烯纤维在制备过程中,从微观原子尺度到宏观的缺陷问题,研究人员提出了如下策略:(1)通过采用连续拉伸湿法纺丝,以实现石墨烯沿纤维轴的规则取向。(2)通过控制纺丝液的浓度和喷嘴的直径来实现径向尺寸的调整,以获得具有最小的堆垛层错和空隙缺陷的石墨烯纤维。(3)通过高温石墨化来修复石墨烯片层缺陷,以获得较为完美的石墨烯原子结构(图 3-43)。根据以上协同策略,研究人员获得了具有极佳力学和电学性能的石墨烯纤维,这也为石墨烯纤维品质的提升提供了方向。

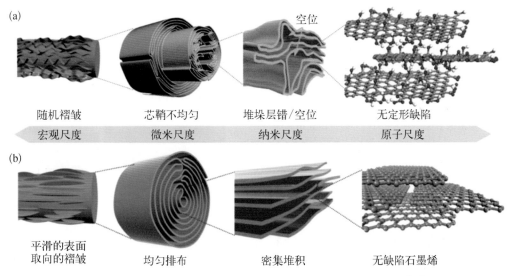

图 3-43　多尺度协同策略制备高品质、低缺陷浓度的石墨烯纤维[139]

（a）传统制备方法得到的含有多尺度缺陷的石墨烯纤维结构模型,包括原子尺度的石墨烯片层缺陷、纳米尺度的堆垛层错和空隙、微观尺度上不均匀的核鞘结构,以及宏观尺度上随机取向的褶皱;（b）通过多尺度协同策略制备出的高品质、低缺陷浓度的石墨烯纤维,其在各个尺度上的缺陷浓度均大大降低

3.4.2.2　"自下而上"法

合成石墨烯的另外一种思路是"自下而上",即将碳源、有机分子单体通过化学反应形成蜂窝状结构的石墨烯。主要有有机合成法、碳化硅外延法和化学气相沉积法等。

1. 有机合成法

众所周知,石墨烯材料没有带隙,因而限制了其在逻辑开关器件方面的应用。但是,如果把石墨烯材料做成纳米带,就可以打开一定的带隙。有机合成法就是一种精确合成石墨烯纳米带的方法。其依据的原理是:有机共轭前驱体通过偶联反应形成高分子共轭碳链,并通过随后的脱氢反应制备出具有大共轭体系的石墨烯纳米带。下面简单介绍一例这方面的研究。

瑞士联邦材料科学与技术实验室的研究人员使用 $10,10'$-二溴-$9,9'$-联蒽作为反应的前体,在 Au(111)面上反应得到了扶手椅型边缘的石墨烯纳米带(GNR)。如图 3-44(a)所示,研究人员向 Au(111)箔材(温度为 200℃)上沉积有机前驱体。前驱体沉积到目标基底上之后,会在金属基底的催化下发生脱卤反应形成双自由基中间体,这些双自由基中间体不稳定,会迅速和其他自由基中间体发生偶联,形成线形的碳分子链;前驱体沉积完成之后,研究人员将基底的温度升高到 470℃。在这个温度下,碳分子链会进一步发生环化脱氢反应,从而形成石墨烯纳米带[70]。研究人员进一步对石墨烯纳米带的结构进行了扫描隧道显微镜(STM)的表征。STM 的测试结果清晰地显示出石墨烯纳米带的原子排布结构[图 3-44(b)],从而证明了有机合成法的有效性。研究人员通过改变前驱体的结构,包括苯环之间的排列方式和卤素原子取代的位置,可以控制合成出波浪形状的石墨烯纳米带[图 3-44(c)]。此外,石墨烯纳米带的能带结构和纳米带的宽度密切相关,因此通过选择不同宽度(垂直于前驱体偶联方向上苯环的个数)的前驱体进而获得不同能带结构的石墨烯纳米带。

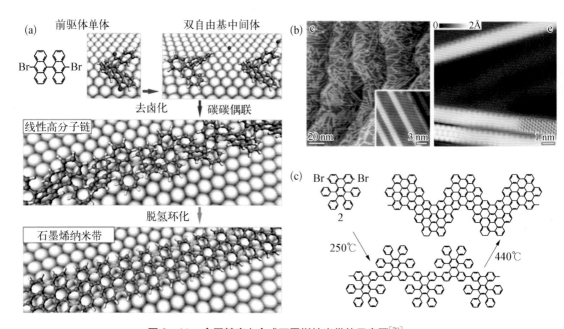

图 3-44　金属基底上合成石墨烯纳米带的示意图[70]

(a) 石墨烯纳米带的合成路线;(b) 石墨烯纳米带的 STM 表征结果;(c) 通过改变前驱体的种类来实现对石墨烯纳米带结构的调控

化学合成法可以精确获得特定宽度的石墨烯纳米带,并且通过改变前驱体的种类实现纳米带结构的调控,继而得到可调的能带结构及能隙宽度,满足不同种类的功能需求[140]。但是该类化学合成方法在规模化制备方面存在不足,目前只限于实验室级别的合成。

2. SiC 外延生长法

碳化硅(SiC)作为一种宽禁带(2.3～3.2 eV)半导体材料,具有较高的电子迁移率、热导率及化学稳定性,在半导体工业领域有着广泛的应用。碳化硅由等化学计量比的碳和硅原子构成,其结构如图 3-45(a)所示,其中相邻的碳-碳原子(硅-硅原子)之间的距离是 3.08 Å,碳-硅原子之间的距离是 1.89 Å,相邻的两个硅原子层之间的距离是 2.51 Å。碳化硅中的原子存在多种堆垛方式,如图 3-45(b)所示,典型的有 3C-SiC(…ABCABC…堆垛)、4H-SiC(…ABCBABCB…堆垛)和 6H-SiC(…ABCACB…堆垛)。

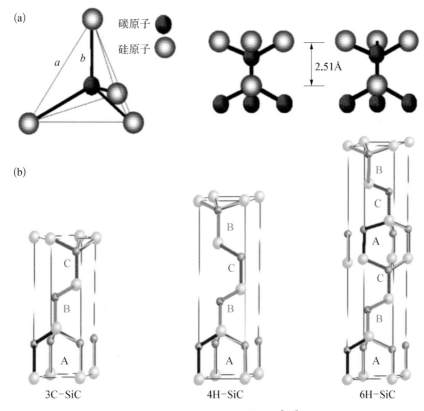

图 3-45 碳化硅的晶体结构[141]

(a)碳化硅的四面体晶胞示意图,其中相邻两个四面体晶胞可以采取两种排列方式;(b)碳化硅不同的堆积方式

碳化硅(SiC)外延生长法是合成石墨烯的有效途径。该方法的合成过程为:将 SiC 基片置于高温下退火,在高温下,表面的硅原子会发生升华离开 SiC 基片,而剩余的碳原子会重构成热力学更加稳定的石墨烯结构。碳化硅外延生长的参数中,温度和碳化硅基底的晶面是比较重要的两个因素。如果温度过低,石墨烯生长品质较差;但是若温度过高,那么石墨烯的层数将会过厚。另一方面,当将碳化硅上的硅终止面作为生长基底时,石墨烯的取向保持相对于基底的取向角度为 R30°,基底对石墨烯的耦合作用比较强;而将当碳终止面作为生长基底时,通过高温真空退火可以得到扭转角度无序的多层石墨烯。

通常,人们将 SiC 基片置于高真空下进行退火进而制备石墨烯。如图 3 - 46(a)所示,形成石墨烯之前,SiC 的表面分布着均匀的台阶,其宽度在 300~700 nm。而经历真空退火形成石墨烯之后,SiC 的表面形貌发生了很大的改变,原来的台阶已经不能被分辨,取而代之的是粗糙的表面形貌,与此同时出现了一些凹陷的针孔结构[图 3 - 46(b)]。这种粗糙的表面形貌也使得制备得到的石墨烯的层数分布变得不均匀[图 3 - 46(c)]。德国 Thomas Seyller 教授课题组对传统的真空退火方式进行改进,他们将 SiC 晶圆置于氩气常压氛围中退火,采用这种方式处理之后,SiC 晶圆表面的台阶得以很好地保留,并且台阶的宽度比处理之前宽了 5~8 倍[图 3 - 46(d)]。低能电子显微镜(LEEM)的表征结果显示,除了在 SiC 表面台阶处形成了少层石墨烯之外,其他区域均形成了均匀的单层石墨烯[图 3 - 46(e)]。进一步的拉曼光谱测试表明,真空退火得到的石墨烯存在较为明显的 D 峰,这意味着较高的缺陷浓度;而 Ar 气常压退火得到的石墨烯 D 峰则不明显,因而具有较高的品质[图 3 - 46(f)]。Ar 气常压退火能够得到有序表面结构的原因在于:相较于真空退火,较高压强的 Ar 降低了 SiC 表面 Si 原子的挥发速率,从而使得退火过程可以在 1650℃下进行。这种

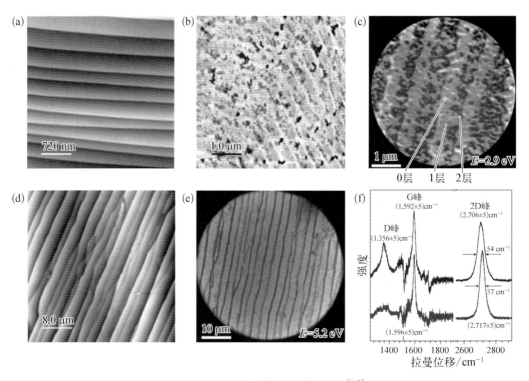

图 3 - 46   SiC 外延生长石墨烯的表征[142]

(a) 6H‐SiC(0001)表面的 AFM 图像;(b) 真空退火后生长有石墨烯的 6H‐SiC(0001)表面的 AFM 图像;(c) 真空退火后生长有石墨烯的 6H‐SiC(0001)表面的 LEEM 图像;(d) Ar 气氛围,常压退火后生长有石墨烯的 6H‐SiC(0001)表面的 AFM 图像;(e) Ar 气氛围下退火(红色)和真空退火(蓝色)条件下石墨烯的拉曼谱图

相对于真空退火而言更高的退火温度增强了表面原子扩散,有利于表面原子重构出更宽的台阶。基于此,该课题组实现了晶圆级别的石墨烯薄膜制备。同时,常压氛围退火对退火设备的要求不高,从可操作性上来说更占优势[142]。

在 SiC 衬底上外延生长石墨烯具有无须转移、无须额外提供碳源等优点,这向着石墨烯薄膜的规模化制备迈出了重要一步。但是该方法仍然存在一些制约因素:一方面 SiC 基片的价格较贵,生产成本较高;另一方面 SiC 外延生长得到的石墨烯有 Si 面或 C 面的生长行为选择性,石墨烯整体畴区尺寸较小,难以实现大单晶石墨烯的合成。由于石墨烯中的晶界会严重降低石墨烯的载流子迁移率,因此如何合成品质更高的石墨烯样品仍是重要挑战。

3. 化学气相沉积法

制备决定未来。石墨烯卓越的性能及工业化应用的实现无疑依赖石墨烯的大面积、高品质制备。在诸多制备石墨烯的方法中,化学气相沉积法(CVD)有望实现石墨烯薄膜规模化、低成本、高品质的生产,因而成为目前制备石墨烯薄膜的主流方法。

化学气相沉积法是利用气态前驱物在气相中或者催化剂表面发生化学反应,并沉积到衬底上生成目标薄膜产物的方法。根据衬底的类型,可以分为金属衬底和绝缘衬底上的化学气相沉积方法。与绝缘衬底相比,金属衬底具有较好的催化碳源裂解的能力,故制备得到的石墨烯薄膜品质较高。因此下面将重点介绍金属衬底上的化学气相沉积法。

图 3-47 示出了不同金属衬底与石墨烯相互作用的比较[143],其中前过渡金属例如 Ti、W 等易与碳源反应形成金属碳化物;以 Ni 为代表的后过渡金属与石墨烯的相互作用比较强,溶碳量较高,石墨烯的生长遵循偏析生长机制;以 Cu 为代表的后过渡金属与石墨烯的相互作用较弱,溶碳量较小,石墨烯的生长遵循表面自限制生长机制。

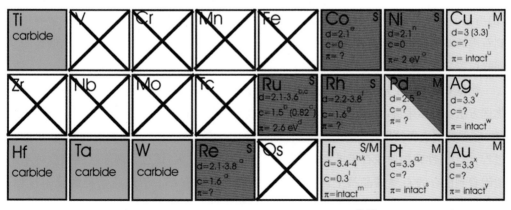

图 3-47　不同过渡金属与石墨烯的相互作用[143]

(蓝色标记的元素表示石墨烯可能生长在这些元素的金属碳化物上,红色标记的元素表示该金属与石墨烯具有强烈的相互作用,黄色标记的元素表示该金属与石墨烯的相互作用较弱)

2008 年,麻省理工学院的 Jing Kong 教授课题组使用常压化学气相沉积法,在多晶 Ni 薄膜上制备出了大面积的单层及少层石墨烯样品。研究人员发现,在 Ni 薄膜的晶界处容易产生多层石墨烯的晶核,这可能与晶界处较高的台阶原子密度有关。通过该方法制备出来的石墨烯薄膜的尺寸仅取决于 Ni 箔的面积,因而为石墨烯薄膜的规模制备提供了可能。但是,由于镍溶碳量较大,在镍金属衬底上难以获得严格单层的石墨烯薄膜[144]。

2009 年,得克萨斯大学奥斯汀分校的 Rodney S. Ruoff 课题组使用甲烷作为碳源,首次在铜箔上实现了大面积单层石墨烯薄膜的制备[12],并据此提出了石墨烯的表面自限制生长模型:铜的低溶碳量保证了碳源裂解后形成的活性碳物种只能在金属表面进行迁移而不发生体相的溶解;同时,当单层石墨烯覆盖满铜基底表面的时候,铜衬底的催化活性会大大降低,很难继续催化裂解新的碳源进行第二层石墨烯的生长。在此基础上,Rodney S. Ruoff 课题组进一步结合铜衬底的精细设计,实现了大面积绝对单层石墨烯的可控生长[145]。

随后,研究人员借助同位素标记技术,系统研究了在镍衬底和铜衬底上石墨烯的生长行为,即在化学气相沉积的过程中,将 $^{12}CH_4$ 和 $^{13}CH_4$ 交替通入 CVD 体系之中;待石墨烯生长完毕,将其转移到 SiO_2/Si 衬底上进行拉曼面扫描检测。拉曼光谱能够敏锐地捕捉到同位素碳原子引起的谱峰位移,进而可以示踪石墨烯的生长过程。图 3-48(a)是在金属镍上制备得到的石墨烯 G 峰峰位置的面扫描结果,在图中 G 峰的峰位置为 ^{12}C 和 ^{13}C 混杂的结果,没有明锐的峰位置区别。这一结果可以用图 3-48(c)中的偏析生长机制来解释,即 $^{12}CH_4$ 和 $^{13}CH_4$ 碳源分解的活性碳物种首先溶解于镍金属体相之中,在降温过程中发生偏析形成石墨烯,因而 ^{12}C 和 ^{13}C 是均匀混杂于石墨烯中的。而在金属铜上制备得到的石墨烯 G 峰峰位置的面扫描结果则出现了明显的环状结构[图 3-48(b)],这可以用如图 3-48(d)所示的表面自限制生长模型来解释:铜上裂解得到的活性碳物种发生表面扩散并拼接到石墨烯畴区的边缘实现畴区的长大,在这个过程中先后通入的碳源就会表现出明显的空间峰位置变化[146]。

铜基 CVD 法由于能够方便地制备出大面积单层石墨烯,迅速成为石墨烯薄膜制备的优选方法。具体来讲,如图 3-49 所示,铜基底上石墨烯的形成过程包括以下几个部分:(1)碳源在铜表面的催化裂解,形成活性碳物种;(2)活性碳物种在铜表面的吸附、扩散等过程;(3)活性碳物种在石墨烯表面成核;(4)石墨烯的长大,该过程源于活性碳物种不断地附着到已有的石墨烯晶核上。在该过程中同时伴随有(5)活性碳物种的脱附过程;(6)相邻石墨烯片层相互拼接形成连续的石墨烯薄膜。此外,石墨烯的生长过程还可能伴随着(7)铜表面的铜蒸气挥发。这是由于石墨烯的生长温度(1000~1080℃)非常接近铜的熔点(1085℃)[147],铜基底表面有可能发生预熔化,甚至部分气化。

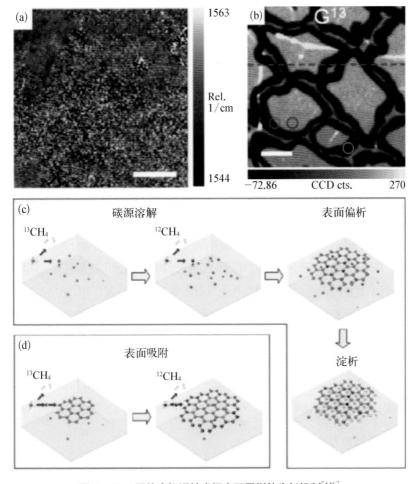

图 3-48　同位素标记技术探究石墨烯的生长机制[146]

（a）镍衬底上生长的石墨烯的拉曼 G 峰峰位面扫描结果；（b）铜衬底上生长的石墨烯的拉曼 G[13] 峰强度面扫描结果；（c）石墨烯在镍衬底上偏析生长示意图；（d）石墨烯在铜衬底上表面自限制生长示意图

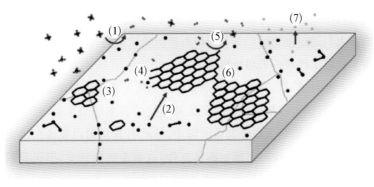

图 3-49　铜表面 CVD 生长石墨烯的基元步骤[147]

最近,铜基 CVD 法在大面积高品质石墨烯的制备方面取得了一些重要进展。例如,2013 年,Rodney S. Ruoff 课题组发现了氧在石墨烯生长中的重要作用,表面氧的存在可以有效地抑制成核密度,同时将石墨烯的生长机制由扩散限制转变为边缘键连限制,他们以此为依据成功实现了厘米级石墨烯单晶的制备[148]。2015 年,谢晓明课题组利用具有更高催化活性的 Cu - Ni 合金作为 CVD 生长的催化基底,并结合局域给气的方法,实现了单晶石墨烯的快速制备,只需经过 2.5 小时的生长即可得到 1.5 英寸的石墨烯单晶[149]。2016 年,北京大学刘忠范教授和彭海琳教授课题组发展了氧气二次钝化降低成核密度并结合梯度供给碳源的方法实现石墨烯大单晶的快速制备[150]。2017 年,北京大学刘开辉教授、彭海琳教授和香港理工大学丁峰教授等人发现氧化物衬底可以在石墨烯生长过程中源源不断地释放微量氧并促进石墨烯的生长,将铜上石墨烯单晶的生长速度提高到了 3600 $\mu m/min$[151]。随后,刘开辉等人又发展了大面积铜(111)单晶的制备方法并据此成功实现了石墨烯分米级单晶的制备[152]。针对石墨烯和铜箔衬底热膨胀系数不同导致在降温过程中石墨烯出现褶皱这一问题,北京大学彭海琳教授、刘忠范教授课题组通过调控基底与石墨烯之间的相互作用,使用与石墨烯相互作用较强的 Cu(111)晶面制备出了没有褶皱的超平整石墨烯单晶晶圆[153]。2018 年,Ivan V. Vlassiouk 等人在铜镍合金衬底上通过局域气流和全局气流结合调控,巧妙地实现了石墨烯的选择进化生长,在多晶衬底上高效制备出了单晶石墨烯薄膜[154];2019 年,刘忠范教授和彭海琳教授课题组针对 CVD 石墨烯制备过程中的本征污染物问题提出了系列解决方法,制备出了大面积超洁净石墨烯薄膜,为高品质 CVD 石墨烯的制备又注入了新的活力[155](图 3 - 50)。

3.4.2.3   石墨烯制备方法对比

高品质石墨烯材料的制备始终是材料学家和化学家研究的重要研究目标。对于自上而下的合成方法,人们研究的重点在于如何减弱石墨层间的范德瓦耳斯相互作用,使得石墨片层之间得以分离,以及如何防止分离之后石墨烯片层之间的团聚。此外,减少处理过程中杂质的残留,以及尽量保持石墨烯结构的完整性也非常关键。一般来讲,自上而下的方法制备得到的石墨烯横向尺寸较小,较难实现均匀的层数控制,因而成为石墨烯粉体的主要合成方法。人们通过湿法纺织等手段将石墨烯粉体材料有序组装起来,可以进一步制备具有良好力学和电学性质的石墨烯纤维。

对于自下而上的合成方法,研究的重点集中于如何实现大面积高品质石墨烯薄膜的制备。其中,有机合成方法可以精确控制得到某种类型的石墨烯纳米带,但是该方法局限于实验室级别的研究,无法满足大规模制备的需求。SiC 外延法可以制备出晶圆级别的石墨烯薄膜,对于基础研究及部分应用(例如高频器件)有着重要的意义,但仍受限于较为昂贵的基片价格及较小的石墨烯畴区尺寸;化学气相沉积法由于其能够控制备单层石墨烯、可批量化等特点,被认为是最有望实现石墨烯薄膜工业化生产的一种合成方法。

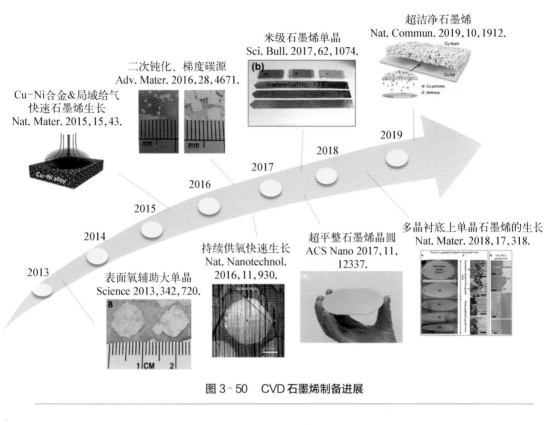

图 3-50 CVD 石墨烯制备进展

    表 4-1 和图 3-51 总结了目前主要的几种合成石墨烯的方法的优缺点,以及合成的石墨烯的适用范围。经历了十余年的发展,石墨烯的合成方法日趋完善。石墨烯的高品质、规模化制备有望带动相关应用的落地和未来石墨烯产业的发展。

表 4-1　石墨烯不同合成方法的比较

方　法	优　点	不　足	适用范围
干法机械剥离法	简单快捷,石墨烯的晶格结构完美,品质较高	石墨烯面积小,层数控制难,单层产率低	科研领域的物性测量
液相剥离法	合成装置简单,石墨烯结构保持较完美	有表面活性剂残留,影响本征性质,石墨烯容易团聚	石墨烯粉体、添加剂、载体、复合材料
氧化还原法	合成装置简单,石墨烯表面具有官能团	石墨烯结构被部分破坏,需使用有毒害化学品	石墨烯粉体、添加剂、载体、复合材料
有机合成法	精确合成一定带隙的纳米带,结构可通过前驱体调控	产量低,不容易批量化,实验装置复杂	实验室级别的物性研究
SiC 外延法	晶圆尺寸制备,石墨烯品质较高	SiC 基材较贵,石墨烯畴区尺寸较小	小规模生产,器件应用
化学气相沉积法	大面积、单晶化、高品质、批量化石墨烯制备	需要转移到目标基底上才能使用,在绝缘衬底上直接生长的品质仍不高	大面积石墨烯薄膜的各类应用

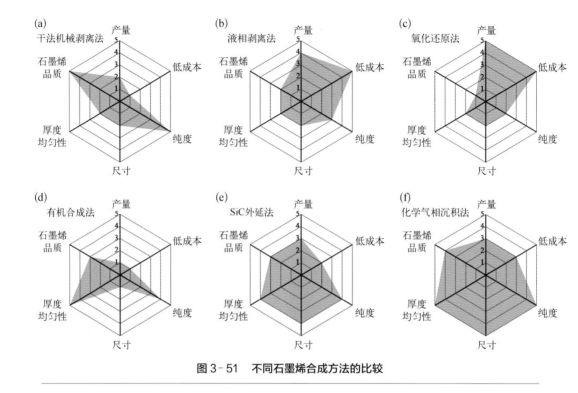

图3-51   不同石墨烯合成方法的比较

3.4.3   石墨烯的应用前景

3.4.3.1   电子信息

　　石墨烯独特的电子结构及优异的电磁学特性,使其在电子信息领域有广阔的应用前景,这也是人们关注最多、投入最大、进展最快的石墨烯应用领域。目前电子信息领域石墨烯的应用主要有:石墨烯柔性透明导电薄膜、石墨烯传感器、石墨烯射频器件等。

　　如今在电子器件领域中人们越来越关注柔性电子器件的发展。随着电子产品日新月异地更新换代,人们更希望电子产品能在一定形变范围(比如弯曲、折叠、拉伸、压缩、扭转等)内仍可正常工作。而石墨烯薄膜作为一种理想的薄膜材料,在具备优异的力学性能的同时,还可以保证超高的载流子迁移率和透光性,无疑十分适合在该领域中大展拳脚。2010年,韩国三星公司[100]以卷对卷(Roll‒to‒Roll)生产技术制得了30英寸石墨烯柔性透明导电薄膜[图3‒52(a)],他们使用硝酸以湿化学掺杂降低石墨烯的面电阻,单层石墨烯薄膜的面电阻低至约125 Ω/sq,同时具有97.4%的透光率。随后,他们进一步使用逐层叠加的方式制备了掺杂的四层石墨烯薄膜,面电阻进一步降低至约30 Ω/sq,且仍能保持

90%的透光率。据此,三星公司也率先制得了石墨烯触摸屏设备[156]。2019 年,北京大学刘忠范教授和彭海琳教授研究团队[157]在石墨烯生长中通过引入端基氮碳簇并以氧刻蚀辅助消除缺陷,实现了高迁移率氮掺杂石墨烯薄膜的制备。用这种方法制得的氮掺杂石墨烯薄膜,迁移率可达 13000 $cm^2/(V \cdot s)$,且面电阻仅有约 130 Ω/sq。氮掺杂石墨烯薄膜迁移率、导电性高,功函数可调,稳定性也较好,是一种在芯片和电子产品领域中很有前途的薄膜材料。该团队从制得的氮掺杂石墨烯薄膜出发,还成功研制出了高性能石墨烯触摸屏的原型器件[图 3-52(b)]。

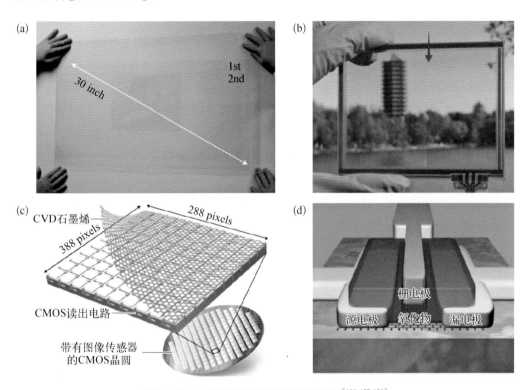

图 3-52　石墨烯在电子信息领域的应用[100,157-159]

(a) 30 英寸石墨烯柔性透明导电薄膜;(b) 高性能石墨烯触摸屏原型器件;(c) 使用石墨烯制得高迁移率光电晶体管的 CMOS 集成电路示意图;(d) DLC 上的石墨烯射频晶体管示意图

在电子信息技术领域中,传感器可谓是重中之重。传感器可以将各种信号转化为电信号从而进一步处理,以实现外界与内部电路逻辑的交互,从而达成电子产品与用户的相互关联。石墨烯这种单层原子厚度的二维薄膜材料,具有独特的能带结构,其电子态很容易受到光学、热学、力学等外界信号的调制,因此在传感器领域石墨烯也具有极大的活力。在石墨烯传感器的研究中,光电传感器是其中代表性应用的一种。2017 年,西班牙光子研究中心的 Frank Koppens 研究团队[158]报道了使用石墨烯制得高迁移率光电晶体管的 CMOS 集成电路。如图 3-52(c)所示,他们成功实现了超过 11.1 万个光导石墨烯通道的垂直集成,并以此实现了光电成像。结果表明,以石墨烯制作的光电管可以实现可见光和短波红外光(300～2000 nm)的成像。这一里程碑式的技术突破使得低成本、高分辨的宽频高光谱成像系统有望实现,进一步推动石墨烯在安保、智能手机、夜视、汽车传感系统、食品药品检测、环境监测等领域的应用发展。

电子信息领域离不开电磁,射频技术也是电子信息领域中一个重要内容。目前该技术主要包含两种应用,一种是高频电子器件,可以实现高频信号的放大、混频和倍频;另一种是无线射频识别技术(radio frequency identification, RFID),是非接触式的数据自动采集技术,其信息采集速度快、准确度高,也是物联网的核心技术之一。石墨烯具有超高的载流子迁移率,有利于提升高频电子器件的工作频率;石墨烯还具有双极性性质,若将偏置电压设置在狄拉克点附近,可以获得倍频输出信号,因此在射频技术中也占有一席之地。2011 年,Yanqing Wu 等人[159]报道了一种基于类金刚石薄膜(DLC)上的石墨烯射频晶体管[图 3-52(d)],其栅极长度降至 40 nm,并实现了高达 155 GHz 的截止频率。与二氧化硅等大多数衬底相比,DLC 膜具有较高的声子能量,较低的反应活性和极性,这些更优秀的性能也促进了高性能石墨烯射频晶体管截止频率的提高。

3.4.3.2　能源与环境

石墨烯具有极佳的导电性能和超大的比表面积,同样十分适合作为储能领域的材料。电化学储能是新能源领域中一个重要的发展方向。石墨烯在电化学储能上的研究和工业化发展也较为深入,涉及的主要研究方向包括锂离子电池和超级电容器等。

锂离子电池是一种高效的可充电电池,依靠锂离子在正负极之间的移动、吸附、脱附和氧化还原等过程实现电能和化学能之间的可逆转化。而石墨烯可以充当锂离子电池中的活性材料及非活性材料,利用石墨烯晶格空穴或缺陷提高锂离子储存含量[160],从而提高锂离子电池的性能和电量储存。2009 年,Jinsoo Park 等人[161]报道了采用化学法合成的石墨烯纳米片作为锂离子电池的阳极,实现了较强的锂储存能力和良好的循环性能。2011 年,Haibo Wang 等人[162]报道了使用氮掺杂的石墨烯片层当作锂的储存材料[图 3-53(a)]。其静电充放电实验表明,氮掺杂的石墨烯纳米片具有很高的可逆容量,显著提高了电池的循环稳定性,证明了氮掺杂石墨烯纳米片是锂离子电池负极材料的一个有前途的候选材料。

在超级电容器领域,石墨烯的作用也不可忽视。超级电容器是通过电极与电解质之间形成的双层界面来存储能量的新型元器件,既具有电容器快速充放电的特性,同时也具备电池的储能特性。超级电容器主要有功率密度高、循环寿命长、工作温限宽、免维护、绿色环保等特点。2009 年,南开大学陈永胜教授研究团队报道了石墨烯材料作为超级电容器电极材料的性能[163]。所制得的超级电容器示意图与实物器件图如图 3-53(b)所示,作者利用氧化石墨烯片制备的石墨烯材料制成导电碳网格,在能量密度为 28.5 W·h/kg 时,他们测得的功率密度为 10 kW/kg,并在电解质溶液中获得了 200 F/g 以上的最大比电容。不仅如此,经过 1200 次循环试验之后,超级电容器仍保持了 90% 的比电容,证明该器件具有优异的长循环寿命。石墨烯超级电容器无疑具备了高性能、环保和低成本的特点,具有很大的商业潜力。

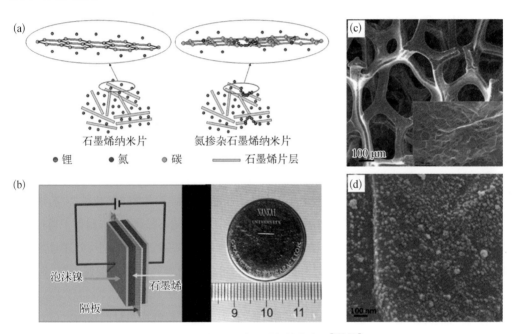

图 3-53　石墨烯在电池领域的应用[162-164]

(a) 氮掺杂的石墨烯片层储存锂的示意图;(b) 石墨烯超级电容器。左图:石墨烯超级电容器结构示意图;右图:制得的石墨烯超级电容器实物照片;(c) 三维石墨烯 SEM 照片,插图为局域放大 SEM 照片;(d) 在三维石墨烯网络结构上沉积的铂纳米粒子的 SEM 照片

石墨烯的表面积大,耐腐蚀性强,导电性能优秀,因此其电化学性能一直备受关注,石墨烯电极材料同样性能出众。电极表面的三维石墨烯复合结构更在此基础上具有更大的表面积、开放的蜂窝状结构和大体积孔隙,这使得它成为燃料电池中理想的电极材料。以 Pt 纳米粒子电化学催化为例,石墨烯材料耐腐蚀性强,可以防止燃料电池性能的快速流失;三维石墨烯的高表面积使得催化剂的负载均匀,且效率更高;联通的孔隙还能提供更低的流体阻力,确保有效的传质。Thandavarayan Maiyalagan 等人[164]以三维石墨烯网络结构[图 3-53(c)]作为铂纳米粒子脉冲电化学沉积的电极支撑,获得了形貌清晰、体积小的

铂纳米粒子[图3-53(d)]。这种电极材料相比传统碳纤维支架上沉积铂纳米粒子的电极具有更高的催化活性,其电流密度峰值为后者的两倍,进一步证明三维石墨烯和铂纳米粒子的复合结构起到了关键作用。

石墨烯不仅在电能储能方面表现优异,而且因为其拥有最高的本征热导率[理论上热传导系数超过5000 W/(m·K)],石墨烯在热管理技术领域也同样出众,故既可以用作散热材料,也可以用作加热材料。

在散热领域中,石墨烯基导热散热材料主要包括热界面材料和导热膜两种。2015年,Bo Tang等人[165]提出采取不同方法制备石墨烯作为改性环氧树脂的填料,以此制备热界面材料(TIMs)。该研究表明,所得到的TIMs在室温下最大导热系数可达4.9 W/(m·K),提高至改性前的19倍。石墨烯热传导主要依靠声子,而石墨烯与基体之间存在强耦合声子模,因此更大尺寸的石墨烯片层及其表面官能团会进一步降低石墨烯和环氧树脂之间的界面热阻。Wenge Zheng研究团队[166]通过将石墨化氧化石墨烯膜[图3-54(a)]制备成石墨烯薄膜,在膜厚度仅有8.4 μm的前提下,实现了约20 dB的电磁接口(EMI)屏蔽效能和高达1100 W/(m·K)的平面热导率。

在加热领域中,石墨烯的主要应用是石墨烯电热膜,是一种以通电的方式实现发热的薄膜材料。2011年,Sui Dong等人[167]通过在石英上涂覆氧化石墨烯溶液制备了具有优异发热性能的石墨烯电热元件。作者在这一元件的基础上研制了除霜防雾装置,实验效果十分显著[图3-54(b)]。随后作者在聚酰亚胺基底上涂覆氧化石墨烯溶液,制得了柔性石墨烯电热薄膜。这一突破表明,石墨烯薄膜化学稳定性高、透明度高、质量小、可通过溶液处理进行生产,十分适合作为薄膜加热的理想材料,可以应用于飞机的热控制部件、医疗设备、家用电器及其他许多工业设备等。

近年来,美国马里兰大学胡良兵课题组利用石墨烯等碳基电加热材料作为电极开发了快速加热烧结技术,加热温度可达到3000℃,升降温速率达$10^3 \sim 10^4$℃/min,烧结时间缩短到数秒左右,在烧结过程中不需要加压,因此该技术工艺可保持3D打印材料、薄膜材料,以及多孔材料的结构完整性,是一种普适性的高温烧结方法,为微纳结构的精确和快速加热烧结提供了可能,有助于推动热学相关的微纳米科学研究和工程应用[168]。

此外,石墨烯还在发光二极管(LED)领域颇具潜力,可以有效提升LED器件的性能。例如,高亮度发光二极管等Ⅲ族氮化物基器件在构筑时,往往使用蓝宝石衬底,但蓝宝石衬底存在一个缺点,即散热不良,这限制了LED能效以及后续的诸多应用。2019年,北京大学刘忠范教授团队[169]报道了利用垂直结构的石墨烯(VG)纳米薄膜作为缓冲层附加在蓝宝石衬底上的AlN薄膜上,从而改善其散热性能。结果表明,在垂直石墨烯/蓝宝石衬底上制作的LED器件在高注入电流(350 mA)下最高温度降低[图3-54(c)],同时还有效提高了37%的光输出功率[图3-54(d)]。作者还发现,垂直结构石墨烯纳米薄膜的引入还进一步促进了 AlN 的成核,并显著降低了冷却过程中产生的外延应变。石墨烯/蓝宝石衬底的制备,有效缓解了衬底和外延层晶格间的热失配,显著降低薄膜应力和位错密度,提升了薄膜质量和量子效率;缩短了氮化物膜成膜时间,节省成本;有效增强了散热,降低器件温度,提升器件性能。这些优异的表现无疑将会被市场所关注,为石墨烯 LED 产业化应用进一步突破贡献力量。

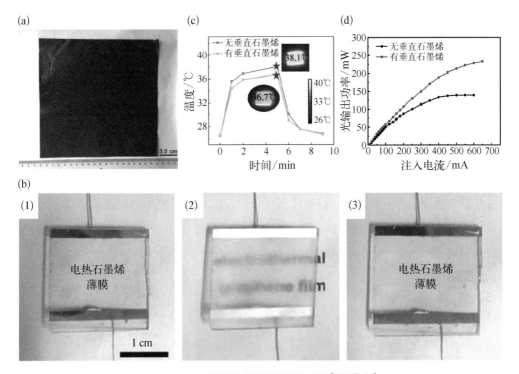

图 3-54　石墨烯在热管理领域的应用[166,167,169]

(a)石墨化氧化石墨烯膜的照片;(b)(1)(2)电热石墨烯薄膜水雾形成前后照片,(3)电热石墨烯薄膜加热 2 min 后的除雾效果照片;(c)垂直石墨烯/蓝宝石衬底及蓝宝石衬底上制作的 LED 器件的温度-时间曲线图。插图是两者工作时的温度成像图;(d)垂直石墨烯/蓝宝石衬底及蓝宝石衬底上制作的 LED 器件的光输出功率-注入电流曲线图

3.4.3.3　复合材料

石墨烯材料作为添加剂、复合剂与其他材料结合时,往往可以发挥良好的适配性,实现协同增优的效果。石墨烯的力学性能优异,理论上其弹性模量可达 1 TPa,拉伸强度和断裂强度均超过 100 GPa,因此被认为是理想的增强力学性能的添加剂,可以显著提高材料的强度、刚度、韧性等力学性能[170]。

石墨烯粉体是其中代表性的产品形态的一种,可以作为添加剂增强基体材料的力学性能。石墨烯在金属材料中主要通过界面相互作用抵抗错位运动,从而强化金属基体[171];而在非金属材料中,石墨烯可以起到增强韧性或者阻止裂纹增长的作用。2013年,Harshit Porwal等人[172]通过液相剥离法制得石墨烯粉体,并将其分散在氧化铝基体中,将材料的断裂韧性提高了40%。同年,Mina Bastwros[173]等人研究了球磨制备的石墨烯粉末对Al6061材料的增强作用,在Al6061的半固态条件下,采用热压法制备了复合材料,实现了弯曲强度47%的提升。除此以外,石墨烯粉体也能显著增强有机材料的力学性能,Jae Ha Lee等人[174]使用低温球磨获得了石墨烯粉体并制作获得了石墨烯/壳聚糖复合材料。低温球磨增强了石墨烯粉体的分散性、石墨化特性和热稳定性,得到的复合材料与原始材料相比,其抗拉伸性能显著增强。

除了显著增强基体的力学特性,石墨烯粉体复合材料在光催化领域也有所建树。2012年,Kaixing Zhu等人[175]通过碳化硅高温热分解法成功制备了石墨烯包覆的碳化硅粉末(GCSP)。GCSP光催化降解机理示意图如图3-55(a)所示,碳化硅的导带和石墨烯的费米能级之间差异巨大,使得光能产生的电子快速地实现转移,从而避免了碳化硅中电子和空穴的重新组合;此外,碳化硅与石墨烯之间的异质结界面和大的接触面积导致了两者的强耦合作用,从而利于光生载流子的转移。结果表明,这种非均相复合材料结构独特,能够实现高效的载体转移,其光催化活性比普通碳化硅粉末提高了100%以上。

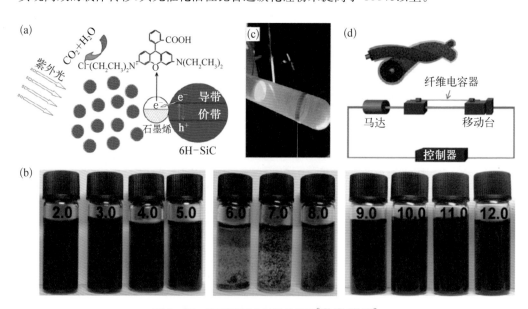

图3-55　石墨烯复合材料的应用[175,176,179,180]

(a) GCSP光催化降解机理示意图;(b) 不同pH值下石墨烯复合粉体材料的聚集状态;(c) 石墨烯-金属复合纤维的照片;(d) MnO_2纳米粒子改性的石墨烯复合纤维,上图:复合纤维的示意图;下图:该复合纤维制得的柔性纤维电容器弯曲测试的示意图

此外,在化学监控领域,石墨烯与有机物的复合粉末材料可以对环境的酸碱度进行灵敏监控。2012 年,Erkang Wang 课题组[176]报道了一种基于石墨烯的多 pH 值复合材料。作者使用壳聚糖对石墨烯进行非共价功能化,利用两者之间良好的协同作用,实现了石墨烯粉末在酸/碱性溶液中均匀分散,在中性溶液中聚集的效果[图 3‒55(b)]。通过调节溶液的 pH 值,这种材料可以实现在分散态和聚集态之间的可逆转化,根据这种 pH 值响应特性,作者成功研制出了一种 pH 值驱动开关,用于监控环境的 pH 值的动态变化。这种复合材料也为药物控制传递系统、生物传感器等领域提供了新的思路。

石墨烯纤维材料是另一种代表性的复合材料,它将单个石墨烯的显著特性集成到宏观的集合体中,不仅具有纺织纤维的灵活性,同时保持了超过传统碳纤维的独特优势,比如成本低、重量轻、随模成形和易于功能化等优点。2012 年,Seon Jeong Kim 研究团队[177]通过结合溶液纺成的聚合物纤维与氧化石墨烯、碳纳米管进一步提高了纤维的韧性,其重量韧性接近惊人的 1000 J/g,远远超过了蜘蛛拖丝(165 J/g)和 Kevlar 聚酰胺纤维(78 J/g)。这种韧性增强来源于纺丝过程中的还原氧化石墨烯纤维和单壁碳纳米管的自对准。这种新型的纤维材料降低了完全使用碳纳米管复合时的高额成本,并且方便溶液处理,可以使纤维的后续规模化生产具备可能。

石墨烯纤维还可被原位功能化修饰,从而制得各式各样的功能化纤维。例如,Zelin Dong 等人[178]通过在石墨烯纤维中原位引入 Fe_3O_4 纳米粒子来制备磁性梯度光纤。含有 Fe_3O_4 纳米粒子的石墨烯纤维具有良好的机械柔性,并表现出敏感的磁响应,磁化后的石墨烯纤维可以从初始的垂直位置反复向磁体弯曲。浙江大学高超课题组[179]将氧化石墨烯与商业银纳米线混合,湿法纺丝制备出 8 种石墨烯-金属复合纤维[图 3‒55(c)]。银掺杂的石墨烯纤维展示了极高的导电性和载流量,分别可达到 9.3×10^4 S/m 和 7.1×10^3 A/cm^2。掺杂石墨烯纤维具有高导电性、高机械强度和柔韧性,有望成为软电路中理想的可拉伸导体。

与传统超级电容器不同,纤维化的超级电容器因其与柔性和可穿戴电子设备的兼容性而越来越受关注。石墨烯纤维具有高强度、高电热学导电性、低成本、重量轻、易功能化的显著特点,石墨烯纤维核心被三维多孔网格石墨烯骨架保护,提供了巨大的比表面积,同时还保持了高柔性,可以实现高压缩、拉伸性能的超级电容器,还可以方便地制备可穿戴设备,在纤维器件的应用中具有显著优势。2014 年,Qing Chen 等人[180]在石墨烯纤维周围的三维石墨烯网格上直接沉积 MnO_2 纳米粒子对石墨烯纤维进行改性,从而制备出了新型的复合纤维。以该复合纤维制得的纤维超级电容器进行电化学测量,该器件表现出了较强的电化学电容行为。作者还测得该复合纤维制得的柔性纤维电容器在伸直和弯曲状态下的电学表现[图 3‒55(d)],其伏安曲线基本保持一致,说明了该柔性器件良好的对于机械变形的容忍度。柔性电学器件在可穿戴电子产品领域有不可替代的作用,而石墨烯纤维及其衍生材料无疑具有显著优势,有望成为理想的可穿戴电子产品的纺织材料。

总之,石墨烯纤维通常经纺丝技术制备而成,是石墨烯材料在工业应用中极具发展潜力的宏观结构之一。通过调控石墨烯材料的多尺度结合方式,并发展其化学功能化技术,有望获得高强度、高韧性、高导电性、高导热性等优异理化性质的石墨烯纤维材料,可开发轻质高强、调温变色、电磁防护、形状记忆、防水透湿等多功能智能织物,助力石墨烯材料在航空航天、智能装备、防护服装等领域的广泛应用。

3.4.3.4   生物医药

石墨烯及其衍生物在生物技术和生物医学领域发展迅速。不同的石墨烯材料的形态,比如氧化石墨烯、还原氧化石墨烯、石墨烯粉体、石墨烯薄膜都存在结构和性质上的差异,而这些差别又决定了它们在应用上的不同。下面将简要介绍一些代表性的应用方向。

石墨烯及其衍生物作为纳米级的薄膜材料,其抗菌性能优秀,可以有效阻隔腐蚀性的细菌、真菌及其他微生物在材料表面的黏附和增殖。自洁抗菌涂料可以使表面长期保持清洁和健康,不需要清洗消毒,因此其制备越来越受到人们的重视。2017 年,Rahimeh Nosrati 等人[181]通过制备二氧化钛/氧化石墨烯纳米复合材料作为丙烯酸涂料的添加剂,使得涂料对有机染料污染物的光脱色效率提高,同时保持了高亲水性和水中稳定性的优点。如图 3-56(a)所示,作者还对该涂料设计了抗菌性能的研究实验,以未改性的丙烯酸涂料为对照,发现在氧化石墨烯改性的区域没有金黄葡萄球菌的生长,而对照组则出现了金黄葡萄球菌的生长。这表明二氧化钛/氧化石墨烯复合材料能够一定程度上阻止细菌的生长。这种石墨烯基抗菌涂层如果在未来得以进一步发展,将真正开发出将亲水、光催化、抗菌、稳定等优点集于一体的产品。

石墨烯因其独特的二维结构和优异的电子输运性能,在电化学生物传感领域也备受关注。石墨烯及其衍生物材料具有对小分子的电催化氧化活性,在人体液样品的检测中可以发挥重要作用。2012 年,Shenguang Ge 等人[182]研究了氧化石墨烯在 L-半胱氨酸检测中的作用。作者通过静电相互作用,依靠超声制备了氧化石墨烯/金纳米团簇复合材料[图 3-56(b)],并测定了对 L-半胱氨酸的电催化氧化活性,其可测定范围很广,为 $0.05 \sim 20.0 \ \mu mol/L$,其检出限及其氧化电位均很低,分别为 $0.02 \ \mu mol/L$ 和 $+0.387$,且其他有机小分子(如碳水化合物、核苷酸、氨基酸等)均不会对 L-半胱氨酸的测定造成明显影响。这种石墨烯材料复合的生物传感器制备简单、响应速度快、稳定性好、重现度高,可以在不依靠任何分离技术的前提下,成功对人体尿液样品中的 L-半胱氨酸直接进行测定。可见,在生物小分子的测定上,石墨烯材料制备的生物传感器具有非常广阔的应用前景。

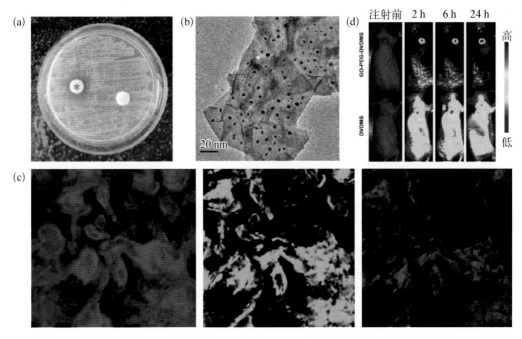

图 3‑56　石墨烯在生物医学领域的应用[181-184]

（a）二氧化钛/氧化石墨烯纳米复合材料改性的丙烯酸涂料（红色星号区域）和未改性的丙烯酸涂料（无星号区域）的抗菌效果照片；（b）氧化石墨烯/金纳米团簇复合材料的 TEM 照片；（c）强荧光石墨烯量子点的荧光表现；（d）GO‑PEG‑DVDMS 和 DVDMS 的小鼠注射实验结果，GO‑PEG‑DVDMS 在肿瘤区域出现明显聚集

　　石墨烯基材料具有良好的分散稳定性、生物相容性，荧光成像作用也较强，因此在生物成像领域也展示了广泛的应用前景。生物成像是了解生物体组织结构和探寻生物体生理功能机理的一种重要手段，生物成像的发展需要增强成像手段的实时性和连续性，以此实现对生物体生理过程的详细追踪。2013 年，Xu Wu 等人[183]利用天然氨基酸的一步热解制备了一种强荧光石墨烯量子点（GQDs），如图 3‑56（c）所示，在紫外光、蓝光、绿光的照射下，GQDs 表现出较强的蓝光、绿光和红光。作者发现，GQDs 在 800～850 nm 范围内发射近红外荧光，具有激发依赖性，且该近红外荧光具有 455 nm 的大斯托克斯位移，这在生物目标的敏感监测和成像上具有重要优势。此外，GQDs 在化学上显示惰性，无须担心传统量子点中固有的重金属潜在毒性问题；GQDs 还具有类似于石墨烯片和碳纳米管的内在过氧化物催化活性，可应用于过氧化氢的敏感监测。2015 年，Xuefeng Yan 等人[184]通过石墨烯材料设计并制备了一种新型的光致诊断试剂，显著增强了光学成像导向光动力疗法（photodynamic therapy，PDT）的荧光性能。该试剂（GO‑PEG‑DVDMS）基于搭载了乙二醇修饰的氧化石墨烯（GO‑PEG）的新卟啉钠（DVDMS），通过分子内的电荷转移，其荧

光强度比单独使用 DVDMS 显著增强。此外,小鼠注射实验结果显示[图 3 - 56(d)],GO - PEG 载体显著提高了 DVDMS 的肿瘤积累效率,从而提高 PDT 的疗效。可见,石墨烯基材料在医学诊断成像领域大有可为。

总之,石墨烯及衍生物具有优良的电学、光学、热学、磁学等性能,兼具良好的物理与化学稳定性和生物相容性,在组织工程方面及作为药物/基因载体进行临床治疗方面均具有很大的应用潜力。此外,石墨烯在抗菌涂层、生物成像、生物传感器方面具有应用优势,有望在健康监测、智能医疗领域发挥重要作用。

3.5   石墨烯材料的研究进展

3.5.1   石墨烯材料制备的科学问题

3.5.1.1   石墨烯薄膜材料的制备

高质量石墨烯薄膜的制备一直受到学术界和工业界的广泛关注。化学气相沉积制备方法自 2009 年被提出,逐渐成为制备高品质石墨烯薄膜的主流方法。石墨烯薄膜 CVD 制备方法具有均匀性好、可控性强、可放量等优点,为高品质石墨烯薄膜的规模化生产和应用提供了机会。然而,CVD 制备石墨烯薄膜过程中,仍存在表面污染严重、褶皱和晶界缺陷多、生长速度慢、掺杂控制难等问题。近年来,人们研发了一系列金属衬底上石墨烯薄膜生长方法来逐步提高其品质,并取得了长足的进展。

大单晶石墨烯是石墨烯薄膜 CVD 制备领域的主流研究方向。石墨烯薄膜的 CVD 制备过程通常需要经历石墨烯畴区拼接成膜的阶段。石墨烯畴区拼接时,存在两种可能:(1)当畴区之间具有相同的晶格取向时,畴区之间可以实现六元环的完美拼接,并保持原有的晶格取向形成更大的单晶畴区。(2)当畴区之间晶格取向不一致时,畴区间可能会形成由五元环、七元环和畸变的六元环构成的晶界(图 3 - 57)[75]。石墨烯晶界作为一种结构缺陷,其存在会显著影响石墨烯薄膜的电学、力学、光学和化学稳定性等性质。因此提高石墨烯薄膜的单晶畴区尺寸,降低晶界密度,对于高品质石墨烯薄膜的制备至关重要。

石墨烯生长的衬底多为多晶金属箔衬底,在石墨烯的成核阶段,畴区取向对金属衬底晶面具有强烈的依赖性[185],这会导致石墨烯畴区随着金属衬底晶面的不同而取向不同,进而导致畴区拼接时形成大量的晶界。这种情况下,石墨烯成核密度越高,晶界就会越多。因此,为了制备大单晶石墨烯薄膜,目前主要有两种思路:一种是减小石墨烯的成核密度,提高单晶畴区尺寸;另一种是控制石墨烯畴区的取向,实现畴区间的完美拼接,进而形成大尺寸单晶石墨烯薄膜。

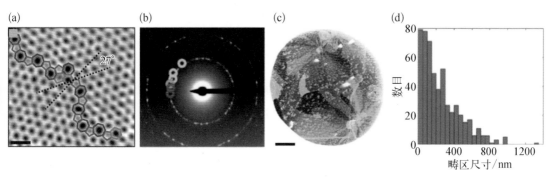

图 3-57　石墨烯畴区拼接形成的晶界[75]

（a）含有五元环、七元环和畸变的六元环的石墨烯晶界的高分辨透射电子显微镜图像；（b）（c）多晶石墨烯的选区电子衍射（b）和暗场像（c）；（d）石墨烯畴区尺寸统计图

对于第一种思路，限制碳源供给来降低活性碳物种的浓度，在一定程度上可以降低石墨烯的成核密度[186]。为了控制石墨烯的单一成核，中国科学院微系统与信息技术研究所谢晓明课题组通过对具有一定溶碳能力的铜镍合金衬底（$Cu_{85}Ni_{15}$）局域提供碳源，使该局部区域产生过饱和的碳浓度，成功地在 2.5 h 内制备出 1.5 英寸的单晶石墨烯（图 3-58）[149]。作者

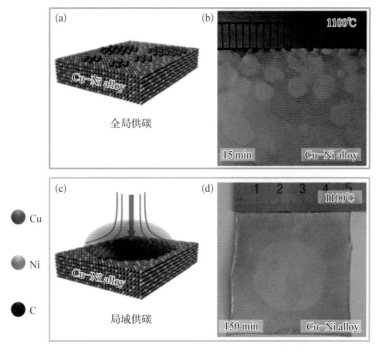

图 3-58　石墨烯在铜-镍合金衬底上生长[149]

（a）（b）不限制碳源供给区域进行石墨烯生长的示意图（a）和石墨烯生长后的照片（b）；（c）（d）仅在局部区域提供碳源进行石墨烯生长的示意图（c）和石墨烯生长后的照片（d）

认为,不同于铜衬底上的表面催化生长机制和镍衬底上的偏析生长机制,$Cu_{85}Ni_{15}$合金衬底上石墨烯的生长为等温析出机制,即溶解在合金衬底内的碳原子会逐渐析出并参与衬底表面石墨烯的生长,这会提高石墨烯的生长速度。

对于第二种思路,由于石墨烯的生长受金属衬底(比如铜)的晶格取向的影响,而理论上 Cu(111)衬底和石墨烯均具有相同的 C_{3v} 对称性,若在 Cu(111)衬底上生长石墨烯,石墨烯畴区取向可以保持一致,并且完美拼接得到大单晶石墨烯薄膜[187]。因此在石墨烯生长前,如何对多晶铜衬底进行处理从而得到单晶 Cu(111)衬底就十分重要。北京大学刘开辉课题组与合作者发展了一种基于温度梯度驱动晶界迁移的技术,成功将多晶铜箔转变为单晶 Cu(111)衬底。由于 Cu(111)在高温条件下表面能最低、最稳定,基于这一点,他们利用滚轮向炉体内传送铜箔,炉体中心高温区域设置的温度梯度可驱动铜箔的晶界由高温向低温处发生连续热迁移,从而使多晶铜箔转变为单晶 Cu(111)(图 3-59)[152]。同时,他们利用单晶 Cu(111)与石墨烯较强的相互作用和取向外延关系,实现了石墨烯畴区的取向一致生长,并成功获得 5 cm×50 cm 的单晶石墨烯薄膜。

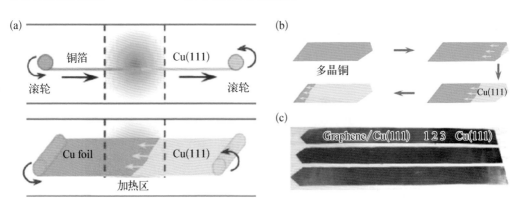

图 3-59　多晶铜箔转化为单晶 Cu(111)和制备大单晶石墨烯薄膜[152]

(a)(b) 多晶铜箔转化为单晶 Cu(111)示意图;(c) 单晶衬底完全长满的石墨烯薄膜

为了制备大单晶石墨烯薄膜,通常需要通过降低碳源的供给来降低石墨烯的成核密度,但这也会显著降低石墨烯的生长速度,增加石墨烯薄膜的生长时间。同时,由于石墨烯的生长过程是在较高温度下进行的,较长的制备时间会带来更多能耗,因此,在降低成核密度的同时兼顾石墨烯的生长速度对于大单晶石墨烯薄膜的低成本制备具有十分重要的意义。

为了提高单晶石墨烯的生长速率,北京大学刘忠范与彭海琳课题组采用梯度供气和氧气钝化相结合的方法[150,188],其中梯度供气保证了石墨烯薄膜快速生长时的碳源供给,而氧气钝化则可克服石墨烯薄膜拼接过程中二次成核的问题,大幅度降低了石墨烯的成核密度,获得了毫米级石墨烯单晶,其生长速率可达到 100 $\mu m/min$(图 3-60)[150]。

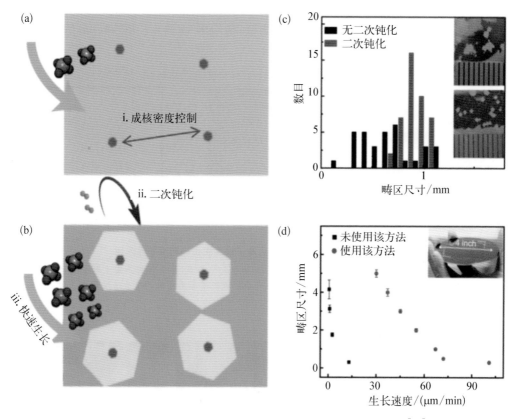

图 3-60　梯度供气和氧气钝化相结合实现单晶石墨烯的快速生长[150]

(a)(b) 梯度供气和氧气钝化相结合降低石墨烯成核密度和提高石墨烯生长速率的示意图;(c) 未使用和使用二次钝化法生长的石墨烯畴区尺寸的统计图;(d) 使用梯度供气和常规供气方法生长特定畴区尺寸的石墨烯的生长速度的统计图

　　氧除了可以钝化铜箔表面的活性位点,降低石墨烯的成核密度以外,还可参与多晶铜箔表面的晶面重构过程。北京大学彭海琳、刘忠范课题组通过构筑铜箔的限域空间,利用微量氧的化学吸附诱导使铜箔的多晶表面转化为单晶 Cu(100),为石墨烯的生长提供了良好的单晶衬底,进而有效抑制了石墨烯的成核(图 3-61)[189]。此外,铜箔堆垛的间隙为 $10\sim30~\mu m$,远小于生长压力下气体分子的平均自由程,保证了限域空间内反应气体甲烷和氢气的运动状态为分子流模式,空间限域促进了甲烷和氢气在相对的两铜箔催化剂表面的反复碰撞和有效裂解,从而提升了限域空间内活性碳物种的浓度。该方法单晶石墨烯阵列的生长速度可达 $300~\mu m/min$。

　　除此之外,氧还能辅助碳氢键的催化裂解从而提高石墨烯的生长速度。北京大学刘开辉、彭海琳课题组和香港理工大学丁峰合作,发展了一种氧化物衬底持续供氧辅助石墨烯生长的方法,实现了石墨烯的超快生长(图 3-62)[151]。他们首先将铜箔放置于氧化物衬底上,在高温生长条件下,氧化物衬底可以为铜箔表面持续提供活性氧,显著降低甲烷裂解势垒,从而提高石墨烯的生长速度。利用这个方法,他们在 5 s 内生长出 300 μm 的石墨烯单晶畴区,生长速度可达 60 μm/s。

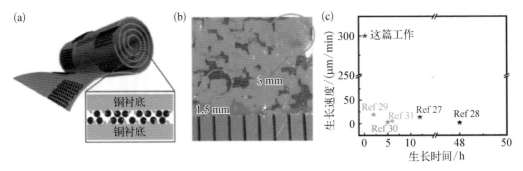

图 3-61 多晶铜箔单晶化处理后用于快速生长石墨烯单晶阵列[189]

(a) 石墨烯快速生长示意图,甲烷分子在铜箔间隙内形成分子流,与两侧铜箔发生剧烈地碰撞;(b) 毫米级石墨烯单晶阵列在铜箔上的照片;(c) 不同方法生长毫米级单晶石墨烯的生长速度和生长时间的比较

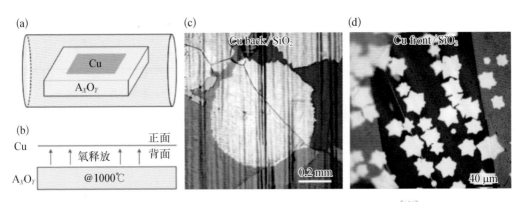

图 3-62 氧化物持续供氧法实现单晶石墨烯薄膜的快速生长[151]

(a)(b) 石墨烯快速生长的示意图;(c)(d) 贴附在二氧化硅上的铜箔背面(c)和正面(d)石墨烯的光学照片

石墨烯的一些电学应用,通常需要石墨烯具有较高的电导率。本征石墨烯虽然具有极高的载流子迁移率,但其费米能级处于导带和价带之间,载流子浓度极低,这也导致本征石墨烯的电导率较低。与本征石墨烯相比,高质量的掺杂石墨烯具有更高的载流子浓度和电导率[190]。通过掺杂,石墨烯的费米能级位于狄拉克点之上的为 n 型掺杂,位于狄拉克点之下的为 p 型掺杂。石墨烯的掺杂方式主要分为物理吸附掺杂和化学掺杂[191]。其中,化学掺杂主要包括共价掺杂和替位掺杂。相比而言,物理吸附掺杂的稳定性通常较差,吸附物种容易脱附。对于化学掺杂来说,共价修饰通常是利用石墨烯中碳碳双键(大 Ⅱ 键)的加成反应,使石墨烯中碳原子由 sp^2 杂化变为 sp^3 杂化,并引入修饰基团,与石墨烯发生电荷转

移。对于替位掺杂来说,是用杂原子(比如硼或氮)代替石墨烯晶格中的部分碳原子,改变石墨烯的空间电荷分布,进而对其能带结构进行调整。替位掺杂可以通过在 CVD 法制备石墨烯过程中引入含杂原子的前驱体来实现,且 CVD 法制备的掺杂石墨烯的均匀性和稳定性好,得到了越来越多的关注。

一般来讲,掺杂浓度越高,对石墨烯费米能级和载流子密度的调节能力也越大,但掺杂可能引起的晶格缺陷也会对石墨烯载流子产生散射。因此,常规的掺杂手段在提高载流子密度的同时,也会降低石墨烯的载流子迁移率。为解决这一问题,北京大学刘忠范和彭海琳课题组成功制备了簇状石墨氮掺杂的石墨烯。他们选用乙腈作为前驱体,利用乙腈分子中碳氮三键键能较大,在高温下易形成含有碳氮元素的团簇可直接键连到石墨烯骨架中的特点,成功实现了簇状石墨氮掺杂的石墨烯的可控制备(图 3 - 63)[157]。同时,他们在 CVD 生长过程中引入微量的氧气,选择性刻蚀氮掺杂石墨烯中不稳定的吡啶氮和吡咯氮结构,并且刻蚀后的二次生长会修复石墨烯的空位,从而提高石墨氮的比例。除此之外,微量氧气的引入还降低了碳源裂解的活化能,实现了毫米级大单晶氮掺杂石墨烯的快速生长。

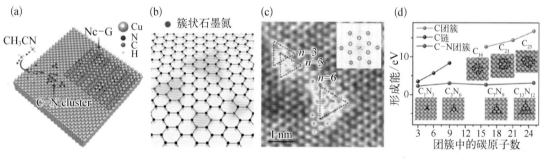

图 3-63　簇状石墨氮掺杂的大单晶石墨烯的生长[157]

（a）簇状石墨氮掺杂石墨烯的生长示意图;（b）簇状石墨氮掺杂石墨烯的原子结构示意图;（c）簇状石墨氮掺杂石墨烯的扫描隧道显微镜(STM)高分辨图像;（d）簇状石墨氮在石墨烯中形成过程的形成能计算

石墨烯作为二维原子晶体,比表面积极大,很显然其表面污染物对石墨烯的性质有很大影响。大量文献和实验结果表明,CVD 法制备得到的石墨烯薄膜表面常常很脏,覆盖着大量污染物,这也是 CVD 石墨烯的性能一直难以媲美机械剥离样品的原因之一。长期以来,人们普遍认为石墨烯表面的污染主要来自转移过程中转移媒介高分子膜的残留,而忽视了石墨烯在高温 CVD 生长过程的影响,这导致石墨烯的污染问题迟迟没得到彻底解决。最近,北京大学刘忠范和彭海琳课题组发现,在高温 CVD 生长石墨烯的过程中伴随着许多副反应,这些副反应导致石墨烯表面容易沉积大量无定形碳污染物,造成石墨烯薄膜的"本征污染"。

铜在石墨烯生长温度下的饱和蒸气压仅为 3×10^{-7} bar(1 bar＝0.1 MPa)。同时,随着铜衬底表面石墨烯覆盖度的增加,铜蒸发受到抑制,导致气相中铜蒸气含量逐渐减少,使得铜箔附近气相黏滞层中活性碳物种不能充分催化裂解,从而形成"本征污染"[192]。基于上述分析,北京大学刘忠范和彭海琳课题组提出了在气相中引入"助催化剂",以提高气相催化裂解效率,抑制无定形碳形成的研究思路。他们分别发展了泡沫铜辅助生长法和含铜碳源洁净生长法。其中,泡沫铜具有大比表面积的特性,能在高温低压条件下挥发出大量铜蒸气,促进碳源在气相中的充分裂解,减少副反应的发生。同时,泡沫铜具有较强的吸附能力,能够吸附气相黏滞层中多余的铜/碳团簇,进一步减少石墨烯的表面污染。通过引入泡沫铜将其作为助催化剂,他们首次实现了洁净度高达99%的超洁净石墨烯薄膜的制备(图3-64)[155]。

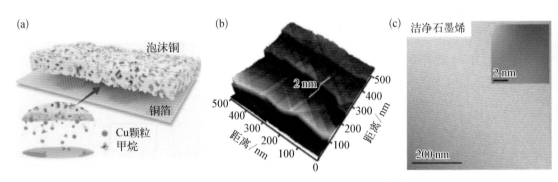

图 3-64　泡沫铜辅助生长大面积超洁净石墨烯薄膜[155]

(a) 泡沫铜和铜箔垂直堆垛结构生长超洁净石墨烯的示意图;(b)(c) 泡沫铜辅助生长超洁净石墨烯的原子力显微镜(b)和 TEM(c)表征结果

此外,他们开发了利用含铜碳源生长洁净石墨烯的方法。醋酸铜是一种易挥发的固态含铜碳源,受热挥发和分解后,能够同时提供石墨烯生长所需的碳源和额外的气相助催化剂,保证了石墨烯生长过程中铜蒸气的持续稳定供给和碳氢化合物的充分裂解,可以用于超洁净石墨烯薄膜的制备(图3-65)[193]。

除了在石墨烯 CVD 生长过程减少气相副反应来制备超洁净石墨烯外,根据石墨烯和无定形碳污染物反应活性的差异,通过后处理方法也可实现石墨烯表面污染物的有效去除,从而提高 CVD 石墨烯的洁净度。北京大学刘忠范和彭海琳课题组发展了两种后处理法制备超洁净石墨烯薄膜的技术:二氧化碳选择性刻蚀技术和"魔力粘毛辊"技术。无定形碳污染物内部存在大量的五元环、七元环和畸变的六元环,这使得无定形碳的反应活性远高于石墨烯。基于这一点,他们巧妙地选用二氧化碳作为刻蚀剂,在不破坏石墨烯晶格结构的前提下实现了对污染物的选择性去除,实现了洁净度高达99%的石墨烯薄膜的制备(图3-66)[10]。

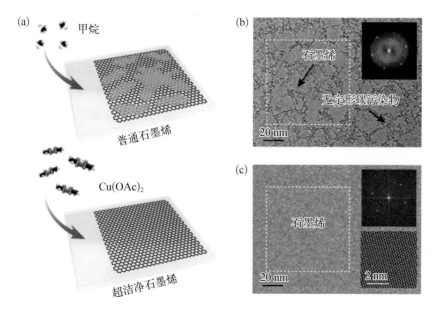

图 3-65　醋酸铜为碳源的石墨烯洁净生长法[193]

（a）甲烷和醋酸铜作为碳源生长石墨烯的示意图；（b）甲烷作为碳源生长石墨烯的 TEM 图像；（c）醋酸铜作为碳源生长石墨烯的 TEM 图像

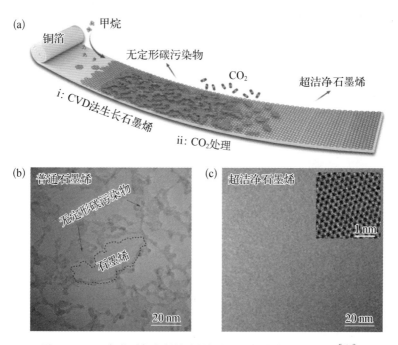

图 3-66　二氧化碳氧化刻蚀法制备大面积超洁净石墨烯薄膜[194]

（a）二氧化碳选择性刻蚀石墨烯表面无定形碳污染物的示意图；（b）二氧化碳处理前（b）后（c）石墨烯薄膜洁净度的 TEM 表征结果，其中图（c）为高分辨球差电镜所得的石墨烯晶格像

通过 TEM 可以观察到无定形碳在石墨烯表面移动的现象,这说明无定形碳污染物和石墨烯间的相互作用较弱。因此,除了化学气相刻蚀,通过物理方法也可以去除石墨烯表面污染物。基于此,刘忠范和彭海琳课题组发展了"魔力粘毛辊"技术,他们利用活性炭与无定形碳的相互作用强于无定形碳与石墨烯的相互作用的特点,在较低的加热温度下将活性炭滚轮在石墨烯薄膜表面滚动,除去了大量无定形碳污染物,实现了清洁石墨烯薄膜表面的目的(图 3 - 67)[195]。

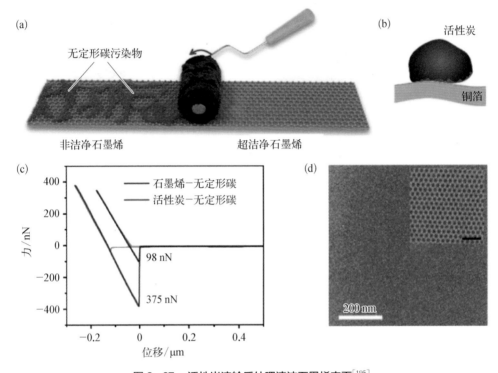

图 3-67   活性炭滚轮后处理清洁石墨烯表面[195]

(a) 活性炭滚轮后处理石墨烯表面污染物的过程示意图;(b) 活性炭-污染物-石墨烯的接触模型;(c) 无定形碳与石墨烯和活性炭的黏附力比较;(d) 采用活性炭滚轮处理之后石墨烯洁净度的 TEM 表征结果,插图为高分辨球差电镜所得的石墨烯晶格像

石墨烯薄膜在制备和转移过程中容易形成褶皱结构,而褶皱的存在会降低石墨烯的载流子迁移率、热导率、机械强度、化学稳定性和抗腐蚀性等优异性能,需要尽量避免。然而,制备无褶皱的石墨烯薄膜并不容易。这是因为,石墨烯具有负的热膨胀系数,而常用的铜衬底的热膨胀系数为正,在 CVD 工艺的降温阶段,由于两者晶格失配度的增大,石墨烯与铜衬底的作用较弱,往往会形成大量褶皱以释放过大的局部应力[196]。基于此,通过减少生长衬底和石墨烯的热膨胀系数失配、降低石墨烯的生长温度、增强石墨烯和生长衬底之间的相互作用等策略可以减少乃至消除石墨烯褶皱。

北京大学彭海琳和刘忠范课题组利用磁控溅射和退火重结晶的方法,在蓝宝石表面上获得了 4 英寸的 Cu(111)单晶薄膜,并利用晶面应力调控的手段,避免了 Cu(111)孪晶的形成,为超平整石墨烯大单晶的取向外延生长提供了高质量平整的单晶衬底(图 3-68)[153]。他们发现,单晶 Cu(111)晶面具有最密堆积构型,并且在石墨烯生长过程中不会发生重构,可以保持最高的平整度。同时,石墨烯与 Cu(111)晶面具有很强的相互作用,避免了石墨烯在降温过程中形成褶皱,从而实现晶圆级无褶皱石墨烯大单晶的制备。最近,南京大学高力波课题组发现,处在石墨烯和铜衬底之间的氢,在大浓度和高温条件下,可以减弱石墨烯和铜衬底之间的耦合作用。在高温下,他们采用氢气等离子体处理存在褶皱的石墨烯薄膜,实现了逐步减弱甚至彻底消除石墨烯褶皱的目的。如果在石墨烯生长过程中,引入氢气等离子体,利用高浓度的质子则可得到完全无褶皱的超平整石墨烯薄膜(图 3-69)[197]。

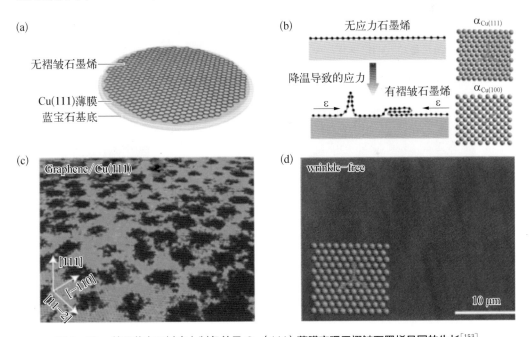

图 3-68　单晶蓝宝石衬底上制备单晶 Cu（111）薄膜实现无褶皱石墨烯晶圆的生长[153]

（a）单晶蓝宝石衬底外延单晶 Cu(111)薄膜及在其表面生长无褶皱石墨烯大单晶示意图;（b）Cu 衬底上石墨烯褶皱形成示意图;（c）Cu(111)晶面上石墨烯长时间高温弛豫后的表面形貌;（d）Cu(111)晶面上无褶皱石墨烯薄膜的扫描电子显微镜(SEM)图像

上文提及的石墨烯薄膜的制备都是在金属衬底上进行的。需要注意的是,金属衬底上生长的石墨烯薄膜在实际应用中,通常需要转移到特定衬底上。但单原子层的石墨烯薄膜的剥离和转移是目前的一个重大技术挑战。此外,转移过程中石墨烯的污染问题常常很难避免,同时转移所引起的破损、褶皱、金属和溶剂残留等问题,都会严重影响石墨烯的性能。因此,在绝缘性的目标衬底表面直接生长石墨烯是人们关注的另一条技术路线,这条路线避免了转移可能带来的问题。然而,石墨烯在绝缘衬底上的CVD生长绝非易事,需要解决催化效率低、生长速度慢、畴区尺寸小等诸多难题。本节我们更多聚焦于金属衬底上高质量石墨烯薄膜的制备,不再赘述绝缘衬底上石墨烯薄膜的生长。

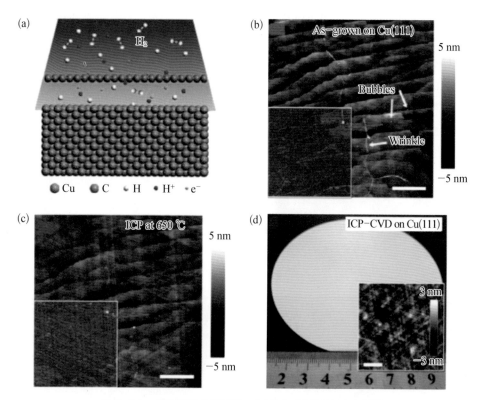

图 3-69   质子辅助的超平整无褶皱石墨烯薄膜的制备[197]

(a) 电感耦合等离子体处理(Inductively Coupled Plasma,ICP)过程中质子穿过石墨烯薄膜的示意图;(b)(c) ICP 处理前(b)后(c)石墨烯薄膜的典型 AFM 图像;(d) 4 英寸无褶皱石墨烯薄膜的实物图(插图为样品的典型 AFM 图像)

3.5.1.2   石墨烯粉体材料的制备

石墨烯粉体的制备,通常从原材料石墨开始,通过机械、氧化还原反应或电化学方法拉大石墨层间距,削弱石墨层间的范德瓦耳斯相互作用,最终剥离获得少层石墨烯薄片。石墨烯粉体制备方法主要包括氧化还原法和液相剥离法。经典的氧化还原法包括Brodie 法、Hummers 法、Offeman 法及其改进方法等,该类方法主要是通过氧化的方法使天然石墨生成氧化石墨,再经过超声分散等方法获得氧化石墨烯(graphene oxide,GO),

最后向溶液中加入还原剂(如水合肼等)还原 GO 制备得到还原氧化石墨烯(reduced GO,rGO)。氧化还原法尽管剥离效率高,具有规模化制备的潜力,但制备出的石墨烯薄膜质量较差,这是因为在用该方法制备石墨烯粉体的过程中,大量强酸(如浓硝酸、浓硫酸等)和强氧化剂(如高锰酸钾、过氧化氢、氯酸钾等)的加入会导致氧化石墨烯表面与边缘产生大量羟基、羧基和环氧基团,进而不可避免地使石墨烯材料产生大量的晶格缺陷。尽管后续的还原反应可以消除部分含氧基团,但 rGO 中仍保留着 Stone-Wales 型缺陷和未被还原的含氧基团,这些缺陷会破坏石墨烯的长程共轭结构,并严重制约石墨烯电学、热学等优异性质的发挥。液相剥离法是通过超声、剪切搅拌等剥离作用实现石墨烯粉体制备的方法。相比于氧化还原法,该方法不使用强氧化剂,制得的石墨烯粉体质量相对较高,但同样也面临着样品尺寸小、层数可控性差、单层产率很低等不足,石墨烯粉体的性质也不够理想。

为此,人们投入了大量精力通过化学还原或热还原等方法来移除 rGO 表面残留的含氧官能团,希望可以将其恢复至完美石墨烯的 sp^2 键合的碳原子状态。但是含氧官能团的去除往往伴随着石墨烯中缺陷的形成。在该处理过程中,原有的碳原子可能会被部分移除产生纳米孔,而未被移除的碳原子会重排导致 Stone-Wales 型缺陷的形成。与此同时,稳定性极高的醚和羧基等很难完全去除,这就使得石墨烯粉体仍有含氧官能团残留。为了提高石墨烯粉体质量,苏州纳米技术与纳米仿生研究所刘立伟课题组利用 $FeCl_3$ 与石墨烯间较弱的相互作用,催化 H_2O_2 产生气体,在尽可能不破坏石墨烯晶格结构的前提下,通过插层催化剥离(interlayer catalytic exfoliation,ICE)技术,实现了高质量少层石墨烯(few-layer graphene,FLG)粉体的制备[198][图 3-70(a)]。与原始石墨相比,该方法制备的样品通过短时间的超声处理后,可以获得大量的石墨烯粉体[图 3-70(b)]。他们发现少层石墨烯粉体中的含氧官能团明显降低,拉曼光谱 D 峰和 G 峰的比值(I_D/I_G)仅为 0.1,和天然石墨相当,展现出较低的缺陷密度[图 3-70(c)(d)]。

为了进一步提高石墨烯粉体的质量,Rice 大学 Manish Chhowalla 课题组基于氧化石墨烯[图 3-71(a)],发展了一种微波脉冲还原氧化石墨烯的方法,简单高效地实现了极低缺陷石墨烯粉体的微波法制备[199]。他们认为在微波处理前加入热退火过程可以促进氧化石墨烯对微波的吸收,可以使氧化石墨烯的温度迅速升高,进而加速含氧官能团的去除和碳原子的面内重排。研究人员利用 XPS 和拉曼光谱对已获得的石墨烯进行表征,发现石墨烯面内氧原子浓度约为 4%,远低于退火后 rGO 的理论预测值[图 3-71(b)]。同时,拉曼光谱结果表明制备得到的石墨烯粉体缺陷密度极低,与高分辨透射电子显微镜(high-resolution TEM,HRTEM)图像展示的结果一致[图 3-71(c)~(f)],其质量远远优于采用常规液相剥离法获得的样品。

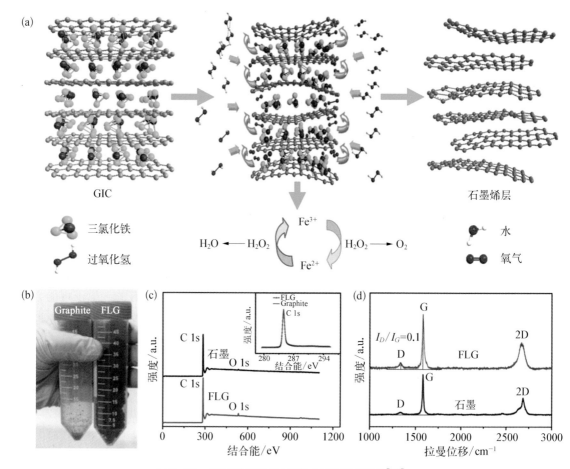

图 3-70　插层催化剥离法制备少层石墨烯粉体[198]

（a）从 $FeCl_3$ 插层石墨到 ICE 法制备石墨烯粉体示意图；（b）石墨（左）和少层石墨烯粉体（右）实物图；（c）少层石墨烯粉体的 X 射线光电子能谱（X-ray photoelectron spectroscopy，XPS）图，插图为石墨烯和 FLG 的 C_{1s} 谱峰比较；（d）石墨和少层石墨烯的拉曼光谱

近几年，CVD 法已被广泛用于石墨烯粉体的制备。借助 CVD 法可以进一步提高石墨烯粉体的结晶质量，更好地调控石墨烯粉体的层数，提高其导电性能。其中，基于模板的 CVD 法还可对制备的石墨烯粉体的形貌进行有效调控。清华大学魏飞课题组利用多孔 MgO 为模板，制备了纳米筛型石墨烯片[200]。其具体制备方法如下：首先对其进行煮沸处理从而制备得到 $Mg(OH)_2$ 层；并通过焙烧得到用于制备石墨烯的多孔 MgO 层模板；之后向体系内通入甲烷，其在多孔 MgO 层模板上吸附裂解并逐渐拼接形成石墨烯；最后通过酸洗除去 MgO 层模板，就可以获得大量石墨烯粉体产

物［图 3-72(a)(b)］。该方法可以将石墨烯粉体的层数控制在两层以内［图 3-72
(c)］，且比表面积(specific surface area,SSA)最大可达 1654 m²/g,具备很好的电化
学性能。

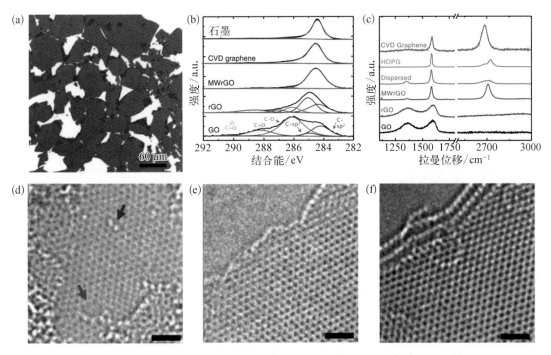

图 3-71　微波法制备低缺陷密度的石墨烯粉体[199]

(a) 单层氧化石墨烯薄片的 SEM 图像;(b) 微波还原氧化石墨烯(MW-rGO)、氧化石墨烯(GO)、还原
氧化石墨烯(rGO)、化学气相沉积石墨烯(CVD-G)的高分辨 XPS 表征对比;(c) MW-rGO、GO、rGO、
CVD-G 和高定向热解石墨烯(Highly oriented pyrolytic graphite,HOPG)的拉曼光谱;(d) 高温还原氧化
石墨烯的 HRTEM 图像;红色箭头代表孔洞,蓝色箭头代表含氧官能团;(e)(f) MW-rGO 的双层(e)和三
层(f)区域处的 HRTEM 图像,标尺为 1 nm

利用 CVD 模板法制备石墨烯时,使用其他生长模板如金属(Ni、Cu 等)、氧化物(ZnO、
SiO₂ 等)、水溶性金属盐(NaCl 等)甚至天然矿物或生物矿化材料,都可以制备获得壳层结
构的石墨烯粉体。北京大学刘忠范课题组以硅藻土为模板,用 CVD 法成功制备出具有生
物分级结构的石墨烯粉体[201]。从微观结构看,硅藻土的半壳是由多孔二氧化硅骨架制成
的天然准二维微片,其中包括两种类型的分层孔隙,一种是中央孔(直径约 800 nm);一种
是边缘孔(直径约 200 nm)。在利用常压 CVD 法制备获得石墨烯粉体并利用氢氟酸去除
硅藻土模板后,石墨烯粉体保留了类似的微观分级多孔结构。这种结构大大削弱了石墨烯
层间的相互作用,使得石墨烯粉体在溶液中表现出良好的分散稳定性,有效避免了液相剥
离法遇到的聚集问题。

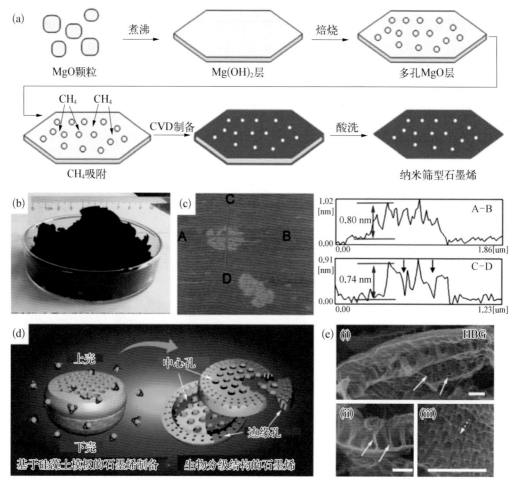

图 3-72   CVD 模板法制备石墨烯粉体[200,201]

（a）多孔纳米筛型石墨烯制备流程图；（b）（c）基于氧化镁模板的 CVD 法制备的石墨烯粉体实物图（b）和石墨烯粉体的 AFM 表征结果（c），红色箭头表示石墨烯层内存在的孔结构，蓝色直线对应的石墨烯高度（右）；（d）基于硅藻细胞壳生长石墨烯及石墨烯粉体生物分级结构示意图；（e）石墨烯粉体的 SEM 图像（i）、其中心孔结构图像（ii）和其边缘孔结构图像（iii）

3.5.1.3   石墨烯纤维材料的制备

石墨烯纤维作为由微观石墨烯单元及其衍生物组成的宏观纤维材料，展现出高的机械强度、电输运和热传导特性。石墨烯纤维制备方法主要包括氧化石墨烯纺丝法和化学气相沉积法。

石墨烯纤维作为一维宏观组装材料，其性能的提升要求其基本单元能够规则排列。2011 年，浙江大学高超课题组利用一定浓度的氧化石墨烯水分散液可以自发形成有序溶致液晶的性质,首次发展了湿法纺丝、化学还原工艺制备石墨烯纤维的方法[图 3 - 73(a)(b)][202]。在湿法纺丝的过程中,氧化石墨烯分散液定向流动诱导游离的氧化石墨烯液晶取向一致排列,随后当分散液注入到凝固浴时,胶体纤维会发生溶剂互换、单轴收缩并辅以空气干燥进而固化成型[图 3 - 73(c)][203]。

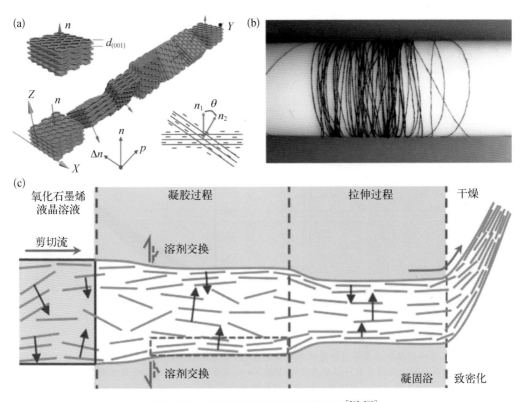

图 3 - 73　湿法纺丝制备氧化石墨烯纤维[202,203]

(a) 氧化石墨烯液晶的手性性质[插图为组织有序的氧化石墨烯层状结构,具备相同的间距(左上方);氧化石墨烯的两个相邻晶粒边界之间的螺旋位错,负电荷分布在其表面及内部(右下方)];(b) 石墨烯纤维实物图;(c) 湿法纺丝制备石墨烯纤维流程图

为了进一步提高石墨烯纤维的机械强度和导热性,伦斯勒理工学院 Jie Lian 课题组制备了一种内部结构由大尺寸氧化石墨烯片层(large-sized GO,LGGO)和小尺寸氧化石墨烯片层(small-sized GO,SMGO)共同构成的高度有序排列的石墨烯纤维[204]。具体来说,LGGO 形成高度有序排列的纤维主体,SMGO 在不改变 LGGO 取向的前提下,通过填充 LGGO 的空隙和其他剩余空间达到最优的致密性。经过热还原和高温退火后,绝缘的氧化石墨烯纤维变为具有高导热性[热导率 1290 W/(m·K)]、高抗拉强度(1080 MPa)的有序石墨烯纤维(图 3 - 74)。

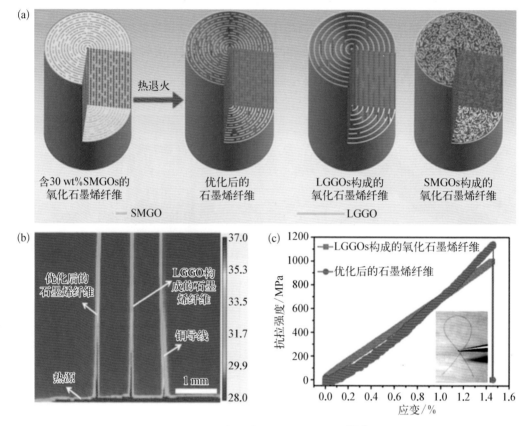

图 3-74   "插层"结构的石墨烯纤维[204]

（a）氧化石墨烯纤维和石墨烯纤维内部结构示意图，优化的石墨烯纤维具有高度有序且致密的结构，LGGOs 构成的石墨烯纤维高度有序但密度较小，SMGOs 的石墨烯纤维表现出无规排列的结构；（b）优化的石墨烯纤维、LGGOs 构成的石墨烯纤维和铜导线的热传导图像；（c）优化的石墨烯纤维和 LGGOs 构成的石墨烯纤维的应力-应变曲线（插图为高柔性的石墨烯纤维）

3.5.2   石墨烯材料应用的关键瓶颈

3.5.2.1   石墨烯的规模化制备技术

因其优异的电学、光学、力学等性质，石墨烯有望在柔性可穿戴器件、微纳电子器件、能源存储、热管理、石墨烯基功能增强复合材料等领域获得广泛应用，进而促进石墨烯商业化的稳步发展。为了进一步推动工业化生产，高质量石墨烯的批量制备受到了大家的广泛关注。对于工业规模制备石墨烯，其产品质量、生产效率和制备成本等都要综合考虑。下面分别对石墨烯薄膜和石墨烯粉体的规模化制备展开介绍。

化学气相沉积法是工业上用于制备高质量石墨烯薄膜的主流方法，具有较好的可控性，适用于规模化制备。石墨烯薄膜的批量制备不仅要优化制备的关键生长参数,如前驱体种类、压强、气流、生长时间、生长衬底等问题,还要考虑生产装备和制程的问题。制程的选择对于石墨烯薄膜的规模化制备具有重大意义。目前,批次制程(batch-to-batch,B2B)和卷对卷制程(roll-to-roll,R2R)这两种批量制备工艺是学术界和工业界较为认可的两种选择。

对于批次制程,大管径的化学气相沉积装备可提供放置多片大尺寸生长衬底的空间,以保证石墨烯薄膜的生产效率。为了有效地利用炉体内部空间,提高单次石墨烯薄膜制备的产量,常用的生长衬底铜箔可以通过垂直堆叠并用石墨纸或者石英板隔开的方式生长石墨烯,这同时还能解决铜箔高温粘连的问题。台湾成功大学 Hoffman 课题组用石墨纸将20 片铜箔隔开并堆叠起来[图 3 - 75(a)(b)],其石墨纸和铜箔间的空间尺寸明显小于气体分子的平均自由程,使得气体分子处于分子流运动状态,这有效限制了石墨烯的成核过程;在保证石墨烯质量的前提下,紧密堆叠的衬底上制备石墨烯的方法有效提高了石墨烯的产量[205]。此外,由于铜箔具有良好的柔性,也可以考虑将铜箔卷曲放置从而提高产量。另外需要注意的是,随着炉腔体积的增大,体系的传热和传质过程都会有明显改变,苏州纳米技术与纳米仿生研究所刘立伟课题组基于此提出了一种“静态气流”的方法。他们同样采用了铜箔堆叠放置的形式,在通入足够量的碳源和氢气后切断生长气体的供给,并同时保持炉体内部稳定的气体氛围和压强环境,通过减少体系的不稳定性因素对石墨烯薄膜的影响,提高了石墨烯薄膜的均匀性[图 3 - 75(c)][206]。

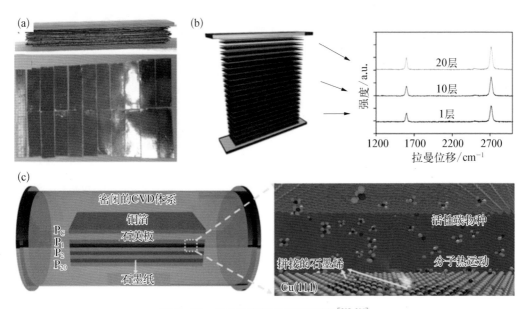

图 3-75　批次制程制备石墨烯薄膜[205,206]

(a) 铜箔堆叠结构实物图;(b) 堆叠放置的石墨烯及其典型的拉曼光谱;(c) 在密闭 CVD 体系中,堆叠铜箔用于石墨烯薄膜制备的示意图(左);活性碳物种在气相中的分布和用于铜衬底表面石墨烯生长的示意图(右)

卷对卷制程将石墨烯的高温生长和连续化传送过程有效地结合了起来。2011年,滑铁卢大学 Thorsten Hesjedal 课题组报道了一种通过卷对卷常压化学气相沉积系统连续制备石墨烯薄膜的工作[207]。他们将铜箔连接在管式炉两端的放卷和收卷辊轮上,铜箔在马达的带动下连续运转(其速度可在1~40 cm/min间调整),然后生长气体通过气体扩散装置通入系统中用于石墨烯的生长[图3-76(a)]。在石墨烯薄膜生长前,长时间退火具有除去铜箔表面氧化层、降低表面粗糙度、促进铜晶粒长大等作用,而铜箔衬底的退火时间取决于辊轮转动速度。实验表明,在较低的转速下更易制备高质量的石墨烯薄膜,而在较高的转速下,石墨烯成核密度高且畴区小,质量不高[208]。因此,运转速度是卷对卷制程生长石墨烯薄膜的一个重要参数。在充分优化石墨烯生长参数的前提下,尽可能在大的运转速度下实现高质量石墨烯薄膜的批量制备势在必行。此外,麻省理工学院的 A. John Hart 课题组提出了一种同心轴卷对卷化学气相沉积制备石墨烯薄膜的方法。他们将化学气相沉积腔体改装成由内管和外管构成的腔体,铜箔被缠绕在内管上并在马达的带动下在同心管之间移动,而碳源只通过径向孔注入内管,外管仅供给氢气用于退火[图3-76(b)(c)]。因此,该卷对卷制程可以同时保证铜箔衬底的充足退火和石墨烯的生长[208]。总体来说,静态批次制程和动态卷对卷制程均具有大面积批量制备石墨烯薄膜的优势,但前者更易获得高质量的石墨烯薄膜。

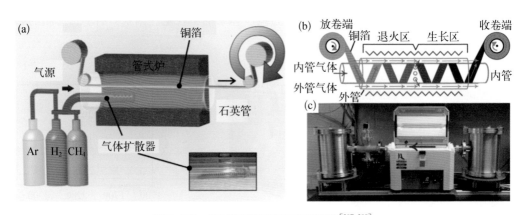

图3-76　卷对卷制程制备石墨烯薄膜[207,208]

(a)卷对卷常压化学气相沉积装置示意图;(b)(c)同心轴卷对卷化学气相沉积装置示意图(b)与实物图(c)

目前,石墨烯粉体批量制备的主流方法仍是氧化还原法。该方法主要是将天然石墨氧化、剥离并还原,从而制备得到还原氧化石墨烯。该方法尽管具有成本低廉、操作简便、易规模化的优势,但制备过程中强酸和强氧化剂的使用,不可避免地会在石墨烯晶格结构中引入大量缺陷,从而导致其结晶度降低,影响其优异性能的发挥。此外,强酸和强氧化剂的使用对环境的破坏也不容忽视。而且,该方法制备的石墨烯粉体间存在静电作用,不易均匀分散,石墨烯纯化过程复杂,从而也对制备设备有了更苛刻的要求。为此,亟须发展低成本、绿色环保、批量制备高性能石墨烯粉体的技术。

得克萨斯州立大学于庆凯课题组发展了一种新颖的鼓泡化学气相沉积制备石墨烯粉体的方法[209]。利用熔融铜作为催化剂,通过曝气机将天然气或甲烷等前驱体鼓入熔融铜中,成功制备出质量较高的石墨烯粉体(图 3-77)(厚度从 10 层到 40 层不等)。当他们在 3 L 的坩埚内进行石墨烯粉体制备实验时,其生产速度可达 9.4 g/h,保证了相对较大的产量。此方法中对环境有害的化学物质较少,是一种绿色环保的石墨烯粉体制备方法。

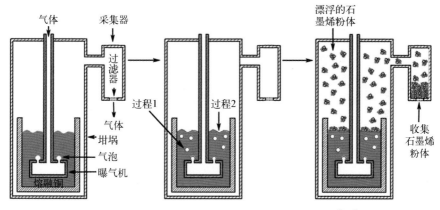

图 3-77　鼓泡化学气相沉积制备石墨烯粉体流程图[209]

然而上述方法制备的石墨烯粉体层数很难达到 10 层以下。2018 年,北京大学张锦课题组发展了一种无需催化剂、衬底和溶液,利用改装的家用微波炉实现"下雪式"石墨烯粉体制备的方法[210]。具体地,他们将带有尖端的 SiO_2/Si 等介质放到惰性气体隔绝的微波体系中,利用 SiO_2/Si 介质会产生类似闪电的电晕放电现象,实现了体系温度快速从室温升到 710℃(只需要 4 min)。之后,他们向体系中通入碳源,制备得到较高质量的石墨烯粉体[图 3-78(a)]。该方法制备的石墨烯质量相对较好,一次制备的石墨烯粉体中 74.4% 的层数可控制在 5 层以下[图 3-78(b)(c)]。同时他们对产率估算,向体系中通入 14.34 mg/min 的 CH_4 时,其制备的石墨烯粉体产率可达 6.28% 左右。

2020 年,莱斯大学 James. M. Tour 课题组发展了一种低成本、可规模化制备高质量石墨烯的新技术。该方法利用焦耳热对体系进行快速加热,可以将相对廉价的碳源如煤、石油焦炭、生物炭、炭黑、废弃食品等在极短时间(1 s)内转换为石墨烯粉体[211]。他们将它形象地称为"快闪石墨烯"(flash graphene,FG)。该方法制备的石墨烯产量主要取决于原料中的碳含量。若使用高碳含量的原料时,石墨烯的产率可达 80%~90%。同时,他们通过优化电压、温度、电压持续时间等参数,最终制备的石墨烯缺陷密度极低,展现出较高的品质。另外他们通过改变石英管的尺寸,可以进一步提高"快闪石墨烯"的产量。值得一提的是,该方法制备的"快闪石墨烯"层间呈无序涡旋状排列,这种结构可以提高石墨烯在复合材料中的性能(图 3-79)。

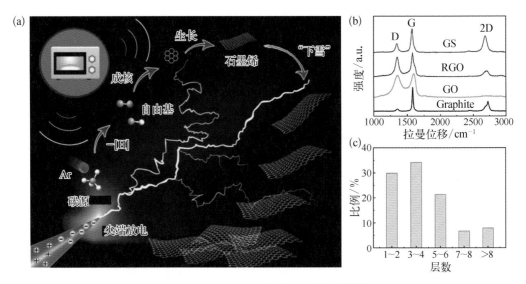

图 3-78　微波气相法制备石墨烯粉体[210]

（a）微波气相法制备石墨烯粉体的示意图；（b）（c）微波法制备的石墨烯粉体的拉曼光谱（b）和层数统计（c）

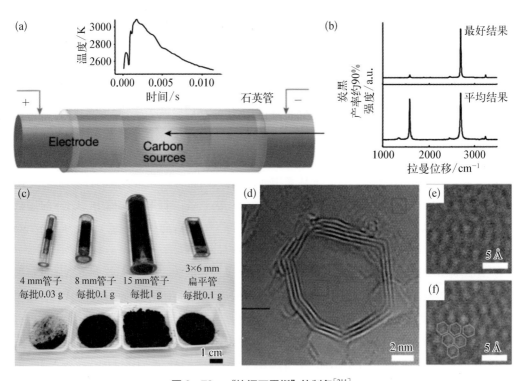

图 3-79　"快闪石墨烯"的制备[211]

（a）制备"快闪石墨烯"的示意图；（b）以炭黑为原料制备的石墨烯的拉曼光谱表征结果；（c）不同尺寸和形状的石英管可用于"快闪石墨烯"；（d）～（f）"快闪石墨烯"的 HRTEM 图像

3.5.2.2　石墨烯薄膜的转移技术

化学气相沉积法能够在金属衬底上制备高质量、大尺寸、层数可控的石墨烯薄膜,适用于工业化的批量制备。为实现石墨烯薄膜的实际应用,金属衬底上的石墨烯薄膜往往需要转移至各类功能性衬底上使用。为了避免在转移过程中破坏石墨烯,往往需要高分子聚合物辅助支撑保护,但该过程仍然存在聚合物残留、完整度差、形成褶皱等问题,进而限制石墨烯优异性质的发挥。因此,实现石墨烯高完整度、高洁净度、大面积、低成本的,向 SiO_2/Si 衬底、塑料衬底、蓝宝石衬底等的转移是石墨烯薄膜走向应用的重要挑战。

表面污染物的存在严重制约了石墨烯优异性质的发挥与后续应用。转移引入的高聚物残留会造成额外的 p 型掺杂,增加载流子散射,导致迁移率降低。此外,污染物的存在也会增加石墨烯的声子散射,降低石墨烯的热导率等。因此,发展减少石墨烯表面污染物的转移方法至关重要。

2017 年,中国科学院金属所的成会明和任文才研究团队,基于转移媒介要与石墨烯的作用力适中、自身机械强度较高且易溶于有机溶剂的准则,发展了一种利用小分子松香转移石墨烯薄膜的方法,有效提高了转移后石墨烯薄膜的洁净度[212]。与常用的聚甲基丙烯酸甲酯(polymethyl methacrylate,PMMA)相比,松香在石墨烯上的吸附能只有 1.04 eV,比 HMMA(取自 PMMA 的短链聚合物)在石墨烯上的吸附能小 70%多。因此,松香作为转移媒介与石墨烯的作用力会更弱,在后续过程更容易完全去除。相比于 PMMA,通过松香转移的石墨烯薄膜表面更平整,污染物更少,面电阻均匀性更好(图 3 - 80)。

此外,麻省理工学院孔敬课题组利用石蜡具有较低的反应活性和较高的热膨胀系数的特性,将石蜡/石墨烯放在 40℃的温水中,石蜡支撑层在温水的作用下发生热膨胀,有效拉伸了下方的石墨烯薄膜,减少了转移过程中引入的褶皱[213]。通过拉曼光谱 G 峰与 2D 峰的关系可以看出,与 PMMA 辅助转移的样品相比,石蜡辅助转移的石墨烯薄膜几乎没有掺杂和应变。与 PMMA 相比,石蜡与石墨烯的相互作用较弱,两者之间不易形成共价键,有效解决了聚合物残留的问题,实现了更高洁净度的石墨烯薄膜的转移(图 3 - 81)。

采用无胶转移,即无高聚物辅助转移的方法可以从根本上解决石墨烯表面高聚物残留的问题。加州大学伯克利分校 Zettl 课题组借助异丙醇调控石墨烯与带有多孔碳膜的透射载网的表界面张力,待异丙醇挥发后,实现了石墨烯的直接转移,明显提高了石墨烯表面洁净度[图 3 - 82(a)][214]。在此基础上,北京大学彭海琳和刘忠范课题组借助蠕动泵缓慢将水溶液替换为异丙醇,逐步降低了石墨烯与水溶液之间的表界面张力,实现了大单晶石墨烯的无胶转移,并且悬空石墨烯的完整度高达 95%[图 3 - 82(b)(c)],有效解决了悬空石墨烯的破损问题,这对开发石墨烯电镜载网应用于高分辨透射电镜成像具有重要意义[215]。

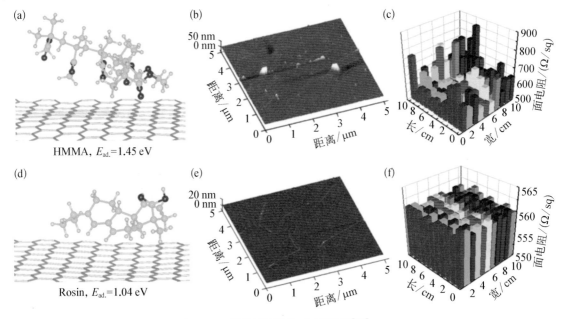

图 3-80   松香辅助转移石墨烯薄膜[212]

（a）HMMA 在石墨烯上最稳定的吸附构型；（b）PMMA 辅助转移的石墨烯的 AFM 表征结果；（c）PMMA 转移对石墨烯面电阻的影响；（d）松香在石墨烯上最稳定的吸附构型；（e）松香辅助转移的石墨烯的 AFM 表征结果；（f）松香转移对石墨烯面电阻的影响

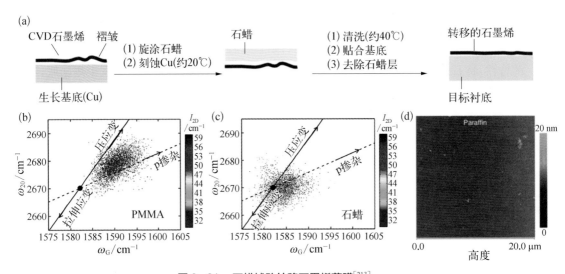

图 3-81   石蜡辅助转移石墨烯薄膜[213]

（a）石蜡辅助转移石墨烯薄膜流程图；（b）（c）PMMA（b）和石蜡（c）辅助转移的石墨烯的拉曼 G 峰和 2D 峰位关系图，黑色圆点代表本征石墨烯的 G 峰和 2D 峰位，表明石墨烯无掺杂与应变；（d）松香转移后石墨烯样品的 AFM 表征结果

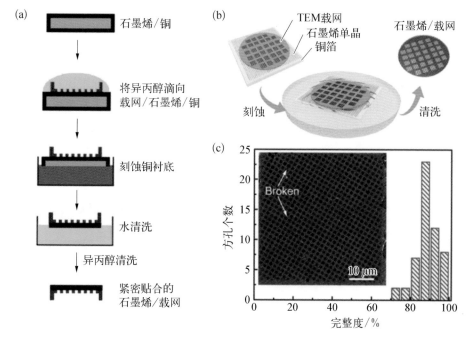

图 3-82　无高聚物辅助石墨烯洁净无损转移[214,215]

（a）异丙醇调控界面张力实现石墨烯直接转移的工艺流程图；（b）无胶转移法制备高完整度悬空石墨烯薄膜示意图；（c）悬空石墨烯薄膜完整度统计图

　　虽然化学刻蚀生长衬底的方法已被广泛应用于石墨烯的转移过程中，但是用于石墨烯生长的金属衬底成本较高，因此发展无须刻蚀即可实现石墨烯薄膜和金属衬底分离，实现铜箔衬底重复利用的方法非常重要。

　　新加坡国立大学 Kian Ping Loh 课题组提出了一种经济、高效的"电化学剥离"的方法，实现了石墨烯薄膜和金属衬底的分离[216]。他们将 PMMA/石墨烯/铜作为阴极，玻碳电极作为阳极，$K_2S_2O_8$ 溶液作为电解质，从而构成电解池。通电后，石墨烯/铜界面会产生氢气作用于石墨烯与铜衬底之间，从而成功将石墨烯薄膜和铜衬底分离。电化学鼓泡转移法具有高效、低污染、金属衬底可重复利用等优点，有望实现高质量石墨烯薄膜的快速转移，这对于低成本规模化转移石墨烯薄膜意义重大。

　　2015 年，北京大学彭海琳和刘忠范课题组提出了一种卷对卷连续层压-层离转移方法，实现了石墨烯薄膜向透明塑料衬底的快速连续转移[217]。他们首先采用热压的方法，将涂覆有乙烯-醋酸乙烯共聚物（ethylene vinyl acetate copolymer，EVA）的聚对苯二甲酸乙二醇酯（polyethylene terephthalate，PET）的透明衬底（EVA/PET）与石墨烯/铜形成堆叠结构，再利用"液界面"电化学鼓泡法实现了石墨烯与铜箔衬底的有效分离（图 3-83），石墨烯在该过程中可以完整无损地转移到 EVA/PET 透明塑料衬底上，并且铜箔可以实现无损回收再利用。他们搭建的这套卷对卷电化学鼓泡分离装置，分离速率可达 1 cm/min，具有规模化转移的潜力。值得指出的是，在层压复合过程中，他们把银纳米线涂覆在塑料基底上形成导电网络，然后封装在石墨烯和塑料衬底之间，最终实现了高性能的石墨烯/银纳米线/塑料柔性透明电极的连续制备。此外，北京大学刘忠范和彭海琳课题组还发展了一种利用水分子对石墨烯和铜箔界面间插层氧化的转移方法[218]，有效减弱了石墨烯与铜箔的相互作用，实现了石墨烯和铜箔衬底的分离，并且分离速度高达 1 cm/s，是一种非常高效的转移方法。

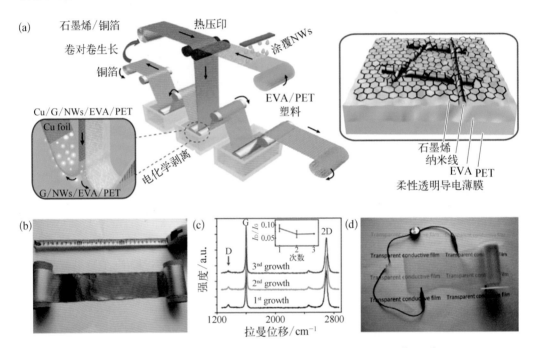

图 3-83   卷对卷层压-层离转移方法制备石墨烯透明导电薄膜[217,218]

（a）卷对卷层压-层离转移示意图；（b）长有石墨烯的铜箔卷的照片；（c）石墨烯转移到 SiO_2/Si 上的拉曼光谱（插图：D峰与G峰的强度比随铜箔利用次数的变化，石墨烯质量有提高）；（d）石墨烯/银纳米线/EVA/PET 透明导电薄膜照片

3.5.2.3   石墨烯的检测方法与标准

石墨烯薄膜的规模化制备和器件应用都需要批量生产。因此，发展大面积、快速、无损的检测手段，以实现对石墨烯结构和性质的快速表征，是值得努力的方向。

目前已经有很多成熟的手段表征石墨烯的层数、畴区尺寸、取向、边缘类型，晶界和点缺陷等诸多结构特性。例如，SEM 和拉曼光谱可以用来确认石墨烯薄膜的层数。TEM 可以用来观察石墨烯中存在的晶界或点缺陷。但上述方法存在单次分析区域有限、检测速度慢、检测成本高等不足。目前来说,使用光学显微镜(optical microscopy,OM)可以快速无损地评估大面积石墨烯样品的覆盖度、畴区尺寸、晶界和层数等结构信息,在规模化生产石墨烯的质量检测过程中将发挥重要作用。下面我们将举例说明 OM 评估石墨烯结构的主要原理和典型结果。

金属衬底上石墨烯的覆盖度是一个重要的考核指标。通过 OM 判断石墨烯的覆盖度,一般需要将石墨烯/金属样品进行加热氧化处理,处理后裸露的铜表面转化为铜的氧化物,而被石墨烯覆盖的铜表面因无法接触到氧气而不能被充分氧化,根据石墨烯覆盖和未覆盖区域的铜箔颜色对比就可以快速地评估石墨烯的畴区尺寸和覆盖度[219][图 3-84(a)~(c)]。然而,加热氧化过程可能会对石墨烯的结构造成一定的损害。相对而言,暗场光学显微镜(dark field-OM,DR-OM)可以更加无损快速地评估石墨烯的覆盖度[220][图 3-84(d)~(g)]。石墨烯和铜衬底之间的热失配导致的应力会使石墨烯覆盖下的铜衬底变得粗糙,从而在粗糙铜衬底的台阶处发生瑞利散射,进而观察石墨烯的畴区尺寸和覆盖度。

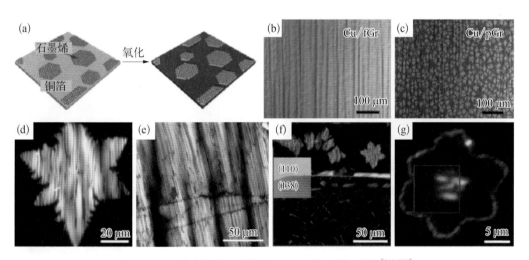

图 3-84 生长衬底上石墨烯畴区和尺寸的光学可视化[219,220]

(a) 选择性氧化表征石墨烯畴区示意图;(b)(c) 铜箔上完全覆盖(b)和部分覆盖(c)的石墨烯的明场光学(bright field-OM,BR-OM)图像;(d)~(g) 铜箔上石墨烯的 DF-OM 图像:部分覆盖的石墨烯(d)、完全覆盖的石墨烯(e)、在不同铜晶面上的部分覆盖的石墨烯(f)、部分覆盖的多层石墨烯(g)

在液晶辅助下,偏光显微镜(polarizing optical microscopy,POM)可以在宏观尺度上检测石墨烯的畴区取向。使用该方法的具体操作如下:首先将石墨烯转移到衬底上(如 SiO_2/Si、PET、玻璃),之后在石墨烯表面涂覆向列型液晶,加热促进形成各向异性液晶相,最后缓慢降温。由于液晶分子和石墨烯之间的强相互作用,液晶分子在石墨烯表面的取向取决于石墨烯畴区的晶格取向。利用双折射成像可以观察到液晶分子的取向,从而确定石墨烯畴区的取向[221][图3-85(a)(b)]。由于液晶分子方便移除,不会对石墨烯的结构造成损坏,所以这是一种评估大面积石墨烯畴区取向的实用方法。基于 POM 的方法的确能将石墨烯畴区的取向可视化。然而,仍有一些晶界存在于取向一致的畴区之间,基于 POM 的方法将不再适用。这些晶界具有与完美石墨烯不同的物理和化学性质,可以依据这点来确定晶界的位置。例如,利用晶界处的等离子体的反射和散射导致的等离子体干涉或红外纳米成像技术均可以实现石墨烯晶界的可视化。近来,利用缺陷处态密度的改变导致其瞬态吸收强度增加,瞬态吸收光谱可以用来可视化石墨烯缺陷。同时,石墨烯的覆盖度、褶皱、晶界密度、石墨烯层数的检测都可以通过瞬态吸收光谱实时无损表征。上述两种方法适用于转移到 SiO_2/Si 衬底上的样品,若利用石墨烯晶界和完美石墨烯晶格的化学反应差异,也可以实现样品的无转移原位表征。例如,通过在一定湿度气氛下的紫外线辐照处理,可以引入能穿过石墨烯晶界的 O 和 OH 自由基,从而对铜衬底进行氧化。氧化后的晶界尺寸可增加到数百纳米,从而能被 OM 观察到[222][图3-85(c)~(e)]。

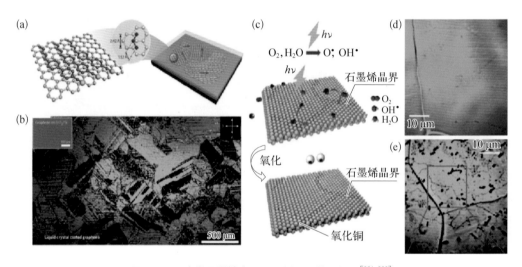

图3-85　光学显微镜实现石墨烯晶界的可视化[221,222]

(a) 石墨烯表面液晶取向的示意图;(b) 二氧化硅/硅衬底上液晶覆盖石墨烯的 POM 图像,插图为没有液晶覆盖的石墨烯的 POM 图像;(c) 石墨烯/铜样品的紫外线辐照处理的示意图;(d,e)石墨烯/铜样品氧化前(d)后(e)的光学图像

除了晶界,石墨烯的层数也是值得关注的指标。利用光通过介质层时可与石墨烯发生干涉,OM 可以定性区分 SiO_2/Si 衬底上石墨烯的层数[223][图3-86(a)]。在透明衬底上,石墨烯薄膜的厚度可以利用紫外可见光谱测量石墨烯的吸光度近似确定,如图3-86(b)所示[100]。单层石墨烯的吸光度约为2.3%,多层石墨烯的吸光度随着层数线性的增加而增加,但是该方法不易实现对层数的精确检测。干涉反射显微镜可以在透明无机或聚合物衬底上

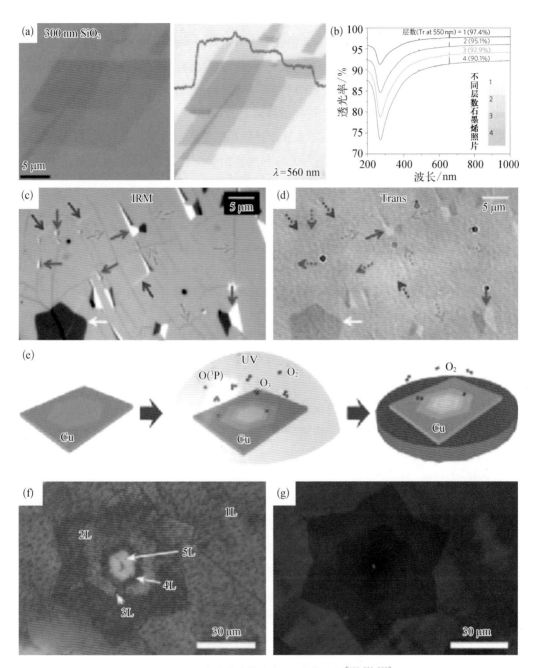

图 3-86 光学方法快速表征石墨烯层数[100,223,225]

(a) 在白光(左图)和单色光(右图)照射下 SiO₂/Si 衬底上石墨烯的光学图像;(b) 石墨烯逐层转移到石英衬底上的 UV-vis 光谱;(c)(d) 玻璃上石墨烯样品的干涉反射显微镜(c)和透过光显微镜(d)的图像;(e) 氧化处理判断石墨烯层数的示意图;(f) 石墨烯/Cu 样品紫外线辐照/加热氧化处理之后的光学图像;(g) 石墨烯/Cu 样品(f)中相同区域的 SEM 图像

可视化石墨烯层数[224]。干涉反射能使每层石墨烯的对比度达到 30%～40%，较大的对比度能够实现石墨烯纳米尺度的结构和缺陷成像[100]，如图 3-86(c)(d)所示。但上述方法仍依赖石墨烯的转移，这可能会引入破损和褶皱从而损害石墨烯结构。目前利用紫外线辐照和加热处理铜箔上的石墨烯可以实现铜箔上石墨烯层数的判断。层数多的石墨烯薄膜在较长时间的紫外线辐照后，会有较少的穿透性缺陷，形成的氧化层较薄[225][图 3-86(e)～(g)]。在处理层数少的石墨烯时，铜衬底在穿透性缺陷处形成的氧化层较厚，利用该原理可以实现原位判断石墨烯的层数。这种方法在规模化制备石墨烯薄膜的层数评估中具有较好的应用前景，同时发展更加快速便捷的原位检测石墨烯层数的方法仍值得探索。

3.5.3   石墨烯材料的新兴性质与应用

3.5.3.1   石墨烯超构材料——"魔角"石墨烯

碳基超构材料(carbon metamaterials)是通过设计人工功能基元和构筑空间序构的新型纳米碳材料，展现出超常的力学、热学、光学、声学、电学、磁学等新奇物理特性，实现超吸光、超吸音、超吸附、超传热等独特应用。最近涌现的"魔角"石墨烯就是一种超构材料，将两层石墨烯旋转到特定的"魔法角度"(比如约 1.1°)相互叠加，它们就可以在极低温下呈现超导性。

超导性和分数量子霍尔效应等现象通常发生在凝聚态系统和其他具有高态密度的系统中。产生高态密度的一种方法是构建"平坦"带，该带在动量空间具有较弱的色散，电子的动能由带宽决定。因此，寻找"平坦"带对于超导研究具有重要意义。2018 年，麻省理工学院 Pablo Jarillo-Herrero 课题组的曹原等人利用"拉堆技术"将两层石墨烯以一定角度堆叠在一起形成扭转双层石墨烯，当该角度接近"魔角"(狄拉克点处费米速度变为 0 的一系列扭转角)时，由于较强的层间耦合，这两层石墨烯的原胞由于叠套形成尺度更大的扩展原胞并产生了摩尔条纹，这有效地改变了体系的微观电子态结构，形成了不同于单层石墨烯的电子结构[图 3-87(a)～(c)]。通过离子栅控技术连续改变体系内的载流子，发现在 $n \approx \pm n_s = \pm 2.7 \times 10^{12}$ cm^{-2} 附近出现间隙，电导率为 0，呈现出能带绝缘态。在电子半满填充时出现了另一个电导率为 0 的状态，类似于高温超导母体材料的莫特绝缘体行为[226]。同时，他们对"魔角"石墨烯继续调节载流子浓度进行静电掺杂时，注意到在带宽为 10 meV 的"平坦"带中电荷载流子密度具有原位电可调性。在 $n = -1.44 \times 10^{12}$ cm^{-2} 发现了"魔角"石墨烯的超导电性质，且最高超导温度为 1.7 K[图 3-87(d)(e)]。同时他们对超导态施加磁场，发现在 0.4 T 后超导态被完全抑制，升到 8 T 后，莫特绝缘体行为被抑制，这和常规的高温超导材料在相对较高的温度下能实现零电阻和完全抗磁性的现象非常相似[227]。

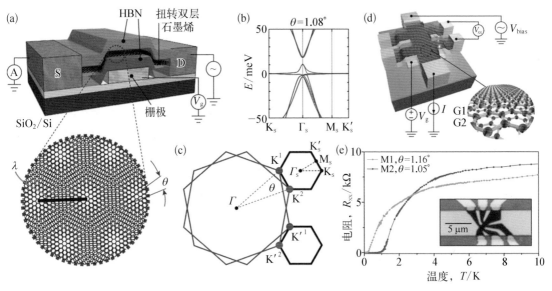

图 3‑87　"魔角"石墨烯的超导性[226,227]

（a）"魔角"石墨烯器件示意图（上）及在"魔角"石墨烯上观察的摩尔条纹（下）；（b）从头算紧凑法计算的"魔角"（$\theta = 1.08°$）石墨烯的能带能；（c）由两层的两个波矢差构成的迷你布里渊区；（d）四探针法测量"魔角"石墨烯示意图；（e）在扭转角分别为 $\theta = 1.08°$ 和 $\theta = 1.05°$ 两个器件中测得的四探针电阻与温度的关系

　　"魔角"石墨烯的超导转变温度仅为 1.7 K，尚处在极低温，距离高温超导体的实际应用差距甚远。但是，这一系列实验完美再现了铜氧化物高温超导中的物理现象——准二维材料体系中载流子浓度调控下的莫特绝缘体，也是首次在纯碳基二维材料中实现超导电性，这对高温超导机理研究乃至量子自旋液体等强关联电子材料中前沿问题的探索有着重要的启示。所以，即使"魔角"石墨烯的超导机理和铜氧化物不同，研究为什么在看似如此简单的石墨烯系统中会存在这样强的超导配对在理论上是非常有意义的。*Nature* 期刊曾以"How 'magic angle' graphene is stirring up physics"为专题，报道过这股越刮越猛的"扭一扭"风潮。当前，这个新兴领域被称为"转角电子学"（Twistronics）。越来越多的课题组正加入这个有趣的基础研究领域，尝试把自己课题组擅长的二维材料层间扭转并有序叠放，做成各类的"魔角"超构材料，观测是否有新奇或超常的性质出现。

3.5.3.2　新型高效分离滤膜

　　分子膜对于燃料电池中的质子交换、海水淡化、气体分离具有非常重要的意义。石墨烯作为优异的单原子层二维晶体材料，表现出理想的化学渗透性和选择性。以同位素分离为例，氢氘分离对于各种分析示踪技术和核裂变具有重要意义。目前常用的技术是低温蒸馏和水‑硫化氢交换，但分离因子不高（小于 2.5）且非常耗能，这促使人们不断追求新技术以提高氢氘分离效率。2016 年,曼彻斯特大学 A. K. Geim 课题组研究了二维原子晶体对热质子的透过行为。具体地,他们将 CVD 制备的石墨烯样品与电子传导聚合物 Nafion 膜结合,并用电子束蒸镀的方法在石墨烯上进行 Pd 纳米粒子修饰,构筑成重水分离膜[228]。通过电导率和质谱检测两种手段测试氢/氘的透过性,他们发现了显著的同位素效应,石墨烯膜可以有效地过滤氘,并具有较高的氢/氘分离因子($\alpha \approx 10$)。他们认为质子穿过渗透膜是一个热激活的过程,并根据阿伦尼乌斯公式,认为氢和氘跨越石墨烯的势垒差决定了石墨烯对氢/氘的渗透率[图 3-88(a)~(c)]。此外,这种同位素分离方法的能源消耗是 0.3 kW·h/kg,明显低于浓缩工艺的能源消耗,且该过程不含有毒和腐蚀性的物质,不会造成污染问题。

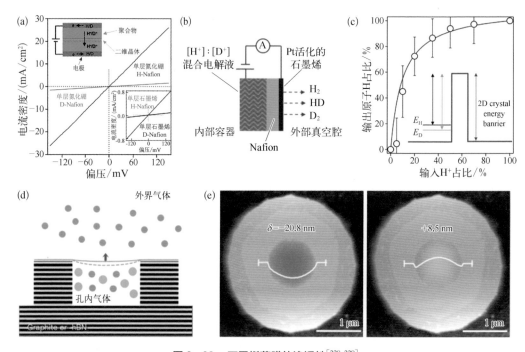

图 3-88　石墨烯薄膜的渗透性[228,229]

(a) 氢通过单层 hBN 和石墨烯(下插图)的 $I-V$ 特性曲线;上插图:实验装置示意图;(b) 质谱检测示意图;(c) 对于不同的[H^+]输入对应的输出的氢原子的分数;(d) 验证石墨烯薄膜对气体渗透性的实验设计图;(e) 在 1 bar 的分子氢环境中存储 3 天前(左)后(右)的 AFM 图像,白色曲线表示沿孔直径的高度轮廓

此外,为什么完美的石墨烯对除氢气以外的所有气体和液体分子不具有明显的渗透性?A. K. Geim 课题组在 2020 年进行了解释。他们开发了一种灵敏度极高的测量气体渗透性的技术。他们首先在单晶石墨或者氮化硼上刻蚀微米级的孔,再利用机械剥离的单原子层的石墨烯封装[229]。测试时,气体分子只能通过石墨烯膜进出。如果石墨烯膜对某种气体具有渗透性,其内部的压力就会增加从而使薄膜鼓起一段距离。实验结果表明,除了氢气,氮气、氦气、氖气、氩气、氙气等均不透过[图 3-88(d)(e)]。他们认为分子氢通过化学吸附在石墨烯

波纹处解离,然后被吸附的氢原子更容易翻转到石墨烯膜的另一侧,随后从凹面处脱附。

地球上水的总量可达 14 亿立方千米,但人类可开采的淡水只占总水量的 0.26% 左右。为了解决淡水的短缺问题,海水淡化成为一种获取淡水的有效方法。石墨烯作为一种单原子层二维材料,机械强度高且可进行一定的化学改性,具有淡化海水的能力。石墨烯用于海水淡化主要有两种方案,一是石墨烯作为电极有效吸附海水中的电解质离子,另一种是利用功能化的多孔石墨烯作为过滤膜过滤盐离子。但是在石墨烯薄膜上刻蚀纳米孔需要一系列复杂的过程,且难以保证纳米孔结构和尺寸的完全统一。目前,一种热驱动的净水技术快速兴起,它利用水横跨多孔疏水膜时水蒸气压梯度,驱动水从热进料侧输送到冷渗透侧。热驱动的净水技术是一种零液体排放的绿色技术。澳大利亚联邦科学与工业研究组织的 Kostya（Ken）Ostrikov 团队用豆油作为碳源,通过常压 CVD 法制备小畴区的多层石墨烯薄膜,并将其转移到聚四氟乙烯（polytetrafluoroethylene,PTFE）商用薄膜上,制备出具有抗污染、高水汽通量、高脱盐率等优点的海水淡化膜（图 3-89）。这种多层石墨烯部

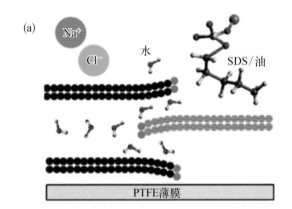

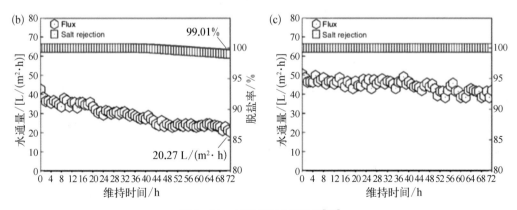

图 3-89　石墨烯海水淡化膜[230]

（a）石墨烯薄膜转移到商用 PTFE 薄膜用于海水淡化;（b）（c）市售商用 PTFE 膜(b)、石墨烯基 PTFE 膜(c)的水通量和脱盐率与处理时间的关系

分重叠的晶界构成了水蒸气渗透通道,可以有效隔离盐离子和污染物,实现海水淡化。这种石墨烯复合薄膜展现出较高的水通量[50 L/(m^2 · h)],并实现极佳的脱盐率(70 g/L 的高浓度盐水,脱盐率可达 99.9%)[230]。

3.5.3.3   光电成像集成芯片

硅集成电路的微型化实现了低成本高性能的数字成像。而 3D 集成技术可以最大限度地减少设备尺寸,实现单片式多功能产品。这种 3D 集成技术可以使像素并行信号处理成为现实并有望用于超高速图像传感器。基于过渡金属二卤化物的光电晶体阵列与高密度互联的集成电路形成的 5×5 像素阵列被 Yi-Hsien Lee 等人成功制备[图 3-90(a)][231]。基于此,西班牙 Frank Koppens 课题组将化学气相沉积法制备的石墨烯转移到包含图像传感器读出电路的互补金属氧化物半导体(complementary metal oxide semiconductor,CMOS)芯片上,并通过垂直金属连接石墨烯和 CMOS 内部的线路,之后对石墨烯图案化,并通过旋涂在石墨烯上沉积硫化铅(PbS)胶体量子点敏化层,该方法成功构筑了由 388×288 像素组成的石墨烯-量子点光电探测器阵列。该技术通过约 110000 个光电导石墨烯通道垂直集成到 CMOS 读出集成电路的各个电子组件上,实现了 CMOS 集成电路与石墨烯的单片集成。这种基于石墨烯的图像传感器凭借

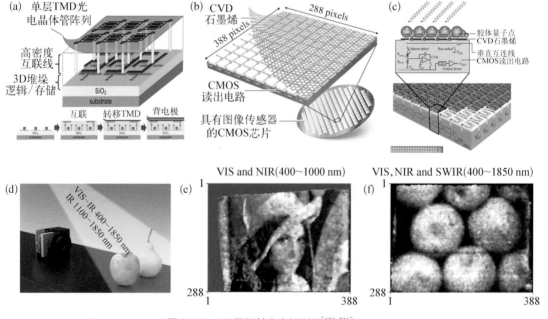

图 3-90   石墨烯基光电探测器[158,231]

(a) 单片 3D 图像传感器示意图;(b) 由 388×288 像素组成的石墨烯-量子点光电探测器阵列;(c) 石墨烯基光电探测器和读出电路侧视图;石墨烯-量子点光电探测器阵列由于内置电场,会产生电子-空穴对,空穴转移至石墨烯,电子保留在量子点中;(d) 相机的设置参数;(e)(f) 基于石墨烯基光电探测器的红外成像

其在较宽的波长范围(300～2000 nm)内以较高的分辨率(10^{12} cm $\sqrt{}$ / Hz W^{-1})运行的性能有望用于安全安保、汽车传感器系统、智能手机相机、环境监测等领域[图 3 - 90(b)(f)][158]。

3.5.3.4 烯铝集流体

集流体是沟通锂离子电池内部和外部电路的桥梁,是多种二次电池中不可或缺的组件。目前商用的锂离子电池的正负极集流体分别为铝箔和铜箔。但是人们发现铝集流体由于使用过程中其表面氧化铝膜的部分剥落、溶解,使铝暴露于电池的电解液中,从而发生(电)化学腐蚀,降低了稳定性。此外,炭黑作为最常用的导电添加剂材料,在电池中通常需要用它将电极材料包裹起来[232]。因此,集流体与炭黑直接接触,但铝箔集流体表面的极性氧化铝层和电极内部炭黑等导电添加剂之间的亲和性较差,导致了集流体与电极间的接触不够紧密,增加了集流体与电极的界面电阻,进而降低了电池的功率密度。北京大学彭海琳和刘忠范课题组使用等离子体增强化学气相沉积法(plasma enhanced CVD,PECVD)直接在铝箔表面制备石墨烯薄膜。这种多层石墨烯薄膜能够抑制铝离子的溶出,在铝箔表面未观察到明显的点蚀坑,表明多层石墨烯/铝箔(烯铝集流体)用于电池中能够有效提高集流体的抗腐蚀性能[图 3 - 91(a)～(c)][233]。此外,烯铝集流体表面具有较大的比表面积,可增大与电极的接触面积,同为碳材料,石墨烯垂直纳米阵列与炭黑之间由于 π - π 相互作用接触变得更加紧密,多次充放电循环后仍能保持良好的接触;界面处构成的微观导电通道明显降低了集流体与电极间的接触电阻,提升了电极的倍率性能[图 3 - 91(d)(e)][234]。

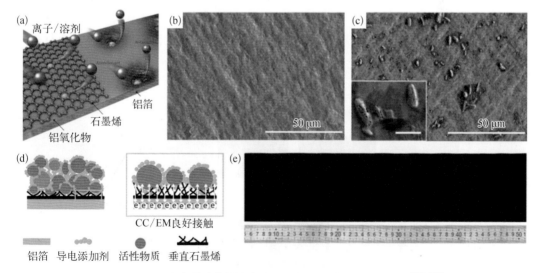

图 3‐91 烯铝集流体的抗腐蚀性和降低界面接触电阻的性质[233,234]

(a)烯铝集流体增强抗腐蚀性能示意图;(b)(c)经过循环伏安法测试后烯铝集流体(b)和铝箔(c)的 SEM 图像;(d)烯铝集流体与电极材料之间的界面作用示意图;(e)制备的烯铝集流体的照片

3.6   石墨烯材料的产业化进展

3.6.1   石墨烯产业的现状

作为 21 世纪的明星材料,石墨烯一经发现就凭借其优异的性质和广阔的应用前景受到了学术界和产业界的广泛关注。石墨烯具有超高的载流子迁移率,最高的热导率,同时也是理想的轻质高强材料,甚至有人预测石墨烯会取代硅基材料从而为半导体行业带来变革[235]。这使得全世界都把目光转向石墨烯,将其视为有望引领新一轮高新技术和产业转型的重要驱动力,纷纷出台相关战略规划和扶持政策,不断加大对石墨烯基础研发和产业应用的支持,高校、研究所、产业园区的各个石墨烯相关的科研和企业项目如雨后春笋一般出现。从 2004 年至今,短短 19 年之际,石墨烯产业已经取得了突飞猛进的发展。

3.6.1.1   应用广泛的石墨烯材料

材料的结构决定性质,性质决定应用。自石墨烯被发现 19 年来,无数科研学者和企业工作者对石墨烯制备方法的优化、应用领域的探索和批量生产的尝试无疑是石墨烯产业迅猛发展的原动力。2019 年,美国麻省理工学院 Jeehwan Kim 课题组系统总结了石墨烯材料在过去十年中的制备、应用和商业化进展[236]。图 3 - 92 描述了 2009—2019 年的十年中,在石墨烯制备和应用领域所取得的代表性进展。可以看到,经过无数科研工作者和商业界、产业界人士的不懈努力,石墨烯粉体的产量从 2009 年的 14 吨跨越式增长到了 2019年的 1200 吨,石墨烯的应用也由最开始的导电添加剂、涂料、用在体育用品中的复合材料

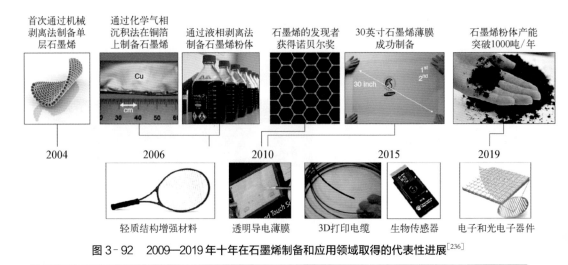

图 3 - 92   2009—2019 年十年在石墨烯制备和应用领域取得的代表性进展[236]

等逐渐走向透明导电薄膜、生物传感器、电子和光电子器件等高端应用。

在复合材料方面,由于出色的机械强度和独特的导电、导热性质,石墨烯材料往往被用作金属、陶瓷、聚合物等体系的支架或者功能性的填充物,从而在材料复合的过程中起到画龙点睛的作用。例如在聚合物复合材料中,仅仅加入少量的石墨烯就可以使聚合物整体的导电率提高几个数量级,并且机械性能也会显著提高(图3-93)。2017年兰州大学张强强等人报道了石墨烯对于陶瓷材料的增强作用[237]。他们先通过水热法制备了三维石墨烯气凝胶为基底模板,然后通过原子层沉积技术在上面沉积纳米厚度的 Al_2O_3 陶瓷,从而形成了"纳米陶瓷-石墨烯-纳米陶瓷"的"三明治"复合结构。实验结果表明石墨烯可以通过强化增韧机制来桥接陶瓷材料的裂纹界面,从而有效增强陶瓷材料的弹塑性变形,这种方法制备的新型的陶瓷材料表现出80%弹性形变、优异的耐疲劳特性和超过200%力学性能增强,这表明石墨烯的复合可能是解决陶瓷材料脆性和低韧性的有效途径。2020年,美国莱斯大学 James M. Tour 课题组在 Nature 上报道了石墨烯材料对于水泥和高聚物聚二甲基

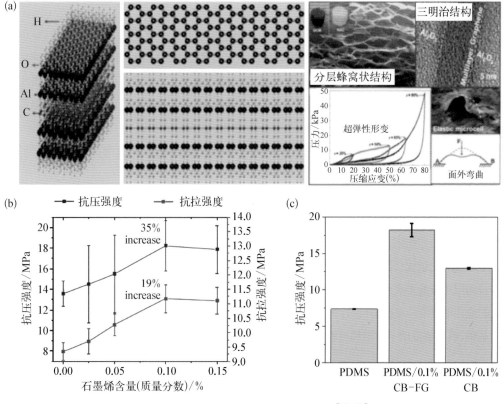

图 3-93　石墨烯在复合材料方面的应用[211,237]

(a) 石墨烯对于陶瓷材料的增强作用;(b) 石墨烯对于水泥的增强作用;(c) 石墨烯对于高聚物 PDMS 的增强作用

硅氧烷(polydimethylsiloxane,PDMS)的增强作用[211]。他们的实验结果发现,在水泥中仅加入0.1%(质量分数)的石墨烯,水泥的抗压强度就可以提高35%,抗拉强度可以提高19%,力学性质得到了明显增强。此外,石墨烯也可以有效提高聚合物的性能,在PDMS中加入0.1%(质量分数)的石墨烯,PDMS的抗压强度可以提升到250%。

在电子和光电子器件方面,尽管石墨烯因带隙为零,器件的电流开关比不足一个量级,难以实现逻辑电路的应用,但是近年来,石墨烯在场效应晶体管和传感器等方面的应用取得了迅猛发展[238]。2012年,通过减小沟道长度,石墨烯场效应晶体管的截止频率可以提高到427 GHz,该数值远超过硅基材料的水平[239]。2017年,西班牙巴塞罗那光子科学研究所(IFCO)研究人员首次实现了互补金属氧化物半导体(complementary metal oxide semiconductor,CMOS)电路与化学气相沉积法制备的石墨烯薄膜的集成,构筑了由石墨烯/硫化铅量子点的光电探测器阵列组成的高分辨率图像传感器。得益于石墨烯超高的载流子迁移率和宽光谱吸收特性,该传感器可以实现300～2000 nm波长范围内的高分辨率成像。2021年,欧盟旗舰计划研究人员利用单晶石墨烯阵列实现了晶圆级石墨烯高速光电器件的构筑与集成,进一步推动了石墨烯材料在电子与光电子器件领域的产业化应用[240]。

在能源方面,石墨烯的比表面积高达2630 m^2/g,加上本身优异的化学稳定性、导电性和导热性,使得其在锂离子电池和超级电容器等方面具有显著优势。石墨烯电极在锂离子电池的理论比容量是744 mA·h/g,是石墨电极的两倍[241]。目前,石墨烯材料主要用作$LiCoO_2$、$LiMn_2O_4$和$LiFePO_4$等电极材料的导电添加剂,相比于炭黑来说,石墨烯的电荷和热量传输效率更高,前者可以有效提高锂离子电池的比容量,最高可以提高到160%[241],而对于后者,石墨烯的高导热性可以有效解决锂离子电池在快充、闪充时的热量聚集问题,从而提高电池的安全性和循环稳定性。

此外,石墨烯超高的热导率使其在热管理方面具有明显优势,有望用于硅基电路和固态存储器等高精密、高热量的电子元件中的散热部分。华为、TeamGroup和Momodesign等国际知名企业均在石墨烯散热膜研发和应用上布局[236]。石墨烯具有较高的透光率和较低的面电阻,有望取代氧化铟锡(ITO),用于高性能的透明导电薄膜和柔性显示应用。石墨烯或氧化石墨烯构筑的层层堆叠形成的纳米通道可以用于离子筛分,在气体过滤、海水淡化的领域也表现出一定的应用前景[242]。这些开创性的基础研究和前沿探索,有力地奠定了石墨烯材料产业化的应用基础,极大地推动了石墨烯材料的商业化进程。图3-94为石墨烯在相关领域中的应用。

3.6.1.2　日益壮大的石墨烯市场

石墨烯优异的理论性质和广阔的应用前景吸引了全世界的目光,人们努力将石墨烯材料从实验室推向市场,以期能改变和推动整个行业,从而促进能源、电子信息、航空航天、医疗健康等许多重要领域的可持续发展和技术性革新。

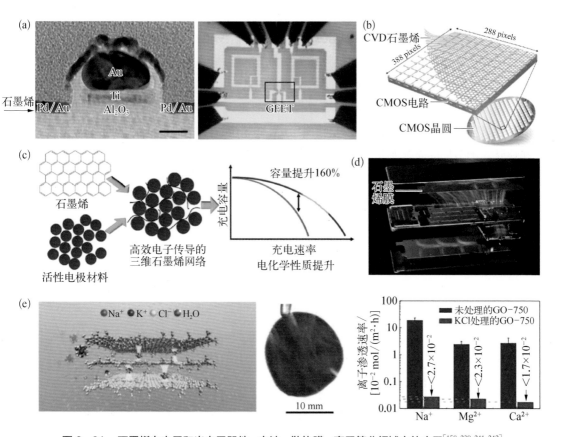

图 3-94　石墨烯在电子和光电子器件、电池、散热膜、离子筛分领域中的应用[158,239,241,242]

（a）石墨烯场效应晶体管器件；（b）石墨烯 CMOS 光电子器件；（c）石墨烯作为电极材料的添加剂；（d）石墨烯散热膜；（e）氧化石墨烯离子筛分膜

2019 年，英国剑桥大学 Andrea C. Ferrari 课题组在 *Nat. Nanotechnol.* 上发表评论，汇总了 2013—2019 年间，20 家不同机构对石墨烯市场的调研结果，并将这些结果整合到一幅市场分析图中进行分析比较[243]。结果如图 3-95 所示，2015 年石墨烯的市值是 1500 万～5000 万美元，而到 2025 年，石墨烯的市值将增长到 2 亿～20 亿美元，平均增长率可达 40%。这里需要说明的是，图 3-95 中表述的是"石墨烯材料的市场价值"，即石墨烯材料本身的价值而不是最终产品的收益。这两者有很大差别，以硅材料为例，2018 年硅晶圆的市场价值为 90 亿美元，而由硅芯片推动的智能手机全球销售额超过 5000 亿美元。因此，如果假设石墨烯材料具有相同的换算比率，那么到 2025 年石墨烯产品的总市值应该再扩大 100 倍，达到令人惊讶的 200 亿～2000 亿美元。

目前全球约有 179 个国家或地区开展石墨烯研究。英国作为石墨烯的"诞生地"，主要围绕曼彻斯特大学进行布局，先后成立了国家石墨烯研究院及石墨烯工程创新中心，在石墨烯的基础研究及应用开发方面处于领先地位。欧盟在石墨烯的研究方面起步较早,研究也相对系统,如今更是投入大量的资金,将石墨烯作为战略材料进行布局。其中最具代表性的是"欧盟石墨烯旗舰计划"。"欧盟石墨烯旗舰计划"是由欧盟委员会于2013年推出的,是欧盟委员会发起的未来与新兴技术旗舰计划中的第一个,总投资10亿欧元。该计划的核心内容包括石墨烯材料的标准化、生物传感器、薄膜技术、催化剂、面向复合材料和能源应用的功能材料、功能涂层、半导体器件集成、面向射频应用的无源元件和硅光子学集成等方面。从"欧盟石墨烯旗舰计划"的提出到现在,石墨烯材料已经从实验室逐渐走进了欧洲工业生态体系,在电子、光电、航空、能源、复合材料和生物医学等领域开始展露自己的一席之地。其中西班牙的 Graphenea 公司是石墨烯材料供应企业的典型代表,在氧化石墨烯、CVD 石墨烯薄膜、CVD 石墨烯晶圆及石墨烯器件加工方面具有很高的水平。

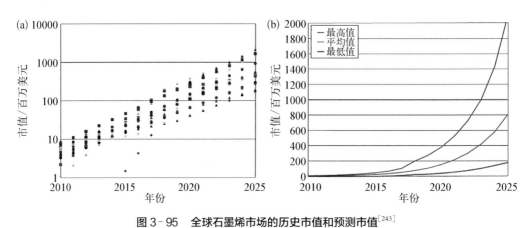

图 3-95　全球石墨烯市场的历史市值和预测市值[243]

（a）20 家不同机构对石墨烯市场市值的调研和预测结果；（b）石墨烯市场市值的最高值、平均值和最低值曲线

在美国,石墨烯产业化和应用进程相对较快,产业链相对比较完整,不仅拥有 IBM、英特尔和波音等众多研发实力强劲的大型企业,还有众多小型石墨烯企业提供原材料和技术互补。美国国防部、国家自然科学基金也投入巨资,重点在石墨烯晶体管、能量存储和超级电容器等领域支持石墨烯的产业研发。韩国在石墨烯的基础研究及产业化方面发展较为均衡,整体发展速度较快。从研究层面看,韩国成均馆大学和韩国科学技术院等均在石墨烯研发领域具有较强的实力;从产业层面看,以韩国三星集团和 LG 公司为主,在石墨烯柔性显示、触摸屏及芯片等领域占有国际领先地位。日本依托其良好的碳材料产业基础,既有日本东北大学、东京大学、名古屋大学等多所大学的技术支持,又有日立、索尼、东芝等众多企业资金投入和技术研发,其研究重点主要集中在石墨烯薄膜、新能源电池、半导体、复合材料和导电材料等应用领域。

在中国,石墨烯领域的研究基本上与世界同步。经过十多年的发展,目前中国已经拥有全球最庞大的石墨烯基础研发和产业化队伍。在科研方面,以北京大学、清华大学、浙江大学、北京石墨烯研究院、中国科学院金属研究所、中国科学院宁波材料技术与工程研究所、国家纳米科学中心、中国科学院化学研究所和中国科学院山西煤炭化学研究所等为代表的高校和科研院所在石墨烯的制备、性质和应用探索方面取得了卓越的进展。在石墨烯的应用和产业化方面,东旭光电、宝泰隆、中国宝安、烯碳新材、常州二维碳素、重庆墨希、华为、京东方等企业纷纷布局石墨烯产业,投入大量的人力、物力用于石墨烯材料和产业化技术的研发。截至 2020 年 2 月,在工商部门注册的石墨烯相关企业及单位数量达 12090 家。其中有石墨烯业务开展的企业和单位有 3000 多家,各项统计数据均居全球领先地位。政府、高校和企业的合力使得中国的石墨烯产业具有了突飞猛进的发展。从文章和专利数目(图3-96)来看,截至 2020 年 3 月,全球共发表石墨烯相关论文 307185 篇,其中中国的论文数量达 101913 篇,占全球石墨烯相关论文总数的三分之一。截至 2018 年 12 月 31 日,全球共申

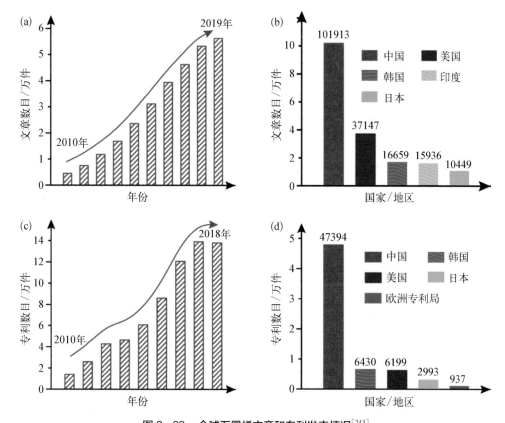

图 3-96　全球石墨烯文章和专利发表情况[243]

(a) 全球石墨烯文章发表数量;(b) 石墨烯文章发表数目 Top5 的国家或地区;(c) 全球石墨烯专利发表数量;(d) 石墨烯专利发表数目 Top5 的国家或地区

请石墨烯相关专利69315件,其中中国的专利数目达47397件,占比高达68.37%。因此,单从文章和专利数目的占比来看,中国在石墨烯的研发方面已经处于世界领先水平。

在石墨烯产业方面,在国家政策、企业与社会资本的共同推动下,中国的石墨烯产业规模迅速扩大,企业数量快速增长,产业链条不断完善,区域特色逐步显现。其中,石墨烯材料的规模化制备是中国石墨烯产业的重要优势。2019年,北京大学刘忠范院士和彭海琳教授课题组在Nat. Mater.上总结了目前石墨烯产业和批量制备的现状[244]。由图3-97可以看到,2013年,中国粉体石墨烯材料的产能只有200吨/年,到2017年已经增长到近1400吨/年,目前的产能已经超过5000吨/年。在CVD石墨烯薄膜方面,中国的产能从2015年的20万平方米/年左右,到2017年跃升到350万平方米/年,如今的产能可以高达650万平方米/年。氧化石墨烯材料也是如此。据CGIA Research统计,中国石墨烯产业的市场规模在2015年只有6亿元,2016年增长到40亿元,2017年70亿元,到2018年已经迅速上升到100亿元的规模,年均复合增长率[年均复合增长率=(现有价值/基础价值)$^{(1/年份数)}$-1]超过100%。

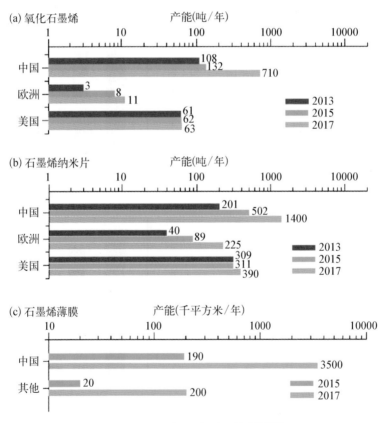

图3-97　全球石墨烯产品的产能[244]

(a) 全球氧化石墨烯的产能;(b) 全球石墨烯纳米片的产能;(c) 全球石墨烯薄膜的产能

3.6.2　石墨烯产业发展的关键瓶颈

目前,石墨烯技术与市场资本不断融合,石墨烯材料的制备、装备和应用不断取得新的突破,石墨烯领域的相关文章发表数目和专利申请数目逐年增长,石墨烯材料的产能逐年提升,石墨烯在能源存储、功能涂料、纺织衣物、橡胶制品、显示器件和健康保健品等产品中的应用日益显露出广阔的市场空间。整个石墨烯产业呈现一片欣欣向荣的景象。但是我们也要看到,在这兴盛的表象背后,仍有很多需要解决的瓶颈问题。

3.6.2.1　石墨烯原材料的质量问题

目前,石墨烯产业主要提供的石墨烯原材料有三种,分别是石墨烯粉体、石墨烯薄膜和氧化石墨烯。如图 3-98 所示,这三种石墨烯原材料在结构、性质、制备方法和应用领域都有很大的不同。石墨烯粉体指的是由单层或少层石墨烯微片聚集而成的粉末状石墨烯材料,这些微片的厚度在 1～3 nm,畴区尺寸在 100 nm～100 μm,主要是以石墨为起始原材料,通过液相剥离的方法,克服石墨的层间作用力得到的。石墨烯薄膜一般特指从碳氢化合物前驱体出发,通过高温化学反应过程在特定衬底上生长出来的薄膜状石墨烯材料,最常用的制备方法是 CVD 法,目前 CVD 法结合卷对卷和静态批次生长的技术,可以实现金

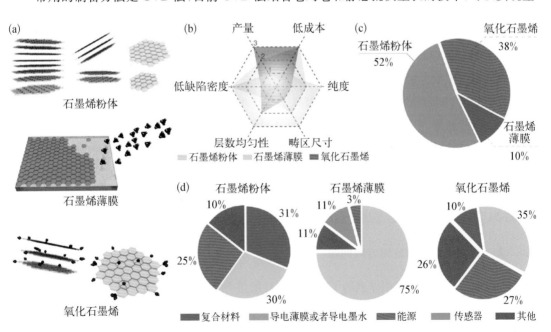

图 3-98　石墨烯产业主要提供的三种石墨烯原材料[244]

(a) 石墨烯粉体、石墨烯薄膜和氧化石墨烯三种石墨烯原材料;(b) 三种石墨烯材料在性质上的差异;(c) 三种石墨烯材料在市场份额上的差异;(d) 三种石墨烯材料在应用领域的差异

属衬底上大面积、高质量石墨烯薄膜的批量制备。氧化石墨烯(GO)是石墨烯的一种衍生物,一般是通过石墨和浓硫酸、高锰酸钾等强氧化剂反应得到的,与石墨烯不同的是,GO中碳原子层的边缘和顶部会连接大量的羟基、羧基、环氧基等含氧基团,所以GO往往具有亲水特性,可以配置成各种功能性的溶液或浆料。但是由于GO中原本完美的石墨烯结构遭到了破坏,所以GO的导电性和导热性有所降低,不过GO中丰富的含氧基团使其在催化、离子筛分和生物医疗等领域具有一定的应用前景。同时,将GO还原后可以得到还原氧化石墨烯(rGO),rGO的导电性和导热性有所提升,也是一种常见的石墨烯原材料。

在这三种石墨烯材料中,CVD石墨烯薄膜的质量最高,表现在石墨烯的缺陷密度较低,畴区尺寸较大,且层数比较均匀、可控,但是由于是高温反应过程,需要复杂的反应装备和生长工艺,导致CVD石墨烯薄膜的产量较低,成本较高,所以一般多用于高端电子器件或者透明导电薄膜,所占的市场份额较少。相比而言,石墨烯粉体和氧化石墨烯由于工艺相对简单,装备相对成熟,在产量和成本上具有明显优势,不过质量不及CVD石墨烯薄膜,所以多用作导电添加剂和复合增强材料。理想情况下,三种不同的石墨烯材料各司其职,在各自擅长的领域发光发热,然而目前,石墨烯产业提供的石墨烯原材料的质量与下游应用的实际需求还相距甚远。

2018年,新加坡国立大学Antonio H. Castro Neto课题组通过原子力显微技术、光学成像、拉曼光谱、X射线光电子能谱等手段系统评估了来自美洲、亚洲和欧洲60家公司的石墨烯粉体样品[245]。实验结果表明,大部分公司提供的石墨烯粉体中,石墨烯的含量不超过10%,最高的含量不超过50%。石墨烯粉体的纯度较低,污染比较严重,部分公司提供的石墨烯粉体中碳含量不超过90%,并且所有公司提供的样品中,石墨烯特征标志sp^2-C的含量不超过60%。同年,韩国蔚山国家科学与技术研究院Ruoff课题组整理了来自美国、加拿大、西班牙、中国、韩国和日本等国的公司提供的石墨烯粉体和CVD石墨烯薄膜样品的畴区尺寸、层数和面电阻等参数,发现不同的企业提供的样品在结构和性质上具有很大的差异[246],这无疑会对石墨烯薄膜在透明导电薄膜等领域的稳定和大规模应用产生很大的影响。以上结果都表明,目前批量制备的石墨烯材料的实际质量不容乐观。图3-99为不同公司提供的石墨烯产品的质量评估。

3.6.2.2 石墨烯材料的应用方向问题

批量制备的实际情况明显制约了石墨烯材料的进一步发展和应用。由于市场提供的石墨烯材料良莠不齐,畴区、层数和缺陷密度等结构信息具有较大差异,石墨烯材料的质量与实验室水平相距甚远,难以实现理论上的诸多优异物理、化学性质,这就导致以此为原料制备的相关石墨烯产品很难真正走向电子器件、光电器件、传感器、柔性显示等高端应用,难以在未来的高精尖产业方面有所突破,而更多的只能追求"短平快"的应用,以相对廉价

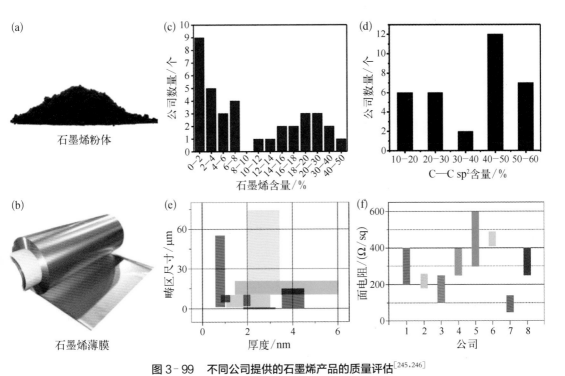

图 3 - 99 不同公司提供的石墨烯产品的质量评估[245,246]

（a）石墨烯粉体示意图；（b）石墨烯薄膜示意图；（c）不同公司石墨烯粉体中的石墨烯含量统计；（d）不同公司石墨烯粉体中的 C—C sp² 含量统计；（e）不同公司石墨烯产品畴区尺寸和厚度的统计；（e）不同公司石墨烯产品面电阻的统计

易得的石墨烯粉体和氧化石墨烯为主体，将其用于技术含量和产品附加值较低，不苛求石墨烯真正优异本征性质的领域。

这点也直接表现在石墨烯产业和专利在石墨烯相关领域的选择上。前者一定程度上反映了市场的牵引和产业的重心，而后者则体现了目前学术界和产业界对于石墨烯研发方向的追求，从而一定程度上可以判断出整个石墨烯产业的发展现状和发展趋势。如图 3 - 100 所示，无论是石墨烯产业，还是专利的申请，占比最大的部分都是能源、涂料和复合材料等领域，而电子器件、信息通信、航空航天和节能环保等高新领域仍占少数。石墨烯产业是以新材料为核心的高科技产业，需要在高端应用领域进行大胆探索和勇于创新，而不能在方向定位中仅置于石墨烯产业链的中低端应用。如果缺少高端应用市场的牵引，石墨烯产品的附加值往往较低，再加上成本等因素，会导致石墨烯在实际的中低端应用领域与市场现有材料的竞争力相比较差，很容易造成产能过剩，企业亏损，从而导致恶性循环，对整个石墨烯产业造成极其不利的影响。除此之外，受限于石墨烯材料的技术成熟度和装备成熟度，目前的石墨烯产业仍然存在技术转化能力弱、产品质量性能波动大、生产成本较高、标准化建设滞后、商业应用领域窄等问题，这些都会限制石墨烯产业的进一步发展。

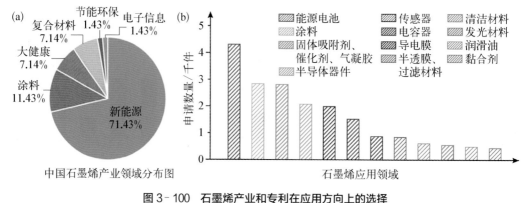

图 3-100　石墨烯产业和专利在应用方向上的选择
（a）中国石墨烯产业领域分布图；（b）不同石墨烯应用领域的专利申请数量统计

3.6.3　石墨烯产业未来的发展方向

新材料是未来高新技术产业发展的基石和先导。石墨烯作为导电性最高、导热性最好，兼具轻质高强的前沿新材料，有望成为继碳纤维之后的新一代碳材料，从而对传统产业转型升级和新兴产业培育形成重大的创新推动。为了解决石墨烯产业中面临的关键问题，推动石墨烯产业的健康发展，衍生出真正的万亿规模的石墨烯市场，可以从以下方面进行考虑。

3.6.3.1　标准化的建立

俗话说"没有规矩不成方圆"，新材料标准化的建立是其走向批量化制备、商业化推广和产业化应用的必经之路。早在 2013 年，我国工业和信息化部就颁布了《新材料产业标准化工作三年行动计划》，并特别强调："建立完善新材料产业标准体系，对于加快培育发展新材料产业，促进材料工业转型升级，支持战略性新兴产业发展，保障国民经济重大工程建设和国防科技工业具有重要意义"。对于新材料产业而言，只有在材料的研发、检测和产品的输出等方面有了明确的标准，才能规范市场秩序，有效维护行业经济利益，才能更加有效地推进产业结构的调整和升级，促进行业健康发展。

如前所述，尽管石墨烯产业已经取得了迅猛发展，但石墨烯材料相关标准的建立进展较慢，目前国内外在石墨烯材料和相关产品的定义、性能、检测方法等一系列基本和核心问题上尚没有形成统一的标准规范。由于各产业链的各个环节缺少相应的标准支持，难免出现石墨烯产品良莠不齐、鱼龙混杂的局面，甚至个别企业在利益的驱使下以次充好甚至制假售假，这不但会严重破坏石墨烯产业的内部秩序，还会大大降低石墨烯产业的社会信誉，从而影响整个石墨烯产业的健康发展。因此，根据以上考虑，石墨烯材料的"标号"之路迫在眉睫。

所谓"标号",可以借鉴碳纤维成熟的编号体系。如图3-101(a)所示,通过一组数字或字母来作为识别具有特定结构和性能的某一产品的代码。"标号"的制定是基于产品特定的制备方法、结构信息和性能参数,依照某一原则,对产品进行统一命名。可以说,在碳纤维的发展历史中,标号规则的制定对促进其行业的可持续发展有着关键性的作用。1971年,日本东丽公司为了规范碳纤维的类型率先对碳纤维进行了"标号"划分。他们根据材料的性能将碳纤维分为主打强度的T系列和主打弹性模量的M系列,其中T系列主要对应于自行车、高尔夫球杆等日常应用,而M系列则对应于航空航天领域的应用。随后,东丽公司又根据不同的工艺过程不断丰富并完善了碳纤维等级划分的标号规则。碳纤维行业以此为标准,规范了技术和产业发展,日本东丽公司也由此抢占了碳纤维的国际话语权,成为碳纤维生产和营销的全球领导者。由此可见,制定石墨烯材料的标号规则具有重要的科学价值和战略意义。

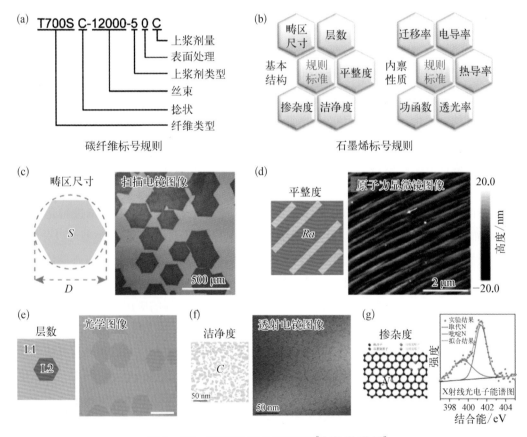

图3-101 石墨烯材料的标号规则[17,153,155,157,247]

(a)碳纤维标号规则;(b)石墨烯标号规则;(c)畴区尺寸标号;(d)平整度标号;(e)层数标号;(f)洁净度标号;(g)掺杂度标号

对于石墨烯而言,"标号"规则可以分为结构标号和性质标号两种,前者是参照石墨烯的基本结构特性,例如石墨烯的畴区尺寸、平整度、层数、洁净度、掺杂度等,而后者则是对应下游实际的产品需求,以石墨烯的电学、光学、力学、热学等内禀性质相关的参数来进行标号,比如石墨烯的迁移率、电导率、透光率、杨氏模量、热导率等。具体来说,对于石墨烯的结构标号,石墨烯的畴区尺寸会直接影响石墨烯的晶界密度,从而影响石墨烯材料的迁移率、电导率、热导率等诸多性质,所以是描述石墨烯结构特性的重要参数。一般来说,可以通过扫描电镜或光学显微镜观察石墨烯的孤立畴区,从而根据石墨烯畴区外接圆的直径 D 或畴区的面积 S 来进行标号[247]。对于石墨烯的平整度来说,主要考虑的是 CVD 石墨烯薄膜。影响 CVD 石墨烯薄膜平整度的因素包括基底的起伏和热失配产生的石墨烯褶皱等。石墨烯平整度可以借助于原子力显微镜直接表征石墨烯表面的粗糙度 Ra[153]。对于层数来说,不同层数的石墨烯在透光性、面电阻、机械强度等方面具有很大的差别,会直接影响下游石墨烯产品的应用,因此层数也是一个重要的结构参数,一般可以通过光学显微镜的方法,根据 SiO_2/Si 上面转移的石墨烯在光学下的衬度来判断石墨烯的层数为单层 L1,双层 L2,还是少层[17]。对于洁净度来说,无论是石墨烯粉体、石墨烯薄膜还是氧化石墨烯,在制备过程中原材料的来源和纯度、制备体系的副反应、后续的保存和存储等方面都会带来石墨烯材料的污染。这些污染物的存在会显著影响石墨烯的导电性、吸光度,以及表面的物理化学特性,对于透射电镜载网、半导体外延薄膜和柔性透明显示等洁净度需求高的应用领域影响也较大,因此石墨烯的洁净度标号至关重要,可以利用透射电子显微镜统计洁净区域占总面积的比例来代表石墨烯的洁净度 C[155]。对于掺杂度来说,本征石墨烯在狄拉克点处的电子态密度为零,所以石墨烯的面电阻较高,所以往往通过掺杂的方式调控石墨烯中的载流子浓度及费米能级位置,或者对石墨烯进行化学修饰,从而提高石墨烯的导电性。根据掺杂后电子和空穴的相对浓度,掺杂类型可以分为 p 型掺杂和 n 型掺杂。氮掺杂石墨烯是典型的 n 型掺杂石墨烯,根据氮元素与石墨烯成键方式的不同可以分为吡啶氮、吡咯氮和石墨氮三种,不同的成键类型和掺杂浓度都会使石墨烯的性质产生显著的影响,因此掺杂度 N 对于下游石墨烯的应用市场具有重要的参考意义[157]。

由图 3-101 可以看到,石墨烯的结构标号相对清晰明了,直接反映石墨烯材料的本征属性,但是对于下游石墨烯产业而言,往往更关注于石墨烯的某些特定性质(图 3-102),比如对于电子行业,石墨烯的电子迁移率是首要考虑的指标;透明导电薄膜领域主要关注石墨烯的透光率和导电性;热管理领域主要关心石墨烯的热导率;复合材料领域希望石墨烯材料具有更高的机械强度;生物医疗领域更关心石墨烯的洁净度、浸润性和生物相容性,等等。因此根据以上考虑,石墨烯的性质标号更有利于下游产业的参考和选择,这也对石墨烯原材料制备的稳定性、均匀性和可放大性提出了更高要求。

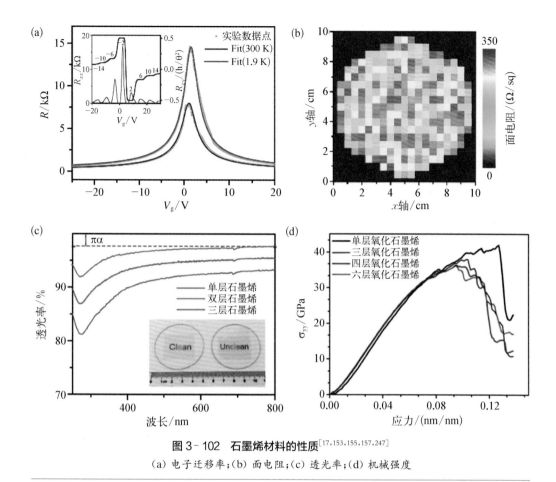

图 3- 102　石墨烯材料的性质[17,153,155,157,247]

（a）电子迁移率；（b）面电阻；（c）透光率；（d）机械强度

石墨烯材料的标准化建设有利于促进石墨烯产品的质量、均匀性和稳定性的提高,从而促进石墨烯科技成果的应用与推广,推动国内外石墨烯产品贸易秩序的建立。此外,石墨烯材料的标准化建设还可以为下游企业的标准化建设提供依据,从而促进整个石墨烯产业链的发展。因此,石墨烯标准化的建立对于厘清石墨烯产品规格等级混乱的现状,推动石墨烯材料制备技术和产业化应用规范、健康地向前发展具有至关重要的作用。

3.6.3.2　制备决定未来

从碳纤维的发展历史我们可以看到,材料制备技术的革新,是材料应用和产业发展的基石和原动力。正是日本东丽公司对于碳纤维制备技术的孜孜不倦地追求,在基础聚合物研究和设备制备工艺取得了核心技术的突破,才使得碳纤维从钓鱼竿原材料一跃成为飞机的承力部件,从此扩宽了碳纤维的市场,开启了碳纤维产品的繁荣。对于石墨烯来说也是如此,目前石墨烯材料的制备技术和批量生产仍面临诸多困难和挑战,材料的制备不过关,优异的理论性质也不过水月镜花,甚至将由于工艺不成熟、不稳定导致质量良莠不齐的石墨烯产品投入市场,会造成难以估计的信任危机,从而严重影响石墨烯产业的发展。因此,材料的制备决定未来,高端石墨烯原材料制备与装备是决定未来石墨烯产业竞争力最关键的核心所在。

1. 高端石墨烯原材料的制备

目前的石墨烯材料,无论是石墨烯粉体、石墨烯薄膜还是还原氧化石墨烯,都存在均匀性较差、结构缺陷明显和污染严重等质量问题,严重影响了石墨烯材料原本优异的物理、化学性质,限制了石墨烯材料的进一步应用和石墨烯产业的发展,因此需要从石墨烯的制备科学层面出发,对石墨烯制备过程的热力学、动力学、催化、吸脱附等过程进行深入的探索,并以此为依托提出石墨烯材料制备的原创性和变革性技术,从而实现对石墨烯材料结构和性质的有效调控。

对于石墨烯粉体来说,2020 年美国莱斯大学 James M. Tour 课题组在 *Nature* 上报道了一种快速焦耳热的方法,可以实现高品质石墨烯粉体的低成本、规模化制备(图 3 - 103)[211]。他们利用石英或陶瓷管作为反应容器,利用铜、石墨等导电耐火材料作为电极,自主搭建了可以实现高压放电的电容器。他们在石英管中放入煤、石油、焦炭、生物炭、炭黑、废弃食品、橡胶轮胎、塑料废料等含碳量较高的廉价原料作为碳源。在电容器高压放电的作用下,这些碳源可以在不到 100 ms 的时间内迅速升高到 3000 K 以上的温度,从而有效地将碳源转化为

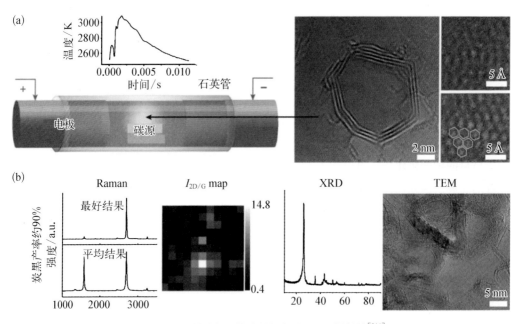

图 3 - 103   快速焦耳热法制备高质量石墨烯粉体[211]

(a) 快速焦耳热法实验装置示意图和石墨烯粉体的透射电镜表征结果;(b) 石墨烯粉体的拉曼、X 射线衍射和透射电镜表征结果

具有涡轮状堆叠结构的石墨烯材料。这种方法制备的石墨烯质量很高,拉曼的表征缺陷峰很低,相比于目前文献报道的结果具有明显的优势。更关键的是,这种方法不需要昂贵复杂的高温反应炉体,不容易产生副反应或杂质的溶剂或者气体,石墨烯的产量取决于碳源的含碳量。当使用炭黑等高含碳量的碳源时,石墨烯的产率可达80%~90%,纯度大于99%。除此之外,该方法还具有制备时间短、成本低等优点,每克石墨烯所需的电能成本仅为 7.2 kJ。原理上,这样物美价廉的石墨烯材料无疑在市场具有明显的竞争优势,期待该石墨烯粉体制备技术经受市场检验,并能够尽快成熟,实现产业化落地。

对于还原氧化石墨烯(rGO)来说,如何有效地去除氧化石墨烯(GO)中的含氧官能团,提高 rGO 的结晶质量,减小 rGO 中的缺陷密度,从而提升其导电性和导热性,一直是 rGO 制备的瓶颈问题。2016 年,美国罗格斯大学 Manish Chhowalla 课题组等在 *Science* 报道了一种新型的利用微波制备高质量 rGO 的方法(图 3 - 104)[199]。他们首先通过改进的 Hummers 方法得到 GO 原料,将其在水溶液中溶解、分散得到多层氧化石墨烯片,之后将

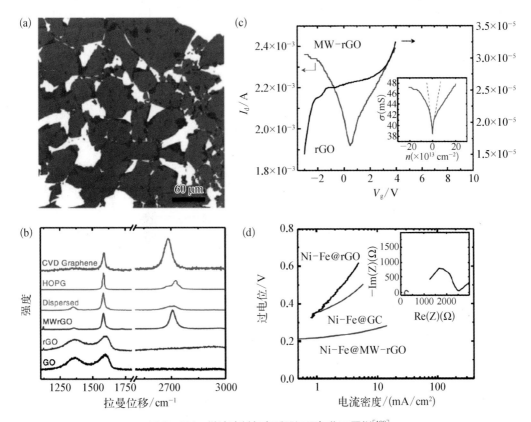

图 3 - 104　微波法制备高质量还原氧化石墨烯[199]

(a) 还原氧化石墨烯的扫描电镜表征结果;(b) 不同石墨烯材料的拉曼表征结果对比;(c) 还原氧化石墨烯的迁移率测试结果;(d) 还原氧化石墨烯作为催化剂载体的电化学测试结果

其置于铜片上放入微波炉中,由于氧化石墨烯上的含氧官能团可以有效地吸收微波的能量发生热解和脱附反应,从而得到高质量的还原石墨烯,这种方法得到的 rGO 的场效应迁移率大于 $1000\ m^2/(V\cdot s)$。由于该方法制备的 rGO 具有较高的结晶质量,所以导电性和稳定性较高,是理想的催化剂载体。实验结果表明,在铁镍层状双金属氢氧化物的析氧反应(oxygen evolution reaction,OER)体系中,选用该方法制备的 rGO 作为电极催化剂的载体,OER 曲线的塔菲尔斜率明显降低,约为 38 mV/decade,OER 的电催化效率明显提高,这也表明制备瓶颈的突破可以极大地推动 rGO 材料在能源和电催化领域的应用。

2018 年,北京大学刘忠范院士和彭海琳课题组在 *Chemical Review* 上发表综述文章,系统梳理了目前 CVD 石墨烯薄膜的最新研究进展和制备策略,指出尽管 CVD 石墨烯在结晶质量和生长面积方面已经取得了显著的进展,但在石墨烯的性质方面,现实和理想相比仍有很大的差距。目前 CVD 石墨烯薄膜面临的晶界、表面污染、褶皱等问题仍有待解决[20]。对于其中的石墨烯褶皱问题,北京大学彭海琳和刘忠范研究团队研究了 CVD 石墨烯的褶皱来源。他们发现,石墨烯和铜箔衬底热膨胀系数不同,导致降温过程中石墨烯容易出现褶皱。他们由此提出了一种新的解决褶皱问题的方案,通过调控生长基底与石墨烯之间的相互作用,使用与石墨烯相互作用较强的 Cu(111)/蓝宝石基底,率先制备出了没有褶皱的超平整石墨烯单晶晶圆,并初步实现了规模化制备。2020 年南京大学高立波课题组提出了一种新的质子辅助的方法,在 Cu(111)基底上实现了无褶皱超平整石墨烯薄膜的制备(图 3 - 105)[197]。他们在石墨烯的生长过程中,通过氢气等离子体来减弱石墨烯和金属基底的耦合作用,从而

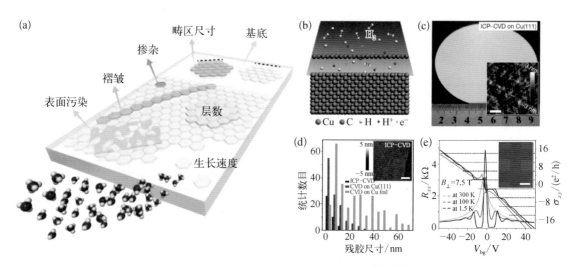

图 3 - 105　微波法制备高质量还原氧化石墨烯[20,197]

(a) CVD 石墨烯薄膜面临的制备问题和挑战;(b) 质子辅助制备无褶皱超平整石墨烯的示意图;(c) 在 Cu(111)上制备的无褶皱石墨烯晶圆;(d) 无褶皱石墨烯表面残胶数目的统计;(e) 无褶皱石墨烯的迁移率性质评估

解决了由于石墨烯和金属基底作用力强,降温过程中两者热膨胀系数不同而产生的褶皱问题。这种无褶皱的石墨烯薄膜,由于表面光滑平整,在后续的转移过程中,石墨烯表面的高聚物残留更少,表面更易清洁,可以明显提升石墨烯薄膜的光学、电学性质及均匀性,这对于石墨烯在透明导电薄膜等方面的应用会具有明显的竞争优势。如图 3 - 105 所示。

2. 石墨烯材料的批量制备装备

石墨烯材料的批量制备装备是石墨烯产业发展的基石。根据石墨烯材料类型和制备工艺的不同,石墨烯的批量制备装备也种类众多。对于石墨烯粉体制备来说,主要的技术路线是以石墨为原材料的机械剥离法和氧化还原法。其中机械剥离法的关键是如何克服石墨片层间的范德瓦耳斯作用力,将石墨原材料剥离成石墨烯纳米片,核心的装备是高压均质机。如图 3 - 106 所示,它可以使石墨原材料在超高压的作用下高速流过具有特殊内部结构的容腔,使石墨受到高速剪切、高频震荡和对流撞击等机械力作用,从而起到石墨逐层剥离的效果。对于氧化还原法来说,涉及的主要设备包括:反应釜、压滤设备、高温还原炉和气流粉碎机等。由于氧化剂的选择一般是浓硫酸、高锰酸钾等强氧化剂,反应过程中会发出大量的热,且氧化石墨烯生产过程往往伴随大量的污水排放,所以耐热、耐酸、防爆的炉体设计,以及环保、绿色、可循环的工艺流程就成了氧化还原法主要考虑的内容。

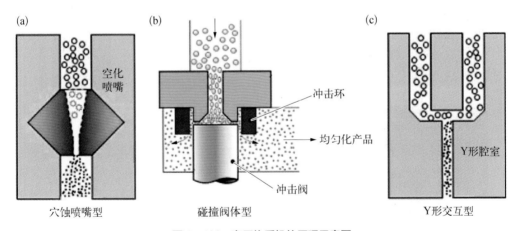

图 3 - 106 高压均质机的原理示意图

(a) 穴蚀喷嘴型原理图;(b) 碰撞阀体型示意图;(c) Y 形交互型示意图

对于石墨烯薄膜来说,化学气相沉积系统是最常用的生长装备。CVD 系统具有很多种类,根据腔室压力的不同可以分为低压 CVD 和常压 CVD;根据加热方式的不同,可以分为对整个反应腔室加热的热壁 CVD 和只对衬底加热的冷壁 CVD;根据辅助配件的不同可以分为等离子体增强 CVD(PECVD)和微波等离子体增强 CVD(MW - PECVD)等。在 CVD 石墨烯薄膜中,单晶石墨烯晶圆的品质最高,具有极高的结晶质量和载流子迁移率,是直接面向电子芯片、场效应晶体管、光电探测器等高精尖应用领域的重要石墨烯原材料。北京大学和北京石墨烯研究院的彭海琳教授和刘忠范院士课题组根据前期报道的Cu(111)/蓝宝石衬底上4英寸无褶皱石墨烯单晶晶圆的方法,自主设计研发了中试规模的石墨烯单晶晶圆的批量制备装备[247]。如图3-107所示,该装备基于常压CVD石墨烯的生长原理,对装备内部的温区温度、腔室压强、进气方式、料架和载具结构进行优化,实现了生长腔室内均匀的温场和流场控制。在优化生长工艺后,目前可以实现25片/批次4英寸石墨烯单晶晶圆的快速制备,且制备的石墨烯单晶晶圆具有很高的片间均匀性和片内均匀性,石墨烯晶圆的质量可以与小型CVD系统内生长的结果相当。该装备的最大年产能可达到1万片,并兼容6~8英寸石墨烯单晶晶圆的制备,为电子级石墨烯单晶晶圆的大规模生产提供了可行的技术途径和装备基础。

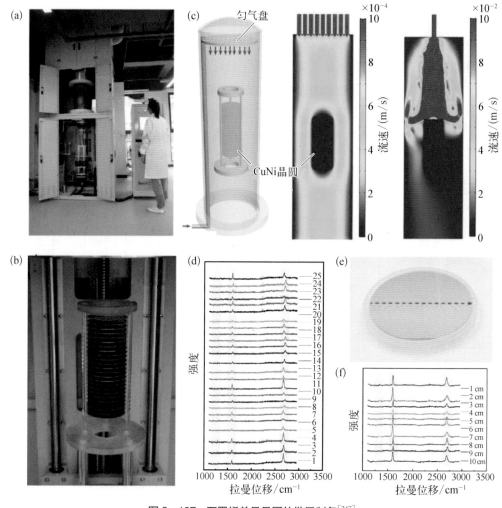

图3-107　石墨烯单晶晶圆的批量制备[247]

（a）立式石墨烯单晶晶圆炉；（b）单批次25片石墨烯晶圆；（c）装备流场优化；（d）~（f）石墨烯晶圆的拉曼表征结果

目前尽管对石墨烯材料的批量制备方法的研究已经取得了一定的进展,但是与之对应的石墨烯的批量制备装备还并不成熟。一方面,大多数石墨烯制备装备是由半导体或光伏设备厂商根据石墨烯的生长工艺在原有炉体改造而成的,使用过程中不可避免地会出现工艺不兼容的问题;另一方面,现有的石墨烯生长设备仍然偏向小型化,主要以基础研究为主,缺少大型装备量产的相关经验,这就使得在批量制备的过程中工艺不稳定、产率波动大、质量不达标的现象十分显著。这需要根据石墨烯制备的关键技术和核心参数,结合石墨烯规模化制备的过程工程学理论,考虑体系内热场和流场等工程参数对石墨烯生长的影响,加上对市场需求和材料产能的分析预测,才能够设计和开发出真正面向石墨烯材料批量制备的装备。石墨烯的制备工艺和装备完美结合后,才能真正意义上实现高品质石墨烯原材料的规模化制备。

3. 寻找"撒手锏"级应用

除了原材料的制备技术和批量制备装备,石墨烯材料的应用对于石墨烯产业具有至关重要的引领作用,尤其是那些前沿性、变革性乃至颠覆性的"撒手锏"级的应用,对于拉动石墨烯产业,带动相关下游产业技术进步,具有十分重要的现实意义。以下列举几例代表性的石墨烯未来可能的"撒手锏级"应用。

(1)超级石墨烯玻璃

超级石墨烯玻璃是通过 CVD 的方法在玻璃衬底上直接生长石墨烯薄膜而形成的新型玻璃。2018 年,北京大学刘忠范院士课题组在 *Adv. Mater.* 上详细总结了玻璃表面石墨烯的生长方法和生长机理(图 3 - 108)[248]。对于软化点在 1000℃以上的耐高温玻璃,可以

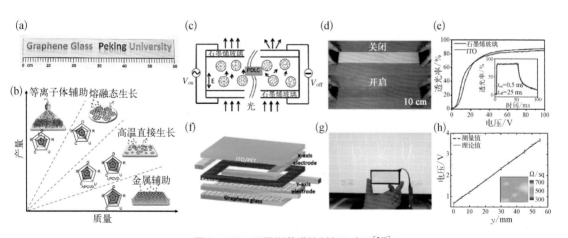

图 3 - 108　石墨烯薄膜的制备和应用[248]

　(a)石墨烯玻璃实物图;(b)不同石墨烯玻璃制备方法的比较图;(c)石墨烯调光玻璃示意图;(d)石墨烯调光玻璃实物图;(e)石墨烯调光玻璃的电压-透光率曲线;(f)石墨烯玻璃触摸屏示意图;(g)石墨烯玻璃触摸屏实物图;(h)石墨烯玻璃触摸屏面电阻测量结果

采用高温直接生长法。对于软化点低于石墨烯生长温度的普通玻璃,可以将玻璃升温至表面熔融态,来提高碳在玻璃表面的迁移速度,从而实现石墨烯的快速生长。为了进一步提高石墨烯的质量,可以采用金属辅助法,即在生长过程中额外引入金属催化剂。为了进一步降低石墨烯的生长温度,可以采用 PECVD 的方法,利用等离子体促进碳源的裂解,从而实现玻璃衬底上石墨烯的低温生长。超级石墨烯玻璃既保留了玻璃自身原有的透光性和机械性能,又由于石墨烯的存在而具有了导电、导热、疏水性、高强度及生物相容性等诸多优异的特性,是石墨烯+玻璃的"1+1>2"的完美组合。由于石墨烯玻璃具有诸多优异的性质,使得其在智能窗、触摸屏、透明加热片、除雾器、智能建材、实验器皿等领域有着广阔的应用前景。综上,超级石墨烯玻璃这种"新材料+老材料"的组合既扩宽了石墨烯材料的应用市场,同时又推动了玻璃行业的产业转型升级,在未来有可能给传统的玻璃行业带来突破性的变革。

(2) 半导体外延缓冲层

外延技术,即在晶体取向的晶圆片上生长单晶薄膜,已经成为在半导体衬底上构筑固态电子和光子器件的关键技术。外延分为同质外延和异质外延两种。同质外延由于外延层和生长衬底的晶格取向一致,所以生长得到的半导体薄膜具有很高的结晶质量,但是外延层的剥离和基底的重复利用是需要解决的问题。异质外延技术要求外延层和生长衬底材料的晶格匹配,否则在外延过程中会产生螺旋位错等结构缺陷,从而严重影响外延半导体层的结晶质量。GaAs、AlN 等半导体材料由于具有较宽的直接带隙和优异的稳定性,被广泛用于发光二极管(LED)、激光器和大功率电子器件。2017 年,美国麻省理工学院 Jeehwan Kim 课题组在 *Nature* 上报道了在 GaAs 衬底上转移一层石墨烯后,由于单层石墨烯较弱的范德瓦耳斯势不能完全屏蔽生长衬底与外延层间的相互作用,仍然可以实现高质量单晶 GaAs 外延层的生长(图 3 - 109)[249]。而石墨烯层的存在可以使得外延生长后的 GaAs 薄膜可以相对容易地完整剥离下来,剥离下来的半导体外延层可以转移到其他衬底上构筑异质结器件,同时剥离后的生长衬底也可以重复利用,大大降低了半导体外延的成本。

相比于 GaAs,AlN 薄膜的制备通常是利用金属有机化学气相沉积(MOCVD)的方法异质外延生长在蓝宝石、碳化硅和硅等衬底上,这些生长衬底与 AlN 外延层之间存在较大的晶格失配与热失配,使得外延生长得到的 AlN 薄膜内具有很大的应力和位错密度,结晶质量较低,LED 器件的发光效率也明显降低。2019 年,北京大学刘忠范院士、高鹏研究员和中国科学院半导体所李晋闽研究员等合作,开发出了用石墨烯/蓝宝石作为新型外延衬底,生长高质量 AlN 薄膜,从而实现高性能深紫外 LED 器件的新策略(图 3 - 110)[169]。为了避免石墨烯转移引入的破损和污染等问题,他们先在蓝宝石衬底上直接 CVD 生长石墨烯薄膜,之后将 CVD 石墨烯薄膜进行氮气等离子体处理,向石墨烯中引入吡咯氮来促进

AlN 薄膜的成核和生长。然后通过 MOCVD 在石墨烯/蓝宝石衬底上外延生长 AlN 薄膜。实验结果表明,在石墨烯/蓝宝石衬底上外延生长 AlN 薄膜应力和位错密度明显降低,结晶质量明显提高,构筑的深紫外 LED 器件表现出了良好的器件性能,具有更低的开启电压(4.6 V)、更高的光输出功率(功率-电流曲线斜率~20 μW/mA)和更好的稳定性。

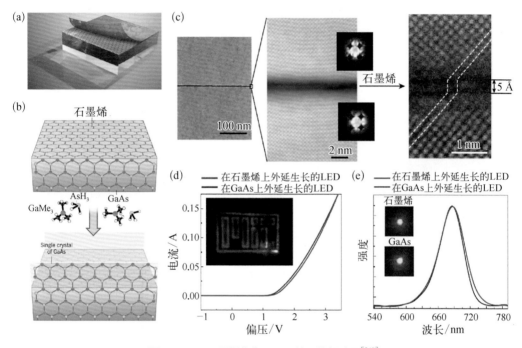

图 3‑109　石墨烯作为 GaAs 外延的缓冲层[249]

(a) 石墨烯作为半导体外延缓冲层的示意图;(b) 以石墨烯作为缓冲层外延生长 GaAs 的原理图;(c) 石墨烯‑GaAs 外延界面的高分辨透射表征结果;(d) 在石墨烯上外延生长和直接在 GaAs 上外延生长的 LED 的电流-电压曲线;(e) 在石墨烯上外延生长和直接在 GaAs 上外延生长的 LED 的电致发光光谱

(3) 石墨烯光纤

光子晶体光纤(PCF),又称为微结构光纤,是一种具有周期性微结构的光纤材料,以其独特的光学特性和灵活的设计成为光纤领域的研究热点。石墨烯光纤,即石墨烯与 PCF 的组合。2019 年北京大学刘忠范院士和刘开辉课题组利用化学气相沉积法制备出了长度可达半米的石墨烯光子晶体光纤材料(Gr‑PCF)(图 3‑111)[250]。通过对 CVD 体系生长参数的调节,他们发现在低压 CVD 的条件下,气态碳源前驱体的流动更接近于分子流,可以实现在 PCF 孔洞内石墨烯薄膜的均匀生长。在光子学应用方面,实验结果表明 Gr‑PCF 具有强烈且可调的光与物质的相互作用,衰减系数高达 8 dB/cm。基于 Gr‑PCF 制备的电光调制器具有高调制深度(约 20 dB/cm@1550 nm)、宽波带响应(1150~1600 nm)和低电压(<2 V)调制等特性。因此,石墨烯光纤的出现使得电场可调谐、宽波带响应和全

光集成等多功能光纤光子器件变为可能,在光通信、光传感和非线性光纤光学等领域展现出广阔的应用前景。

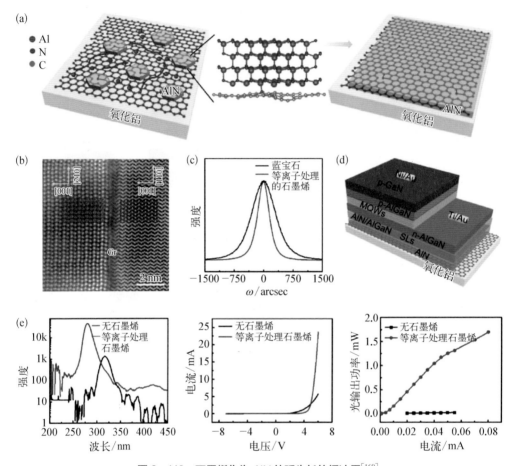

图 3-110   石墨烯作为 AlN 外延生长的缓冲层[169]
(a) 石墨烯作为缓冲层外延生长 AlN 的示意图;(b) AlN/石墨烯/蓝宝石界面的高分辨透射表征;(c) 有无石墨烯作为外延缓冲层生长的 AlN 的 X 射线衍射表征结果;(d) 深紫外 LED 器件的原理示意图;(e) 深紫外 LED 器件的性能测试结果

(4) 功能性复合材料

石墨烯优异的导电性、导热性、化学稳定性和疏水性使得在与其他材料复合时可以显著提升复合材料的性质,在航空航天、节能环保和生物医疗等方面具有广阔的应用前景。以环保领域为例,海上原油泄漏会造成严重的经济损失和生态环境的破坏,而且原油泄漏所产生的水面浮油具有面积大、油层薄、黏度大等特点,难以采用传统的技术和材料来有效地处理,因此一直是环保领域的难题。2017 年中国科学技术大学俞书宏院士课题组在 *Nat. Nanotechnol.*报道了一种利用石墨烯复合海绵实现高效率吸收原油的方法

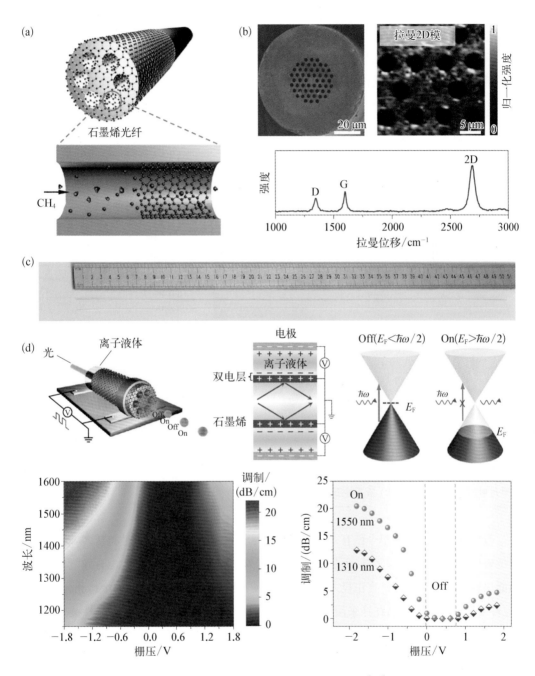

图 3‑111 石墨烯光纤的制备、表征和性质[250]

（a）CVD 法在光纤上生长石墨烯的示意图；（b）石墨烯光纤的扫描电镜、原子力显微镜和拉曼表征结果；（c）石墨烯光纤的实物图；（d）石墨烯光纤的光调制性能测试

（图 3-112）[251]。他们在商业海绵表面均匀地包裹上石墨烯涂层，从而得到具有导电性和疏水亲油性的石墨烯复合海绵。这种石墨烯功能化的海绵在施加电压后，会产生焦耳热并迅速升高与其接触的原油温度，温度的升高会降低原油的黏度，并提高原油在石墨烯功能化海绵内部的扩散系数，使得石墨烯复合海绵可以快速吸附水面上的高黏度原油。这项研究开创了浮油吸附材料设计的新路径，若采用类似的策略，石墨烯复合材料还可以吸附高黏度石油、水下超重质石油或者沥青，从而大大扩宽石墨烯复合材料的应用范围。

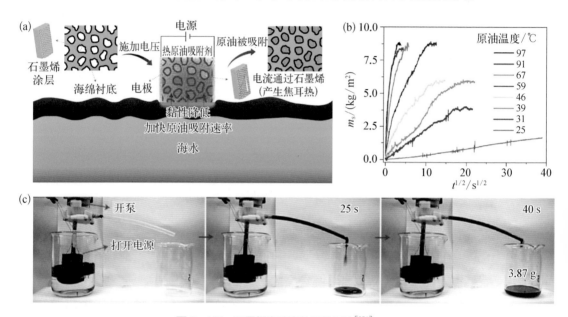

图 3-112 石墨烯海绵高效吸收原油[251]

（a）利用石墨烯产生的焦耳热加快石墨烯海绵吸收原油的示意图；（b）不同温度下原油单位接触面积和吸附时间的关系曲线图；（c）石墨烯海绵连续吸收原油的实物图

石墨烯材料从发现至今已有 19 年的时间，尽管目前石墨烯的应用种类繁多，既有石墨烯场效应晶体管、光电探测器、太赫兹传感器、红外传感器、NFC 天线等，也有导电添加剂、功能涂料、发热膜等，但是真正投入市场推广和使用的仍然是导电添加剂、涂料和大健康这"三件套"，大多数的产品往往采用石墨烯与原有材料的简单结合来提升产品性能，技术门槛相对较低。而那些高新技术方面的应用，大多仍以实验室产品为主，尚未真正形成商品。因此，目前石墨烯产业并未创造出全新的产业，或者给现有产业带来变革性的飞跃，石墨烯撒手锏级应用仍然有待突破，石墨烯大规模的应用市场仍然尚未打开。

当然我们也要看到，将一种新材料真正从实验室推向市场的道路往往是艰难而漫长的。新材料的产业化时间有时甚至会长达几个世纪。以硅材料为例，从 1824 年硅材料的发现到 1958 年第一片硅芯片的出现，整整过去了 134 年的时间。正如英国剑桥大学

Andrea C. Ferrari 教授 2019 年在 *Nat. Nanotechnol.* 所指出的,未来,石墨烯材料在电池和超级电容器等储能器件应用中具有高达 1 亿美元的市场潜力,复合材料和导电薄膜会有30%的年均复合增长率和较高收益,而石墨烯基电子器件和传感器尽管会有 20% 的年均复合增长率,但仍不会有较高的盈利(图 3 - 113)[243]。这是因为在电子器件领域,一个新产品想要与现有标准技术相比具有竞争力,往往需要有几个数量级的性能提升,而这是目前的制备技术和工艺技术很难实现的。对于石墨烯的未来工业化路线,短期的应用仍然主要集中在复合材料、油墨、涂料等相对低技术门槛的领域,中期会向能源领域和光电领域扩展,而长期随着石墨烯材料性能的提升和应用市场的进一步扩大,更多新的应用如超级电容器、传感器、医疗设备等会逐渐出现。

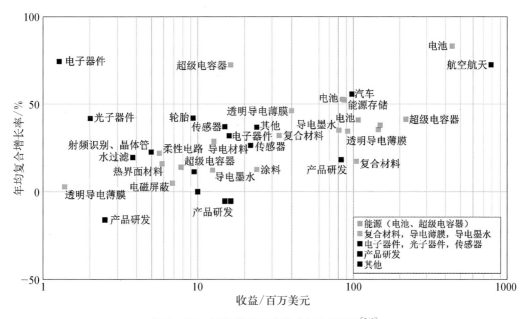

图 3 - 113　石墨烯 2025 年的应用市场预测[243]

石墨烯从诞生开始就被称为"将带来颠覆性的材料革命",集万千优异性能于一身,石墨烯的前途是光明的,但产业化道路是曲折的。随着高品质石墨烯原材料的规模化制备技术的日渐成熟,石墨烯未来撒手锏级应用和"颠覆性"技术的不断开发,石墨烯能成为真正的战略材料,最终改变人类生活方式和推动世界文明进步。

参考文献

[1] Castro Neto A H, Guinea F, Peres N M R, et al. The electronic properties of graphene[J]. Reviews of Modern Physics, 2009, 81(1): 109 - 162.

[2] Chen J H, Jang C, Xiao S D, et al. Intrinsic and extrinsic performance limits of graphene devices on

SiO₂[J]. Nature Nanotechnology, 2008, 3(4): 206-209.

[3] Novoselov K S, Geim A K, Morozov S V, et al. Two-dimensional gas of massless Dirac fermions in graphene[J]. Nature, 2005, 438(7065): 197-200.

[4] Zhang Y B, Tan Y W, Stormer H L, et al. Experimental observation of the quantum Hall effect and Berry's phase in graphene[J]. Nature, 2005, 438(7065): 201-204.

[5] Nair R R, Blake P, Grigorenko A N, et al. Fine structure constant defines visual transparency of graphene[J]. Science, 2008, 320(5881): 1308.

[6] Mak K F, Ju L, Wang F, et al. Optical spectroscopy of graphene: From the far infrared to the ultraviolet[J]. Solid State Communications, 2012, 152(15): 1341-1349.

[7] Balandin A A, Ghosh S, Bao W Z, et al. Superior thermal conductivity of single-layer graphene[J]. Nano Letters, 2008, 8(3): 902-907.

[8] Lee C G, Wei X D, Kysar J W, et al. Measurement of the elastic properties and intrinsic strength of monolayer graphene[J]. Science, 2008, 321(5887): 385-388.

[9] Xia J L, Chen F, Li J H, et al. Measurement of the quantum capacitance of graphene[J]. Nature Nanotechnology, 2009, 4(8): 505-509.

[10] Lozada-Hidalgo M, Zhang S, Hu S, et al. Scalable and efficient separation of hydrogen isotopes using graphene-based electrochemical pumping[J]. Nature Communications, 2017, 8: 15215.

[11] Geim A K, Novoselov K S. The rise of graphene[J]. Nature Materials, 2007, 6(3): 183-191.

[12] Li X S, Cai W W, An J H, et al. Large-area synthesis of high-quality and uniform graphene films on copper foils[J]. Science, 2009, 324(5932): 1312-1314.

[13] Zhang J C, Lin L, Jia K C, et al. Controlled growth of single-crystal graphene films[J]. Advanced Materials, 2020, 32(1): 1903266.

[14] Liu C, Xu X Z, Qiu L, et al. Kinetic modulation of graphene growth by fluorine through spatially confined decomposition of metal fluorides[J]. Nature Chemistry, 2019, 11(8): 730-736.

[15] Zhang J C, Sun L Z, Jia K C, et al. New growth frontier: Superclean graphene[J]. ACS Nano, 2020, 14(9): 10796-10803.

[16] Wang M H, Huang M, Luo D, et al. Single-crystal, large-area, fold-free monolayer graphene[J]. Nature, 2021, 596(7873): 519-524.

[17] Huang M, Bakharev P V, Wang Z-J, et al. Large-area single-crystal AB-bilayer and ABA-trilayer graphene grown on a Cu/Ni (111) foil[J]. Nature Nanotechnology, 2020, 15(4): 289-295.

[18] Hu Z N, Zhao Y X, Zou W T, et al. Doping of graphene films: Open the way to applications in electronics and optoelectronics[J]. Advanced Functional Materials, 2022, 32(42): 2203179.

[19] Sun L Z, Chen B H, Wang W D, et al. Toward epitaxial growth of misorientation-free graphene on Cu(111) foils[J]. ACS Nano, 2022, 16(1): 285-294.

[20] Lin L, Deng B, Sun J Y, et al. Bridging the gap between reality and ideal in chemical vapor deposition growth of graphene[J]. Chemical Reviews, 2018, 118(18): 9281-9343.

[21] Kauling A P, Seefeldt A T, Pisoni D P, et al. The worldwide graphene flake production[J]. Advanced Materials, 2018, 30(44): 1803784.

[22] Chung D D L. Review graphite[J]. Journal of Materials Science, 2002, 37(8): 1475-1489.

[23] Lee S M, Kang D S, Roh J S. Bulk graphite: Materials and manufacturing process[J]. Carbon Letters, 2015, 16(3): 135-146.

[24] Walker P L. Chemistry and physics of carbon[M]. Dekker, New York, 1973, Chapter 11: 69.

[25] McClure J W. Electron energy band structure and electronic properties of rhombohedral graphite[J]. Carbon, 1969, 7(4): 425-432.

[26] Dresselhaus G. Graphite Landau levels in the presence of trigonal warping[J]. Physical Review B,

1974, 10(8): 3602 - 3609.

[27] Toy W W, Dresselhaus M S, Dresselhaus G. Minority carriers in graphite and the *H*-point magnetoreflection spectra[J]. Physical Review B, 1977, 15(8): 4077 - 4090.

[28] Carter D L, Bate R T. The physics of semimetals and narrow - gap semiconductors: Proceeding[M]. Oxford: Pergamon Press, 1971.

[29] McClure J W. Theory of diamagnetism of graphite[J]. Physical Review, 1960, 119(2): 606 - 613.

[30] Inoue M. Landau levels and cyclotron resonance in graphite[J]. Journal of the Physical Society of Japan, 1962, 17(5): 808 - 819.

[31] Schroeder P R, Dresselhaus M S, Javan A. Location of electron and hole carriers in graphite from laser magnetoreflection data[J]. Physical Review Letters, 1968, 20(23): 1292 - 1295.

[32] Tuinstra F, Koenig J L. Raman spectrum of graphite[J]. The Journal of Chemical Physics, 1970, 53 (3): 1126 - 1130.

[33] Friedel R A, Carlson G L. Infrared spectra of ground graphite[J]. The Journal of Physical Chemistry B, 1971, 75(8): 1149 - 1151.

[34] Spain I L, Ubbelohde A R, Young D A. Electronic properties of well oriented graphite [J]. Philosophical Transactions of the Royal Society A: Mathematical, Physical and Engineering Sciences, 1967, 262(1128): 345 - 386.

[35] Brillson L J. Ph.D. thesis, Department of Physics, University of Pennsylvania, Philadelphia, PA, USA, 1972.

[36] Nemanich R J, Solin S A. Observation of an anomolously sharp feature in the 2nd order Raman spectrum of graphite[J]. Solid State Communications, 1977, 23(7): 417 - 420.

[37] Moore A W, Ned. Tijdschrift Natuurkde (Netherlands) 1966, 32(7): 221.

[38] Chung D D L. Flexible graphite for gasketing, adsorption, electromagnetic interference shielding, vibration damping, electrochemical applications, and stress sensing [J]. Journal of Materials Engineering & Performance, 2000, 9(2): 161 - 163.

[39] Labruquere S, Pailler R, Naslain Roger R, et al. Enhancement of the oxidation resistance of carbon fibres in C/C composites via surface treatments[J]. Key Engineering Materials, 1997, 335(132 - 136): 1938 - 1941.

[40] Dresselhaus M S, Dresselhaus G. Intercalation compounds of graphite[J]. Advances in Physics, 1981, 30(2): 139 - 326.

[41] Hofmann U, Holst R. Über die Säurenatur und die Methylierung von Graphitoxyd[J]. Berichte Der Deutschen Chemischen Gesellschaft, 1939, 72(4): 754 - 771.

[42] Lagow R J, Badachhape R B, Wood J L, et al. Synthesis of superstoichiometric poly(carbon monofluoride)[J]. Journal of the American Chemical Society, 1974, 96(8): 2628 - 2629.

[43] (a) Ebert L B, Brauman J I, Huggins R A. Carbon monofluoride. Evidence for a structure containing an infinite array of cyclohexane boats[J]. Journal of the American Chemical Society, 1974, 96(25): 7841 - 7842. (b) Sato Y, Itoh K, Hagiwara R, et al. Short-range structures of poly(dicarbon monofluoride) $(C_2F)_n$ and poly(carbon monofluoride) $(CF)_n$ [J]. Carbon, 2004, 42(14): 2897 - 2903.

[44] Fischer J E, Thompson T E. Graphite intercalation compounds[J]. Physics Today, 1978, 31(7): 36 - 45.

[45] Li Y Q, Lu Y X, Adelhelm P, et al. Intercalation chemistry of graphite: Alkali metal ions and beyond[J]. Chemical Society Reviews, 2019, 48(17): 4655 - 4687.

[46] Chung D D L. Exfoliation of graphite[J]. Journal of Materials Science, 1987, 22(12): 4190 - 4198.

[47] Chung D D L. A review of exfoliated graphite[J]. Journal of Materials Science, 2016, 51(1):

554 - 568.

[48] Brodie B C. On the atomic weight of graphite[J]. Philosophical Transactions of the Royal Society of London, 1859, 149: 249 - 259.

[49] Boehm H P, Clauss A, Fischer G O, et al. Das adsorptionsverhalten sehr dünner kohlenstoff-folien [J]. Zeitschrift Für Anorganische Und Allgemeine Chemie, 1962, 316(3 - 4): 119 - 127.

[50] Land T A, Michely T, Behm R J, et al. STM investigation of single layer graphite structures produced on Pt(111) by hydrocarbon decomposition[J]. Surface Science, 1992, 264(3): 261 - 270.

[51] Lu X K, Yu M F, Huang H, et al. Tailoring graphite with the goal of achieving single sheets[J]. Nanotechnology, 1999, 10(3): 269 - 272.

[52] Gan Y, Chu W Y, Qiao L J. STM investigation on interaction between superstructure and grain boundary in graphite[J]. Surface Science, 2003, 539(1 - 3): 120 - 128.

[53] Novoselov K S, Geim A K, Morozov S V, et al. Electric field effect in atomically thin carbon films [J]. Science, 2004, 306(5696): 666 - 669.

[54] Berger C, Song Z M, Li T B, et al. Ultrathin epitaxial graphite: 2D electron gas properties and a route toward graphene-based nanoelectronics[J]. The Journal of Physical Chemistry B, 2004, 108 (52): 19912 - 19916.

[55] Bunch J S, Yaish Y, Brink M, et al. Coulomb oscillations and Hall effect in quasi-2D graphite quantum dots[J]. Nano Letters, 2005, 5(2): 287 - 290.

[56] Zhang Y B, Small J P, Amori M E S, et al. Electric field modulation of galvanomagnetic properties of mesoscopic graphite[J]. Physical Review Letters, 2005, 94(17): 176803.

[57] Madurani K A, Suprapto S, Machrita N I, et al. Progress in graphene synthesis and its application: History, challenge and the future outlook for research and industry[J]. ECS Journal of Solid State Science and Technology, 2020, 9(9): 093013.

[58] Geim A K. Graphene prehistory[J]. Physica Scripta, 2012, T146: 014003.

[59] Kopelevich Y, Esquinazi P, Torres J H S, et al. Ferromagnetic- and superconducting-like behavior of graphite[J]. Journal of Low Temperature Physics, 2000, 119(5): 691 - 702.

[60] Kempa H, Esquinazi P, Kopelevich Y. Field-induced metal-insulator transition in the c-axis resistivity of graphite[J]. Physical Review B, 2002, 65(24): 241101.

[61] Rao C N R, Biswas K, Subrahmanyam K S, et al. Graphene, the new nanocarbon[J]. Journal of Materials Chemistry, 2009, 19(17): 2457 - 2469.

[62] Geim A K. Nobel Lecture: Random walk to graphene[J]. Reviews of Modern Physics, 2011, 83(3): 851 - 862.

[63] Novoselov K S, Jiang D, Schedin F, et al. Two-dimensional atomic crystals[J]. Proceedings of the National Academy of Sciences of the United States of America, 2005, 102(30): 10451 - 10453.

[64] Roddaro S, Pingue P, Piazza V, et al. The optical visibility of graphene: Interference colors of ultrathin graphite on SiO$_2$[J]. Nano Letters, 2007, 7(9): 2707 - 2710.

[65] Jung I, Pelton M, Piner R, et al. Simple approach for high-contrast optical imaging and characterization of graphene-based sheets[J]. Nano Letters, 2007, 7(12): 3569 - 3575.

[66] Ni Z H, Wang H M, Kasim J, et al. Graphene thickness determination using reflection and contrast spectroscopy[J]. Nano Letters, 2007, 7(9): 2758 - 2763.

[67] Wang H, Wang G Z, Bao P F, et al. Controllable synthesis of submillimeter single-crystal monolayer graphene domains on copper foils by suppressing nucleation[J]. Journal of the American Chemical Society, 2012, 134(8): 3627 - 3630.

[68] Lui C H, Liu L, Mak K F, et al. Ultraflat graphene[J]. Nature, 2009, 462(7271): 339 - 341.

[69] Yu Q K, Jauregui L A, Wu W, et al. Control and characterization of individual grains and grain

boundaries in graphene grown by chemical vapour deposition[J]. Nature Materials, 2011, 10(6): 443 – 449.

[70] Cai J M, Ruffieux P, Jaafar R, et al. Atomically precise bottom-up fabrication of graphene nanoribbons[J]. Nature, 2010, 466(7305): 470 – 473.

[71] Zhao L Y, He R, Rim K T, et al. Visualizing individual nitrogen dopants in monolayer graphene[J]. Science, 2011, 333(6045): 999 – 1003.

[72] Patera L L, Bianchini F, Africh C, et al. Real-time imaging of adatom-promoted graphene growth on nickel[J]. Science, 2018, 359(6381): 1243 – 1246.

[73] Meyer J C, Geim A K, Katsnelson M I, et al. The structure of suspended graphene sheets[J]. Nature, 2007, 446(7131): 60 – 63.

[74] Meyer J C, Kisielowski C, Erni R, et al. Direct imaging of lattice atoms and topological defects in graphene membranes[J]. Nano Letters, 2008, 8(11): 3582 – 3586.

[75] Huang P Y, Ruiz-Vargas C S, van der Zande A M, et al. Grains and grain boundaries in single-layer graphene atomic patchwork quilts[J]. Nature, 2011, 469(7330): 389 – 392.

[76] Cançado L G, Jorio A, Martins Ferreira E H, et al. Quantifying defects in graphene via Raman spectroscopy at different excitation energies[J]. Nano Letters, 2011, 11(8): 3190 – 3196.

[77] Du X, Skachko I, Barker A, et al. Approaching ballistic transport in suspended graphene[J]. Nature Nanotechnology, 2008, 3(8): 491 – 495.

[78] Ponomarenko L A, Yang R, Mohiuddin T M, et al. Effect of a high-kappa environment on charge carrier mobility in graphene[J]. Physical Review Letters, 2009, 102(20): 206603.

[79] Bolotin K I, Ghahari F, Shulman M D, et al. Observation of the fractional quantum Hall effect in graphene[J]. Nature, 2009, 462(7270): 196 – 199.

[80] Stander N, Huard B, Goldhaber-Gordon D. Evidence for Klein tunneling in graphene p-n junctions [J]. Physical Review Letters, 2009, 102(2): 026807.

[81] Young A F, Kim P. Quantum interference and Klein tunnelling in graphene heterojunctions[J]. Nature Physics, 2009, 5(3): 222 – 226.

[82] Zhang Y B, Tang T T, Girit C, et al. Direct observation of a widely tunable bandgap in bilayer graphene[J]. Nature, 2009, 459(7248): 820 – 823.

[83] Ohta T, Bostwick A, Seyller T, et al. Controlling the electronic structure of bilayer graphene[J]. Science, 2006, 313(5789): 951 – 954.

[84] Minot E D, Yaish Y, Sazonova V, et al. Tuning carbon nanotube band gaps with strain[J]. Physical Review Letters, 2003, 90(15): 156401.

[85] Ni Z H, Yu T, Lu Y H, et al. Uniaxial strain on graphene: Raman spectroscopy study and band-gap opening[J]. ACS Nano, 2008, 2(11): 2301 – 2305.

[86] Brey L, Fertig H A. Electronic states of graphene nanoribbons studied with the Dirac equation[J]. Physical Review B, 2006, 73(23): 235411.

[87] Han M Y, Brant J C, Kim P. Electron transport in disordered graphene nanoribbons[J]. Physical Review Letters, 2010, 104(5): 056801.

[88] Lee C G, Wei X D, Kysar J W, et al. Measurement of the elastic properties and intrinsic strength of monolayer graphene[J]. Science, 2008, 321(5887): 385 – 388.

[89] Zhao H, Min K, Aluru N R. Size and chirality dependent elastic properties of graphene nanoribbons under uniaxial tension[J]. Nano Letters, 2009, 9(8): 3012 – 3015.

[90] Ruiz-Vargas C S, Zhuang H L, Huang P Y, et al. Softened elastic response and unzipping in chemical vapor deposition graphene membranes[J]. Nano Letters, 2011, 11(6): 2259 – 2263.

[91] Grantab R, Shenoy V B, Ruoff R S. Anomalous strength characteristics of tilt grain boundaries in

graphene[J]. Science, 2010, 330(6006): 946 - 948.

[92] Lee G H, Cooper R C, An S J, et al. High-strength chemical-vapor-deposited graphene and grain boundaries[J]. Science, 2013, 340(6136): 1073 - 1076.

[93] Balandin A A, Ghosh S, Bao W Z, et al. Superior thermal conductivity of single-layer graphene[J]. Nano Letters, 2008, 8(3): 902 - 907.

[94] Ghosh S, Bao W Z, Nika D L, et al. Dimensional crossover of thermal transport in few-layer graphene[J]. Nature Materials, 2010, 9(7): 555 - 558.

[95] Seol J H, Jo I, Moore A L, et al. Two-dimensional phonon transport in supported graphene[J]. Science, 2010, 328(5975): 213 - 216.

[96] Bao W Z, Miao F, Chen Z, et al. Controlled ripple texturing of suspended graphene and ultrathin graphite membranes[J]. Nature Nanotechnology, 2009, 4(9): 562 - 566.

[97] Yoon D, Son Y W, Cheong H. Negative thermal expansion coefficient of graphene measured by Raman spectroscopy[J]. Nano Letters, 2011, 11(8): 3227 - 3231.

[98] Marini A, Cox J D, García de Abajo F J. Theory of graphene saturable absorption[J]. Physical Review B, 2017, 95(12): 125408.

[99] Chae D H, Utikal T, Weisenburger S, et al. Excitonic fano resonance in free-standing graphene[J]. Nano Letters, 2011, 11(3): 1379 - 1382.

[100] Bae S K, Kim H, Lee Y, et al. Roll-to-roll production of 30-inch graphene films for transparent electrodes[J]. Nature Nanotechnology, 2010, 5(8): 574 - 578.

[101] Oostinga J B, Heersche H B, Liu X L, et al. Gate-induced insulating state in bilayer graphene devices[J]. Nature Material, 2008, 7(2): 151 - 157.

[102] McCann E, Koshino M. The electronic properties of bilayer graphene[J]. Reports on Progress in Physics, 2013, 76(5): 056503.

[103] Xia F N, Farmer D B, Lin Y M, et al. Graphene field-effect transistors with high on/off current ratio and large transport band gap at room temperature[J]. Nano Letters, 2010, 10(2): 715 - 718.

[104] Lin Y M, Jenkins K A, Valdes-Garcia A, et al. Operation of graphene transistors at gigahertz frequencies[J]. Nano Letters, 2009, 9(1): 422 - 426.

[105] Lin Y M, Dimitrakopoulos C, Jenkins K A, et al. 100-GHz transistors from wafer-scale epitaxial graphene[J]. Science, 2010, 327(5966): 662.

[106] Tombros N, Jozsa C, Popinciuc M, et al. Electronic spin transport and spin precession in single graphene layers at room temperature[J]. Nature, 2007, 448(7153): 571 - 574.

[107] Wu J B, Agrawal M, Becerril H A, et al. Organic light-emitting diodes on solution-processed graphene transparent electrodes[J]. ACS Nano, 2010, 4(1): 43 - 48.

[108] Yang H, Heo J, Park S, et al. Graphene barristor, a triode device with a gate-controlled Schottky barrier[J]. Science, 2012, 336(6085): 1140 - 1143.

[109] Yuan W J, Shi G Q. Graphene-based gas sensors[J]. Journal of Materials Chemistry A, 2013, 1 (35): 10078 - 10091.

[110] Arsat R, Breedon M, Shafiei M, et al. Graphene-like nano-sheets for surface acoustic wave gas sensor applications[J]. Chemical Physics Letters, 2009, 467(4 - 6): 344 - 347.

[111] Wang F, Zhang Y B, Tian C S, et al. Gate-variable optical transitions in graphene[J]. Science, 2008, 320(5873): 206 - 209.

[112] Liu M, Yin X B, Ulin-Avila E, et al. A graphene-based broadband optical modulator[J]. Nature, 2011, 474(7349): 64 - 67.

[113] Xia F N, Mueller T, Golizadeh-Mojarad R, et al. Photocurrent imaging and efficient photon detection in a graphene transistor[J]. Nano Letters, 2009, 9(3): 1039 - 1044.

[114] Mueller T, Xia F N, Avouris P. Graphene photodetectors for high-speed optical communications [J]. Nature Photonics, 2010, 4(5): 297 - 301.

[115] Liu Y, Cheng R, Liao L, et al. Plasmon resonance enhanced multicolour photodetection by graphene[J]. Nature Communications, 2011, 2(1): 579.

[116] Echtermeyer T J, Britnell L, Jasnos P K, et al. Strong plasmonic enhancement of photovoltage in graphene[J]. Nature Communications, 2011, 2(1): 458.

[117] Meyer J C, Girit C O, Crommie M F, et al. Imaging and dynamics of light atoms and molecules on graphene[J]. Nature, 2008, 454(7202): 319 - 322.

[118] Yuk J M, Park J, Ercius P, et al. High-resolution EM of colloidal nanocrystal growth using graphene liquid cells[J]. Science, 2012, 336(6077): 61 - 64.

[119] Park J, Elmlund H, Ercius P, et al. 3D structure of individual nanocrystals in solution by electron microscopy[J]. Science, 2015, 349(6245): 290 - 295.

[120] Yuk J M, Seo H K, Choi J W, et al. Anisotropic lithiation onset in silicon nanoparticle anode revealed by *in situ* graphene liquid cell electron microscopy[J]. ACS Nano, 2014, 8(7): 7478 - 7485.

[121] Wang C H, Qiao Q, Shokuhfar T, et al. High-resolution electron microscopy and spectroscopy of ferritin in biocompatible graphene liquid cells and graphene sandwiches[J]. Advanced Materials, 2014, 26(21): 3410 - 3414.

[122] Schneider G F, Kowalczyk S W, Calado V E, et al. DNA translocation through graphene nanopores [J]. Nano Letters, 2010, 10(8): 3163 - 3167.

[123] Merchant C A, Healy K, Wanunu M, et al. DNA translocation through graphene nanopores[J]. Nano Letters, 2010, 10(8): 2915 - 2921.

[124] Garaj S, Hubbard W, Reina A, et al. Graphene as a subnanometre trans-electrode membrane[J]. Nature, 2010, 467(7312): 190 - 193.

[125] Lin L, Li J Y, Ren H Y, et al. Surface engineering of copper foils for growing centimeter-sized single-crystalline graphene[J]. ACS Nano, 2016, 10(2): 2922 - 2929.

[126] Paton K R, Varrla E, Backes C, et al. Scalable production of large quantities of defect-free few-layer graphene by shear exfoliation in liquids[J]. Nature Materials, 2014, 13(6): 624 - 630.

[127] Xu Z, Gao C. Graphene chiral liquid crystals and macroscopic assembled fibres [J]. Nature Communications, 2011, 2(1): 571.

[128] Yi M, Shen Z G. A review on mechanical exfoliation for the scalable production of graphene[J]. Journal of Materials Chemistry A, 2015, 3(22): 11700 - 11715.

[129] Huang Y, Pan Y H, Yang R, et al. Universal mechanical exfoliation of large-area 2D crystals[J]. Nature Communications, 2020, 11(1): 2453.

[130] Li X L, Zhang G Y, Bai X D, et al. Highly conducting graphene sheets and Langmuir-Blodgett films[J]. Nature Nanotechnology, 2008, 3(9): 538 - 542.

[131] Hernandez Y, Nicolosi V, Lotya M, et al. High-yield production of graphene by liquid-phase exfoliation of graphite[J]. Nature Nanotechnology, 2008, 3(9): 563 - 568.

[132] Bracamonte M V, Lacconi G I, Urreta S E, et al. On the nature of defects in liquid-phase exfoliated graphene[J]. The Journal of Physical Chemistry C, 2014, 118(28): 15455 - 15459.

[133] Compton O C, Nguyen S B T. Graphene oxide, highly reduced graphene oxide, and graphene: Versatile building blocks for carbon-based materials[J]. Small, 2010, 6(6): 711 - 723.

[134] Hummers W S Jr, Offeman R E. Preparation of graphitic oxide[J]. Journal of the American Chemical Society, 1958, 80(6): 1339.

[135] Kovtyukhova N I, Ollivier P J, Martin B R, et al. Layer-by-layer assembly of ultrathin composite

films from micron-sized graphite oxide sheets and polycations[J]. Chemistry of Materials, 1999, 11 (3): 771 - 778.

[136] Tung V C, Allen M J, Yang Y, et al. High-throughput solution processing of large-scale graphene [J]. Nature Nanotechnology, 2009, 4(1): 25 - 29.

[137] Li D, Müller M B, Gilje S, et al. Processable aqueous dispersions of graphene nanosheets[J]. Nature Nanotechnology, 2008, 3(2): 101 - 105.

[138] Zhao Y, Jiang C C, Hu C G, et al. Large-scale spinning assembly of neat, morphology-defined, graphene-based hollow fibers[J]. ACS Nano, 2013, 7(3): 2406 - 2412.

[139] Xu Z, Liu Y J, Zhao X L, et al. Ultrastiff and strong graphene fibers via full-scale synergetic defect engineering[J]. Advanced Materials, 2016, 28(30): 6449 - 6456.

[140] Jolly A, Miao D D, Daigle M, et al. Emerging bottom-up strategies for the synthesis of graphene nanoribbons and related structures[J]. Angewandte Chemie, 2020, 132(12): 4652 - 4661.

[141] Yazdi G R, Iakimov T, Yakimova R. Epitaxial graphene on SiC: A review of growth and characterization[J]. Crystals, 2016, 6(5): 53.

[142] Emtsev K V, Bostwick A, Horn K, et al. Towards wafer-size graphene layers by atmospheric pressure graphitization of silicon carbide[J]. Nature Materials, 2009, 8(3): 203 - 207.

[143] Batzill M. The surface science of graphene: Metal interfaces, CVD synthesis, nanoribbons, chemical modifications, and defects[J]. Surface Science Reports, 2012, 67(3 - 4): 83 - 115.

[144] Reina A, Jia X T, Ho J, et al. Large area, few-layer graphene films on arbitrary substrates by chemical vapor deposition[J]. Nano Letters, 2009, 9(1): 30 - 35.

[145] Luo D, Wang M H, Li Y Q, et al. Adlayer-free large-area single crystal graphene grown on a Cu (111) foil[J]. Advanced Materials, 2019, 31(35): e1903615.

[146] Li X S, Cai W W, Colombo L, et al. Evolution of graphene growth on Ni and Cu by carbon isotope labeling[J]. Nano Letters, 2009, 9(12): 4268 - 4272.

[147] Ago H, Ogawa Y, Tsuji M, et al. Catalytic growth of graphene: Toward large-area single-crystalline graphene[J]. The Journal of Physical Chemistry Letters, 2012, 3(16): 2228 - 2236.

[148] Hao Y F, Bharathi M S, Wang L, et al. The role of surface oxygen in the growth of large single-crystal graphene on copper[J]. Science, 2013, 342(6159): 720 - 723.

[149] Wu T R, Zhang X F, Yuan Q H, et al. Fast growth of inch-sized single-crystalline graphene from a controlled single nucleus on Cu-Ni alloys[J]. Nature Materials, 2016, 15(1): 43 - 47.

[150] Lin L, Sun L Z, Zhang J C, et al. Rapid growth of large single-crystalline graphene via second passivation and multistage carbon supply[J]. Advanced Materials, 2016, 28(23): 4671 - 4677.

[151] Xu X Z, Zhang Z H, Qiu L, et al. Ultrafast growth of single-crystal graphene assisted by a continuous oxygen supply[J]. Nature Nanotechnology, 2016, 11(11): 930 - 935.

[152] Xu X Z, Zhang Z H, Dong J C, et al. Ultrafast epitaxial growth of metre-sized single-crystal graphene on industrial Cu foil[J]. Science Bulletin, 2017, 62(15): 1074 - 1080.

[153] Deng B, Pang Z Q, Chen S L, et al. Wrinkle-free single-crystal graphene wafer grown on strain-engineered substrates[J]. ACS Nano, 2017, 11(12): 12337 - 12345.

[154] Vlassiouk I V, Stehle Y, Pudasaini P R, et al. Evolutionary selection growth of two-dimensional materials on polycrystalline substrates[J]. Nature Materials, 2018, 17(4): 318 - 322.

[155] Lin L, Zhang J C, Su H S, et al. Towards super-clean graphene[J]. Nature Communications, 2019, 10(1): 1912.

[156] Jia K C, Zhang J C, Zhu Y S, et al. Toward the commercialization of chemical vapor deposition graphene films[J]. Applied Physics Reviews, 2021, 8(4): 041306.

[157] Lin L, Li J Y, Yuan Q H, et al. Nitrogen cluster doping for high-mobility/conductivity graphene

films with millimeter-sized domains[J]. Science Advances, 2019, 5(8): eaaw8337.

[158] Goossens S, Navickaite G, Monasterio C, et al. Broadband image sensor array based on graphene-CMOS integration[J]. Nature Photonics, 2017, 11(6): 366 - 371.

[159] Wu Y Q, Lin Y M, Bol A A, et al. High-frequency, scaled graphene transistors on diamond-like carbon[J]. Nature, 2011, 472(7341): 74 - 78.

[160] Ni K, Wang X Y, Tao Z C, et al. In operando probing of lithium-ion storage on single-layer graphene[J]. Advanced Materials, 2019, 31(23): e1808091.

[161] Wang G X, Shen X P, Yao J, et al. Graphene nanosheets for enhanced lithium storage in lithium ion batteries[J]. Carbon, 2009, 47(8): 2049 - 2053.

[162] Wang H B, Zhang C J, Liu Z H, et al. Nitrogen-doped graphene nanosheets with excellent lithium storage properties[J]. Journal of Materials Chemistry, 2011, 21(14): 5430 - 5434.

[163] Wang Y, Shi Z Q, Huang Y, et al. Supercapacitor devices based on graphene materials[J]. The Journal of Physical Chemistry C, 2009, 113(30): 13103 - 13107.

[164] Maiyalagan T, Dong X C, Chen P, et al. Electrodeposited pt on three-dimensional interconnected graphene as a free-standing electrode for fuel cell application[J]. Journal of Materials Chemistry, 2012, 22(12): 5286 - 5290.

[165] Tang B, Hu G X, Gao H Y, et al. Application of graphene as filler to improve thermal transport property of epoxy resin for thermal interface materials[J]. International Journal of Heat and Mass Transfer, 2015, 85: 420 - 429.

[166] Shen B, Zhai W T, Zheng W G. Ultrathin flexible graphene film: An excellent thermal conducting material with efficient EMI shielding[J]. Advanced Functional Materials, 2014, 24(28): 4542 - 4548.

[167] Sui D, Huang Y, Huang L, et al. Flexible and transparent electrothermal film heaters based on graphene materials[J]. Small, 2011, 7(22): 3186 - 3192.

[168] Yao Y G, Huang Z N, Xie P F, et al. Carbothermal shock synthesis of high-entropy-alloy nanoparticles[J]. Science, 2018, 359(6383): 1489 - 1494.

[169] Ci H N, Chang H L, Wang R Y, et al. Enhancement of heat dissipation in ultraviolet light-emitting diodes by a vertically oriented graphene nanowall buffer layer[J]. Advanced Materials, 2019, 31(29): e1901624.

[170] Zang J F, Ryu S, Pugno N, et al. Multifunctionality and control of the crumpling and unfolding of large-area graphene[J]. Nature Materials, 2013, 12(4): 321 - 325.

[171] Nieto A, Bisht A, Lahiri D, et al. Graphene reinforced metal and ceramic matrix composites: A review[J]. International Materials Reviews, 2017, 62(5): 241 - 302.

[172] Porwal H, Tatarko P, Grasso S, et al. Graphene reinforced alumina nano-composites[J]. Carbon, 2013, 64: 359 - 369.

[173] Bastwros M, Kim G Y, Zhu C, et al. Effect of ball milling on graphene reinforced Al6061 composite fabricated by semi-solid sintering[J]. Composites Part B: Engineering, 2014, 60: 111 - 118.

[174] Lee J H, Marroquin J, Rhee K Y, et al. Cryomilling application of graphene to improve material properties of graphene/chitosan nanocomposites[J]. Composites Part B: Engineering, 2013, 45(1): 682 - 687.

[175] Zhu K X, Guo L W, Lin J J, et al. Graphene covered SiC powder as advanced photocatalytic material[J]. Applied Physics Letters, 2012, 100(2): 023113.

[176] Liu J Y, Guo S J, Han L, et al. Multiple pH-responsive graphene composites by non-covalent modification with chitosan[J]. Talanta, 2012, 101: 151 - 156.

[177] Shin M K, Lee B, Kim S H, et al. Synergistic toughening of composite fibres by self-alignment of reduced graphene oxide and carbon nanotubes[J]. Nature Communications, 2012, 3(1): 650.

[178] Dong Z L, Jiang C C, Cheng H H, et al. Facile fabrication of light, flexible and multifunctional graphene fibers[J]. Advances Materials, 2012, 24(14): 1856-1861.

[179] Xu Z, Liu Z, Sun H Y, et al. Highly electrically conductive Ag-doped graphene fibers as stretchable conductors[J]. Advanced Materials, 2013, 25(23): 3249-3253.

[180] Chen Q, Meng Y N, Hu C G, et al. MnO_2-modified hierarchical graphene fiber electrochemical supercapacitor[J]. Journal of Power Sources, 2014, 247: 32-39.

[181] Nosrati R, Olad A, Shakoori S. Preparation of an antibacterial, hydrophilic and photocatalytically active polyacrylic coating using TiO_2 nanoparticles sensitized by graphene oxide[J]. Materials Science and Engineering: C, 2017, 80: 642-651.

[182] Ge S G, Yan M, Lu J J, et al. Electrochemical biosensor based on graphene oxide-Au nanoclusters composites for L-cysteine analysis[J]. Biosensors and Bioelectronics, 2012, 31(1): 49-54.

[183] Wu X, Tian F, Wang W X, et al. Fabrication of highly fluorescent graphene quantum dots using L-glutamic acid for *in vitro/in vivo* imaging and sensing[J]. Journal of Materials Chemistry C, 2013, 1(31): 4676-4684.

[184] Yan X F, Niu G, Lin J, et al. Enhanced fluorescence imaging guided photodynamic therapy of sinoporphyrin sodium loaded graphene oxide[J]. Biomaterials, 2015, 42: 94-102.

[185] Dong J C, Zhang L N, Dai X Y, et al. The epitaxy of 2D materials growth[J]. Nature Communications, 2020, 11(1): 5862.

[186] Liu Y F, Wu T R, Yin Y L, et al. How low nucleation density of graphene on CuNi alloy is achieved[J]. Advanced Science, 2018, 5(6): 1700961.

[187] Nguyen V L, Shin B G, Duong D L, et al. Seamless stitching of graphene domains on polished copper (111) foil[J]. Advanced Materials, 2015, 27(8): 1376-1382.

[188] Sun L Z, Lin L, Zhang J C, et al. Visualizing fast growth of large single-crystalline graphene by tunable isotopic carbon source[J]. Nano Research, 2017, 10(2): 355-363.

[189] Wang H, Xu X Z, Li J Y, et al. Surface monocrystallization of copper foil for fast growth of large single-crystal graphene under free molecular flow[J]. Advanced Materials, 2016, 28(40): 8968-8974.

[190] Ma L P, Wu Z B, Yin L C, et al. Pushing the conductance and transparency limit of monolayer graphene electrodes for flexible organic light-emitting diodes[J]. Proceedings of the National Academy of Sciences, 2020, 117(42): 25991-25998.

[191] Kumar R, Sahoo S, Joanni E, et al. Heteroatom doped graphene engineering for energy storage and conversion[J]. Materials Today, 2020, 39: 47-65.

[192] Jia K C, Ci H N, Zhang J C, et al. Superclean growth of graphene using a cold-wall chemical vapor deposition approach[J]. Angewandte Chemie, 2020, 132(39): 17367-17371.

[193] Jia K C, Zhang J C, Lin L, et al. Copper-containing carbon feedstock for growing superclean graphene[J]. Journal of the American Chemical Society, 2019, 141(19): 7670-7674.

[194] Zhang J C, Jia K C, Lin L, et al. Large-area synthesis of superclean graphene via selective etching of amorphous carbon with carbon dioxide[J]. Angewandte Chemie International Edition, 2019, 58(41): 14446-14451.

[195] Sun L Z, Lin L, Wang Z H, et al. A force-engineered lint roller for superclean graphene[J]. Advanced Materials, 2019, 31(43): e1902978.

[196] Luo D, Choe M, Bizao R A, et al. Folding and fracture of single-crystal graphene grown on a Cu (111) foil[J]. Advanced Materials, 2022, 34(15): e2110509.

[197] Yuan G W, Lin D J, Wang Y, et al. Proton-assisted growth of ultra-flat graphene films[J]. Nature, 2020, 577(7789): 204-208.

[198] Geng X M, Guo Y F, Li D F, et al. Interlayer catalytic exfoliation realizing scalable production of large-size pristine few-layer graphene[J]. Scientific Reports, 2013, 3(1): 1134.

[199] Voiry D, Yang J, Kupferberg J, et al. High-quality graphene via microwave reduction of solution-exfoliated graphene oxide[J]. Science, 2016, 353(6306): 1413-1416.

[200] Ning G Q, Fan Z J, Wang G, et al. Gram-scale synthesis of nanomesh graphene with high surface area and its application in supercapacitor electrodes[J]. Chemical Communications, 2011, 47(21): 5976-5978.

[201] Chen K, Li C, Shi L R, et al. Growing three-dimensional biomorphic graphene powders using naturally abundant diatomite templates towards high solution processability [J]. Nature Communications, 2016, 7(1): 13440.

[202] Xu Z, Gao C. Graphene chiral liquid crystals and macroscopic assembled fibres [J]. Nature Communications, 2011, 2(1): 571.

[203] Fang B, Chang D, Xu Z, et al. A review on graphene fibers: Expectations, advances, and prospects[J]. Advanced Materials, 2020, 32(5): e1902664.

[204] Xin G Q, Yao T K, Sun H T, et al. Highly thermally conductive and mechanically strong graphene fibers[J]. Science, 2015, 349(6252): 1083-1087.

[205] Hsieh Y-P, Shih C-H, Chiu Y-J, et al. High-throughput graphene synthesis in gapless stacks[J]. Chemistry of Materials, 2016, 28(1): 40-43.

[206] Xu J B, Hu J X, Li Q, et al. Fast batch production of high-quality graphene films in a sealed thermal molecular movement system[J]. Small, 2017, 13(27): 1700651.

[207] Hesjedal T. Continuous roll-to-roll growth of graphene films by chemical vapor deposition[J]. Applied Physics Letters, 2011, 98(13): 133106.

[208] Polsen E S, McNerny D Q, Viswanath B, et al. High-speed roll-to-roll manufacturing of graphene using a concentric tube CVD reactor[J]. Scientific Reports, 2015, 5: 10257.

[209] Tang Y L, Peng P, Wang S Y, et al. Continuous production of graphite nanosheets by bubbling chemical vapor deposition using molten copper [J]. Chemistry of Materials, 2017, 29(19): 8404-8411.

[210] Sun Y Y, Yang L W, Xia K L, et al. "Snowing" Graphene using Microwave Ovens[J]. Advanced Materials, 2018, 30(40): 1803189.

[211] Luong D X, Bets K V, Algozeeb W A, et al. Gram-scale bottom-up flash graphene synthesis[J]. Nature, 2020, 577(7792): 647-651.

[212] Zhang Z K, Du J H, Zhang D D, et al. Rosin-enabled ultraclean and damage-free transfer of graphene for large-area flexible organic light-emitting diodes[J]. Nature Communications, 2017, 8 (1): 14560.

[213] Leong W S, Wang H Z, Yeo J, et al. Paraffin-enabled graphene transfer [J]. Nature Communications, 2019, 10(1): 867.

[214] Regan W, Alem N, Alemán B, et al. A direct transfer of layer-area graphene[J]. Applied Physics Letters, 2010, 96(11): 113102.

[215] Zhang J C, Lin L, Sun L Z, et al. Clean transfer of large graphene single crystals for high-intactness suspended membranes and liquid cells[J]. Advanced Materials, 2017, 29(26): 1700639.

[216] Wang Y, Zheng Y, Xu X F, et al. Electrochemical delamination of CVD-grown graphene film: Toward the recyclable use of copper catalyst[J]. ACS Nano, 2011, 5(12): 9927-9933.

[217] Deng B, Hsu P C, Chen G C, et al. Roll-to-roll encapsulation of metal nanowires between graphene

and plastic substrate for high-performance flexible transparent electrodes[J]. Nano Letters, 2015, 15(6): 4206 – 4213.

[218] Chandrashekar B N, Deng B, Smitha A S, et al. Roll-to-roll green transfer of CVD graphene onto plastic for a transparent and flexible triboelectric nanogenerator[J]. Advanced Materials, 2015, 27 (35): 5210 – 5216.

[219] Jia C C, Jiang J L, Gan L, et al. Direct optical characterization of graphene growth and domains on growth substrates[J]. Scientific Reports, 2012, 2(1): 707.

[220] Kong X H, Ji H X, Piner R D, et al. Non-destructive and rapid evaluation of chemical vapor deposition graphene by dark field optical microscopy[J]. Applied Physics Letters, 2013, 103 (4): 043119.

[221] Kim D W, Kim Y H, Jeong H S, et al. Direct visualization of large-area graphene domains and boundaries by optical birefringency[J]. Nature Nanotechnology, 2011, 7(1): 29 – 34.

[222] Duong D L, Han G H, Lee S M, et al. Probing graphene grain boundaries with optical microscopy [J]. Nature, 2012, 490(7419): 235 – 239.

[223] Blake P, Hill E W, Castro Neto A H, et al. Making graphene visible[J]. Applied Physics Letters, 2007, 91(6): 063124.

[224] Khadir S, Bon P, Vignaud D, et al. Optical imaging and characterization of graphene and other 2D materials using quantitative phase microscopy[J]. ACS Photonics, 2017, 4(12): 3130 – 3139.

[225] Cheng Y, Song Y N, Zhao D C, et al. Direct identification of multilayer graphene stacks on copper by optical microscopy[J]. Chemistry of Materials, 2016, 28(7): 2165 – 2171.

[226] Cao Y, Fatemi V, Demir A, et al. Correlated insulator behaviour at half-filling in magic-angle graphene superlattices[J]. Nature, 2018, 556(7699): 80 – 84.

[227] Cao Y, Fatemi V, Fang S A, et al. Unconventional superconductivity in magic-angle graphene superlattices[J]. Nature, 2018, 556(7699): 43 – 50.

[228] Lozada-Hidalgo M, Hu S, Marshall O, et al. Sieving hydrogen isotopes through two-dimensional crystals[J]. Science, 2016, 351(6268): 68 – 70.

[229] Sun P Z, Yang Q, Kuang W J, et al. Limits on gas impermeability of graphene[J]. Nature, 2020, 579(7798): 229 – 232.

[230] Seo D H, Pineda S, Woo Y C, et al. Anti-fouling graphene-based membranes for effective water desalination[J]. Nature Communications, 2018, 9(1): 683.

[231] Yang C C, Chiu K C, Chou C T, et al. Enabling monolithic 3D image sensor using large-area monolayer transition metal dichalcogenide and logic/memory hybrid 3D$^+$ IC[C]. 2016 IEEE Symposium on VLSI Technology, Honolulu, HI, USA, 2016: 1 – 2.

[232] Wang R B, Li W W, Liu L T, et al. Carbon black/graphene-modified aluminum foil cathode current collectors for lithium ion batteries with enhanced electrochemical performances[J]. Journal of Electroanalytical Chemistry, 2019, 833: 63 – 69.

[233] Wang M Z, Tang M, Chen S L, et al. Graphene-armored aluminum foil with enhanced anticorrosion performance as current collectors for lithium-ion battery[J]. Advanced Materials, 2017, 29(47): 1703882.

[234] Wang M Z, Yang H, Wang K X, et al. Quantitative analyses of the interfacial properties of current collectors at the mesoscopic level in lithium ion batteries by using hierarchical graphene[J]. Nano Letters, 2020, 20(3): 2175 – 2182.

[235] Novoselov K S, Fal'ko V I, Colombo L, et al. A roadmap for graphene[J]. Nature, 2012, 490 (7419): 192 – 200.

[236] Kong W, Kum H, Bae S H, et al. Path towards graphene commercialization from lab to market[J].

Nature Nanotechnology, 2019, 14(10): 927 - 938.

[237] Zhang Q Q, Lin D, Deng B W, et al. Flyweight, superelastic, electrically conductive, and flame-retardant 3D multi-nanolayer graphene/ceramic metamaterial[J]. Advanced Materials, 2017, 29(28): 1605506.

[238] Akinwande D, Huyghebaert C, Wang C H, et al. Graphene and two-dimensional materials for silicon technology[J]. Nature, 2019, 573(7775): 507 - 518.

[239] Cheng R, Bai J W, Liao L, et al. High-frequency self-aligned graphene transistors with transferred gate stacks[J]. Proceedings of the National Academy of Sciences, 2012, 109(29): 11588 - 11592.

[240] Giambra M A, Mišeikis V, Pezzini S, et al. Wafer-scale integration of graphene-based photonic devices[J]. ACS Nano, 2021, 15(2): 3171 - 3187.

[241] Kucinskis G, Bajars G, Kleperis J. Graphene in lithium ion battery cathode materials: A review[J]. Journal of Power Sources, 2013, 240: 66 - 79.

[242] Chen L, Shi G S, Shen J, et al. Ion sieving in graphene oxide membranes via cationic control of interlayer spacing[J]. Nature, 2017, 550(7676): 380 - 383.

[243] Reiss T, Hjelt K, Ferrari A C. Graphene is on track to deliver on its promises[J]. Nature Nanotechnology, 2019, 14(10): 907 - 910.

[244] Lin L, Peng H L, Liu Z F. Synthesis challenges for graphene industry[J]. Nature Materials, 2019, 18(6): 520 - 524.

[245] Kauling A P, Seefeldt A T, Pisoni D P, et al. The worldwide graphene flake production[J]. Advanced Materials, 2018, 30(44): e1803784.

[246] Zhu Y W, Ji H X, Cheng H-M, et al. Mass production and industrial applications of graphene materials[J]. National Science Review, 2018, 5(1): 90 - 101.

[247] Deng B, Xin Z W, Xue R W, et al. Scalable and ultrafast epitaxial growth of single-crystal graphene wafers for electrically tunable liquid-crystal microlens arrays[J]. Science Bulletin, 2019, 64(10): 659 - 668.

[248] Chen Z L, Qi Y, Chen X D, et al. Direct CVD growth of graphene on traditional glass: methods and mechanisms[J]. Advanced Materials, 2019, 31(9): e1803639.

[249] Kim Y, Cruz S S, Lee K, et al. Remote epitaxy through graphene enables two-dimensional material-based layer transfer[J]. Nature, 2017, 544(7650): 340 - 343.

[250] Chen K, Zhou X, Cheng X, et al. Graphene photonic crystal fibre with strong and tunable light-matter interaction[J]. Nature Photonics, 2019, 13(11): 754 - 759.

[251] Ge J, Shi L A, Wang Y C, et al. Joule-heated graphene-wrapped sponge enables fast clean-up of viscous crude-oil spill[J]. Nature Nanotechnology, 2017, 12(5): 434 - 440.

MOLECULAR SCIENCES

Chapter 4

中国标签的新型碳材料——石墨炔

李勇军，刘辉彪，李玉良

2010 年,我国科学家李玉良院士团队首次在铜箔表面成功合成出了全新的碳同素异形体,被我国科学家以中文命名为石墨炔(GDY)。这种材料具有与层状石墨类似的平面结构和对称性,可看成用—C≡C—键替换石墨中三分之一的—C═C—键得到。根据两个最近邻芳环之间的乙炔连接单元(—C≡C—)数目的不同,石墨炔包括石墨(单)炔、石墨二炔(graphdiyne)、石墨三炔、石墨四炔等。另一方面,石墨炔家族还可以分为 α-石墨炔、β-石墨炔和 γ-石墨炔等[1]。从形貌结构看,它们是由芳环、大的六边形和截头三角形孔隙组合而成的二维层状平面结构;从电子结构看,石墨炔中富含多种碳化学键。理论研究发现石墨炔的晶态形成能低于其他以炔键为主要成分的碳同素异形体,因此具有热力学稳定性。自 1987 年 R. H. Baughman 等人[2]预测了含有 sp^2 和 sp 杂化态的新型碳材料以来,国际上广泛关注,世界上许多著名研究组竞相开展了研究。直到 2010 年,我国科学家李玉良院士团队才首次在铜箔表面成功合成出了石墨二炔(GDY)[3]。因其他单炔和多炔的石墨炔异形体目前稳定性不佳及在控制合成上很难实现,所以李玉良等人为了更好地、更清楚地理解石墨炔这类新型碳材料,将其统一命名为石墨炔。石墨炔的发现受到国内外的广泛关注,这也是目前研究最为广泛的一种石墨炔结构。如无特殊说明,本章后续所述石墨炔均为该结构。

石墨炔结构具有多变可控的碳原子组合方式(同时包含 sp 和 sp^2 杂化),sp 杂化的炔键将 sp^2 的苯环共价相连形成孔洞均匀分布的二维平面网络结构,其丰富的 π 键、超大的表面和孔洞结构、表面电荷分布不均匀性、本体丰富的活性位点等引发了许多奇特的性质,引起了科学界和工业界的极大兴趣。石墨炔独有的新颖特性表现出优异的电学、力学、光学、磁学和热学性质。石墨炔独特的原位生长特性、丰富的化学键、高共轭大 π 和超大空洞结构,以及在碳材料中唯其具备的"炔烯互变"性质,引发了新现象、新性质、新功能,在电子转移、电荷传输、离子输运、能量传递与转换等方面表现出变革性的性质,激发了研究人员很多新思维和新理念。极为丰富的炔键分布使石墨炔表面电荷分布极不均匀,赋予了其更多的活性位点数量,导致其具有很高的本征活性,能够有效促进催化反应过程;在界面作用方面,其表现出优异的电荷传输能力,在太阳能的高效转化和利用方面展现了传统碳材料不具备的优势;石墨炔快速的离子、电荷输运能力,在高效储能、光电、能量转换等方面展示了巨大商业应用价值。依据这些优越的性质和能力,石墨炔已成功应用于光电催化、能量存储、光电转化、光热转化、油水分离、生物检测、光电探测、电化学驱动器和生命科学等领域[4-7]。本章我们将讨论石墨炔的理论计算,合成与功能化方法,石墨炔在光电器件、能源、催化等领域的应用。

4.1　石墨炔的合成

二维材料的合成，主要分为自上而下（top down）和自下而上（bottom up）两种方法。自上而下是从宏观的体相材料出发，克服层状材料层间较弱的作用力，采用机械剥离的方法得到少层或单层样品，这需要体相材料是自然界中稳定存在的或者可以通过高温、高压等方法制备的。而对于石墨炔而言，目前仅有毛兰群等人[8]报道的体相材料的物理剥离法制备，从整体上看开展得并不多，因此通行的方法都是自下而上的路线，从含有炔键的小分子前体开始，通过溶液相或贵金属表面的偶联反应逐步合成。

经典的制备石墨炔的路线是通过炔类化合物间的聚合。环[18]碳为制备石墨炔较好的前体，通过环[18]碳分子间可控三聚可以制得石墨炔，但是环[18]碳只是在实验中通过AFM电流操纵每次获得一个分子[9]。六炔基苯是制备石墨炔非常理想的前体化合物[10]，因此在铜盐的催化下六炔基苯间发生炔炔偶联即可得到石墨炔。但由于六炔基苯不稳定，容易发生变质，而且自身可以发生交叉偶联，这是合成石墨炔面临的主要难题。2010年，中国科学院化学研究所李玉良院士团队首次提出了铜箔表面原位聚合反应的方法，开创了石墨炔合成的里程碑，也为后续的应用研究奠定了基础[3, 4, 7]。

我们可以通过氮气的保护防止六炔基苯氧化变质，同时尽可能降低反应液的浓度来减少六炔基苯发生交叉偶联的概率。催化剂体系、溶剂体系及反应的时空控制是通过六炔基苯制备石墨炔的关键。随着合成方法与表征技术的发展，石墨炔合成的发展，经历了从片段到二维单层、少层等几个阶段。目前石墨炔的合成主要分为石墨炔片段有机全合成法、表面在位化学合成和基于溶液的界面聚合反应合成等。人们在此基础上将其应用于其他扩展石墨炔的合成，并涌现出了许多关于石墨炔复合材料合成上的尝试。

4.1.1　溶液界面反应合成

近年来，利用溶液相中的表面聚合反应，是合成石墨炔的一大策略，相比于表面在位化学偶联反应，溶液中的偶联反应具有更高的选择性，如在Glaser偶联、Glaser‐Hay偶联、Eglinton偶联等反应中，苯乙炔基衍生物的端炔偶联转化率均可达99%以上。此外，溶液相合成可以实现大面积样品的制备，是石墨炔实际应用的重要基础。在溶液中，分子的自由度较大，取向难以控制，极易得到三维无序的多孔网络结构，而表面的聚合反应可提供限域反应的界面，有效地制备二维石墨炔结构。

2010年，中国科学院化学研究所李玉良院士团队首次报道了铜箔表面原位聚合合成石墨炔的方法[3]，这是石墨炔合成的里程碑。他们采用六乙炔基苯为反应单体，生长过程如图 4-1 所示，其中巧妙的构思是将传统端炔偶联反应中所用的催化剂铜离子盐粉末换为铜箔，在反应过程中铜箔起到了反应催化剂和支撑基底的双重作用。在碱性有机溶剂中加热时，铜箔表面会析出少量的铜离子，铜离子与吡啶络合，在吡啶-铜络合物的催化下六炔基苯在铜膜表面发生有序的 Glaser 炔炔偶联反应形成石墨炔薄膜，而铜膜的平面结构及其平面的延展性，使石墨炔薄膜沿着铜膜表面不断地生长，从而形成大面积的石墨炔薄膜，得到如图 4-1 中所示的厘米级大面积连续薄膜，厚度约为 1 μm，室温下的电导率为 2.516×10^{-4} S/m。铜箔催化剂在催化合成石墨炔过程中扮演双重角色，解决了粉末状铜盐催化剂所解决不了的问题。该方法亦可实现石墨炔的大规模制备，将作为基底的铜箔刻蚀并经过清洗，可得到石墨炔粉末，目前可以实现克量级的合成（图 4-1）。石墨炔粉末已在锂离子电池、太阳能电池、光催化染料降解、光电催化等多个领域表现出优异的性能，具有广阔的应用前景[11-14]。

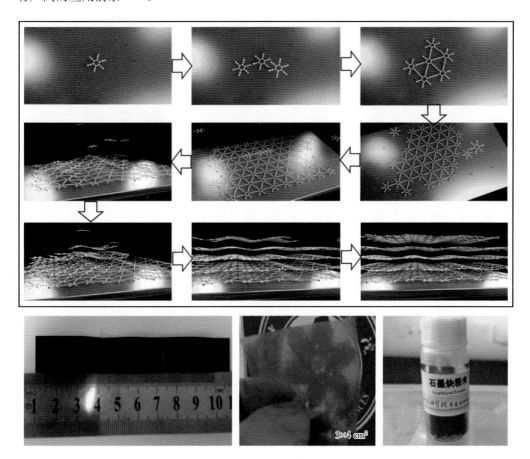

图 4-1　液固界面生长石墨炔的过程、大面积石墨炔薄膜及宏量粉末

基于非共价相互作用,毛兰群等人[8]发展了一种针对层状石墨炔的高产率、高质量的液相剥离新方法(图 4-2)。将层状石墨炔置于 K_2SiF_6 水溶液中连续搅拌后,获得了数百毫克级的少层甚至单层的石墨炔,没有引入额外的结构缺陷。理论计算表明,SiF_6^{2-} 可自发吸附到石墨炔表面,有助于带负电荷的石墨炔受静电排斥力而发生层间距增加。同时,小尺寸的阳离子可能促进石墨炔层间距的进一步膨胀。

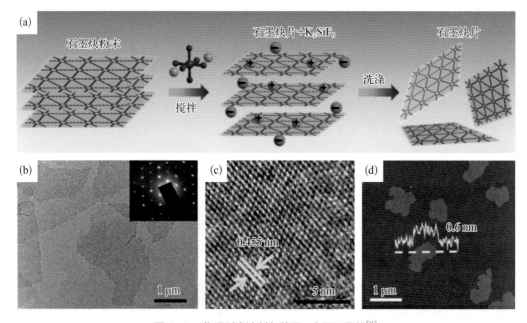

图 4-2　物理剥离法制备单层、少层石墨炔[8]

Luo 和 Lu 等人[15]成功地采用低电流密度低压透射电子显微镜实现了直接成像,并证实了利用上述方法合成的石墨炔纳米片的结构是具有 6 层厚度和 ABC 堆叠方式的晶态结构。图 4-3 显示了石墨炔纳米片的选区电子衍射(selected area electron diffraction,SAED)图。为了研究图案对应的堆叠模式,他们用 AA、AB 和 ABC 堆叠模式构建了三个石墨炔模型,并模拟了它们的 SAED 模式。比较实验和模拟 SAED 模式,实验结果与 ABC 模式匹配。因此,确认石墨炔的纳米片具有 ABC 堆叠模式。为了进一步验证纳米片的晶体结构,还通过维纳滤波对高分辨率透射电子显微镜(high-resolution transmission electron microscopy,HRTEM)图像进行滤波,以消除 HRTEM 图像中的噪声。具有 $\Delta f = 50$ nm 的模拟 HRTEM 图像与实验和过滤过噪声的 HRTEM 图像非常一致,如图 4-3(d)所示。因此,进一步证实了石墨炔纳米片具有 ABC 堆叠模式,厚度为 2.19 nm,即 6 层。

合成中铜箔基底的使用可能会使石墨炔的应用局限于仅与铜基底有直接接触的情

形[16]。除铜以外的特定基底的特殊功能和特性对开发其应用十分关键。因此,开发一种在其他基底上原位制备石墨炔膜的方法非常重要。为了进一步拓宽石墨炔生长的底物选择范围,Liu 和 Zhang 等人[16],开发了一种称为"铜包膜"策略的智能合成方法(图 4 - 4)。通过这种方法,可以在任意衬底上制备石墨炔,例如一维(Si 纳米线),二维(Au 箔)和三维(石墨烯泡沫)衬底[图 4 - 4(b)(c)]。铜离子从铜包膜扩散到目标衬底的表面,然后引发单体的偶联反应。此外,黄等人[17]报道了一种控制释放策略,可在任意基底上制备厚度可调的石墨炔(图 4 - 4)。目标 2D 基板通过旋涂工艺覆盖上聚乙烯吡咯烷酮/$Cu(OAc)_2$ 膜,石墨炔的厚度可以通过改变膜中 $Cu(OAc)_2$ 的比例来调节,因为铜离子的释放速率可以通过铜离子的浓度梯度来调节。

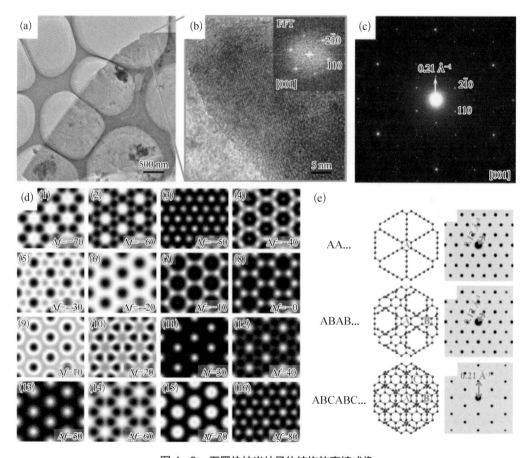

图 4 - 3　石墨炔纳米片晶体结构的直接成像

　　(a) 纳米片的低分辨 TEM 图像;(b) 图(a)框中区域的高分辨 TEM 图像;(c) 纳米片的选区 SAED 图案,其晶带轴为[001];(d) 沿[001]晶带轴具有不同散焦(Δf)值的模拟 HRTEM 图像(Δf 值的单位为 nm);(e) 具有 AA、AB 和 ABC 堆叠模式的 GDY 模型(其中 A、B 和 C 层分别由黄色、绿色和紫色表示)以及对应的模拟 SAED 模式

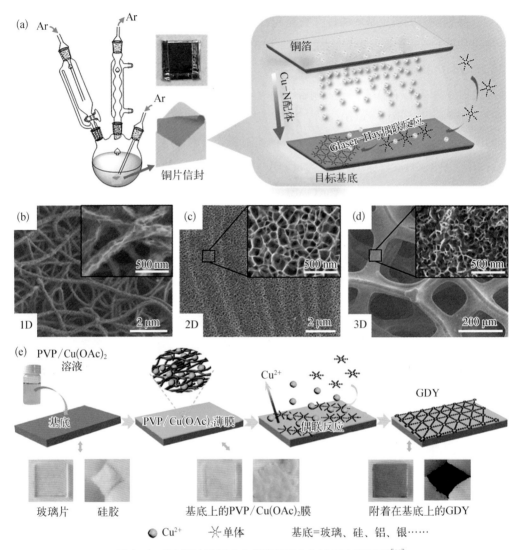

图 4-4　通过铜包膜催化在任意基底上生长 GDY 纳米墙[16]

（a）实验装置示意图。生长 GDY 纳米墙之后的 SEM 图像；（b）一维硅纳米线；（c）二维 Au 箔；（d）Ni 泡沫上的三维石墨炔；（e）可控释放铜离子策略以在任意基底上制备厚度可调的石墨炔[17]（b）～（d）中插图为局部放大图

　　铜箔表面的合成方法充分说明了限域的反应空间在石墨炔控制合成中的重要性。但上述固体模板不可避免地在微观水平上具有一定的粗糙度，这将影响石墨炔膜的规整性。已经证明，液-液界面法和液-气界面法是获得具有高结晶度的超薄二维材料的可靠方法[18]。界面在"自下而上"的合成过程中起着至关重要的作用，并影响前体的生长方向。两种不同分子之间相互作用的强烈不对称性给界面带来了很大的界面张力，因此可以认为它在液体界面处具有绝对的二维平面。2017 年，Nishihara 教授团队[19]将液-液界面和气-液界面合成

的方法引申至石墨炔的合成之中(图 4-5),他们将单体分子六乙炔基苯溶解于有机相之中,而催化剂乙酸铜则置于水相之中,在两种互不相溶的液体相界面上控制反应底物和催化剂的接触面积来制备石墨炔,成功地合成了高质量的石墨炔结构。利用气-液界面的方法还可以得到厚度均一(3 nm)、尺寸为 2~3 μm 的石墨炔单晶纳米片,分析得出多层石墨炔的晶体结构为 ABC 堆垛模式。这一进展开拓了石墨炔溶液相聚合合成的新方法,也对高质量石墨炔晶体的合成及精细结构表征工作有重要意义。在随后的报道中,使用改进的界面方法成功地合成了几种石墨炔衍生物,包括氢化石墨炔、甲基取代的石墨炔和氟取代的石墨炔[20]。

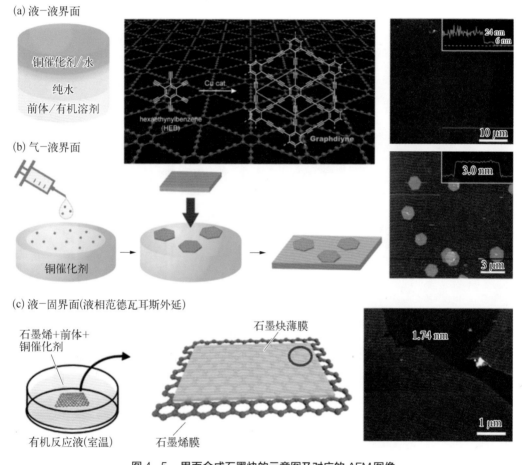

图 4-5　界面合成石墨炔的示意图及对应的 AFM 图像

(a) 液-液界面;(b) 气-液界面[19];(c) 液-固界面(液相范德瓦耳斯外延法)[21]

在上述研究中,超薄石墨炔的制备取得了很大的进展。然而,单体中炔烃单元与苯环之间桥连的单键可以自由旋转,导致生长非平面的晶体框架;传统外延生长法要求 GDY 与基底材料晶格适配;Ehrlich-Schwoebel(ES)能垒导致单体分子在外延层上富集并成核,促使面外的层层堆叠。为了克服这些问题,可以考虑:(1)利用适当的基底与前体相互作用控制前体的预组织。(2)引入超分子相互作用来控制单体和反应过程中寡聚物的定向,从而避免缺陷并提高结晶度。张、刘及其同事[21]提出了一种简单的液相范德瓦耳斯外延方法,在石墨烯衬底上合成二维超薄单晶石墨炔薄膜[图4-5(c)]。考虑到六炔基苯与石墨烯基底的结合能高于石墨炔,因此这些单体在热力学上优先吸附在石墨烯上以进行面内偶联反应。基于范德瓦耳斯相互作用的外延生长大大降低了晶格失配和 ES 能垒的影响,因此石墨炔倾向于在原子级平整的石墨烯上进行面内耦联以形成平面结构。高分辨透射电镜和光谱表征证实了其高质量单晶结构(图4-6)。电子衍射显示 GDY/石墨烯薄膜具

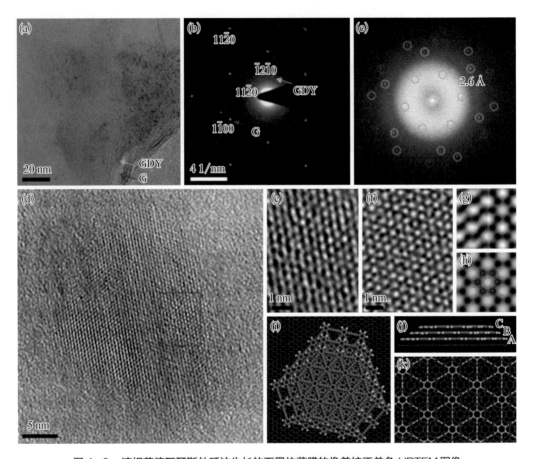

图4-6   液相范德瓦耳斯外延法生长的石墨炔薄膜的像差校正单色 HRTEM 图像

(a)石墨炔/石墨烯薄膜的 TEM 图像;(b)薄膜的电子衍射图显示石墨炔和石墨烯薄膜均为单晶;(c)HRTEM 图像对应的 FFT 模式(蓝色圆圈为石墨炔,红色和绿色圆圈为石墨烯);(d)石墨炔区域的像差校正 HRTEM 图像;(e)在图(d)红色区域的放大图像;(f)用"ABC"堆叠模式模拟的石墨炔 HRTEM 图像;(g)CTF 校正,晶格平均(左)和 p6m 对称叠加图像(右);(h)点扩散函数宽度为 2.6 Å 的模拟投影电位图;(i)(j)单层石墨烯和 ABC 叠层三层石墨炔片构成的范德瓦耳斯异质结构的能量最优结构;(k)采用 ABC 堆叠模式的石墨炔示意图

有两套单晶衍射点,分别对应于 GDY 和石墨烯的单晶衍射图案,结果表明,生长在石墨烯上的 GDY 与下层石墨烯的晶格取向夹角为 14°。结合理论分析,确认了该 GDY 薄膜为 ABC 堆垛的三层结构。另外,他们还在六方氮化硼(hBN)衬底上合成了石墨炔膜,并且已经初步确定了其电性能。实验结果表明,石墨炔薄膜具有良好的导电性和一定的半导体性能。随后,他们开发了一种改进的方法,将未去保护的 HEB-TMS 用作 Hiyama 偶联反应的单体,在石墨烯上合成了厚度小于 3 nm 的高结晶度的超薄石墨炔,大大减少了氧化反应的发生[22]。他们[23]同样使用石墨烯作为反应模板,通过 Eglinton 偶联反应,成功合成出了高质量的 β-石墨炔,并测得其电导率为 1.30×10^{-2} S/m。

另一个方面,李等人[24]将超分子相互作用引入石墨炔二维材料的控制制备,设计合成了一种高结晶性的苯环取代的石墨炔(Ben-GDY)。Ben-GDY 是由六个 1,3,5-三苯基苯构成的六边形重复单元组成的 π-共轭碳框架结构。连接在苯环上的相邻的炔键通过大位阻的苯环的保护,使单体获得了更高的稳定性。引入的 π-π/C—H-π 相互作用控制了单体或低聚物的构型取向,抑制了炔基和苯环之间的碳—碳单键的自由旋转,进一步通过偶联反应获得了多层晶态石墨炔 Ben-GDY,SEAD 分析显示 ABC 堆叠模式。

4.1.2　表面在位化学合成

表面在位化学(on-surface chemistry)也被称为表面共价反应(on-surface covalent reaction),是指在二维表面上单体分子之间发生反应形成新的共价键,“自下而上”地合成新材料的过程,这类反应最初是在超高真空条件下进行的,现已扩展至低真空或大气条件,表面的选用也从金属单晶扩展到石墨、石墨烯及氧化物表面,是一种精确控制制备稳定的新型低维纳米结构的有效途径[25,26]。

石墨炔具有二维共轭的网络结构,表面在位化学的方法是合成此类材料的重要方法之一。成功率最高的反应主要是贵金属单晶表面的 Glaser 偶联反应和 Ullmann 偶联反应,德国明斯特大学 Fuchs 教授和慕尼黑工业大学 Barth 教授等的团队在此方面做了大量的工作。Glaser 偶联反应是有机合成中端炔分子在亚铜离子催化下发生氧化偶联的经典反应,近年来研究发现,Glaser 偶联反应也可以在金属单晶如 Ag(111)、Cu(111)、Au(111)等的表面通过加热或光照实现[27]。

目前对于类石墨炔结构的表面在位化学合成法主要是在超高真空体系内进行的。该方法具有如下几个优点:一是反应环境干净,且由于基底的催化作用,反应受到限域作用仅能在基底表面进行,更有利于二维网络的形成;二是金属单晶基底本身起到催化剂的作用,无须再加入催化剂,而反应生成的副产物为氢气或卤素等,可以以气态形式从体系中脱离,保证了更干净完美结构的生成;三是因为表面催化反应在气-固界面发生,体系中无溶剂,因此反应温度有更宽的控制范围。此外,所合成的结构可以直接在超高真空体系内进行原位表征,对其性质和结构的测试将更精准。因此,该方法不仅可以实现对结构合成的精细设计和控制,且可以对反应过程和机理有更深入的研究。这些超高真空体系内的研究结果,也给石墨炔的表面合成工作提供了非常重要的理论指导。

　　基于上述表面合成的思路,张锦等发展了低温化学气相沉积的方法,以制备大面积单层石墨炔薄膜[14]。反应过程见图 4-7(a)(b),以六乙炔基苯为碳源,银箔为生长基底,通过化学气相沉积(CVD)过程获得了仅有单原子层厚度的薄膜。通过拉曼光谱及紫外-可见吸收光谱的表征证实了该薄膜是由单体分子间的炔基偶联反应生成分子间的共价键而得的,该方法极大地开阔了石墨炔薄膜合成的新思路。然而,目前通过该方法合成的薄膜在高分辨透射电子显微镜的测试范围内仍为无序的结构,主要是由于分子在基底表面存在着加成、环化等副反应,影响了生长过程中有序结构的形成。因此,还需要在单体分子的设计合成、基底的预处理及反应温度优化等方面进行更进一步的研究。此 CVD 合成法还可用于其他种类石墨炔单体的聚合,为石墨炔薄膜的制备提供了新的思路。

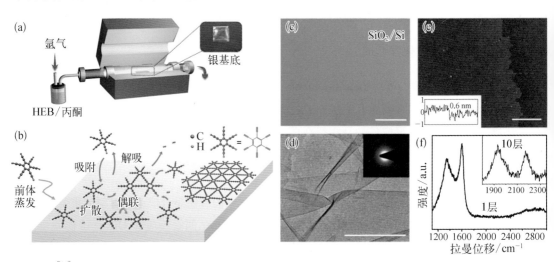

图 4-7[14]　(a) 通过 CVD 方法在银表面生长石墨炔的示意图;(b) 石墨炔生长过程示意图;(c) 位于 SiO₂/Si 基底上石墨炔的光学显微镜图像;(d) 石墨炔的高度曲线和 AFM 图像;(e) 石墨炔的 SEAD 图案和 TEM 图像;(f) 转移到 SiO₂/Si 上的薄膜拉曼光谱
插图:在银衬底上的 10 层转移膜的拉曼光谱

4.1.3　固相合成石墨炔

　　尽管在液相和气相中合成了相对高质量的石墨炔和很少层的石墨炔,但是找到一种简单的合成方法以实现通过固相大规模合成石墨炔样品在工业上非常具有价值。李玉良院士和同事[28]报道了气-液-固(VLS)生长法,以在 ZnO 纳米棒阵列上合成新的石墨炔纳米线。VLS 法是通过严格控制石墨炔粉末的重量和相应地在加热管中移动石英舟的位置进行的[29]。在加热过程中,少量的氧化锌(ZnO)还原成金属锌(Zn)。Zn 液滴将作为催化剂和用于在 VLS 生长过程中吸附石墨炔的位点。热重分析表明,石墨炔粉末中分子量较小的石墨炔片段可以在高温下蒸发。这些石墨炔片段在氩气的推动下沉积在 ZnO 纳米棒阵列膜的表面,通过 Zn 液滴催化成功地合成了石墨炔纳米线。随后,他们通过改进的 VLS 生长工艺获得了超薄石墨炔膜,该膜具有出色的导电性和高场效应迁移率[29]。

简化超薄石墨炔的制备过程并扩大产量是实际应用的重大挑战。李玉良院士和同事[30]提出了一种爆炸方法,可以在很短的时间内合成大规模的石墨炔(图 4-8)。六炔基苯前体在没有催化剂的情况下进行交叉偶联反应,只需改变反应气氛(N₂ 或空气)和加热速率即可合成具有三种不同形貌的石墨炔粉末,包括石墨炔纳米带、3D 石墨炔骨架和石墨炔纳米链。在相同条件下,通过爆炸法可以快速合成出不同形貌的石墨炔,并且只需将前体简单地涂覆在基底表面即可,例如铜泡沫、镍泡沫和二氧化硅[31]。最近,通过改良爆炸法,使用氮掺杂的 HEB 合成了吡啶二氮掺杂的石墨炔和类三嗪类的氮掺杂的石墨炔[32]。

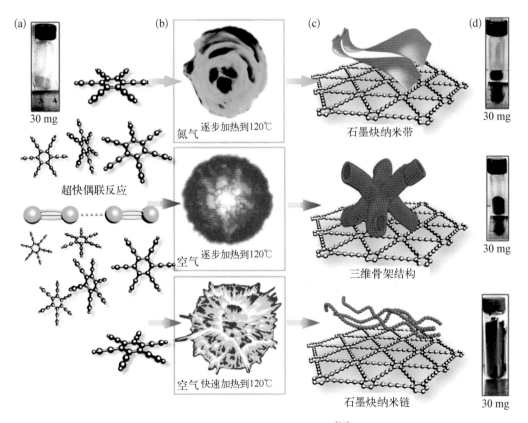

(a) 30 mg

超快偶联反应

(b) 氮气 逐步加热到120℃

空气 逐步加热到120℃

空气 快速加热到120℃

(c) 石墨炔纳米带

三维骨架结构

石墨炔纳米链

(d) 30 mg

30 mg

30 mg

图 4-8 燃烧爆炸法合成石墨炔[30]

4.1.4　石墨炔聚集态结构

材料的形貌对于其在应用中的性能有至关重要的作用,在前述石墨炔生长的通用方法基础上,通过调控反应条件,改变基底种类与形貌(例如一维铜纳米线、三维铜网络和铜泡沫),可以实现石墨炔微观形貌调控。

4.1.4.1　石墨炔纳米管阵列、纳米线及纳米带

李玉良院士团队[33]在通过偶联反应制得石墨炔薄膜后,以垂直贴附在铜箔上的氧化锌纳米管阵列作为模板、铜箔为催化剂,制备出了壁厚为 40 nm 的石墨炔纳米管阵列[图 4-9(b)]。此纳米管阵列在退火处理去除其中少量的低聚物后,纳米管的结构更加致密有序,壁厚变为 15 nm。石墨炔的场发射性质与形貌密切相关,此种纳米管阵列的场发射性质十分优异。在退火后,石墨炔纳米管阵列的开启电压和阈值电压分别降至 4.20 V/μm 和 8.83 V/μm。

通过与上述相同的方法,以四炔基乙烯为前体,获得了碳炔纳米带结构[34][图 4-9(a)]。当溶于吡啶的四炔基乙烯加入反应体系中时,氧化铝模板的 Al-O 键会与四炔基乙烯的炔氢之间产生氢键,使四炔基乙烯紧贴在氧化铝模板的内壁上,然后在铜离子的催化下偶联反应先在贴近模板内壁区域生成碳炔,随着反应的进行,活性中心(模板底部的铜片)被生成的碳炔覆盖,阻断了其与吡啶的接触,因而反应体系中不再生成铜离子。缺少了反应"驱动力"——铜离子,反应也最终停止。碳炔纳米带的宽度接近 AAO 模板的内径周长,这归因于多层碳炔纳米管没有完成最后的闭合阶段。

李玉良院士团队[28]还通过 VLS 合成法,以溶液聚合合成的石墨炔粉末为前驱体,在氧化锌纳米阵列上的熔融 ZnO 液滴表面成功合成出了石墨炔纳米线。对石墨炔纳米线的电学性质进行测定,其电导率为 1.9×10^3 S/m 和 7.1×10^2 cm^2/(V·s),是优异的半导体材料。

江雷等人[35]报道了由超亲油开槽模板主导的图案化石墨炔条纹阵列的直接原位合成[图 4-9(d)]。带槽的模板在微尺度上为原位合成石墨炔提供了许多规则的限域空间,而凹槽模板的润湿性在控制反应物原料的连续传质方面起关键作用。在微尺寸空间内完成交叉偶联反应后,可以相应地生成精确图案化的石墨二炔条纹。优化限域空间的几何形状、反应物的数量和反应温度,最终获得最优的石墨二炔图案。此外,利用这些石墨二炔条纹阵列可制备可伸缩传感器,构建监测人手指运动的原理性器件。预计这种润湿性辅助策略将为石墨炔的可控合成及其在柔性电子和其他光电子的应用方面提供新的思路。

4.1.4.2　石墨炔二维纳米墙、纳米片

Liu 和 Zhang 等人[36]通过优化 Glaser-Hay 反应的溶剂和单体浓度制备了石墨炔纳米墙。此反应仍以六炔基苯为单体,以铜片为催化剂和反应基底。在反应中引入四甲基乙

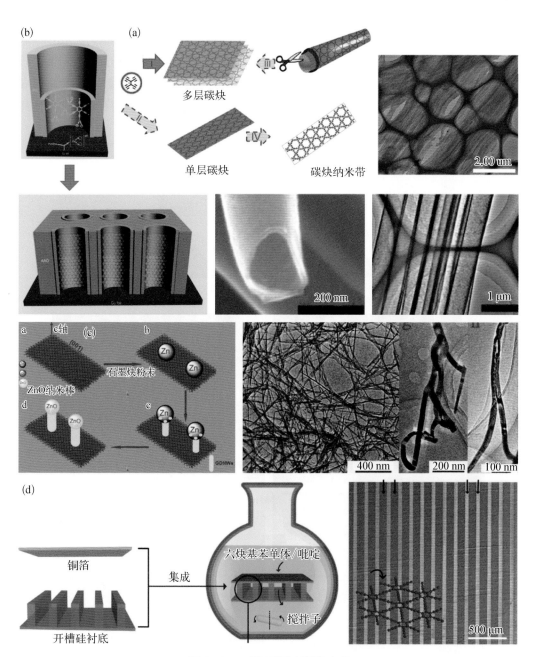

图 4-9　一维石墨炔材料的合成

（a）碳炔纳米带生长机理示意图及透射电镜图[34]；（b）石墨炔纳米管的生长过程示意图及退火后石墨炔纳米管的 SEM 与 TEM 图像[33]；（c）VLS 法合成石墨炔纳米线的过程及 TEM 图像[28]；（d）润湿性辅助制备石墨炔条纹整列[35]

二胺(TMEDA)配体,通过改变 TEMDA 和吡啶的比例来调节催化剂铜离子从铜箔释放的浓度,成功地在铜片上生长出了石墨炔纳米墙[图 4-10(a)~(c)]。在反应的初始阶段,铜离子尚未被溶解在溶液中,石墨炔的反应位点仅存在于铜箔上,随着反应的进行,铜箔上的铜离子被溶入反应液中,因此石墨炔可沿着已生长出的石墨炔纳米片继续生长,最终形成了石墨炔纳米墙的形貌。且高分辨透射电镜的结果显示,上述方法制备的石墨炔纳米墙具

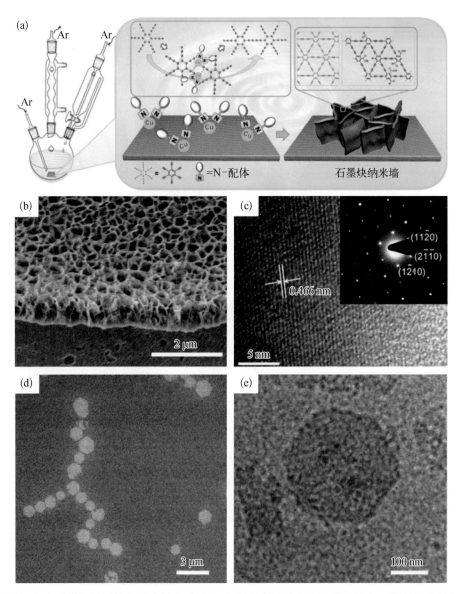

图 4-10 (a) 制备石墨炔纳米墙示意图;(b) 石墨炔纳米墙的 SEM 图像;(c) 石墨炔纳米墙上的高
分辨 HRTEM 图像(插图为 SEAD 图案)[36];(d)(e) 通过气-液界面合成的石墨炔超薄纳
米片 SEM 图像(d)和 TEM 图像(e)

有高度的结晶性。Zhang、Liu 和 Wu 等人[16]在上述研究的基础之上,将基底装在铜箔信封中,铜箔信封为反应提供催化剂,成功实现了在任意基底上生长石墨炔纳米墙(图 4 - 4)。Nishihara 和 Nagashio 等人[19]采用自下而上的合成方法,以 HEB 为单体,通过气液界面,将溶解了单体的少量二氯甲烷和甲苯溶液滴在水相上,待其挥发后在气液界面处成功生长出厚度为 3 nm、区域面积为 1.5 μm^2 的超薄石墨炔纳米片[图 4 - 10(d)(e)]。

4.1.4.3　三维石墨炔及多级结构

改变铜基底的维度,例如三维铜泡沫,以及其他可以释放铜离子的基底,可以方便地调控制备三维石墨炔以至石墨炔的多级结构。例如,利用自支撑铜纳米线纸作为原位生长石墨炔的催化剂及基底。铜纳米线不仅可以作为石墨炔生长的模板,还可以为之提供更多的活性位点。使用 Cu 纳米线作为催化剂来大规模制备高质量超薄石墨炔纳米管,其上可生长超薄纳米片(平均厚度约为 1.9 nm),可构建独特的多级结构[37][图 4 - 11(a)(b)]。另

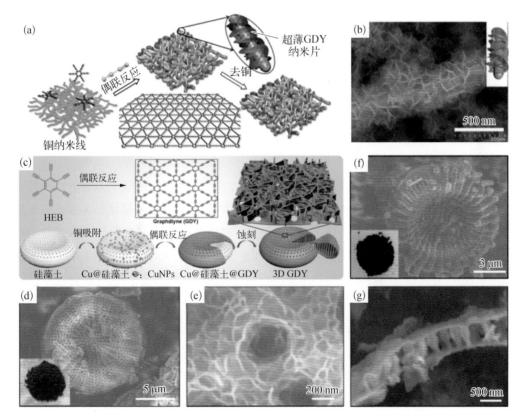

图 4 - 11　(a) 铜纳米线纸为模板生长石墨炔纳米管及多级结构示意图[37];(b) 石墨炔纳米管多级结构SEM 图像;(c) 三维石墨炔的制备过程;(d)(e) 长在硅藻土上吸附着铜颗粒的三维石墨炔的 SEM 图像;(f)(g) 除去硅藻土模板的自支撑的三维石墨炔 SEM 图像[18]

外,可在由三维铜泡沫支撑的 CuO 纳米线上制备石墨炔多维结构。石墨炔独特的多维结构具有很高的光热效率,有望被广泛用于海水淡化和相关技术中[38]。

Liu、Zhang 和 Chen 等[18]采用廉价的硅藻土作为模板,以铜颗粒作为催化剂,以 HEB 作为单体,成功通过 Glaser‑Hay 偶联反应制备出了自支撑的三维石墨炔[图 4‑11(c)~(g)]。通过此种方法制备的三维石墨炔具有多孔结构和超大的比表面积,十分适合用作锂离子电池的阳极材料。其在锂离子电池中表现出了优异的电容量、速度性能和循环寿命。

近期李玉良院士团队[30]采用爆炸法成功合成出多种形貌的石墨炔,包括石墨炔纳米带、三维石墨炔和石墨炔纳米链(图 4‑8)。此种合成方法以 HEB 为前体,在没有金属催化剂的情况下,直接加热到 120℃,在不同气氛中可以获得不同形貌的石墨炔。其中在氩气中可制备得到三维石墨炔。通过此种方法制备得到的石墨炔具有好的热稳定性、好的电导率(20 S/m)和大的比表面积(达 1150 m²/g)。

4.1.5　石墨炔衍生化及掺杂

4.1.5.1　杂原子掺杂石墨炔

碳材料的杂原子掺杂是制备相关碳基衍生物的有效方法,因为在所掺杂的杂原子周围会产生许多与本征性质不同的缺陷[39-42]。可以通过这种方法调控一些重要的基本特性,例如形貌和电子结构[43]。石墨炔具有丰富的炔键可以为各种杂原子提供更多的掺杂位点。到目前为止,理论计算工作已经证实,可以选择各种杂原子来掺杂石墨炔,包括非金属杂原子、金属原子及多原子掺杂[44]。

高温退火处理是碳材料杂原子掺杂的传统方法。迄今为止,已经通过这种方法制备了一些杂原子掺杂的石墨炔衍生物,包括 N 掺杂的石墨炔、P 掺杂的石墨炔和 S 掺杂的石墨炔[45-51]。例如,Zhang 等人[45, 46]通过在氨气下对石墨炔进行退火,成功制备了 N 掺杂的石墨炔,在 ORR 反应中,它甚至比商用 Pt/C 表现出更好的活性和稳定性。除了单一原子掺杂的石墨炔,还可以在 NH₃ 与其他掺杂源(包括氯化锌、氟化铵和硫脲)共存的情况下制备 N/Zn、N/F 和 N/S 双杂原子掺杂的石墨炔(图 4‑12)[52]。

上面提到的后处理方法通常会在石墨炔的网络结构上形成多个掺杂位点,但是精确调整掺杂位点并了解杂原子掺杂石墨炔的机理至关重要。王丹等人[17]通过周环置换反应在薄层石墨炔上成功引入了新型的 sp 杂化的 N 原子(FLGDYO)。如图 4‑12(b)示,释放 NHCNH₂⁺ 片段的三聚氰胺被化学吸附在 FLGDYO 的乙炔基上,并且在两个不同的 sp C 位点获得了两个 sp‑N 掺杂的 FLGDY。这种 sp‑N 掺杂的石墨炔材料表现出非常优异的 ORR 性能。其碱性条件下的 ORR 活性可媲美 Pt/C 催化剂,并表现出更快的反应动力学。在酸性条件下,这一材料虽然略低于 Pt/C 催化剂的活性,但相比于其他非金属催化剂,其活性要高出很多。实验表征和理论计算表明,这种 sp‑N 的掺杂是活性的主要来源,sp‑N 掺杂使得周围碳原子带有更多的正电荷,有利于 O_2 的吸附和活化,使其电子更易转移到催化剂表面。该工作不仅首次在碳材料中得到 sp 杂化的氮原子,而且还实现了位点可控掺杂和掺杂的比例可调。

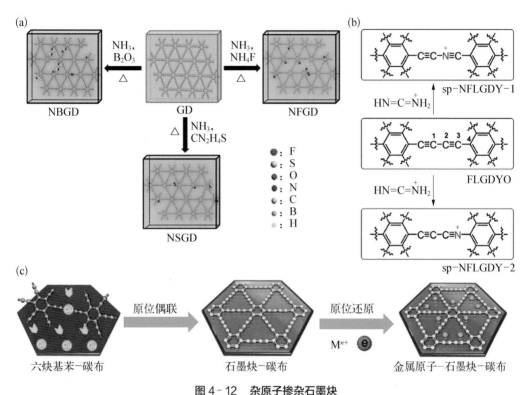

图 4‑12 杂原子掺杂石墨炔

(a) 高温退火法[52];(b) 周环置换反应法[17];(c) 电沉积法[53]

考虑到金属离子和炔键的强烈化学吸附,已经开发了一种简单有效的金属掺杂石墨炔方法。石墨炔和金属离子前体在水溶液中均匀混合,从而促进金属离子在炔键周围的均匀吸附。由于还原剂的原位还原,金属原子如 Pd[54]、Fe[55] 和 Au[56] 均匀地分布在所制备的石墨炔薄膜上。另外,电沉积方法也可用于在石墨炔膜上沉积金属原子以制备高活性的原子催化剂[53,57-62][图 4‑12(c)]。

可以看出,上述掺杂方法仍存在以下缺陷:(1)掺杂杂原子的位置存在多种可能性,因此难以准确地研究掺杂过程的机理;(2)掺杂的杂原子数目不能精确控制;(3)杂原子随机分布在石墨炔结构上,这可能破坏共轭的连续性[47]。因此,找到一种有效的方法来精确控制石墨炔网络上杂原子的数量和位置非常重要。制备石墨炔薄膜的经典合成策略启发了我们发展杂原子掺杂石墨炔的新方法。自下而上地在石墨炔中掺杂杂原子的方法具有以下优点：（1）由掺杂位点决定的杂原子规则地分布在石墨炔上，在 GDY 的二维平面上保持完整的共轭骨架；（2）可以精确地控制键合环境和具有特殊效能杂原子的数量，从而表现出特殊的化学和物理性质。例如，Huang 等人[63]用新的单体代替 HEB 制备了氢化石墨炔膜（HsGDY）。当将 HsGDY 用作锂离子/钠离子电池的负极材料时，电化学测试显示出高倍率性能和出色的循环稳定性。理论计算结果表明，基于 HsGDY 的电极具有出色的性能，这归因于其用于 Li/Na 储存的额外活性位，增加的高比表面积和高电导率。随后，还制备了其他杂原子取代的石墨炔，包括氯和氟取代的石墨炔[47, 49, 64][图 4-13（a）]。在随后的工作中，石墨炔中的中心苯环部分也被硼原子、吡啶、嘧啶和三嗪单元所取代[61, 65, 66]。从而获得了一系列可用于电化学储能阳极材料的石墨炔衍生物[图 4-13（b）]。

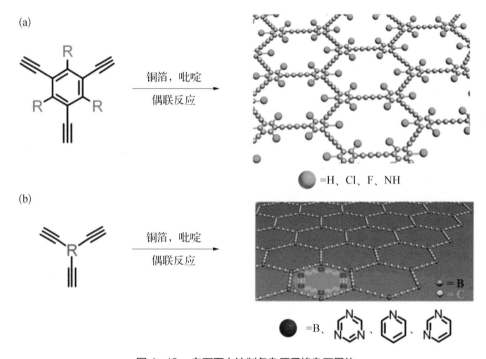

图 4-13   自下而上法制备杂原子掺杂石墨炔

4.1.5.2   石墨炔基复合材料制备

二维碳基复合材料在不同领域得到了广泛的研究，因为其可以将不同组分的优势结合起来。这可以改善所制备的复合材料的物理和化学性质，包括化学稳定性、机械性质、电导率和热导率等。石墨炔中乙炔键的存在及其独特的合成策略，不仅为我们提供了更多基于石墨炔的复合材料的合成途径，而且还促进了性能可调控石墨炔复合材料的获得。目前基于石墨炔的复合材料的制备策略主要有三种[44]。

一方面，考虑到已报道的一系列在任意衬底表面上合成石墨炔的策略，可以直接在选定的纳米材料表面生成石墨炔[16,17]。例如，李玉良院士等人[67]提出了一种在 SiNPs 和 CuNWs 的复合材料上原位生长石墨炔来制备复合结构的策略，该复合结构的石墨炔涂层可有效抑制锂离子电池充放电期间硅的体积效应和界面接触（图 4-14）。通过在乙醇溶液中简单混合而制备的由 SiNPs 和 CuNWsw 组成的 AFPCuSi 纸被用作基材来制备石墨炔的包裹结构。这种策略也可用于氧化物、有机电极材料的保护[54,58]。黄长水等人[68]开发了一种可控的原位制备策略，实现了在铝负极表面生长超薄石墨炔膜。当应用于双离子电池时，复合材料的独特结构提高了铝箔的可逆容量和循环稳定性。

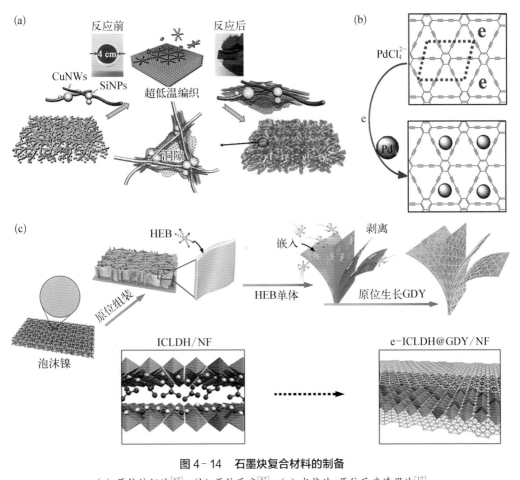

图 4-14　石墨炔复合材料的制备

（a）原位编织法[67]；（b）原位反应[57]；（c）水热法-原位反应连用法[17]

另一方面，石墨炔中的乙炔键与单个金属离子之间存在强烈的化学吸附，从而抑制了金属离子的聚集，并增强了金属原子与石墨炔之间的电荷转移行为[69]。通常，石墨炔和金属离子前体可以均匀地在溶液中混合,随后在乙炔键附近的金属离子发生相应的化学反应,所形成的纳米颗粒均匀地分布在石墨炔的纳米孔中。例如利用原位合成策略[70],通过将 $FeCl_3$ 分散在氧化石墨炔溶液中,并在室温下与 $Fe(CN)_6^{3-}$ 混合,将原位得到的普鲁士蓝纳米颗粒(PB)固定在氧化石墨炔 GDYO 表面上,制备 PB/GDYO 复合材料。利用石墨炔的还原性,无催化剂原位制备 Pd/GDY 复合材料[图 4 - 14(b)][57]。另外,通过相同的方法制备了 $ZnO/GDY^{[71]}$、$NiCo_2S_4\ NW/GDY^{[72]}$、$TiO_2/GDY^{[73]}$、$WS_2/GDY^{[74]}$、$CdS/GDY^{[68]}$、Z 型 $Ag_3PO_4/GDY/g$ - C3N4[75]、Ag/AgBr/氧化石墨烯/GDY[76]等复合材料。

实验还表明,通过简单地将石墨炔与其他化合物在特定温度和大气条件下混合,石墨炔基复合材料仍然表现出颇高的性能,例如 $TiO_2/GDY^{[11,\ 50,\ 77]}$、$PCBM/GDY^{[13]}$、P3HT/GDY[78]、$ZnO/GDY^{[79]}$、PFC/GDY[80]、g - C3N4/GDY[81]、掺杂的 P3CT - K/GDY[54]。例如,王吉政等人[79]通过简单地混合获得了一种稳定的 GDY:ZnO 纳米复合材料。GDY 纳米颗粒通过静电相互作用被涂覆在正丙胺修饰的 ZnO 纳米颗粒表面上,而在 ZnO 纳米颗粒表面的带正电荷的氨基与石墨炔纳米颗粒中带负电荷的环氧基之间发生开环反应。另外,利用亚甲基绿自身的共轭结构与石墨炔片层的 π - π 吸附,在水浴超声驱动下进入石墨炔层间的亚纳米空间,从而实现对石墨炔纳米片的物理层间掺杂,构建高选择性的电催化复合材料[82]。除此之外,通过水热法在 N 掺杂石墨炔薄膜上原位控制 2D MoS_2 纳米片的生长,制备了三维多孔异质结构复合材料(MoS_2/NGDY)[83]。通过石墨炔诱导的嵌入/剥离/修饰策略原位剥离并修饰了铁钴 LDH 纳米片(e - ICLDH @ GDY/NF)[17]。这种方法不仅能将厚的 LDHs 片原位剥离成超薄的 e - LDHs,而且还可以同时与石墨炔形成夹心结构[图 4 - 14(c)]。与具有催化惰性的本体 LDH 相比,e - ICLDH @ GDY/NF 复合材料大大地提高了 OER 和 HER 的电催化活性和稳定性。

4.1.5.3　石墨炔类似物的合成

鉴于碳碳三键的线性结构和高共轭性,含 sp 碳的碳基材料具有出色的物理、化学和半导体性能。因此,开发含有 sp 碳的新的碳同素异形体非常重要。另外,sp 碳原子的存在是石墨炔及其类似物多样性的根本。基于此,在石墨炔类似物中调整 sp 碳原子的比例也可以有效地调控其内在特性。迄今为止,已经制备了新的石墨炔类似物,包括 γ -石墨炔(g - GY)、石墨四炔(GTY)。必须提及的是,上述两个石墨炔类似物之间的主要结构差异是两个相邻苯环之间的炔键数目。将电石和六溴苯等前体放入行星式球磨机,在球磨下通过交叉偶联反应合成了 γ -石墨炔粉末[73, 84]。结果证明煅烧过程大大降低了 γ -石墨炔的结构缺陷。制成的 g - GY 用作锂离子电池的负极时,具有高容量和良好的循环稳定性。李、刘及其同事[73]以二碘丁二炔为前体,通过交叉偶联反应在铜箔表面合成了石墨四炔

GTY[图 4 - 15(a)]。实验结果表明,石墨四炔具有良好的热稳定性、较大的孔径和较高的电子密度,这归因于 sp 碳原子的含量较高。此外,在锂离子电池中石墨四炔表现出出色的倍率性能和循环性能。

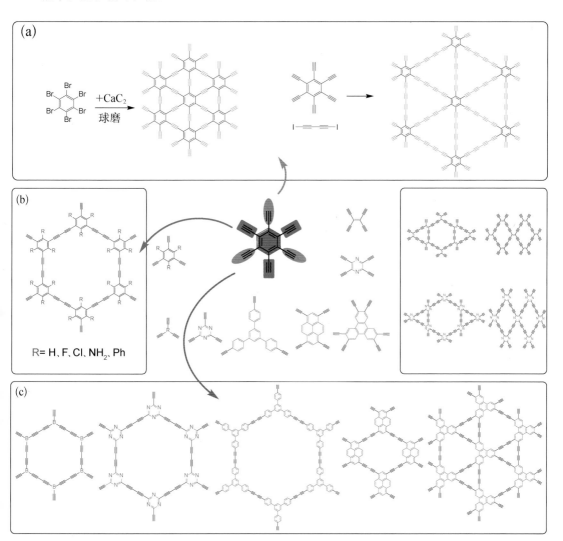

图 4 - 15　石墨炔类似物的合成

(a) 改变炔单元长度;(b) 修饰中心苯环;(c) 其他基团取代石墨炔中的苯环

第二种是通过修饰中心苯环来构建石墨炔类似物[图 4 - 15(b)]。例如氢取代[63]、氟取代[49]、氯取代[47]及氨基[54]取代石墨炔。李勇军等人[24]以 1,3,5 -三乙炔基- 2,4,6 -三苯基苯为前体在铜箔表面合成了高度结晶的石墨炔类似物(Ben - GDY),该结构由六个 1,3,5 -三苯苯环通过丁二炔键相连组成的重复单元组成。

第三种类型的石墨炔类似物是通过用其他基团取代石墨炔中的苯环而构成的，而起连接作用的炔键长度保持不变。例如，β-GDY 由乙烯与相邻的乙烯 sp^2 碳原子之间的两个乙炔键组成。这种结构使 β-GDY 中的炔键比 γ-GDY 的比例高（分别为 67% 和 50%）[23]。理论计算表明，β-GDY 不仅是带隙为零的材料，而且其几何形状还具有大量的六角孔[图 4-15(c)]。此外还报道了新的石墨炔类似物，1,3-二炔连接的共轭微孔聚合物纳米片（CMPNs）[85]，它由四个苯环基团和乙炔键组成。室温下，以铜盐为催化剂，通过 Glaser 偶联 1,3,5-三-(4-乙炔基-苯基)-苯（TEPB）合成 CMPN。Kosuke Nagashio 等人[86]报道了一种含菲核的石墨炔类似物（TP-GDY），该类似物通过液/液界面方法合成，其最大厚度可达 220 nm。偶联反应在两相界面发生，下层是含有六炔基菲（HETP）单体的邻二氯苯溶液，上层是含有[Cu(OH)TMEDA]$_2$Cl$_2$催化剂的乙二醇溶液。Edamana Prasad 等人[87]通过改进的 Glaser-Hay 反应偶联 1,3,6,8-四乙炔基芘，获得厚度为 1.4 nm 的石墨炔类似物（pyrediyne），其表现优秀的导电性[$\sigma = 1.23(\pm 0.1) \times 10^{-3}$ S/m]。6,6,12-石墨炔[88]、石墨炔纳米带[89]、噻吩二炔石墨炔类似物[90]也通过类似策略得到。

4.2   石墨炔性质的理论研究

4.2.1   石墨炔的电子结构

芳环的顶点[图 4-16(a)]之间插入乙炔连接单元，可以得到 γ-石墨炔的结构[91]，石墨炔的优化结构具有六方对称性（p6m）。γ-石墨炔中长度最短的键对应电子密度最为定域化的 sp-碳原子形成的三键，长度最长的键对应 sp^2-碳原子形成的芳香键，而 sp- 和 sp^2-碳原子形成的单键键长介于三键和芳香键的键长之间。预测的键长分别为 $0.148\sim0.150$ nm 的芳香键(sp^2)，$0.146\sim0.148$ nm 的单键，和 $0.118\sim0.119$ nm 的三键(sp)[2, 92-96]。由于炔单元和苯环之间的弱偶联，相对于典型的单键和芳香键（约 0.154 nm 和 0.140 nm[97]），这些单键缩短而芳香键有所扩展，这反映了 sp- 和 sp^2-碳原子的杂化效果。平均键长通常用于定量地确定晶格间距；第一性原理[93]和分子动力学（molecular dynamics，MD）[98]计算表明，随着石墨炔尺寸的扩展，晶格间距均匀增加。例如每增加一个乙炔连接单元，晶格间距就有约 0.266 nm 的规律增加，而量子层面的分析显示约增加 0.258 nm（由于采用不同原子轨道方法获得的键长有所差别而会产生细微变化）。这些结果表明，延长乙炔连接单元不会导致大的结构变化。石墨炔中由乙炔连接单元形成的大尺寸和高密度三角形孔洞对膜的渗透性、非均相催化活性、储锂和储氢性能等都至关重要。

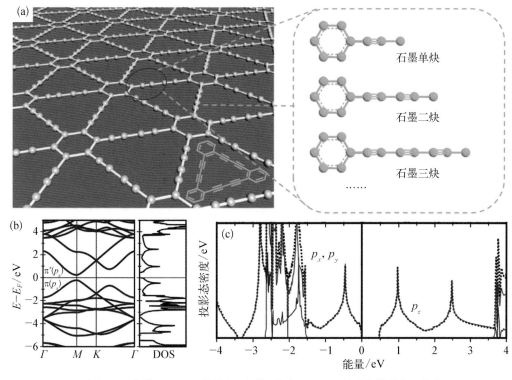

图 4-16　（a）γ-石墨炔的分子结构；（b）γ-石墨炔的能带结构和总态
密度（DOS）；（c）γ-石墨炔的投影态密度（PDOS）[91]

炔键的存在导致石墨炔具有奇特的电子性质[91]。γ-石墨炔在高对称点 M 处存在较小的直接带隙[图 4-16(b)(c)]。连接 $sp-sp^2$ 碳的键为单键(σ)，由 s 和 p_x+p_y 轨道贡献。连接 sp^2-sp^2 碳的键为芳香键($\sigma+\pi$)，其中 σ 键仍然由 s 和 p_x+p_y 轨道构成，而 π 键来源于 p_z 轨道。连接 $sp-sp$ 碳的键为三键($\sigma+2\pi$)，σ 键和其中一个 π 键的特性和芳香键的组成相同，而另外一个 π 键是由平面内的 p_x+p_y 轨道贡献的。在费米能级附近的区域($-1.5\sim 3$ eV)，石墨炔中只发现 p_z 轨道的贡献。p_z 轨道还可以延伸到能量更低的价带区域(小于 -4 eV)和能量更高的导带区域(大于 4 eV)。在 $-3\sim -1.5$ eV 的能量区域，p_x 和 p_y 轨道的贡献最为重要，显示出最高的态密度，并跟 p_z 轨道混合在一起构成三键中的 π 态。类似地，3 eV 以上的能带对应着三键中的 π^* 态。总体来说，相比 p_x-p_y 轨道，p_z 轨道贡献的能带覆盖了更宽的能量范围，因此芳香键和三键中都存在这种类型的 π 键，而由于离域程度较低，$\pi(p_x-p_y)$ 和 $\pi^*(p_x-p_y)$ 态只存在于三键中。

4.2.2　石墨炔的能带工程

第一性原理计算发现 γ-石墨炔虽然具有天然带隙，但是比较小。LDA 和 GGA

(PBE)水平的计算显示 γ-石墨(单)炔具有 $0.46\sim0.52$ eV 的直接带隙,而 HSE06 水平的计算显示 γ-石墨(单)炔的理论带隙为 0.96 eV。除了估计的带隙数值不同,不同泛函给出的能带结构显示出相同的特征。对于 GDY[图 4-17(a)],LDA 水平计算的带隙为 0.44 eV,而基于 GW 多体理论计算得到的带隙为 1.10 eV[图 4-17(b)][99]。为了扩展石墨炔在光电子纳米器件中的实际应用,需要进一步打开它们的带隙。

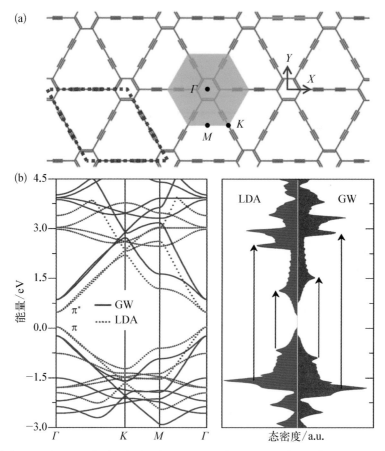

图 4-17　(a) GDY 的几何结构(红色菱形虚线代表单胞)和第一布里渊区(绿色六角形),该结构具有 D_{6h}^1 空间群;(b) LDA 和 GW 水平计算得到的 GDY 的能带结构和态密度(DOS)[99]

4.2.2.1　非金属掺杂

非金属掺杂剂(比如 B、N 或 O)既可以在 γ-石墨炔的 sp-碳位点掺杂,也可以在 sp²-碳位点掺杂。其中,B 比 C 少一个电子,向价带中补充空穴,所有 B 掺杂的石墨炔都显示出 p 型半导体的特征。而 N 和 O 的电子多于 C,贡献额外的电子给导带,N、O 掺杂的石墨炔都变成了 n 型半导体,稍有不同的是,O 的掺杂位置对石墨炔的电子结构影响很大[100]。研究还发现 BN 双掺杂能够调控 GDY 的带隙[101]。在低掺杂率($n \leqslant 4$)下,BN 对优先取代 sp - 碳,形成线性的 BN 原子链。在高掺杂率($n \geqslant 5$)下,BN 对优先取代 sp^2 - 碳,再取代 sp - 碳。随着 BN 掺杂含量的增加,带隙先是逐渐增大然后突然增大,对应着两种掺杂方式的转变。

4.2.2.2　氢化和卤化作用

氢化和卤化可以调控 γ - 石墨炔的带隙,且带隙随着两者浓度的增加而显著增大。由于不同杂原子的吸附构型有所差异,带隙的打开程度还取决于吸附原子的类型。同时进行氢化和卤化,GDY 的带隙最大可以打开至约 4.6 eV。Bhattacharya 等人[102]专门研究了氟化对 γ - 石墨炔电子性质的影响。结果发现,这些氟化石墨炔的带隙遵循以下规律:原生石墨炔(0.454 eV)<炔链氟化的石墨炔(1.647 eV)<炔链和芳环同时氟化的石墨炔(3.318 eV)<芳环氟化的石墨炔(3.750 eV)。有意思的是,炔链或芳环分别氟化的 γ - 石墨炔仍然是直接带隙半导体,但炔链和芳环同时氟化的 γ - 石墨炔变成了间接带隙半导体。氟原子主要贡献石墨炔的价带,不同位置的氟化激活了费米能级附近的 s 和 p_x - p_y 轨道。另外相邻碳原子间的碳—碳相互作用有助于成键态,而碳-氟相互作用有助于费米能级附近的反键态。

4.2.2.3　应变的影响

研究发现施加应变可以调控具有不同炔链长度的 γ - 石墨炔[图 4 - 18(a)(b)]的带隙[103]。在均匀 H 型应变作用下[图 4 - 18(c)],几种 γ - 石墨炔的带隙都随着拉伸应变的增加而增大,但随着压缩应变的增加而减小。而在 A 型[图 4 - 18(d)]和 Z 型[图 4 - 18(e)]单轴应变作用下,随着拉伸和压缩应变的增加,带隙都有所减小。不同的是,无论施加哪种类型的应变,γ - 石墨二炔和 γ - 石墨四炔的直接带隙始终位于高对称点 Γ 处,而 γ - 石墨单炔和 γ - 石墨三炔的直接带隙位置随着施加应变的类型发生变化。比如在 H 型应变下,γ - 石墨单炔的 VBM 和 CBM 均位于 M 点。但在 A 型应变和 Z 型应变下,出现了两种情况:当 $-2\% \leqslant \varepsilon_A(\varepsilon_z) < 0$ 时,直接带隙仍然位于 M 点,但当 $0 \leqslant \varepsilon_A(\varepsilon_Z) \leqslant 10\%$ 时,直接带隙移到了 S 点。所有的 γ - 石墨炔几乎对各种类型的应变作用都非常敏感,特别是施加 H 型应变和 A 型应变时,可以在较大范围内对 γ - 石墨炔的带隙进行调控,同时还能保持直接带隙的特征。

4.2.3　石墨炔的力学性能

石墨炔因其优异的机械性质引起科学家们广泛的研究兴趣。J. Kang 等人[104]采用 GGA - PBE 交换关联泛函计算得到单层 γ - 石墨炔的面内刚度和泊松比分别为

166 N/m 和 0.417。分子动力学(MD)模拟发现 γ-石墨炔的断裂应变(ε_{ult})和应力很大程度上取决于施加应变的方向(扶手椅和锯齿状方向),这说明 γ-石墨炔的弹性性质具有强烈的各向异性,同时也导致了非线性的应力-应变行为。将能量-曲率的数据代入以下表达式中进行拟合可以得到弯曲模量:

$$U_{bend} = 1/2 D \kappa^2 \qquad\qquad (1-3)$$

式中,U_{bend}是指单位基面面积上的体系应变能;D 是单位宽度的弯曲模量;κ 是规定的光束曲率。计算得到石墨炔的抗弯曲刚度约为 1.68 eV,可与石墨烯媲美(1.4~1.5 eV)。M. J. Buehler 等人[92]还利用 MD 模拟研究了 γ-石墨炔家族(包括 γ-石墨单炔,γ-石墨二炔,γ-石墨三炔,γ-石墨四炔)的力学性能。结果显示这些 γ-石墨炔的稳定性、强度和弹性模量都随着乙炔连接单元数目的增加而降低。比如,随着炔基数目增加,石墨炔家族的面内刚度从 166 N/m(γ-石墨单炔),减小到 123 N/m(γ-石墨二炔)、102 N/m(γ-石墨三炔)、88 N/m(γ-石墨四炔)[103]。再比如,γ-石墨单炔具有 532~700 GPa 的弹性模量,而 γ-石墨二炔的弹性模量明显变小,只有 470~580 GPa。γ-石墨炔家族成员的应力-应变

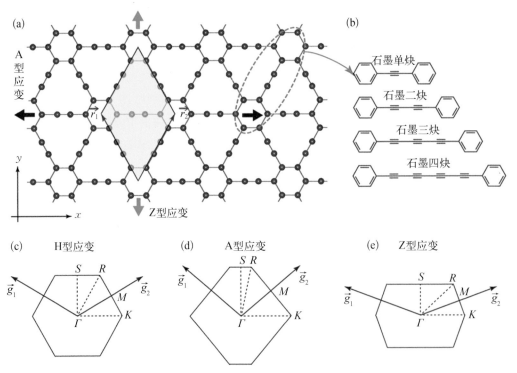

图4-18 (a) γ-石墨炔的几何结构,黄色平行四边形代表原胞。 绿色和蓝色箭头分别表示锯齿状和扶手椅方向的应变;(b) 具有不同乙炔连接长度的石墨炔单胞示意图;(c)~(e)H型应变(c)、A型应变(d)和Z型应变(e)下的石墨炔模型[103]

响应在断裂开始之前都是近似线性的[图 4‑19(a)]。但当发生断裂时,各种 γ‑石墨炔结构的临界应力都出现巨大的下降。经历初次断裂之后,石墨炔内部因炔链的可移动性发生结构重排,导致应力‑应变在受力后再次呈现线性变化。实际上,第一次断裂过程也导致了应力的释放,使得炔链重排到负载应力的方向上[图 4‑19(b)]。

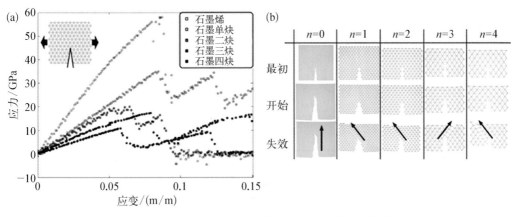

图 4‑19　具有不同炔链长度的 γ‑石墨炔的断裂机制

(a) 应力‑应变结果;(b) 断裂过程的可视化显示[92]

DFT 计算[95]表明氢化会明显减弱 γ‑石墨炔的力学性能,最稳定吸附的氢化石墨炔具有 125 N/m 的平面刚度和 0.23 的泊松比。对于同种类型的石墨炔,断裂应力的降低还取决于氢化的位置和覆盖度。相比六元环上的氢化,炔链上的氢化导致石墨炔的断裂应力降低更多。断裂应力在氢覆盖度较低时(<10%)迅速下降,然后随着覆盖度增加保持在稳定的水平。非金属掺杂也可以调控 γ‑石墨炔的力学性能[105]。比如 C—N 键比 C—C 键短,N 掺杂剂导致石墨炔晶格收缩,而 C—B 键长于 C—C 键,B 掺杂剂导致石墨炔晶格膨胀。因此,石墨炔的面内刚度随着 N 的掺入而增强,随着 B 的掺入而减弱。还有研究表明,γ‑石墨炔的弹性性质对温度非常敏感,随着温度升高(300~1500 K),面内刚度随之降低。缺陷浓度也会影响 γ‑石墨炔的机械性能,随着缺失碳原子的数目增加,弹性参数随之降低。

4.2.4　石墨炔的光学性质

由于石墨炔的二维特性,石墨炔的光学性质应当具有各向异性的特性。而其光学性质与其能带结构相关[104]。在石墨炔中有 sp 和 sp^2 两种杂化态的碳,因此在石墨炔中形成了几种不同类型的键。使用 Bethe‑Salpeter 方程(BSE)计算石墨二炔的光学吸收谱与实验结果吻合良好:实验得到的三组吸收峰(0.56 eV、0.89 eV 和 1.79 eV),分别对应于 BSE 计算的激子峰(0.75 eV、1.00 eV 和 1.82 eV)(图 4‑20)。第一个峰是由带隙跃迁引起的,其他的则是由范霍夫奇点附近的跃迁引起的[99]。

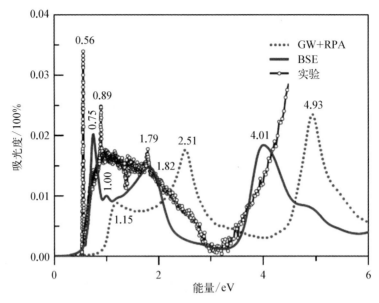

图4-20 石墨炔薄膜的实验吸收光谱（蓝圈）、基于 GW+RPA（绿色虚线）和 BSE（红色实线）水平的理论吸收光谱[99]

　　石墨炔拉曼光谱中有六个强烈的拉曼峰(图 4-21)[106]，B 峰主要来自苯环和炔相关环的呼吸振动。G 峰主要来自石墨炔芳香键的拉伸，这种模式的波数和强度在这些富含炔烃的 2D 系统中相对较小，这表明它应该是引入炔键的一般特征。Y 峰来自三键的同步拉伸/收缩，这是全对称模式。G″峰归属于苯环中原子的剪切振动。G′峰来自三键之间的 C—C 键的振动协调的原子和他们邻居的双重协调。出乎意料的是，G′峰甚至比 G 峰更强。Y′峰是另一种炔烃三键的拉伸模式，但是不同三键的振动是异相的：三分之一的三键是伸展的，而剩余的三分之二是收缩的。

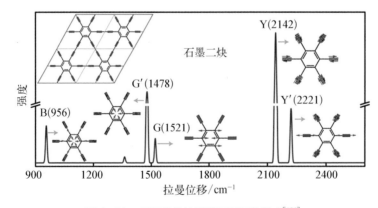

图4-21 石墨炔的拉曼谱图和振动模式[106]

非金属掺杂和官能团吸附都能够明显影响 γ-石墨炔的光学性质。比如 N 掺杂主要贡献 HOMO 并导致能级降低,而 B 掺杂主要贡献 LUMO 并导致能级升高。因此,B、N 掺杂导致石墨炔的带隙变宽,进而对光响应性进行调节[107]。而官能团比如 Li_3NM(M = Li、Na、K)分子的吸附可以将电子有效转移到石墨炔表面。这种功能化的石墨炔具有巨大的静态极化率(α_0)和第一超极化率(β_{tot}),并且随着碱金属原子的半径增加(K>Na>Li)而增大[108]。其中,α_0 分别为 818.28 a.u、844.23 a.u 和 866.25 a.u,大于原生 GDY(459.08 a.u)。另外,原生 GDY 的 β_{tot} 非常小,只有 0.13 a.u,但这些功能化的 Li_3NM@GDY 具有巨大的 β_{tot} 值,比如 Li_3NK@GDY 的 β_{tot} 高达约 $2.88×10^5$ a.u,足以建立非常强的非线性光学响应。掺杂剂和官能团的浓度变化也可以调控石墨炔的电子和光学性质[109]。此外,应变作用影响 γ-石墨单炔(GY)和 γ-石墨二炔(GDY)的拉曼光谱[106]。当施加单轴应变时,所有的拉曼峰均发生红移,双重简并模式劈裂成两个分支。当施加剪切应变时,双简并模式也会劈裂,其中一个分支发生红移,另一个分支发生蓝移。

4.2.5　石墨炔的磁学性质

自旋轨道耦合效应影响 γ-石墨炔的电子性质。γ-石墨炔外部的自旋轨道耦合占主导地位,施加电场可以闭合其带隙。因此,石墨炔材料在自旋电子学领域具有诱人的应用前景。需要注意的是,原生石墨炔是非磁性的,不过可以通过空位修饰、元素掺杂、引入边缘态等手段进行改变。

磁性测试表明实验合成的 GDY 具有半自旋顺磁性,而且自旋密度随着退火而提高,在 600℃ 退火时出现反铁磁性[110]。DFT 计算表明吸附在 GDY 炔链上的羟基可能是磁性的主要来源,这些羟基从环的位置迁移到链的位置需要高达 1.73 eV 的势垒,因此不容易出现聚集,这有助于保持退火 GDY 中的反铁磁性。DFT 研究表明过渡金属原子(TMs)的吸附可以进一步调控 GDY 的磁学性质,带来明显的磁性。此外,自旋极化态密度计算[48]表明氮掺杂也可以明显增强 GDY 的磁矩,特别是在苯环位置掺杂的不对称的吡啶氮原子(Py‐1N)对提高 GDY 的局部磁矩有重要作用,可以得到 0.98 μ_B 的局部磁矩(图 4‐22)。而掺杂对称的双吡啶氮(Py‐2N)或在炔键上进行氮掺杂都不会产生磁矩。局部磁矩之间可能不会相互作用,导致无法形成长程交换作用,因此未观察到有序的铁磁性,可以通过增加吡啶氮的含量来增强局部自旋极化,进而实现 GDY 的磁有序。

4.2.6　石墨炔的热学性质

多种成键方式使得石墨炔拥有特殊的热学性质,因此在热电等领域具有广泛的应用前景。MD 模拟发现炔键的存在导致 γ-石墨炔的热导率显著降低,这是因为包含炔键的结构原子密度较低。应变和温度等因素也会影响石墨炔的热导率,比如温度升高和应变增大都导致石墨炔的热导率降低。DFT 计算发现当温度小于或等于 1000 K 时,γ-石墨炔中出现负的面内热膨胀行为。sp^2 键构成的刚性单元的振动可能是造成石墨炔热膨胀异常的原因。此外,缺陷、掺杂、边缘结构、纳米带宽度等也会改变石墨炔的热学性质。由于半导体特性,γ-石墨炔的热电功率(thermo electric power,TEP)比石墨烯的大一个数量级[111]。GDY 薄片同样具有优越的热电性能,比如较高的功率因子、较大的热电系数和很低的热导率等,其在 580 K 时的最佳 ZT(thermoelectric figure of merit)值能够高达 5.3[112]。这些说明 γ-石墨炔是一种理想的、环保的、高性能的热电材料。MD 模拟表明氧化和外部拉伸应变显著影响 γ-石墨炔的热导率[36]。γ-石墨炔的热输运性能随着氧气的吸附严重恶化,而且氧气覆盖率越高,γ-石墨炔的热导率越低。另一方面,当拉伸应变较小(<0.04)时,应变会对石墨炔的热导率产生正的影响,而后产生负的影响。较低的热导率是实现更高热电品质因子的关键,热导率变化的基本机制可以通过相应的振动态密度来阐述。

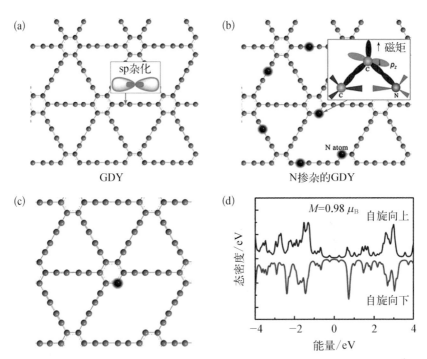

图 4-22   (a)(b) GDY(a)和不同类型的 N 掺杂的 GDY(b)的结构示意图(插图显示了局部轨道相互作用);(c)(d) 非对称的吡啶 N 掺杂的 GDY(c)及对应的自旋态密度(d)[48]

相比 γ-石墨炔本体,其纳米带(GYNRs)的热输运性质有着很大不同[113]。GYNRs 的热导性具有非常强的取向依赖性,当尺寸(长度和宽度)相同时,扶手椅型纳米带在室温下的热导率明显大于锯齿型纳米带。而且随着纳米带的宽度减小,这种取向依赖性更加明显。扭曲形变和边缘调控也都可以有效调节 γ-石墨炔纳米带的热输运性能。研究发现，通过控制扭曲角度，GYNRs 在室温下的热导率大幅度降低 50%，因此扭曲的石墨炔纳米带有望用作热传导调制器[114]。

4.2.7　石墨炔电催化性质的理论研究

电催化是电化学能源存储和转换过程的关键。目前广泛使用的电催化剂主要是贵金属，但是其成本昂贵、储量稀缺、在电解液中不是特别稳定等缺点严重制约了它们的商业化应用。石墨炔（GDY）具有优异的化学和电子性质，不仅能够保护和提升催化剂的性能，而且本体具有一定的催化活性，可以直接作为活性组分。

4.2.7.1　电催化全水解反应

全水解包括析氢反应（HER）和析氧反应（OER）两个半反应。目前的 HER/OER 双功能电催化剂大多存在导电性弱、活性低、稳定性差等缺陷，阻碍了催化活性的进一步提升。石墨炔作为本体具有活性的碳添加剂，可以明显提高材料的电导率，增加活性位点的数量并防止催化剂被电解液腐蚀。研究发现，GDY 包覆的氮化钴纳米片（GDY@CoN$_x$）在全水解过程中具有很高的催化活性和稳定性[115]。析氢自由能曲线表明水分子在 GDY@CoN$_x$ 表面的活化能非常低，只有 0.45 eV。而 H* 在催化剂表面的吸附自由能也只有 −0.05 eV，甚至优于纯 Pt 催化剂（−0.09 eV）。析氧自由能曲线表明 GDY@CoN$_x$ 表面的 OER 是沿着四电子路径进行的，因此具有很高的氧析出活性。石墨炔衍生物对电催化全水解反应也拥有独特的优势。比如实验上合成了三维多孔的无金属氟化石墨炔（FGDY），在全 pH 值条件下都表现出很高的全水解活性和稳定性，是一种非常好的 HER/OER 双功能催化剂。DFT 计算显示 FGDY 中的 C2 位点具有强烈的富电子特征，是高效 H$^+$/e$^-$ 转移和初始水分子吸附的活性位点。而且 C2 − p 轨道负责转移电子给吸附物种，因此是主要的活性轨道。

4.2.7.2　电催化析氢反应

析氢反应是全水解过程中非常重要的半反应。过渡金属硫化物比如二硫化钼（MoS$_2$）被认为是高效的析氢催化剂。L. Hui 等人[116]发现利用 GDY 包覆 MoS$_2$ 不仅可以保护催化剂免受电解液腐蚀，而且能够减少催化过程中活性物质的流失。为了深入探讨 GDY@MoS$_2$ 异质结催化剂的电子结构和析氢机理，F. He 等人[116]进行了详细的 DFT 计算。结果表明 GDY 和 MoS$_2$ 的晶格非常匹配[图 4 − 23(a)]，而且引入 GDY 后，炔键碳的析氢活性明显增强，因为 ΔG_H 呈现下降趋势，更加接近热中性[图 4 − 23(b)]，这说明 GDY 和 MoS$_2$ 的复合强化了催化剂整体对 H$^+$/H^0 的吸附/脱附能力。差分电荷密度分布[图 4 − 23(c)]

表明 GDY 和 MoS$_2$ 之间存在明显的电荷传输，有利于催化活性的提升。相比理想 MoS$_2$ 的态密度（DOS），GDY@MoS$_2$ 异质结的导带底（CBM）位置移向费米能级［图 4-23（d）］，说明 GDY 的引入有效减小了材料的带隙，从而提高了电导率。GDY@MoS$_2$ 中不同原子（Mo、S、C）轨道上的投影态密度（PDOS）显示 C2-2p 轨道对降低导带底起了至关重要的作用［图 4-23（e）］，进一步证实了引入 GDY 对提升导电性做出重大贡献。

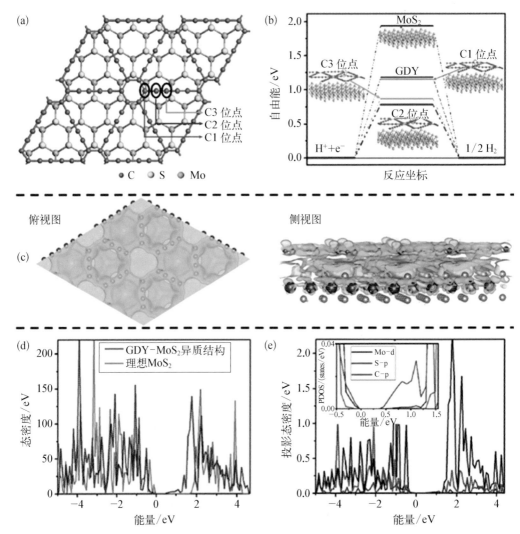

图 4-23 （a）优化后的 GDY@MoS$_2$ 模型（俯视图）；（b）平衡电势下，MoS$_2$、GDY 和 GDY@MoS$_2$ 表面不同位点（蓝线：C1；红线：C2；绿线：C3）上的析氢自由能曲线，插图为 H 的吸附构型；（c）GDY@MoS$_2$ 的差分电荷密度分布图（黄色区域表示电荷消耗，蓝色区域表示电荷积聚）；（d）MoS$_2$ 和 GDY@MoS$_2$ 的总态密度（DOS）；（e）GDY@MoS$_2$ 中 Mo 的 d 轨道（Mo-d），S 的 p 轨道（S-p），C 的 p 轨道（C-p）上的投影态密度（PDOS）[116]

4.2.7.3　电催化一氧化碳氧化反应

近年来,一氧化碳(CO)的氧化反应引起人们的广泛关注,因为该反应可以增强电催化剂对 CO 的耐受性,以及解决 CO 排放所造成的日益严重的环境问题。通常使用的贵金属基催化剂价格昂贵,并且需要较高的反应温度才能有效工作,因此寻找更加高效稳定的廉价催化剂是非常必要的。第一性原理计算[117]发现石墨炔负载的单个金属原子(Au、Pt、Ir、Pd、Rh、Ru)具有很高的催化 CO 氧化活性,特别是钌(Ru)原子修饰的石墨炔。通过分析电子结构发现,Ru/GDY 的高催化活性来自 Ru 原子和吸附物之间的电荷转移和轨道杂化。Bader 电荷分析显示分别有 0.83e 和 0.45e 从 Ru/GDY 转移到吸附的 O_2 和 CO 分子中。转移的电子主要占据这些分子的 $2\pi^*$ 反键轨道,导致 O_2 和 CO 的键长被拉长,因此更容易被活化。此外,吸附物和 Ru 原子之间的相互作用导致吸附物的轨道变宽,比如由于与 $Ru-4d$ 轨道的强杂化作用,CO 分子的 5σ 轨道明显变宽,而 O_2 分子的 1π 轨道明显变宽。

4.2.7.4　电催化氧气还原反应

燃料电池和可充电金属空气电池等为可持续和可再生能源供应描绘了一幅很有前景的蓝图。为了实现这些技术,加快缓慢的氧还原反应(ORR)效率是核心任务。目前,工业上使用的 ORR 催化剂主要是贵金属 Pt/C,但由于面临成本高、易中毒等问题,这些贵金属催化剂的广泛应用受到极大的限制。近年来,研究发现氮掺杂的石墨炔有望成为优秀的无金属 ORR 电催化剂[45]。杂原子通过改变石墨炔的带隙、自旋和电荷分布等以影响其催化性能,这类催化剂通常具有低过电位和长期稳定性。但是,氮掺杂可能引入不同的掺杂剂,比如氨基 N,sp^2-N(石墨 N 和吡啶 N)和 sp - N(亚胺 N)。而 sp - N 又能以 sp - N - 1($-C\equiv C-N=C-$)和 sp - N - 2($-C\equiv C-C=N-$)两种形式存在。哪种类型的掺杂 N 对催化 ORR 必不可少?NGDY 的高 ORR 活性跟哪些因素密切相关?这些是电催化 ORR 研究中的重点和难点,需要理论计算结合实验进行大量的研究工作。

4.2.7.5　电催化二氧化碳还原反应

把二氧化碳电化学还原成有用的燃料和化学品为解决能源安全和环境问题描绘了一幅迷人的图景。二氧化碳还原反应(CO_2RR)主要还是依赖金属基电催化剂。最近的研究发现掺杂的碳基材料有望作为一种无金属催化剂。DFT 计算[118]表明 B、N 掺杂的石墨炔具有很高的 CO_2RR 催化活性和选择性,且高度依赖掺杂位点。比如 sp -位点掺杂的 GDY 具有非常高的活性,能够将 CO_2 定向转化成产物 CH_4 和 C_2H_4,而且只需要非常低的极限电势。在 BGDY 表面,所有的 CO_2RR 中间体都吸附在 B 位点上,而在 NGDY 表面,中间体优先吸附在与 N 相邻的 sp - C 位点上。BGDY 和 NGDY 的活性位点差异主要来自杂原子电负性的不同。N 原子的电负性(3.04)大于 C 原子(2.55),使得相邻的 C 原子带正电荷密度,导致中间体更好地吸附在 C 位点上。而 B 的电负性(2.04)相对较小,导致正电荷密度主要集中在 B 原子上,有利于中间体在 B 位点上的吸附。

4.3   石墨炔新型能源基础和应用

4.3.1   电化学能源基础

可持续发展是人类社会面临的长期的课题,为了在保护环境的同时满足全球日益增长的能源需求,必须大幅度减少世界对不可再生能源的依赖,特别是减少社会对化石燃料的过度依赖[119]。因此,以各种方式有效地获取、转换、储存、运输和利用非化石能源成为科学家们努力的核心。近年来,光能、风能、潮汐能等清洁可持续能源相关技术取得了巨大的进步,能源形式的多样化发展正逐步缓解人类对化石能源的依赖。而各种可再生能源如何高效利用正是 21 世纪研究人员面临的最重要的研究课题之一。电化学电源的快速发展为新能源的高效利用起到了至关重要的作用[120]。锂离子电池是电化学电源的突出代表,其商业化应用对人们的生活方式产生了深远的影响。锂离子电池技术的进步进一步加快推动了各种消费类电子产品的小型化与便携式发展。随着锂离子电池在汽车和电网存储等领域的大规模应用,锂离子电池的需求量将进一步提升,人们对锂离子电池的综合性能也提出更高的要求[121]。面对锂离子电池的能量密度极限、寿命瓶颈、安全难点、环境适应性等关键问题,研究人员都越来越清楚地认识到,攻克这些问题需要在材料的设计和优化方面进行创新[122]。早在 20 世纪 60 年代,美国国防部高级研究计划局就有一句格言:"技术总是受到现有材料的限制",这句话用在今天电化学能源领域也是适用的。毫无疑问,这种以解决电化学能源问题为核心的新材料的开发是至关重要的。

碳元素具有 sp、sp^2 和 sp^3 三种杂化形式,具有不同或者相同杂化态的碳元素在空间上的排列组合,理论上可以形成大量的碳同素异形体[123]。在过去的几十年中,以 sp^2 杂化态为主的碳材料(如炭黑、石墨、富勒烯、碳纳米管、石墨烯等)已经在基础研究和产业化应用中取得了不胜枚举的成果[124]。其中,碳材料对电化学能源相关领域的推动作用尤为突出[122, 124]。大量实践证明,具备独特化学和物理性质的碳材料在能源化学中的作用使之不可替代,是电化学能源存储和转化器件中不可或缺的关键组成部分之一[122]。大量的碳基复合材料的基础应用研究反映出研究人员的普遍共识——为构筑更优异的电化学能源器件,碳材料的制备、性能及应用等方面需要有新的突破。由于常规碳材料的制备是在高温、高压、惰性气体保护等苛刻条件下进行的,分子结构和聚集态结构难以实现个性化定制,因而严重制约着其在电化学能源相关领域更好的应用[125]。在这种情况下,石墨炔,一种大共轭的二维多孔全碳同素异形体的出现打破了传统碳材料的制备思维[3]。石墨炔的成功制备引起了国内外科学界的广泛关注[4, 126-129]。对于电化学能源而言,具有大的共轭结构的二维石墨炔有着与生俱来的两大天然优势——低温大量制备和平面内孔尺寸可调,两者完美地弥补了常规碳材料的天然缺陷(高温制备和孔由缺陷决定),为碳材料在绿色电化学能源中的应用打开了新的篇章,为电化学储能的诸多关键问题提供了新颖的解决思路[72, 77, 130-132]。

4.3.2　石墨炔在锂离子电池负极方面的应用

4.3.2.1　石墨炔存储锂离子负极

商业化锂离子电池负极石墨的容量已经非常接近其自身的理论容量极限(372 mA·h/g),难以为锂离子电池的能量密度带来新的突破。理论研究表明,石墨炔丰富的炔键和多孔网络结构为锂离子提供了丰富的存储位点和空间,石墨炔理论存锂容量是常规石墨(372 mA·h/g)的 2 倍以上[133],为锂离子电池的能量密度的进一步提升创造了更多的空间。为了深入地研究石墨炔在锂离子存储方面的性质,黄长水等人[12, 134]首先探索了在铜片上生长的石墨炔的锂离子存储性能。石墨炔通过在铜表面原位生长成膜,因此可以直接用于锂离子的存储研究,不需添加任何聚合物黏合剂或导电添加剂。测试过程中,作者在电流密度为 500 mA/g 的充放电条件下,该电池在 400 次循环后仍然具有高达520 mA·h/g 的可逆比容量。在充放电电流密度为 2 A/g 的情况下,石墨炔电极的电池在1000 次循环后仍保持其高达 420 mA·h/g 的容量。

有别于密实的膜结构,通过溶液调整可以得到石墨炔纳米墙阵列结构[36]。在张锦团队的工作中,首先通过调整溶液体系,得到了大面积的石墨炔纳米墙结构。纳米墙阵列进一步体现了石墨炔的二维平面性质,不仅增加了石墨炔的活性比表面,也有利于锂离子的扩散传输。因而,这样的石墨炔在锂离子电池的负极存储中也表现出优异的性质,在0.05 A/g 的电流下可逆容量为 908 mA·h/g,在 1 A/g 电流下循环 1000 圈没有明显的容量衰减,循环后电极的比容量依然高达 526 mA·h/g[135]。在商虹等人的研究工作中(图4-24),利用高活性的铜纳米线作为引发石墨炔原位生长的催化剂,得到比表面更高、分散性更好的超薄石墨炔纳米片[37]。高活性的催化剂使得石墨炔纳米片的平均厚度在 2 nm,超薄纳米片更好地展现了石墨炔的二维特性,也暴露出更多的平面传输孔道和活性位点。在电化学测试中,用该方法制得的石墨炔的可逆比容量高达 1388 mA·h/g,并且石墨炔优良的倍率性能也充分地体现出来,特别是在充放电电流为 10 A/g 的条件下,样品仍然保留有 870 mA·h/g 的容量。在张锦组的工作中,作者以天然丰富廉价的硅藻土为模板,成功地制备了三维多孔石墨炔[18]。所得石墨炔的比表面可以控制在 220～369 m^2/g。在电池性能测试中，三维石墨炔在电流密度为 50 mA/g 时表现出优异的循环性能，200 次循环后，可逆容量依然高达 610 mA·h/g。三维石墨炔在电流密度为 500 mA/g 时也表现出良好的循环稳定性，400 次循环后可逆容量为 250 mA·h/g。

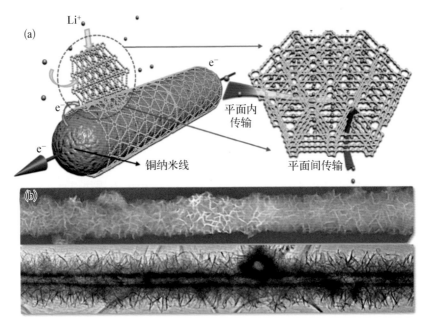

图 4-24   超薄石墨炔纳米片的储锂模型及其形貌特征[37]

4.3.2.2   石墨炔衍生物的锂离子电池负极材料

间位的取代是目前石墨炔衍生物制备中使用最多的方式，首先可以将六炔基苯中间位取代为氢原子[63]。研究人员可以生长制备厘米级别的氢化石墨炔膜，宏观上有较好的连续性和透明性。由于前驱体共平面的共轭炔键数目的减少，单体间 π-π 堆积作用也受到了很大程度的削弱，氢化石墨炔薄膜的连续性明显降低。扫描透射电镜表明该石墨炔薄膜产生了大量的纳米级孔洞。此类结构为活性金属离子提供了更多的活性位点和传输通道，也有利于活性离子的吸附和脱附。研究人员将其用作锂离子和钠离子电池负极材料的应用研究，锂离子的存储容量高达 1050 mA·h/g，而钠离子的存储容量高达 650 mA·h/g，该材料在拥有高倍率性能的同时也具有很好的电化学稳定性。

卤素取代在石墨炔的骨架中也很容易实现。王宁等人制备的氯化石墨炔[47]，氯元素具有很强的电负性，通过氯的取代，调节了石墨炔共轭骨架上的电负性，增加了石墨炔的活性位点（图 4-25）。与氢化石墨炔结构相似，弱的分子间堆积性导致所得的氯化石墨炔膜也不致密,形成许多次级孔结构。结合其分子孔道,该膜同样具有多级孔结构,为锂离子快速传输创造了条件。经过电化学性能测试,可以看出该负极材料具有比容量高(1150 mA·h/g)、倍率性能好、循环稳定性强等优势。

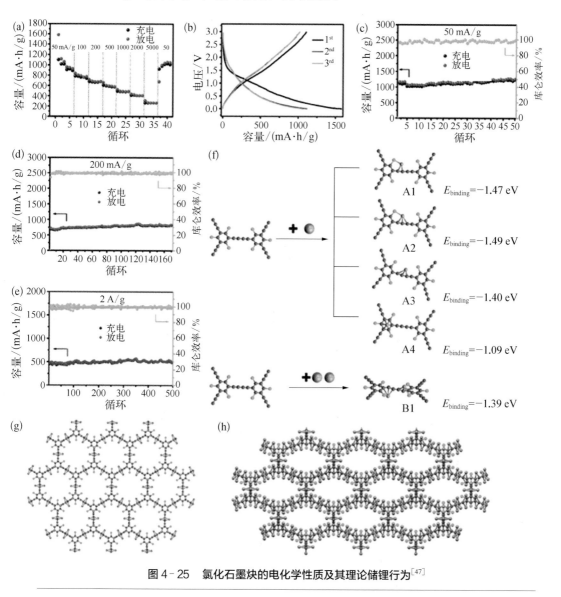

图 4-25 氯化石墨炔的电化学性质及其理论储锂行为[47]

进一步地对石墨炔骨架电子结构进行调节,用电负性更强的氟元素取代,得到氟化石墨炔。氟化石墨炔的制备也是利用了氟元素弱的反应活性,在前驱体制备时不与三甲基硅乙炔反应,因而能得到高纯的前驱体。借助成熟的铜催化炔交叉偶联反应可以得到大面积的氟化石墨炔[49]。氟化石墨炔的微观形貌是纳米线状,纳米线交织形成薄膜,薄膜结构的致密性较低,氟化石墨炔多孔形貌也可以归因于降低的层间堆积。该膜可以用于构筑柔性薄膜电极,在电流密度为 50 mA/g 时,可逆容量约为 1700 mA·h/g,而当电流密度增加到 5 A/g,仍能保持 300 mA·h/g。研究人员将其高的倍率保持性归因于氟化石墨炔优越的导电性。

4.3.2.3   石墨炔其他衍生物和储锂性质

石墨炔除了炔键数量是可以调节的,其苯环结构也可以进行调节。对苯环结构的调节是实现不同性能的石墨炔的关键,杂原子的引入调节石墨炔本征的电子结构,进一步丰富了石墨炔的合成、性质和应用[136, 137]。用乙烯基来代替苯环,可以设计得到四炔基乙烯前驱体,sp 碳的含量高达 80%(图 4-26)。sp 碳原子赋予石墨炔更高的理论储锂比容量。该石墨炔衍生物具有新型的四元环的大孔,孔大小有所增加[138]。该材料的合成制备也是在非常温和的条件下进行的,并且可以得到薄膜结构。理论计算表明该材料的能带宽度很小,为 0.05 eV,而通过实际测试该膜的电导率可达到 1.4×10^{-2} S/m,这两个参数充分表明该材料是很好的电子材料。在将该材料用于锂离子的储存时可以看出电极具有优异的电化学性能,在 748 mA/g 的高电流密度下,能得到 410 mA·h/g 的可逆比容量,显示了该材料优异的储锂潜质。

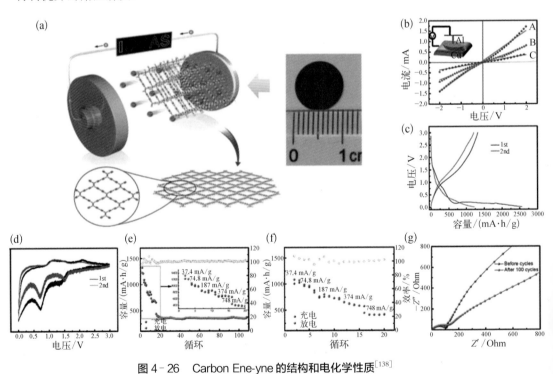

图 4-26   Carbon Ene-yne 的结构和电化学性质[138]

进一步衍生,可以得到四炔基甲烷前驱体,该前驱体具有空间的四面体结构,sp 碳的含量将进一步提升到 90%[139],通过 Eglinton 耦合法合成该聚四乙炔基甲烷碳材料(OSPC‑1)(图 4‑27)。首次合成的这种碳材料是一种无规碳材料,具有高电子导电性、高孔隙率和高锂离子吸附率的特点。在储锂电化学测试中,当电流密度为 200 mA/g 时,经过 100 次循环后,OSPC‑1 的可逆锂离子容量为 748 mA·h/g。通过动力学计算模拟表明锂离子通过聚四乙炔基甲烷的微孔结构是很容易的,其扩散系数约为 4×10^{-4} cm^2/s,与聚合物电解质中锂离子扩散测定值相近。过充实验证实了聚四乙炔基甲烷的循环稳定性高,可以有效抑制有害锂枝晶的形成,表明聚四乙炔基甲烷是安全的锂离子电池负极材料。

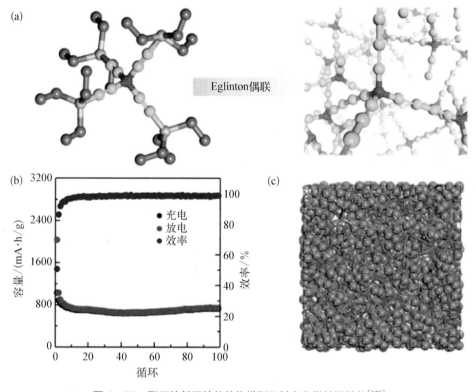

图 4‑27　聚四炔基甲烷的结构模型及其电化学储锂性能[139]

4.3.3　石墨炔电极材料性能

电极界面虽然在整个电极组分中占比很少,甚至可以忽略,但是其在器件中却发挥着至关重要的作用。涉及界面结构、界面反应、热力学和动力学行为等,均影响着电化学能源电极方方面面的性能,包括效率、寿命、功率性能、安全性能等[140]。在电极界面构筑和保护方面,石墨炔得天独厚的性质使其可能在该领域发挥重要作用,是具有很大潜力的碳同素异形体。石墨炔的温和制备方法对于其广泛应用具有很大的优势，为解决电化学能源存储中普遍存在的界面稳定性相关问题提供了很多思路，为进一步解决高能量密度电池的寿命、安全等方面的问题提供了新的解决办法。

4.3.3.1   石墨炔包覆高容量锂离子电池负极材料

负极容量密度是制约锂离子电池能量密度进一步提升的关键，因为常规的石墨负极在目前的使用中已经逐渐到达了其理论的比容量（372 mA·h/g），通过提升石墨容量来增加锂离子电池的能量密度的办法很难有大的突破空间。发展具有更高锂离子存储容量的负极是一种有效的办法。硅负极具有高于 4000 mA·h/g 的理论容量，硅负极的使用对于深度挖掘锂离子电池的能量密度具有重要意义[141]。但硅负极的使用面临着严重的体积变化（大于 300%），导致硅电极的导电网络出现严重的破坏，与此同时，硅电极的界面稳定性极差[141]。这两个因素严重影响硅负极的可逆性和安全性。碳材料的包覆可以有效地借助碳材料的力学、电学和化学等方面优异的稳定性达到改进硅负极的目的[142]。但是碳材料对硅负极的包覆需要在极高的温度下进行，造成设备和能耗方面的大量投入，而且常规碳材料改进的方法难以有效构筑孔道结构来缓解硅颗粒在充放电过程中的超大的体积变化。

在商虹等人[67]的报道中，利用铜纳米线原位引发石墨炔的生长，进而在硅纳米颗粒表面生成无缝石墨炔保护层（图 4-28）。该方法不仅实现了对硅纳米颗粒的完好保护，形成稳定的界面保护层，而且原位生成的石墨炔构成了三维增强的力学和电学网络结构。由该方法得到的硅负极容量高达 4120 mA·h/g，在 2 A/g 的大电流密度下进行的长循环过程容量保持率高，经过 1450 圈后容量仍高达 1503 mA·h/g。同时该方法构筑的面容量密度高达 4.72 mA·h/cm² 的硅负极也能保持很好的高倍率长循环稳定性。由于铜箔是生长石墨炔的基底，而锂离子电池的负极的制备工艺通常将活性物质均匀涂覆在铜箔上，因此二者能很好地兼容。为适应常规的电极加工制备工艺，李靓等人[143]做了探索性工作。首先将硅纳米颗粒均匀涂覆在铜箔表面，接着将电极浸泡在含有石墨炔前驱体的溶液中进行原位地包覆。由于铜基底能引发石墨炔的生长，从而在硅纳米颗粒上形成了三维的全碳保护界面，三维石墨炔是很好的导电网络和力学骨架。与此同时，该方法还是第一次将电极活性物质和集流体通过化学键的形式密切地连接在一起，有效地改善了高体积变化的硅负极在体积应变过程中产生的与集流体脱离的现象，也增强了电极组分之间的电荷传输。

金属氧化物是金属离子电池负极的重要组成部分，大量的金属氧化物负极都被证实具有很高的理论容量密度，具有很广的应用前景[66]。金属氧化物在存储碱金属离子时会发生氧化还原反应，发生严重的体积变化和结构粉化，使得金属氧化物在电化学过程中效率低、循环差、倍率差。汪帆等人构建了氧化物的普适性保护方法,利用石墨炔的常温生长特性,成功地将石墨炔原位地包覆在氧化物的表面[54]。实验证明石墨炔是沿着金属氧化物轮廓连续生长的,二者之间形成了很好的面接触模式。该方法的普适性可以实现对于具有不同结构和不同组分的金属氧化物的良好保护。将石墨炔包覆前后的金属氧化物作为锂离子电池负极进行测试,发现包覆了石墨炔的金属氧化物的性能得到了巨大的提升,循环性能也得到了显著的增强。

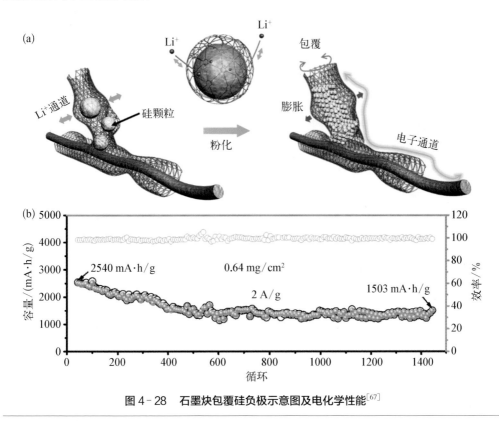

图 4‑28　石墨炔包覆硅负极示意图及电化学性能[67]

4.3.3.2　石墨炔包覆传统正极

钴酸锂(LiCoO₂)是锂离子电池正极材料中开发利用较早的材料[145]。目前商用的钴酸锂电池已经开启高电压 4.45 V(vs Li$^+$/Li)高容量时代(200 mA·h/g),颗粒也由团聚体走向了大颗粒单晶,钴酸锂正极的潜力被充分地挖掘出来[146],钴酸锂单体电池的体积能量密度可高达 700 W·h/L。随着充电电压的提升,不可逆结构相变、表界面稳定性下降、安全性能下降等问题在钴酸锂正极材料中异常突出,极大地限制了其更好地应用[146]。对钴酸锂进行有效的包覆是解决以上问题的可行策略。王前[144]团队就石墨炔包覆钴酸锂做了很好的理论探索(图4-29)。他们通过第一性原理计算了石墨炔在电解液体系下的电化学窗口,考察石墨炔的电化学稳定性。计算表明,石墨炔具有很宽的电化学稳定窗口,满足现行的锂离子电池正极材料需求,也满足现有的锂离子电池电解液体系的稳定性需求。以单层石墨炔为计算模型,发现单层石墨炔与电解液体系能很好地匹配,锂离子能够很快地穿过石墨炔的三维孔道,电解液中的其他组分则很好地被阻挡在外。而单层石墨炔和钴酸锂颗粒具有很好的相容性,当二者间的距离为2 Å时结合能最强。石墨炔与钴酸锂密切接触,减小了界面处的界面电阻,提升了体系的电子导电能力,有利于改善钴酸锂电池的功率性能。理论模拟显示出石墨炔作为独特的碳材料包覆层在常规正极材料中的应用前景。

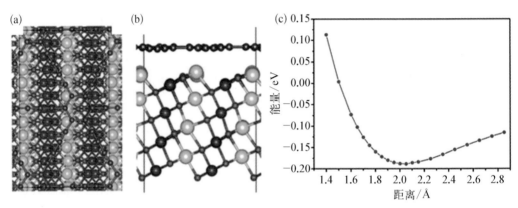

图4-29   石墨炔包覆钴酸锂理论计算模型(a)(b)及石墨炔与钴酸锂结合能关系变化曲线(c)[144]

4.3.3.3   石墨炔包覆有机正极材料

常规锂离子电池的重要组成部分——锂、钴、镍等资源有限,在地理上分布不均,而在我国主要是靠进口。随着锂离子电池使用寿命的到来,锂离子电池的回收压力将逐渐显现,锂离子电池资源回收面临着回收难、回收过程污染大、回收成本高等问题。有机小分子正极材料具有高容量、易制备、资源丰富、分子堆积好、组装结构可控性好、可以存储多种碱金属离子[147]等突出优点,对有机分子组装的电池回收处理也更简单、容易[148]。因而,有机小分子正极材料的开发是缓解锂离子电池资源匮乏与回收污染问题的有效途径。然而,有机小分子正极材料面临着电子传导性差和充放电过程中易溶解穿梭的问题。导电性差虽然可以用添加大量的导电添加剂来弥补,但导致活性物质低于60%[149],远小于无机电极的90%。溶解穿梭却能直接导致电池的循环寿命和效率远低于实际应用需求。因而,探索一种稳定有效的包覆技术,抑制溶解传输、改善电子导电性、提升活性物质含量到90%以上是实现有机小分子电极实际应用的关键(图4-30)。

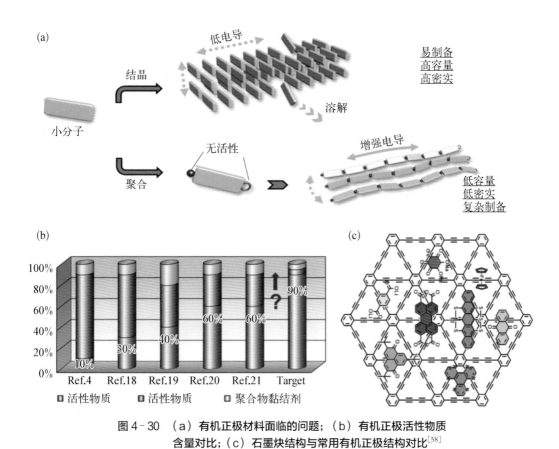

图 4‐30　（a）有机正极材料面临的问题；（b）有机正极活性物质
含量对比；（c）石墨炔结构与常用有机正极结构对比[58]

　　李靓等人的研究工作实现了在有机小分子正极表面上原位构筑无缝石墨炔包覆层
（图 4‐30）[58]。研究人员通过扫描电镜和透射电镜都很好地证实了石墨炔均匀地包覆在
有机小分子上。石墨炔全碳包覆层具有选择性传输碱金属离子的特性，不仅能有效提升
有机小分子颗粒的电导率，而且抑制了其在电化学过程中的溶解。利用该方法，有机小
分子的活性质量提高到 93%，该方法还大大提高了电池的动力性和长循环稳定性。苝酐
电极由于工作电位偏低（2.5 V），容量为 140 mA·h/g，其实际质量能量密度却仍能高达
310 W·h/kg。这是因为实际活性质量被提升到 93%，可以预见，如果选择一种电压平台
更高、容量更高的有机小分子正极，得到的电池的能量密度将大大高于该值，有望比肩现
有锂离子电池的能量密度。该方法的出现，使有机小分子正极的研究不再停留在对不同
分子结构的探索，转而向着部分有实际应用前景（容量高、电压高）的有机小分子的深入
细致分析。由于小分子正极也能满足其他碱金属离子电池的使用要求，因而该方法也必
将有助于推动有机小分子在气体碱金属离子电池中的使用，实现碱金属离子电池的廉价
多样化。

4.3.3.4　石墨炔锂硫电池

硫元素为高能量密度的正极材料,其理论的容量高达 1670 mA·h/g,而且硫资源丰富,价格便宜,因而是非常理想的正极材料。硫与锂金属的组合——锂-硫电池是很有应用前景的下一代高能量密度电池。但是硫的导电性比较差,且在电化学过程中容易出现溶解穿梭效应。硫的导电性差导致其电极活性物质低下,而溶解穿梭导致循环过程中性能衰减过快,自放电问题严重。张锦团队开展了系列工作,氢化石墨炔具有更大的平面内分子孔洞,他们利用两相溶液法制备了氢化石墨炔,并将其作为储硫介质,硫以 S_8 分子形式存储于石墨炔的平面内孔洞中(图 4 - 31),在 1C 的倍率下能实现 799 mA·h/g 的可逆容量,说明

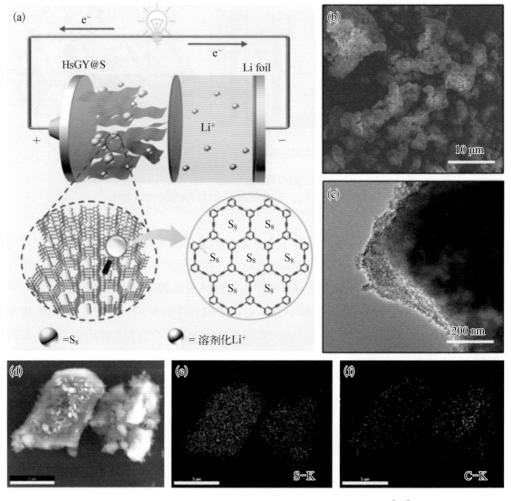

图 4 - 31　氢化石墨炔锂硫电池正极材料示意图和材料结构图[150]

倍率性能优异。通过对电池的不同倍率下的循环伏安和电化学反应阻抗谱测试研究发现，该硫正极具有很好的反应活性，电荷转移电阻明显降低，体系循环寿命显著增加，在 2C 下经过 200 圈循环后，容量仍然高达 557 mA·h/g，明显优于还原氧化石墨烯体系的电极，充分展现了氢化石墨炔在锂硫电池正极中的应用前景。

在过去二十年中，大量研究人员设计出了很多微纳米结构用于实现该目标。多硫化物穿梭是界面反应、离子转移、质量扩散、相变等综合作用的结果[151]。近年来，虽然存在一些利用金属(重金属)组分[150]和杂原子掺杂来抑制多硫化物的穿梭[152]，但少量的活性中心不足以捕获多硫化物并在高硫负载下催化阴极反应。理想情况下，具有多功能的纳米结构可以同时优化锂硫电池中的几个反应因素(如电荷转移、质量迁移、相变)。但由于材料和制备方法的限制，这种结构的成功制备受到了严重的阻碍。离子聚合物是一类能促进界面附近的传质、离子迁移和相变的材料[153]，至今未被用于优化纳米结构的内部传质，这是因为其难于嵌入纳米结构中，特别是全碳纳米结构。内部传质过程的改进有利于平衡电荷传递、传质和相变，这将为防止多硫化物从多孔基体中穿梭出来提供新的见解。

在汪帆等人[154]的工作中，将石墨炔原位生长于表面包覆有 Nafion 聚阴离子的铜纳米颗粒表面，从而构筑内嵌聚阴离子的碳纳米中空结构(Nafion@GDY)(图 4-32)。这种方法首次实现了将聚阴离子无缝原位包裹在全碳纳米结构中。这种核壳纳米结构是多功能的。Nafion 被成功用于调节该纳米结构的内部传质行为，从而改善阴极反应中的相变过程；石墨炔作为硫的载体，具有良好的导电性和催化阴极反应的能力。这种核壳纳米结构在平衡初级纳米结构中的电荷转移、质量扩散和相变方面起到了新的作用，从而在多硫化物离开石墨炔中空结构之前阻止了穿梭效应。实验结果表明，采用这种核壳纳米结构的锂

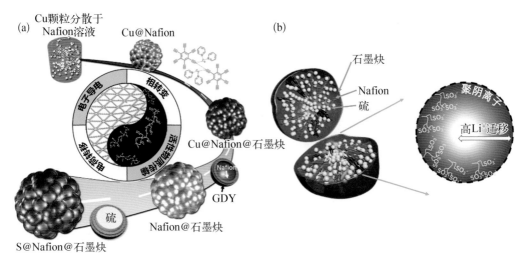

图 4-32　石墨炔／聚合物异质界面的构筑（a）与锂硫电池正极应用（b）[154]

硫电池即使在高电流密度下(0.5C 和 1C)循环约 800 次仍表现出高容量保持率。而作为对比,不采用这种核壳纳米结构的锂硫电池,虽然性能也较好,但是稳定性仍然较前者有一定的差距。此外,作者通过原位的拉曼测试细致地分析了电化学过程。研究表明具有内嵌 Nafion 聚阴离子的纳米结构明显优化了结构内部的电化学反应过程,加速了内部多硫化物的转化,达到了抑制多硫化物穿梭从而提升循环性能的效果。而且该电极具有很好的结构保持性能,有效地缓解了硫在电化学反应过程中巨大的体积变化造成的电极结构的破坏。

4.3.3.5   石墨炔改善锂金属

使用石墨负极(理论容量为 372 mA·h/g)的锂离子电池已经接近其理论的能量密度(350 W·h/kg),但仍无法达到人们对电动汽车所需的更高能量密度。在已知的负极材料中,锂金属被广泛认为是理想的候选者,因为它具有超高的理论容量(3860 mA·h/g)和极低的氧化还原电位(相对于标准氢电极为 -3.04 V)[155]。然而,锂金属负极在锂金属电池中的使用还必须克服如下问题:(1) 锂枝晶生长不可控制导致严重的安全问题;(2) 锂金属具有较高的费米能级和高度的热力学不稳定性,导致锂与电解液容易发生不可逆的连续反应,不断地消耗锂和电解液,增加内阻,缩短循环寿命。为了解决这些关键的科学问题,科学家尝试了很多的方法[156],比如:引入添加剂来构建力学性能更强的固体电解质界面;多孔膜用于均匀沉积过程;固态电解质用于物理隔离锂枝晶;用三维导电网络的框架结构来存储锂金属等。

如何实现原子级的均匀沉积和锂枝晶的抑制仍然是研究人员迫切需要解决的问题。石墨炔是具有许多面内空腔(有效孔径为 5.3 Å)的二维碳材料,可以实现 Li 离子的跨平面无障碍扩散,形成独特的锂离子三维传输通道。在商虹等人[157]的报道中,提出了一种室温下表面聚合法——在铜片上制备超薄石墨炔纳米薄膜(约 10 nm)(图 4-33)。该薄膜很容易实现数个厘米级别,能利用简单的转移方式完整地转移并与现有的锂离子电池隔膜复合。薄膜透明,其杨氏模量为 14 GPa。首次将其用作锂离子选择性分离器,实现了锂离子在电极界面上的原子级均匀扩散,大大提高了成核和生长过程的过电位,从而有效地抑制了锂枝晶。在没有锂枝晶的情况下,电极具有相当高的库仑效率,以及良好的使用寿命。通过理论模拟,我们发现二维石墨炔薄膜是一种很有前途的 Li 离子超滤膜,可实现 Li 离子的超均匀扩散,并可以有效抑制锂枝晶生长穿刺,实现电池长期可逆性。

石墨炔是富含 sp 杂化碳原子的二维碳材料,sp 杂化碳原子比 sp^2 碳材料具有更高的电子密度,而且理论计算表明石墨炔上的电子由于 sp 和 sp^2 杂化结构而分布不均,而富电子的 sp 杂化碳原子使得石墨炔可能是一种很有前途的亲锂材料。石墨炔对集流体的包覆改性可以提供大量的亲锂活性位点,改善金属 Li 的沉积过程。商虹等人通过理论计算比较发现,在传统的 sp^2 杂化碳材料中,Li 原子位于苯环六边形中心上方,高度为 1.754 Å,相应的吸附能为 -1.18 eV。而在石墨炔上,Li 原子可以被稳定吸附于苯环和三角孔洞的一角。与 sp^2 杂化碳材料上的吸附相似,苯环上的 Li 原子位于石墨炔平面的顶部,高度为 1.798 Å,吸附能相对较低,为 -1.95 eV。然而,Li 原子最稳定的吸附构型位于石墨炔的平面上的三角孔处,吸附能低得多,为 -2.60 eV。结果表明,含丰富 sp 杂化碳的石墨炔比 sp^2 杂化碳材料更具亲锂性,有利于锂成核过程的优化。石墨炔薄膜中具有高度亲锂活性的三角孔洞的均匀分布为解决锂枝晶的关键问题提供了新的启发。为了充分利用石墨炔的高亲锂性,在铜纳米线上原位制备了超薄石墨炔纳米薄膜,形成具有均匀分布的亲锂活性位点的三维无缝涂层[158]。与传统铜箔相比,铜纳米线具有更高的比表面积,可以为催化石墨炔的交叉偶联反应提供大量的反应位置。这种质量轻、三维自支撑的集流体(石墨炔@铜纳米线)不仅可以提供许多亲锂活性位点,而且可以提供足够的空间容纳锂金属。结果表明,在石墨炔修饰的铜纳米线表面上的锂成核过电位比在铜纳米线上的小,从而导致金属锂在集流体上均匀生长,有效地缓解了锂金属枝晶的生长。石墨炔的改性在锂成核过电位、库仑效率、寿命和抑制锂枝晶等方面都有显著的改善。此外,基于该薄电极可以获得高达 1333 mA · h/cm³ 的体积比容量,有望构筑高能量密度的锂金属电池。

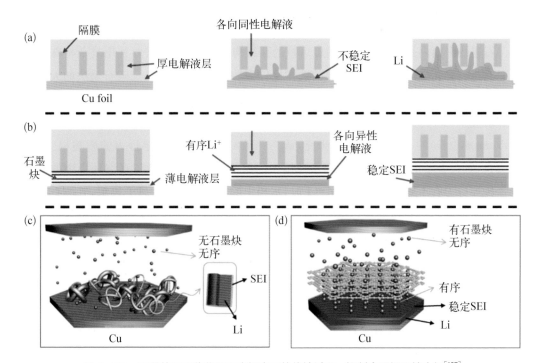

图 4 - 33　石墨炔用于优化界面出锂离子的传输过程,抑制金属锂晶枝生长[157]

4.3.4　石墨炔在燃料电池中的应用

以水为介质的质子选择传输隔膜在燃料电池和液流电池等能源储存系统的发展中起着至关重要的作用,相对于氢氧根离子选择性传输隔膜,质子交换膜是具有更高导电率的隔膜,是发挥燃料电池高功率密度的关键组分。目前已有大量商业化的质子交换膜,包括 Nafion 离子膜、聚苯并咪唑膜和磺化聚醚醚酮膜。此类膜的质子传输性是基于聚合物微相分离形成的离子传输通道,而该种相分离形成的离子传输通道具有若干纳米,且孔大小分布不均匀,并且膜的选择性会随着吸水率、温度的变化等出现很大范围的变化。因而,此类膜在具有较高的质子导电性的同时,也存在严重的燃料渗透问题。在直接甲醇燃料电池中,Nafion 膜由于其高的质子导电性和良好的电化学稳定性,仍然是质子交换膜的首选。然而,甲醇渗透会大大降低甲醇的利用率,导致阴极催化剂中毒,使得电池性能迅速下降,从而阻碍了直接甲醇燃料电池作为长期电源的实际应用。几十年来,科学家们一直致力于解决甲醇交叉渗透问题。目前,利用具有人工纳米孔的二维材料被认为是最有前途的方法。然而,目前流行的二维材料(石墨烯,h‑BN)的局限性在于制备和穿孔技术是不可控制的,要实现这种具有均匀人工纳米孔的大规模二维材料具有挑战性。此外,如果不对这些二维材料进行化学改性,它们与 Nafion 基体之间的相容性难以实现。因此,在现有二维材料的基础上还很难使直接甲醇燃料电池用质子交换膜实现其高选择性和高稳定性。

石墨炔平面内是具有原子级精度可控的孔结构的碳材料,不需要利用复杂特殊的技术对其进行多孔处理即可得到优异的选择性传输功能。可以看出,全碳石墨炔的天然孔洞为实现质子的选择性传输提供了新的可能性。在 Tianshou Zhao 等人[159]的深入理论计算研究中,他们分别对 $n = 1$、2、3 和 4(分别对应 0.69 nm、0.95 nm、1.20 nm 和 1.45 nm 的边长)的石墨炔进行了研究,认为孔径对质子选择传导行为的影响很大(图 4‑34)。通过分子动力学模拟,发现水环境中的质子选择传导行为与真空环境中的质子选择传导行为有本质的不同。当 $n = 1$ 时,水相中的质子必须与氢离子离解,并与石墨炔的碳原子形成 C—H 键,对应 (2.80 ± 0.03) eV 的高能势垒。当 $n = 2$ 时,质子可以以完整的 H_3O^+ 的形式通过运载机理(vehicular mechanism)穿过膜,或者通过 Grotthuss 机理在两个水分子之间通过膜进行继而穿过膜,该过程可以产生相对较低的能量屏障。当 $n = 3$ 和 $n = 4$ 时,水分子可以渗透到石墨炔的孔隙中,形成一个连续的水相,因而在连续的水相中质子可以通过 Grotthuss 机理传导,相应的低活化能垒分别为 (0.27 ± 0.07) eV 和 (0.19 ± 0.02) eV。同时,对于石墨炔($n = 3$ 和 $n = 4$),将形成图案化的水/真空界面,可以有效地阻止甲醇等溶解在水相中的其他物种的渗透。根据计算的势垒,石墨炔中 $n = 4$ 可以提供大面积的标准化质子电导和超高的质子/甲醇选择性(约 1.0×10^{12})。

因而，从理论中可以看出，石墨炔对于发展高效的直接甲醇燃料电池提供了很好的结构基础。

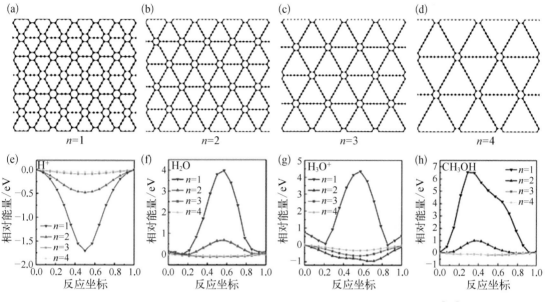

图 4-34　石墨炔炔键数目（上）与其对应的质子和甲醇选择性（下）[159]

在实验室，为实现石墨炔的选择性传输质子的功能，并抑制甲醇的穿梭，汪帆等人做了探索性的工作（图 4-35）[90]。质子转移通道在 Nafion 膜中分布不稳定且较宽，而且随温度和溶胀的影响有较大变化。然而，二维石墨炔全碳骨架中具有大量的刚性二炔键，在较宽的温度范围内，平面内孔道仍然可以保持优异的尺寸稳定性。由此，他们首先想到了将这两种材料优势互补，进行复合并研究了复合材料的选择性传输性质。由于制备具有优异选择性质子转移功能的单层和双层石墨炔薄膜仍然是一项科学挑战，同时如何提高石墨炔与 Nafion 基体的相容性也需要考虑。基于上述原因，他们设计了高质量的氨基化的石墨炔来实现抑制甲醇的渗透，实现质子的选择性传输。氨基化石墨炔的面内纳米孔比原石墨炔大，保证了质子即使在厚膜中也能获得面间传输。氨基均匀分布在石墨炔平面上，与 Nafion 分子中的磺酸基团有较强的酸碱分子间相互作用。因此，在氨基化石墨炔附近，Nafion 的微相分离较小，二者显示出较高的相容性。在氨基化石墨炔附近较小的微相分离和固有的面内孔选择性大大抑制了甲醇的穿梭。虽然石墨炔的加入在一定程度上降低了 Nafion 膜的质子导电率，但却大大地抑制了甲醇的渗透，甲醇的渗透降低了 38%，不仅提高了甲醇的利用率，也提高了燃料电池的功率性能和稳定性。这项工作绕开了穿孔技术和碳薄膜制备方面的挑战，对于构建高选择性、简单易行的二维多孔碳纳米膜具有很大的普适性。

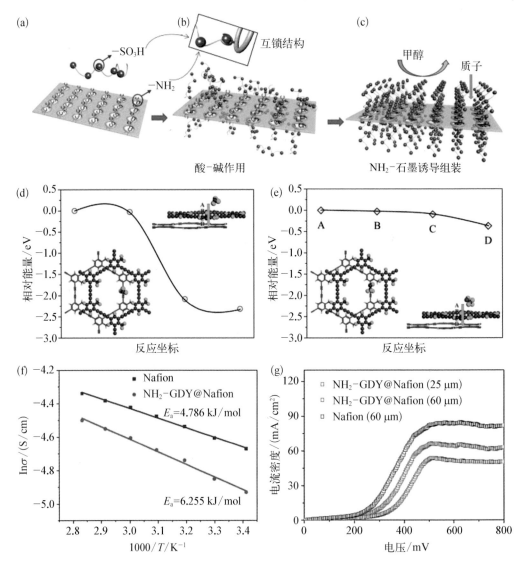

图4-35 （a）～（c）氨基功能化石墨炔与 Nafion 的作用模型；（d）～（e）水合质子和甲醇与氨基功能化石墨炔的理论模拟；（f）～（g）复合膜的质子导电性和甲醇抑制作用[90]

4.4 石墨炔的光电器件基础

4.4.1 石墨炔基太阳能电池

石墨炔是一种 sp 和 sp² 杂化的 π 共轭二维材料，具有 n 型半导体的特性，且拥有适当的带隙、理论上高的电子态密度及良好的疏水性。石墨炔特殊的电子结构和孔洞结构使其在光电领域具有重要的应用前景。随着世界各国对环境保护和再生清洁能源的巨大需求，太阳能电池成为全球研究的焦点。石墨炔作为碳材料研究中的新热点领域，近几年在太阳能电池的应用研究取得了一系列重要成果。本节中的太阳能电池主要指第三代新型太阳能电池，包括钙钛矿太阳能电池、聚合物电池和量子点电池。

4.4.1.1　钙钛矿太阳能电池

近年来，钙钛矿太阳能电池由于光电转换效率高、成本低、加工工艺简单等优异性能而广受人们关注。在短短十年间，其光电转换效率已经超过 25%，显示出巨大的应用潜力。这些显著特点使其在开发下一代可低温处理的光伏技术方面成为有力的竞争者。有机-无机杂化钙钛矿材料的结构化合物组成可表示为 ABX_3，其中 A 代表有机阳离子，如 $CH_3NH_3^+$、$CH(NH_2)^{2+}$，B 代表金属离子，如 Pb^{2+} 等，X 代表卤素离子，如 Cl^-、Br^-、I^- 等。钙钛矿材料展现出高度可调节的光电特性，其带隙、载流子迁移速率和激子扩散距离等均可通过化学结构或掺杂剂修饰调节。传统平面异质结结构的钙钛矿太阳能电池主要有两种设计原型，即正向（n-i-p）结构和反向（p-i-n）结构，由钙钛矿活性层、空穴与电子传输层组成。界面层直接连接电极与活性层，其电学性质与形貌变化直接影响器件的工作行为。因此，除了钙钛矿活性层薄膜的晶体结构、形貌控制以外，电池器件的界面性质调控也是影响器件性能的重要因素之一。近年来，设计和调控界面材料的合成和性质进而实现高性能光电器件的开发，被广大科研人员证实为行之有效的策略之一。石墨炔（GDY）是由 sp 和 sp^2 两种杂化形式的碳原子组成的新型二维层状材料，其优异的热学、力学、电学、光学性能成为钙钛矿太阳能电池（PSCs）研究的又一亮点。GDY 的引入有效地提高了钙钛矿电池的性能[160]，为新型碳材料的下一步应用开发及钙钛矿电池器件的研究提供了新的思路。

Jiu 等人首次在平面异质结（PHJ）钙钛矿太阳能电池中将石墨炔（GDY）掺杂进电子传输层 PCBM 中（图 4-36）[13]。石墨炔的掺杂，提高了 PHJ 钙钛矿太阳能电池的性能，光电转换效率（PCE）从 13.5% 增加到 14.8%，短路电流（J_{sc}）从 22.3 mA/cm^2 增加到 23.4 mA/cm^2。结果表明，掺杂 GDY 不仅提高了电子传输层的导电性、电子迁移率和电荷提取能力，而且提高了钙钛矿层的电子传输层薄膜的覆盖率，这对数据的重复性非常重要。此外，石墨炔的引入也有助于晶界的钝化，通过减少界面缺陷，有效地避免光生载流子的复合。通过扫描电子显微镜（SEM）、导电原子力显微镜（c-AFM）、空间电荷限制电流（SCLC）、光致发光（PL）等测试手段，对改进后的器件性能进行了详细分析。结果表明，将石墨炔掺杂剂引入到 PHJ 钙钛矿太阳能电池中是提高器件性能的有效策略。

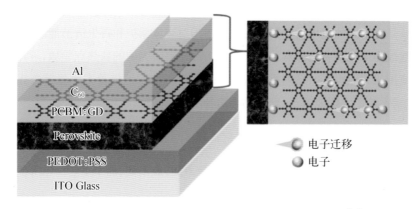

图4-36   PCBM（GD）为电子传输层的钙钛矿器件结构[13]

为了同时提高 n-i-p 平面钙钛矿太阳能电池的稳定性和效率，Liao 等人提出了一种溶液处理的石墨炔掺杂富勒烯基交联材料（PCBSD：GD）应用于器件的 TiO₂ 和钙钛矿活性层之间的混合电子传输层[18]。其中，[6,6]-苯基-C₆₁-丁基苯乙烯丁酯（PCBSD）是一种富勒烯基交联材料，两个苯乙烯基作为热交联剂。石墨炔改性后的 C-PCBSD 膜呈现出择优取向，有利于后续钙钛矿膜的生长和结晶，同时电子迁移率和提取率也得到了提升。拉曼光谱和掠入射 X 射线衍射（GIXRD）测量显示石墨炔和富勒烯衍生物 PCBSD 可以很好地在表面取向叠加。这是由于可交联的 PCBSD 和共轭石墨炔之间存在很强的分子间相互作用。定向的 C-PCBSD：GD 薄膜有利于后续钙钛矿薄膜的生长和结晶。另外，热退火后的 C-PCBSD：GD 膜具有良好的耐溶剂性能，避免了界面侵蚀。结果显示，未封装的钙钛矿电池在相同的贮藏条件下（室温、湿度 25%～30%）进行降解实验。与仅使用 TiO₂/C-PCBSD 电子传输层的器件相比，以 TiO₂/C-PCBSD：GD 为电子传输层的器件稳定性有了很大的提高。即使在 500 h 后，PCE 仍保持约 80% 的初始值，而仅含 TiO₂ 电子传输层的器件在 200 h 后仅保持 30% 的初始 PCE 值。

图 4-37(a) 为叠层可交叉连接的 PCBSD 薄膜和石墨炔的分子结构。PCBSD 包含一个小的带有两个热交联苯乙烯基的官能化的枝状体，这两个分支为苯乙烯基在固态下的反应提供了足够的灵活性。根据钙钛矿器件横截面 SEM 图像[图 4-37(c)]推测 GD 和 PCBSD 复合材料的电子传输层厚度为 15 nm。最佳光伏器件的光电转换效率 PCE 为 20.19%，开路电压 V_{∞} 为 1.11 V，填充因子 FF 为 78%，短路电流 J_{sc} 为 23.30 mA/cm²[图 4-37(d)]。此外，与以 TiO₂ 为电子传输层的标准器件相比，含石墨炔的器件稳定性更强。在以 TiO₂/C-PCBSD：GD 为电子传输层的钙钛矿太阳能电池中，PCE 的显著增强归因于三个关键的电池参数 V_{∞}、J_{sc} 和 FF 的同时改善。通过对 J-V 曲线斜率的拟合，可以得到钙钛矿太阳能电池的串联电阻。在 TiO₂ 和钙钛矿层之间插入一层薄薄的 C-

PCBSD：GD 层后，可以有效地提高电子迁移率，减少界面电荷积聚。这种优化界面接触能有效地降低了器件的串联电阻。石墨炔改性后，器件的 J_{sc} 从 21.93 mA/cm² 明显增加到 23.30 mA/cm²，这是由于 C-PCBSD 底层的有序取向改善了钙钛矿结晶。由此推断石墨炔和 C-PCBSD 之间强烈的 π 间强相互作用促进了 C-PCBSD 分子的有序排列，从而有利于钙钛矿的生长和光生载流子的传输。

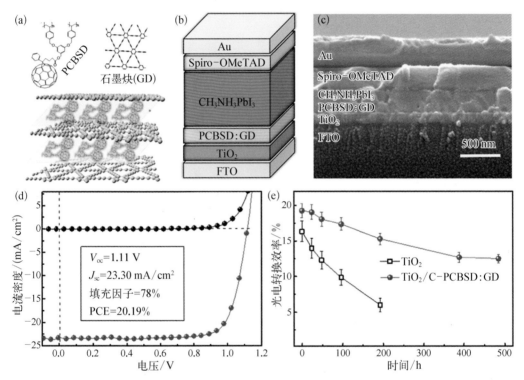

图 4-37 （a）GD 和富勒烯衍生物（PCBSD）的化学结构和含有 GD 和 PSBSD 的界面层的堆积方式示意图；（b）器件结构示意图；（c）器件横截面方向的 SEM 图像；（d）以 PCBSD 和 GD 复合物为电子传输层的钙钛矿电池器件的性能；（e）器件的稳定性[18]

在前人研究基础之上，Jiu 等人首次将石墨炔掺杂在纯碘（MAPbI₃）钙钛矿太阳能电池的双电子传输层 PCBM 和 ZnO 薄膜中，最终获得 MAPbI₃ 钙钛矿太阳能电池，其效率高达 20.0%[161]。此外，$J-V$ 的迟滞和稳定性也有明显改善。结果表明，双掺杂石墨炔不仅提高了电子传输层的导电性、电子迁移率和电荷提取能力，而且改善了电子传输层的形貌，减少了电荷复合，提高了填充因子。

如图 4-38(a)所示，本研究中的器件为 p-i-n 倒置结构。石墨炔经超声处理后成功溶解在氯苯中，且静置之后没有出现沉淀，如图 4-38(b)所示。众所周知，钙钛矿层和传输层的形貌对电池器件的高效率起着重要的作用。经过石墨炔的优化后，薄膜的表面形貌得以改善。这说明石墨炔有助于钝化晶界,减少表面的陷阱状态,从而减少载流子的非辐射复合。除此之外,空间电荷限制电流(SCLC)、电化学阻抗谱(EIS)、荧光猝灭等测试结果均表明双掺杂石墨炔可以提高电子传输层(ETLs)的导电性、电子迁移率,并改善膜的形貌。光致发光结果表明,双掺杂石墨炔可以钝化 PCBM 和 ZnO 膜的缺陷,降低界面载流子的复合,从而提高填充因子 FF。同时,双掺杂石墨炔器件的 J-V 迟滞明显减小,稳定性也得到了改善。

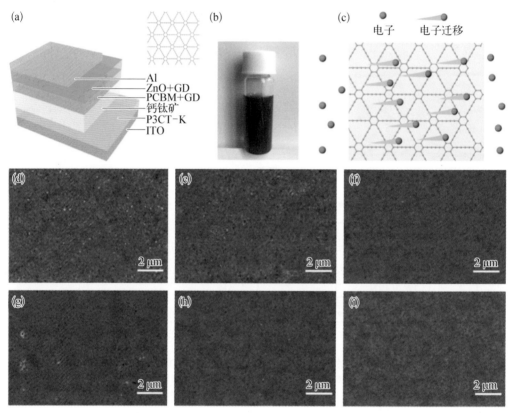

图4-38 (a)p-i-n器件结构;(b)石墨炔分散在氯苯中;(c)GD 化学结构;(d)~(i)ITO/P3CT-K/MAPbI$_3$/PCBM,(e)ITO/P3CT-K/MAPbI$_3$/PCBM/ZnO,(g)ITO/P3CT-K/MAPbI$_3$/PCBM/ZnO,(h)ITO/P3CT-K/MAPbI$_3$/PCBM/ZnO(GD),(i)ITO/P3CT-K/MAPbI$_3$/PCBM/ZnO(GD)的扫描电子显微镜图像[161]

此外,卤素功能化石墨炔由于其相对普通石墨炔(GD)结构、导电性和带隙的修饰引起了人们的广泛关注,氯化石墨炔(ClGD)就是其中一类。ClGD 的二维平面中带有大孔洞的结构,这种结构赋予了 ClGD 足够多的分子锚点及自聚集的延展结构。基于以上结构特征,Jiu 等人将 ClGD 掺杂进 PCBM 层中,以 ClGD-PCBM 层作为倒置结构钙钛矿电池器件的电子传输层[150]。相对于单纯的 PCBM 薄膜,ClGD-PCBM 薄膜表现出更优异的形貌和电子性质，基于 ClGD‐PCBM 电子传输层的器件光电转化效率（PCE）可以达到 20.34％。

ClGD 中的 Cl 元素均匀分布在整个 π‐共轭的碳骨架中，其中的数量比例和重量比例约为 20％和 42.5％。ClGD 的孔径约为 1.6 nm，为分子锚定提供了足够的空间。PCBM 主体的 C60 约为 8.4 Å，比 ClGD 的孔径略小；同时，PCBM 具有的羰基和甲氧基可以与 ClGD 产生相互作用，据此可以推测，PCBM 可以锚定在 ClGD 的碳骨架中（图 4‐39）。随后对 ClGD‐PCBM 进行了 TEM 表征，结果表明 PCBM 产生了尺寸约为 300 nm 的球形聚集，而 ClGD‐PCBM 可以均匀分布。Cl、O、C 等元素分布分析证明了上述猜测。随后，通过对 PCBM 和 ClGD‐PCBM 薄膜形貌进行原子力显微镜（AFM）分析和 SCLC 方法测试，结果显示单独的 PCBM 存在一定程度的聚集，薄膜中形成了"岛状"结构；相比而言，ClGD‐PCBM 分布更为均匀，且其电子迁移率有了明显的提升。以 ClGD‐PCBM 作为电子传输层的器件，器件 PCE 达到 20.34％。通过进一步的表征发现，其高性能器件主要归结于 ClGD‐PCBM 高的电子传输速率及 ClGD‐PCBM 薄膜优异的形貌。

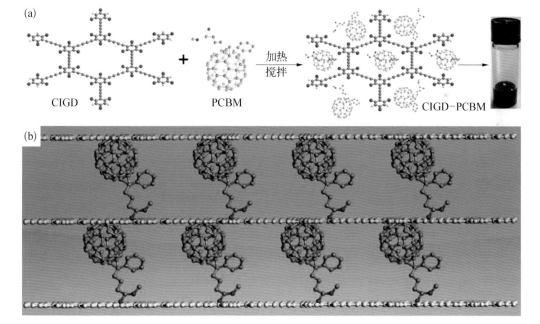

图 4‐39　（a）ClGD‐PCBM 溶液制备路径；（b）分子结构图及可能作用模式[150]

在石墨炔改性空穴传输层研究方面，Meng 等人首次采用石墨炔对钙钛矿太阳能电池的空穴传输层 P3HT 进行了改性（图 4‐40），加入石墨炔可以有效地提高功率转换效率（PCE）和短路电流（J_{sc}）[78]。与未加石墨炔的太阳能电池相比，添加 2.5％石墨炔的太阳能电池的 J_{sc} 和 PCE 值均得到增加。这种改善归因于石墨炔较高的电荷传输能力，可以在活性层中形成有效的渗透通道，这得益于石墨炔与 P3HT 之间强的 π 间强共轭作用。此外，石墨炔聚集体具有散射性质，有助于提高钙钛矿太阳能电池在长波范围内的光吸收。

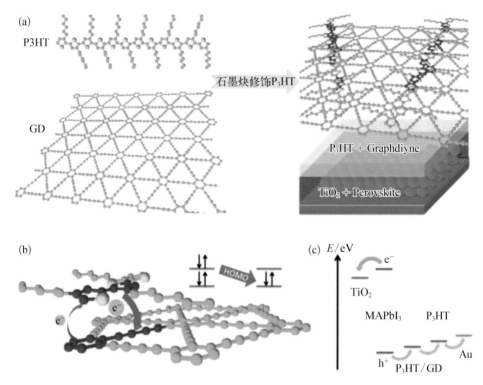

图 4-40　（a）石墨炔改性 P3HT 空穴传输材料的原理示意图；（b）GD 与 P3HT 的微观相互作用；（c）P3HT／GD 基钙钛矿太阳能电池的能级[78]

由于石墨炔粒子被 P3HT 包覆，因此推测 P3HT/GD 的 HOMO 能级位置将受到 P3HT 与 GD 相互作用的影响。在此，通过 UPS 来揭示掺杂的石墨炔对 P3HT 电子传输能力的影响。首先，将 5 mg/mL 石墨炔添加到 P3HT 溶液中，测试 P3HT/GD 薄层的 UPS，发现 HOMO 的位置为－4.9 eV，低于原先 P3HT 的－4.7 eV。这种变化表明，石墨炔颗粒的存在会降低 P3HT 的 HOMO 能级，这是由于 P3HT 和石墨炔之间的 π-π 堆积，它可以使部分电子从 P3HT 转移到石墨炔，如图 4-40(b)所示。显然，在 π-π 堆积的作用下可提高电子从聚合物链到石墨炔表面的传输。总之，P3HT 层 HOMO 能级的减少可以使钙钛矿与 P3HT 之间的电荷转移变得更加顺畅，如图 4-40(c)所示。除了 UPS 测试外，拉曼光谱也证明 P3HT 和石墨炔之间存在强烈的 π-π 堆积，有利于载流子的传输和器件性能的进一步改善。另外，P3HT 光学显微镜中的石墨炔聚集体具有良好的散射特性，这意味着其大大增加了钙钛矿太阳能电池在长波范围内的光吸收，最终实现了高达 14.58% 的光电转换效率。此外，该器件表现出良好的稳定性和再现性。时间分辨光致发光衰减实验结果表明,与单独的 P3HT 空穴传输层相比,P3HT/GD 空穴传输层的空穴提取能力有所提高。

为了提高钙钛矿太阳能电池的性能,Jiu 等人提出了一种掺杂石墨炔的 P3CT－K 薄膜的制备方法,以 P3CT－K(GD)为空穴传输层的器件的 PCE 值从 16.8%提高到 19.5%[54]。这种方法不仅可以改善空穴传输层的表面润湿性,而且提高了薄膜的质量,减少了晶界。在空穴传输层中掺入石墨炔还可以提高空穴萃取的迁移率,减少复合,从而提高器件的性能。与此同时,掺杂石墨炔的器件 $J-V$ 迟滞现象得到了明显的改善。

为了探讨石墨炔掺杂对钙钛矿器件的影响,对其表面形貌、光致发光性能、电化学阻抗谱(EIS)、激子产生率等进行了详细的研究。图 4－41(a)、(b)显示了原子力显微镜(AFM)得到的 P3CT－K 和 P3CT－K(GD)膜的表面形貌。P3CT－K 和 P3CT－K(GD)膜的粗糙度分别为 1.82 nm 和 1.04 nm,表现出良好的膜形态。掺入石墨炔后,P3CT－K 膜的粗糙程度减小,表面更加光滑。良好的形貌可以提高钙钛矿层和界面层接触的覆盖率,从而减少漏电流,提高载流子传输效率。此外,空穴传输层的表面润湿性对钙钛矿薄膜的形成起着至关重要的作用。如图 4－41(c)、(d)所示,石墨炔加入 P3CT－K 溶液中后,接触角从 12°减小到 4°。接触角的减小能够提高钙钛矿前驱体在 P3CT－K(GD)层上的流动和扩散,有利于提高钙钛矿的结晶度。阻抗谱测试表明在 P3CT－K 薄膜中掺杂 GD 之后,活性层与界面层的界面接触得到了极大的改善,进而减少了漏电流和在界面处的电荷复合。

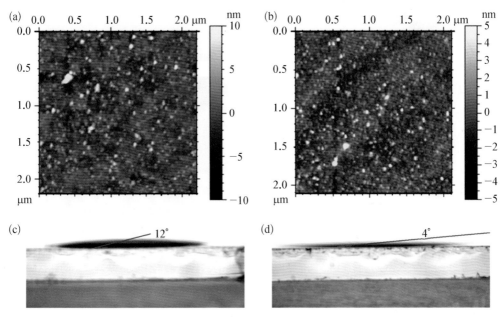

图 4－41　(a)(b) ITO／P3CT－K 和 ITO／P3CT－K (GD) 的 AFM 图像扫描大小为 2 像扫描大;(c)(d) P3CT－K 和 P3CT－K (GD) 在 ITO 衬底上接触角的图像[54]

除了界面传输层的可控调控,钙钛矿活性层的晶体结构、晶界性质和稳定性也是影响钙钛矿器件性能的主要因素。体相掺杂作为钙钛矿晶体生长的有效调控方式,借助新型碳材料石墨炔,可有效解决晶粒尺寸不可控及稳定性差等问题,被证实是制备高性能钙钛矿光伏电池器件的有效手段。

Meng 等人将石墨炔引入 $FA_{0.85}MA_{0.15}Pb(I_{0.85}Br_{0.15})_3$ 钙钛矿薄膜中,根据石墨炔的半导体特性和钙钛矿的能带结构,构建了用于平面钙钛矿太阳能电池(PSCs)的 PVSK/GDY 体异质结(图 4 - 42)[162]。这种异质结可以提供一个额外的通道,通过漂移、扩散加速光生载流子的提取和传输,从而改进 J_{sc};同时,适量的石墨炔可以有效钝化晶界和界面,抑制复合过程,得到较高的 FF,最终实现了高达 20.54% 的功率转换效率。此外,石墨炔的引入可以有效地提高钙钛矿薄膜及其器件的抗水稳定性。在环境条件下,钙钛矿电池在 140 d 后仍能保持初始 PCE 值的 95%。Meng 等人通过同时构建体积异质结,为制备高效、稳定的 PSCs 提供了一种新方法,以改善光生电子的分离和传输及器件的稳定性。

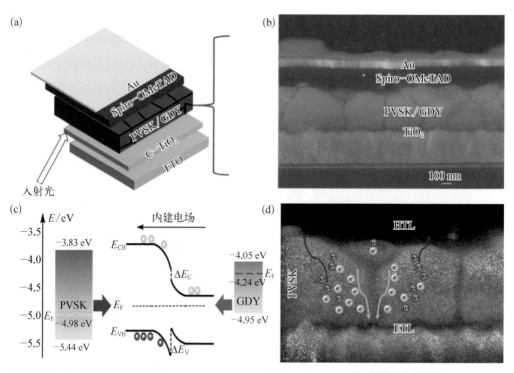

图 4 - 42 (a)器件结构图;(b)PVSK／GDY 异质结的平面钙钛矿太阳能电池的横截面 SEM 图像;(c)PVSK／GDY 异质结的能带结构示意图;(d)具有 GDY／PVSK 块异质结的钙钛矿层中的光生载流子传输过程[162]

如图 4 - 42(c)所示,考虑到 n 型石墨炔和 p 型钙钛矿的价带最大值、导带最小值和费米能,提出了 PVSK/GD 的 p - n 异质结模型。PVSK/GD 体异质结形成时,其内建电场的方向是从石墨炔到钙钛矿。此外光生载流子传输过程也表明，在工作条件下，光生电子不仅可以通过钙钛矿薄膜本身传输，还可以在漂移和扩散的驱动下，通过存在于晶界和界面处的石墨炔进行提取，然后通过电子传输层进行收集，图 4-42(d)展现了这一过程。

　　近年来，研究者已经证实石墨炔具有优异的导电性、良好的半导体特性和优异的化学稳定性。对于石墨炔的应用，目前主要集中在太阳能电池界面层的优化，而石墨炔的半导体特性如带隙和良好的溶解性加工性却很少投入研究。Jiu 等人首次提出了一种利用石墨炔作为钙钛矿活性层主体材料的简单方法。钙钛矿薄膜添加不同比例石墨炔，发现活性层 $PbI_2/MAI/GD$ 采用的最佳摩尔比为 1∶1∶0.25。XRD 光谱表明石墨炔在体相中起到促进和诱导结晶的作用，使得钙钛矿体相薄膜的质量更加优异。XPS 测试表明，加入石墨炔后，Pb 4f 峰明显向低能量方向移动。XPS 的结果力证了石墨炔通过与前驱体溶液中的 PbI_2 发生较强的相互作用来促进诱导钙钛矿的结晶，使得体相晶粒更大、缺陷更少，从而获得高质量的光吸收活性层。图 4-43（a）为 PbI_2 石墨炔相互作用示意图，图 4-43（b）为构建的器件结构图。石墨炔与 Pb 的络合作用弥补了碘空位，故提升了器件性能和稳定性。经石墨炔优化后的器件电子和空穴传导能力均有一定程度的提升，石墨炔作为一种双性材

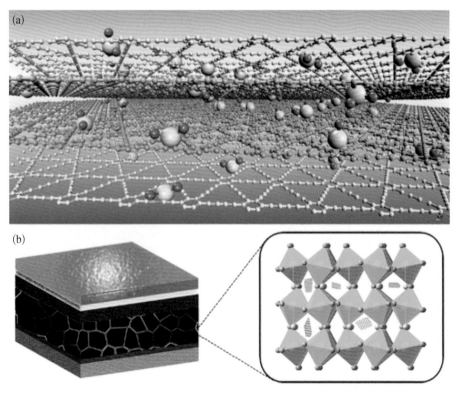

图 4-43　（a）石墨炔与 PbI_2 相互作用示意图；（b）器件结构图[161]

料展现了对电子和空穴两种载流子输运的促进作用,提高了载流子的提取能力,避免了载流子的复合。将石墨炔作为主体材料首次引入到钙钛矿的活性层中,使得钙钛矿太阳能电池的性能得到大幅提升,得到21.01%的最优效率[161]。

4.4.1.2 聚合物太阳能电池

聚合物太阳能电池因其具有低成本、工艺简单、原料丰富等特点受到广泛关注。聚合物太阳能电池具有较大的激子结合能和较小的激子扩散长度,因此提高效率的关键挑战是如何制备合适的给受体界面。Liu 等人提出了一种通过在聚(3 -己基噻吩)(P3HT)中掺杂石墨炔来提高聚合物太阳能电池效率的方法(图4 - 44)[163]。经研究发现,石墨炔可以提供更好的渗透途径,这大大提高了电子的传输效率。与参照器件相比,掺杂石墨炔的器件具有更高的短路电流(J_{sc})和光电转换效率。当石墨炔的掺杂量为 2.5%(质量分数)时,器件的 J_{sc} 增强了 2.4 mA/cm^2,PCE 值最高为 3.52%,比未掺杂石墨炔的器件效率高出 56%。

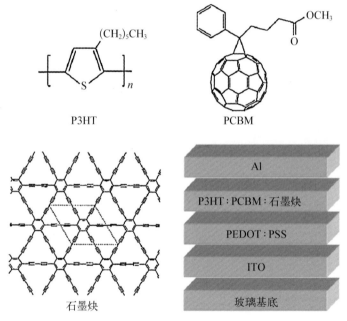

图4 - 44　P3HT、PCBM、GD 的化学结构及电池器件的结构[163]

在石墨炔改良电子传输层方面,Jiu 等人报道了一种新型石墨炔-氧化锌(GDZO)复合材料的制备方法[164]。ZnO 具有较高的电子迁移率、合适的能级及在低温条件下易于制备的优点,但其表面缺陷造成电子迁移率不高和电荷的高复合,从而导致了 ZnO 基聚合物太阳能电池器件性能的下降。通过简易方法制备石墨炔-氧化锌(GDZO)复合材料,Zn 原子与 GD 配位成键,同时形成了 C - Zn 键和 C - O 键的加合物。加合物的形成使复合材料具有良好的分散性,有助于高质量成膜。在此基础上,将 GDZO 复合薄膜作为电子传输层应用于聚合物太阳能电池中,与单纯 ZnO 基电池相比,器件效率(PCE)提高到 11.2%。此外,在手套箱或湿度为 90% 的环境中,GDZO 基器件的稳定性均得到了提高。

　　随着聚合物太阳能电池的迅速发展,混合膜的形貌调控成为提高器件性能的重中之重。在各种调控策略中,添加剂对于有机太阳能电池性能的提高至关重要。聚合物太阳能电池数据重复性问题来源于高沸点添加剂的挥发性,酒同钢等人针对聚合物太阳能电池目前存在的添加剂易挥发、数据重复性差、器件填充因子低等问题,将氯化石墨炔作为一种多功能固体添加剂首次成功应用于有机太阳能电池活性层形貌调控,利用氯化石墨炔优良的热稳定性和优异的电学性质,有效解决了挥发性添加剂所导致的批次差异问题,并在此基础上调控活性材料形貌,制备了高重复性、高性能光伏器件,实现了器件参数的高度重现性[165]。同时氯化石墨炔具有优良的共轭结构,可有效改变受体分子的分子共轭及结晶行为。将氯化石墨炔作为固体添加剂加入二元太阳能有机电池中,改变了 Y6 的结晶方式(图 4-45)。通过形貌表征及电学性能测试证明,氯化石墨炔的加入有利于混合膜结晶过程的优化、结晶度的提高及相分离的改善,进而使载流子迁移率得到明显提升,电荷复合受

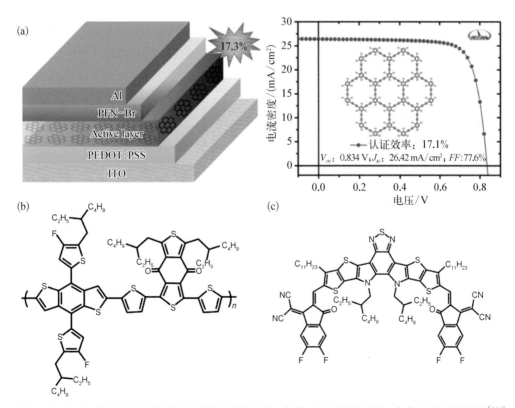

图 4-45　(a)聚合物太阳能电池器件结构及器件性能;(b)PM6 的化学结构;(c)Y6 的化学结构[166]

到抑制。因此,与使用传统添加剂氯萘的器件相比,基于氯化石墨炔的器件的短路电流及填充因子明显提升,电池效率大幅度提高。实验室器件效率达到 17.3%(中国计量科学研究院认证效率达到 17.1%),是目前报道的二元有机太阳能电池最高效率之一。一系列协同作用促进了器件性能的提高,并同时实现器件参数的高重复性,表明了石墨炔材料作为多功能固体添加剂在有机太阳能电池领域的广阔应用前景。

4.4.1.3   量子点电池

石墨炔不仅在钙钛矿和聚合物太阳能电池中有广泛应用,近年来,也逐渐被应用到量子点太阳能领域。由于石墨炔的理论计算的空穴迁移率值估计为 10^4 $cm^2/(V \cdot s)$,因此石墨炔可以直接作为空穴传输材料应用。目前,在胶体量子点太阳能电池(colloidal quantum dot,CQD)的活性层与阳极之间引入缓冲层,通过界面修饰提高效率的方法被逐渐研究,但对效率的提升甚微。Wang 等人将石墨炔(图 4-46 中 GD),作为空穴传输层带入 CQD 中,大大提高了器件的性能,保证了器件的稳定性[167]。如图 4-46 所示,光电转换效率从 9.49% 提高到 10.64%。使用石墨炔降低胶体量子点固体的功函数,显著增强空穴从量子点固体活性层到阳极的转移。研究发现,石墨炔缓冲层延长了载流子寿命,减少了之前被忽略的光伏器件背面的表面复合。另外,该装置在环境空气中也表现出了令人满意的长期稳定性。

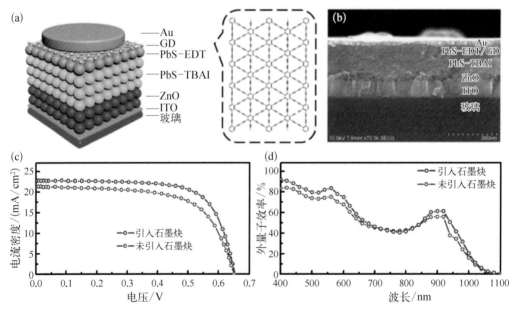

图 4-46   (a)器件结构示意图;(b)器件横截面 SEM 图像;(c)模拟 AM 1.5 G 辐照下的 J-V 特性;(d)EQE 光谱[167]

4.4.2　石墨炔基探测器

石墨炔被认为是一种新的碳的同素异形体，它是由二炔键将 6 个苯环共轭连接形成的全碳分子[3][167]。与石墨烯不同，石墨炔具有刚性碳网和自然带隙，具有较大的比表面积和较高的空穴迁移率，其 sp 与 sp^2 杂化态的成键方式决定了其独特的二维平面网络构型[168]。它的天然三角孔状结构、丰富的碳化学键、可调控的电子结构和良好的化学稳定性，使其成为一种有效探测紫外光、荧光粒子波长和电子信号的材料，在电子、光电领域具有重要的应用前景。研究结果表明，石墨炔具有 0.46 eV 的天然带隙、良好的空穴传输特性[29]，这有助于促进探测器光生电子空穴对的分离，提高探测器性能。

光电探测器是将光信号转换成电信号的光电器件，在许多领域有着广泛的应用。由于其工作原理类似于太阳能电池，因此在光电探测器中引入石墨炔以提高其性能是可行的。Wang 等人[79]利用自组装技术将石墨炔纳米颗粒子组装到丙胺稳定的 ZnO 纳米粒子的表面，从而成功制备 GDY：ZnO 纳米复合材料[图 4 - 47(a)]，并应用于需要高灵敏度材料的紫外光电探测器，GDY：ZnO 纳米复合材料器件性能表现出了极大的提升。响应/恢复时间（上升/衰减时间）是光电探测器的关键参数，提高器件灵敏度一直是研究的方向。作者通过不同的方式将石墨炔整合到基于 ZnO 的光电探测器中，用旋涂法制备了四种不同架构的光电探测器，分别是 ZnO、GD/ZnO 双分子层、GD：ZnO、GD：ZnO/ZnO 双分子层光电探测器[图 4 - 47(b)]。退火过程中，ZnO 纳米粒子之间存在一定程度的颗粒烧结或缩颈现象，而组装在 ZnO 纳米颗粒表面的石墨炔纳米颗粒对这种烧结或颈缩有很大的抑制作用，这会显著降低薄膜的电子迁移率。如图4 - 47(c)～(h)所示，GD/ZnO 光电探测器具有较低的暗电流、较高的光电流和较短的上升/衰减时间，对光开/关的响应显著提高。与 ZnO 纳米颗粒器件（R 值为 174 A/W，响应/衰减时间长为 32.1/28.7 s）相比，以 GDY：ZnO 纳米复合材料为活性层的光电探测器，响应度提高了 7.2 倍（1260 A/W），响应/衰减时间显著降低（6.1/2.1 s），石墨炔纳米粒子与 ZnO 纳米粒子之间形成的异质结极大地改善了载流子的交换过程，从而进一步提高了器件的性能。该研究为石墨炔未来在光电子领域的各种应用提供了新思路，并促进了新型器件的开发与发展。

Yu 等人[164]采用溶胶-凝胶法制备了石墨炔修饰的金属-半导体-金属结构的 ZnO 紫外探测器，研究了不同旋涂次数的石墨炔修饰对探测器性能的影响。实验结果表明，石墨炔修饰的探测器比未修饰器件的光电流提高 4 倍，暗电流降低 2 个数量级，同时探测器的响应度和探测率也明显提高，其中旋涂 2 次的石墨炔修饰的器件性能最优。在 10 V 偏压下，旋涂 2 次的石墨炔修饰的探测器响应度高达 1759 A/W，探测率高达 4.23。同时研究了石墨炔薄膜对 ZnO 探测器光响应特性的影响，石墨炔修饰可以大幅降低器件的暗电流，旋涂 2 次的石墨炔修饰的探测器光电流达到最高值，石墨炔的修饰明显缩短了器件的响应时间和恢复时间，且随着旋涂次数的增加，器件的响应速度和恢复速度进一步加快。

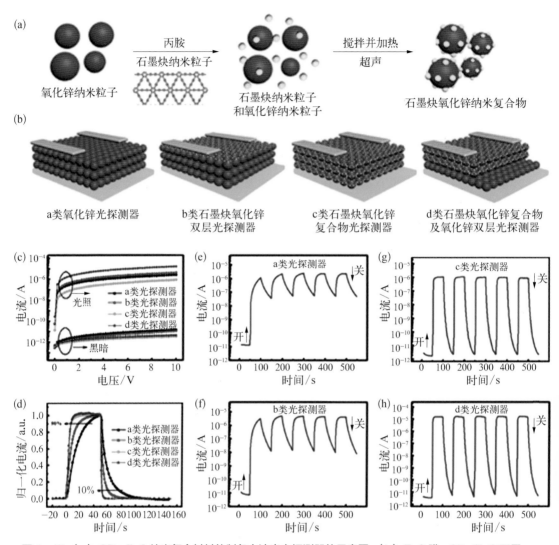

图 4-47　(a) GD：ZnO 纳米复合材料的制备方法光电探测器的示意图；(b) ZnO 膜，GD／ZnO 双层膜，GD：ZnO 膜和 GD：ZnO／ZnO 双层膜；(c) 在黑暗中和在强度为 0.4 mW／cm² 的 365 nm 紫外光照射下光电探测器的 I-V 曲线；(d) 上升／下降时间比较，光电探测器的开关特性 (e) ZnO, (f) GD：ZnO, (g) GD／ZnO 双层，(h) GD：ZnO／ZnO 双层[79]

　　Yu 等人[169] 以 TiO₂ 和石墨炔为改性材料，将 TiO₂ 纳米晶封装在石墨炔颗粒上，制备了 TiO₂：GDY 纳米复合材料。作为支撑材料，石墨炔具有高比表面积，可优化 TiO₂ 纳米晶体的特性。将 TiO₂：GDY 纳米复合材料与 MgZnO(MZO) 相结合，制备了横向双层紫外探测器。TiO₂：GDY 纳米复合材料与 MZO 之间可以形成异质结，当 MZO 的光学带隙高达 3.8 eV 时，紫外光探测器对深紫外光具有很高的灵敏度，改性后的器件在 10 V 偏压下的光电流提高了近 2 个数量级，在 254 nm 下的响应度提高了 1 个数量级。

具有 1.5×10^5 的高信噪比(SNR),在 254 nm 到 365 nm 范围内,光电流减小约为 3 个数量级,这表明该器件具有很高的检测率和光谱选择性。TiO$_2$:GDY/MZO 双层光探测器的上升/衰减时间为 3.50 s/2.73 s,与 MZO 双层光探测器相比,速度得到了显著的提高。

单壁碳纳米管在红外区域显示出强烈且可调的光-质相互作用,并且在红外检测中显示出巨大的潜力。但是合成的纳米碳管通常是单壁碳纳米管和金属碳纳米管的混合物,金属纳米碳管会加速激子的猝灭。此外,单壁碳纳米管中相对较强的聚集会阻碍光致激子的分离,这两个因素阻碍了基于单壁碳纳米管的红外光电检测的发展,因此寻找一种能与单壁碳纳米管相结合的新材料,在增强光电转换的同时,又能保持优良的电输运性能尤为重要。

γ-GDY 具有 4.2 eV 功函数的碳同素异形体材料,可以维持单壁碳纳米管的通态电流和载流子迁移率,可以促进激子的离解,Hu 等人[147]报道了一种由高纯度的单壁碳纳米管和少层 γ-GDY 制成的光电探测器,γ-GDY 的引入提高了 s-SWNTs/γ-GDY 器件的光电性能,在单壁碳纳米管膜的激子离解中起重要作用[图 4-48(a)~(f)]。实验结果表明,所制备的红外探测器具有良好的响应性和均匀性,高纯度 s-SWNTs 和 γ-GDY 的器件具有超过 10^5 的高开关比和接近 25 cm^2/(V·s)的迁移率,与 s-SWNTs 器件相比,电传输性能没有降低。γ-GDY 的引入极大地提高了激子解离的效率,并且 s-SWNTs/γ-GDY 装置在整个通道区域显示出均匀的响应,且快速响应时间低于 1 ms,响应率和探测率为 0.38 mA/W 和 1×10^6 cmHz$^{1/2}$/W。

同时作者也分析了这一过程可能的工作机理,s-SWNTs 的激子结合能高导致 s-SWNTs 器件的性能较低,图 4-48(g)(h)中的能带图显示,当功函数为 5.0 eV 的 s-SWNTs 吸收光子时会形成激子,电子无法进入导带,因为电子与空穴之间的相互作用太强,电子空穴对不能解离,很容易通过重组猝灭,从而导致效率低下。分离的单壁碳纳米管相对较短(1~2 μm),并且在薄膜中重叠,这导致载流子迁移率低。γ-GDY 的引入有利于内置电场激子的离解,由于相邻能级之间的微小差异,光致电子可以转移到 γ-GDY 的 LUMO 中,从而促进激子的离解并增加载流子密度。在光的作用下,通过吸收光子产生激子,然后借助 γ-GDY 和小的偏置电压将激子分成自由载流子,从而可以通过电极收集信号。因此,无论激光光斑的位置如何,光电流的产生使得在光电流映射过程中整个通道的响应是均匀的,载流子密度增加,光电响应增强,极大提高了器件的光电性能。

石墨炔优异的分子吸附性能使其具有有效的荧光猝灭特性,可以降低生物传感器器件的噪声,并且提高检测的灵敏度。此外,石墨炔的强吸附特性可以大大缩短响应时间,王丹等人[170]第一次开发了基于石墨炔纳米片的多层 DNA 传感器。提出了一种新的基于石墨

炔的检测路径,它比 MoS₂ 纳米粒子具有更高的灵敏度和更短的检测时间。通过理论计算
和实验验证,染料标记的 ssDNA 在石墨炔纳米粒子上的完全荧光猝灭可以通过图 4-49
所示的路径一进行,而在路径二,当目标 DNA(T)存在时,dsDNA 的形成减弱了染料标记
探针与石墨炔纳米粒子之间的相互作用,导致染料标记 DNA 探针从石墨炔纳米粒子表面
释放出来,从而导致荧光的恢复。王丹等人首次证明了少层石墨炔纳米粒子具有较高的荧
光猝灭能力,并且对 ssDNA 和 dsDNA 具有不同的亲和性,石墨炔纳米粒子的这种优越性
能可用于开发新的生物传感原理,以高灵敏度的方式对 DNA 进行多路实时荧光检测,检
测限低至 25×10^{-12} m。高效的石墨炔纳米猝灭剂可以很容易地大面积合成,并且可以装
载不同的染料标记 ssDNA,从而使该材料具有分析多重 DNA 的优势。石墨炔纳米探针可
用于生物分子的快速、经济高效的多重检测,这将为广泛的生物学分析铺平道路,并促进基
于 2D 纳米材料的生物传感系统的发展。

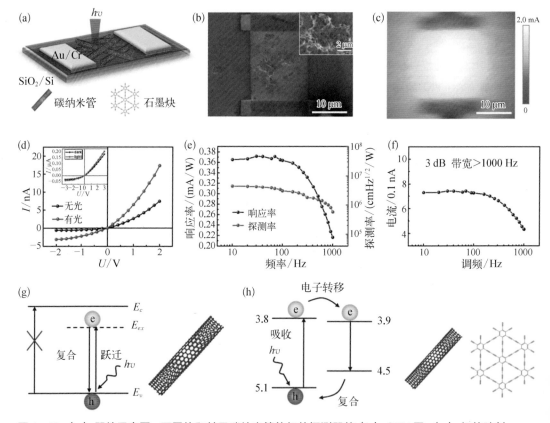

图 4-48 (a)器件示意图,石墨炔和基于碳纳米管的红外探测器的(b)SEM 图,(c)红外映射;
(d)在有光和无光情况下的 I-V 的响应曲线;(e)器件在不同频率下的响应率和检测率;
(f)光电流与开关频率的关系;(g)s-SWNTs,(h)s-SWNTs/γ-GDY 的光电探测器
的工作原理示意图[147]

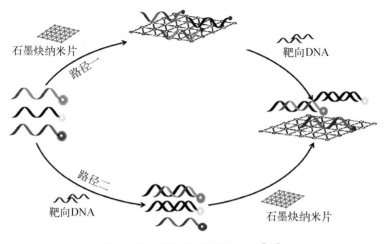

石墨炔纳米片

路径一

靶向DNA

路径二

靶向DNA

石墨炔纳米片

图 4-49　DNA 检测原理示意图[170]

4.5　石墨炔基多尺度催化剂

　　如何在温和条件下实现太阳能等绿色能源向高附加值燃料和化学品的转换与利用，是解决当前全球资源紧缺及生态环境恶化等问题的重要途径。催化剂是实现上述转换过程高效进行的关键，决定了催化反应性能，最终影响了整体的转换效率。因此，发展新型高选择性、高活性的催化材料是实现高效能量转换与利用的关键，是当前的科学前沿问题。

　　石墨炔高的炔键分布使石墨炔表面电荷分布极不均匀，赋予了其更多的活性位点数量，产生高本征活性，能够有效促进催化反应过程[171]。在界面作用中，石墨炔可以与常规材料很好地复合，表现出优异的电荷传输能力，在异质结催化方面展现独特的优势。近几年在原子催化、异质结催化、非金属催化方面取得了一系列原创性研究成果。

4.5.1　石墨炔金属原子催化剂

　　金属原子催化剂（atom catalyst，AC）因其独特而有吸引力的性质（如原子利用率最大化、确定的电子结构、高反应选择性和活性等）被认为是理想的催化模型体系，使研究者们可以真正从原子电子尺度上理解催化反应机理，已成为当今催化、能量等领域的研究前沿。然而，基于传统载体材料的单个金属原子的易迁移、聚集等缺点，是限制金属原子催化剂实际应用的巨大障碍。

2018年，中国科学院化学研究所李玉良院士提出利用石墨炔丰富的炔键、孔洞结构及其与金属原子之间的相互作用并结合多孔结构的空间尺度效应合成零价过渡金属原子新策略[图4-50(a)]，在国际上首次成功锚定零价过渡金属原子[53]，克服了传统单原子催化剂易迁移、聚集、电荷转移不稳定等问题，真正实现了零价金属原子催化，催化活性展示了变革性的变化，实现了该领域至今仍未突破的难题，为发展新型高效催化剂开拓了新的方向。石墨炔金属原子催化剂在高效催化、能量转换等方面取得了原创性、系列性突破进展，已被率先应用于与人们的生活息息相关的裂解水制氢和还原氮合成氨等关系国计民生的重大领域。石墨炔推动了原子催化剂的性质和应用研究。

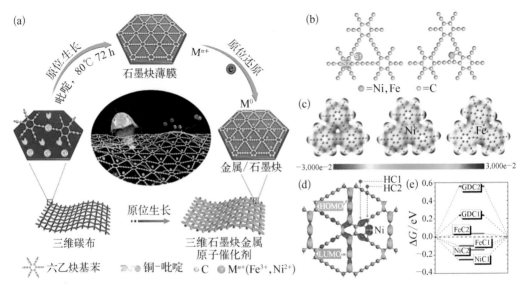

图4-50 （a）石墨炔零价金属原子催化剂合成策略；（b）金属原子锚定位点；（c）差分电荷图；（d）Ni-on-GDY上真实空间HOMO和LUMO等高线图（HC1和HC2分别表示不同C位点上的H吸附活性位点）；（e）H的化学吸附能与自由能曲线（ΔG）的关系[53]

4.5.1.1 理论基础

石墨炔的基本结构单元中含有18个C原子，包括具有 sp^2 杂化的六边形环中的6个C原子和具有 sp 杂化的线性炔链中的12个C原子，独特的结构使其具备了天然孔洞结构、天然带隙、丰富的化学键、电荷分布不均匀性及高稳定性等独特的性质。石墨炔富含碳碳三键，其 π/π^* 轨道可以在垂直于—C≡C—的任意方向上旋转，更易于和周围的金属原子相互作用，具有更大的结合能，锚定的金属原子催化剂将具有更高的稳定性，能够有效避免金属原子的团聚[172]。这些都是石墨烯等传统碳材料所不具备的性质。研究者们利用理论计算方法对石墨炔金属原子体系电子结构变化情况进行

了详细研究,结果显示石墨炔大三角炔环端 S1 位置为金属原子的最佳锚定位点[图
4-50(b)][53, 55, 173-176]。此外锚定的金属原子能够对石墨炔的电子结构产生显著影
响[177],在石墨炔和金属原子之间产生显著电荷转移及金属原子 s、p 和 d 轨道电荷的重
新分布[图 4-50(c)],这都将会明显降低其自由能[图 4-50(d)],增加体系的活性位点
数量。石墨炔金属原子催化剂的这些优势使得其在能量转换与利用等领域显示出巨大
的潜在应用前景。

4.5.1.2 石墨炔零价金属原子催化剂形貌与价态

零价过渡金属原子催化剂一直是催化领域的巨大挑战。科学家们一直期待零价过渡
金属原子催化剂的出现。我们团队首次以石墨炔为基底,通过简单、快速的原位电化学还
原的方法,高效、可控地实现了对零价过渡金属镍和铁原子的锚定,成功获得了石墨炔零价
镍和铁原子催化剂(Ni^0/GDY 和 Fe^0/GDY)[53]。该方法具有很强的普适性,基于该方法获
得了首个零价贵金属钯原子催化剂(Pd^0/GDY)[178]。值得一提的是,自然界中钼普遍以高
氧化态化合物形式稳定存在,而传统方法无法得到零价钼原子催化剂。最近我们通过石墨
炔首次实现对高价态钼原子的还原,获得了零价钼金属原子催化剂[Mo^0/GDY,负载量高
达 7.5%(质量分数)][173]。TEM、HRTEM、XPS、球差电镜及 X 射线吸收谱等结果都充分
证明,Ni、Fe、Pd 和 Mo 金属原子相互独立、高度分散地锚定在石墨炔上(图 4-51)。Mo^0/
GDY 的球差电镜表征结果首次清晰地给出了金属原子在石墨炔上锚定位置的清晰照片
[图 4-51(m)~(o)]。该实验结果证明了理论计算研究模型的正确性。同步辐射 X 射线
近边结构谱(XANES)能够非常灵敏、高效地测试到同一元素的价态变化,可以此作为辨别
同一种元素不同价态的指纹谱。因此,我们对所有的样品(Ni^0/GDY,Fe^0/GDY,Pd^0/
GDY 和 Mo^0/GDY)进行了同步辐射原位测试。以 Ni^0/GDY(Fe^0/GDY)为例[53],为了精
确地证明金属原子的价态,我们利用纯的镍箔(铁箔)作为对照样品。如图 4-52 所示,
Ni^0/GDY(Fe^0/GDY)的结合能与零价金属的结合能一致,充分证明我们成功制备了石墨
炔零价原子催化剂。对催化反应前后及 300℃ 高温处理的样品进行原位同步辐射测试,结
果都显示金属原子价态仍然为零价,而且依旧保持相互独立高度分散地锚定于石墨炔表
面,充分证实了石墨炔零价金属原子催化剂的高稳定性。同样地,XANES 实验结果也证
明铁、钯、钼原子均为零价态。

我们同时利用理论计算从键合能量角度进一步分析了 Ni^0/GDY(Fe^0/GDY)中金属
原子的价态及金属原子和石墨炔之间的相互作用。以 Ni-3d 轨道为例(图 4-53),在具有
高价 Ni^{2+} 的 NiO 上可以观察到明显的开壳效应;而零价的 fcc-Ni 则仅有非常轻微的
3d-3d 轨道重叠,表现为典型的闭壳效应;Ni^0/GDY 则表现出非常明显的闭壳效应,与零
价的 fcc-Ni 结果一致,说明 Ni^0/GDY 中的金属为零价态。此外,理论计算得到的 Ni-C

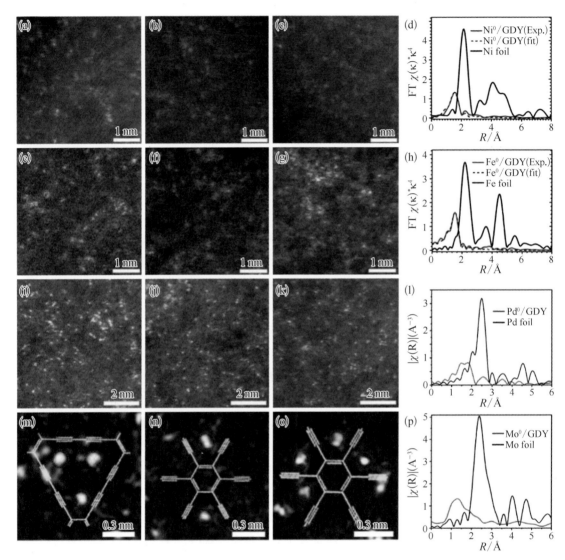

图4-51 （a）～（c）Ni⁰/GDY 球差电镜图和（d）Ni⁰/GDY 和 Ni 箔在 Ni K‑edge 的非原位 EXAFS
光谱[53]；（e）～（g）Fe⁰/GDY 球差电镜图和（h）Fe⁰/GDY 和 Fe 箔在 Fe K‑edge 的非
原位 EXAFS 光谱[53]；（i）～（k）Pd⁰/GDY 球差电镜图和（l）Pd⁰/GDY 和 Pd 箔在 Pd K‑
edge 的非原位 EXAFS 光谱[178]；（m）～（o）Mo⁰/GDY 球差电镜图和（p）Mo⁰/GDY 和
Mo 箔在 Mo K‑edge 的非原位 EXAFS 光谱[173]

键长（1.753 Å）与 Ni 3d 轨道能量（9.79 eV）均与实验测量结果一致。采用同样的方法，我
们进一步验证了制得的 Pd⁰/GDY 和 Mo⁰/GDY 中的金属均为零价。实验和理论计算结
果都充分证明了在石墨炔上能够稳定存在，即我们成功制备了零价金属原子催化剂。石墨

炔零价原子催化剂的成功合成,解决了传统载体上作为单个金属原子易迁移、聚集和电荷转移不稳定等关键问题。对于石墨炔零价原子催化剂,锚定的零价金属原子能够进一步活化锚定位点周围碳原子[53, 173, 175, 176, 178],最大化地增加体系的导电性和反应活性位点数量,最大化地提高其催化活性。

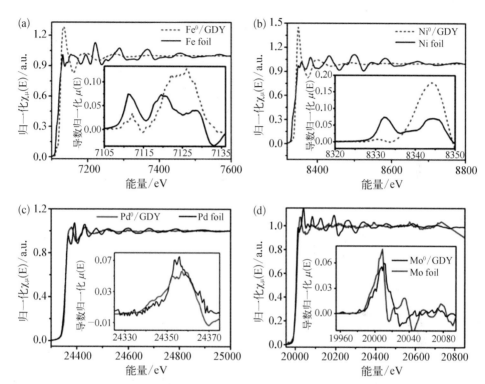

图 4‑52　(a) Fe⁰/GDY 和 Fe 箔在 Fe K‑边归一化的 XANES 图谱及其一阶导数曲线(内图);(b) Ni⁰/GDY 和 Ni 箔在 Ni K‑边归一化的 XANES 图谱及其一阶导数曲线(内图)[53];(c) Pd⁰/GDY 和 Pd 箔在 Pd K‑边归一化的 XANES 图谱及其一阶导数曲线(内图)[178];(d) Mo⁰/GDY 和 Mo 箔在 Mo K‑边归一化的 XANES 图谱及其一阶导数曲线(内图)[173]

4.5.1.3　石墨炔金属原子催化剂的应用

1. 用于电解水产氢

　　氢气(H_2)是一种重要的具有高能量密度和可再生的清洁能源,作为能源的载体发挥着重要作用,并且对许多工业过程至关重要。通过析氢反应(HER)实现水分解是制备高纯氢的一种简单、经济可行的路线[179]。然而,如何提高电催化或光催化过程中的反应活性、效率,以及催化剂稳定性,都是目前所面临的重要挑战。石墨炔金属原子催化剂独特的物理、化学性质,为解决能量转换过程中存在的问题带来新方案。

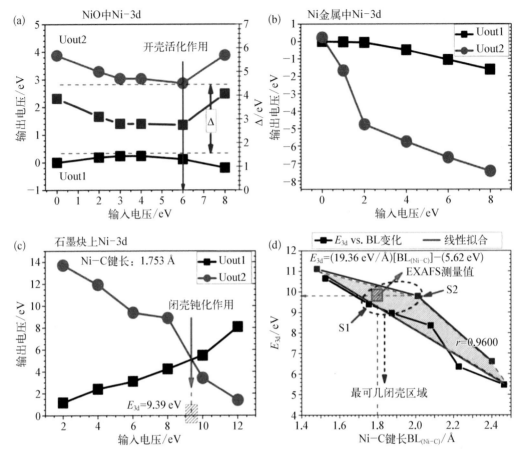

图 4-53   通过开壳和闭壳电荷重叠法测定的（a）NiO、（b）Ni⁰/GDY 和（c）Ni-fcc 中 Ni 位点的 3d 轨道能；（d）轨道能量的变化与新形成的 Ni-C 有关（绿色阴影区域表示与 Ni-C 间距离相关的 Ni-C 间距离的 Ni-C 封闭壳层区域；紫色虚线表示处于热力学平衡状态的 Ni 在 GDY 系统上的最可能的封闭壳层轨道区域；绿色方块表示实验 EXAFS 测量数据）[53]

在石墨炔金属原子催化剂中[53]，稳定的零价原子引起的 HOMO/LUMO 电荷密度分布和活性位点快速地电荷交换，意味着石墨炔零价原子催化剂具有优异的催化活性（图 4-54）。比如，Fe^0/GDY 和 Ni^0/GDY，在 0.5 M H_2SO_4 中，0.2 V 的过电位下，Fe^0/GDY 和 Ni^0/GDY 的质量活性分别为 Pt/C 质量活性的 34.6 和 7.19 倍。而就活性位点数目而言，Fe^0/GDY（2.56×10^{16} 个/cm^2）和 Ni^0/GDY（2.38×10^{16} 个/cm^2）单位面积上的活性位点数量分别是 Pt(111)（1.5×10^{15} 个/cm^2）的 17 倍和 15.8 倍。此外，该类石墨炔基原子催化剂有着优于 Pt/C 的长期稳定性，能够经历 5000 圈循环而保持稳定的电流密度。如此卓越的催化性能源于锚定的 Ni^0/Fe^0 原子与 GDY 之间显著的协同作用，促进了活性位点和载体之间的高效电荷传输，赋予了石墨炔零价原子催化剂更高的导电性、更大的电化学活性面积，以及更多的反应活性位点数量等优点。

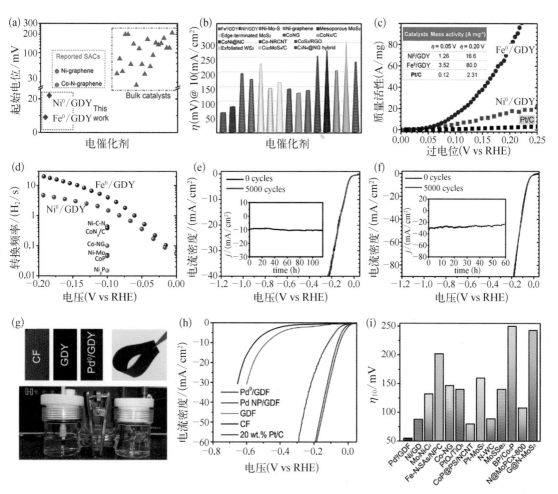

图 4-54 石墨炔金属原子催化剂的 HER 性能。 Fe⁰/GDY、Ni⁰/GDY 和其他传统单原子催化剂，块体催化剂的（a）起始电位及（b）电流密度 10 mA/cm² 时过电位的比较；（c）质量活性；（d）Fe⁰/GDY、Ni⁰/GDY 与其他明星 HER 电催化剂的 TOF 值比较；（e）Ni⁰/GDY 和（f）Fe⁰/GDY 稳定性测试，内图分别为其时间-电流曲线[53]；（g）CF、GDY、Pd⁰/GDY 及三电极电解池的光学照片；（h）Pd⁰/GDY 及对照电极的极化曲线；（i）Pd⁰/GDY 和其他传统单原子催化剂及块体催化剂在 10 mA/cm² 时的过电位比较[178]

迄今为止，贵金属基（Pt、Pd、Ru 等）材料仍然被认为是最有效的 HER 电催化剂。设计并制备新型贵金属原子催化剂是最大限度地发挥这些贵金属基电催化剂的潜力，以及克服其稀缺性和高成本等限制因素的理想途径。余晖迪等人[178]的实验结果证实了 Pd⁰/GDY 明确的结构和价态赋予了其优异的 HER 性能[图 4-54（g）～（i）]，在极低的负载量下[0.2%，仅为 20%（质量分数）Pt/C 的百分之一]即可在极低的过电位（55 mV）下达到 10 mA/cm² 的电流密度，并且表现出优于 20%（质量分数）Pt/C 的质量活性（61.5 A/mg_metal）和转换频率（turnover frequency，TOF，16.7 s⁻¹）。同时，Pd⁰/GDY 兼具有长达 72 h 的长效稳定性。Lu 等人[180]将石墨炔与 K_2PtCl_4 反应得到了石墨炔铂原子催化剂(Pt-GDY),在 Ar 气氛中退火处理后的 Pt-GDY2 的 Pt 5d 轨道拥有最高密度的末占据态,这些空轨道对催化反应过程起到了至关重要的作用,Pt-GDY2 有着更靠近 0 的氢吸附自由能(0.092 eV)。这些因素的共同作用使得 Pt-GDY2 在酸性环境中具有更加优异的 HER 性能,其质量活性为 Pt/C 的 26.9 倍。最近余晖迪等人[165]首次可控制备了石墨炔钌原子催化剂,Ru 原子与相邻的 C 原子之间呈现出一种特殊的电荷传输机制,显著增加了 Ru/GDY 活性中心数量,提高了其在酸性条件下的 HER 与 OER 反应选择性、反应活性和循环稳定性。这也是首个可以同时实现 HER 和 OER 双功能的金属原子催化剂,为新型催化剂的设计和合成提供了新策略。

2. 用于氮还原合成氨

氨是现代工业和农业生产最为基础的化工原料之一,对人类的生产、生活等方面有着至关重要的作用。然而,目前工业上主要在高温(400～600℃)、高压(20～40 MPa)等苛刻的条件下合成氨,不仅耗能巨大,更会导致环境被严重污染。因此,如何实现常温、常压下高效合成氨受到科学界和工业界广泛关注。Mo^0/GDY 是第一个能够在常温、常压下高选择性、高活性和高稳定性合成氨的零价原子催化剂(图 4-55)[173]。在氮气氛围中,Mo 为最优的 N_2 吸附位点,从能量上看最倾向于形成 Mo-N≡N 结构。进一步研究 Mo^0/GDY 的电子活动,从其差分态密度(PDOS)上来看,Mo 4d 和 C-p 轨道主要控制电荷转移行为,两个主要的 C 成键和反键轨道将 Mo 4d 轨道固定在费米能级的中间交叉处,这能够使得在 ECNRR 的各个中间步骤中,Mo 4d 的价电子态得到稳定的保护,并且使得 Mo 位点能更加轻易地从周围 C 上聚集电子,促进 Mo 与 N 之间的电荷转移[图 4-55(a)(b)]。此外,计算结果显示,C1 和 C2 都是能量上优选的 H 吸附位点,额外的化学吸附能说明,C1 是实现 H 吸附,发生质子-电子电荷交换的最优位点[图 4-55(c)(d)]。对局域结构的进一步分析表明,在[$NH_2\longrightarrow NH_3+(H^++e^-)$]步骤中发生单极 N 键的解离,有效阻止了 N 中间体的过度结合。该结果与 N—N 键中间体的变化一致,确保了在抑制 HER 或 H 解离时的能量补偿。在 N_2 饱和的 0.1 mol/L Na_2SO_4 中,Mo^0/GDY 在 1.2 V 时可达到最大 NH_3 产率[113.4～145.4 $\mu g/(h \cdot mg_{cat})$]和法拉第效率(15.2%～21.0%);未检测到可能的副产物的生成,证实了 Mo^0/GDY 在 ECNRR 中 100%选择性在 ECNRR 测试后,Mo^0/GDY 的化学结构和价态均未发生明显变化,充分说明其结构的稳定性。

3. 用于氧还原反应

Wu 等人[55]利用 $NaBH_4$ 对 GDY 表面 Fe^{3+} 的原位还原,成功制备了一种石墨炔基铁原子催化剂[Fe-GDY,负载量为 0.63%,图 4-56(a)～(e)],实验结果表明 Fe-GDY 可以促进 $4e^-$ ORR 路径,同时限制 $2e^-$ ORR 路径,与理论预测具有非常好的一致性。在碱性环境(0.1 mol/L KOH)中,Fe-GDY 的起始电位($U_{onset}=0.21$ V)、半波电位($U_{1/2}=0.10$ V)、

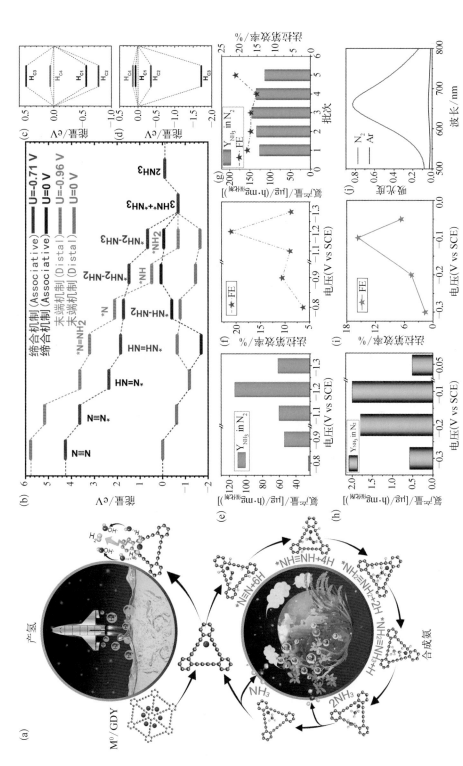

图 4-55 （a）催化过程的合成和结构构造演变；（b）GDY-Mo 上的 ECNRR 能量通路；（c）GDY 的 C 位上的形成能；（d）C 位上的 H 化学吸附能。Mo⁰/GDY 在 0.1 M Na₂SO₄ 中（e）NH₃产量比较（f）不同电位下 FE 及（g）稳定性实验结果。在 0.1 M HCl 中不同电位下 NH₃产量和（i）FE；（j）N₂和 Ar 氮围中氮 ECNRR 测试后的 UV 结果[173]

动态电流密度(0.1 V 下，$i_k = 6.70$ mA/cm^2)、速率常数($k = 1.47 \times 10^{-2}$ cm/s)均接近商品化 Pt/C。与此同时，对比 Fe-GDY5000 圈加速稳定测试(ADT)前后的起始电位、半波电位及速率常数，其变动可以忽略不计；相应地，对于商品化 Pt/C，这些参数发生了明显的衰减，充分证实了 Fe-GDY 卓越的长效稳定性。这项研究揭示了石墨炔金属原子催化剂在合理设计与制备新型高活性 ORR 催化剂中的独特优势。

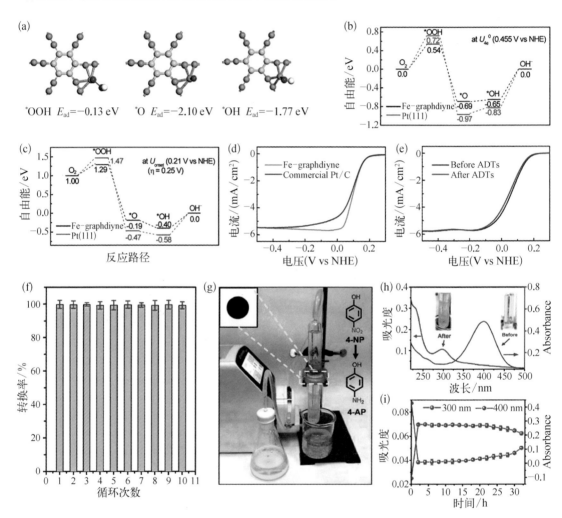

图 4-56   石墨炔基原子催化剂的 ORR 性能

(a) $^*OOH$、$^*O$、$^*OH$ 吸附在 Fe-graphdiyne 的结构示意图；(b)(c) 平衡电位及起始电位下 Fe-graphdiyne 及 Pt(111) 遵循 $4e^-$ 路径发生 ORR 的自由能图；(d) 室温下 Fe-graphdiyne 及 Pt/C 分别在 N$_2$ 饱和(蓝线)与 O$_2$ 饱和(红线)的 0.1 mol/L KOH 中的 $C-V$ 曲线；(e) 0.1 M KOH 中 Fe-graphdiyne 及 Pt/C 的 RDE 测试曲线。石墨炔基原子催化剂催化 4-硝基苯酚还原性能；(f) Pd$_1$/GDY/G 催化 10 个循环中的 4-NP 转化率；(g) 测试 Pd$_1$/GDY/G 所用连续流动系统照片；(h) 连续流动实验前后溶液的 UV-Vis 图谱；(i) UV-Vis 光谱中 300 nm 及 400 nm 处吸收峰强度随实验时间变化关系[55]

4. 用于催化有机小分子反应

受到石墨炔零价金属原子催化剂优异催化性能鼓舞，Zhang 等人[181]在石墨炔基底上通过化学还原 Pd^{2+} 成功制备了 Pd 原子催化剂［最高负载量为 0.855%（质量分数），Pd$_1$/GDY/G］。研究结果表明，该催化剂具有优异的催化性能，在 NaBH$_4$ 存在时 Pd$_1$/GDY/G 能够实现 4-硝基苯酚（4-NP）向 4-氨基苯酚（4-AP）的高活性、高选择性，催化计算得到其反应速率常数为 0.953 min^{-1}，约为 Pd/C 的 44 倍；其转化频率（TOF）为 1762.17 min^{-1}。10 次重复循环实验后 4-NP 的转化率依旧维持在 99% 以上，证明了 Pd$_1$/GDY/G 优异的长效稳定性［图 4-56(f)～(h)］。该研究工作也表明了石墨炔金属原子催化剂在有机小分子催化反应方面的应用潜力。

4.5.2　石墨炔异质结催化剂

单相催化剂具有高的催化效率，在制备成本上和制作工艺上具备着极大的优势，然而其反应选择性差、电荷传输能力低、稳定性差等缺点限制了其实际应用。有效克服单相催化剂存在的这些问题，对于新型催化材料的研究开发而言意义重大。将不同类型的材料与石墨炔进行复合，便可以形成具有特殊结构的石墨炔基异质结催化材料。基于石墨炔富电子的大面积共轭体系与良好的可调带隙结构，石墨炔基异质结材料展露了非常优秀的电荷转移能力。此外石墨炔的多孔结构、丰富的活性位点及良好的化学稳定性，使得石墨炔基异质结催化剂拥有更优异的反应活性、选择性和光电催化能力；特别是石墨炔可在任意材料表面温和可控生长的性质，使其在催化领域中发挥着重要的作用，为解决能量转换过程中存在的问题带来新的思路，为构建具有高选择性、高活性和高反应稳定性的催化剂提供了新的解决方案。

4.5.2.1　析氢反应（HER）

中国科学院化学研究所李玉良院士团队创新性地以自支撑的铜纳米线阵列（Cu NA）为基底，通过自催化原位生长的方式构筑了三维自支撑石墨炔纳米线阵列电极材料（Cu@GDY NA）[130]，并将其成功用于 HER 反应。实验结果证明，石墨炔与零价铜原子［Cu(0)］相互作用形成催化活性中心，其独特的电子结构和导电性显著增强了电荷转移能力，在酸性条件（0.5 mol/L H$_2$SO$_4$）中显示了优异的催化活性和稳定性。这也是第一个石墨炔基 HER 催化剂。水分解的过程包括析氢反应（HER）和析氧反应（OER）两个半反应，目前 OER 催化剂通常在碱性环境展现出优良的性能，为了提高水分解反应的整体性能，发展宽 pH 值范围内具有优异催化性能的 HER 催化剂是该领域挑战之一。针对该挑战，我们团队发展了在石墨炔表面原位组装生长异质结的普适方法，可控合成了在宽 pH 值范围内都有优异 HER 催化性能的石墨炔基异质结催化剂[131, 182]。在余晖迪等人的研究工作中[182]，首先在碳布表面均匀生长石墨炔薄膜，然后以此为基底，通过湿化学法在石墨炔表面原位可控生长超薄硫化钼（MoS₂）纳米片，得到三维柔性石墨炔/二硫化钼异质结电极材料（eGDY/MDS，图 4-57）。实验结果证明 MoS₂ 与 GDY 之间形成紧密接触的异质结界面，同时 GDY 诱导 MoS₂ 由 2H 相向 1T 相转变，实现从半导体到金属性质的转变，使得材料的电荷传输能力大幅提高，进而优化其自由能。在酸性（0.5 mol/L H₂SO₄）和碱性（1.0 mol/L KOH）条件下 HER 催化性能都得到了巨大提升，特别是在 1.0 mol/L KOH 中催化活性超过 Pt/C。上述石墨炔负载型异质结的可控合成方法具有很高的普适性，被成功拓展到其他石墨炔负载型复合材料的制备中，比如 MoS₂/NGDY[83]、GDY-MoS₂ NS/CF[116]、WS₂/GDY[74] 等。

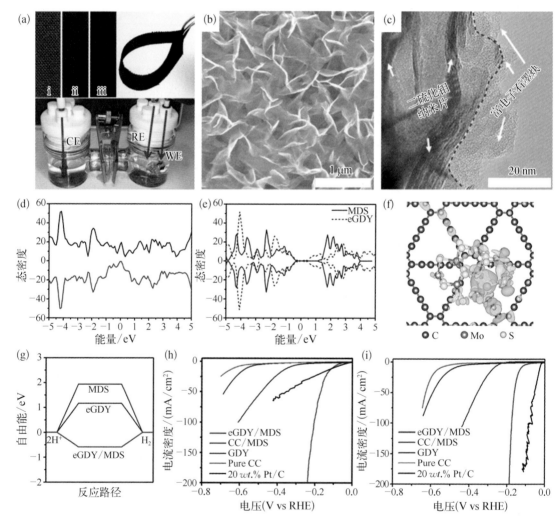

图 4-57　（a）样品（i）碳布、（ii）石墨炔和（iii）eGDY/MDS 的光学照片；eGDY/MDS 的（b）扫描和（c）高分辨透射电子显微镜照片；（d）eGDY/MDS 和（e）对照样品的态密度结果；（f）eGDY/MDS 差分电荷；（g）样品 H 吸附自由能图；样品分别在（h）碱性和（i）酸性条件下的极化曲线[182]

虽然石墨炔负载型电催化剂在从酸性到碱性的宽 pH 值范围内都表现出优异的催化活性,但是在研究过程中发现,负载于石墨炔表面的催化剂如果长时间暴露在电解液中会逐渐被腐蚀导致结构形貌等的变化,降低使用寿命。石墨炔是唯一可在任意基底表面低温温和可控生长的碳材料,可有效实现对催化剂材料的包覆,保护催化剂不被腐蚀,提高其稳定性;与此同时,石墨炔自身的高本征活性、丰富的活性位点数量及大的表面积等优势,都有利于催化剂催化活性的最大化。在惠兰等人[17]的研究中,石墨炔前驱体六乙炔基苯(HEB)与铁钴层状双氢氧化物(ICLDH)夹层阴离子的交换进入 LDH 层间通道,并与 LDH 结构形成氢键等在 LDH 层表面高有序自组装,在限域情况下聚合形成 GDY 膜。GDY 和 LDH 紧密接触引起的应力/应变将进一步扩大层间距,最终实现对块状 LDH 的剥离,得到 GDY 包覆 LDH 片层的三明治结构催化剂[e‐ICLDH@GDY/NF,图 4‐14(c)]。实验证明 GDY‐LDH 之间形成异质结结构,能够显著降低溶液阻抗及电荷转移阻抗,提高其电荷转移能力;电化学活性面积显著增加,提高了其催化活性,比如,在碱性条件下表现出比 Pt/C 更高的催化活性,在过电势为 200 mV 时其 TOF 高达 8.44 s^{-1},HER 活性在连续 37000 个 CV 循环测试后无衰减,远远超过纯 FeCoLDH 的稳定性(3000CV 后衰减 35%)。上述研究结果证明,石墨炔不仅能够极大地增加催化剂的催化活性,更能有效提高催化剂稳定性。该工作为构建高催化活性、高稳定性的非贵金属基电催化剂提供了新思路。该方法具有很大的普适性,获得系列具有优异催化性能的石墨炔包覆型电催化剂(NiO‐GDY NC[183]、CoN_x@GDY[115]、FeCH@GDY[184]、GDY‐MoS_2 NS/CF[116]、GDY/CuS[185] 等)。

(2) 光催化产氢

在形成的石墨炔/半导体异质结中,空穴可以通过异质结传导至石墨炔中,有效地阻止光生电子‐空穴的复合,表现出优异的光催化性能。Lv 等人[186]将石墨炔与 CdS 的纳米颗粒复合得到了可用于光催化制氢反应的复合材料中,研究结果显示,石墨炔不仅能够稳定 CdS,还能够有效地转移光生空穴,有效阻止光生电子‐空穴的复合,当 GDY 含量为 2.5%(质量分数)时催化剂性能是纯 CdS 的 2.6 倍,该催化剂也展现出了更为优秀的稳定性。Li 等人[187]制备了 CdSe QDs/GDY 复合材料,并用于光催化产氢反应,实验结果证明石墨炔可作为空穴传输层,提高光生电子‐电荷分离效率,提高了材料的光催化产氢性能。Jin 等人[188]制备了石墨炔包覆的 CuI 复合材料,实验结果证明相比于 CuI 和 GDY 较低的光催化制氢效率(分别为 29.42 μmol/5 h 和 156.49 μmol/5 h),GDY‐CuI 析氢效率极大提高(465.95 μmol/5 h)。

4.5.2.2　析氧反应（OER）

析氧反应(OER)作为水分解重要的半反应,其缓慢的动力学过程严重限制了电解水过程的整体动力学性能和效率,需要大的过电位才能达到理想的反应速率。如何设计并可控制备高效稳定的新结构 OER 催化剂,认识并诠释材料的本征催化行为,最终实现电催化效率的跃升,始终是该领域的一个重要难题。中国科学院化学所李玉良院士团队拓展了石墨炔在 OER 领域的新应用,利用石墨炔可在任意基底上可控生长的特性制备了三维石墨炔电极,并以之为基底可控生长了 $NiCo_2S_4$ 纳米线阵列,获得了首个石墨炔基 OER 催化剂——$NiCo_2S_4$ NW/GDF,与纯 $NiCo_2S_4$ NW 相比,$NiCo_2S_4$ NW/GDF 的 OER 活性和稳定性都得到了极大提高[72]。惠兰等人[17]将石墨炔包覆的超薄 LDH 纳米片阵列(eICLDH@GDY/NF)用于 OER,在碱性条件下,电流密度为 10 mA/cm^2 时的过电位仅为 216 mV,且经过 47000 个连续 CV 测试催化活性几乎无衰减。余晖迪等人[183]制备了石墨炔包覆 NiO 纳米立方体异质结构(NiO-GDY NC),在 1.0 mol/L KOH 中,NiO-GDY NC 在 278 mV 的低过电位下即达到 10 mA/cm^2 的电流密度。为了拓展金属氮化物在 OER 中的应用,方言等人[115]做了探索性工作制备了石墨炔包覆二维氮化钴纳米片阵列电极(CoN$_x$@GDY NS/NF),与纯氮化钴相比,其催化性能得到显著提高。上述催化剂均具有比 RuO$_2$ 优异的 OER 活性。最近 Li 等人[181]利用空气等离子体方法使石墨炔表面具备了更多的含氧基团(如—O—、—OH 和—COOH 等),亲水的石墨炔表面显示了更高的电负性,有利于水分子的吸附,改善了界面上物质或电子传输效率,与 CoAl(CO$_3^{2-}$) LDH 形成的复合催化剂(CoAl-LDH/GDY)具有更高的 OER 催化活性。

除了在电催化 OER 反应中的应用之外,石墨炔也可作为空穴传输层构筑具有优异光/光电催化产氧催化材料。比如,Li 等人[181]将 CoAl-LDH/GDY 用作光阳极时,获得了较好的光电催化 OER 反应活性。Zhang 等人[189]在 Si 基底表面原位生长 GDY,随后利用磁控溅射技术在 GDY 表面可控地镀了具有一定厚度的 NiO$_x$ 膜,获得 SiHJ/GDYNiO$_x$ 异质结材料(图 4-58)。研究结果显示,NiO$_x$ 镀层厚度为 10 nm 时催化剂具有最高的光电流密度 39.1 mA/cm^2,是具有相同 NiO$_x$ 镀层厚度的 SiHJ/NiO$_x$ 的 2 倍。Si 等人[75]通过 π-π 堆积作用构建了 Z 形 Ag$_3$PO$_4$/GDY/g-C$_3$N$_4$ 异质结构,显示了优异的电荷分离和转移效率,APO-0.05%GDY-1%CN 表现出高的氧析出能力(753.1 μmol/g/h),是单独的 Ag$_3$PO$_4$ 纳米粒的 12.2 倍。Mao 等人[190]发现疏水性的 GDY 与亲水性的 Ag$_3$PO$_4$ 形成稳定的油包水型 Pickering 乳液,研究发现 GDY 能够增强乳液稳定性,改善能带结构,促进载流子传输,进而提高其催化性能:与碳纳米管和石墨烯等材料比,Ag$_3$PO$_4$/GDY 对于亚甲基蓝更高的降解表观速率常数(0.477 min^{-1}),OER 反应活性提高 1.89 倍。该系列研究证明了 GDY 在光催化体系中具有巨大潜力。

4.5.2.3　全水解反应

寻找能在相同 pH 值水电解质中同时展现高活性、高稳定性的 HER 和 OER 非贵金属催化剂,仍是水分解领域的巨大挑战。针对该挑战,中国科学院化学研究所李玉良院士团

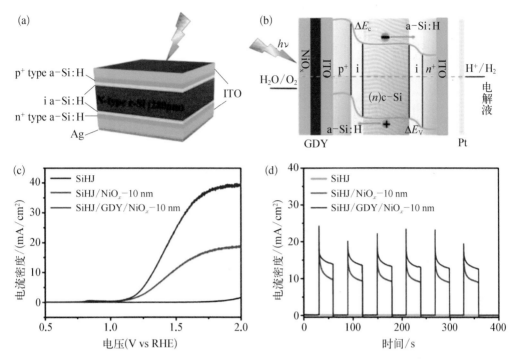

图 4-58　（a）SiHJ 示意图和（b）SiHJ 光阳极能带示意图；（c）镀有 10 nm 厚度的 NiO$_x$ 薄膜的 SiHJ 在有／无石墨炔修饰时光电极材料的 OER 测试电流密度-电压极化曲线；（d）光电流密度对比图像[189]

队较早地利用石墨炔可在任意基底上可控生长的特性，制备了三维石墨炔，并以此为基底可控合成 NiCo$_2$S$_4$ 纳米线阵列，获得了首个石墨炔基全水解电催化剂——NiCo$_2$S$_4$ NW/GDF[72]。NiCo$_2$S$_4$ NW/GDF 作为阳极和阴极材料组装成的电解池，在 1.0 M KOH 中 1.53 V（标准析氢电位）时即可达到 10 mA/cm^2 的电流密度，远超 RuO$_2$‖Pt/C 的性能（1.63 V@ 10 mA/cm^2），在电流密度 20 mA/cm^2 时持续工作 140 h 性能几乎无衰减。此外，作者还通过石墨炔在类水滑石[17]、金属氧化物[183]、金属氮化物[115]等材料表面的原位生长，获得了性能更优异的全水解催化剂。比如，e-ICLDH@GDY/NF 构成的全水解电解池在 1.49 V 标准析氢电位时即可获得 1000 mA/cm^2 的超高电流密度[图 4-59（a）～（f）]，远超 RuO$_2$‖Pt 体系的性能及已报道电催化剂的性能，并且能在 100 mA/cm^2 的高电流密度条件下连续工作超过 60 h 性能无衰减[17]，阳极析氧法拉第效率为（97.40±1.30）%。Gao 等人[16] 在 BiVO$_4$ 表面生长石墨炔的纳米墙[图 4-59（g）～（k）]，构筑了石墨炔-BiVO$_4$ 异质结材料（GDY/BiVO$_4$），并被用于光催化全水解反应中。实验结果证明，石墨炔有效地改善了 BiVO$_4$ 中载流子重组现象，提高了稳定性，提高了其反应活性，在 1.23 V（标准析氢电位）时电流密度为 1.32 mA/cm^2，是纯 BiVO$_4$ 的 2 倍。

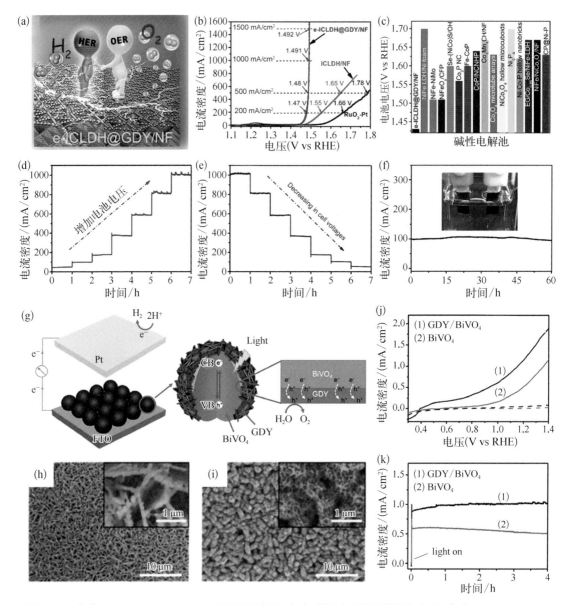

图 4-59　（a）e-ICLDH@GDY／NF 全水解示意图；（b）样品全水解性能极化曲线；（c）e-ICLDH
@GDY／NF 全水解性能与已报道催化剂的比较；随着电池电压（d）增加（红线）和（e）减
少（蓝线）记录的电流密度-时间曲线；（f）e-ICLDH@GDY／NF 在碱性电解槽中恒压
（1.56 V）持续 60 h 以上分解水的电流密度-时间曲线（插图：双电极系统）[17]。（g）PEC
装置中 GDY／BiVO₄ 光电阳极的示意图及界面处光生激子的迁移图；（j）在 Xe 灯辐射下，
BiVO₄ 和 GDY／BiVO₄ 光电极材料的电流-电压图；（h）BiVO₄ 和（i）GDY／BiVO₄ 扫描电镜
图；（k）BiVO₄ 和 GDY／BiVO₄ 光电极材料在 4 h 测试中的电流密度-时间曲线[16]

4.5.2.4　在其他反应中的应用

作为一种优异的空穴传输材料,石墨炔也已被用于光/光电催化降解等反应。Wang 等人[77]的研究显示 GDY 能够有效降低了 P25 TiO₂ 的带隙宽度,相比于 P25-碳纳米管和 P25-石墨烯,P25-GDY 展现出了更加优秀的光催化活性,能够高效地光催化降解甲基蓝,当 GDY 含量为 0.6%(质量分数)时,P25-GDY 具有最优催化活性。Yang 等人[11]的研究结果显示 GDY 与 TiO₂(001)晶面复合形成的催化剂具有高载流子分离效率、光生载流子寿命及光催化氧化能力,光催化降解亚甲基蓝反应速率是纯 TiO₂(001)的 1.63 倍。最近,Beelyong Yang 团队[183]研究结果显示石墨炔/TiO₂、氧化石墨炔/TiO₂ 之间的强 π-π 相互作用能够优化空穴传输和增大光电流密度,无偏压时,氧化石墨炔/TiO₂ 光电流密度约是纯 TiO₂ 的 10 倍。

4.5.3　石墨炔基非金属催化剂

金属基催化剂成本高且稳定性差,严重限制了其工业化应用。无金属碳材料具有丰富可调的化学、电子结构及对酸性或碱性条件的高耐受性,是一类非常有前景的催化剂。石墨炔具有丰富的碳化学键、天然孔洞结构及表面电荷分布不均匀等特性,是一类优良的非金属催化剂。石墨炔可控的制备过程、明晰的化学结构为研究无金属催化反应机制提供了理想模型,同时为制备大面积性能优异的柔性电极材料提供了研究思路,开创了新型无金属电催化剂研究的一个新方向。

4.5.3.1　电解水

在邢承煜等人[184]的研究工作中,以氟原子取代的石墨炔前驱体在碳布上可控生长三维柔性氟化石墨炔(p-FGDY/CC)电极材料,其独特的化学、电子结构赋予无金属 p-FGDY/CC 电极在全 pH 值条件下都具有高 HER、OER 及 OWS 活性和稳定性(图 4-60)。比如,在酸性及碱性条件下,电流密度为 10 mA/cm² 时,析氢过电位分别只有 92 mV 和 82 mV,该催化活性可分别经过 3000 个和 8500 个 CV 循环之后不发生明显衰减,性能超过当时已报道的非金属乃至大部分金属催化剂。此外,该催化剂也表现出优异的 OER 活性,在酸性及碱性条件下电流密度达到 10 mA/cm² 时,过电位分别为 600 mV 及 475 mV。理论计算表明强 F—C 键导致 p-电子轨道重分布,增强了 C2 位点的富电子特性,从而提高了电子转移能力。这保证了对各种 O/H 中间体的吸附/解吸具有更高的选择性,确保了 p-FGDY/CC 在全 pH 值条件下具有优异的水分解性能。Zhao 等人[191]制备了 N、S 共掺杂的石墨炔基 OER 电催化剂,通过优化 N、S 原子的比例,实现了对其 OER 活性的调节,在电流密度为 10 mA/cm² 时,其过电位只有 299 mV,低于 RuO$_2$ 催化剂(305 mV),性能也优于 N,S 单独掺杂的 GDY,这是双掺杂和立体位置协同作用的结果,其中,sp‑N 在所有的 N 构型中占据主导地位,可显著降低过电位,进一步引入 S 元素可提高电流密度,使其具有更好的催化活性和更快的动力学。

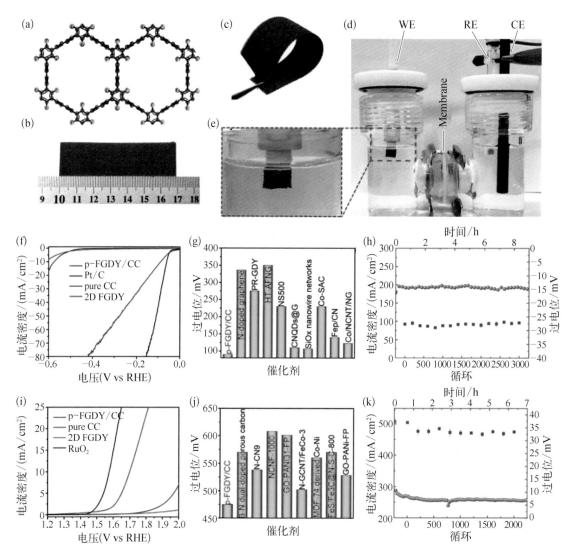

图 4‑60　(a) FGDY 的结构示意图;(b) p‑FGDY/CC 的照片;(c) p‑FGDY/CC 电极弯曲显示其灵活性的照片。(d) 三电极系统照片和 (e) WE 的放大图像。(f) 催化剂在 1.0 mol/L KOH 中的 HER 极化曲线;(g) p‑FGDY/CC 与报道的无金属和金属基催化剂 HER 性能的比较;(h) HER 过程中 pFGDY/CC 在 1.0 mol/L KOH 中的长期稳定性试验;(i) 催化剂在 1.0 mol/L KOH 中的 OER 极化曲线;(j) p‑FGDY/CC 与报道的无金属和金属基催化剂 OER 性能的比较;(k) OER 过程中 pFGDY/CC 在 1.0 mol/L KOH 中的长期稳定性试验[184]

4.5.3.2　氧还原反应（ORR）

杂原子掺杂的石墨炔不仅在电解水领域展现出优异的性质，分子设计有序掺杂的石墨炔对促进氧还原反应动力学也有重要的意义。Li 等人设计了一种 N、F 共掺杂的 GDY[52]，在碱性环境下（1.0 mol/L KOH）催化剂展现出与 Pt/C 电极相当的催化活性，且具有优异的稳定性，在经历了 6000 个 CV 循环之后，性能未发生明显变化。并且自制了以 NFGD 为阴极催化剂的一次性锌空气电池，测试结果显示，以 NFGD 为阴极催化剂的电池开路电压为 1.18 V，与商用电池接近。Zhao 等人[17]通过环取代乙炔基团将一种新形式的氮掺杂基团——sp 杂化的氮（sp-N），引入到超薄 GDY 的化学定义位点中，设计合成了一种 sp-N 掺杂的 GDY 用于催化 ORR（图 4-61）。sp-N 掺杂促进了 O₂ 在催化剂表面的

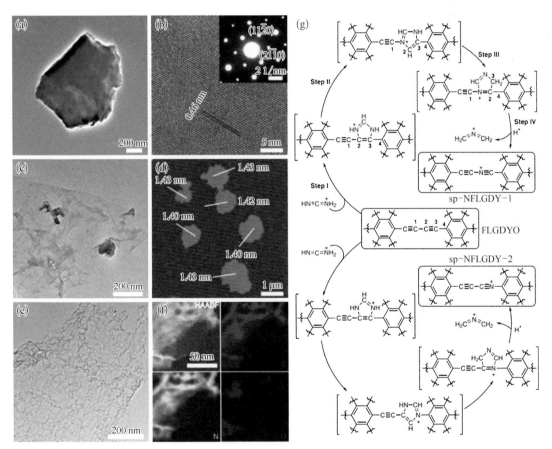

图 4-61　（a）BGDY 二维形貌 TEM 图像；（b）BGDY 的 HRTEM 图像；（c）FLGDYO 的 TEM 图像，证实了纳米片的形貌；（d）FLGDYO 的 AFM 图像和 FLGDYO 纳米片的厚度；（e）NFLGDY-900c 的 TEM 图像，显示出明显的褶皱和褶皱。NFLGDY-900c 中 C、N、O 原子的（f）高角环形暗场（HAADF）和 EELS 映射；（g）sp 杂化氮原子掺杂石墨炔过程[17]

吸附和电子转移,使其具有优异的电催化 ORR 性能。在碱性条件(0.1 mol/L KOH)下具有比 Pt/C(76 mV/dec)更小的塔菲尔斜率(60 mV/dec),同时具有与 Pt/C 催化剂(0.86 V)相接近的半波电位(0.87 V),且具有更好的甲醇耐受性;在酸性条件下,性能略低于 Pt/C,但性能仍优于其他非金属催化剂。

　　Zhang 等人制备了一种 N 掺杂 GDY[40],电化学测试显示在 0.1 mol/L KOH 溶液中 N 550‐GD 在 0.05 V vs RHE 时的极限电流密度达到约 4.5 mA/cm²,可以与 20%的 Pt/C 相媲美,且 N 550‐GD 展现出优秀的稳定性,持续运行 40000 s 后,性能仍有 96%,同时具有对交叉效应的耐受性。为阐述 N 掺杂对 GDY 电子结构的影响,进行了量子力学计算,计算表明,与 N 掺杂物相邻的 C 原子具有明显更高的正电荷密度,以抵消 N 原子的强电子亲和力,从而促进了电子从阳极移动,进而促进了 ORR。还发现亚胺 N 对吡啶原子 N 的相邻 C 原子的电荷密度显示出更大的正效应。

4.5.3.3　光催化

　　石墨炔作为一种直接带隙的天然半导体,具有很好电子和空穴传输能力,已被作为一种优异的光催化非金属催化剂用于光催化过程。受益于石墨炔优异的空穴传输能力及其与 g‐C₃N₄ 间的强相互作用,g‐C₃N₄/GDY 光生电子寿命提升了 7 倍,石墨炔快速地转移 g‐C₃N₄ 的光生空穴,有效抑制光生载流子复合,提升异质结构的光电催化性能。在 0 V 的电位下,相比于 g‐C₃N₄(−32 μA/cm²),异质结构的光电流密度获得了大幅增长(−98 μA/cm²),展现了更加优越的光催化解水能力[81]。最近 Xu 等人[192]将石墨化的氮化碳与石墨炔复合形成异质结构,提高了载荷子的分离效率并延长了载荷子的寿命,电子在光催化剂中的流动加快,减小了析氢反应的过电位。Pan 等人[193]以吡啶基、吡嗪基及三嗪基单体为原料,通过液/液界面处聚合得到三种新的氮掺杂石墨炔,随着氮含量比例的增加,材料表面逐渐由润湿性向亲水性转变。实验结果证明,光照下,亲水性最好的 N3‐GDY 表现出最高的催化活性,比如 NADH 转换率在 3 h 内可达 35%。相较于 N1‐GDY 和 N2‐GDY,N3‐GDY 具有更大的负电位,同时较高的亲水性保证了催化剂与溶液紧密接触,并促进了 NADH 再生反应。

4.6　小结

　　具有中国自主知识产权的石墨炔新材料因其特殊的化学结构和电子结构而受到全球研究人员的广泛关注,正形成一个新的研究前沿和热点领域,并进入了一个快速发展时期。石墨炔的出现为新型碳材料研究领域打开了一扇大门,进一步活跃了近年来碳材料的研究,使碳材料的基本结构单元的构筑及其相应物理、化学性质的定制从此迈入温和可控的阶段。石墨炔具有非常新颖的物理、化学特性,很好地弥补了传统碳材料在低温加工、图案化和器件化等方面的不足,在催化、能源和光电等领域逐渐展示了巨大优势和影响力。基于石墨炔具有的特殊合成方式和结构特征,为解决电化学能源领域的诸多关键问题提出了崭新的思路和理念,也取得了很多显著的成果。石墨炔零价金属原子催化剂的出现,解决了传统碳基负载材料结构、负载金属原子的精确价态和结构,以及金属单原子高分散分布等长期抑制该领域发展的关键问题,大大促进了催化科学的进步,催生了一批具有独特功能的多尺度催化剂,为解决诸多领域的关键问题提出了崭新的思路和理念,开拓了新的方向。石墨炔的独特结构,已在不同领域产生了新概念、新现象和新性质,我们期待着石墨炔未来在诸多领域展示更多突破性进展。石墨炔已在催化、能源、光电、电学、光学等领域展现出巨大的应用潜力,并迅速形成新的研究领域。我国科学家在国际上一直引领了该领域发展。然而,如何实现石墨炔单层或少层的精准控制合成及单层的本征测量,如何实现石墨炔结构对性能的合理调控,如何拓展石墨炔材料在催化、能源、光电等领域的新功能和新应用等,都是该领域中亟待解决和探索的。石墨炔带来的新奇结构和性质,需要我们打破常规对传统碳材料的认识和理解。新的科学问题的解决和瓶颈的突破,将为我们高科技发展带来丰富的变革性新材料。希望在未来 5～10 年,石墨炔能够引发更多自主知识产权的新材料,推动我国科学与技术的发展与进步。

参考文献

［1］ Malko D, Neiss C, Viñes F, et al. Competition for graphene: Graphynes with direction-dependent Dirac cones[J]. Physical Review Letters, 2012, 108 (8): 086804.

［2］ Baughman R H, Eckhardt H, Kertesz M. Structure-property predictions for new planar forms of carbon: Layered phases containing sp^2 and sp atoms[J]. The Journal of Chemical Physics, 1987, 87 (11): 6687 - 6699.

［3］ Li G X, Li Y L, Liu H B, et al. Architecture of graphdiyne nanoscale films[J]. Chemical Communications, 2010, 46 (19): 3256 - 3258.

［4］ Li Y J, Xu L, Liu H B, et al. Graphdiyne and graphyne: From theoretical predictions to practical construction[J]. Chemical Society Reviews, 2014, 43 (8): 2572 - 2586.

［5］ Jia Z Y, Li Y J, Zuo Z C, et al. Synthesis and properties of 2D carbon-graphdiyne[J]. Accounts of Chemical Research, 2017, 50 (10): 2470 - 2478.

［6］ Huang C S, Li Y J, Wang N, et al. Progress in research into 2D graphdiyne-based materials[J]. Chemical Reviews, 2018, 118 (16): 7744 - 7803.

［7］ Gao X, Liu H B, Wang D, et al. Graphdiyne: Synthesis, properties, and applications[J]. Chemical Society Reviews, 2019, 48 (3): 908 - 936.

［8］ Yan H L, Yu P, Han G C, et al. High-yield and damage-free exfoliation of layered graphdiyne in aqueous phase[J]. Angewandte Chemie International Edition, 2019, 58 (3): 746 - 750.

［9］ Kaiser K, Scriven L M, Schulz F, et al. An sp-hybridized molecular carbon allotrope, cyclo[18] carbon[J]. Science, 2019, 365 (6459): 1299 - 1301.

［10］ Trofimenko S. Boron-pyrazole chemistry. IV. carbon- and boron-substituted poly［（1-pyrazolyl）borates］［J］. Journal of the American Chemical Society, 1967, 89 (24): 6288 – 6294.

［11］ Yang N L, Liu Y Y, Wen H, et al. Photocatalytic properties of graphdiyne and graphene modified TiO₂: From theory to experiment［J］. ACS Nano, 2013, 7(2): 1504 – 1512.

［12］ Huang C S, Zhang S L, Liu H B, et al. Graphdiyne for high capacity and long-life lithium storage［J］. Nano Energy, 2015, 11: 481 – 489.

［13］ Kuang C Y, Tang G, Jiu T G, et al. Highly efficient electron transport obtained by doping PCBM with graphdiyne in planar-heterojunction perovskite solar cells［J］. Nano Letters, 2015, 15 (4): 2756 –2762.

［14］ Liu Y D, Liu Q, Xin L, et al. Making Li-metal electrodes rechargeable by controlling the dendrite growth direction［J］. Nature Energy, 2017, 2(7): 17083.

［15］ Li C, Lu X L, Han Y Y, et al. Direct imaging and determination of the crystal structure of six-layered graphdiyne［J］. Nano Research, 2018, 11(3): 1714 – 1721.

［16］ Gao X, Li J, Du R, et al. Direct synthesis of graphdiyne nanowalls on arbitrary substrates and its application for photoelectrochemical water splitting cell［J］. Advanced Materials, 2017, 29 (9): 1605308.

［17］ Zhao Y S, Wan J W, Yao H Y, et al. Few-layer graphdiyne doped with sp-hybridized nitrogen atoms at acetylenic sites for oxygen reduction electrocatalysis［J］. Nature Chemistry, 2018, 10 (9): 924 – 931.

［18］ Dong R H, Zhang T, Feng X L. Interface-assisted synthesis of 2D materials: Trend and challenges［J］. Chemical Reviews, 2018, 118 (13): 6189 – 6235.

［19］ Matsuoka R, Sakamoto R, Hoshiko K, et al. Crystalline graphdiyne nanosheets produced at a gas/liquid or liquid/liquid interface［J］. Journal of the American Chemical Society, 2017, 139 (8): 3145 – 3152.

［20］ Song Y W, Li X D, Yang Z, et al. A facile liquid/liquid interface method to synthesize graphyne analogs［J］. Chemical Communications, 2019, 55 (46): 6571 – 6574.

［21］ Gao X, Zhu Y H, Yi D, et al. Ultrathin graphdiyne film on graphene through solution-phase van der Waals epitaxy［J］. Science Advances, 2018, 4(7): 6378.

［22］ Zhou J Y, Xie Z Q, Liu R, et al. Synthesis of ultrathin graphdiyne film using a surface template［J］. ACS Applied Materials & Interfaces, 2019, 11 (3): 2632 – 2637.

［23］ Li J Q, Xie Z Q, Xiong Y, et al. Architecture of β-graphdiyne-containing thin film using modified glaser-hay coupling reaction for enhanced photocatalytic property of TiO₂［J］. Advanced Materials, 2017, 29 (19): 1700421.

［24］ Zhou W X, Shen H, Wu C Y, et al. Direct synthesis of crystalline graphdiyne analogue based on supramolecular interactions［J］. Journal of the American Chemical Society, 2019, 141 (1): 48 – 52.

［25］ Klappenberger F, Zhang Y Q, Björk J, et al. On-surface synthesis of carbon-based scaffolds and nanomaterials using terminal alkynes［J］. Accounts of Chemical Research, 2015, 48 (7): 2140 – 2150.

［26］ Wang H, Zhang H M, Chi L F, et al. Surface assisted reaction under ultra high vacuum conditions［J］. Acta Physico-Chimica Sinica, 2016, 32 (1): 154 – 170.

［27］ Gao H Y, Wagner H, Zhong D Y, et al. Glaser coupling at metal surfaces［J］. Angewandte Chemie International Edition, 2013, 52 (14): 4024 – 4028.

［28］ Qian X M, Ning Z Y, Li Y L, et al. Construction of graphdiyne nanowires with high-conductivity and mobility［J］. Dalton Transactions, 2012, 41 (3): 730 – 733.

［29］ Qian X M, Liu H B, Huang C S, et al. Self-catalyzed growth of large-area nanofilms of two-dimensional carbon［J］. Scientific Reports, 2015, 5: 7756.

［30］ Zuo Z C，Shang H，Chen Y H，et al. A facile approach for graphdiyne preparation under atmosphere for an advanced battery anode［J］. Chemical Communications，2017，53（57）：8074 - 8077.

［31］ Wang F，Zuo Z C，Shang H，et al. Ultrafastly interweaving graphdiyne nanochain on arbitrary substrates and its performance as a supercapacitor electrode［J］. ACS Applied Materials & Interfaces，2019，11（3）：2599 - 2607.

［32］ Shang H，Zuo Z C，Zheng H Y，et al. N-doped graphdiyne for high-performance electrochemical electrodes［J］. Nano Energy，2018，44：144 - 154.

［33］ Li G X，Li Y L，Qian X M，et al. Construction of tubular molecule aggregations of graphdiyne for highly efficient field emission［J］. The Journal of Physical Chemistry C，2011，115（6）：2611 - 2615.

［34］ Jia Z Y，Li Y J，Zuo Z C，et al. Fabrication and electroproperties of nanoribbons：Carbon ene-yne［J］. Advanced Electronic Materials，2017，3（11）：1700133.

［35］ Wang S S，Liu H B，Kan X N，et al. Superlyophilicity-facilitated synthesis reaction at the microscale：Ordered graphdiyne stripe arrays［J］. Small，2017，13（4）：1602265.

［36］ Zhou J Y，Gao X，Liu R，et al. Synthesis of graphdiyne nanowalls using acetylenic coupling reaction［J］. Journal of the American Chemical Society，2015，137（24）：7596 - 7599.

［37］ Shang H，Zuo Z C，Li L，et al. Ultrathin graphdiyne nanosheets grown in situ on copper nanowires and their performance as lithium-ion battery anodes［J］. Angewandte Chemie International Edition，2018，57（3）：774 - 778.

［38］ Gao X，Ren H Y，Zhou J Y，et al. Synthesis of hierarchical graphdiyne-based architecture for efficient solar steam generation［J］. Chemistry of Materials，2017，29（14）：5777 - 5781.

［39］ Tang Q，Zhou Z，Chen Z F. Graphene-related nanomaterials：Tuning properties by functionalization［J］. Nanoscale，2013，5（11）：4541 - 4583.

［40］ Lv Q，Si W Y，He J J，et al. Selectively nitrogen-doped carbon materials as superior metal-free catalysts for oxygen reduction［J］. Nature Communications，2018，9（1）：3376.

［41］ Liu H B，Li J B，Lao C S，et al. Morphological tuning and conductivity of organic conductor nanowires［J］. Nanotechnology，2007，18（49）：495704.

［42］ Du H P，Zhang Z H，He J J，et al. A delicately designed sulfide graphdiyne compatible cathode for high-performance lithium/magnesium-sulfur batteries［J］. Small，2017，13（44）：1702277.

［43］ Paraknowitsch J P，Thomas A. Doping carbons beyond nitrogen：An overview of advanced heteroatom doped carbons with boron，sulphur and phosphorus for energy applications［J］. Energy & Environmental Science，2013，6（10）：2839 - 2855.

［44］ Xie C P，Wang N，Li X F，et al. Research on the preparation of graphdiyne and its derivatives［J］. Chemistry，2020，26（3）：569 - 583.

［45］ Liu R J，Liu H B，Li Y L，et al. Nitrogen-doped graphdiyne as a metal-free catalyst for high-performance oxygen reduction reactions［J］. Nanoscale，2014，6（19）：11336 - 11343.

［46］ Zhang S L，Du H P，He J J，et al. Nitrogen-doped graphdiyne applied for lithium-ion storage［J］. ACS Applied Materials & Interfaces，2016，8（13）：8467 - 8473.

［47］ Lv Q，Si W Y，Yang Z，et al. Nitrogen-doped porous graphdiyne：A highly efficient metal-free electrocatalyst for oxygen reduction reaction［J］. ACS Applied Materials & Interfaces，2017，9（35）：29744 - 29752.

［48］ Zhang M J，Wang X X，Sun H J，et al. Enhanced paramagnetism of mesoscopic graphdiyne by doping with nitrogen［J］. Scientific Reports，2017，7（1）：11535.

［49］ Shen X Y，Yang Z，Wang K，et al. Nitrogen-doped graphdiyne as high-capacity electrode materials for both lithium-ion and sodium-ion capacitors［J］. Chem Electro Chem，2018，5（11）：1435 - 1443.

［50］ Zhang M J，Sun H J，Wang X X，et al. Room-temperature ferromagnetism in sulfur-doped graphdiyne semiconductors［J］. The Journal of Physical Chemistry C，2019，123（8）：5010－5016.

［51］ Yang Z，Cui W W，Wang K，et al. Chemical modification of the sp-hybridized carbon atoms of graphdiyne by using organic sulfur［J］. Chemistry，2019，25（22）：5643－5647.

［52］ Zhang S S，Cai Y J，He H Y，et al. Heteroatom doped graphdiyne as efficient metal-free electrocatalyst for oxygen reduction reaction in alkaline medium［J］. Journal of Materials Chemistry A，2016，4（13）：4738－4744.

［53］ Xue Y R，Huang B L，Yi Y P，et al. Anchoring zero valence single atoms of nickel and iron on graphdiyne for hydrogen evolution［J］. Nature Communications，2018，9（1）：1460.

［54］ Wang F，Zuo Z C，Li L，et al. A universal strategy for constructing seamless graphdiyne on metal oxides to stabilize the electrochemical structure and interface［J］. Advanced Materials，2019，31（6）：1806272.

［55］ Gao Y，Cai Z W，Wu X C，et al. Graphdiyne-supported single-atom-sized Fe catalysts for the oxygen reduction reaction：DFT predictions and experimental validations［J］. ACS Catalysis，2018，8（11）：10364－10374.

［56］ Li Y X，Li X H，Meng Y C，et al. Photoelectrochemical platform for microRNA let-7a detection based on graphdiyne loaded with AuNPs modified electrode coupled with alkaline phosphatase［J］. Biosensors & Bioelectronics，2019，130：269－275.

［57］ Qi H T，Yu P，Wang Y X，et al. Graphdiyne oxides as excellent substrate for electroless deposition of Pd clusters with high catalytic activity［J］. Journal of the American Chemical Society，2015，137（16）：5260－5263.

［58］ Ren H，Shao H，Zhang L J，et al. A new graphdiyne nanosheet/Pt nanoparticle-based counter electrode material with enhanced catalytic activity for dye-sensitized solar cells［J］. Advanced Energy Materials，2015，5（12）：1500296.

［59］ Li Y R，Liu Y，Li Z B，et al. Pd nanoparticles anchored on N-rich graphdiyne surface for enhanced catalysis for alkaline electrolyte oxygen reduction［J］. International Journal of Electrochemical Science，2018，13（12）：12226－12237.

［60］ Si C，Zhou J，Sun Z M，Half-metallic ferromagnetism and surface functionalization-induced metal-insulator transition in graphene-like two-dimensional Cr_2C crystals［J］. ACS Applied Materials & Interfaces，2015，7（31）：17510－17515.

［61］ Si W Y，Yang Z，Wang X，et al. Fe，N-codoped graphdiyne displaying efficient oxygen reduction reaction activity［J］. ChemSusChem，2019，12（1）：173－178.

［62］ Li Y R，Guo C Z，Li J Q，et al. Pyrolysis-induced synthesis of iron and nitrogen-containing carbon nanolayers modified graphdiyne nanostructure as a promising core-shell electrocatalyst for oxygen reduction reaction［J］. Carbon，2017，119：201－210.

［63］ He J J，Wang N，Cui Z L，et al. Hydrogen substituted graphdiyne as carbon-rich flexible electrode for lithium and sodium ion batteries［J］. Nature Communications，2017，8（1）：1172.

［64］ Shen X Y，He J J，Wang K，et al. Fluorine-enriched graphdiyne as an efficient anode in lithium-ion capacitors［J］. ChemSusChem，2019，12（7）：1342－1348.

［65］ Yang Z，Liu R R，Wang N，et al. Triazine-graphdiyne：A new nitrogen-carbonous material and its application as an advanced rechargeable battery anode［J］. Carbon，2018，137：442－450.

［66］ Tabassum H，Zou R Q，Mahmood A，et al. A universal strategy for hollow metal oxide nanoparticles encapsulated into B/N Co-doped graphitic nanotubes as high-performance lithium-ion battery anodes［J］. Advanced Materials，2018，30（8）：1705441.

［67］ Shang H，Zuo Z C，Yu L，et al. Low-temperature growth of all-carbon graphdiyne on a silicon anode for high-performance lithium-ion batteries[J]. Advanced Materials, 2018, 30 (27): e1801459.

[68] Wang K, Wang N, Li X D, et al. In-situ preparation of ultrathin graphdiyne layer decorated aluminum foil with improved cycling stability for dual-ion batteries[J]. Carbon, 2019, 142: 401 - 410.

[69] Weber P B, Hellwig R, Paintner T, et al. Surface-guided formation of an organocobalt complex[J]. Angewandte Chemie International Edition, 2016, 55 (19): 5754 - 5759.

[70] Zhuang X M, Mao L Q, Li Y L. *In situ* synthesis of a Prussian blue nanoparticles/graphdiyne oxide nanocomposite with high stability and electrocatalytic activity[J]. Electrochemistry Communications, 2017, 83: 96 - 101.

[71] Thangavel S, Krishnamoorthy K, Krishnaswamy V, et al. Graphdiyne-ZnO nanohybrids as an advanced photocatalytic material[J]. The Journal of Physical Chemistry C, 2015, 119 (38): 22057 - 22065.

[72] Xue Y R, Zuo Z C, Li Y J, et al. Graphdiyne-supported $NiCo_2S_4$ nanowires: A highly active and stable 3D bifunctional electrode material[J]. Small, 2017, 13 (31): 1700936.

[73] Lin Z Y, Liu G Z, Zheng Y P, et al. Three-dimensional hierarchical mesoporous flower-like TiO_2@ graphdiyne with superior electrochemical performances for lithium-ion batteries[J]. Journal of Materials Chemistry A, 2018, 6 (45): 22655 - 22661.

[74] Yao Y, Jin Z W, Chen Y H, et al. Graphdiyne-WS_2 2D-Nanohybrid electrocatalysts for high-performance hydrogen evolution reaction[J]. Carbon, 2018, 129: 228 - 235.

[75] Si H Y, Mao C J, Zhou J Y, et al. Z-scheme Ag_3PO_4/graphdiyne/g-C_3N_4 composites: Enhanced photocatalytic O_2 generation benefiting from dual roles of graphdiyne[J]. Carbon, 2018, 132: 598 - 605.

[76] Zhang X, Zhu M S, Chen P L, et al. Pristine graphdiyne-hybridized photocatalysts using graphene oxide as a dual-functional coupling reagent[J]. Physical Chemistry Chemical Physics, 2015, 17 (2): 1217 - 1225.

[77] Wang S, Yi L X, Halpert J E, et al. A novel and highly efficient photocatalyst based on P25-graphdiyne nanocomposite[J]. Small, 2012, 8 (2): 265 - 271.

[78] Xiao J Y, Shi J J, Liu H B, et al. Efficient $CH_3NH_3PbI_3$ perovskite solar cells based on graphdiyne (GD)-modified P_3HT hole-transporting material[J]. Advanced Energy Materials, 2015, 5 (8): 1401943.

[79] Jin Z W, Zhou Q, Chen Y H, et al. Graphdiyne: ZnO nanocomposites for high-performance UV photodetectors[J]. Advanced Materials, 2016, 28 (19): 3697 - 3702.

[80] Cui W W, Zhang M J, Wang N, et al. High-performance field-effect transistor based on novel conjugated P-o-fluoro-*p*-alkoxyphenyl-substituted polymers by graphdiyne doping[J]. The Journal of Physical Chemistry C, 2017, 121 (42): 23300 - 23306.

[81] Han Y Y, Lu X L, Tang S F, et al. Metal-free 2D/2D heterojunction of graphitic carbon nitride/ graphdiyne for improving the hole mobility of graphitic carbon nitride[J]. Advanced Energy Materials, 2018, 8 (16): 1702992.

[82] Guo S Y, Yu P, Li W Q, et al. Electron hopping by interfacing semiconducting graphdiyne nanosheets and redox molecules for selective electrocatalysis[J]. Journal of the American Chemical Society, 2020, 142(4): 2074 - 2082.

[83] Yu H D, Xue Y R, Hui L, et al. Controlled growth of MoS_2 nanosheets on 2D N-doped graphdiyne nanolayers for highly associated effects on water reduction[J]. Advanced Functional Materials, 2018, 28 (19): 1707564.

[84] Yang C F, Li Y, Chen Y, et al. Mechanochemical synthesis of γ-graphyne with enhanced

lithium storage performance[J]. Small, 2019, 15 (8): e1804710.

[85] Wang L, Wan Y Y, Ding Y J, et al. Conjugated microporous polymer nanosheets for overall water splitting using visible light[J]. Advanced Materials, 2017, 29 (38): 1702428.

[86] Matsuoka R, Toyoda R, Shiotsuki R, et al. Expansion of the graphdiyne family: a triphenylene-cored analogue[J]. ACS Applied Materials & Interfaces, 2019, 11 (3): 2730 – 2733.

[87] Prabakaran P, Satapathy S, Prasad E, et al. Architecting pyrediyne nanowalls with improved inter-molecular interactions, electronic features and transport characteristics[J]. Journal of Materials Chemistry C, 2018, 6 (2): 380 – 387.

[88] Kilde M D, Murray A H, Andersen C L, et al. Synthesis of radiaannulene oligomers to model the elusive carbon allotrope 6,6,12-graphyne[J]. Nature Communications, 2019, 10 (1): 3714.

[89] Zhou W X, Shen H, Zeng Y, et al. Controllable synthesis of graphdiyne nanoribbons [J]. Angewandte Chemie, 2020, 59 (12): 4908 – 4913.

[90] Wang F, Zuo Z C, Li L, et al. Large-area aminated-graphdiyne thin films for direct methanol fuel cells[J]. Angewandte Chemie-International Edition, 2019, 58 (42): 15010 – 15015.

[91] Puigdollers A R, Alonso G, Gamallo P. First-principles study of structural, elastic and electronic properties of α-, β- and γ-graphyne[J]. Carbon, 2016, 96: 879 – 887.

[92] Cranford S W, Brommer D B, Buehler M J. Extended graphynes: Simple scaling laws for stiffness, strength and fracture[J]. Nanoscale, 2012, 4 (24): 7797 – 7809.

[93] Narita N, Nagai S, Suzuki S, et al. Optimized geometries and electronic structures of graphyne and its family[J]. Physical Review B, 1998, 58 (16): 11009 – 11014.

[94] Bai H C, Zhu Y, Qiao W Y, et al. Structures, stabilities and electronic properties of graphdiyne nanoribbons[J]. RSC Advances, 2011, 1 (5): 768 – 775.

[95] Mirnezhad M, Ansari R, Rouhi H, et al. Mechanical properties of two-dimensional graphyne sheet under hydrogen adsorption[J]. Solid State Communications, 2012, 152 (20): 1885 – 1889.

[96] Peng Q, Ji W, De S. Mechanical properties of graphyne monolayers: a first-principles study[J]. Physical Chemistry Chemical Physics, 2012, 14 (38): 13385 – 13391.

[97] Carper J, The CRC handbook of chemistry and physics[J]. Library J, 1999, 124: 192.

[98] Yang Y L, Xu X M. Mechanical properties of graphyne and its family — A molecular dynamics investigation[J]. Computational Materials Science, 2012, 61: 83 – 88.

[99] Luo G F, Qian X M, Liu H B, et al. Quasiparticle energies and excitonic effects of the two-dimensional carbon allotrope graphdiyne: Theory and experiment[J]. Physical Review B, 2011, 84 (7): 075439.

[100] Kang B T, Shi H, Wang F F, et al. Importance of doping site of B, N, and O in tuning electronic structure of graphynes[J]. Carbon, 2016, 105: 156 – 162.

[101] Bu H X, Zhao M W, Zhang H Y, et al. Isoelectronic doping of graphdiyne with boron and nitrogen: Stable configurations and band gap modification[J]. The Journal of Physical Chemistry A, 2012, 116 (15): 3934 –3939.

[102] Bhattacharya B, Singh N B, Sarkar U. Tuning of band gap due to fluorination of graphyne and graphdiyne[J]. Journal of Physics: Conference Series, 2014, 566: 012014.

[103] Yue Q, Chang S L, Kang J, et al. Mechanical and electronic properties of graphyne and its family under elastic strain: Theoretical predictions[J]. The Journal of Physical Chemistry C, 2013, 117 (28): 14804 – 14811.

[104] Kang J, Li J B, Wu F M, et al. Elastic, electronic, and optical properties of two-dimensional graphyne sheet[J]. The Journal of Physical Chemistry C, 2011, 115 (42): 20466 – 20470.

[105] Ruiz-Puigdollers A, Gamallo P. DFT study of the role of N- and B-doping on structural, elastic and

electronic properties of α-, β- and γ-graphyne[J]. Carbon, 2017, 114: 301 – 310.

[106] Zhang S Q, Wang J Y, Li Z Z, et al. Raman spectra and corresponding strain effects in graphyne and graphdiyne[J]. The Journal of Physics Chemistry C, 2016, 120 (19): 10605 – 10613.

[107] Bhattacharya B, Singh N B, Sarkar U. Pristine and BN doped graphyne derivatives for UV light protection[J]. International Journal of Quantum Chemistry, 2015, 115 (13): 820 – 829.

[108] Li X J. Graphdiyne: A promising nonlinear optical material modulated by tetrahedral alkali-metal nitrides[J]. Journal of Molecular Liquids, 2019, 277: 641 – 645.

[109] Mohajeri A, Shahsavar A. Tailoring the optoelectronic properties of graphyne and graphdiyne: Nitrogen/sulfur dual doping versus oxygen containing functional groups[J]. Journal of Materials Science, 2017, 52 (9): 5366 – 5379.

[110] Zheng Y P, Chen Y H, Lin L H, et al. Intrinsic magnetism of graphdiyne[J]. Applied Physics Letters, 2017, 111 (3): 033101.

[111] Wang J, Zhang A J, Tang Y S. Tunable thermal conductivity in carbon allotrope sheets: Role of acetylenic linkages[J]. Journal of Applied Physics, 2015, 118 (19): 195102.

[112] Tan X J, Shao H Z, Hu T Q, et al. High thermoelectric performance in two-dimensional graphyne sheets predicted by first-principles calculations[J]. Physical Chemistry Chemical Physics, 2015, 17 (35): 22872 – 22881.

[113] Ouyang T, Xiao H P, Xie Y E, et al. Thermoelectric properties of gamma-graphyne nanoribbons and nanojunctions[J]. Journal of Applied Physics, 2013, 114 (7): 073710.

[114] Wei X L, Guo G C, Ouyang T, et al. Tuning thermal conductance in the twisted graphene and gamma graphyne nanoribbons[J]. Journal of Applied Physics, 2014, 115 (15): 154313.

[115] Fang Y, Xue Y R, Hui L, et al. *In situ* growth of graphdiyne based heterostructure: Toward efficient overall water splitting[J]. Nano Energy, 2019, 59: 591 – 597.

[116] Hui L, Xue Y R, He F, et al. Efficient hydrogen generation on graphdiyne-based heterostructure [J]. Nano Energy, 2019, 55: 135 – 142.

[117] Ma D W, Li T X, Wang Q G, et al. Graphyne as a promising substrate for the noble-metal single-atom catalysts[J]. Carbon, 2015, 95: 756 – 765.

[118] Zhao J, Chen Z, Zhao J X. Metal-free graphdiyne doped with sp-hybridized boron and nitrogen atoms at acetylenic sites for high-efficiency electroreduction of CO_2 to CH_4 and C_2H_4[J]. Journal of Materials Chemistry A, 2019, 7 (8): 4026 – 4035.

[119] Goodenough J B. Evolution of strategies for modern rechargeable batteries[J]. Accounts of Chemical Research, 2013, 46 (5): 1053 – 1061.

[120] Li B, Liu J. Progress and directions in low-cost redox-flow batteries for large-scale energy storage [J]. National Science Review, 2017, 4 (1): 91 – 105.

[121] Massé R C, Liu C F, Li Y W, et al. Energy storage through intercalation reactions: electrodes for rechargeable batteries[J]. National Science Review, 2017, 4 (1): 26 – 53.

[122] Xin S, Guo Y G, Wan L J. Nanocarbon networks for advanced rechargeable lithium batteries[J]. Accounts of Chemical Research, 2012, 45 (10): 1759 – 1769.

[123] Yu L P, Shearer C, Shapter J. Recent development of carbon nanotube transparent conductive films [J]. Chemical Reviews, 2016, 116 (22): 13413 – 13453.

[124] Dai L M. Functionalization of graphene for efficient energy conversion and storage[J]. Accounts of Chemical Research, 2013, 46 (1): 31 – 42.

[125] Georgakilas V, Perman J A, Tucek J, et al. Broad family of carbon nanoallotropes: Classification, chemistry, and applications of fullerenes, carbon dots, nanotubes, graphene, nanodiamonds, and combined superstructures[J]. Chemical Reviews, 2015, 115 (11): 4744 – 4822.

[126] Chen Y H, Liu H B, Li Y L. Progress and prospect of two dimensional carbon graphdiyne[J]. Chinese Science Bulletin, 2016, 61 (26): 2901-2912.

[127] Li Y L. Design and self-assembly of advanced functional molecular materials-From low dimension to multi-dimension[J]. Scientia Sinica Chimica, 2017, 47 (9): 1045-1056.

[128] 李勇军,李玉良.二维高分子——新碳同素异形体石墨炔研究[J].高分子学报,2015(2):147-165.

[129] Lu C, Yang Y, Wang J, et al. High-performance graphdiyne-based electrochemical actuators[J]. Nature Communications, 2018, 9 (1): 752.

[130] Xue Y, Guo Y, Yi Y, et al. Self-catalyzed growth of Cu@graphdiyne core-shell nanowires array for high efficient hydrogen evolution cathode[J]. Nano Energy, 2016, 30: 858-866.

[131] Xue Y R, Li J F, Xue Z, et al. Extraordinarily durable graphdiyne-supported electrocatalyst with high activity for hydrogen production at all values of pH[J]. ACS Applied Materials & Interfaces, 2016, 8 (45): 31083-31091.

[132] Xue Y R, Li Y L, Zhang J, et al. 2D graphdiyne materials: Challenges and opportunities in energy field[J]. Science China Chemistry, 2018, 61(7): 765-786.

[133] Zhang H Y, Zhao M W, He X J, et al. High mobility and high storage capacity of lithium in sp-sp^2 hybridized carbon network: The case of graphyne[J]. The Journal of Physical Chemistry C, 2011, 115 (17): 8845-8850.

[134] Zhang S L, Liu H B, Huang C S, et al. Bulk graphdiyne powder applied for highly efficient lithium storage[J]. Chemical Communications, 2015, 51 (10): 1834-1837.

[135] Wang K, Wang N, He J J, et al. Graphdiyne nanowalls as anode for lithium-Ion batteries and capacitors exhibit superior cyclic stability[J]. Electrochimica Acta, 2017, 253: 506-516.

[136] Kan X N, Ban Y Q, Wu C Y, et al. Interfacial synthesis of conjugated two-dimensional N-graphdiyne[J]. ACS Applied Materials & Interfaces, 2018, 10 (1): 53-58.

[137] Yang Z, Shen X Y, Wang N, et al. Graphdiyne containing atomically precise N atoms for efficient anchoring of lithium ion[J]. ACS Applied Materials & Interfaces, 2019, 11 (3): 2608-2617.

[138] Jia Z Y, Zuo Z C, Yi Y P, et al. Low temperature, atmospheric pressure for synthesis of a new carbon Ene-yne and application in Li storage[J]. Nano Energy, 2017, 33: 343-349.

[139] Zhao Z Q, Das S, Xing G L, et al. A 3D organically synthesized porous carbon material for lithium-ion batteries[J]. Angewandte Chemie-International Edition, 2018, 57 (37): 11952-11956.

[140] Zuo Z C, Li Y L. Emerging electrochemical energy applications of graphdiyne[J]. Joule, 2019, 3 (4): 899-903.

[141] Xu Z X, Yang J, Zhang T, et al. Silicon microparticle anodes with self-healing multiple network binder[J]. Joule, 2018, 2 (5): 950-961.

[142] Liu N, Lu Z D, Zhao J, et al. A pomegranate-inspired nanoscale design for large-volume-change lithium battery anodes[J]. Nature Nanotechnology, 2014, 9 (3): 187-192.

[143] Li J S, Jiu T G, Duan C H, et al. Improved electron transport in MAPbI$_3$ perovskite solar cells based on dual doping graphdiyne[J]. Nano Energy, 2018, 46: 331-337.

[144] Gong S, Wang S, Liu J Y, et al. Graphdiyne as an ideal monolayer coating material for lithium-ion battery cathodes with ultralow areal density and ultrafast Li penetration[J]. Journal of Materials Chemistry A, 2018, 6 (26): 12630-12636.

[145] Xiao X L, Liu X F, Wang L, et al. LiCoO$_2$ nanoplates with exposed (001) planes and high rate capability for lithium-ion batteries[J]. Nano Research, 2012, 5 (6): 395-401.

[146] Zhang J N, Li Q H, Ouyang C Y, et al. Trace doping of multiple elements enables stable battery cycling of LiCoO$_2$ at 4.6 V[J]. Nature Energy, 2019, 4 (7): 594-603.

[147] Zheng Z, Fang H H, Liu D, et al. Nonlocal response in infrared detector with semiconducting

carbon nanotubes and graphdiyne[J]. Advanced Science, 2017, 4 (12): 1700472.

[148] Lu Y, Chen J. Prospects of organic electrode materials for practical lithium batteries[J]. Nature Reviews Chemistry, 2020, 4 (3): 127 – 142.

[149] Jiang Q, Xiong P X, Liu J J, et al. A redox-active 2D metal-organic framework for efficient lithium storage with extraordinary high capacity[J]. Angewandte Chemie-International Edition, 2020, 59 (13): 5273 – 5277.

[150] Fan L L, Li M, Li X F, et al. Interlayer material selection for lithium-sulfur batteries[J]. Joule, 2019, 3 (2): 361 – 386.

[151] Yu X W, Manthiram A. Electrode-electrolyte interfaces in lithium-sulfur batteries with liquid or inorganic solid electrolytes[J]. Accounts of Chemical Research, 2017, 50 (11): 2653 – 2660.

[152] Demir-Cakan R, Morcrette M, Nouar F, et al. Cathode composites for Li-S batteries via the use of oxygenated porous architectures[J]. Journal of the American Chemical Society, 2011, 133 (40): 16154 – 16160.

[153] Jiang S, Lu Y, Lu Y Y, et al. Nafion/titanium dioxide-coated lithium anode for stable lithium-sulfur batteries[J]. Chemistry, An Asian Journal, 2018, 13 (10): 1379 – 1385.

[154] Wang F, Zuo Z, Li L, et al. Graphdiyne nanostructure for high-performance lithium-sulfur batteries[J]. Nano Energy, 2020, 68: 104307.

[155] Liu Y Y, Zhou G M, Liu K, et al. Design of complex nanomaterials for energy storage: Past success and future opportunity[J]. Accounts of Chemical Research, 2017, 50 (12): 2895 – 2905.

[156] Yamada Y, Wang J H, Ko S, et al. Advances and issues in developing salt-concentrated battery electrolytes[J]. Nature Energy, 2019, 4 (4): 269 – 280.

[157] Shang H, Zuo Z, Dong X, et al. Efficiently suppressing lithium dendrites on atomic level by ultrafiltration membrane of graphdiyne[J]. Materials Today Energy, 2018, 10: 191 – 199.

[158] Shang H, Zuo Z C, Li Y L. Highly lithiophilic graphdiyne nanofilm on 3D free-standing Cu nanowires for high-energy-density electrodes[J]. ACS Applied Materials & Interfaces, 2019, 11 (19): 17678 – 17685.

[159] Shi L, Xu A, Pan D, et al. Aqueous proton-selective conduction across two-dimensional graphyne [J]. Nature Communications, 2019, 10 (1): 1165.

[160] Wang X. Chemically synthetic graphdiynes: Application in energy conversion fields and the beyond [J]. Science China Materials, 2015, 58 (5): 347 – 348.

[161] Li J S, Jiu T G, Chen S Q, et al. Graphdiyne as a host active material for perovskite solar cell application[J]. Nano Letters, 2018, 18 (11): 6941 – 6947.

[162] Li J S, Jian H M, Chen Y H, et al. Studies of graphdiyne-ZnO nanocomposite material and application in polymer solar cells[J]. Solar RRL, 2018, 2 (11): 1800211.

[163] Du H L, Deng Z B, Lü Z Y, et al. The effect of graphdiyne doping on the performance of polymer solar cells[J]. Synthetic Metals, 2011, 161 (19 – 20): 2055 – 2057.

[164] Huang Z J, Yu Z N, Li Y, et al. ZnO ultraviolet photodetector modified with graphdiyne[J]. Acta Physico-Chimica Sinica, 2018, 34 (9): 1088 – 1094.

[165] Yu H D, Hui L, Xue Y R, et al. 2D graphdiyne loading ruthenium atoms for high efficiency water splitting[J]. Nano Energy, 2020, 72: 104667.

[166] Liu L, Kan Y Y, Gao K, et al. Graphdiyne derivative as multifunctional solid additive in binary organic solar cells with 17.3% efficiency and high reproductivity[J]. Advanced Materials, 2020, 32 (11): 1907604.

[167] Jin Z W, Yuan M J, Li H, et al. Graphdiyne: An efficient hole transporter for stable high-performance colloidal quantum dot solar cells[J]. Advanced Functional Materials, 2016, 26 (29):

5284 - 5289.

[168] Long M Q, Tang L, Wang D, et al. Electronic structure and carrier mobility in graphdiyne sheet and nanoribbons: Theoretical predictions[J]. ACS Nano, 2011, 5 (4): 2593 - 2600.

[169] Li Y, Kuang D, Gao Y F, et al. Titania: Graphdiyne nanocomposites for high-performance deep ultraviolet photodetectors based on mixed-phase MgZnO[J]. Journal of Alloys and Compounds, 2020, 825: 153882.

[170] Parvin N, Jin Q, Wei Y Z, et al. Few-layer graphdiyne nanosheets applied for multiplexed real-time DNA detection[J]. Advanced Materials, 2017, 29 (18): 1606755.

[171] Zuo Z C, Wang D, Zhang J, et al. Synthesis and applications of graphdiyne-based metal-free catalysts[J]. Advanced Materials, 2019, 31 (13): 1803762.

[172] He J J, Ma S Y, Zhou P, et al. Magnetic properties of single transition-metal atom absorbed graphdiyne and graphyne sheet from DFT + U calculations[J]. The Journal of Physical Chemistry C, 2012, 116 (50): 26313 - 26321.

[173] Hui L, Xue Y R, Yu H D, et al. Highly efficient and selective generation of ammonia and hydrogen on a graphdiyne-based catalyst[J]. Journal of the American Chemical Society, 2019, 141 (27): 10677 -10683.

[174] Lin Z Z. Graphdiyne-supported single-atom Sc and Ti catalysts for high-efficient CO oxidation[J]. Carbon, 2016, 108: 343 - 350.

[175] Sun M Z, Wu T, Xue Y R, et al. Mapping of atomic catalyst on graphdiyne[J]. Nano Energy, 2019, 62: 754 - 763.

[176] He T W, Matta S K, Will G, et al. Transition-metal single atoms anchored on graphdiyne as high-efficiency electrocatalysts for water splitting and oxygen reduction[J]. Small Methods, 2019, 3 (9): 1800419.

[177] Lu Z S, Li S, Lv P, et al. First principles study on the interfacial properties of NM/graphdiyne (NM = Pd, Pt, Rh and Ir): The implications for NM growing[J]. Applied Surface Science, 2016, 360: 1 - 7.

[178] Yu H D, Xue Y R, Huang B L, et al. Ultrathin nanosheet of graphdiyne-supported palladium atom catalyst for efficient hydrogen production[J]. iScience, 2019, 11: 31 - 41.

[179] Walter M G, Warren E L, McKone J R, et al. Solar water splitting cells[J]. Chemical Reviews, 2010, 110 (11): 6446 - 6473.

[180] Yin X P, Wang H J, Tang S F, et al. Engineering the coordination environment of single-atom platinum anchored on graphdiyne for optimizing electrocatalytic hydrogen evolution [J]. Angewandte Chemie-International Edition, 2018, 57 (30): 9382 - 9386.

[181] Li J, Gao X, Li Z Z, et al. Superhydrophilic graphdiyne accelerates interfacial mass/electron transportation to boost electrocatalytic and photoelectrocatalytic water oxidation activity [J]. Advanced Functional Materials, 2019, 29 (16): 1808079.

[182] Yu H D, Xue Y R, Hui L, et al. Efficient hydrogen production on a 3D flexible heterojunction material[J]. Advanced Materials, 2018, 30 (21): 1707082.

[183] Ramakrishnan V, Kim H, Yang B. Improving the photo-cathodic properties of TiO₂ nano-structures with graphdiynes[J]. New Journal of Chemistry, 2019, 43 (33): 12896 - 12899.

[184] Xing C Y, Xue Y R, Huang B L, et al. Fluorographdiyne: A metal-free catalyst for applications in water reduction and oxidation[J]. Angewandte Chemie-Internation Edition, 2019, 58 (39): 13897 - 13903.

[185] Shi G D, Fan Z X, Du L L, et al. In situ construction of graphdiyne/CuS heterostructures for efficient hydrogen evolution reaction[J]. Materials Chemistry Frontiers, 2019, 3 (5): 821 - 828.

[186] Lv J X, Zhang Z M, Wang J, et al. *In situ* synthesis of CdS/graphdiyne heterojunction for enhanced photocatalytic activity of hydrogen production[J]. ACS Applied Materials & Interfaces, 2019, 11 (3): 2655 - 2661.

[187] Li J, Gao X, Liu B, et al. Graphdiyne: A metal-free material as hole transfer layer to fabricate quantum dot-sensitized photocathodes for hydrogen production [J]. Journal of the American Chemical Society, 2016, 138 (12): 3954 - 3957.

[188] Li Y B, Yang H, Wang G R, et al. Distinctive improved synthesis and application extensions graphdiyne for efficient photocatalytic hydrogen evolution[J]. ChemCatChem, 2020, 12 (7): 1985 -1995.

[189] Zhang S C, Yin C, Kang Z, et al. Graphdiyne nanowall for enhanced photoelectrochemical performance of Si heterojunction photoanode[J]. ACS Applied Materials & Interfaces, 2019, 11 (3): 2745 -2749.

[190] Guo S Y, Jiang Y N, Wu F, et al. Graphdiyne-promoted highly efficient photocatalytic activity of graphdiyne/silver phosphate Pickering emulsion under visible-light irradiation[J]. ACS Applied Materials & Interfaces, 2019, 11 (3): 2684 - 2691.

[191] Zhao Y S, Yang N L, Yao H Y, et al. Stereodefined codoping of sp-N and S atoms in few-layer graphdiyne for oxygen evolution reaction[J]. Journal of the American Chemical Society, 2019, 141 (18): 7240 - 7244.

[192] Xu Q L, Zhu B C, Cheng B, et al. Photocatalytic H_2 evolution on graphdiyne/g-C_3N_4 hybrid nanocomposites[J]. Applied Catalysis B: Environmental, 2019, 255: 117770.

[193] Pan Q Y, Liu H, Zhao Y J, et al. Preparation of N-graphdiyne nanosheets at liquid/liquid interface for photocatalytic NADH regeneration[J]. ACS Applied Materials & Interfaces, 2019, 11 (3): 2740 -2744.